钒基材料制造

Vanadium Based Material Manufacture

杨保祥　何金勇　张桂芳　编著

北　京

冶金工业出版社

2014

内 容 简 介

本书比较全面、系统、深入地介绍了钒产业发展要素的构成及钒基材料制造的特点，阐述分析了钒资源状况、不同类型资源提钒工艺、资源短缺时期提钒发展、不同地域钒产业发展配置、钒制品的内生演化以及应用延伸要求，其主要内容包括钒基础、钒提取、钒应用、钒产业发展及与钒基材料制造有关的数据等。

本书适用以下人员参考：有关钒资源、技术装备、产品、环境和市场展开竞争合作的专家学者，科研技术单位的科研设计人员，钒生产厂的技术和管理人员，钒制品的专业销售推广人员，钒相关行业技术决策及咨询机构人员，钒产业相关地区的政府经济规划和科技管理人员，有关专业的大专院校师生等。

图书在版编目(CIP)数据

钒基材料制造/杨保祥，何金勇，张桂芳编著. —北京：
冶金工业出版社，2014.3
ISBN 978-7-5024-6490-5

Ⅰ.①钒… Ⅱ.①杨… ②何… ③张… Ⅲ.①钒基
合金—金属材料—制造 Ⅳ.①TG146.4

中国版本图书馆 CIP 数据核字(2014) 第 020836 号

出 版 人 谭学余
地 址 北京北河沿大街嵩祝院北巷 39 号，邮编 100009
电 话 (010)64027926 电子信箱 yjcbs@cnmip.com.cn
策 划 张 卫 责任编辑 李 梅 于昕蕾 美术编辑 杨 帆
版式设计 孙跃红 责任校对 李 娜 责任印制 牛晓波
ISBN 978-7-5024-6490-5
冶金工业出版社出版发行；各地新华书店经销；北京百善印刷厂印刷
2014 年 3 月第 1 版，2014 年 3 月第 1 次印刷
787mm×1092mm 1/16；25 印张；607 千字；386 页
89.00 元
冶金工业出版社投稿电话：(010)64027932 投稿信箱：tougao@cnmip.com.cn
冶金工业出版社发行部 电话：(010)64044283 传真：(010)64027893
冶金书店 地址：北京东四西大街 46 号(100010) 电话：(010)65289081(兼传真)
(本书如有印装质量问题，本社发行部负责退换)

前　言

　　钒产业发展经历了钒价值的回归发现、钒产业技术链的形成完善、上下游产业供需链条衔接和市场应用空间拓展这四个阶段。在世界范围内，钒相关企业主要围绕钒资源、技术装备、产品、环境和市场领域展开竞争合作。钒产业真正发展的起点是钒应用价值的发现。钒在发现的最初阶段并未引起人们太多重视，随着钒在催化剂和钢铁合金化应用价值的确认以及经济社会对钒认知度的提高，提钒产业在钒资源短缺中不断发展，围绕钒资源中心配置技术装备，一段时间内重点探索全新的勘探技术和如何富集钒资源，在特色提钒工艺技术方面不断创新，并加速发展资源地域化竞争合作。

　　南非、俄罗斯和中国（攀枝花）的钒钛磁铁矿资源开发结束了钒的资源短缺局面，石油钒废料、含钒石煤和钒再生料利用促进了钒资源的多元化趋势，使钒的发展应用领域迅速扩大，产能规模和市场容量同步增加，钒的高新技术影响力逐步渗透到新材料的开发应用领域。例如，攀枝花高强度钒基钢轨助推了中国高铁的发展；钒与其他有色金属结合，丰富了航空航天用途特殊材料；钒功能催化剂用于化工领域，净化美化了环境；金属钒屏蔽核辐射有利于核工业发展；新兴钒电池概念有益于清洁能源进步。"钒"事并不如烟，完成钒资源短缺转型后的钒产业正在与循环经济和安全生产结合，力保清洁生产目标，其产业链延伸、技术装备更新与高新技术相结合开启了高效化产业健康稳定发展之路。

　　作者潜心研究钒提取应用技术已多年，一直密切关注钒产业的创新发展。钒是我科研经历最丰富的领域之一，在攀枝花的工作经历使我有幸见证了中国钒提取应用技术发展的艰辛和辉煌成长过程。岁月似水，钒钛如歌，20世纪60年代国家重点发展钒资源得天独厚的攀枝花地区，金沙江畔，兰家火山，邛筰起惊雷，弄弄坪上，起钢钒微雕城，钒花似锦，铁流奔涌，揭开了中国钒产业规模化发展的大幕。一路走来，特色雾化提钒技术，让一代攀枝花人引以为荣，与大三线建设相连的景致让人流连，历经四十余年，集聚当世众人之功，

造就出十里钢铁钒钛城。如今攀枝花的"中国钒钛之都"建设如火如荼，国家攀西资源综合利用创新基地发展迅速，功能钒钛，精致钢铁，昭示着钒作为工程结构材料和功能材料正在影响世界高新技术的发展进程。

有关钒的文献、书籍比较多，各位专家学者从不同角度来描述钒，这些我们大多拜读过，受益匪浅。笔者1985年进入攀钢从事钒研究，接触了许多与钒钛相关的人和事，经过二十多年的研究、学习和积累，对钒的认识视角不断发生变化，希望通过记录我们从事钒钛研发和产业实践的经验，撰写一本适合钒钛研究和钒钛产业发展的书，权当参考资料，更好地为钒钛产业的产品高端化和高新技术化服务。

何金勇是攀枝花市银江金勇工贸有限责任公司董事长，我们的合作伙伴，一直致力于钒电池的深度研究与实践，与中国工程物理研究院合作完成了钒电池三次规模化示范，全面提升了钒电池与储能转化的衔接能力，同时研究出热还原制备高纯钒金属冶炼工艺，得到98.7%高纯钒金属；张桂芳博士是昆明理工大学的教授，也是我们的合作伙伴，致力于钒钛磁铁矿冶炼技术的教学研究，基础理论研究造诣较深，为我们提供了大量的模型数据作为参考，增加了本书的关联性认识。

本书包括4个篇章，第1篇钒基础篇，第2篇钒提取篇，第3篇钒应用篇，第4篇着眼攀枝花钒产业发展，附录给出了与钒基材料制造有关的数据。钒基础专篇按照钒的性质、钒的化合物、钒资源和提钒矿物等进行谋篇布局；钒提取专篇则按照不同矿物、不同工艺和不同类别产品进行重点分析，通过五氧化二钒分流不同钒产品；钒应用专篇以五氧化二钒产品为重点突出钒的化工应用，特别是各类实用催化剂，以钒系合金为重点突出钒的钢铁和有色金属合金的应用特性，以钒系化合物突出功能材料特性，以钒系变价液相转化突出钒电池应用示范；攀枝花钒产业发展篇则展现在一个地区内一个产业的集中发展，着眼特色分类利用，把握钒技术研究与产业的结合基础，展现攀枝花钒产业全方位发展历程，见证中国钒产业的创新发展与壮大；与钒基材料制造有关的数据主要强调关联性认识。

本书旨在建立产业框架，提供一个全面的专业索引，按照钒产业重点发展要素进行布局，大了解，小认识，深内涵，广覆盖，使研究、产业和学术人员各取所需。

本书成书过程参考较多资料，部分来自科研报告、期刊和书籍，部分为内部资料，部分则来自网络，也有部分来自老师、同仁的传承。有关钒的研究综述类文章较多，相互引证，相互重叠，本书中有时通过多方论述形成综合结论，这里对被引用和参考的文献作者一并感谢。参考文献部分如有疏漏，敬请包涵。另外，由于时间限制以及学术水平有限，部分资料年代跨度较大，外文资料译文有多个版本，印证考据难度较大，特别是由于初期钒资源的稀缺，导致业界出现各种复杂的认识，因此书中论述难免有不当之处，敬请读者不吝指正。各位专家教授同仁如对书中观点持不同意见，我们愿意一起探讨。

本书撰写过程凝聚了一批人的创新积累和共识，我们不评价过去学者的观点，也不讨论其对产业发展的影响，仅用现在的一个视角审视钒基材料制造业的发展。攀枝花钢铁研究院的胡鸿飞、朱胜友、缪辉俊、王怀斌、彭毅、牛茂江、杨仰军、程晓哲、宋国菊、周玉昌、弓丽霞、付自碧和潘平等专家从专业角度给予了专业经验借鉴以及保密审查，杜明、李开华、苗庆东、郭继科和陈亚非等提供了专业的图表支持；西安建筑科技大学朱军教授、攀钢景海都高工和攀枝花学院杨绍利教授也对成书做出了贡献。十分感谢为我们提供资料、论据、校对、制图、审阅以及关心支持的业界朋友们！

本书适合以下人员参考：围绕钒资源、技术装备、产品、环境和市场展开竞争合作的专家学者；钒专业生产厂的专业技术和科技管理人员；钒制品的专业销售推广人员；钒相关行业技术决策咨询机构人员；钒产业相关地区的政府经济规划和科技管理人员；大专院校和科研院所的师生及研究设计人员等。

杨保祥

2014 年 1 月于攀枝花

目　录

✽ 第 1 篇　钒 基 础 ✽

❋ 第2篇 钒 提 取 ❋

❈ 第 3 篇　钒 应 用 ❈

❋ 第4篇 钒产业发展 ❋

第1篇 钒基础

1 绪　论

钒是重要的有色金属元素，有时也被称作黑色金属，钒金属本体及其化合物和合金材料拥有独特而优异的性能，给世界工业文明带来了一个伟大的变革时代，特别是对钢铁、化工、石油、有色金属、能源、建筑、环保和核工业等的飞速发展起到重要作用，为现代工业文明谱写了灿烂的篇章，历史将永远记住钒。

1801 年西班牙矿物学家里奥（A. M. del Rio）在研究铅矿时发现钒，并以赤元素命名，以为是铬的化合物；1830 年瑞典化学家塞弗斯托姆（N. G. Sefstrom）在冶炼生铁时分离出一种元素，用女神 Vanadis 命名；德国化学家沃勒（F. Wohler）证明了 N. G. Sefstrom 发现的新元素与 A. M del Rio 发现的是同一元素；1867 年亨利·英弗尔德·罗斯科用氢还原亚氯酸化钒（Ⅲ）首次得到了纯钒。

1882 年，有人通过低温盐酸处理 0.1% 的碱性转炉渣，成功制取了钒产品；1894 年穆瓦温发明钒氧化物还原法；1897 年戈登施米特发明铝热法钒氧化物还原工艺；1906 年秘鲁发现绿硫钒矿，美国开采冶炼 50 年，产能占同期世界的 1/4；美国国内主要从钾钒铀矿中提钒；1912 年 Bleecker 公布用钠盐焙烧—水浸工艺回收钒的专利，钠盐提钒成为钒的标志性工艺，一直沿用至今；1911 年美国人福特发现并成功将钒用于钢合金化；1936 年前苏联从贫钒铁矿中先获得钒渣，然后从钒渣中提取钒产品，70 年代成功应用钒渣钙盐提钒；1955 年芬兰开始从磁铁矿中提取钒；1957 年南非开始从钛磁铁矿中生产钒渣和五氧化二钒，钒产能实现历史性突破，应用范围迅速扩大；20 世纪 60~80 年代美国、日本、加拿大和秘鲁先后从石油灰和废催化剂中提取回收五氧化二钒，地域性钒资源垄断逐步被打破。

中国钒的生产始于日伪时期的锦州制铁所，以钒精矿为原料提钒；中华人民共和国成立后，原重工业部钢铁工业管理局于 1954 年下达"承德大庙钒钛磁铁矿精矿火法冶炼提钒及制取钒铁"的科研任务，项目于 1955 年完成，奠定了中国钒铁工业的建设基础。锦州铁合金厂于 1958 年恢复用承德钒钛磁铁矿精矿为原料生产钒铁，1959 年开始用钒渣生产钒铁。岁月似水，钒钛如歌，20 世纪 60 年代国家重点发展攀枝花钒钛钢铁工业，金沙江畔，兰家火山，邛笮起惊雷，弄弄坪上镶象牙微雕，铁流奔涌，钒花似锦，功能钒钛，精致钢铁。1978 年攀枝花钢铁公司开始用独创的雾化法生产钒渣，使中国步入世界钒生产大国行列，攀钢独创的雾化提钒技术结束了中国钒进口历史，为国家节约了大量可贵的外汇。攀枝花改变了钒的技术资源分布，也改变了中国和世界钒的经济地理，攀枝花改变了钒，钒改变了攀枝花，为世界所瞩目。锦州铁合金厂、南京铁合金厂、峨眉铁合金厂和攀钢等相继建设以钒渣为原料的提钒厂，提取五氧化二钒，攀钢前置多钒酸铵煤气还原生产三氧化二钒，冶炼钒铁合金，分流生产碳氮化钒，利用钢渣钒渣直接合金化，发展特色合金钢，改变了建筑钢结构基础，高强度含钒钢顺利实现了建筑钢结构的减重目标。攀枝花钢铁公司以钒为基与钢铁结合开发出系列钢轨，形成钢轨的增重增强减震耐磨特色，与重载铁路和高速铁路并架发展；20 世纪七八十年代，利用中国南方丰富的石煤资源建成若干小型提钒厂，部分解决了钒资源短缺问题，促进了中国钒产业的全面发展。

钒的氧化物具有优良的催化性能，钒催化剂同时具有特殊的活性，五氧化二钒的出现改变了硫酸生产用贵金属作催化剂的历史，硫酸产能成百倍增加，在随后的石化工业发展中同样表现不俗，加速了化学反应进程，增加了有机合成反应的可靠性和稳定性；1880 年人们发现了钒的催化作用，1901 年开始进行钒触媒的试验研究，钒催化剂于 1913 年在德国巴登苯胺纯碱公司首次使用，1930 年开始在工厂正式使用，30 年代起全部代替了铂催化剂用于硫酸生产。钒系催化剂主要是以含钒化合物为活性组分的系列催化剂，工业上常用钒系催化剂的活性组分有含钒的氧化物、氯化物、配合物以及杂多酸盐等多种形式，但最常见的活性组分是含一种或几种添加物的 V_2O_5，以 V_2O_5 为主要成分的催化剂几乎对所有的氧化反应都有效。在工业催化的应用中，钒化合物是最重要的催化氧化催化剂系列之一，广泛用于硫酸工业和有机化工原料合成领域，如：苯酐生产、顺酐生产、催化聚合、烷基化反应和氧化脱氢反应等。钒系催化剂使无机化工和有机化工实现双催化，脱硫脱硝净化环境；钒电池助推清洁能源建设，使"工业味精"助推工业经济长足发展。

1889 年，英国谢菲尔德大学的阿若德教授就开始研究钒在钢中的特殊作用，20 世纪初美国人亨利·福特提出钒的钢铁应用新途径，对福特汽车的关键部件通过钒合金化特殊制造，取得良好效果；通过五氧化二钒生产的钒铁合金将钒用于钢铁工业，赋予钢铁产品复杂的功能，可以形成细化钢铁基体晶粒，全面有效改善钢铁产品性能，提高强度、韧性、延展性和耐热性，生产的轨道钢、桥梁钢、合金钢和建筑用钢在保证强度需求的前提下实现了自重减量目标，降低高层建筑的本体重量，承载重型车辆和高速机车通行；氮化钒在钢铁合金化的推广应用中通过争议赢得认可，通过溶氮固氮强化钢的性能，引入氮而节约钒；钒以钒铝合金形式用于制造钛合金（Ti6Al4V），通过微钒处理提高铝基合金的强度，改善铜基合金的微观结构，使铸铝、铸铜和铸钛产品的强度得到应有提升；英国科学家罗斯科（Roscoe）通过氢气还原钒的氯化物首次获得金属钒，使钒金属应用领域进一步拓展，尤其是屏蔽辐射和超导的特殊功效得到公认称道。

钒没有独立矿物，主要以伴生矿形式存在。钒矿的分解方法有：（1）酸法，用硫酸或盐酸处理后得到（VO_2）$_2SO_4$ 或 VO_2Cl；（2）碱法，用氢氧化钠或碳酸钠与矿石熔融后得到 $NaVO_3$ 或 Na_3VO_4；（3）氯化物焙烧法，用食盐和矿石一起焙烧得到 $NaVO_3$。矿物提钒过程一般以标准五氧化二钒为目标产品，工艺设计涵盖从不同含钒原料中制取标准五氧化二钒产品的整个工序过程，设定工艺技术参数和设备处理通行能力，通过标准五氧化二钒产品分流进入不同的钒制品用途。提钒过程以原料为设计基础时，可以分为主流程提钒和副流程提钒，主流程提钒以提钒为主要目的，主流程首先使钒充分富集，副流程提钒则是从其他富集副产物中提钒。提钒过程以第一化学处理添加剂为设计基础时，一般可以分为碱处理提取和酸处理提取，碱处理法又分为钠盐法和钙盐法，添加剂可以是多元系的，对于特殊结构钒矿或者钒渣，也可通过无添加剂空白焙烧转化提钒；钒的转化浸出也可分为碱浸、酸浸和热水浸。含钒浸出液经过净化后沉淀得到钒水合物或者不稳定钒酸盐，煅烧处理得到标准产品五氧化二钒，也可以直接与钒利用工序衔接生产稳定钒酸盐，如钒酸铁等。

从含钒铁矿中回收钒是从 19 世纪初期开始的。德国和法国在第一次世界大战时期，用高炉托马斯转炉法从含钒 0.06% ~0.10% 的洛林铁矿中回收钒。以含钒铁矿作为高炉原料生产生铁时钒也被还原，获得含钒 0.10% ~0.15% 的铁水，用生铁炼钢时钒又被氧化进入托马斯炉渣中，炉渣含钒量可以达到 0.5% ，是一种无直接使用价值的低钒渣。德国赫尔曼·戈林钢厂将这种低钒渣与转炉钢厂的其他产物，如厂房屋顶积灰，含 0.8% ~1.0% 钒，在另一座高炉内冶炼成含钒和含磷较高的生铁，再经托马斯转炉吹炼得到含钒量较高的钒渣，则可直接作为化工厂生产钒的原料，但含钒铁水提钒后含磷较高，给炼钢带来困难。1882 年勒克勒佐特（Le Creurot）钢铁厂用低温硫酸处理法，从含 V 1.1% 的贝塞麦转炉渣提取钒氧化物，供染料厂使用。塞思（R. V. Seth）于 1924 年报道了瑞典提出的含钒铁矿—含钒生铁—钒渣工艺，用钒渣作生产五氧化二钒和钒铁的原料。

根据钒矿物资源含量的不同、地域差异和不同的提钒技术发展阶段，由于多元、复杂、多变和低品位提钒原料的氧化物特点，钒产业经历了低品位原料提钒、高品位原料提钒和提钒兼顾贵金属回收等三个阶段，不断平衡富集、转化和回收的工序功能，形成了具有化工冶金和冶金化工特征的提钒工艺，即选择钒组元合适的成盐和酸解碱溶条件，对钒组分进行特定转化，可以形成有利于酸、碱和水介质的溶解化合物。特别是利用钒酸钠盐的溶解特性，通过焙烧使物料中赋存钒由低价氧化成高价钒，钠化成盐，转化成可溶性钒酸盐，使钒原料通过结构转型，形成性质稳定的中间化合物，从而实现钒与其他矿物组分的分离，可溶钒进入液相，不溶物留存渣中，此工艺适合以提钒为主要目标的钒原料。

矿物及综合物料钒含量普遍较低，对于富含贵金属或者其他有价金属的钒原料处理，需要提钒与有价金属元素回收并举。钒原料一般成分多杂，部分为原生矿物，部分属于二次再生钒原料，难以平衡不同的回收提取工序功能。而酸浸酸解可以建立统一的液相体系，根据不同金属盐的液相组分特点，进行无机沉淀和有机萃取分离，提取钒制品，富集回收有价金属元素；化工冶金提钒流程具有流程短和回收率高的优点，但要求处理的原料含钒品位相对较高，在 20 世纪 60 年代南非提钒产业规模化发展之前发挥了重要作用。

随着钒应用领域的扩大以及对钒应用特性的深入了解，研究者发现钒的形态和应用性质处在可变之中，性质和影响也在动态变化，因此钒在应用过程中要求稳定储存必须性质固化，形态固化，不可固化和用途变化的钒制品应该召回再生利用，在生产应用过程中应增加内循环和配置外循环，平衡能源和物质，所有与提钒有关的中间产物和尾渣应进行保护性储存利用，提钒废水应达标排放。

钒渣提取五氧化二钒在一定程度上属于典型的主流提钒工艺，应将其核心的提钒思想通过技术手段和参数选择全方位贯穿到整个工序工艺。首先要全面考虑原辅材料的供应实际；其次，成套技术工艺设备应具有先进性、经济性和可控性；第三，必须满足高端产品

市场需求，同时体现产业的环保安全价值。

钒产品分为初级、二级和三级。初级产品主要是基础提钒原料，包括钒矿物、钒精矿、含钒炉渣、报废的石油精炼催化剂和其他含钒残渣（如含钒钢渣）等，优质含钒炉渣含 V_2O_5 25% 左右；二级产品（或称中间产品）即为五氧化二钒和三氧化二钒，多用作生产硫酸的催化剂和分流钒制品；三级产品（或称消耗产品）包括钒铁、钒铝合金及钒的化合物，钒的应用与清洁能源开发结合，提出储氢合金和钒液流电池概念，进行应用示范。钛基合金中加入 6% 的铝和 4% 的钒，可明显提高稳定性、焊接性与抗疲劳强度，广泛用作铸造合金和锻造合金。添加钒的钛合金已广泛用于制造飞机发动机的外壳与机翼。钒基合金可作核原料的包套。钒在电子工业中可用作电子管的阴极、栅极、X 射线靶、真空管加热灯丝。硅化钒和镓化钒是良好的金属间化合物超导材料。

2 钒及其化合物

钒是地球上广泛分布的微量元素，其含量约占地壳构成的 0.02% ❶。钒是一种化学元素，是一种稀有的、柔弱而黏稠的过渡金属，共有 31 个同位素，其中有 1 个同位素(^{51}V) 是稳定的。钒是中文从英语的 Vanadium 音译过来的，其词根来源于美丽女神维纳斯的名字 Vanadis。

1801 年西班牙矿物学家里奥（A. M. del Rio）在研究铅矿时发现钒，并以赤元素命名，以为是铬的化合物；1830 年瑞典化学家塞弗斯托姆（N. G. Sefstrom）在冶炼生铁时分离出一种元素，用女神 Vanadis 命名；德国化学家沃勒（F. Wohler）证明了 N. G. Sefstrom 发现的新元素与 A. M. del Rio 发现的是同一元素；1867 年亨利·英弗尔德·罗斯科用氢还原亚氯酸化钒（Ⅲ）首次得到了纯钒。

2.1 钒

钒基本性质见表 2-1。

表 2-1 钒基本性质

英文名称	Vanadium	类 别	过渡金属
中文名称	钒	第三电离能	2828kJ/mol
元素符号	V	电负性（阴电性）	1.63
原子序数	23	电子亲和性	50.7kJ/mol
组 数	5	比热	0.49J/(g·K)
相对原子质量	50.9415g/mol	热雾化	514kJ/mol
元素类型	金属	价电子构型	$3d^3 4s^2$
密 度	6.11g/cm³	最低氧化数	-1
原子体积	8.78cm³/mol	最高氧化数	5
元素在太阳中的含量	0.4×10^{-4}%	最低限度共同氧化数	0
地壳中含量	160×10^{-4}%	最大普通氧化数	5
质子数	23	结晶体结构	立方体
中子数	37	特征	软
所属周期	3	颜色	亮白色
所属族数	ⅤB	毒性	有
电子层分布	2-8-11-2	与空气反应	轻度
晶体结构	体心立方晶胞，每个晶胞含有 2 个金属原子	与6mol/L 盐酸反应	无
氧化态	主要：V^{3+}，V^{4+}，V^{5+}；其他：V^{3-}，V^-，V^0，V^+，V^{2+}	与15mol/L 酸反应	轻度

---

❶ 本书凡未经注明的物质百分含量均为质量分数。

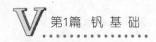

晶胞参数	$a = 303\text{pm}$，$b = 303\text{pm}$，$c = 303\text{pm}$ $\alpha = 90°$，$\beta = 90°$，$\gamma = 90°$	与 6mol/L 氧化钠反应	无
莫氏硬度	7	数同位素	2
电离能 kJ /mol	$M \sim M^+$　　650kJ/mol $M^+ \sim M^{2+}$　　1414kJ/mol $M^{2+} \sim M^{3+}$　　2828kJ/mol $M^{3+} \sim M^{4+}$　　4507kJ/mol $M^{4+} \sim M^{5+}$　　6294kJ/mol $M^{5+} \sim M^{6+}$　　12362kJ/mol $M^{6+} \sim M^{7+}$　　14489kJ/mol $M^{7+} \sim M^{8+}$　　16760kJ/mol $M^{8+} \sim M^{9+}$　　19860kJ/mol $M^{9+} \sim M^{10+}$　　22240kJ/mol	氢化物	VH，VH_2
声音在其中的 传播速率	4560m/s	氧化物	VO，V_2O_3， VO_2，V_2O_5
发现人	瑞典化学家塞弗斯托姆（N. G. Sefstrom）	氯化物	VCl_2，VCl_3，VCl_4
发现时间	1830 年	原子半径	134 pm
状　态	固态	离子半径（1^+，1^-离子）	资料不详
熔　点	2183K（1919℃ ±2℃）	离子半径（2^+离子）	93 pm
沸　点	3673K（3000 ~ 3400℃）	离子半径（2^-离子）	资料不详
三相点和临界点	资料不详	离子半径（3^+离子）	78 pm
热融合	21.5kJ/mol	导热系数	30.7J/（m·s·℃）
汽化热	459kJ/mol	电导率	39.371/mΩ·cm
第一电离能	650.3kJ/mol	极化率	12.4 A3
第二电离能	1413.5kJ/mol		

2.2　钒的主要物理性质

钒具有延展性，质坚硬，无磁性。工业金属钒的力学性能见表2-2。

表 2-2　工业金属钒的力学性能

性　质	工业纯品		高纯品
抗拉强度 σ_b/MPa	245 ~ 450	210 ~ 250	180
伸长率/%	10 ~ 15	40 ~ 60	40
维氏硬度 HV/MPa	85 ~ 150	60	60 ~ 70
弹性模量/GPa	137 ~ 147	120 ~ 130	
泊松比	0.35	0.36	
屈服强度/MPa	125 ~ 180		

2.3 钒的化学性质

钒原子的价电子结构为 $3d^3 4s^2$，五个价电子都可以参加成键，能生成 +2、+3、+4、+5 价氧化态的化合物，其中以五价钒的化合物较稳定。五价钒的化合物具有氧化性能，低价钒则具有还原性。钒的价态越低，还原性能越强。室温下金属钒较稳定，不与空气、水和碱作用，也能耐稀酸。钒能耐盐酸、稀硫酸、碱溶液及海水的腐蚀，但能被硝酸、氢氟酸或者浓硫酸腐蚀。钒的抗腐蚀性能见表 2-3。

表 2-3　钒的抗腐蚀性能

介　质	腐蚀速度/mg·(cm²·h)⁻¹	腐蚀速度/nm·h⁻¹	材　料
10% H_2SO_4（沸腾）	0.055	20.5（70℃）	钒板
30% H_2SO_4（沸腾）	0.251		
10% HCl（沸腾）	0.318	25.4（70℃）	钒板
17% HCl（沸腾）	1.974		
介　质	腐蚀速度（35℃）/μm·a⁻¹	腐蚀速度（60℃）/μm·a⁻¹	材　料
4.8% H_2SO_4	15.2	53.3	
3.6% HCl	15.2	48.3	
20.2% HCl	132	899	
3.1% HNO_3	25.4	1100	
11.8% HNO_3	68.6	88390	
10% H_3PO_4	10.2	45.7	
85% H_3PO_4	25.4	160	
介　质	腐蚀速度/mg·(cm²·月)⁻¹		材　料
液体 Na（500℃）	0.2		

高温下，金属钒很容易与氧和氮作用。当金属钒在空气中加热时，钒氧化成棕黑色的三氧化二钒、蓝色的四氧化三钒，并最终成为橘红色的五氧化二钒。钒在氮气中加热至 900～1300℃ 会生成氮化钒。钒与碳在高温下可生成碳化钒。当钒在真空下或惰性气氛中与硅、硼、磷、砷一同加热时，可形成相应的硅化物、硼化物、磷化物和砷化物。

室温时，致密的钒对氧、氮和氢都是稳定的，钒在空气中加热时，氧化成棕黑色的三氧化二钒（V_2O_3）、蓝黑色的四氧化二钒（V_2O_4）或者橘红色五氧化二钒（V_2O_5）；在较低温度下，钒与氯作用生成四氯化钒（VCl_4）；在较高温度下，与碳和氮作用生成碳化钒（VC）及氮化钒（VN）。

2.4 钒的热力学性质

金属钒的热容 C_p、热焓变化 $H_T^\ominus - H_{298}^\ominus$ 及熵 $S_T^\ominus$ 见表 2-4。

表 2-4　金属钒的热容 C_p、热焓变化 $H_T^\ominus - H_{298}^\ominus$ 及熵 $S_T^\ominus$

T/K	$C_p/J·(mol·K)^{-1}$	$H_T^\ominus - H_{298}^\ominus/J·mol^{-1}$	$S_T^\ominus$
298	24.74	0	29.35
300	24.79	46	29.52
400	26.08	2596	36.76

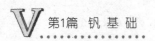

T/K	$C_p/\mathrm{J} \cdot (\mathrm{mol} \cdot \mathrm{K})^{-1}$	$H_T^\ominus - H_{298}^\ominus/\mathrm{J} \cdot \mathrm{mol}^{-1}$	$S_T^\ominus$
500	26.92	6380	42.66
600	27.55	8000	47.65
700	28.05	10760	51.96
800	28.68	13610	55.73
900	29.52	16500	59.16
1000	30.56	19510	62.34
1100	31.61	22610	65.27
1200	32.78	25830	68.08
1300	34.00	29180	70.76
1400	35.29	32660	73.35
1500	36.59	36260	75.82
1600	37.89	40030	78.21
1700	39.18	43920	80.55
1800	40.53	47940	82.81
1900	41.78	52080	85.03
2000	42.96	56310	87.21
2100	44.00	60710	89.35
2200	39.77	82480	99.44
2300	39.77	86460	101.19
2400	39.77	90430	102.87
2500	39.77	94410	104.50
2600	39.77	98390	106.05
2700	39.77	102370	107.56
2800	39.77	106340	109.02
2900	39.77	110320	110.41
3000	39.77	114300	111.75

钒的蒸发热 $\Delta H_T^\ominus$、蒸发吉布斯自由能变化及蒸气压见表2-5。

表2-5 钒的蒸发热 $\Delta H_T^\ominus$、蒸发吉布斯自由能变化及蒸气压

T/K	$\Delta H_T^\ominus/\mathrm{J} \cdot \mathrm{mol}^{-1}$	$\Delta G_T^\ominus/\mathrm{J} \cdot \mathrm{mol}^{-1}$	P/Pa
298.15	514770	469000	5.49×10^{-78}
400	514770	453220	5.39×10^{-55}
500	514560	438060	1.53×10^{-41}
600	514350	422810	1.42×10^{-38}
700	513930	407550	3.85×10^{-26}
800	513510	392290	2.24×10^{-21}
900	513100	377240	1.20×10^{-17}
1000	512680	262190	1.15×10^{-14}
1100	512050	347160	3.16×10^{-12}
1200	511420	332100	3.32×10^{-10}
1300	510590	317260	1.72×10^{-8}

T/K	$\Delta H_T^{\ominus}/J \cdot mol^{-1}$	$\Delta G_T^{\ominus}/J \cdot mol^{-1}$	P/Pa
1400	509750	302420	5.02×10^{-7}
1500	508700	287580	9.29×10^{-6}
1600	507450	272740	1.20×10^{-4}
1700	505990	258110	1.12×10^{-3}
1800	504320	243690	8.15×10^{-3}
1900	502650	229270	4.81×10^{-1}
2000	500970	214850	2.35×10^{-1}
2100	499090	200640	9.9×10^{-1}
2190	497420	186850	3.37
2190	467310	186850	3.37
2200	467100	185590	3.39
2400	472970	159470	3.29×10
2600	470040	133340	2.04×10^2
2800	467110	107630	9.55×10^2
3000	464400	82140	3.64×10^3
3200	461680	56640	1.17×10^4
3400	459170	31560	3.22×10^4
3600	456870	6480	7.91×10^4
3652	456250	0.000	9.8×10^4
3800	454780	-18.600	1.76×10^5

表2-6 给出了钒的氧化物生成的热效应 $\Delta H_T^{\ominus}$ 和吉布斯自由能变化 $\Delta G_T^{\ominus}$。

表2-6 钒的氧化物生成的热效应 $\Delta H_T^{\ominus}$ 和吉布斯自由能变化 $\Delta G_T^{\ominus}$

T/K	VO		V_2O_3		V_2O_4	
	$\Delta H_T^{\ominus}$ /kJ · mol^{-1}	$\Delta G_T^{\ominus}$ /kJ · mol^{-1}	$\Delta H_T^{\ominus}$ /kJ · mol^{-1}	$\Delta G_T^{\ominus}$ /kJ · mol^{-1}	$\Delta H_T^{\ominus}$ /kJ · mol^{-1}	$\Delta G_T^{\ominus}$ /kJ · mol^{-1}
289.15	-418.0 (±20.9)	-390.8 (±20.9)	-1239.0 (±25)	-1160.0 (±27)	-1432 (±16.5)	1323.0 (±19)
345	—	—	—	—	-1432.0	-1306.5
345	—	—	—	—	-1423.5	-1306.5
400	-418.0	-381.0	-1237.0	-1132.5	-1421.5	-1287.5
500	-416.6	-372.6	-1235.0	-1105.5	-1419.5	-1254.0
600	-418.6	-464.3	-1233.0	-1080.5	-1417.5	-1220.5
700	-414.5	-355.9	-1231.0	-1055.5	-1413.0	-1189.0
800	-414.5	-347.5	-1227.0	-1028.5	-1411.0	-1155.5
900	-412.4	-339.1	-1224.5	-1005.5	-1409.0	-1124.5
943	—	—	—	—	—	—
943	—	—	—	—	—	—
1000	-412.4	-330.8	-1222.5	-982.0	-1404.5	-1093.0
1100	-410.3	-322.4	-1220.5	-956.5	-1400.5	-1063.5

T/K	VO		V_2O_3		V_2O_4	
	$\Delta H_T^{\ominus}$ /kJ·mol^{-1}	$\Delta G_T^{\ominus}$ /kJ·mol^{-1}	$\Delta H_T^{\ominus}$ /kJ·mol^{-1}	$\Delta G_T^{\ominus}$ /kJ·mol^{-1}	$\Delta H_T^{\ominus}$ /kJ·mol^{-1}	$\Delta G_T^{\ominus}$ /kJ·mol^{-1}
1200	-408.2	-314.0	-1218.5	-933.6	-1398.5	-1032.5
1300	-408.2	-305.6	-1216.5	-910.5	-1394.5	-1003.0
1400	-406.1	-299.4	-1214.0	-885.5	-1392.0	-971.5
1500	-404.0	-291.0	-1200.0	-862.5	-1390.0	-942.0
1600	-404.0	-282.6	-1206.0	-839.5	-1388.0	-912.5
1700	-401.9	-276.3	-1203.0	-816.5	-1385.5	-883.5
1800	-401.9	-268.0	-1201.5	-793.5	-1383.5	-852.0
1818	—	—	—	—	-1383.5	-848.0
1818	—	—	—	—	-1270.5	-848.0
1900	-399.8	-261.7	-1199.5	-772.5	-1266.5	-829.0
2000	-399.8	-253.3	-1195.5	-751.5	-1260.0	-806.0
2100	-397.7	-244.9	-1193.5	-726.5	-1256.0	-783.0
2185	-397.7	-237.8	-1170.5	-708.0	-1252.0	-764.0
2185	-415.3	-237.8	-1208.0	-708.0	-1287.5	-764.0
2200	-414.9	-236.6	-1208.0	-703.5	-1287.5	-760.0
2300	-412.4	-228.6	-1206.0	-681.0	-1281.0	-737.0
2400	-412.4	-220.2	-1204.0	-658.0	-1277.0	-712.0
2500	-410.3	-212.3	-1205.5	-637.0	-1270.5	-688.5
2600	-410.3	-203.9	-1197.5	-613.5	-1264.5	-663.5
2700	-408.2	-195.9	-1195.5	-590.5	-1260.0	-640.5
2800	-408.2	-187.6	-1193.5	-507.5	-1254.0	-615.5
2900	-406.1	-179.6	-1189.0	-544.5	-1247.5	-592.0
3000	-406.1	-171.7	-1187.0	-521.5	-567.5	-567.5

T/K	V_6O_{13}		V_2O_5	
	$\Delta H_T^{\ominus}$/kJ·mol^{-1}	$\Delta G_T^{\ominus}$/kJ·mol^{-1}	$\Delta H_T^{\ominus}$/kJ·mol^{-1}	$\Delta G_T^{\ominus}$/kJ·mol^{-1}
289.15	-4455.0 (±63)	-4105.0 (±73)	-1561.5 (±21)	-1430.0 (±23)
345	—	—	—	—
345	—	—	—	—
400	-4438.0	-3988.0	-1559.5	-1386.0
500	-4420.5	-3877.0	-1557.5	-1342.0
600	-4402.5	-3770.5	-1553.5	-1300.5
700	-4385.5	-3668.0	-1550.0	-1258.5
800	-4366.5	-3566.0	-1547.0	-1217.0
900	-4350.0	-3466.5	-1545.0	-1175.0
943	—	—	-1543.0	-1157.5
943	—	—	-1478.0	-1157.5
1000	-4333.5	-3368.5	-1476.0	-1139.0
1100	-4733.0	-3268.5	-1471.5	-1105.5

T/K	V_6O_{13}		V_2O_5	
	$\Delta H_T^{\ominus}/kJ \cdot mol^{-1}$	$\Delta G_T^{\ominus}/kJ \cdot mol^{-1}$	$\Delta H_T^{\ominus}/kJ \cdot mol^{-1}$	$\Delta G_T^{\ominus}/kJ \cdot mol^{-1}$
1200	-4716.5	-3167.5	-1467.5	-1072.0
1300	-4699.5	-3067.5	-1463.5	-1038.5
1400	-4681.0	-2966.5	-1461.5	-1007.5
1500	-4664.0	-2866.5	-1457.0	-975.5
1600	-4647.5	-2765.8	-1455.0	-942.0
1700	-4628.5	-2665.3	-1453.0	-910.5
1800	-4612.0	-2564.8	-1471.0	-879.5
1818	—	—	—	—
1818	—	—	—	—
1900	-4595.0	-2464.3	-1451.0	-846.0
2000	-4576.0	-2364.0	-1449.0	-814.5
2100	-4559.5	-2263.7	-1449.0	-783.0
2185	-4545.0	-2178.0	-1446.5	-753.6
2185	-4649.5	-2178.0	-1482.0	-753.6
2200	-4647.5	-2160.8	-1481.5	-748.5
2300	-4630.5	-2047.8	-1479.2	-715.0
2400	-4615.5	-1943.0	-1478.0	-682.0
2500	-4603.5	-1821.7	-1476.4	-648.5
2600	-4586.5	-1708.6	-1474.7	-615.0
2700	-4572.0	-1595.6	-1473.0	-582.0
2800	-4557.5	-1482.5	-1471.2	-548.6
2900	-4540.5	-1377.5	-1469.5	-515.0
3000	-4528.0	-1256.0	-1465.4	-482.0

表 2-7 给出了钒的碳化物生成的热效应 $\Delta H_T^{\ominus}$ 和吉布斯自由能变化 $\Delta G_T^{\ominus}$。

表 2-7　钒的碳化物生成的热效应 $\Delta H_T^{\ominus}$ 和吉布斯自由能变化 $\Delta G_T^{\ominus}$

T/K	$\Delta H_T^{\ominus}/J \cdot mol^{-1}$	$\Delta G_T^{\ominus}/J \cdot mol^{-1}$	T/K	$\Delta H_T^{\ominus}/J \cdot mol^{-1}$	$\Delta G_T^{\ominus}/J \cdot mol^{-1}$
298.15	-175600 (±400000)	-149500 (±400000)	1800	-168800	-24600
400	-176000	-141000	1900	-168800	-16300
500	-175600	-132800	2000	-168800	-7900
600	-175000	-124500	2100	-168800	0
700	-174600	-116500	2185	-168880	+7100
800	-174600	-108000	2185	-186000	+7100
900	-174000	-99500	2200	-186000	+8350
1000	-173000	-92000	2300	-186000	+17500
1100	-172200	-83000	2400	-186000	+26400
1200	-171500	-74500	2500	-186000	+35100
1300	-171000	-70500	2600	-186000	+44000
1400	-170200	-58200	2700	-186000	+52600
1500	-169500	-49800	2800	-186000	+61500
1600	-168800	-41500	2900	-186000	+70100
1700	-168800	-33000	3000	-186000	+79300

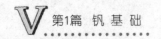

2.5 钒的化合物

钒原子的价层电子构型为 $3d^3 4s^2$，可形成 +5、+3、+2 等氧化数的化合物，其中以氧化数为 +5 的化合物较重要。钒的某些化合物具有催化作用和生理功能。

钒氧化的标准生成自由能见表 2-8。

表 2-8 钒氧化的标准生成自由能 $\Delta G = A + BT$

反 应 式	$A/kJ \cdot mol^{-1}$	$B/kJ \cdot (mol \cdot K)^{-1}$	适应温度 T/K
$V(s) + 1/2O_2(g) = VO(s)$	-412.8	0.0817	298 ~ 2000
$2V(s) + 3/2O_2(g) = V_2O_3$	-1220	0.2364	600 ~ 2000
$2V(s) + 2O_2(g) = V_2O_4(\beta)$	-1402	0.3066	600 ~ 1818
$6V(s) + 13/2O_2(g) = V_6O_{13}(s)$	-4368.4	1.0042	600 ~ 1000
$2V(s) + 5/2O_2(g) = V_2O_5(s)$	-1554.6	0.4224	298 ~ 943

2.5.1 五氧化二钒

五氧化二钒（V_2O_5）为橙黄至砖红色固体，无味、有毒（钒的化合物均有毒），微溶于水，其水溶液呈淡黄色并显酸性。目前工业上是以含钒铁矿炼钢时所获得的富钒炉渣（含 $FeO \cdot V_2O_3$）、石煤矿物和副产富钒原料等为原料制取 V_2O_5，具体如下。

加热条件下先与纯碱反应：

$$4FeO \cdot V_2O_3 + 4Na_2CO_3 + 5O_2 \longrightarrow 8NaVO_3 + 2Fe_2O_3 + 4CO_2 \uparrow \qquad (2-1)$$

然后用水从烧结块中浸出 $NaVO_3$，用酸中和至 pH = 5 ~ 6 时加入硫酸铵，调节 pH = 2 ~ 3，可析出六聚钒酸铵，再设法转化为 V_2O_5。

V_2O_5 为两性氧化物（以酸性为主），溶于强碱（如 NaOH）溶液中：

$$V_2O_5 + 6OH^- \xrightarrow{(\text{冷})} 2VO_4^{3-} + 3H_2O \quad （正钒酸根，无色） \qquad (2-2)$$

$$V_2O_5 + 2OH^- \xrightarrow{(\text{热})} 2VO_3^- + H_2O \quad （偏钒酸根，黄色） \qquad (2-3)$$

V_2O_5 也可溶于强酸（如 H_2SO_4），但得不到 V^{5+}，而是形成淡黄色的 VO_2^+：

$$V_2O_5 + 2H^+ \longrightarrow 2VO_2^+ + H_2O \quad （淡黄） \qquad (2-4)$$

V_2O_5 为中强氧化剂，如与盐酸反应，V(V) 可被还原为 V(IV)，并放出氯气：

$$V_2O_5 + 6H^+ + 2Cl^- \longrightarrow 2VO_2^- + Cl_2 \uparrow + 3H_2O \quad （蓝） \qquad (2-5)$$

V_2O_5 在硫酸工业中作催化剂；在石油化工中用作设备的缓蚀剂。

主要钒氧化物的性质见表 2-9。

表 2-9 主要钒氧化物的性质

性 质	VO	V_2O_3	VO_2	V_2O_4	V_2O_5
晶系	面心立方	菱形	单斜	α	斜方
颜色	浅灰	黑	深蓝		橙黄

性　质	VO	V$_2$O$_3$	VO$_2$	V$_2$O$_4$	V$_2$O$_5$
密度/kg·m^{-3}	5550～5760	4870～4990	4330～4339		3252～3360
熔点/℃	1790	1970～2070	1545～1967		650～690
分解温度/℃					1690～1750
升华温度/℃	2063	2343	1818		943
生成热 $\Delta H_{298}^{\ominus}$ /kJ·mol^{-1}	-432	-1219.6	-718	-1428	-1551
绝对熵 $S_{298}^{\ominus}$ /J·(mol·K)$^{-1}$	38.91	98.8	62.62	102.6	131
自由能 $\Delta G_{298}^{\ominus}$ /kJ·mol^{-1}	-404.4	-1140.0	-659.4	-1319	-1420
水溶性	无	无	微		微
酸溶性	溶	HF 和 HNO$_3$	溶		溶
碱溶性	无	无	溶		溶
氧化还原性	还原	还原	两性		氧化
酸碱性	碱	碱	碱		两性

2.5.2　钒酸盐

　　钒酸盐的形式多种多样。含有五价钒的钒酸盐有偏钒酸盐、正钒酸盐、焦钒酸盐和多钒酸盐，其中偏钒酸盐最稳定，其次是焦钒酸盐，正钒酸盐不稳定，一般形成后会迅速水解，转化为焦钒酸盐。五价钒酸盐的物理化学性质见表2-10。

表2-10　五价钒酸盐的物理化学性质

化　合　物	分子式	物质状态	外观特征	熔点/℃	水溶性	ΔH_{298} /J·mol^{-1}	ΔS_{298} /J·mol^{-1}	ΔG_{298} /J·mol^{-1}
偏钒酸	HVO$_3$	固	黄色垢状		溶于酸碱			
偏钒酸铵	NH$_4$VO$_3$	固	淡黄色	200 分解	微溶于水	-1051	140.7	-886
偏钒酸钠	NaVO$_3$	固	无色单斜晶系	630	溶于水	-1145	113.8	-1064
		水溶液				-1129	108.9	-1064
偏钒酸钾	KVO$_3$	固	无色		溶于热水			
正钒酸钠	Na$_3$VO$_4$	固	无色六方晶系	850～856	溶于水	-1756	190.1	1637
	Na$_3$VO$_4$	水溶液				-1685		
	NaH$_2$VO$_4$	水溶液				-1407	180.0	-1284
焦钒酸钠	Na$_4$V$_2$O$_7$	固	无色六方晶系	632～654	溶于水	2917	318.6	-2730

化 合 物	分子式	物质状态	外观特征	熔点/℃	水溶性	ΔH_{298} /J·mol^{-1}	ΔS_{298} /J·mol^{-1}	ΔG_{298} /J·mol^{-1}
偏钒酸钙	CaV_2O_6	固		778		−2330	179.2	−2170
焦钒酸钙	$Ca_2V_2O_7$	固		1015		−3083	220.6	−2893
正钒酸钙	$Ca_3V_2O_8$	固		1380		−3778	275.1	−3561
偏钒酸铁	FeV_2O_6					−1899		−1750
焦钒酸铅	$Pb_2V_2O_7$	固		772		−2133		−1946
正钒酸铅	$Pb_3V_2O_8$	固		960		−2375		−2161
偏钒酸镁	MgV_2O_6	固				−2201	160.8	−2039
焦钒酸镁	$Mg_2V_2O_7$	固		710		−2836	200.5	−2645
偏钒酸锰	MnV_2O_6					−2000		−1849

在一定条件下，向钒酸盐溶液中加酸，随着 pH 值的逐渐减小，钒酸根会逐渐脱水：

$$VO_4^{3-} \rightarrow (pH12 \sim 10)V_2O_7^{4-} \rightarrow (pH9)V_3O_9^{3-} \rightarrow (pH2.2)H_2V_{10}O_{28}^{4-} \rightarrow$$

$$(pH < 1)VO_2^+ (正钒酸根)[多钒酸根] \tag{2-6}$$

VO_2^+ 可被 Fe^{2+}、草酸等还原为 VO^{2+}：

$$VO_2^+ + Fe^{2+} + 2H^+ \longrightarrow VO^{2+} + Fe^{3+} + H_2O \tag{2-7}$$

$$（钒酰离子） \qquad\qquad （亚钒酰离子）$$

$$2VO_2^+ + H_2C_2O_4 + 2H^+ \xrightarrow{（加热）} 2VO^{2+} + 2CO_2 + 2H_2O \tag{2-8}$$

上述反应可用于氧化还原法测定钒含量。

VO^{2+}、ZrO^{2+}、HfO^{2+} 以及前面已遇到过的 SbO^+、BiO^+、TiO^{2+} 等均可看成是相应高价阳离子水解的中间产物，命名时称某酰离子。

钒酸盐在强酸性溶液中（以 VO^{2+} 形式存在）有氧化性。在酸性溶液中钒的标准电极电势如下：

$$E_A^\ominus/V \qquad (VO_2^+) - 1.000 \quad (VO^{2+}) - 0.337 \quad (V^{3+}) - 0.255 \quad (V^{2+}) - 1.13$$

$$离子颜色 \qquad 黄 \qquad\qquad 蓝 \qquad\qquad 绿 \qquad\qquad 紫$$

2.5.3 钒与非金属元素结合

钒与氢形成的化合物：VH、VH_2、V_2H 和 V_3H_2 等；

钒与氧形成的化合物：（VO）、（VO_2）、棕黑色（V_2O_3）、蓝黑色的四氧化二钒（V_2O_4）和橘红色五氧化二钒（V_2O_5），0 ~ 678℃ 中间物包括：V_2O_5、V_3O_7 和 V_6O_{13}，678 ~ 1542℃ 中间物包括：VO_2、V_4O_7、V_5O_9、V_6O_{11}、V_7O_{13} 和 V_8O_{15}，1542 ~ 1957℃ 中间物包括：V_2O_3 和 V_3O_5；

钒与碳形成的化合物：碳化钒（VC、V_2C），VC_x 聚合体；

钒与氮形成的化合物：氮化钒（VN、V_2N），其中，VN：$VN_{0.71} \sim VN_1$，V_2N：$VN_{0.37} \sim VN_{0.5}$；

钒与氯形成的化合物：VCl_2、VCl_3 和 VCl_4；

钒与氯氧形成的化合物：$VOCl$、$VOCl_2$、$VOCl_3$ 和 VO_2Cl；

钒与氟形成的化合物：VF_2、VF_3、VF_4 和 VF_5；

钒与氟及氧形成的化合物：VOF、VOF_2、VOF_3 和 VO_2F；

钒与溴形成的化合物：VBr_2、VBr_3 和 VBr_4；

钒与溴及氧形成的化合物：$VOBr_2$ 和 $VOBr_3$；

钒与碘形成的化合物：VI_2、VI_3 和 VI_4；

钒与碘及氧形成的化合物：VOI_2；

钒与硫形成的化合物：V_2S_5、VS_2、V_2S_3、VS、VS_5、V_3S、V_5S_4、V_xS、V_3S_4、V_5S_8、V_3S_5 和 VS_4 等；

钒与硅形成的化合物：V_3Si、V_5Si_4、V_5Si_3 和 VSi_2，VSi_x 聚合体；

钒与磷形成的化合物：VP、V_2P、V_3P、$V_{12}P_7$、V_4P_3、$V_{12}P_7$、$V_{2.4}P_9$ 和 VP_2；

钒与砷形成的化合物：V_3As、VAs_2、V_4As_3、V_5As_3 和 V_2As；

钒与硼形成的化合物：V_3B_2、VB、V_3B_4 和 VB_2；

钒在碱性条件下形成的氢氧化物：$V(OH)_2$ 和 $V(OH)_3$。

2.5.4 钒与金属元素结合

钒与钴形成的化合物：VCo_3、VCo 和 V_3Co；

钒与镍形成的化合物：VNi_3、VNi_2 和 V_3Ni；

钒与铝形成的化合物：VAl_3、VAl_{11}、VAl_6、VAl_7 和 V_5Al_8；

钒与铅形成的化合物：V_3Pb；

钒与锑形成的化合物：V_3Sb；

钒与锌形成的化合物：V_4Zn_5 和 VZn_3；

钒与锡形成的化合物：V_3Sn；

钒与镓形成的化合物：V_3Ga。

2.5.5 中间化合物

在硫酸介质中形成 $VOSO_4$；

在氯气介质中形成 $VOCl_3$；

在氨介质中形成 NH_4VO_3；

在 $V_2O_5 - Fe_2O_3$ 系存在 $FeVO_4$ 和 $Fe_2V_4O_{13}$；

在 $V_2O_5 - NiO$ 系存在 NiV_2O_6、$Ni_2V_2O_7$ 和 $Ni_3V_2O_8$；

在 $V_2O_5 - Cr_2O_3$ 系存在 $CrVO_4$；

在 $V_2O_5 - Al_2O_3$ 系存在 $AlVO_4$；

在 $V_2O_5 - CaO$ 系存在 CaV_2O_6、$Ca_2V_2O_7$ 和 $Ca_3V_2O_8$；

在 $V_2O_5 - K_2O$ 系存在 $K_2O \cdot 4V_2O_5$、$K_2O \cdot V_2O_5$、$16K_2O \cdot 9V_2O_5$、$\alpha\text{-}2K_2O \cdot V_2O_5$、$\beta\text{-}2K_2O \cdot V_2O_5$ 和 $3K_2O \cdot V_2O_5$；

在 $V_2O_5\text{-}Na_2O$ 系存在 NaV_6O_{15}、$Na_8V_{24}O_{23}$、NaV_6O_{15}、$NaVO_3$、$Na_4V_2O_7$、$Na_2V_5O_{13.3}$ 和

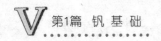

Na_3VO_4；

在 V_2O_5-MgO 系存在 $7MgO \cdot 3V_2O_5$、$2MgO \cdot V_2O_5$、$3MgO \cdot V_2O_5$、$2MgO \cdot 3V_2O_5$、$3MgO \cdot 2V_2O_5$ 和 $MgO \cdot V_2O_5$；

在 V_2O_5-BaO 系存在 $BaO \cdot V_2O_5$、$2BaO \cdot V_2O_5$ 和 $3BaO \cdot V_2O_5$；

在 V_2O_5-Nb_2O 系存在 $V_2O_5 \cdot 9Nd_2O_5$。

2.5.6 三元系钒化合物

在 V-P-C 体系中，存在 V_3PC_{1-x}、V_2PC、$V_{5+x}P_3C_{1-x}$、V_4P_2C 和 $V_6P_3C_{0.6}$；

在 Cr-V-S 体系中，存在 CrV_2S_4 和 VCr_2S_4；

在 CaO-Fe_2O_3-V_2O_5 体系中，存在 $Ca(VO_3)_2$、$Ca_2V_2O_7$、$Ca_3(VO_4)_2$、$Ca_7V_4O_{17}$、$Ca_4V_2O_9$、$Ca_5V_2O_{10}$、$FeVO_3$ 和 $Fe_2V_4O_{12}$，以及 $Ca_2Fe_2O_5$、$CaFe_2O_4$、$Ca_4Fe_{14}O_{25}$ 和 $CaFe_4O_7$。

2.5.7 钒的液相离子

2.5.7.1 钒酸

钒的含氧酸在水溶液中形成钒酸根阴离子或钒氧基离子，能够以多种聚集态存在，与其他离子结合形成各种组成的钒氧化合物。钒酸的存在取决于溶液的酸碱度和钒浓度，在高碱度条件下，以正钒酸根 VO_4^{3-} 存在，在溶液酸度增强过程中，钒酸根发生系列水解；当钒浓度很低时，钒酸根均以单核形式存在；钒酸根拥有极强的聚合性能，当质子化的钒酸根浓度升高时，会发生聚合反应。

钒酸根可以与酸根结合形成复盐，如与 W、P、As 和 Si 等酸根结合。

钒溶液碱性或者弱碱性条件下析出的钒酸盐是正钒酸盐或者焦钒酸盐；中性条件析出三聚体 $V_3O_9^{3-}$ 或者四聚体 $V_4O_{12}^{4-}$；溶液酸性或者弱酸性条件下，析出的是多聚钒酸盐。溶液在 40℃，pH2 ~ 8，钒酸存在的主要形式为 $V_3O_9^{3-}$、$V_4O_{12}^{4-}$、$HV_6O_{17}^{3-}$、$HV_{10}O_{28}^{5-}$。当 pH < 2 时，十钒酸盐转变为十二钒酸盐，反应式如下：

$$6H_6V_{10}O_{28} === 5H_2V_{12}O_{31} + 13H_2O \qquad (2-9)$$

多聚体 $H_2V_{12}O_{31}$ 即水合五氧化二钒，其中质子可以被其他正离子取代，取代结合顺序为 $K^+ > NH_4^+ > Na^+ > H^+ > Li^+$。酸度增加 $H_2V_{12}O_{31}$ 多聚体受到质子影响呈现 VO_2^+，反应式如下：

$$H_2V_{12}O_{31} + 12H^+ === 12VO_2^+ + 7H_2O \qquad (2-10)$$

2.5.7.2 水合离子

二价钒和三价钒以氧化态形成简单水合物配位体，即 $[V(H_2O)_6]^{2+}$ 和 $[V(H_2O)_6]^{3+}$，二价钒和三价钒以氧化态水合物配位体不稳定，会被氧化成四价和五价。

2.5.7.3 钒氧离子

四价和五价钒以氧化态形成的简单水合物配位体，一般比较复杂。钒原子与氧原子直接构成钒氧双键结构 $V = O$，形成四价 VO^{2+} 和五价 VO_2^+。钒属于高氧化状态的过渡金属，可以通过与氧配位，形成含氧酸盐阴离子，钒与氧配位形成单核正钒酸盐、焦钒酸盐和偏钒酸盐，同时倾向形成缩合或者聚合的多核含氧阴离子，形成同多酸根阴离子和杂多酸根阴离子。水溶液中正钒酸根不稳定，会转化为焦钒酸根，在煮沸条件下可以缩合为多聚偏钒酸根（VO_3^-）。

在四价钒的含氧酸阴离子中，钒氧原子间为共价键，主要形式为 VO_4^{4-}。五价自由钒离子或其水合离子不存在。五价钒离子在水溶液中的聚合作用与钒的浓度、pH 值和温度有关。钒酸根转变条件见表 2-11。

表 2-11　钒酸根转变条件

反 应 式	pH	$c(V)/mol \cdot L^{-1}$	lg$K$	介质温度/℃
$VO_4^{3-} + H^+ = HVO_4^{2-}$	14 ~ 11	0.00036	13.15	
$2VO_4^{3-} + 2H^+ = V_2O_7^{3-} + H_2O$	11 ~ 9	0.0001	25.05	20
$2V_2O_7^{4-} + 4H^+ = V_4O_{12}^{4-} + 2H_2O$	9 ~ 7	>0.0033	18.46	20
$4H_2VO_4^- = V_4O_{12}^{4-} + 4H_2O$		0.018 ~ 0.1000	10.10	40
$10H_2VO_4^- + 4H^+ = V_{10}O_{28}^{6-} + 12H_2O$	5.9	0.000386	约29	15
	4.0	0.000386	约23	90
	约6.2	0.0672	约26	15
	约4.5	0.0672	约21	90
$HV_2O_7^{3-} + 5H^+ = 2VO_2^+ + 3H_2O$	1.2	0.2000	6.1	
$HVO_3 + H^+ = VO_2^+ + H_2O$	3 ~ 2	0.025 ~ 0.020	3.30	25
$V_{10}O_{28}^{6-} + H^+ = HV_{10}O_{28}^{5-}$		0.0125 ~ 0.1	6.12	
$HV_{10}O_{28}^{5-} + H^+ = H_2V_{10}O_{28}^{4-}$		0.025 ~ 0.1	4.699	
$HVO_4^{2-} + 3H^+ = VO_2^+ + 2H_2O$		0.0001	16.17	20
$VO_2^+ + 2H^+ = VO^{3+} + H_2O$	2 ~ 1.4	0.003 ~ 0.005	2.79	18 ~ 20

2.6　钒的复合盐类

钒的盐类的颜色真是五光十色，有绿的、红的、黑的、黄的等各种颜色，绿的碧如翡翠，黑的犹如浓墨。如二价钒盐常呈紫色；三价钒盐呈绿色，四价钒盐呈浅蓝色，四价钒的碱性衍生物常是棕色或黑色，而五氧化二钒则是红色的。这些色彩缤纷的钒的化合物，被制成鲜艳的颜料。把它们加到玻璃中，可制成彩色玻璃，也可以用来制造各种墨水。

2.6.1　五价盐

钒的五价盐包括：偏钒酸铵、偏钒酸钠、偏钒酸钾、正钒酸钠和焦钒酸钠等。

2.6.2　四价盐

四价盐包括：硫酸氧钒、草酸氧钒；四氯化钒等卤化钒类；三氯氧钒等卤氧化钒类。

氧化物钒的氧化物主要有 V_2O_5、VO_2、V_2O_3 和 VO。

卤化物钒卤化物的化学稳定性随钒原子价增加而减弱；相同价态的钒的卤化物，其化学稳定性从氟化物到碘化物逐渐减弱。V^{3+} 和 V^{5+} 卤化物的主要性质列于表 2-12 和表 2-13。

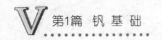

表 2-12　V³⁺ 卤化物性质

性　质	VF₃(s)	VCl₃(s)	VBr₃(s)	VI₃(s)	VOCl(s)	VOBr(s)
颜色	绿	红紫	灰褐	褐黑	褐棕	紫
密度/g·cm⁻³	3392(292K)	2820(293K)	2659(293K)	5140(293K)	3340(298K)	4000(291K)
升华温度 T/K	1679	698(歧化)	673(歧化)	553(真空分解)	593(真空分解)	753(分解)
生成热 $\Delta H_{298}^{\ominus}$ /kJ·mol⁻¹	-1334.7±83.68	-426.656	493.712	-280.328	602.496	—

表 2-13　V⁵⁺ 卤化物性质

性　质	VF₅(s)	VF₅(l)	VOF₃(s)	VOCl₃(l)	VOBr₅(l)	VO₂F(s)	VO₂Cl(s)
颜　色	白	—	淡黄	黄	深红	棕	橙
密　度 /g·cm⁻³	>2500 (293K)	2508 (293K)	2659 (293K)	1830 (293K)	2993 (288K)	—	2290 (293K)
熔点/℃	292.5		283 (升华)	194.1	214	573	—
沸点 T/K	321.3	—	—	400.2	406 453 （分解）	—	453
生成热 $\Delta H_{298}^{\ominus}$ /kJ·mol⁻¹	-1442.77	—	—	740.17	—	—	765.17

2.6.3　铵盐

　　钒的铵盐主要有：偏钒酸铵（NH_4VO_3）、钒酸铵[（NH_4）$_3VO_4$ 或 $2(NH_4)_2O·3V_2O_5·nH_2O$]、多钒酸铵等，其中以偏钒酸铵最为重要。偏钒酸铵为白色或浅黄色晶体，加热到 473K 开始分解，密度为 2304kg/m³。偏钒酸铵在富氧空气中于 523K 温度下分解成 NH_3 和 V_2O_5；在空气中于 523～613K 温度下分解成（NH_4）$_2O·3V_2O_5$ 及 $V_2O_4·5V_2O_5$，于 693～713K 温度下分解成 NH_3 和 V_2O_5；在 583～598K 温度的纯氧气氛中氧化得 V_2O_5。偏钒酸铵在氢气中加热至 473K 生成（NH_4）$_2O·3V_2O_5$，在 593K 温度下生成（NH_4）$_2O·V_2O_4·5V_2O_5$，在 673K 温度下生成 V_2O_{13} 和 V_2O_3，在 1273K 温度下则生成 V_2O_4。偏钒酸铵在 CO_2、N_2 与 Ar 气氛中于 623K 温度下生成（NH_4）$_2O·V_2O_4·5V_2O_5$，于 673～773K 温度下生成 V_6O_{13}。通水蒸气并达到 498K 温度时偏钒酸铵生成（NH_4）$_2O·3V_2O_5$。

　　五价的钒酸铵盐有几种多聚体，可以表示为：

$$\alpha[(NH_4)_2O]·\beta[V_2O_5]·\gamma[H_2O]$$

$$\alpha:1,2,3;\beta:0.3～5;\gamma:0～6$$

2.6.4　钠盐

　　钒钠盐中如 V_2O_5-Na_2O 二元系相图中的化合物有 NaV_6O_{15}、$Na_8V_{24}O_{63}$、$NaVO_3$、

$Na_4V_2O_7$、Na_3VO_4。$NaVO_3$-V_2O_5 系相图中较为常见的有偏钒酸钠（$NaVO_3$）、焦钒酸钠（$Na_4V_2O_7$）、正钒酸钠（Na_3VO_4）以及多钒酸钠等盐类。

偏钒酸钠分子式：$NaVO_3$；相对分子质量：121.93；性质：白色或淡黄色的晶体，相对密度 2.79，熔点 630℃。溶解于水时溶解度 25℃ 时为 21.1g/100mLH_2O，75℃ 时为 38.8g/100mLH_2O，微溶于乙醇。用途：可用作化学试剂、催化剂、催干剂、媒染剂，可制造钒酸铵和偏钒酸钾，也用于医疗照相、植物接种及防蚀剂等。

2.6.5 钒的含氧酸盐

2.6.5.1 钒的含氧酸盐

除碱金属和碱土金属钒酸盐易溶于水外，其他盐类溶解度小。钒的含氧酸盐常见的有钠盐、铵盐、钙盐、铁盐等。从钒的聚集状态分类，可分为正钒酸盐（VO_4^{3-}）、焦钒酸盐（$V_2O_7^{4-}$）、偏钒酸盐（VO_3^{-}，$V_4O_{12}^{4-}$）及多钒酸盐（$V_4O_{12}^{4-}$，$V_6O_{16}^{2-}$，$V_{10}O_{18}^{2-}$，$V_{12}O_{31}^{2-}$）等。

2.6.5.2 硫代钒酸盐

V_2S_5 可与碱金属硫化物溶液反应，如（NH_4）_2S，可以形成硫代钒酸盐或（NH_4）VO_3 和（NH_4）_2S，反应如下：

$$（NH_4）VO_3 + 4（NH_4）_2S + 3H_2O = （NH_4）_3VS_4 + 6NH_4OH \qquad (2-11)$$

VS_4^{3-} 是正硫代，也可以生成焦硫代。

2.6.6 钒的硫酸盐

2.6.6.1 硫酸钒

二价钒和三价钒容易形成 $V_2（SO_4）_3$ 和 VSO_4。$V_2（SO_4）_3$ 不溶于水，比较稳定；$VSO_4 \cdot 7H_2O$ 溶于水，易氧化，与 $FeSO_4$ 形成复盐，趋于稳定。

2.6.6.2 硫酸氧钒

四价钒和五价钒容易生成 $VOSO_4$ 和（VO）_2（SO_4）_3，具有不活泼和不溶于水特性。

2.6.7 钒青铜

钒氧化物与其他金属氧化物高温合成可以制得钒酸盐。在 Na_2O-V_2O_5 中，600 ~ 700℃，$x（V_2O_5）/x（Na_2O）$ = (100 ~ 35)/(0 ~ 65)，可析出四种盐，依次是 NaV_6O_{15}、$Na_8V_{24}O_{53}$、$NAVO_3$ 和 $Na_4V_2O_7$；700 ~ 1300℃，$x（V_2O_5）/x（Na_2O）$ = (35 ~ 20)/(65 ~ 80)，可析出 Na_3VO_4。NaV_6O_{15} 属于 $Na_2O \cdot xV_2O_4 \cdot (6 - x)V_2O_5$ 的复盐（$x = 0.85$ ~ 1.06），$Na_8V_{24}O_{53}$ 属于 $5Na_2O \cdot yV_2O_4 \cdot (12 - y)V_2O_5$ 的复盐（$y = 0$ ~ 2），即钒青铜，不溶于水，空气中可氧化转化为可溶性钒酸盐；可溶性钒酸盐缓冷结晶时脱氧可以转变成钒青铜。

2.6.8 钒的过氧化物

偏钒酸盐的非酸性水溶液，加入双氧水，可以生成过氧化钒酸盐，如偏钒酸铵与双氧

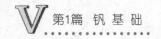

水反应生成过氧化钒酸铵[（NH$_4$）$_6$H$_4$V$_2$O$_{10}$]，过氧化钒酸铵属于非水中游离物质。酸性溶液中，钒离子与双氧水反应生成砖红色配合物。

2.7 钒的生理影响

钒是人体必需的微量元素，在人体内含量大约为 25mg，在体液 pH 值为 4～8 条件下，钒的主要形式为 VO$_3^-$，即亚钒酸离子（metavandate）；另一为 +5 价氧化形式 VO$_4^{3-}$ 即正钒酸离子（orthovanadate）。由于生物效应相似，一般钒酸盐统指这两种 +5 价氧化离子。VO$_3^-$ 经离子转运系统或自由进入细胞，在胞内被还原型谷胱甘肽还原成 VO^{2+}（+4 价氧化态），即氧钒根离子（vanadyl）。由于磷酸和 Mg^{2+} 离子在细胞内广泛存在，VO$_3$ 与磷酸结构相似，VO^{2+} 与 Mg^{2+} 大小相当，因而两者就有可能通过与磷酸和 Mg^{2+} 竞争结合配体干扰细胞的生化反应过程，如抑制 ATP 磷酸水解酶、核糖核酸磷酸果糖激酶、磷酸甘油醛激酶、6-磷酸葡萄糖酶、磷酸酪氨酸蛋白激酶，钒进入细胞后具有广泛的生物学效应。

2.7.1 钒缺乏症

钒是正常生长可能必需的矿物质，钒有多种价态，有生物学意义的是四价和五价态。四价态钒为氧钒基阳离子，易与蛋白质结合形成复合物，而防止被氧化。五价态钒为氧钒基阳离子，易与其他生物物质结合形成复合物，在许多生化过程中，钒酸根能与磷酸根竞争，或取代磷酸根。钒酸盐被维生素 C、谷胱甘肽或 NADH 还原 VO^{2+}（+4 价氧化态），即氧钒根离子。钒在人体健康方面的作用，营养学界和医学界至今仍不是很清楚，仍处在进一步研究发掘的过程中，但可以确定，钒有重要作用。一般认为，它可能有助于防止胆固醇蓄积、降低过高的血糖、防止龋齿、帮助制造红血球等。人体每天会经尿液流失部分钒。

最被认可的钒缺乏表现来自于 1987 年报道的对山羊和大鼠的研究，钒缺乏的山羊表现出流产率增加和产奶量降低。大鼠实验中，钒缺乏引起生长抑制，甲状腺重量与体重的比率增加以及血浆甲状腺激素浓度的变化。对于人体钒缺乏症研究尚不明确，有的研究认为它的缺乏可能会导致心血管及肾脏疾病、伤口再生修复能力减退和新生儿死亡。

2.7.2 钒的食物来源

钒的食物来源主要有：谷类制品、肉类、鸡、鸭、鱼、小黄瓜、贝壳类、蘑菇、欧芹、莳萝籽黑椒等。

2.7.3 钒的代谢吸收

人类摄入的钒只有少部分被吸收，估计吸收的钒不足摄入量的 5%，大部分由粪便排出。摄入的钒于小肠与低相对分子质量物质形成复合物，然后在血中与血浆运铁蛋白结合，血中钒很快就运到各组织，通常大多组织每克湿重含钒量低于 10ng。吸收入体内的 80%～90% 由尿排出，也可以通过胆汁排出，每克胆汁含钒为 0.55～1.85ng。

2.7.4 钒的生理功能

有实验显示，钒调节 nak-ATP 酶、调节磷酰转移酶、腺苷酸环化酶、蛋白激酶类的辅因子，与体内激素，蛋白质，脂类代谢关系密切。可抑制年幼大鼠肝脏合成胆固醇。可能存在以下作用：（1）防止因过热而疲劳和中暑；（2）促进骨骼及牙齿生长；（3）协助脂肪代谢的正常化；（4）预防心脏病突发；（5）协助神经和肌肉的正常运作。

2.7.5 钒的生理需要

尚无具体数据，一般而言，人的膳食中每天可提供不足 $30\mu g$ 的钒，多为 $15\mu g$，因此考虑人体每天从膳食中摄取 $10\mu g$ 钒就可以满足需要，一般不需要特别补充；需要提醒的是，摄取合成的钒容易引起中毒；另外吸烟会降低钒的吸收。

2.7.6 钒的过量表现

钒在体内不易蓄积，因而由食物摄入引起的中毒十分罕见，但每天摄入 10mg 以上或每克食物中含钒 $10\sim20\mu g$，可发生中毒。通常可出现生长缓慢、腹泻、摄入量减少和死亡。

2.7.7 钒的生理机理

在生物体内钒是一些酶的必要组成部分。一些固氮的微生物使用含钒的酶来固定空气中的氮。鼠和鸡也需要少量的钒，缺钒会阻碍它们的生长和繁殖。含钒的血红蛋白存在于海鞘类动物中。一些含钒的物质具有类似胰岛素的效应，也许可以用来治疗糖尿病。

2.7.8 人体各器官对钒的需要量

钒在人体内含量极低，体内总量不足 1mg。主要分布于内脏，尤其是肝、肾、甲状腺等部位，骨组织中含量也较高。人体对钒的正常需要量为 $100\mu g/d$；钒在胃肠吸收率仅5%，其吸收部位主要在上消化道。环境中的钒可经皮肤和肺吸收入体中，血液中约95%的钒以离子状态（VO_2^+）与转铁蛋白结合而输送，因此钒与铁在体内可相互影响。钒对骨和牙齿正常发育及钙化有关，能增强牙对龋牙的抵抗力；钒还可以促进糖代谢，刺激钒酸盐依赖性 NADPH 氧化反应，增强脂蛋白脂酶活性，加快腺苷酸环化酶活化和氨基酸转化及促进红细胞生长等作用。因此钒缺乏时可出现牙齿、骨和软骨发育受阻，肝内磷脂含量少、营养不良性水肿及甲状腺代谢异常等。

2.8 钒污染病

含钒废气、废水和废渣，对人的呼吸系统和皮肤危害较大，会出现接触性和过敏性皮炎的症状，表现为肿胀、发红、皮肤坏死。

2.9 钒对人和动物体的生物效应

钒的生物学及毒理学研究始于 1876 年，并在 20 世纪的七八十年代得到了迅速发展。研究发现，钒的化学性质是决定钒生物效应的基础。钒化合物毒性及生命效应的大小除同钒的总量有关外，更重要的是受钒的化合特性及赋存形态的影响。金属钒的毒性很低，但其化合物对动植物体有中等毒性，且毒性随钒化合态升高而增大，五价钒的毒性最大；

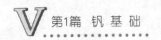
VO^{2+} 为生物无效，而 VO_3^- 却容易被吸收，因此不同的化学存在形式呈现出不同的生物效应。在环境体系中，钒可以以 $-1 \sim +5$ 的氧化态存在，并通常形成许多的聚合物。在组织外流体和细胞内，钒的主要形式分别为钒酸盐（VO_3^-，V^{5+}）和钒氧阳离子（VO^{2+}，V^{4+}），钒酸盐进入细胞后，被谷胱甘肽（$C_{10}H_{17}N_3O_6S$）及其他物质还原成钒氧阳离子，并同蛋白质、磷酸盐、柠檬酸、乳酸等配位体结合而稳定存在。

不管是钒酸盐还是钒氧阳离子，在适量时均对动物体的生理机能起促进作用，如维持生物体的生长；维持心血管系统的正常工作；抑制胆固醇的合成；促进造血功能；影响组织中的胰岛素，促进葡萄糖的吸收、氧化和合成，呈现出类胰岛素的作用；促进蛋白酪氨酸磷酸化；促进钾的吸收；降低甘油三酯的水解作用和蛋白质的降解等。

由于近年来钒环境污染的加剧，人们对钒生物效应的研究主要还是聚焦于钒的毒理学方面。哺乳动物的肺、肝等器官对钒有明显的累积作用，如美国 Alaskan 鲸（Cetaceans）肝脏中钒的浓度从 $0.1\mu g/g$ 升高到 $1\mu g/g$，发生了明显的生物累积，累积浓度与动物的年龄和体形大小呈正相关关系。这个结果在老鼠的肾脏毒性实验中也得到了验证。钒的累积对动物具有中等至高等毒性，可引起呼吸系统、神经系统、肠胃系统、造血系统的损害及新陈代谢的改变，降低对食物的摄入、引起腹泻并使体重减轻；改变新陈代谢及生化机能；抑制繁殖能力和生长发育；降低动物的抗外界压力、毒素及致癌物的能力；甚至致死。如鼠的毒性实验表明，鼠对钒的中毒浓度为 $0.25mg/L$，致死浓度为 $6mg/L$。

在 20 世纪 70 年代早期，钒被认定为鸡和老鼠等动物不可缺少的微量元素的同时，也引发了钒是否也是人类不可缺少的微量元素的思考。Nielsen 认为钒是高等动物及人体的必需元素，但此时对高含量钒（$1\mu g/g$ 或 $2\mu g/g$）可能产生的影响仍然未知，所以仍然认为有关人类对钒的必需性问题没有得到解决。

研究表明，正常成年人体内含钒共约 $25mg$，血液钒含量甚微，约为 $0.00078mol/L$。钒进入人体的途径主要有两条：一是每日饮食摄入，这也是其他许多微量必需元素进入人体的主要途径。由饮食摄入的钒为 $10 \sim 20\mu g/d$，人及动物体最多需要的钒约为 $20\mu g/d$，但有报道称美国由饮食摄入的钒已达到 $10 \sim 60\mu g/d$。二是环境中的钒经皮肤吸收和肺吸收进入人体，这种途径在其他大多数必需元素中是较少见的。进入人体内的钒主要是在胃、肾、肝和肺中累积，也能在脂肪和血浆类脂类中贮存。此时尽管对钒的生物化学效应和功能有重要的认识，但对钒的新陈代谢过程仍缺乏了解，并且缺少数据来说明。为此，Sabbioni 等采用 RNAA 法对人体血液、血清和尿中钒的浓度进行了测量，认为血液、血清中钒的含量约为 $1nmol/L$，而尿液中钒的含量约为 $10nmol/L$，且钒含量的多少同性别没有关系。但同时也认为由于尚缺少适当的文献参考值，所以以上的数据仅为试验条件下的正常值。研究同时也表明，当元素钒在人体内的累积达一定浓度时，将对人体产生毒性作用。钒可刺激眼睛、鼻、咽喉、呼吸道，导致咳嗽；与钙竞争使钙呈游离状态，易发生脱钙；钒也是一种能被全身吸收的毒物，能影响胃肠、神经系统和心脏，中毒时肾、脾、肠道出现严重的血管痉挛、胃肠蠕动亢进等症状。

2.10 钒对植物的生物效应

对植物而言，尽管目前还没有确定钒是植物生长所必需的营养元素，但研究发现钒对植物、尤其是豆科植物的生长和发育具重要作用和影响。适量的钒促进作物生长，促进植物的固氮、固氯作用。但钒化合物过量时同样对高等植物有毒。水稻幼苗施用 $150 \times 10^{-4}\%$ 偏钒酸铵时对生长有良好作用，施用 $500 \times 10^{-4}\%$ 有中毒现象，$1000 \times 10^{-4}\%$ 时幼苗死亡；经 25mg/kg 钒处理的大豆产量开始下降，钒处理达 50mg/kg 以上时大豆产量明显下降。同时，过量钒还可强烈抑制植物根系细胞膜上多种 ATP 酶，引起植株矮化及产量降低，减少植物对钙、磷酸盐等营养元素的吸收；减少高粱根尖对钙的吸收；降低玉米根系对磷酸盐的提取；抑制大豆幼苗的生长和发育。

3 钒资源

钒在自然界分布很广，在地壳中平均含量为0.02%，平均在一万个原子中，就有一个钒原子，比铜、镍、锌、锡、钴、铅等金属都多，自然界中钒一般以化合物存在，钒主要以三价或五价的状态存在。钒具有多种化合价，有时具有金属性质，有时具有类金属性质，它还能生成许多原子团和络合物。三价钒的离子半径与三价铁的离子半径接近，三价钒几乎不生成本身的矿物，而是以类质同象存在于铁及部分铝的矿物中，这也是钒在自然界高度分散的主要原因。五价钒一般形成独立的矿物，如钾钒铀矿、钒云母以及沥青、石油、煤中的钒。

钒的分布十分分散，几乎没有含量较高的矿床。几乎所有的地方都有钒，钒的含量都不高。在海水中海胆等海洋生物体内、磁铁矿、多种沥青矿物、煤灰、落到地球的陨石和太阳的光谱线中，人们都发现了钒的踪影。

3.1 钒矿的成矿特点

矿石的晶体结构取决于岩浆结晶条件，具有大粒浸染体结构的矿石基本属于易选矿石，而矿物晶粒紧密连接的致密矿石属于难选矿石。大多数含钒矿物具有外生成因，多数情况是含 $[VO_4]$ 团的钒酸盐，在内生过程中很少生成自己的矿物，以同晶形杂质形态进入许多造岩化合物和稀有化合物的结晶晶格中。在内生地层中，钒以 V^{3+}（火成岩）、V^{4+}、V^{5+} 氧化度（热液地层）存在，与外生成因矿物不同，在内生成因矿物中没有发现 V^{5+}，自然界中没有 V^{2+} 的化合物和天然钒。图3-1给出了钒的地球丰度。

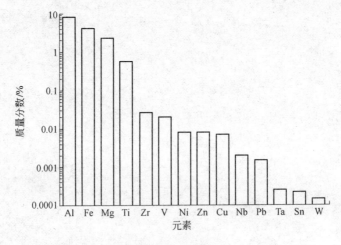

图3-1 钒的地球丰度图

3.1.1 世界钒矿床的主要成因类型

钒属于循环迁移元素，存在大量的化学可逆循环过程。在岩浆作用、沉积和变质作用下，形成的各种有用矿产矿物和非矿物矿床内均含有循环元素，循环元素生成氧化物、氢氧化物、硅酸盐、铝代硅酸盐、碳酸盐、硫酸盐、氯化物和其他矿物化合物。

（1）岩浆成因矿床。岩浆成因矿床包括钒钛磁铁矿和无钛磁铁矿。岩浆成因矿床包括产于辉长岩体、辉长辉绿岩与大型超基性岩中及产于斜长岩与辉长斜长岩中的晚期岩浆分异钒钛磁铁矿矿床。其中的钒均呈类质同象产于钒钛磁铁矿或含钒磁铁矿中，如南非、俄罗斯、中国、美国与加拿大等国都有此类矿床。无钛磁铁矿，钒含量低，V_2O_5 含量为 $0.1\% \sim 0.3\%$，如美国新泽西和瑞典基律那大磁铁矿。

（2）沉积矿床。沉积矿床包括含钒铁矿、含钒页岩和含钒碳氢化合物矿。页岩多含碳和石油，多来源于有机质；含钒碳氢化合物矿呈现于沥青中。沉积矿床包括杂色岩系的钾钒铀矿、黑色岩系、磷块岩和石油沥青岩矿床。其中黑色岩系与磷块岩中的钒矿在美国占相当重要的地位。

（3）火山-侵入岩型矿床。火山-侵入岩型矿床主要与富碱性火山-侵入岩有关。

（4）其他类型。其他类型包括沉积变质矿床、岩浆变质矿床、滨海砂矿、红土型黏土矿、残积-坡积矿床与现代火山渣中的钒矿等。

3.1.2 中国的钒矿床类型

中国的钒矿床有岩浆型、沉积型和火山岩（玢岩）型。岩浆型矿床在大地构造上位于地台区、地台边缘或地槽褶皱带中，呈带状分布，受区域深大断裂控制。在成因和空间上总与各个时代的基性-超基性岩密切相关，如天山-阴山成矿带、陕南-鄂西成矿带与川滇成矿带。川西的攀西地区、河北承德地区、陕西汉中地区及湖北郧阳、襄阳地区都有岩浆型钒矿床产出。这一类型矿床又分为晚期岩浆分异型和晚期岩浆贯入型。

沉积型钒矿则受某一定层位地层与岩性的控制。矿床主要是黑色岩系中的钒矿，多分布于中朝地台、扬子地台与秦岭-祁连地槽褶系两侧，在塔里木地台、华南褶皱系也有分布。岩性上受震旦纪-早寒武纪、志留纪和二叠纪的硅质-碳质岩、铝（黏）土岩和磷块岩的控制。目前发现有经济价值的沉积型钒矿床多产于扬子地台和秦岭-祁连褶皱系的所谓"下寒武统黑色岩系"中。空间分布上，除了北方的陕、晋、豫诸省有少量出现外，主要见于南方，横跨川、黔、桂、湘、鄂、浙、皖、赣、粤等省区，特别是浙江-皖南-赣西南-湖南至桂西北一线，分布着连绵超过 1600km 的黑色岩系层。

火山-侵入岩中的钒矿主要见于长江中下游宁芜地区，成因上与侏罗系-白垩系火山侵入岩（玢岩）有关。

3.1.3 中国钒矿床的成因类型

各类型具体如下。

（1）岩浆型。岩浆型包括晚期岩浆分异型与晚期岩浆贯入型两类，均与基性-超基性岩有关，分布于攀西地区和河北承德地区。攀西地区的钒钛磁铁矿产于晚期岩浆分异的辉长岩-橄长岩-橄榄辉长岩组合或辉长岩-辉石岩-橄榄岩组合的层状岩体中。承德大庙的钒钛磁铁矿则产于斜长岩与辉长岩接触带或斜长冉破裂带中。

晚期岩浆分异型矿床又分为辉长岩型（攀枝花与太和钒钛磁铁矿矿床）、辉长岩-橄长岩-橄榄辉长岩型（白马、巴洞钒钛磁铁矿矿床）、辉长岩-辉石岩-辉橄岩型（红格钒钛磁铁矿矿床)、辉长岩-苏长岩型(陕西毕机沟、望江山钒钛磁铁矿矿床)及辉绿岩型(陕西铁佛寺-桃园钒钛磁铁矿矿床)。河北大庙与黑山的斜长岩-辉长岩-苏长岩型钒钛磁铁矿矿床则是晚期岩浆贯入型的代表性矿床。这两类矿床中的钒都产于钒钛磁铁矿之中。

(2)沉积型。沉积型主要产于下寒武统黑色页岩中。黑色页岩系由黑色碳质页岩、黑色碳泥质硅质岩和黑色碳质硅岩组成,以含较高的有机碳为特征,含碳量一般为 8% ~ 12%。黑色岩系根据成分可细分为石煤层、磷块岩层、钒矿层和镍钼多元素富集层,通称为"石煤"。五氧化二钒在各层中含量相差悬殊,一般为 0.13% ~ 1.00%,低于 0.50% 者占 60%。钒矿层的岩性序列自下而上为:黑色碳质硅岩-黑色碳质粉砂质页岩-钒矿层-黑色碳质页岩。按不同元素组合,可分为含钒、钒钼、钒镍、钒镓、钒铀、钒钼铀、镍钼、镍钼钒和钒镉等类型。钒(钡)硅酸盐相是海盆中的黏土物吸收钒的产物,与开阔的浅海盆地环境有关;含矿层中的元素来源,既有来自大陆风化壳的陆源碎屑,也可能有热卤水或海底火山喷发物质;钒的成矿作用开始于沉积阶段,但主要完成于成岩阶段。

黑色岩系中还含有 Mo、Co、Ni、Cd、Ag 和铂族金属等多种元素,因此这些"石煤"既是发热量低的劣质煤,又是一种低品位的多金属-贵金属矿石。钒在黑色岩系中被碳质或黏土矿物所吸附,或呈单矿物(钒云母)形式存在。

(3)火山岩(玢岩)型。火山岩(玢岩)型产于中-基性玢岩中,矿石以角砾状、脉状为特征。五氧化二钒含在磁铁矿和赤铁矿中。

(4)其他。火山岩中的钒受潮湿环境影响,风化浸蚀,流失渗入黏土矿,残留钒在铝土矿红壤铁矿中得到富集。黏土中的钒受浸蚀迁移,富集进入其他矿层。火成岩残留体或者沉积岩中的钒在干燥高温条件下氧化,形成具有水溶性的高价钒,溶于水后在酸碱度变化和有还原剂作用的条件下,与其他阳离子结合,形成低价钒酸盐沉淀,也可与有机质形成共沉淀,形成钒硫化物和碳氢化物,水气蒸发和碳氢结构分解成为沥青页岩。

3.1.4 国内典型矿区

国内典型矿区具体如下:

(1)攀枝花钒钛磁铁矿矿床。钒钛磁铁矿矿体赋于海西早期基性-超基性岩体中,属晚期岩浆分异矿床。根据含矿岩体依岩性和含矿性的差异,自上而下分为辉长岩、辉岩和橄辉岩三个含矿带及辉长岩中含矿层、辉长岩下含矿层、辉岩上含矿层、辉岩中下含矿层与橄辉岩五个含矿层。矿体主要赋存于辉岩的两个含矿层中,其次是橄辉岩含矿层。矿层产状与岩体产状一致。

矿石物质成分包括金属氧化物、硫砷化物及脉石矿物三大类。金属氧化物主要为钛磁铁矿、钛铁矿、钛铁晶石等,其次有镁铝尖晶石、钒磁赤铁矿、钙钛矿、锐钛矿、金红石、铬尖晶石和白钛石等。硫砷化物主要为磁黄铁矿、镍黄铁矿、黄铜矿、黄铁矿等,次为硫钴矿、辉钴矿、紫硫镍铁矿、砷铂矿、毒砂等。脉石矿物主要为辉石、橄榄石、斜长石,次为角闪石、黑云母、磷灰石。蚀变矿物有绿泥石、蛇纹石与伊丁石等。

矿石主要为海绵陨铁结构与包含结构,浸染状构造、块状构造及斑杂状构造。从铁矿的角度看,本矿区是中贫矿,但铁矿储量巨大。

矿石除含铁、钛、钒外,还有钴、镍、铜、铬、锰、镓、硒、碲、铌、钽、磷、硫及铂族金属等,但品位都很低。

（2）承德大庙钒钛磁铁矿床。大庙钒钛磁铁矿床位于内蒙古地轴东端的宣化-承德-北票深断裂带上，基性-超基性岩侵入于前震旦纪地层中；由晚期含矿熔浆分异出的残余矿浆贯入构造裂隙而成矿，50 多个钛磁铁矿矿体呈透镜状、脉状或囊状产于斜长岩中或斜长岩接触部位的破碎带中，与围岩界线清楚；辉长岩中的矿体多呈浸染状或脉状，与围岩多呈渐变关系。矿体一般长 10～360m，延深数十米至 300m，矿石有致密块状和浸染状两类。主要矿石矿物有磁铁矿、钛铁矿、赤铁矿与金红石等。磁铁矿与钛铁矿呈固溶体分离结构。钒呈类质同象存在于钒钛磁铁矿中。矿石平均品位为 0.16%～0.39%。铁精矿中 V_2O_5 为 0.77%。

（3）安徽凹山含钒磁铁矿矿床。凹山含钒磁铁矿矿床含矿岩体为侏罗纪-白垩纪的火山-中基性侵入（次侵入）岩体。主体位于安徽马鞍山地区，闪长岩岩体内的含钒矿体长 700～900m，宽 500m，垂深约 400m，走向北东，倾角 40°～65°矿石以角砾状、脉状为特征，矿石 V_2O_5 品位 0.22%。围岩蚀变普通，金属矿物有磁铁矿、赤铁矿和褐铁矿。脉石矿物有阳起石、石榴子石、磷灰石、石英与碳酸盐矿物。

（4）霞岚含钒磁铁矿矿床。矿区钒钛磁铁矿赋存于霞岚基性杂岩体中下部及风化壳中，可分为风化矿体和原生矿层两类型。风化矿体出露地表，呈条带状（似层状）分布，矿化较均匀；层状原生矿体，含矿品位贫，由于长期受风化水解和氧化作用，硅酸盐矿物大多数遭破坏，而钒钛磁铁矿、钛铁矿大多数风化残积保存完好，少数风化成赤铁矿和褐铁矿。该矿区钒钛磁铁矿和钛铁矿多数粒径较粗，主体位于广东兴宁市，原矿含钒 0.17%。

（5）湖北百果园钒银矿床。该矿床位于湖北省兴山县的百果园钒银矿床，赋矿地层为震旦系陡山沱组顶部，岩性为黑色页状白云质泥岩夹泥质粉晶白云岩。矿体形态简单，呈层状与围岩整合产出。含矿层中同时有富钒层和富银层，间或在钒矿层中有似层状或透镜状的银矿体。矿体走向与地一致，倾角缓。矿石呈泥质结构，毫米级韵津构造。钒主要含在含钒水云母中，未见钒的单独矿物。银主要含在黄铁矿中，也有含在辉硒银矿、辉银-螺状硫银矿、硒银矿及硫银锗矿的含硒变种中。矿石中含硒为 0.005%～0.007%。

（6）甘肃方山口钒磷铀矿床。方山口钒磷铀矿床属于大型沉积钒矿，位于阴山-天山东西向复杂构造带之北山褶皱带西端，甘肃敦煌地区。区内构造呈短轴背斜，背斜核部为蓟县系，两翼为寒武系。矿体呈透镜状、层状、似层状，产于寒武系地层中，展布稳定，长 100～300m，厚 1～2m。含钒矿体分为含钒碳质粘板岩和含钒碳质千枚岩两类，V_2O_5 平均品位为 0.826%。钒在各类矿物中的分配率：含钒云母为 74.9%，含钒电气石为 11.5%，含钒高岭石为 18.2%，针铁矿、赤铁矿为 4.1%，其他为 1.3%。矿床为大型钒矿，同时是中型的磷矿和小型的铀矿。

（7）杨家堡钒矿床。杨家堡钒矿床为下寒武统浅海（海湾）相沉积矿床。大地构造上位于扬子地台内，湖北丹江口地区。区内为杨家堡-唐家山倒转向斜的北翼，单斜构造由寒武系地层组成，向南倾斜，倾角 15°～30°。寒武系地层为一套硅质-粉砂质建造，已变质为板岩。含矿层自下而上分为 Ⅰ、Ⅱ、Ⅲ矿层：Ⅰ矿层厚 0.9～10m，为硅质岩-粉砂质板岩含矿，V_2O_5 品位为 0.7%～1.3%。Ⅱ矿层为主矿层，厚 1.4～22.4m，为石煤、硅质岩含矿，V_2O_5 品位 0.8%～1.3%。Ⅲ矿层厚 1～8m，为碳质板岩含矿，V_2O_5 品位 0.7%～1.3%。主要矿石矿物有含钒水云母、钡钒云母、钙钒榴石、砷硫钒铜矿等，伴生

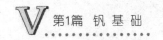

有益组分有铜、镍、钼、钴、金、银、铂、钯、钇和铀等。钒在矿石中呈不同的赋存形态产出，其中50%的钒与伊利石结合，20%的钒含在钒云母、铬钒石榴子石中，其余30%分别有各半与有机质相结合及呈可溶性含钒盐被吸附，铀含量一般低于0.003%。

3.1.5 国外典型钒矿床

国外钒矿主体为岩浆铁矿，特别是钒钛磁铁矿，其中部分铁被钒取代。国外矿石的特点是原矿钒品位普遍较高。

3.1.5.1 前苏联钒钛磁铁矿

前苏联钒钛磁铁矿的储量相当丰富，体现多样的矿物组成和化学成分以及物理性能，属于内生含钒矿床，其主要矿床分布在乌拉尔地区、科拉半岛、西北利亚及其远东地区，卡契卡纳尔矿床为巨大的带浸染的辉岩矿体，矿体很少发现细脉矿石和流层矿石，主要以他形颗粒填满透辉石、普通角闪石和橄榄石（铁陨石结构）之间的空隙。具体有卡契卡纳尔采选联合公司露天开采的古谢沃戈尔矿（Гусевгорское）、中乌拉尔采选公司的卡契卡纳尔矿（Качканарское）和第一乌拉尔矿露天矿（ПервоуАльское）。前苏联还有相当数量含TiO_2较高的钒钛磁铁矿（TFe/TiO_2小于10）矿藏，如缅脱维杰夫矿（Медведевское）、沃尔科夫矿（Волковское）、科潘矿（Копанское）、普多日矿（Пудожгорское）、齐涅斯克矿（Ченеиское）等。另外在库辛斯克、伊尔辛斯克、萨姆持坎等地区储有相当量含钛高的钒钛磁铁矿。

（1）古谢沃戈尔矿床。从化学成分看（TFe 16.6%，V_2O_5 0.13%，TiO_2 1.23%）属于含钒低的钛磁铁矿浸染体。钛磁铁矿含量在异剥岩中最高，在辉长岩中最低（TFe 小于14%）。该矿的金属矿物为磁铁矿和钛铁矿，还有少量的赤铁矿和硫化物。矿床的矿石中，粗粒和中等浸染矿石为难选矿石，矿石中最低工业品位为TFe 16%。

（2）卡契卡纳尔矿床。位于卡契卡纳尔山的北坡和东北坡，主要部分矿石TFe 16%~20%，少部分矿石TFe 14%~16%。橄榄岩中V_2O_5 0.13%~0.14%，TiO_2 1.24%~1.28%。

（3）第一乌拉尔矿床，位于中乌拉尔山脉西坡。主要金属矿物为角闪石颗粒中-细颗粒集合体形式存在的磁铁矿，尚含有3%~5%的钛铁矿。非金属矿物油角闪石、长石、绿泥石、绿帘石等。表内矿TFe 14.0%~35%，其中又分贫浸染矿石（TFe 14%~25%）、富浸染矿石（TFe 25%~35%）和致密的钛磁铁矿矿石（TFe 35%）。分布最广的贫浸染矿石含TFe 14%~16%，V_2O_5约0.19%、TiO_2 2.3%。

卡累利-科拉的喀伊乌浸入岩矿石类型为矿颈矿墙式块状产出，主要岩石为辉长岩、斜长岩、碱性岩和超镁铁质岩石，原矿品位TFe 29%~45%，TiO_2 5%~10%，V_2O_5 0.15%~0.75%；卡累利-科拉的察京矿石类型为矿颈矿墙式块状产出，主要岩石为碱性岩、镁铁质岩和超镁铁质岩石，原矿品位TFe 36%，TiO_2 7%，V_2O_5 0.26%；卡累利-科拉的阿非利坎大矿石类型为浸染状，层状透镜式块状产出，主要岩石为辉长岩、斜长岩和镁铁质岩石，原矿品位TFe 11%~18%，TiO_2 8%~18%；卡累利-科拉的耶累特湖矿石类型为矿颈矿墙式块状产出，主要岩石为斜长岩、超镁铁质岩和超镁铁质岩石，原矿品位TFe 13%~37%，TiO_2 8%~26%，V_2O_5 0.13%；卡累利-科拉的普多日加斯克矿石类型为矿颈矿墙式块状产出，主要岩石为辉长岩、斜长岩和碱性岩、超镁铁质岩和超镁铁质岩石，原矿品位 TFe 13% ~37%，TiO$_2$ 8% ~26%，V$_2$O$_5$ 0.13%。

3.1.5.2 南非钒钛磁铁矿

南非的布什维尔德（Bushveld）、罗伊瓦特（Rooiwater）、蔓勃拉（Mambula）和尤萨斯文（Usushwane）的火成岩复合矿中均有钒钛磁铁矿床，浸染式块状产出，主要岩石为辉长岩、斜长岩和碱性岩，其中布什维尔德是目前南非钒钛磁铁矿最主要基地。其主要矿山有：

（1）马波奇（Mapochs）矿山。该矿山位于德兰士瓦东部的罗森纳克北。钒钛磁铁矿化学成分见表 3-1。

表 3-1 马波奇（Mapochs）矿山钒钛磁铁矿化学成分 （%）

TFe	TiO$_2$	V$_2$O$_5$	Cr$_2$O$_3$	SiO$_2$	Al$_2$O$_3$
53 ~57	14 ~15	1.4 ~1.7	0.5 ~0.6	1.5 ~2.0	3 ~4

（2）德兰士瓦合金公司矿山。有位于瓦伯特斯科洛夫和位于马波奇北 20km 的尤洛格两个矿山。

（3）肯尼迪河谷矿山。该矿山位于布什维尔德东部，矿石中含 V$_2$O$_5$ 约 2.5%。

（4）凡迈脱柯矿山公司矿山。该矿位于博茨瓦纳境内，矿石经选矿后 V$_2$O$_5$ 平均含量为 2.0%。

（5）RHOVAN 公司矿山。该公司正研究开发博茨瓦纳境内有希望的矿山。该矿与凡迈脱柯矿类似。

3.1.5.3 加拿大钒钛磁铁矿

加拿大纽芬兰省的钢山矿矿石类型为浸染状，层状透镜式块状产出，主要岩石为辉长岩、碱性岩、镁铁质岩和超镁铁质岩石，原矿品位 TFe 50% ~55%，TiO$_2$ 10%，V$_2$O$_5$ 0.4%；纽芬兰省的印地安·赫德矿，矿石类型为矿颈矿墙式块状产出，主要岩石为辉长岩、碱性岩、镁铁质岩和超镁铁质岩石，原矿品位 TFe 64%，TiO$_2$ 2% ~6%，V$_2$O$_5$ 0.2% ~0.7%；安大略省马塔瓦矿石类型为浸染状，矿颈矿墙式块状产出，主要岩石为碱性岩、镁铁质岩和超镁铁质岩石，原矿品位 TFe 38%，TiO$_2$ 8%，V$_2$O$_5$ 0.76%；马尼托巴省克罗斯湖矿石类型为浸染状，矿颈矿墙式块状产出，主要岩石为斜长岩、碱性岩、镁铁质岩和超镁铁质岩石，原矿品位 TFe 28% ~60%，TiO$_2$ 3% ~10%，V$_2$O$_5$ 0.02% ~0.5%；不列颠哥伦比亚省班克斯岛矿石类型为矿颈矿墙式块状产出，主要岩石为斜长岩、碱性岩、镁铁质岩和超镁铁质岩石，原矿品位 TFe 20% ~50%，TiO$_2$ 1% ~3%，V$_2$O$_5$ 0.07% ~0.55%；不列颠哥伦比亚省波彻岛矿石类型为矿颈矿墙式块状产出，主要岩石为辉长岩、斜长岩、碱性岩和超镁铁质岩石，原矿品位 TFe 25%，TiO$_2$ 2%，V$_2$O$_5$ 0.2% ~0.35%。

魁北克省塞文爱兰斯矿石类型为层状透镜状，矿颈矿墙式块状产出，主要岩石为碱性岩、镁铁质岩和超镁铁质岩石，原矿品位 TFe 11% ~42%，TiO$_2$ 3% ~16%；魁北克省马格庇山矿石类型为层状透镜状，矿颈矿墙式块状产出，主要岩石为辉长岩、镁铁质岩和超镁铁质岩石，原矿品位 TFe 43%，TiO$_2$ 10%，V$_2$O$_5$ 0.2% ~0.35%；魁北克省圣-乌巴因矿石类型为块状产出，主要岩石为辉长岩、碱性岩、镁铁质岩和超镁铁质岩石，原矿品位 TFe 35% ~40%，TiO$_2$ 38% ~45%，V$_2$O$_5$ 0.17% ~0.34%；魁北克省莫林矿石类型为矿颈矿墙式产出，主要岩石为辉长岩、碱性岩、镁铁质岩和超镁铁质岩石，原矿品位 TFe

$25\% \sim 43\%$，TiO_2 19%，V_2O_5 $0.05\% \sim 0.34\%$；魁北克省多尔湖矿石类型为浸染状，矿颈矿墙式块状产出，主要岩石为辉长岩、斜长岩、碱性岩和镁铁质岩石，原矿品位 TFe $28\% \sim 53\%$，TiO_2 $5\% \sim 8\%$，V_2O_5 $0.3\% \sim 1.0\%$。

加拿大阿拉德湖（Allerd）地区乐蒂奥（Lac tio）矿山矿石，该矿为钛铁矿包裹赤铁矿，属块状钛铁矿（$TiO_2 \cdot FeO$）和赤铁矿（Fe_2O_3），两者比例大致为 $2:1$。脉石主要是斜长石，只有少量辉石、黑云母、黄铁矿和磁铁矿，层状透镜状、矿颈、矿墙式块状产出，原矿含 V_2O_5 0.27% 左右。

拉布拉多省米契卡莫湖矿石类型为矿颈矿墙式块状产出，主要岩石为辉长岩、碱性岩、镁铁质岩和超镁铁质岩石。

3.1.5.4 美国钒钛磁铁矿

美国钒钛磁铁矿的矿藏极为丰富。阿拉斯加州、纽约州、怀俄明州、明尼苏达州都有钒钛磁铁矿的矿床，但至今未开采利用。美国纽约州的桑福德湖（Sanford Lake）地区钒钛磁铁矿，成因与阿迪龙达克山脉的前寒武纪辉长岩、斜长岩的杂岩有密切关系，矿体长 $1600m$，下盘岩石为致密粗粒斜长岩，上盘为浸染状或致密、细粒到中粒的辉长岩石，上下盘相互平行，倾角 $45°$。矿石平均含铁 34% Fe，$18\% \sim 20\%$ TiO_2，0.45% V_2O_5；纽约州第安纳综合矿体矿石类型为层状透镜状，矿颈矿墙式块状产出，主要岩石为辉长岩、斜长岩、碱性岩和镁铁质岩石，原矿品位 TFe 20%，TiO_2 7%，V_2O_5 0.05%；新泽西州哈格尔矿石类型为浸染状，层状透镜状矿颈矿墙式块状产出，主要岩石为辉长岩、斜长岩、碱性岩、镁铁质岩和超镁铁质岩石，原矿品位 TFe 60%，TiO_2 6%，V_2O_5 0.4%；新泽西州凡西克尔矿石类型为浸染状，层状透镜状矿颈矿墙式块状产出，主要岩石为辉长岩、斜长岩、碱性岩、镁铁质岩和超镁铁质岩石，原矿品位 TFe 50%，TiO_2 $10\% \sim 15\%$，V_2O_5 0.5%。

北卡罗来纳州皮德蒙特矿石类型为浸染状，块状产出，主要岩石为辉长岩、斜长岩、碱性岩和超镁铁质岩石，原矿品位 TFe $40\% \sim 65\%$，TiO_2 约 12%，V_2O_5 $0.13\% \sim 0.38\%$；北卡罗来纳州与田纳西州阿帕拉契亚矿石类型为浸染状，块状产出，主要岩石为辉长岩、斜长岩、碱性岩和超镁铁质岩石，原矿品位 TFe $40\% \sim 60\%$，TiO_2 $5\% \sim 7\%$；怀俄明州铁山矿石类型为层状透镜状，矿颈矿墙式产出，主要岩石为辉长岩、碱性岩和超镁铁质岩石，原矿品位 TFe $17\% \sim 45\%$，TiO_2 $10\% \sim 20\%$，V_2O_5 $0.17\% \sim 0.64\%$；怀俄明州欧温湖矿石类型为块状产出，主要岩石为辉长岩、碱性岩和超镁铁质岩石，原矿品位 TFe 29%，TiO_2 5%，V_2O_5 0.2%；科罗拉多州铁山矿石类型为块状产出，主要岩石为斜长岩、碱性岩、镁铁质岩和超镁铁质岩石，原矿品位 TFe $40\% \sim 50\%$，TiO_2 14%，V_2O_5 $0.41\% \sim 0.45\%$；加利福尼亚圣加布利尔山矿石类型为层状透镜状，块状产出，主要岩石为碱性岩、镁铁质岩石和超镁铁质岩石，原矿品位 TFe 46%，TiO_2 20%，V_2O_5 0.53%；阿拉斯加州斯内梯斯哈姆矿石类型为层状透镜状，矿颈矿墙式产出，主要岩石为辉长岩、斜长岩、碱性岩和超镁铁质岩石，原矿品位 TFe 19%，TiO_2 2.6%，V_2O_5 0.09%；阿拉斯加州克柳克汪矿石类型为矿颈矿墙式产出，主要岩石为辉长岩、斜长岩、碱性岩和超镁铁质岩石，原矿品位 TFe $15\% \sim 20\%$，TiO_2 2.0%，V_2O_5 0.05%；阿拉斯加州伊利阿姆拉湖矿石类型为层状透镜状，矿颈矿墙式块状产出，主要岩石为辉长岩、斜长岩、碱性岩和超镁铁质岩石，原矿品位 TFe $12\% \sim 19\%$，TiO_2 1.3%，V_2O_5 0.02%。

3.1.5.5　北欧钒钛磁铁矿

北欧的芬兰、挪威与瑞典均有钒钛磁铁矿。

(1) 芬兰奥坦马蒂及穆斯塔瓦腊矿。奥坦马蒂矿位于芬兰北部，矿石类型为浸染状，矿颈矿墙式块状产出，主要岩石为辉长岩、斜长岩、碱性岩和超镁铁质岩石。穆斯塔瓦腊矿石类型也是浸染状，产状与岩石类型与奥坦马蒂类似。

奥坦马蒂矿石中 TFe 34%～45%，TiO_2 13%，V_2O_5 0.45%，原矿成分见表3-2。

表3-2　原矿成分　　　　　　　　　　　　（%）

化学成分	TFe	FeO	Fe_2O_3	V_2O_5	TiO_2	SiO_2	Al_2O_3	CaO	MgO	Na_2O
原　矿	17.0	11.5	12.0	0.36	3.1	41.0	15.0	9.2	4.7	2.3

(2) 挪威特尔尼斯矿床。挪威特尔尼斯矿床是欧洲最大的钛矿山，矿石类型为浸染状透镜状产出，主要岩石辉长岩、斜长岩、碱性岩、镁铁质岩和超镁铁质岩石。矿石储量约3 亿吨。原矿含 TFe 20%，TiO_2 17%～18%；在罗德萨德还有含低钛的磁铁矿，矿石类型为浸染状，矿颈矿墙式块状产出，主要岩石为辉长岩、斜长岩、碱性岩和超镁铁质岩石，TFe 30%，TiO_2 4%，V_2O_5 0.30%；罗弗敦的塞尔瓦格矿石类型为浸染状，矿颈矿墙式块状产出，主要岩石为斜长岩、碱性岩、镁铁质岩和超镁铁质岩石，原矿品位 TFe 35%，TiO_2 4.0%，V_2O_5 0.4%，精选后铁精矿 TFe 60%，TiO_2 5%，V_2O_5 0.7%；莫雷的罗德撒德矿石类型为浸染状，矿颈矿墙式块状产出，主要岩石为辉长岩、斜长岩、碱性岩和超镁铁质岩石，原矿品位 TFe 35%，TiO_2 6.0%，V_2O_5 0.5%，精选后铁精矿 TFe 62%，TiO_2 2%，V_2O_5 0.9%；莫雷的索格矿石类型为矿颈矿墙式块状产出，主要岩石为碱性岩、镁铁质岩和超镁铁质岩石，原矿品位 TFe 10%～30%，TiO_2 5.0%～50%，V_2O_5 0.1%～1.0%；莫雷的奥斯陆矿石类型为浸染状，矿颈矿墙式块状产出，主要岩石为斜长岩、碱性岩、镁铁质岩和超镁铁质岩石，原矿品位 TFe 10%～30%，TiO_2 5.0%～50%，V_2O_5 0.1%～1.0%；埃格松的斯妥尔岗根矿石类型为浸染状，层状透镜状块状产出，主要岩石为辉长岩、碱性岩、镁铁质岩和超镁铁质岩石，原矿品位 TFe 5%，TiO_2 17.0%，V_2O_5 0.14%，精选后铁精矿 TFe 65%，TiO_2 5%，V_2O_5 0.73%。

(3) 瑞典塔贝格 (Taberg) 以及基律纳都有钒钛磁铁矿。矿石类型为浸染状，矿颈矿墙式块状产出，主要岩石辉长岩、斜长岩、碱性岩和超镁铁质岩石。塔贝格矿中含钒较高，可达到 V_2O_5 0.7%。

3.1.5.6　亚太钒钛磁铁矿

亚太地区除中国外，澳大利亚、新西兰、印度、斯里兰卡等国均有钒钛磁铁矿矿藏。

(1) 澳大利亚钒钛磁铁矿床。澳大利亚钒钛磁铁矿矿床主要集中在西澳大利亚科茨矿、巴拉矿、巴拉姆比等矿。科茨矿 (Coates) 在澳大利亚温多维 (Wundowie) 海滨地区。矿体是磁铁矿辉长岩，具有较佳的矿石成分。

巴拉 (Balla) 矿含铁钒钛较高，与南非布什维尔德矿类似。巴拉姆比矿、加巴番宁撒矿原矿中 TiO_2 15%、V_2O_5 0.7%、TFe 26.0%。

(2) 印度钒铁磁铁矿床。印度钒铁磁铁矿主要集中在南部喀拉拉邦特里凡得浪沿岸，奥里萨邦玛乌尔伯汉吉 (Mayurbhanj) 及哈尔邦锡伯姆 (Singhbum) 和泰米尔纳德邦乌德拉斯附近。大部分为海滨矿，原矿中 TiO_2 15%～30%。在达布拉伯腊发现有钒钛磁铁矿，

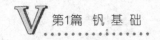

TiO_2 10.2% ~28.7%，V_2O_5 1.45% ~8.8%。

（3）斯里兰卡钒铁磁铁矿床。斯里兰卡除东北海岸伯慕达（Pulmoddai）外，从康狄勒玛兰（Kurndirarmalai）湾西北海岸到南部的克林达（Kirinda）西岸均有钛铁矿，含 TiO_2 53.61%，Fe 31%。矿物中除有 70% ~80% 钛铁矿（$TiO_2 \cdot FeO$）外，还有 10% 的金红石（TiO_2）及 8% ~10% 的锆英石（$ZrO \cdot SiO_2$）。

（4）新西兰钒钛磁铁矿床。新西兰南、北二岛的西海岸，有大量的钒钛铁矿砂，是全球主要的钒钛磁铁矿生产地之一，平均含 TFe 18.0% ~20%，但波动范围达 4% ~60%。矿砂中 TFe 22.1%，TiO_2 4.33%，V_2O_5 0.14%。

3.1.5.7 南美钒钛磁铁矿

巴西马拉佳斯（Maracás）钒钛磁铁矿属于典型的高钒矿床，V_2O_5 1.27%，矿物主体为粗晶粒辉长岩/辉岩浸入体，同时含有钛和铂族元素，储量适中；巴西 Campo Alegre de Lourdes 矿床主体为铁镁质浸入体，矿石含 Fe 50%，TiO_2 21%，V_2O_5 0.75%，储量适中。

3.2 钒的矿物

世界上已知的钒储量有 98% 产于钒钛磁铁矿。除钒钛磁铁矿外，钒资源还部分赋存于磷块岩矿、含铀砂岩、粉砂岩、铝土矿以及含碳质的原油、煤、油页岩和沥青砂中。含量高而富聚的单独钒矿床很少，多呈伴生状态存在于钒钛磁铁矿、铝土矿、煤矿、石油等矿床中。已知的含钒矿物超过 65 种。自然界中钒很难呈单一体存在，由于钒的许多化合物易溶于酸、碱的稀溶液和水中，故往往呈分散状态，散布在岩石中，常与其他元素伴生产出，主要与其他矿物形成共生矿或复合矿，钒主要蕴藏在钒钛磁铁矿中，V_2O_5 含量可达 1.8%，目前全球绝大数的钒制品都来自该类钒资源；其中较重要的钒矿物还有绿硫钒矿（$V_2S + nS$）、钒铅矿 $[PbCl_2 \cdot 3Pb_3(VO_4)_2]$、硫钒铜矿（$3Cu_2S \cdot V_2S_5$）、钛铈铀矿（Fe、U、V、Cr 及稀土的钛酸盐）、钒钾铀矿（$K_2O \cdot 2UO_3 \cdot V_2O_5 \cdot 3H_2O$）和钒云母 $[2K_2O \cdot 2Al_2O_3 \cdot (Mg,Fe)O \cdot 3V_2O_5 \cdot 10SiO_2 \cdot 4H_2O]$ 等。

其次钒在油类矿藏中也有丰富的储量；再次是含钒石煤。

3.2.1 钒铅矿

钒铅矿又称"褐铅矿"，出现于氧化性复合含铅矿石中，是铅的氯钒酸盐。钒铅矿是一种钒矿物，属于磷灰石矿物族中磷氯铅矿物系列中的一员。钒铅矿是提炼钒的矿物原料，它也可以提炼出铅来，但属于铅更为主要的矿石来源。钒铅矿的颜色主要为红、黄、褐色调，松脂光泽，有些还会更光亮。它们多为柱形，很多晶柱还是中空的。成分为 $Pb_5(MO_4)_3Cl$，含 V_2O_5 为 19.4%，纯矿物含钒量 16.2%。结构为六方晶系，晶体为六方柱状或针状，或毛发状，集合体呈晶簇状、球状，呈鲜红、橙红、浅褐红、黄或鲜褐色等色泽，具有树脂光泽或金刚光泽，通常为致密块状，黄至黄褐色，条痕白至淡黄色，硬度 2.5 ~3，密度 6.66 ~7.10g/cm³。产于铅矿床的氧化带中，大量聚积时，可作钒铅矿石开采，可从中提炼钒。

3.2.2 钒云母

钒云母（roscoelite in sandstone），组成与结构为 $KV_2[AlSi_3O_{10}](OH)_2$。类质同象混入物有 Mg、Cr、Fe^{2+}、Fe^{3+} 等，中国湖北产出的钒云母含 SiO_2 48.05%，TiO_2 0.38%，Al_2PO_3

15.00%，V_2O_3 14.62%，Cr_2O_3 1.56%，Fe_2O_3 0.56%，MgO 4.32%，CaO 0.34%，BaO 1.28%，K_2O 6.19%，Na_2O 0.13%，P_2O_5 0.13%，F 0.05%，H_2O 5.44%，H_2O 0.28%。总计 98.33%。钒云母属单斜晶系，纯矿物含钒量 22.8%，属于复杂铝代硅酸盐，白云母类。

物化性质：大多数钒云母晶体呈亮绿色细纤维状。少数呈片状，前者具丝绢光泽。质地柔软。似石棉，解理平行 {001} 极完全，硬度 2.5，相对密度 2.88，钒云母的绿色是由 V^{3+} 存在所引起。随矿物 V_2O_3 含量增大，颜色从浅绿向深绿色转变，若矿物含铬，则带蓝色。鉴别特征：钒云母以其呈亮绿色区别于其他云母矿物，准确鉴别可借助于化学分析和差热曲线分析。

产状：钒云母其颜色、形态和透射光下为绿色，有多色性为鉴定特征。湖北产出的钒云母赋存于一套含有机质较高的炭质板岩中。岩石中存在大量煤岩组分。与铬钒水云母，铬钒白云母等共生。钒云母大部分晶体呈亮绿色细纤维状，少数成片状。

钒云母物理性质：硬度为 2.5；密度为 2.88g/cm³；解理 {001} 极完全；无断口；颜色随 V_2O_3 含量的增加，从浅绿色向深绿色转变，若成分含铬则带蓝色；不透明；丝绢光泽；非荧光。

3.2.3 钒钾铀矿

钒钾铀矿又称"钒酸钾铀矿"。成分为 $K_2[UO_2]_2[VO_4]_2 \cdot 3H_2O$，含铀 42% ~ 46%，纯矿物含钒量 11.3%。单斜晶系，晶体细小，片状或板状。通常呈粉末块状，鲜黄或淡黄绿色。玻璃光泽，硬度 2 ~ 2.5，密度 4.46g/cm³，具有强放射性。易溶于稀酸中。存在于沉积岩的风化区，主要分布在含铀砂岩、石灰岩和页岩中，分布于有机质的沉积岩的风化带（主要是砂岩），或见于沉积铀矿床的氧化带中，是提取铀、钒及镭的矿物原料。钒钾铀矿是提炼铀的重要矿物，为含水的钾铀酰钒酸盐。纯钒钾铀矿可含 53% 的铀和 12% 的钒。黄色、软质，有些呈小块体，有些呈土状。

3.2.4 绿硫钒矿

绿硫钒矿（patronite），主成分 $V(S_2)_2$，含 V 28.4%。单斜晶系，是含有杂质硫的钒的亚硫酸盐。常呈致密块状或粉末状集合体，暗灰或黑色，条痕灰黑色，金属光泽，硬度 2，密度 2.98g/cm³。产于被酸性脉岩侵入的沥青质页岩中，是提取钒的矿石矿物。

3.2.5 钒钙铀矿

钒钙铀矿（metatyuyamunite），又称变钒钙铀矿，是含 V_2O_5 的铀钙化合物，斜方晶系。分子式：$Ca(UO_2)_2[VO_4]_2 \cdot (3 \sim 5)H_2O$；晶体呈板状、叶片状，沿 [001] 呈扁平状，沿轴向延长；集合体呈粉末状、放射状，金黄至淡绿黄色。晶体具金刚光泽，集合体具蜡状光泽。

3.2.6 水钒钠石

水钒钠石，分子为 $Na_2V_6O_{16} \cdot 3H_2O$，纯矿物含钒量 46.2%。

3.2.7 钒磁铁矿

钒磁铁矿（coulsonite）分子式：FeV_2O_4；化学性质：主要含钒矿物之一。成分中有少

量 V^{3+} 为 Fe^{3+} 所代替，含五氧化二钒 68.41% ~72.04%，可视为含钒的磁铁矿亚种。等轴晶系，六八面体晶类，半自形粒状，或呈片晶。蓝灰黑色，金属光泽。硬度 4.5~5，密度 5.15g/cm³。以与王水和盐酸不起作用而区别于磁铁矿。产于晚期岩浆矿床、岩浆分异矿床、高温热液矿床中。用于提取五氧化二钒和其他钒化合物，以及炼钒等。晶系：等轴晶系，Fm3m；形态：六八面体晶类，半自形粒状，或呈片晶；蓝灰黑色，金属光泽；硬度：4.5~5；密度：5.15g/cm³。

成因及产地：以与王水和盐酸不起作用而区别于磁铁矿。产于晚期岩浆矿床、岩浆分异矿床、高温热液矿床中。

赋矿岩体类型包括：(1)纯橄岩-方辉橄榄岩-橄榄岩-辉石岩-苏长岩-辉长岩-斜长岩等岩相构成的镁铁质-超镁铁质层状侵入体；(2)(橄长岩)-(苏长岩)-斜长岩-(铁闪长岩)层状侵入体；(3)(橄榄岩)-(辉石岩)-辉长岩层状侵入体；(4)斜长岩-辉长岩杂岩体。岩石多具堆晶结构。共生矿床包括铬铁矿矿床、铜镍硫化物矿床、铂族元素矿床。

大多数重要矿体成层状平行于火成堆积层理分布于层状岩体的辉长岩及斜长岩为主的岩相带，多见于每个岩相旋回的底部。围岩多为辉长岩、斜长岩、辉长苏长岩，矿层与下部围岩多为突变接触，与上部围岩多为渐变接触关系。此外可见脉状、管状矿体不整合地贯入于各岩相带中，与围岩呈突变接触。矿石矿物组合主要是含钒磁铁矿 + 钛磁铁矿 + 钛铁矿 + 硫化物。主要脉石矿物主岩的造岩矿物斜长石、辉石及橄榄石等。

矿石结构构造为堆晶(积)结构、填隙结构、嵌晶结构、海绵陨铁结构、出溶结构；浸染状构造、条带状构造、块状构造。

此类型矿床属岩浆分结矿床。处于地幔热点之上的深部巨大岩浆房为幔源镁铁质岩浆的充分分异与成矿提供了优越条件。磁铁矿、钛铁矿的晶出一般在较晚阶段，但因岩体而异。我国的此类矿床中磁铁矿晶出多晚于辉石和斜长石，具有晚期岩浆分结矿床的结构构造特征或/和发育脉状贯入矿体。在布什维尔德杂岩中，磁铁矿的晶出晚于橄榄石和斜方辉石而大致与斜长石相当，因此层状矿体主要分布于上岩带(斜长岩为主)下部及主岩带顶部，具有早期岩浆分结矿床的结构构造特征，但在主矿带及其下部的各岩相中也常见可能来自下部主岩带的矿浆贯入矿体。

3.2.8 钒土

钒土，分子式 V_2O_3，纯矿物含钒量 68%。铝矾石(aluminous soil；bauxite)又称钒土、矾土或铝土矿，主要成分是氧化铝，系含有杂质的水合氧化铝，是一种土状矿物。白色或灰白色，因含铁而呈褐黄或浅红色。密度 3.9~4g/cm³，硬度 1~3，不透明，质脆。极难熔化，不溶于水，能溶于硫酸、氢氧化钠溶液。

铝矾石学名铝土矿、铝矾土。其组成成分异常复杂，是多种地质来源极不相同的含水氧化铝矿石的总称，如一水软铝石、一水硬铝石和三水铝石($Al_2O_3 \cdot 3H_2O$)；有的是水铝石和高岭石($2SiO_2 \cdot Al_2O_3 \cdot 2H_2O$)相伴构成；有的以高岭石为主，且随着高岭石含量的增高，构成为一般的铝土岩或高岭石质黏土。铝土矿一般是化学风化或外生作用形成的，很少有纯矿物，总是含有一些杂质矿物，或多或少含有黏土矿物、铁矿物、钛矿物及碎屑重矿物等等。

3.2.9　钒铀矿

钒铀矿分子式$(UO_2)_2V_6O_{17}\cdot15H_2O$，纯矿物含钒量68%。钙钒铀矿（tyuyamunite）化学符号为$Ca\{(UO_2)_2[V_2O_8]\}\cdot8H_2O$，斜方晶系，晶体板状，鳞片状集合体；柠檬黄色，橘黄或棕绿色，阳光下表面转变为黄绿；油脂光泽、玻璃光泽；莫氏硬度1~2；密度$3.41~3.67g/cm^3$，解理完全；断口不平坦，易溶于酸，是铀矿之一。典型的氧化带矿物化学成分为$Ca\{(UO_2)_2[V_2O_8]\}\cdot8H_2O$，其中钙可被钾代替，物理形态：斜方晶系；晶体板状，鳞片状集合体；柠檬黄色，橘黄或棕绿色，阳光下表面转变为黄绿；油脂光泽、玻璃光泽；莫氏硬度1~2，密度$3.41~3.67g/cm^3$，解理完全；断口不平坦；易溶于酸。

3.2.10　水钒铅矿

水钒铅矿，分子式为$Pb_2(Mn,Fe)[VO_4]_2\cdot H_2O$，纯矿物含钒量14.2%。

3.2.11　黑铁钒矿

黑铁钒矿，分子式为$(Fe,V)O(OH)$，纯矿物含钒量60.7%。

3.3　主要提钒矿物

可提钒矿物包括钒矿石、复合多金属钒矿和有机基原料矿床，不同国家和地区提钒的物料基础不同，硫钒矿（秘鲁）、钒铅锌铜矿（南部非洲）、钒钛磁铁矿（中国、俄罗斯、南非）、钒铀矿（美国、西澳大利亚、乌兹别克）、燃油发电油灰（中东、委内瑞拉）。

3.3.1　钒钛磁铁矿

钒钛磁铁矿岩体分为基性岩（辉长岩）型和基性-超基性岩（辉长岩-辉石岩-辉岩）型两大类，前者有攀枝花、白马、太和等矿床，后者有红格、新街和大庙等矿床。总的来说，两种类型的地质特征基本相同，前者相当于后者的基性岩相带部分的特征，后者除铁、钛、钒外，伴生的铬、钴、镍和铂族组分含量较高，因而综合利用价值更大。钒钛磁铁矿不仅是铁的重要来源，而且伴生的钒、钛、铬、钴、镍、铂族和钪等多种组分，具有很高的综合利用价值。

3.3.2　石煤

石煤（stone-like coal）生成于古老地层中，由菌藻类等生物遗体在浅海、泻湖、海湾条件下经腐泥化作用和煤化作用转变而成。外观像石头，肉眼不易与石灰岩或碳页岩相区别，高灰分（一般大于60%）深变质的可燃有机矿物。石煤含钒矿床是一种新的成矿类型，称为黑色页岩型钒矿，它是在边缘海斜坡区形成的，主要含钒矿物是含钒伊利石。

含碳量较高的优质石煤呈黑色，具有半亮光泽，杂质少；相对密度为1.7~2.2；含碳量较少的石煤，呈偏灰色，暗淡无比，夹杂有较多的黄铁矿、石英脉和磷钙质结核等，相对密度在2.2~2.8之间，石煤发热量不高，在3.5~10.5MJ/kg之间，是一种低热值燃料。热值偏高的石煤，在改进燃烧技术后，可用作火力发电的燃料，石煤可用作烧制水泥和制造化肥等，灰渣制作碳化砖等。伴有生矾的石煤，可提取五氧化二钒。

目前在中国石煤资源中已发现的伴生元素多达 60 多种，其中可形成工业矿床的主要是钒，石煤中 V_2O_5 品位较低，一般为 1.0% 左右。石煤中的钒以 V(Ⅲ) 为主，有部分 V(Ⅳ)，很少见 V(Ⅴ)。由于 V(Ⅲ) 的离子半径（74pm）与 Fe(Ⅱ) 的离子半径（74pm）相等，与 Fe(Ⅲ) 的离子半径（64pm）也很接近，因此，V(Ⅲ) 几乎不生成本身的矿物，而是以类质同象存在于含钒云母、高岭土等铁铝矿物的硅氧四面体结构中，其次是钼、铀、磷、银等。

表 3-3 给出了中国部分地区石煤中钒的赋存状态。

表 3-3　中国部分地区石煤中钒的赋存状态

石煤产地	含钒矿物		矿石中所含矿物质量分数/%	矿物中 V_2O_5 含量/%	V_2O_5 分配率/%
湖北	有机质　沥青岩			17.45	15
	硅铝酸盐类物	伊利石		7.00	50
		含钒云母		1.98	1
杨家堡	硅酸盐类矿物	钛钒石榴子石		16.00	16~18
		铬钒石榴子石		21.538	
	硫化物类矿物	砷硫钒铜矿		6.59	2
		赭石		9.37	
	水溶性盐类				2
	吸附态	钒阳离子			2
		钒铬阴离子			10
湖北广石崖	含钒水云母		12.55	3.97	89.29
	碳质		53.02		6.7
	石英		17.16	0.006	2.1
	长石		2.13		
	霞长石、方解石、白云石		6.81	0.005	0.05
	黄铁矿		3.33	0.003	0.02
浙江诸暨	含钒云母		17.0	5.66	89.9
	含钒高岭石		12	6.5	7.4
	含钒石榴子石		0.5	3.6	1.7
浙江安仁	钒云母		1.0	12.85	16.4
	黏土		20.4	3.23	83.6
浙江塘坞	伊利石		41.2	3.34	100
浙江	破碎风化粉样	橙钒钙石	1	59.6	20.8
		钙钒榴石	0.5	24.86	4.5
		钒铁矿	2.9	49.5	50.3
		黏土	33.7	1.48	17.4
	块状石煤	钙钒榴石	2.1	24.86	57.7
		钒钛矿	1.0	33.66	37.1
		黏土	31.2	0.61	5.4

石煤产地	含钒矿物	矿石中所含矿物质量分数/%	矿物中 V_2O_5 含量/%	V_2O_5 分配率/%
湖南岳阳	高岭石为主的硅铝酸盐			70
	游离氧化物			10 ~ 20
	碳质			少量
甘肃方山口	含钒云母类矿物	10	5.5	79.6
	含钒高岭石	2	2.79	10.9
	含钒氧化铁矿物	6	0.48	
	含钒电气石	1	8.42	9.5
江西昄大	钒云母	0.78	37.5	33.91
	含钒水白云母	8.53	4.41	43.52
	含钒钡水云母	17.01	0.65	12.85
	磷铝石	0.73	0.90	0.81
	褐铁矿	5.21	0.26	1.62
	石英	51.65	0.0075	0.46
	碳质	5.22	0.65	3.94
四川某地	黏土类矿物			52.38
	碳质			27.62
	硫化物			12.38
	硅酸盐类矿物			7.62

3.3.3 钒铅矿

钒铅矿又称"褐铅矿"。钒铅矿是一种钒矿物，属于磷灰石矿物族中磷氯铅矿物系列中的一员。钒铅矿是提炼钒的矿物原料，它也可以提炼出铅来，但铅是主要的矿石来源。

3.3.4 钒钾铀矿

钒钾铀矿又称"钒酸钾铀矿"，成分为 $K_2[VO_2]_2[VO_4]_2 \cdot 3H_2O$，含铀 42% ~ 46%。

3.3.5 钒云母

钒云母（roscoelite in sandstone），组成与结构：$KV_2[AlSi_3O_{10}](OH)_2$。类质同象混入物有 Mg、Cr、Fe^{2+}、Fe^{3+} 等，湖北产出的钒云母含 SiO_2 48.05%，TiO_2 0.38%，Al_2PO_3 15.00%，V_2O_3 14.62%，Cr_2O_3 1.56%，Fe_2O_3 0.56%，MgO 4.32%，CaO 0.34%，BaO 1.28%，K_2O 6.19%，Na_2O 0.13%，P_2O_5 0.13%，F 0.05%，H_2O 5.44%，H_2O 0.28%。总计 98.33%。钒云母属单斜晶系。

3.3.6 绿硫钒矿

绿硫钒矿，主成分 VS_4，含 V 28.4%。单斜晶系。常呈致密块状或粉末状集合体，暗

灰或黑色，条痕灰黑色，金属光泽，硬度 2，密度 $2.98g/cm^3$。产于被酸性脉岩侵入的沥青质页岩中，是提取钒的矿石矿物。

3.3.7 有机基钒矿

钒在有机基原料矿床中与卟吩、酚及其他复杂有机物形成配合物，存在于高硫石油、沥青质页岩和沥青石等。

3.4 钒资源分布

3.4.1 钒资源类型及分布特点

钒资源分布遍及五大洲，欧、亚、非是钒资源相对丰富的地区。全球钒主要蕴藏在中国、俄罗斯、南非、澳大利亚西部和新西兰的钛铁磁铁矿以及委内瑞拉、加拿大、中东和澳大利亚的油类矿藏以及美国的钒矿石和黏土矿中，钒钛磁铁矿中的 V_2O_5 含量可以达到 1.8%，世界上已知的钒储量有 98% 产于钒钛磁铁矿，目前已得到广泛开采利用。钒在油类矿藏中也有丰富的储量，钒资源还部分赋存于磷块岩矿、含铀砂岩、粉砂岩、铝土矿、含碳质的原油、煤、油页岩及沥青砂中。

北美和澳大利亚昆士兰州朱利亚克里克钒矿就是赋存在油页岩或沥青砂岩中，其 V_2O_5 含量 0.45%；美国阿肯色州的铝黏土矿和科罗拉多州的铀矿中也可能成为钒的来源；加拿大从艾伯塔省的沥青砂中提取钒。

3.4.2 钒钛磁铁矿

世界钒钛磁铁矿的储量较大，并且集中在少数几个国家和地区，包括：独联体、美国、中国、南非、挪威、瑞典、芬兰、加拿大和澳大利亚等，并且集中分布在南部非洲、北美洲和亚太等地区。在南非，钒通常在钒磁铁矿的矿层中产生，这些矿层的平均品位为 1.5%。

中国钒钛磁铁矿床分布广泛，储量丰富，储量和开采量居全国铁矿的第三位，已探明储量 98.3 亿吨，远景储量达 300 亿吨以上，主要分布在四川攀枝花地区、河北承德地区、陕西汉中地区、湖北郧阳、襄阳地区、广东兴宁及山西代县等地区。攀枝花地区是中国钒钛磁铁矿的主要成矿带，也是世界上同类矿床的重要产区之一，南北长约 300km，已探明大型、特大型矿床 7 处，中型矿床 6 处。钒矿资源较多，总保有储量 V_2O_5 2596 万吨，居世界第 3 位。钒矿主要产于岩浆岩型钒钛磁铁矿床之中，作为伴生矿产出。

3.4.3 石煤资源

钒矿作为独立矿床主要为寒武纪的黑色页岩型钒矿。钒矿分布较广，中国钒矿资源在 19 个省（区）有探明储量，四川钒储量居全国之首，占总储量的 49%；湖南、安徽、广西、湖北、甘肃等省（区）次之。

3.4.4 世界钒资源分布

表 3-4 给出了世界范围钒资源分布概况。

表 3-4　世界范围钒资源分布概况

国家或地区	主要产地	矿物类别	矿石储量/Mt	矿石品位 V_2O_5/%	储量 V_2O_5/kt
南 非	海威尔德	钛磁铁矿		1.4~1.5	
乌干达		磁铁矿	13	1.1	143
纳米比亚		钒酸盐矿	2	0.5	10
俄罗斯	乌拉尔、库辛斯克、伊尔辛斯克和萨姆持坎等地区	钛磁铁矿	430	0.6	
芬 兰	穆斯塔瓦拉	钛磁铁矿	40	0.36	144
	奥坦马基	钛磁铁矿			
瑞典、挪威		钛磁铁矿			
		钛铁矿			
英国、法国、德国、比利时、卢森堡		碳酸盐矿	15	0.43	57.5
中 国	攀 西	钛磁铁矿		0.25	29430
	承 德	钛磁铁矿	168	0.28	10000
	安徽马鞍山	磁铁矿		0.22	420
	南方省份	石 煤			3600
印 度		钛铁矿		0.24~0.40	
		铝矾土矿		0.05~1.0	
加拿大	魁北克	沥青岩			
		钛磁铁矿		0.19	1900
		磁铁矿		0.5~0.7	2~2.8
美 国	科罗拉多	铁矾土		0.75~1.25	11~19
		磷酸盐矿		0.14	0.161
	爱达荷	铀钒矿		0.85~1.4	
秘 鲁	米纳拉格拉	绿硫钒矿	32		201.6
委内瑞拉		石 油			112
巴 西		磁铁矿		1.3	45
澳大利亚	西澳大利亚	钛铁矿		0.75	168
		钛铁矿			832
新西兰		钛铁矿		0.3~9.5	

3.4.5　世界钒资源储量

表 3-5 给出了世界钒资源储量和基础储量（以 V_2O_5 计，万吨）。

全球钒资源量为 6300 万吨（以 V_2O_5 计，下同），其中储量为 1020 万吨，基础储量为

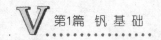

3110 万吨。中国是全球重要的钒资源国，钒储量和基础储量分别占世界的 19.6%
和 9.6%。

表 3-5 世界钒资源储量和基础储量（以 V_2O_5 计）（万吨）

国 家	储 量	基础储量	国 家	储 量	基础储量
俄罗斯	498.8	699.6	美 国	—	401.1
南 非	299.9	1250.0	其 他	5.1	220.8
中 国	199.9	298.5	合 计	1020.0	3109.4
澳大利亚	16.3	239.4			

注：表中不包括中国石煤类钒资源。

第2篇 钒 提 取

4 钒钛磁铁矿提钒工艺 —— 矿物加工富集

地壳是地球固体地表构造的最外圈层，由各种岩石岩体组成，岩石在各种不同的地质条件下呈现由一种或多种矿物组成的矿物集合体，矿物则是天然形成的元素单质和无机化合物，其化学成分和物理性质相对均一和固定，一般为结晶质。钒钛磁铁矿是众多有价矿物的一种，由于钒精矿较少，钒的主要生产原料为含钒磁铁矿，根据矿物含钛情况可分为含钛钒磁铁矿和不含钛的钒磁铁矿，即钒钛磁铁矿和含钒磁铁矿。钒钛磁铁矿铁钛品位一般较低，需要进行精选富集形成钒铁精矿，以满足高炉炼铁或者直接还原炼铁，或者直接提钒的矿物品级要求。

4.1 钒钛磁铁矿

钒钛磁铁矿床属岩浆分结矿床，磁铁矿、钛铁矿的晶出一般在较晚阶段，但也因岩体而异。中国的钒钛磁铁矿床中磁铁矿晶出多晚于辉石和斜长石，具有晚期岩浆分结矿床的结构构造特征或发育脉状贯入矿体结构构造特征；在南非布什维尔德杂岩中，磁铁矿的晶出晚于橄榄石和斜方辉石，大致与斜长石相当，因此层状矿体主要分布于上岩带（斜长岩为主）下部及主岩带顶部，具有早期岩浆分结矿床的结构构造特征，但在主矿带及其下部的各岩相中也常见可能来自下部主岩带的矿浆贯入矿体；俄罗斯卡契卡拉尔钒钛磁铁矿床由两个独立的辉岩体组成——古谢沃戈尔矿体和西卡契卡拉尔矿体，古谢沃戈尔矿体是一个巨大的带浸染的矿石辉岩矿体。

4.1.1 钒钛磁铁矿矿石构造

钒钛磁铁矿是典型的岩浆铁矿，矿床在空间和成因上与含矿母岩基性-超基性岩有关，含矿岩体的岩石类型一般为富铁质超基性岩和铁质基性岩。按照矿床成因产状划分，钒钛磁铁矿可以分为晚期岩浆分异型和晚期岩浆贯入型，似脉状贯入矿体被认为是由于浸入体已结晶上部的裂隙中含钒钛的磁铁矿的熔岩浆受到外动力的作用，发生颗粒间挤压进入，矿石构造多为致密块状；没有外动力作用则产生浸染状构造和海绵陨铁结构矿体；贯入型钒钛磁铁矿矿体与含矿岩体多呈穿插关系，矿与围岩界限清楚，矿体中常见有围岩角砾和

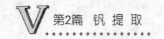

捕房体，矿体常呈扁豆体、脉状体雁行式排列，分枝复合现象普遍，部分伴随明显的围岩蚀变现象；岩浆分异型钒钛磁铁矿一般从上至下岩石的基性程度逐步增高，呈韵律式变化，矿体与岩体中由分异而成的基性程度较高的暗色岩相有关，多为层状、似层状、透镜状，产状与岩体产状一致，矿石与岩石通常为渐变过渡。

4.1.2 钒钛磁铁矿赋矿岩体类型

钒钛磁铁矿赋矿岩体类型包括：（1）纯橄榄岩-方辉橄榄岩-橄榄岩-辉石岩-苏长岩-辉长岩-斜长岩等岩相构成的镁铁质-超镁铁质层状侵入体；（2）（橄长岩）-（苏长岩）-斜长岩-（铁闪长岩）层状侵入体；（3）（橄榄岩）-（辉石岩）-辉长岩层状侵入体；（4）斜长岩-辉长岩杂岩体，岩石多具堆晶结构。

大多数重要矿体呈层状平行于火成堆积层理，分布于层状岩体的辉长岩及斜长岩为主的岩相带，围岩多为辉长岩、斜长岩、辉长苏长岩，矿层与下部围岩多为突变接触，与上部围岩多为渐变接触关系。脉状、管状矿体不整合地贯入于各岩相带中，与围岩呈突变接触。矿石矿物组合主要是含钒磁铁矿、钛磁铁矿、钛铁矿和硫化物等。主要脉石矿物主岩的造岩矿物为斜长石、辉石及橄榄石等。

4.1.3 钒钛磁铁矿矿石结构

成矿岩石是在地质作用下产生的，由一种或多种矿物以一定的规律组成的自然集合体。按成因岩石分为岩浆岩、沉积岩和变质岩三大类。铁矿石结构构造为浸染状矿石、网脉浸染状矿石、条带状矿石、致密块状矿石、角砾状矿石以及鲕状、豆状、肾状、蜂窝状、粉状和土状矿石；晚期岩浆期形成的钒钛磁铁矿矿石结构包括海绵陨铁结构、填隙结构、粒状镶嵌结构、网状结构、反应边结构、似文象结构、结状结构和固熔体分离结构等。钛磁铁矿是一种含有钛铁矿等固熔体分解物的磁铁矿，在基性晚期岩浆分异作用中，铁呈磁铁矿析出，与钛铁矿密切连生，形成钛磁铁矿，伴生钒以类质同象存在于磁铁矿中。

4.1.4 钒钛磁铁矿主要矿物组成

钒钛磁铁矿因为产地差异和成矿条件不同，矿物组成大同小异，矿物结构有所不同，直接影响选矿流程的选择。钒钛磁铁矿不同矿石构造中主要有用组分的含量分布见表4-1。

表4-1 钒钛磁铁矿不同矿石构造中主要有用组分的含量分布 （%）

有用组分	矿石构造				
	致密块状矿石（富矿）	中稠浸染状矿石（中矿）	稀疏浸染状矿石（贫矿）	星散浸染状矿石（表外矿）	岩石
TFe	47.44	39.48	25.14	17.47	14.04
TiO_2	14.88	12.8	9.15	7.30	7.00
V_2O_5	0.42	0.38	0.20	0.17	0.09
Cr_2O_3	0.11	0.13	0.15	0.13	0.012

浸染钛磁铁矿主要以他形颗粒的形式填满透辉石、普通角闪石和橄榄石（铁陨石结构）的空隙，根据主要矿物钛磁铁矿的粒度，将浸染体矿石分为五类，常见的是微粒浸染矿石（0.074~0.2mm）、细粒浸染矿石（0.2~1mm）和中粒浸染矿石（1~3mm），钒在矿石中含量见表4-2。

表 4-2　钒在矿石中含量　　　　　　　　（%）

矿石构造类型	Fe	V	Ti	储量水平比例
弥散浸染	16.8	0.071	0.68	5.0
微粒浸染	17.2	0.078	0.79	23.7
细粒浸染	17.8	0.084	0.82	44.3
中粒浸染	18.1	0.088	0.86	17.0
粗粒浸染	17.4	0.089	0.87	10.0

钒钛磁铁矿的主要矿物成分见表4-3。

表 4-3　钒钛磁铁矿的主要矿物成分

矿物类别	金属矿物			非金属矿物	
	主要矿物	次要矿物	伴生杂质矿物	辉石	绿泥石
	钛铁矿	赤铁矿	磁黄铁矿		
矿物名称	钛铁矿	镜铁矿、金红石、铬铁矿	黄铁矿、黄铜矿、镍黄铁矿、硫钴矿、硫镍钴矿、闪锌矿、砷铂矿等	橄榄石、斜长石、角闪石、磷灰石、尖晶石、葡萄石、石英	蛇纹石、纤闪石、黑云母、方解石等

4.2　钒钛磁铁矿主要矿物特征

钒钛磁铁矿结构比较复杂，主体为金属矿物和脉石矿物，主要矿物相致密共生。一般将脉石矿物密度划分为两类，密度大于 $3g/cm^3$ 者为钛普通辉石，小于 $3g/cm^3$ 者为斜长石。

4.2.1　钛磁铁矿$(Fe,Ti)_3O_4$

钛磁铁矿包括磁铁矿、钛铁矿和钛磁铁矿，磁铁矿主要是（Fe_3O_4），主体钛磁铁矿可以表述为[$Fe_{0.23}(Fe_{1.95}Ti_{0.42})O_4$，$Fe_2O_3 \cdot FeTiO_3$]，钛铁矿可以表述为（$FeTiO_3$），钛磁铁矿一般呈自形、半自形或他形粒状产出，粒度粗大，易破碎解离，只有极少数呈片晶状包裹于钛普通辉石中，因片晶细小，难以解离。钛磁铁矿实际上是有磁铁矿、钛铁晶石、镁铝尖晶石及少量钛铁矿所组成的复合矿物相。钛铁晶石片晶细微、厚度小于 $0.5\mu m$、长度为 $20\mu m$。

4.2.2　赤铁矿（Fe_2O_3）

赤铁矿是矿物中最为普遍含量最多的矿物，是构成原生铁矿的主体，大多呈褐紫红色、紫红色、赤红色，无磁性。部分呈红褐色，条痕均为樱红色。

4.2.3 褐铁矿 （$Fe_2O_3 \cdot nH_2O$）

褐铁矿呈黄褐至褐黑色，条痕为黄褐色，半金属光泽，块状及粉末状，硬度随矿物形态而异，无磁性。呈土状、片状、肾状、鲕状、块状。褐铁矿是氧化条件下的次生矿物。在矿区中分布较广，厚度不大量少。

4.2.4 白钛石矿

白钛石矿伴生于矿层中，含量较少，在强光下可见其颗粒，具有玻璃光泽，是钛磁铁矿（$Fe, Ti)_3O_4$ 的分解产物。

4.2.5 钛铁矿

钛铁矿指矿石中的粒状钛铁矿，是选矿回收钛的主要钛矿物。粒状钛铁矿常与钛磁铁矿密切共生。或分布于硅酸盐矿物颗粒之间，呈半自形或他形晶粒状，颗粒粗大，易破碎解离。粒状钛铁矿约占钛铁矿总量的90%。在它的颗粒中赋存有少量的呈网脉状沿裂隙分布的镁铝尖晶石片晶和细脉状赤铁矿，脉长为 $2 \sim 2.1 \mu m$。有时也含有少量乳滴状或细脉状硫化物，影响钛精矿质量。

4.2.6 磁黄铁矿

磁黄铁矿的化学式为 $Fe_{(1-x)}S$ （$x = 0 \sim 0.223$），属六方或单斜晶系的单硫化物矿物。呈六方板状、柱状或桶状，但很少见，通常呈致密块状集合体，是主要的硫化矿物，约占硫化矿物总量的90%以上。

4.2.7 方解石 （$CaCO_3$）

方解石主要为晶粒结构的无色透明亮晶方解石，为泥晶方解石的重结晶产物，充填于裂隙中，在矿区中不多见，主要出现于灰岩或白云岩中。

4.2.8 石英 （SiO_2）

石英石无色透明，粒状或粒状集合体，多呈不规则状、球状或条带状产出，在矿区中不多见，主要出现于灰岩或白云岩中。

4.2.9 高岭石黏土岩

灰白色致密状、土状，为长石的风化产物。

钒钛磁铁矿石中铁矿石主要矿物的密度、硬度及磁性见表4-4。

表4-4 主要矿物的密度、硬度及磁性

矿物	密度/$g \cdot cm^{-3}$	硬度 HM	比磁化系数/$cm^3 \cdot g^{-1}$	比电阻/$\Omega \cdot cm$
钛磁铁矿	4.59	6	10000×10^{-6}	1.38×10^6
钛铁矿	4.62	6	240×10^{-6}	1.75×10^5
磁黄铁矿	4.52	4		1.25×10^4
钛普通辉石	3.25	7	100×10^{-6}	3.13×10^{13}
斜长石	2.67	6	14.0×10^{-6}	$>10^{14}$
橄榄石	3.26	7	84×10^{-6}	

4.3 钒钛磁铁矿典型的选矿工艺

钒钛磁铁矿可以回收的矿物主要为铁精矿、钛精矿和硫铁矿，部分矿源还可回收磷矿。磁铁矿选矿普遍采用弱磁选，根据矿石性质和流程特点可以采用连续磨矿—弱磁选（A）工艺及阶段磨矿—阶段选矿（B）工艺，（A）工艺适合嵌布粒度较粗或者含铁品位较高的矿石，可以采用一段磨矿或者二段连续磨矿，达到选别要求后进行弱磁选，一般在磨矿粒度大于 0.2~0.3mm 时，进行一段磨矿磁选；（B）工艺适合嵌布粒度较细或者含铁品位较低的矿石，可以采用一段磨矿后进行粗磁选，抛弃部分合格尾矿，粗选精矿进入二段磨矿，进行再磨再选，典型阶段磨矿阶段选别工艺过程见图 4-1，将 12~0mm 的破碎终点产品经过第一段磨矿，分级得到 -0.074mm 占 30%~40% 的物料，经过磁力脱水槽浓缩脱泥和磁选排出合格尾矿，粗精矿经过第二段磨矿分级得到 -0.074mm 占 75%~85% 的物料，阶磨阶选工艺最大限度抛尾，减少后序磨矿，完成磨矿后通过磁力脱水槽浓缩脱泥和磁选排出合格尾矿，精矿再经过磁力脱水槽浓缩脱泥后送过滤作业，为了防止磁团聚影响二次分级，必须对前段磁选精矿进行脱磁处理，同时为了预防细粒级铁矿物流失，一般对二次分级溢流进行预磁处理。

细磨细筛工艺提高了精矿铁品位，物料按照等降比分级的螺旋分级机和水力旋流器，分出溢流包含部分粗粒贫连生体，主成分是石英和铁矿物，在磁选过程中进入精矿，影响铁精矿质量，特别是铁品位，实施筛分，排除 +0.074mm 的粗颗粒，磁选精矿品位显著提升，阶磨阶选磁选细筛典型工艺流程见图 4-2，经过三段磨矿磁选

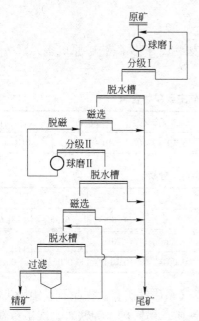

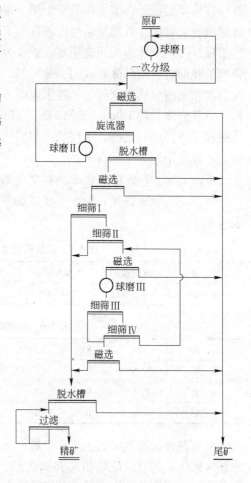

图 4-1 阶段磨矿阶段选别典型工艺流程

图 4-2 阶磨阶选磁选细筛典型工艺流程

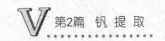

和四段细筛，首先将矿石磨至0.4mm或者0.3mm，使脉石和铁矿物部分解离，进行磁选，排出部分最终尾矿，其粗精矿再经过二段磨矿至0.1mm左右，实施脱泥和磁选操作，再次排出部分尾矿，其磁选精矿进入两段细筛，筛下产品脱水过滤得到精矿，筛上产品经过磁选和第三段磨矿后，再进入第三和第四段细筛，筛上产品自循环返回至磨矿前磁选作业并再磨，筛下产品进入最后一段磁选得到精矿和尾矿。每段分选作业选出的精矿和尾矿分别汇合一起，成为最终的精矿和尾矿。

选矿生产线常用选矿设备由颚式锤式破碎机、球磨机、分级机、磁选机、浮选机、浓缩机和烘干机等主要设备组成，配合给矿机、提升机、传送机可组成完整的选矿生产线。原矿石→振动给料机（槽式给料机）→PE颚式破碎机（粗破）→PEX颚式破碎机（细破）→振动筛→干选辊→料仓→摆式给料机（电磁振动给料机）→球磨机→螺旋分级机（高频筛）→磁选机→湿精矿→浓缩机（选用）→干精粉。

4.3.1　攀枝花钒钛磁铁矿

4.3.1.1　攀枝花钒钛磁铁矿结构特点

攀枝花钒钛磁铁矿属海西期辉长岩的晚期岩浆矿床。矿体在岩体中呈似层岩状产出，攀枝花钒钛磁铁矿含矿岩体沿安宁河、攀枝花两条深断裂带断续分布，一般多浸入震旦系灯影组白云岩中，或震旦系与前震旦系不整合面之间。岩体由辉长岩、橄榄辉长岩和橄长岩组成，含矿岩体为海西晚期富铁矿，为高钙、贫硅、偏碱性的基性超基性岩体，矿床为典型的晚期岩浆结晶分凝成因，分异好，呈层状构造，后因构造被破坏及沟谷切割，沿走向自北东向南分成朱家包包、兰家火山、尖包包、倒马坎、公山、纳拉箐等6个矿体。攀枝花辉长岩体长约19km，宽约2km，其中大型矿床有攀枝花、太和、白马和红格等，矿体赋存于韵律层的下部，呈层状，似层状，透镜状，多层平行产出，单层矿体长达1000m以上，厚几十厘米至几百米。

4.3.1.2　攀枝花钒钛磁铁矿矿物组成

攀枝花钒钛磁铁矿石原矿主要矿物典型含量见表4-5，钒钛磁铁矿原矿多元素分析见表4-6。

表4-5　攀枝花钒钛磁铁矿石原矿主要矿物含量　　　　　　　　（%）

矿　物	钛磁铁矿	钛铁矿	硫化物	钛普通辉石	斜长石	合　计
含　量	43～44	7.5～8.5	1.0～2.0	16.50～29.0	10～19.50	100.0

表4-6　钒钛磁铁矿多元素典型分析　　　　　　　　（%）

元　素	TFe	FeO	V_2O_5	SiO_2	Al_2O_3	CaO	MgO	S
含　量	30.55	22.82	0.30	22.36	7.90	6.80	6.35	0.64
元　素	P_2O_5	TiO_2	Cr_2O_3	Co	Ga	Ni	Cu	MnO
含　量	0.08	10.42	0.029	0.017	0.0044	0.014	0.022	0.294

攀枝花钒钛磁铁矿石中主要金属矿物有钛磁铁矿（系磁铁矿、钛铁晶石、铝镁尖晶石和钛铁矿片晶的复合矿物相）和钛铁矿，其次为磁铁矿、褐铁矿、针铁矿、次生黄铁矿；硫化物以磁黄铁矿为主，另有钴镍黄铁矿、硫钴矿、硫镍钴矿、紫硫铁镍矿、黄铜矿、黄

铁矿和墨铜矿等。

脉石矿物以钛普通辉石和斜长石为主，另有钛闪石、橄榄石、绿泥石、蛇纹石、伊丁石、透闪石、榍石、绢云母、绿帘石、葡萄石、黑云母、拓榴子石、方解石和磷灰石等。

钛磁铁矿是钒钛磁铁矿石中的主要铁矿物，由磁铁矿、钛铁晶石、铝镁尖晶石和钛铁矿片晶等组成，以磁铁矿为主。矿石中的金属钒绝大多数与铁矿物类质同象，在选矿过程中进入铁精矿。

攀枝花不同矿区铁、钛、钒赋存状态见表4-7。在钛磁铁矿中还存在有锰、铬；硫化物中还有硒、碲和铂族元素；在钛铁矿中还存在Ta、Nb等元素。攀枝花矿分为攀枝花、红格、白马和太和四大矿区，攀枝花矿区矿石中Fe含量为31%~35%，TiO_2含量为8.98%~17.05%，V_2O_5含量为0.28%~0.34%，Co含量为0.014%~0.023%，Ni含量为0.008%~0.015%，与太和同属高钛高铁矿石；白马矿是高铁低钛型矿石，TiO_2含量为5.98%~8.17%，平均矿石品位Fe为28.99%，V_2O_5为0.28%，Co为0.016%，Ni为0.025%；红格矿属低铁高钛型矿石，TiO_2含量9.12%~14.04%，其他组元平均品位Fe为36.39%，V_2O_5为0.33%，同时矿石中含镍量比较高，平均为0.27%。

表4-7 攀枝花矿区铁、钛、钒赋存状态　　　　　　　　　（%）

矿 区	矿 物	产 率	Fe		TiO_2		V_2O_5	
			品位	分配率	品位	分配率	品位	分配率
兰家火山、尖包包	钛磁铁矿	43.5	56.7	79.3	13.38	56.0	0.6	94.1
	钛铁矿	8.0	33.03	8.5	50.29	38.7	0.045	1.3
	硫化物	1.5	57.77	2.8				
	钛辉石	28.5	9.98	9.1	1.85	5.1	0.045	4.6
	斜长石	18.5	0.39	0.2	0.097	0.2		
	合 计	100.0	31.08	99.9	10.42	100.0	0.13	100.0
朱家包包	钛磁铁矿	44.9	55.99	80.04	13.37	52.1	0.54	97.8
	钛铁矿	10.4	32.81	10.9	49.65	44.8	0.05	2.2
	硫化物	1.5	51.48	2.5				
	钛辉石	26.7	6.64	5.7	13.4	3.1		
	斜长石	16.3	0.88	0.5				
	合 计	100.0	31.24	100.0	11.52	100.0	0.247	100.0

攀枝花、白马、太和三矿区矿石化学组元基本相同，只是含量有所变化。随矿石中铁品位的升高，TiO_2、V_2O_5、Co和NiO的含量增加，SiO_2、Al_2O_3、CaO的含量降低，MgO的含量对于攀枝花、太和矿区，随铁品位增高而降低，但对于白马矿区则相反。

4.3.1.3 攀枝花钒钛磁铁矿选矿工艺

攀枝花钒钛磁铁矿选矿工艺流程：破碎采用三段一闭路工艺，磨选采用阶段磨矿阶段选别工艺，攀枝花典型选矿工艺流程见图4-3。矿石的造渣组分主要是CaO和SiO_2，其次是MgO和Al_2O_3，选矿后产品中CaO、SiO_2、MgO、Al_2O_3含量均不超标。通过主要基本特性研究，将矿石中含磁铁矿、钛铁晶石、尖晶石及板状钛铁矿的复合钛磁铁矿作为一整体矿物相，加以富集成为铁钒精矿，曾制定出原矿经破碎、一段闭路磨矿到-0.4μm，进行二次磁选，一次扫选获得铁钒精矿的选矿工艺流程，从磁选尾矿中回收粒状钛铁矿制定出3种分选工艺流程：（1）螺旋选矿-浮选（硫化矿物）-电选流程；（2）强磁选与螺旋选矿-浮选（硫化矿物）-电选流程；（3）溜槽与螺旋选矿-浮选（硫化矿物）-电选流程。在此基础上建设起攀枝花处理1350万吨/a原矿的选矿厂及20万~30万吨/a钛矿的选钛厂。原矿采用三段开路破碎流程，磨矿作业采用一段闭路磨矿、三段磁选流程获得磁选精矿（铁钒精矿），磁选尾矿采用螺旋选矿—浮选—电选流程获得硫钴精矿及钛精矿产品。经过破磨和磁选得到主产品钒钛铁精矿，表4-8给出了攀枝花钒钛铁精矿的典型多元素分析，钒钛铁精矿TFe在51.0%~60.6%之间波动，稳定值在54%左右；TiO_2在4.0%~14%波动，表4-9给出了攀枝花磁选尾矿的典型多元素分析。

4.3.2 承德钒钛磁铁矿

承德钒钛磁铁矿床位于内蒙古地轴东端的宣化-承德-北票深断裂带上，基性-超基性岩侵入于前震旦纪地层中；由晚期含矿熔浆分异出的残余矿浆贯入构造裂隙而成矿，50多个钛磁铁矿矿体呈透镜状、脉状或囊状产于斜长岩中或斜长岩接触部位的破碎带中，与围岩界线清楚；辉长岩中的矿体多呈浸染状或脉状，与围岩多呈渐变关系。矿体一般长10~360m，延深数十米至300m，矿石有致密块状和浸染状两类。

4.3.2.1 承德钒钛磁铁矿结构特点

承德大庙钒钛磁铁矿床位于内蒙古地轴东端，处在东西向受宣化、承德、北票深断裂控制的基性-超基性岩带内，区内广泛分布前震旦纪变质岩系，主要有角闪斜长片麻岩、角闪片麻岩、黑云母斜长片麻岩和混合花岗岩等，上部被侏罗-白垩纪沉积岩和火山岩覆盖，普遍与磷灰石伴生。承德大庙钒钛磁铁矿床主要为斜长岩杂岩体，为深成基性火成岩体钒钛磁铁矿，基性火成岩以斜长岩和辉长岩为主，绝大部分遭受次生变化，普遍发育有钠黝帘石化及绿泥石化。斜长岩在区内分布最广，构成矿体外围的主体基性岩；辉长岩大多分布在矿区东侧，呈北东方向延展，其中普

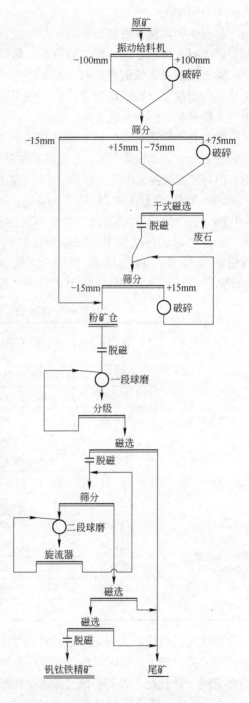

图4-3 攀枝花典型选矿工艺流程

遍含有钒钛磁铁矿，当含量增高时即构成具有工业价值的矿石，而且往往是渐变关系，即由致密型矿石到稠密浸染，到稀疏浸染，到矿染辉长岩。产于斜长岩中的矿体则有明显的接触界线。基性及中酸性脉岩出现较多，为成矿后生成，穿插早期各矿岩，产状不规则，矿体呈脉状、扁豆、透镜及瘤块状产出，绝大部分露出地表，向深部变化较大，有膨、缩、分支、复合等多种形式。

表4-8 攀枝花钒钛铁精矿多元素分析 （%）

选别时期	TFe	FeO	V_2O_5	SiO_2	Al_2O_3	CaO	MgO	S
1	53.56	30.51	0.564	4.64	4.69	1.57	3.91	0.532
2	59.75	26.89	0.767	1.01		<0.1		<0.01
3	59.03	27.30	0.67	2.11	3.29	1.02	1.66	0.32

选别时期	P	TiO_2	Cr_2O_3	Co	Ga	Ni	Cu	MnO
1	0.0045	12.73	0.032	0.02	0.0044	0.013	0.02	0.33
2	0.007	9.88						
3	0.0023	9.21						

表4-9 攀枝花磁选尾矿多元素典型分析 （%）

元 素	TFe	V_2O_5	SiO_2	Al_2O_3	CaO	MgO	S
含 量	18.32	0.065	34.4	11.06	11.21	7.66	0.609

元 素	P	TiO_2	Co	Ga	Ni	Cu	
含 量	0.034	8.63	0.016	0.0044	0.01	0.019	

4.3.2.2 承德钒钛磁铁矿矿物组成

承德大庙钒钛磁铁矿石中主要金属矿物为钛磁铁矿、钛铁矿、黄铁矿，主要脉石矿物为绿泥石、角闪石等。承德大庙的铁矿矿石，按其结构分别为致密型钒钛磁铁矿及浸染型钒钛磁铁矿，一般与围岩接触界线明显。主要有用矿物有磁铁矿、钛铁矿、黄铁矿、黄铜矿及次生的赤铁矿、褐铁矿等。脉石矿物有绿泥石、角闪石、斜长石、铁叶云母及磷灰石等。

承德大庙矿的典型矿物组成见表4-10。

表4-10 承德大庙矿的典型矿物组成 （%）

矿 物	磁铁矿	钛铁矿	黄铜矿	方硫钴镍矿	镍黄铁矿
含 量	44.59	9.84	0.123	0.0121	0.014

矿 物	针镍矿	磁黄铁矿	硅酸盐	黄铁矿	
含 量	0.00016	0.00004	43.85	1.47	

承德大庙矿的典型矿物成分见表4-11。

表 4-11 承德大庙矿的典型矿物成分 （%）

元 素	TFe	V_2O_5	TiO_2	S	P	Co	Ni
含 量	29.76	0.288	7.57	0.364	0.36	0.01	0.019

承德黑山钒钛磁铁矿位床于"天山-阴山东西复杂构造带"燕山段赤城-平泉东西向的基性、超基性岩带一个基性岩体中。该基性岩体东西断裂衍生 40km，侵入于前震旦纪混合岩化结晶基底中。岩体以斜长岩为主，自西向东的大庙矿区、黑山矿区、头沟矿区均位于该岩体内，故称该岩体为"大黑头基性岩体"。

承德黑山铁矿为钛磁铁矿的晚期岩浆矿床。矿体形态主要受岩浆岩的流动构造和原生节理裂隙控制，致使岩体产状及形态较为复杂，成矿作用期间挥发组分虽然促进了岩浆的分层，但分异的作用并不完善，因此出现了大小程度及不相同的块状岩石及块状岩石与浸染矿石相互混杂的情况，即在矿体中，块状岩石和浸染岩石无规律分布。矿液分异后，有的经过一段运动贯入斜长岩中，构成质量好、规模较大的矿体。矿体的东北方向或上盘磷灰石相对富集，形成铁-磷矿化，使磷达到工业品位。承德黑山矿典型多元素分析结果见表 4-12。

表 4-12 承德黑山矿典型多元素分析结果 （%）

元 素	TFe	FeO	Fe_2O_3	TiO_2	V_2O_3	SiO_2
含 量	14.68	13.12	6.4	8.63	0.102	33.53
元 素	Al_2O_3	CaO	MgO	P_2O_5	S	Co
含 量	16.27	6.44	4.18	0.19	0.52	0.024

围岩蚀变不发育，以绿泥石化、云母化和碳酸岩化为主。黑山矿床有大小不等的 60 多个矿体和露头，矿体一般为透镜状、似管状、似扁豆状或不规则的团块状。承德黑山铁矿的矿石为致密钒钛磁铁矿和浸染型钒钛磁铁矿两种类型。主要的矿物是钛磁铁矿、钛铁矿和少量金红石，以及含钴、镍的黄铁矿等。钒以类质同象赋存在磁铁矿中，钛铁矿与磁铁矿成固溶体分离的格子状连晶。钴和镍赋存在黄铁矿和磁黄铁矿中。原矿主要矿物的密度和磁性见表 4-13。其原矿中还有铜、铬、磷、金、银及铂族等有益伴生元素。承德黑山矿主要矿物典型组成见表 4-14。

表 4-13 主要矿物的密度和磁性

矿物	密度/g·cm^{-3}	比磁化系数/cm^3·g^{-1}	矿物	密度/g·cm^{-3}	比磁化系数/cm^3·g^{-1}
钛磁铁矿	4.815	7300×10^{-6}	绿泥石	3.187	$(50 \times 10^{-6}) \sim (300 \times 10^{-6})$
钛铁矿	4.560	113×10^{-6}	斜长石	2.635	10×10^{-6}
硫化物	4.830	$< 16 \times 10^{-6}$			

表 4-14 主要矿物组成 （%）

矿物	钛铁矿	钛磁铁矿	赤铁矿	硫化物	绿泥石	斜长石	辉石	其他
含量	15.6	4.3	3.6	1	24.5	35.6	11.6	3.8

4.3.2.3 承德钒钛磁铁矿选矿工艺

双塔山选矿厂位于中国河北省承德市，是中国最早处理钒钛磁铁矿的选矿厂，于 1959

年投产，设计年处理矿石65万吨左右。矿石来自大庙矿区，主要金属矿物为钛磁铁矿、钛铁矿、黄铁矿，主要脉石矿物为绿泥石、角闪石、斜长石等。入选原矿含 Fe 30%，TiO_2 8%，V_2O_5 0.4%。采用两段磨矿、磁选工艺流程生产铁钒精矿。铁钒精矿含 Fe 61%，V_2O_5 0.7%~0.9%，TiO_2 9%，铁回收率70%。

黑山铁矿选矿厂位于中国河北省承德市。1985年投产，设计年处理矿石90万吨。矿石中主要金属矿物为钛磁铁矿、钛铁矿、黄铁矿，主要脉石矿物为绿泥石、角闪石等。采用两段磨矿磁选工艺流程生产铁钒精矿。入选原矿含 Fe 33.80%，TiO_2 8.47%，V_2O_5 0.353%，铁钒精矿含 Fe 60%，回收率70%左右。

表4-15给出了承德钒钛铁精矿的典型多元素分析，选矿后的磁选尾矿的多元素分析结果及矿物组成分别见表4-16和表4-17。

表4-15 承德钒钛铁精矿的典型化学成分 （%）

种类	TFe	FeO	CaO	SiO_2	MgO	Al_2O_3	TiO_2	V_2O_5
含钒精粉	64.09	26.16	0.78	3.00	1.86	1.60	3.75	0.55
	60.79	29.38	0.21	2.05	1.94	3.26	7.20	0.77

表4-16 磁选尾矿多元素分析结果 （%）

元素	TFe	FeO	Fe_2O_3	TiO_2	V_2O_3	SiO_2
含量	14.68	13.12	6.4	8.63	0.102	33.53
元素	Al_2O_3	CaO	MgO	P_2O_5	S	Co
含量	16.27	6.44	4.18	0.19	0.52	0.024

表4-17 磁选尾矿主要矿物组成 （%）

矿物	钛铁矿	钛磁铁矿	赤铁矿	硫化物	绿泥石	斜长石	辉石	其他
含量	15.6	4.3	3.6	1	24.5	35.6	11.6	3.8

钒的存在形式不是单体矿物，在磁铁矿中以类质同象存在。矿石中钒品位随铁品位由低到高呈正相关关系。

磁选尾矿中金属矿物主要以钛铁矿和钛磁铁矿为主，同时还有少量金红石、锐钛矿、白钛矿、褐铁矿、赤铁矿、硫化矿等。脉石矿物以绿泥石和斜长石为主，还有少量的黑云母、石英、方解石、磷灰石等。

4.4 国外钒钛磁铁矿

国外钒钛磁铁矿的特点是：（1）大矿多，如俄罗斯卡契卡纳尔钒钛磁铁矿和南非的布什维尔德；（2）富矿多，如南非的布什维尔德原矿 V_2O_5 品位1.8%，芬兰奥坦马蒂原矿 V_2O_5 品位0.4%；（3）稳定矿床多，如俄罗斯的卡契卡纳尔和南非的布什维尔德的多个铁矿床成分稳定。

4.4.1 俄罗斯钒钛磁铁矿

俄罗斯钒钛磁铁矿石中主要金属矿物为钛磁铁矿，其次为钛铁矿以及少量硫化物。脉石矿物有斜晶辉石、橄榄石、角闪石、斜长石、绿帘石、蛇纹石。钛磁铁矿嵌布粒度

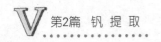

$0.9 \sim 1mm$。矿石为贫钒钛磁铁矿，平均含 Fe $15\% \sim 17\%$、TiO_2 $0.43\% \sim 1.88\%$、V_2O_5 0.13%。卡契卡纳尔选矿厂位于俄罗斯斯维尔德洛夫省卡契卡纳尔市，选矿产品为铁精矿。

该选矿厂共有 29 个生产系列，其中 3 个粗碎系列，14 个中、细碎系列，1～20 系列为两段磨矿、四段磁选（包括干式磁选）流程。21～29 系列为三段磨矿、四段磁选流程。选矿生产获得粗粒铁精矿与细粒铁精矿两个产品。入选原矿含 Fe $16\% \sim 18\%$，粗粒铁精矿含 Fe 60.59%，细粒铁精矿含 Fe 62.5%，综合铁回收率 $65\% \sim 66\%$。表4-18 给出了卡契卡纳尔钒钛铁精矿的典型多元素分析。

表 4-18 卡契卡纳尔钒钛铁精矿的典型多元素分析

项　目	化学成分/%								
	TFe	TiO_2	V_2O_5	FeO	Fe_2O_3	SiO_2	Al_2O_3	CaO	MgO
原　矿	15.9	1.5	0.13	5.5	16.6	47.37	10.08	14.1	8.9
精矿-1	60.3	0.66		27.2	55.91	5.10	2.62	1.73	2.57
精矿-2	62.5			28.75	57.33	3.96	2.44	1.35	2.14
湿磁尾矿	6.55			4.2	4.96	46.86	5.90	15.29	13.05

卡累利-科拉的喀伊乌浸入岩矿石类型为矿颈矿墙式块状产出，主要岩石为辉长岩、斜长岩、碱性岩和超镁铁质岩石，原矿品位 TFe $29\% \sim 45\%$，TiO_2 $5\% \sim 10\%$，V_2O_5 $0.15\% \sim 0.75\%$，精选后铁精矿 TFe $66\% \sim 69\%$，V_2O_5 $1.1\% \sim 1.4\%$；卡累利-科拉的察京矿石类型为矿颈矿墙式块状产出，主要岩石为碱性岩、镁铁质岩和超镁铁质岩石，原矿品位 TFe 36%，TiO_2 7%，V_2O_5 0.26%，精选后铁精矿 TFe 58%，V_2O_5 $0.5\% \sim 0.6\%$；卡累利-科拉的阿非利坎大矿石类型为浸染状，层状透镜式块状产出，主要岩石为辉长岩、斜长岩和镁铁质岩石，原矿品位 TFe $11\% \sim 18\%$，TiO_2 $8\% \sim 18\%$，精选后铁精矿 TFe $50\% \sim 61\%$，V_2O_5 0.11%；卡累利-科拉的耶累特湖矿石类型为矿颈矿墙式块状产出，主要岩石为斜长岩、超镁铁质岩和超镁铁质岩石，原矿品位 TFe $13\% \sim 37\%$，TiO_2 $8\% \sim 26\%$，V_2O_5 0.13%，精选后铁精矿 TFe 58%，V_2O_5 0.6%；卡累利-科拉的普多日加斯克矿石类型为矿颈矿墙式块状产出，主要岩石为辉长岩、斜长岩和碱性岩、超镁铁质岩和超镁铁质岩石，原矿品位 TFe $13\% \sim 37\%$，TiO_2 $8\% \sim 26\%$，V_2O_5 0.13%，精选后铁精矿 TFe 58%，V_2O_5 0.6%。

4.4.2 美国钒钛磁铁矿

麦金太尔（macintyre）选矿厂位于美国纽约州东北部阿迪隆达克山区埃塞克斯县。于 1942 年投产，处理矿石 10600t/d。矿石中主要有用矿物为钛铁矿及磁铁矿，主要脉石矿物为拉长石、角闪石、辉石、石榴石与黑云母等。采用两段连续磨矿磁选流程生产铁精矿。入选矿石含 Fe 33%，TiO_2 16%；铁精矿含 Fe 63%。选铁尾矿中回收钛铁矿的工艺流程为分级后粗粒级重选—磁选、细粒级浮选的联合流程。钛精矿含 TiO_2 45%。

美国钒钛磁铁矿的矿藏极为丰富。阿拉斯加州、纽约州、怀俄明州、明尼苏达州都有钒钛磁铁矿的矿床，但至今未开采利用。美国纽约州的桑福德湖（Sanford Lake）地区钒钛磁铁矿，成因与阿迪龙达克山脉的前寒武纪辉长岩、斜长岩的杂岩有密切关系，矿体长1600m，下盘岩石为致密粗粒斜长岩，上盘为浸染状或致密、细粒到中粒的辉长岩石，上下盘相互平行，倾角45°。矿石平均含铁34% Fe，18% ~ 20% TiO_2，0.45% V_2O_5，磁选生产的钒钛铁精矿含59% Fe，9% ~ 10% TiO_2，0.7% V_2O_5；纽约州第安纳综合矿体矿石类型为层状透镜状，矿颈矿墙式块状产出，主要岩石为辉长岩、斜长岩、碱性岩和镁铁质岩石，原矿品位 TFe 20%，TiO_2 7%，V_2O_5 0.05%，精选后铁精矿 TFe 65%，TiO_2 4%，V_2O_5 0.15%；新泽西州哈格尔矿石类型为浸染状，层状透镜状矿颈矿墙式块状产出，主要岩石为辉长岩、斜长岩、碱性岩、镁铁质岩和超镁铁质岩石，原矿品位 TFe 60%，TiO_2 6%，V_2O_5 0.4%；新泽西州凡西克尔矿石类型为浸染状，层状透镜状矿颈矿墙式块状产出，主要岩石为辉长岩、斜长岩、碱性岩、镁铁质岩和超镁铁质岩石，原矿品位 TFe 50%，TiO_2 10% ~ 15%，V_2O_5 0.5%。

北卡罗来纳州皮德蒙特矿石类型为浸染状，块状产出，主要岩石为辉长岩、斜长岩、碱性岩和超镁铁质岩石，原矿品位 TFe 40% ~ 65%，TiO_2 约12%，V_2O_5 0.13% ~ 0.38%，精选后铁精矿 V_2O_5 0.6%；北卡罗来纳州与田纳西州阿帕拉契亚矿石类型为浸染状，块状产出，主要岩石为辉长岩、斜长岩、碱性岩和超镁铁质岩石，原矿品位 TFe 40% ~ 60%，TiO_2 5% ~ 7%，精选后铁精矿 V_2O_5 0.2% ~ 0.4%；怀俄明州铁山矿石类型为层状透镜状，矿颈矿墙式产出，主要岩石为辉长岩、碱性岩和超镁铁质岩石，原矿品位 TFe 17% ~ 45%，TiO_2 10% ~ 20%，V_2O_5 0.17% ~ 0.64%；怀俄明州欧温湖矿石类型为块状产出，主要岩石为辉长岩、碱性岩和超镁铁质岩石，原矿品位 TFe 29%，TiO_2 5%，V_2O_5 0.2%；克罗拉多州铁山矿石类型为块状产出，主要岩石为斜长岩、碱性岩、镁铁质岩和超镁铁质岩石，原矿品位 TFe 40% ~ 50%，TiO_2 14%，V_2O_5 0.41% ~ 0.45%；加利福尼亚圣加布利尔山矿石类型为层状透镜状，块状产出，主要岩石为碱性岩、镁铁质岩石和超镁铁质岩石，原矿品位 TFe 46%，TiO_2 20%，V_2O_5 0.53%；阿拉斯加州斯内梯斯哈姆矿石类型为层状透镜状，矿颈矿墙式产出，主要岩石为辉长岩、斜长岩、碱性岩和超镁铁质岩石，原矿品位 TFe 19%，TiO_2 2.6%，V_2O_5 0.09%，精选后铁精矿 TFe 64%，TiO_2 3.5%，V_2O_5 0.7%；阿拉斯加州克柳克汪矿石类型为矿颈矿墙式产出，主要岩石为辉长岩、斜长岩、碱性岩和超镁铁质岩石，原矿品位 TFe 15% ~ 20%，TiO_2 2.0%，V_2O_5 0.05%，精选后铁精矿 TFe 62% ~ 64%，TiO_2 2.4%，V_2O_5 0.3% ~ 0.4%；阿拉斯加州伊利阿姆拉湖矿石类型为层状透镜状，矿颈矿墙式块状产出，主要岩石为辉长岩、斜长岩、碱性岩和超镁铁质岩石，原矿品位 TFe 12% ~ 19%，TiO_2 1.3%，V_2O_5 0.02%，精选后铁精矿 TFe 40% ~ 60%，TiO_2 3.1%，V_2O_5 0.3% ~ 0.5%。

4.4.3 芬兰钒钛磁铁矿

芬兰钒钛磁铁矿石中主要金属矿物为磁铁矿、钛铁矿、黄铁矿，主要脉石矿物为绿泥石、角闪石和斜长石。奥坦麦基（Otanmaki）选矿厂位于芬兰中部，钒钛磁铁矿床矿石平均含 Fe 35% ~ 40%，TiO_2 13%，V_2O_5 0.38%，采用粗粒预先抛尾再磨矿至 0.2mm 后，经磁选和浮选获得铁钒精矿含 Fe 69%，TiO_2 2.5%，V_2O_5 1.07%。

4.4.4 南非钒钛磁铁矿

南非钒钛磁铁矿含钒品位较高,大于 6mm 的矿物直接用于直接还原原料,小于 6mm 的矿物经过粗破、筛分、细磨和磁选分离,去除非磁性部分后,钒钛磁铁精矿典型成分 (%) 为:TFe 53~57,V_2O_5 1.4~1.9,TiO_2 12~15,SiO_2 1.0~1.8,Al_2O_3 2.5~3.5,Cr_2O_3 0.15~0.6。

4.4.5 加拿大钒钛磁铁矿

加拿大纽芬兰省的钢山矿矿石类型为浸染状,层状透镜式块状产出,主要岩石为辉长岩、碱性岩、镁铁质岩和超镁铁质岩石,原矿品位 TFe 50%~55%,TiO_2 10%,V_2O_5 0.4%,精选后铁精矿 TFe 64.5%,TiO_2 8%,V_2O_5 0.75%;纽芬兰省的印地安·赫德矿,矿石类型为矿颈矿墙式块状产出,主要岩石为辉长岩、碱性岩、镁铁质岩和超镁铁质岩石,原矿品位 TFe 64%,TiO_2 2%~6%,V_2O_5 0.2%~0.7%,精选后铁精矿 V_2O_5 1.8%;安大略省马塔瓦矿石类型为浸染状,矿颈矿墙式块状产出,主要岩石为碱性岩、镁铁质岩和超镁铁质岩石,原矿品位 TFe 38%,TiO_2 8%,V_2O_5 0.76%,精选后铁精矿 TFe 60%,V_2O_5 1.4%;马尼托巴省克罗斯湖矿石类型为浸染状,矿颈矿墙式块状产出,主要岩石为斜长岩、碱性岩、镁铁质岩和超镁铁质岩石,原矿品位 TFe 28%~60%,TiO_2 3%~10%,V_2O_5 0.02%~0.5%,精选后铁精矿 TFe 69%,TiO_2 0.11%,V_2O_5 1.6%;不列颠哥伦比亚省班克斯岛矿石类型为矿颈矿墙式块状产出,主要岩石为斜长岩、碱性岩、镁铁质岩和超镁铁质岩石,原矿品位 TFe 20%~50%,TiO_2 1%~3%,V_2O_5 0.07%~0.55%,精选后铁精矿 TFe 60%,TiO_2 1.5%~5%,V_2O_5 0.9%~1.8%;不列颠哥伦比亚省波彻岛矿石类型为矿颈矿墙式块状产出,主要岩石为辉长岩、斜长岩、碱性岩和超镁铁质岩石,原矿品位 TFe 25%,TiO_2 2%,V_2O_5 0.2%~0.35%,精选后铁精矿 TFe 60%,TiO_2 0.3%~1.5%,V_2O_5 0.3%~0.9%。

魁北克省塞文爱兰斯矿石类型为层状透镜状,矿颈矿墙式块状产出,主要岩石为碱性岩、镁铁质岩和超镁铁质岩石,原矿品位 TFe 11%~42%,TiO_2 3%~16%,精选后铁精矿 TFe 55%~60%,TiO_2 14%~18%,V_2O_5 0.25%~0.8%;魁北克省马格庇山矿石类型为层状透镜状,矿颈矿墙式块状产出,主要岩石为辉长岩、镁铁质岩和超镁铁质岩石,原矿品位 TFe 43%,TiO_2 10%,V_2O_5 0.2%~0.35%,精选后铁精矿 TFe 49%,TiO_2 16%,V_2O_5 0.2%;魁北克省圣-乌巴因矿石类型为块状产出,主要岩石为辉长岩、碱性岩、镁铁质岩和超镁铁质岩石,原矿品位 TFe 35%~40%,TiO_2 38%~45%,V_2O_5 0.17%~0.34%,精选后铁精矿 TFe 67%,TiO_2 2%,V_2O_5 0.30%~0.6%;魁北克省莫林矿石类型为矿颈矿墙式产出,主要岩石为辉长岩、碱性岩、镁铁质岩和超镁铁质岩石,原矿品位 TFe 25%~43%,TiO_2 19%,V_2O_5 0.05%~0.34%,精选后铁精矿 TFe 60%~65%,TiO_2 1%~4%,V_2O_5 0.4%;魁北克省多尔湖矿石类型为浸染状,矿颈矿墙式块状产出,主要岩石为辉长岩、斜长岩、碱性岩和镁铁质岩石,原矿品位 TFe 28%~53%,TiO_2 5%~8%,V_2O_5 0.3%~1.0%,精选后铁精矿 TFe 62%~64%,TiO_2 4%~5%,V_2O_5 1.0%~2.5%。

加拿大阿拉德湖(Allerd)地区乐蒂奥(Lactio)矿山矿石,该矿为钛铁矿包裹赤铁矿，属块状钛铁矿（$TiO_2 \cdot FeO$）和赤铁矿（Fe_2O_3），两者比例大致为 $2:1$。脉石主要是斜长石，只有少量辉石、黑云母、黄铁矿和磁铁矿，层状透镜状、矿颈矿墙式块状产出，原矿含 V_2O_5 0.27% 左右。拉布拉多省米契卡莫湖矿石类型为矿颈矿墙式块状产出，主要岩石为辉长岩、碱性岩、镁铁质岩和超镁铁质岩石，精选后铁精矿 TFe 58%，TiO_2 9%，V_2O_5 1.9%。

4.4.6 挪威钒钛磁铁矿

挪威特尔尼斯矿床是欧洲最大的钛矿山，矿石类型为浸染状透镜状产出，主要岩石辉长岩、斜长岩、碱性岩、镁铁质岩和超镁铁质岩石。矿石储量约 3 亿吨。原矿含 TFe 20%，TiO_2 17%~18%；在罗德萨德还有含低钛的磁铁矿，矿石类型为浸染状，矿颈矿墙式块状产出，主要岩石为辉长岩、斜长岩、碱性岩和超镁铁质岩石，TFe 30%，TiO_2 4%，V_2O_5 0.30%；罗弗敦的塞尔瓦格矿石类型为浸染状，矿颈矿墙式块状产出，主要岩石为斜长岩、碱性岩、镁铁质岩和超镁铁质岩石，原矿品位 TFe 35%，TiO_2 4.0%，V_2O_5 0.4%，精选后铁精矿 TFe 60%，TiO_2 5%，V_2O_5 0.7%；莫雷的罗德撒德矿石类型为浸染状，矿颈矿墙式块状产出，主要岩石为辉长岩、斜长岩、碱性岩和超镁铁质岩石，原矿品位 TFe 35%，TiO_2 6.0%，V_2O_5 0.5%，精选后铁精矿 TFe 62%，TiO_2 2%，V_2O_5 0.9%；莫雷的索格矿石类型为矿颈矿墙式块状产出，主要岩石为碱性岩、镁铁质岩和超镁铁质岩石，原矿品位 TFe 10%~30%，TiO_2 5.0%~50%，V_2O_5 0.1%~1.0%；莫雷的奥斯陆矿石类型为浸染状，矿颈矿墙式块状产出，主要岩石为斜长岩、碱性岩、镁铁质岩和超镁铁质岩石，原矿品位 TFe 10%~30%，TiO_2 5.0%~50%，V_2O_5 0.1%~1.0%；埃格松的斯妥尔岗根矿石类型为浸染状，层状透镜状块状产出，主要岩石为辉长岩、碱性岩、镁铁质岩和超镁铁质岩石，原矿品位 TFe 5%，TiO_2 17.0%，V_2O_5 0.14%，精选后铁精矿 TFe 65%，TiO_2 5%，V_2O_5 0.73%。

4.4.7 新西兰钒钛磁铁矿

新西兰钒钛磁铁矿砂含铁 58%，TiO_2 8%~10%，V_2O_5 0.6%。

4.5 主要装备

选矿是在所采集的矿物原料中，根据各种矿物物理性质、物理化学性质和化学性质的差异，选出有用矿物的过程。选矿机械按选矿流程分为破碎、粉磨、矿用振动筛、分选和脱水机械。破碎机械常用的有颚式破碎机、旋回破碎机、圆锥破碎机、辊式破碎机和反击式破碎机等；粉磨机械中使用最广的是筒式磨机，包括棒磨机、球磨机、砾磨机和自磨机等；筛分机械中常用的有惯性矿用振动筛和共振筛；水力分级机和机械分级机是湿式分级作业中广泛使用的分级机械。分选机械按作用原理分为重力选矿机械、磁选机、浮选机和特殊选矿机械。矿物处理过程设备以破碎、细磨和选矿为主，动力配置要求较高，工序衔接顺畅，设备连接和能力选择必须满足高效节能原则。

4.5.1 破碎设备

破碎设备主要用于原始钒钛磁铁矿矿物的粗破处理。破碎机一般处理较大块的物料，破碎产品粒度较粗，通常大于8mm。破碎机的构造特征是破碎件之间有一定间隙，不互相接触。破碎机又可分为粗碎机、中碎机和细碎机。破碎机主要包括：颚式破碎机、圆锥破碎机、反击式破碎机、冲击式破碎机（制砂机）、锤式破碎机、对辊破碎机等。

颚式破碎机主要由机架、偏心轴、皮带槽轮、飞轮、动颚、肘板、固定颚板与活动颚板等组成。通过动颚的周期性运动来破碎物料，在动颚绕悬挂心轴向固定颚摆动的过程中，位于两颚板之间的物料便受到挤压，产生压碎、劈裂和弯曲等综合作用。开始时，压力较小，使物料的体积缩小，物料之间互相靠近、挤紧；当压力上升到超过物料所能承受的强度时，即发生破碎；反之，当动颚离开固定颚向相反方向摆动时，物料则靠自重向下运动，动颚的每一个周期性运动就使物料受到一次压碎作用，并向下排送一段距离，经若干个周期后，被破碎的物料便从排料口排出机外，随着电动机连续转动而破碎机动颚做周期运动压碎和排泄物料，实现批量生产。颚式破碎机具有破碎比大、产品粒度均匀、结构简单、工作可靠、维修简便、运营费用经济等特点。

圆锥破碎机主要由机架、皮带轮、水平轴、偏心套、上破碎壁（定锥）、下破碎壁（动锥）、液力耦合器、润滑系统、控制系统等几部分组成。复合圆锥式破碎机工作时，电动机的旋转通过皮带轮或联动轴器、圆锥破碎机传动轴和圆锥破碎机圆锥部在偏心套的迫动下绕一周固定点做旋摆运动，从而使破碎圆锥的破碎壁时而靠近时而离开固装在调整套上的扎臼壁表面，使矿石在破碎腔内不断受到冲击、挤压和弯曲作用而实现矿石的破碎。

4.5.2 磨矿设备

磨矿设备主要用于粗粒钒钛磁铁矿矿物的细磨处理。细磨以研磨和冲击为主，将破碎产品磨至粒度为 $10\sim300\mu m$ 大小。磨碎的粒度根据有用矿物在矿石中的浸染粒度和采用的选别方法确定。常用的磨矿设备有：棒磨机、球磨机、自磨机和半自磨机等。根据物料及排矿方式，可选择干式球磨机和湿式格子型球磨机。一般球磨机由给料部、出料部、回转部、传动部（减速机、小传动齿轮、电机、电控）等主要部分组成。中空轴采用铸钢件，内衬可拆换，回转大齿轮采用铸件滚齿加工，筒体内镶有耐磨衬板，具有良好的耐磨性。球磨机一般为卧式筒形旋转装置，外沿齿轮传动，两仓-格子型。物料由进料装置经入料中空轴螺旋均匀地进入磨机第一仓，该仓内有阶梯衬板或波纹衬板，内装不同规格钢球，筒体转动产生离心力将钢球带到一定高度后落下，对物料产生重击和研磨作用。物料在第一仓达到粗磨后，经单层隔仓板进入第二仓，该仓内镶有平衬板，内有钢球，将物料进一步研磨。粉状物通过卸料箅板排出，完成粉磨作业。

棒磨机由电机通过减速机及周边大齿轮减速传动或由低速同步电机直接通过棒磨机周边大齿轮减速传动，驱动筒体回转运动，筒体内装有适当的磨矿介质——钢棒。磨矿介质在离心力和摩擦力的作用下，被提升到一定高度，呈抛落或泻落状态落下。被磨制的物料由给矿口连续进入筒体内部，被运动的磨矿介质所粉碎，并通过溢流和连续给矿的力量将产品排出机外。棒磨机的特点是在磨矿过程中，磨矿介质与矿石呈线接触，因而具有一定的选择性磨碎作用，产品粒度一般比较均匀，过粉碎矿粒少。在用于粗磨时，棒磨机的处理量大于同规格的球磨机，反之亦然。

4.5.3　筛分分级设备

筛分和分级是在粉碎过程中分出合适粒度的物料，或把物料分成不同粒度级别分别入选。筛分分级主要用于原始钒钛磁铁矿细磨矿物的分级分类处理。按筛面筛孔的大小将物料分为不同的粒度级别称为筛分，常用于处理粒度较粗的物料。按颗粒在介质（通常为水）中沉降速度的不同，将物料分为不同的粒度等级称为分级，适用于粒度较小的物料。筛分机械包括固定棒条筛、各种振动筛和湿式细筛，棒条筛一般用钢棒、槽钢和钢轨等焊接而成，根据需要可以设计成条筛或者格筛，可水平安装粗碎机料仓顶部，隔离大块度矿进入破碎机，也可倾斜安装在中碎机前作为预先筛分使用；振动筛主要由筛箱、筛网、振动器及减振弹簧等组成。振动器安装在筛箱侧板上，并由电动机通过三角皮带带动旋转，产生离心惯性力，迫使筛箱振动。筛机侧板采用优质钢板制作，侧板与横梁、激振器底座采用高强度螺栓或环槽铆钉连接。振动器安装在筛箱侧板上，一并由电动机通过联轴器带动旋转，产生离心惯性力，迫使筛振动。在选铁过程中，多数选用圆形运动振动筛，单轴惯性振动筛、自定中心振动筛和重型振动筛。湿式细筛整机结构采用多层筛箱叠加布置，在每层筛箱设有给料箱，输料管将料浆输入给料箱，通过给料箱将料浆分布到筛面全宽，按照几何尺寸控制分级粒度，避免旋流器反富集。

分级机包括浓密机、水力旋流器和螺旋分级机等。分级机广泛适用金属选矿流程中对矿浆进行粒度分级，也可用于洗矿作业中脱泥、脱水，常与球磨机组成闭路流程。常用分级机为螺旋分级机、水力旋流器和浓密机，对于螺旋分级机而言，螺旋叶片与空心轴相连，空心轴支撑在上下两端的轴承内，传动装置安装在槽子的上端，电动机经过伞齿轮传动螺旋轴，下端轴承装在提升机构的底部，转动提升机构使其上升或下降，提升机构由电动机经减速器和一对伞状齿轮带动螺杆，使螺旋下端升降。在矿物分级过程中，由于固体颗粒大小不同和密度不同，因而在液体中的沉降速度不同，细矿粒浮游在水中成为溢流，从上部排出，粗矿粒沉于槽底，把磨机内磨出的料粉过滤，然后把粗料利用螺旋片旋入磨机进料口，把过滤出的细料从溢流管子排出。

水力旋流器是利用回转流进行高效率分级脱泥的设备，并也用于浓缩、脱水以及选别，水力旋流器由上部一个中空的圆柱体，下部一个与圆柱体相通的倒椎体，两者组成水力旋流器的工作筒体。水力旋流器还有给矿管、溢流管、溢流导管和沉砂口。水力旋流器用砂泵（或高差）以一定压力（一般是 0.05~0.25MPa）和流速（约 5~12m/s）将矿浆沿切线方向旋入圆筒，然后矿浆便以很快的速度沿筒壁旋转而产生离心力。通过离心力和重力的作用，将较粗、较重的矿粒抛出。水力旋流器在选矿工业中主要用于分级、分选、浓缩和脱泥。当水力旋流器用作分级设备时，主要用来与磨机组成磨矿分级系统；用作脱泥设备时，可用于重选厂脱泥；用作浓缩脱水设备时，可用来将选矿尾矿浓缩后送去充填地下采矿坑道。外旋流和内旋流是水力旋流器运动的主要形式，它们的旋转方向相同，但其运动方向相反。外旋流携带粗而重的固体物料由沉砂口排出，为沉砂产物；内旋流携带细而轻的固体物料由溢流口排出，为溢流产物。

浓密机是基于重力沉降作用的固液分离设备，通常为由混凝土、木材或金属焊接板作为结构材料建成带锥底的圆筒形浅槽。可将含固重为 10%~20% 的矿浆通过重力沉降浓缩为含固量为 45%~55% 的底流矿浆，借助安装于浓密机内慢速运转（1/3~1/5 r/min）的耙的作用，使增稠的底流矿浆由浓密机底部的底流口卸出。浓密机上部产生较清净的澄清液（溢流），由顶部的环形溜槽排出。浓密机按其传动方式分主要有三种，其中前两种较常见：（1）中心传动式。通常此类浓密机直径较小，一般在 24m 以内居多。（2）周边辊轮传动型。这种较常见的大中型浓密机，因其靠传动小车传动得名，直径通常在 53m 左右，也有 100m 的。（3）周边齿条传动型。

主要特点包括：（1）增加脱气槽，以避免固体颗粒附着在气泡上，似"降落伞"沉降现象；（2）给矿管位于液面以下，以防给矿时气体带入；（3）给矿套筒下移，并设有受料盘，使给入的矿浆均匀、平稳地下落，有效地防止了给矿余压造成的翻花现象；（4）增设内溢流堰，使物料按规定行程流动，防止了"短路"现象；（5）溢流堰改为锯齿状，改善了因溢流堰不水平而造成局部排水的抽吸现象；（6）将耙齿线形由斜线改为曲线型，使矿浆不仅向中心耙，而且还给了一个向中心"积压"的力，使之排矿底流浓度高，从而增加了处理能力。

4.5.4 磁选设备

磁选设备主要用于钒钛磁铁矿细磨矿物的磁性精矿的选别处理，磁选设备主要由磁系和选箱组成，利用矿物颗粒磁性的不同，在不均匀磁场中进行选别，可用作磁铁矿等磁性矿产的生产选别。一般磁系通常由几个磁极组成，每个磁极由永磁块和磁导板组成，磁极极性一般沿圆周方向交变，轴向不变；选箱用普通钢板或者硬质塑料板制成，靠近磁系的部位应用非导磁材料，选箱下部为给矿区，底板一般开有矩形孔，用以排放尾矿。底板与磁滚筒之间的间隙在 30~40cm 之间，并可以调节。强磁性矿物（磁铁矿和磁黄铁矿等）用弱磁场磁选机选别；弱磁性矿物（赤铁矿、菱铁矿、钛铁矿、黑钨矿等）用强磁场磁选机选别。弱磁场磁选机主要为开路磁系，多由永久磁铁构成，强磁场磁选机为闭路磁系，多用电磁磁系。弱磁性铁矿物也可通过磁化焙烧变成强磁性矿物，再用弱磁场磁选机选别。磁选机的构造有筒式、带式、转环式、盘式和感应辊式等，磁滑轮用于预选块状强磁性矿石。图 4-4 给出了磁选过程示意图。

磁选过程是在磁选机的磁场中，借助磁力与机械力对矿粒的作用而实现分选的。不同的磁性的矿粒沿着不同的轨迹运动，从而分选为两种或几种单独的选矿产品。按照磁铁的种类来分可以分为：永磁磁选机和电磁除铁机；按照矿的干湿来分类可以分为：干式除铁机，湿式除铁机；干式磁选机则要求被分选的矿物干燥，颗粒之间可以自由移动、形成独立的自由状态，否则会影

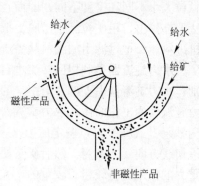

图 4-4 磁选过程示意图

响磁选效果，甚至会造成不可分选的后果。湿式磁选机的磁系，采用优质铁氧体材料或与稀土磁钢复合而成。常用磁滚筒，磁性矿石采用吸着方式选出，当给矿层较厚时，处于上面的磁性矿石，由于受到的磁力较小，易进入尾矿，使其品位增高。电磁系处于分选点的上方，主要用于选出磁性物料；永磁系与电磁系并排，主要用于将磁性物料保持在圆筒表面，随圆筒的旋转被运至弱磁场区。干选筒式弱磁场磁选机多是永磁磁系，主要用于细粒级强磁性矿石的干选，也用于从粉状物料中剔除磁性杂质和提纯磁性材料。

5　钒钛磁铁矿提钒工艺 —— 冶炼含钒铁水

　　根据钒钛磁铁矿钒含量的不同、地域差异和不同的提钒发展阶段，钒钛磁铁矿提钒可以归纳为火法和湿法两大类。火法提钒流程可以处理含钒品位低的原料，通过火法富集，然后处理回收，即间接法；湿法提钒流程具有流程短、回收率高的优点，但要求处理的原料含钒品位相对较高，即直接法。

　　火法提钒工艺首先要利用钒钛磁铁矿还原冶炼含钒生铁，主要有高炉法、直接还原法和熔融还原法等，其原理是矿石在特定的气氛中（还原物质 CO、H_2、C，适宜温度等）通过物化反应获取还原后的生铁。制备含钒铁水需要进行矿物烧结或者造球处理，形成烧结矿或者球团矿，或者直接还原，形成金属化球团，在高炉中还原或者在电炉中熔化分离深还原，生产制备含钒铁水。

5.1　高炉冶炼钒钛磁铁矿制备含钒铁水

　　高炉冶炼是把含钒铁矿石还原成生铁的连续生产过程。含钒铁矿石、焦炭和熔剂等固体原料按规定配料比经过烧结或者球团化处理，由炉顶装料装置分批送入高炉，并使炉喉料面保持一定的高度，经过鼓风机和热风炉将空气加热到 900～1200℃后，经下部风口鼓进高炉内，使焦炭燃烧产生高温，加入的含钒含铁原料在高温作用下发生一系列的物理化学变化。焦炭和矿石在炉内形成交替分层结构，矿石料在下降过程中逐步被还原、熔化形成含钒铁水和渣，聚集在炉缸中，定期从铁口、渣口放出。

5.1.1　烧结矿制备

　　烧结是将各种粉状含铁原料，配入适量的燃料和熔剂，加入适量的水，经混合后在烧结设备上使物料发生一系列物理化学变化，将矿粉颗粒黏结成块的过程。

5.1.1.1　烧结特征

　　钒钛磁铁精矿与普通铁矿相比，钒钛磁铁精矿成分稳定，含铁量波动较小，钒钛磁铁矿理论成矿含铁量低，脉石矿物选别难度大，攀枝花钒钛磁铁精矿具有亚铁高、钛高、铝高、硫高和硅含量低的特点，（CaO + MgO）/（SiO_2 + Al_2O_3）大于 0.5，由于钒钛磁铁矿中 TiO_2 的存在，而且随着 TiO_2 的含量水平提高，钙钛矿形成的几率和含量增加，CaO·TiO_2 熔化温度高，表面张力小，抗压强度低，钙钛矿在烧结矿中不起黏结作用，相反会削弱钛磁铁矿和钛赤铁矿的连晶作用，钙钛矿含量水平为复合铁酸盐（SFCA）的 1/4，与硅酸钙形成钙竞争，使烧结产生的液相量不足，不利于烧结矿固结，导致烧结矿脆性大，强度差，低温还原性差，在烧结过程中优先析出，充填于硅酸盐、钛磁铁矿和钛赤铁矿晶粒之间，造成钒钛烧结矿强度差和低温还原粉化率高，烧结矿空隙率高，烧结矿强度低，返矿率高，工序能耗高，在烧结温度范围内，钙钛矿比铁酸钙的生成趋势大得多，在高温（大于 1250℃）下，铁酸钙难以稳定存在，并且铁酸钙与钙钛矿呈相互消长的关系，随着钒

钛铁精矿比例的增加，烧结矿的钙钛矿含量增加，限制了铁酸钙的生成，破坏了烧结矿的强度。

对于钒钛磁铁矿而言，钒钛烧结矿的强度一般比普通烧结矿强度低，其转鼓指数一般为81%~82%，而普通烧结矿转鼓指数可达83%~85%。钒钛烧结矿冷却后的转鼓指数比冷却前提高6%~7%，说明钒钛烧结矿在热状态下脆性大，强度不如普通烧结矿好。同时钒钛烧结矿的低温还原粉化率比普通烧结矿高得多，一般大于60%，高的达80%~85%。钒钛铁精矿普遍粒级较差，亲水性不强，为烧结造球带来很大难度，造成入炉烧结矿粒级普遍较差。

钒钛磁铁矿烧结时对燃料的用量比较敏感，直接影响着烧结矿的各项性能。钒钛磁铁精矿烧结时燃料的用量低于普通铁精矿，其主要原因是钒钛磁铁精矿中 SiO_2 含量低（≤6.18%），烧结时生成的硅酸盐矿物少，耗热少；钒钛磁铁精矿中 FeO 含量高（30.25%左右），烧结时大量被氧化而放热；如攀枝花铁精矿 S 含量较高（0.8%左右），烧结时氧化放热。

由于钒钛磁铁矿冶炼的特殊性，烧结过程必须配加不同比例的普通铁矿，以控制高炉炉渣中 TiO_2 含量不大于24%；钒钛磁铁精矿烧结时形成以 Fe_2O_3 为主的钛赤铁矿固溶体，呈薄板状，具有较高的氧化度，烧结矿中 FeO 含量低；由于钒钛磁铁精矿中的 S 以较易脱除的磁黄铁矿和黄铁矿的形态存在，且混合料中配碳量相对较少，烧结过程氧化气氛强，有利于脱硫；烧结矿随碱度及 FeO 含量的变化，其低温粉化率有所变化，较普通矿普遍偏高，其中转鼓后小于3.15mm 的比例大于65.44%，小于0.5mm 的比例大于29.31%；烧结矿耐贮存性好，经贮存72h 后，粒度变化均较小，小于5mm 部分在1.56%~2.27% 之间。

5.1.1.2 烧结过程中的基本化学反应

A 固体碳的燃烧反应

固体碳燃烧反应后生成 CO 和 CO_2，还有部分剩余氧气，为其他反应提供了氧化还原气体和热量。反应式为：

$$C + 1/2O_2 \rule[0.4em]{0.6em}{0.08em}\!\!\!\!\rule{0.6em}{0.08em} CO \tag{5-1}$$

$$CO + 1/2O_2 \rule[0.4em]{0.6em}{0.08em}\!\!\!\!\rule{0.6em}{0.08em} CO_2 \tag{5-2}$$

$$CO_2 + C \rule[0.4em]{0.6em}{0.08em}\!\!\!\!\rule{0.6em}{0.08em} 2CO \tag{5-3}$$

燃烧产生的废气成分取决于烧结的原料条件、燃料用量、还原和氧化反应的发展程度以及抽过燃烧层的气体成分等因素。

B 碳酸盐的分解和矿化作用

烧结料中的碳酸盐有 $CaCO_3$、$MgCO_3$、$FeCO_3$、$MnCO_3$ 等，其中以 $CaCO_3$ 为主。在烧结条件下，$CaCO_3$ 在720℃左右开始分解，880℃时开始化学沸腾，其他碳酸盐相应的分解温度较低些。

$$CaCO_3 \rule[0.4em]{0.6em}{0.08em}\!\!\!\!\rule{0.6em}{0.08em} CaO + CO_2 \tag{5-4}$$

碳酸钙分解产物 CaO 能与烧结料中的其他矿物发生反应，生成新的化合物，这就是矿化作用。反应式为：

$$CaCO_3 + SiO_2 = CaSiO_3 + CO_2 \qquad (5-5)$$

$$CaCO_3 + Fe_2O_3 = CaO \cdot Fe_2O_3 + CO_2 \qquad (5-6)$$

$$CaCO_3 + TiO_2 = CaO \cdot TiO_2 + CO_2 \qquad (5-7)$$

如果矿化作用不完全，将有残留的自由 CaO 存在，在存放过程中，它将同大气中的水分进行消化作用：

$$CaO + H_2O = Ca(OH)_2 \qquad (5-8)$$

使烧结矿的体积膨胀而粉化。

C 铁和锰氧化物的分解、还原和氧化

铁的氧化物在烧结条件下，温度高于1300℃时，Fe_2O_3 可以分解。Fe_3O_4 在烧结条件下分解压很小，但在有 SiO_2 存在、温度大于1300℃时，也可能分解。对作为高炉主原料的烧结矿的质量要求是应具有良好的被还原性和高温性能；改善烧结矿中的造渣成分，即降低烧结矿的 SiO_2 含量。

$$3Fe_2O_3 + CO = 2Fe_3O_4 + CO_2 \qquad (5-9)$$

$$Fe_3O_4 + CO = 3FeO + CO_2 \qquad (5-10)$$

$$4FeO + O_2 = 2Fe_2O_3 \qquad (5-11)$$

$$FeS_2 = FeS + S \qquad (5-12)$$

$$4FeS + 7O_2 = 2Fe_2O_3 + 4SO_2 \qquad (5-13)$$

$$S + O_2 = SO_2 \qquad (5-14)$$

5.1.1.3 烧结操作与控制

烧结风量：平均每吨烧结矿需风量为3200m^3，按烧结面积计算为70~90$m^3/(cm^2 \cdot min)$；真空度：决定于风机能力、抽风系统阻力、料层透气性和漏风损失情况；料层厚度：合适的料层厚度应将高产和优质结合起来考虑。机速：合适的机速应保证烧结料在预定的烧结终点烧透烧好。实际生产中，机速一般控制在1.5~4m/min 为宜。

烧结终点的判断与控制：控制烧结终点，即控制烧结过程全部完成时台车所处的位置。中小型烧结机终点一般控制在倒数第二个风箱处，大型烧结机控制在倒数第三个风箱处。

经高温点火后，烧结料中燃料燃烧放出大量热量，使料层中矿物产生熔融，随着燃烧层下移和冷空气的通过，生成的熔融液相被冷却而再结晶（1000~1100℃）凝固成网孔结构的烧结矿。

伴随着结晶和析出新矿物，还有吸入的冷空气被预热，同时烧结矿被冷却，和空气接触时低价氧化物可能被再氧化。点火开始以后，依次出现烧结矿层、燃烧层、预热层、干燥层和过湿层。然后后四层又相继消失，最终只剩烧结矿层。

5.1.2 烧结实践

几个用普通高炉冶炼钒钛磁铁矿的国家和地区，钒钛磁铁矿由于含钛水平差异，外部辅助原料供应各不相同，烧结控制技术有所不同。中国攀枝花钒钛铁精矿 TiO_2 含量在

10%左右，中国承德钒钛铁精矿 TiO$_2$ 在 3.5% ~ 7.0%，俄罗斯钒钛铁精矿 TiO$_2$ 含量在 3.5%左右，经过配料烧结后得到与各自高炉适应的炉料结构。

5.1.2.1　中国攀钢烧结实践

烧结矿配比采用攀枝花钒钛铁精矿 41.76%，澳矿 10%，国内富铁矿 26.03%，低褐粉 2.21%，瓦斯灰 4%，生石灰 8.5%，石灰石 3.88%，钢渣 2%，焦粉 4.5%，返矿 22%，料层厚度为 679mm，机速 1.8m/min，烧结速度 20.9mm/min，主管负压 1534kPa，+3mm 粒度混合料 67.12%，固体燃料消耗 46.99kg/t，转鼓指数 72.79%，成品率 74.59%，烧结矿 48.53%TFe，7.94%FeO，5.69%SiO$_2$，0.39%V$_2$O$_5$。

中国攀钢烧结原料化学成分见表 5-1。

表 5-1　中国攀钢烧结原料的化学成分　　　　　　　　　　（%）

种 类	TFe	FeO	CaO	SiO$_2$	MgO	Al$_2$O$_3$	TiO$_2$	V$_2$O$_5$	S	P
攀精矿	53.98	31.87	1.15	3.52	2.54	4.01	12.72	0.56	0.63	0.0029
澳矿	61.41	0.56	0.25	3.82	0.33	2.26	0	0	0.04	0.09
普通精矿	58.59	20.32	3.22	6.67	1.97	2.30	0	0	0.67	0.065
褐铁矿	48.22	1.91	2.15	16.82	0.53	4.23	0	0	0.18	0.069
钢 渣	34.52	30.92	31.78	6.49	7.99	2.34	1.26	1.34		
瓦斯灰	33.86	6.10	6.34	7.20	1.72	3.28	3.16	0.19	0.35	0.036
石灰石	0.82	0	53.25	1.26	1.36	0.62	0	0	0	0
生石灰	0.63	0.13	90.03	1.82	0.53	0.51	0	0	0	0
活性石灰	0.38	0.21	86.15	1.12	0.31	0.32	0	0	0	0
焦 粉			3.01	5.22	0.97	1.58	0.045			

中国攀钢烧结矿的典型化学成分见表 5-2。

表 5-2　中国攀钢烧结矿的典型化学成分　　　　　　　　　（%）

成 分	TFe	FeO	CaO	SiO$_2$	MgO	Al$_2$O$_3$	TiO$_2$	V$_2$O$_5$	CaO/SiO$_2$
含 量	48.56	8.05	13.11	5.48	1.98	2.95	5.87	0.36	2.39

5.1.2.2　中国承钢烧结实践

中国承钢烧结原料的典型化学成分见表 5-3，按照含钒精粉 39%，海砂 10%，普通精粉 5%，球团返矿 7.5%，机烧返矿 16%，钢渣 4%，黑山精粉 10%，生石灰 4.8%，轻烧白云石 3.4%，焦粉 5%的配料方案，在尺寸为 φ300mm×600mm 的烧结杯进行烧结操作，经过人工物料加工均匀，然后加入圆筒混料机进行造球，造球时间选择为 10min。

表 5-3　中国承钢烧结原料的化学成分　　　　　　　　　　（%）

种 类	TFe	FeO	CaO	SiO$_2$	MgO	Al$_2$O$_3$	TiO$_2$	V$_2$O$_5$
含钒精粉	64.09	26.16	0.78	3.00	1.86	1.60	3.75	0.55
黑山精粉	60.79	29.38	0.21	2.05	1.94	3.26	7.20	0.77
海 砂	56.58	28.30	1.77	4.07	3.81	2.61	7.50	0.56
普通精粉	66.78	28.03	0.68	4.05	0.86	2.19	1.71	0.16

续表 5-3

种　类	TFe	FeO	CaO	SiO$_2$	MgO	Al$_2$O$_3$	TiO$_2$	V$_2$O$_5$
球团返矿	62.57	15.10	1.35	4.55	1.12	0.90	3.24	0.40
机烧返矿	53.68	8.88	9.14	4.06	4.25	2.20	3.72	0.48
钢　渣	34.52	30.92	31.78	6.49	7.99	2.34	1.26	1.34
生石灰			39.00	1.58	27.28	0.66	0.075	
轻烧白云石			44.76	2.48	31.35	0.55	0.050	
焦　粉			3.01	5.22	0.97	1.58	0.045	

　　混合料水分控制在 8%。烧结杯底层放置 4.0kg 大于 10mm 的成品烧结矿作为铺底料，料层厚度为 600mm，烧结负压控制在 1.2kPa。采用石油液化气点火，点火温度控制在 1150℃，点火时间 1.0min，点火负压为 8kPa，将烧结废气温度开始下降时定为烧结终点。

　　表 5-4 给出了中国承钢烧结矿的典型矿物组成，中国承钢钒钛磁铁精矿配矿烧结矿的典型化学成分见表 5-5。

表 5-4　中国承钢烧结矿的典型矿物组成

金属相(体积分数)/%		钙钛矿	气孔率/%	黏结相(体积分数)/%		
磁铁矿	赤铁矿	(体积分数)/%		铁酸钙	硅酸二钙	玻璃质
35~40	30~35	8~10	35~40	10~12	少量	8~10

表 5-5　中国承钢烧结矿的典型化学成分

w(TFe)/%	w(FeO)/%	w(CaO)/%	w(SiO$_2$)/%	w(MgO)/%	w(Al$_2$O$_3$)/%	w(TiO$_2$)/%	w(V$_2$O$_5$)/%	CaO/SiO$_2$
55.68	13.14	8.93	4.64	3.88	1.85	3.58	0.44	1.92

5.1.2.3　俄罗斯烧结实践

　　俄罗斯采用卡契卡纳尔钒钛磁铁精矿 TFe 60%，TiO$_2$ 0.66%~3.5%，V$_2$O$_5$ 0.95%~3.3%，按照普通高炉冶炼钒钛磁铁矿的要求，结合辅助材料供应实际进行烧结技术配置，烧结矿的典型化学成分见表 5-6。

表 5-6　俄罗斯卡契卡纳尔烧结矿的典型化学成分　　　　　　　　（%）

不同时期的组成	TFe	FeO	CaO	SiO$_2$	TiO$_2$	V$_2$O$_5$
1	54.16	11.11	10.56	4.88		0.510
2	54.31	10.73	10.48	4.76		0.509

　　俄罗斯秋索夫钒钛磁铁精矿烧结矿的典型化学成分见表 5-7。

表 5-7　俄罗斯秋索夫烧结矿的典型化学成分　　　　　　　　（%）

不同时期的组成	TFe	FeO	CaO	SiO$_2$	TiO$_2$	V$_2$O$_5$	MnO	Cr$_2$O$_3$	P	C
1	50.98	30.11	9.83	7.29	2.08	0.91	2.14	1.75	0.024	0.30
2	50.1	27.21	10.22	7.68	2.18	0.91	2.21	1.70	0.026	0.40

5.1.3　球团矿

　　钒钛磁铁矿经高温氧化焙烧生产球团矿，给高炉炼铁提供炉料。球团生产主要包括成

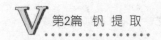

型与焙烧固结两个环节。成型是采用圆盘造球机或圆筒造球机将铁精矿加工成具有一定密度和强度的生球，焙烧固结是其生产过程中最复杂的工序，许多物理和化学反应，在此阶段完成，并且对球团矿的冶金性能，如强度、气孔度和还原性等有重大影响。通过烧结球团造块方式，结合高温冶金的过程，使众多化学成分、冶金性能不稳定原材料，通过一系列措施生产出一定粒度组成和强度、化学成分稳定、冶金性能良好的高炉冶金炉料。

5.1.3.1 球团矿特征

焙烧球团矿的设备有竖炉、带式焙烧机和链箅机—回转窑三种。不论采用哪一种设备，焙烧球团矿应包括干燥、预热、均热和冷却，与烧结生产工艺相比，球团生产具有下述特点：(1) 对原料要求严格，而且原料品较单一。一般用于球团生产的原料都是细磨精矿，比表面积大于 $1500 \sim 1900 cm^2/g$。水分应低于适宜造球水分，SiO_2 含量不能太高；(2) 由于生球结构较紧密，且含水分较高，在突然遇高温时会产生破裂甚至爆裂，因此高温焙烧前必须设置干燥和预热工序；(3) 球团形状一致，粒度均匀，料层透气性好，因此采用带式焙烧机或链箅机—回转窑生产球团矿时，一般可使用低负压风机；(4) 大多数球团料中不含固体燃料，焙烧球团矿需要的热量由煤、液体或气体燃料燃烧后的热废气通过料层供热，热废气在球团料层中循环使用，因此热利用率较高。

5.1.3.2 球团矿生产控制

球团所用含铁原料为钒钛磁铁精矿和磁铁精矿。以钒钛磁铁精矿为主，普通磁铁精矿 20%，钒钛磁铁精矿 80%。造球黏结剂采用膨润土，燃料为无烟煤和煤气。在造球过程中添加 1% ~2% 的水，以使混合料水分为造球最佳值。

干燥过程的温度一般为 200~400℃，主要是蒸发生球中的水分，物料中的部分结晶水也可排除。预热过程的温度水平为 900~1000℃。干燥过程中尚未排除的少量水分，在此进一步排除。这一过程中的主要反应是磁铁矿氧化成赤铁矿，碳酸盐矿物分解、硫化物的分解和氧化，以及某些固相反应。焙烧带的温度一般为 1200~1300℃。预热过程中尚未完成的反应，如分解、氧化、脱硫、固相反应等也在此继续进行，过程涉及的化学反应与烧结矿生产类似。

烧结过程主要反应有铁氧化物的结晶和再结晶，晶粒长大，固相反应以及由之而产生的低熔点化合物的熔化，形成部分液相，球团矿体积收缩及结构致密化。均热带的温度水平应略低于焙烧温度。在此阶段保持一定时间，主要目的是使球团矿内部晶体长大，尽可能使它发育完整，使矿物组成均匀化，消除一部分内部应力。冷却阶段应将球团矿的温度从 1000℃ 以上冷却到运输皮带可以承受的温度。冷却介质为空气，它的氧势较高，如果球团矿内部尚有未被氧化的磁铁矿，将再次充分氧化。

表 5-8 为承德和攀枝花球团的典型化学成分。

表 5-8 承德和攀枝花球团的典型化学成分 (%)

种 类	TFe	FeO	CaO	SiO_2	MgO	Al_2O_3	TiO_2	V_2O_5
承德球团	62.57	15.10	1.35	4.55	1.12	0.90	3.24	0.40
攀枝花全钒钛球团	53.96	3.23	3.63	5.01	3.32	0.78	9.02	0.58

球团焙烧应用较为普通的方法有竖炉球团法、带式焙烧机球团法和链箅机—回转球

团法。

表5-9 给出了俄罗斯卡契卡纳尔球团矿的典型化学成分。

表5-9 俄罗斯卡契卡纳尔球团矿的典型化学成分 （%）

组　成	TFe	FeO	CaO	SiO$_2$	TiO$_2$	V$_2$O$_5$
1	60.45	2.62	1.25	4.62		0.567
2	60.39	2.70	1.20	4.31		0.566

5.1.4 高炉熔炼

5.1.4.1 高炉熔炼特征

高炉冶炼用的原料主要由铁矿石、燃料（焦炭）和熔剂（石灰石）三部分组成。通常冶炼1t生铁需要1.5~2.0t铁矿石，0.4~0.6t焦炭，0.2~0.4t熔剂，总计需要2~3t原料。

烧结矿品位提高1%，可降低焦比2%，高炉增产3%，经过整粒后的烧结矿可提高产量5.5%，降低焦比3.3%，烧结矿碱度降低0.1时，高炉焦比增加，生铁减产3.5%，烧结矿中小于5mm粉末，每增加1%，高炉减产6%~8%，焦比增加，烧结矿FeO含量降低1%，而强度变化不大时，可降低焦比1%，烧结矿中配加3%左右MgO，改善造渣制度，使高炉炉况顺行。

不论是难还原的磁铁矿，还是褐铁矿，在高炉内气体还原铁矿石的速率受到许多因素的影响，如矿石的性质——粒度、气孔度、气孔表面积，煤气的成分和流速以及还原温度等。气-固还原过程包括以下基本环节：（1）还原气体通过矿粒表面的气膜向矿石表面扩散；（2）还原气体通过已还原金属层向矿石内部扩散；（3）金属铁-浮氏体两相界面上的化学反应；（4）还原气体产物通过已还原金属层向外扩散；（5）还原气体通过附面气膜向外扩散。

高炉冶炼的炉渣主要成分来源于原燃料所带入的脉石成分，冶炼普通矿形成四元（CaO-MgO-SiO$_2$-Al$_2$O$_3$）渣系，而冶炼钒钛矿则为五元（CaO-MgO-SiO$_2$-Al$_2$O$_3$-TiO$_2$）渣系。五元渣系炉渣相对于四元渣系炉渣最大的特点在于炉渣熔化温度升高、泡沫渣的形成、炉渣变稠和炉渣脱S能力低等，其中低钛炉渣的熔化温度与普通四元渣系相近，泡沫渣的形成在高钛型炉渣的冶炼中较为明显。炉渣变稠是随着高炉内还原过程的进行，炉渣中一部分TiO$_2$被还原生成钛的碳、氮化合物。TiC的熔点为（3140±90）℃，TiN的熔点为（2950±50）℃，远高于炉内最高温度所致。而高钛渣的脱硫能力远低于普通高炉渣，L_S仅为5~9。

钒钛铁水的粘罐物中则因含有钒、钛的氧化物，熔点很高，高于出铁温度，在下次出铁时不能被熔化，越结越厚，造成铁水罐容积迅速减小，铁水罐只能用几十次，严重影响铁水罐的正常使用与周转，并给高炉正常出铁的计划安排带来困难。

5.1.4.2 高炉熔炼涉及的化学反应

图5-1给出了氧化物的吉布斯自由能图，高炉中铁的还原主要由CO还原氧化铁生成CO$_2$和低价铁，或由氢气还原生成H$_2$O和低价铁的过程。还原顺序为：Fe$_2$O$_3$→Fe$_3$O$_4$→FeO→Fe，低于570℃时，FeO不稳定，还原顺序为：Fe$_2$O$_3$→Fe$_3$O$_4$→Fe。

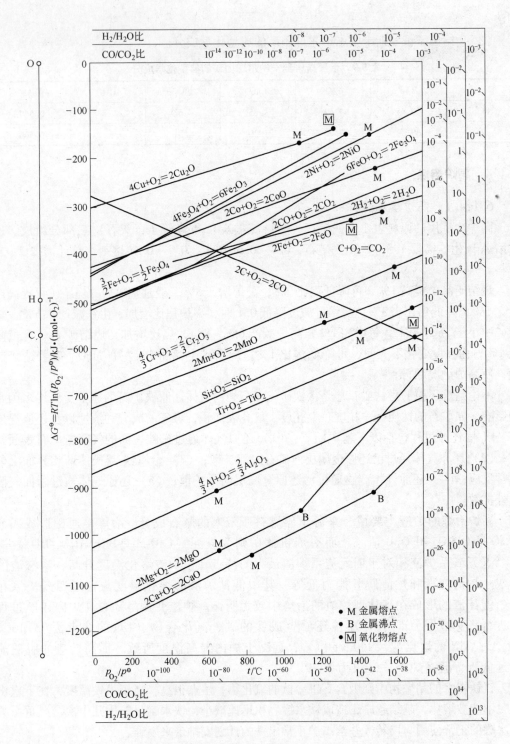

图 5-1 氧化物的吉布斯自由能图

氧化铁还原的主要还原反应为:

$$3Fe_2O_3 + CO \longrightarrow 2Fe_3O_4 + CO_2 \tag{5-15}$$

$$Fe_3O_4 + CO \longrightarrow 3FeO + CO_2 \tag{5-16}$$

$$FeO + CO \longrightarrow Fe + CO_2 \tag{5-17}$$

$$3Fe_2O_3 + H_2 \longrightarrow 2Fe_3O_4 + H_2O \tag{5-18}$$

$$Fe_3O_4 + H_2 \longrightarrow 3FeO + H_2O \tag{5-19}$$

$$FeO + H_2 \longrightarrow Fe + H_2O \tag{5-20}$$

H_2 和 CO 同时作为还原剂存在时，受水煤气反应的制约：

$$H_2 + CO_2 \longrightarrow H_2O + CO \tag{5-21}$$

直接还原：在高温区 850℃ 开始，因有大量焦炭存在，生成的 CO_2 和 H_2O 立即与焦炭反应，转化成 CO 和 H_2：

$$CO_2 + C \longrightarrow 2CO \tag{5-22}$$

$$H_2O + C \longrightarrow H_2 + CO \tag{5-23}$$

铁水中的碳在高炉内还出现还原和渗碳形成 Fe_3C 的反应：

$$3Fe + CO \longrightarrow Fe_3C + CO_2 \tag{5-24}$$

$$FeO(MnO, SiO_2) + C \longrightarrow Fe(Mn, Si) + CO \tag{5-25}$$

$$3Fe + C \longrightarrow Fe_3C \tag{5-26}$$

进入高炉的矿石的脉石和焦炭灰分含有其他一些氧化物（SiO_2、Al_2O_3、CaO、MgO 等）、硫化物（FeS_2）和磷酸盐 $[Ca(PO_4)_2]$。一些共生铁矿还含有锰、钛、铬、钒、铜、钴、镍、铌、砷、钾、钠等的含氧化合物和少量硫化物。各种氧化物因化学稳定性不同，有的在高炉内全部还原，有的部分还原，有的完全不能还原，不还原的氧化物就进入炉渣。

硅比铁难还原，要到高温区才能被碳还原，熔于铁水：

$$(SiO_2) + 2[C] \longrightarrow [Si] + 2CO \tag{5-27}$$

大部分生铁中的硅是焦炭灰分或渣中的 SiO_2，通过风口附近高温区（1700℃ 以上）时，先被还原生成气态 SiO，SiO 在上升过程中再被还原成硅并熔于铁水。

矿中的锰化合物如 MnO_2、Mn_3O_4、Mn_2O_3、$MnCO_3$ 等都很容易被 CO 还原成 MnO，MnO 进入炉渣中被碳直接还原并熔于铁水：

$$(MnO) + [C] \longrightarrow [Mn] + CO \tag{5-28}$$

其他元素如以 $3CaO \cdot P_2O_5$ 或 $3FeO \cdot P_2O_5$ 形态进入高炉的磷，以及以氧化物或硫化物存在的铜、镍、钴、砷、铅等全部被还原。钒、铌、铬等的氧化物一般可被还原 75% ~ 80%，二氧化钛在炉内只有少量被还原。

$$(TiO_2) + [C] \longrightarrow [TiC] + CO \tag{5-29}$$

凡能生成碳化物并溶于铁水的元素如锰、钒、铬、铌等能使铁水含碳增加；凡能促使铁水中碳化物分解的元素如硅、磷、硫等会阻止铁水渗碳。普通生铁含碳 4% 左右，铁水溶解某些碳化物达到饱和后，剩余的碳化物便留在炉渣中，如冶炼高硅生铁时的 SiC，在炉料含 TiO_2 较多时形成的 TiC 等。碳化物熔化温度一般都很高（SiC 熔化温度大于

2700℃，TiC 熔化温度大于3290℃），以固相混杂在炉渣中，使炉渣流动性变差，造成冶炼上的困难。

高炉冶炼钒钛磁铁矿的原料，实际上是钒钛烧结矿，其矿物组成是钛赤铁矿、钛磁铁矿、钙钛矿和含钛硅酸盐相，还有少量的铁酸钙、铁板钛矿和残存的钛铁矿。在高炉内烧结矿从炉喉下降到炉腹的过程中，经过不同温度区间完成冶炼的基本反应和物相组成变化。

中国攀钢和承钢生成的含钒生铁化学成分见表5-10，两组数据比较发现，铁水成分大同小异。

表 5-10　中国攀钢和承钢生成的含钒生铁化学成分　　　　　　（%）

成　分	C	V	Si	Mn	Ti	S	P	Cr
攀　钢	4.25	0.32	0.18	1.11	0.12	0.065	0.055	<0.10
承　钢	3.8~4.5	0.25~0.5	0.20~0.80	0.10~0.70	0.10~0.50	≤0.08	≤0.15	<0.10

俄罗斯下塔吉尔和秋索夫厂的含钒生铁化学成分分别见表5-11和表5-12。

表 5-11　俄罗斯下塔吉尔含钒生铁化学成分　　　　　　（%）

不同时期成分	C	V	Si	Mn	Ti	S	P	Cr
1	4.52	0.462	0.12	0.30	0.18	0.022	0.06	<0.10
2	4.55	0.465	0.10	0.33	0.16	0.021	0.07	<0.10
3	4.61	0.451	0.25	0.27	0.16	0.030	0.045	0.08

表 5-12　俄罗斯秋索夫含钒生铁化学成分　　　　　　（%）

不同时期成分	V	Si	Mn	Ti	S	P	Cr
1	0.482	0.264	0.387	0.22	0.033	0.036	0.289
2	0.481	0.290	0.360	0.26	0.033	0.039	0.240

5.1.4.3　钒的还原

钒钛烧结矿中钒是以钒尖晶石（$FeO \cdot V_2O_3$）固溶于含钛铁矿物中。在软熔带下部初渣开始形成时，没有液相铁，钒的还原反应如下：

$$FeO \cdot V_2O_3 + C \longrightarrow Fe + 2VO + CO \uparrow \qquad (5-30)$$

在滴落带中，由于液体铁相形成，钒的还原按下列反应进行，生成的金属钒进入铁相：

$$FeO \cdot V_2O_3 + 4C \longrightarrow 2[V] + Fe + 4CO \uparrow \qquad (5-31)$$

$$VO + C \longrightarrow [V] + CO \uparrow \qquad (5-32)$$

$$V_2O_3 + 3C \longrightarrow 2[V] + 3CO \uparrow \qquad (5-33)$$

钒还原率主要受反应热力学条件即炉温的制约，其次是炉渣碱度。实际冶炼中，由于冶炼不同的 TiO_2 含量范围的炉渣，所选定的五元渣系后，实质上钒的还原率主要由确定的适宜炉温范围所决定。其次是炉渣含 Ti 量，随渣中 TiO_2 提高钒的还原率下降。实际冶炼的钒回收率大致情况是低钛渣冶炼，$\eta_V \approx 80\%$；中钛渣冶炼，$\eta_V \approx 75\%$；高钛型渣冶炼，$\eta_V \approx 70\%$。

5.1.4.4 钛的还原与影响

高炉大致可以分为三个温度区间，从炉喉到炉身上部的 650～900℃温度区间，除一般的 Fe_2O_3、Fe_3O_4、FeO 和铁酸钙的间接还原外，还有钛赤铁矿、钛磁铁矿和铁板矿的失氧，其化学反应主要有：

$$MFe_3O_4 + n(Fe_2TiO_4) \longrightarrow mFe_3O_4 \cdot nFe_2TiO_4 \tag{5-34}$$

$$Fe_2O_3 \cdot TiO_2 + CO \longrightarrow 2FeO \cdot TiO_2 + CO_2 \uparrow \tag{5-35}$$

$$FeO \cdot TiO_2 + FeO \longrightarrow 2FeO \cdot TiO_2 \tag{5-36}$$

反应后的物相组成是钛磁铁矿、浮氏体和少量的细小铁粒。炉身中部的 900～1150℃温度区间，是钛磁铁矿被还原，主要化学反应有：

$$mFe_3O_4 \cdot n[2(Fe,Mg,Mn)O \cdot TiO_2 \cdot FeO \cdot V_2O_3] + 3mCO$$
$$\longrightarrow 3mFeO + n[2(Fe,Mg,Mn) \cdot TiO_2 \cdot FeO \cdot V_2O_3] + 3mCO_2 \uparrow \tag{5-37}$$

$$FeO + CO \longrightarrow Fe + CO_2 \uparrow \tag{5-38}$$

$$FeO \cdot TiO_2 + FeO \longrightarrow 2FeO \cdot TiO_2 \tag{5-39}$$

反应后生成浮氏体和钛铁晶石固溶体以及部分浮氏体被还原生成金属铁。炉身下部的 1150～1250℃温度区间，是钛铁晶石还原分解阶段，主要化学反应有：

$$FeO + CO \longrightarrow Fe + CO_2 \uparrow \tag{5-40}$$

$$2FeO \cdot TiO_2 + CO \longrightarrow Fe + FeO \cdot TiO_2 + CO_2 \uparrow \tag{5-41}$$

$$FeO \cdot TiO_2 + CO \longrightarrow Fe + TiO_2 + CO_2 \uparrow \tag{5-42}$$

$$TiO_2 + CaO \longrightarrow CaO \cdot TiO_2 \tag{5-43}$$

反应后生成的物相组成有金属铁、钛铁晶石、少量的浮氏体、钛铁矿、板钛矿固溶体和钙钛矿。

软熔带的反应，从炉身下部到炉腹的 1250～1350℃温度区间，直接还原发展，烧结矿软熔形成以黏结物为特征的软熔带。软熔带下部初渣开始形成，铁粒聚合，主要化学反应有：

$$FeO \cdot 2TiO_2 + C \longrightarrow Fe + 2TiO_2 + CO \uparrow \tag{5-44}$$

$$MgO \cdot TiO_2 + TiO_2 \longrightarrow MgO \cdot 2TiO_2 \tag{5-45}$$

$$CaO \cdot FeO \cdot SiO_2 + C \longrightarrow CaO \cdot SiO_2 + Fe + CO \uparrow \tag{5-46}$$

$$Al_2O_3 + TiO_2 \longrightarrow Al_2O_3 \cdot TiO_2 \tag{5-47}$$

$$Al_2O_3 + MgO \longrightarrow MgO \cdot Al_2O_3 \tag{5-48}$$

反应生成的 $MgO \cdot 2TiO_2$、$Al_2O_3 \cdot TiO_2$ 和原烧结矿中的硅酸盐相反应生成钛辉石等低熔点炉渣物相，金属铁在熔渣中扩散聚合成较大铁珠。滴落带的反应从炉腹到风口区大于 1350℃温度区间进行，金属铁渗碳和初渣的熔化温度下降，渣和铁开始熔化滴落。钒钛矿冶炼在滴落带反应的特点是钛的氧化物和钒的氧化物被碳还原。按照反应自由能变化，可

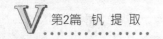

能发生的主要反应有渣-焦界面反应：

$$2TiO_2 + C \longrightarrow Ti_2O_3 + CO\uparrow \tag{5-49}$$

$$TiO_2 + C \longrightarrow TiO + CO\uparrow \tag{5-50}$$

$$TiO_2 + 3C \longrightarrow TiC + 2CO\uparrow \tag{5-51}$$

$$TiO_2 + 1/2N_2 + 2C \longrightarrow TiN + 2CO\uparrow \tag{5-52}$$

$$TiO_2 + C \longrightarrow [Ti] + CO\uparrow \tag{5-53}$$

反应所生成的 TiC、TiN 以固溶体形式弥散于炉渣中。Ti(C,N)固溶体中 TiC/TiN 比例与形成时的温度和氮的分压有关，一般规律是随温度升高，氮分压增大，Ti(C,N)固溶体中 TiN 比例增大，随之形成不同色调的 Ti(C,N)固溶体，这是含钛炉渣变稠的主要原因。[Ti] 和 [V] 进入液体铁相。渣-铁界面的反应，主要是铁水的饱和碳与渣中 TiO_2 间的反应：

$$TiO_2 + 3[C] \longrightarrow TiC + 2CO\uparrow \tag{5-54}$$

$$TiO_2 + 1/2N_2 + 2[C] \longrightarrow TiN + 2CO\uparrow \tag{5-55}$$

反应后生成的 Ti(C,N)和弥散于渣中的 Ti(C,N)被吸附于渣中铁珠周围形成 Ti(C,N)薄壳，使渣相中铁珠不易聚合长大，这是含钛炉渣铁损高的原因之一。在滴落过程中，液体铁相逐渐形成过饱和的碳、氮熔铁，滴落到炉缸中温度下降。由于溶解度积关系，会发生 Ti(C,N)的析出反应：

$$[Ti] + [C] \longrightarrow TiC \tag{5-56}$$

$$[Ti] + [N] \longrightarrow TiN \tag{5-57}$$

析出反应生成的 Ti(C,N)固溶体和周而复始的出渣出铁作业，使含有 Ti(C,N)炉渣沉积于炉底形成不同色调的高熔点含钛堆积物，有利于护炉。如果控制不当会造成炉底上涨和炉缸堆积。

5.1.4.5 高炉冶炼特点

对原燃料的要求严于普通铁矿石冶炼，要求焦炭强度 M_{40} 达到 76%，M_{10} 小于 9%；含硫小于 0.50%，以保证硫负荷低于 4kg/t 生铁；钒钛精矿的 TiO_2 含量要稳定，不大于 13%，含硫小于 0.50%；入炉前烧结矿必须进行筛分。

由于高炉冶炼存在炉渣变稠等一系列问题，用高炉冶炼钒钛矿的国家仅有俄罗斯和中国。俄罗斯的下塔吉尔和秋索夫工厂冶炼的渣中 TiO_2 含量小于 10%，中国马鞍山钢铁公司高炉冶炼的渣中 TiO_2 含量小于 8%。俄罗斯的下塔吉尔和秋索夫工厂低钛型高炉渣典型成分见表 5-13，中国重庆钢铁公司、水城钢铁公司和昆明钢铁公司少量使用钒钛磁铁精矿，高炉渣 TiO_2 保持在 3.5% 左右；中国的攀枝花钢铁集团公司冶炼的渣中 TiO_2 含量为 23%~25%，高钛型高炉渣典型成分见表 5-14。承德钢铁厂冶炼的渣中 TiO_2 含量为 16%~18%。冶炼过程中控制铁中 [Ti] 量，就控制了 Ti(C,N)生成量，以抑制泡沫渣形成和防止炉渣变稠。

表 5-13 俄罗斯的下塔吉尔和秋索夫工厂低钛型高炉渣典型成分 （%）

化学成分	TiO$_2$	CaO	SiO$_2$	Al$_2$O$_3$	MgO	FeO	S	V$_2$O$_5$	渣比
含 量	7.9	32.8	28.5	15.3	11.7	0.75	0.63	0.13	0.440t/t 铁

表 5-14 中国攀钢高钛型高炉渣典型化学成分 （%）

化学成分	TiO$_2$	CaO	SiO$_2$	Al$_2$O$_3$	MgO	TFe	MnO	Sc$_2$O$_3$	V$_2$O$_5$	渣比
含 量	23.9	26.10	23.4	13.1	8.10	2.20	1.0	20g/t	0.35	0.750t/t 铁

钒钛矿高炉冶炼造渣要求渣铁畅流、脱硫能力和有利于钒还原进铁，与冶炼普通矿炉渣相似，碱性物质（如 CaO 和 MgO）增加，可以降低 TiO$_2$ 和 SiO$_2$ 的活性，增加渣的流动性，渣中 CaO 可以与 TiO$_2$ 形成钙钛矿，降低渣中 TiO$_2$ 的活性，抑制 Ti 的低价化合物形成，有利于脱硫和钒还原进铁，中钛型最易熔的炉渣碱度（CaO/SiO$_2$）0.9~1.0，熔化性温度小于 1325℃，对渣铁畅流有利，但脱硫能力差，为了满足脱硫和有利于提钒，有必要提高炉渣碱度水平，但随之熔点升高，炉渣碱度（CaO/SiO$_2$）提高到 1.33，熔化性温度提高到 1350℃，钒钛矿高炉冶炼的关键问题是脱硫能力低，冶炼过程中含钛炉渣变稠的特殊性和由此出现的铁损高等问题。冶炼含钛磁铁矿的技术关键，就在于控制钛的过还原来抑制 Ti(C,N) 的生成量，以防止含钛炉渣变稠。随着冶炼的渣中 TiO$_2$ 增加，变稠影响增加，一般按渣中 TiO$_2$ 含量范围可以分为低钛渣（不大于 10% TiO$_2$）、中钛渣（10%~20% TiO$_2$）和高钛型炉渣（不小于 20% TiO$_2$）冶炼。高炉炼铁一般是以铁中含［Si］% 相对表示炉温。钒钛矿冶炼过程中，由于 TiO$_2$ 和 SiO$_2$ 性质相似，则以铁中 Σ［Si + Ti］% 相对表示炉温。

低钛渣冶炼常出现的问题是随炉温升高，炉渣会缓慢变稠，在变稠过程中，渣中铁损明显增加。如果操作不当，炉渣流动性变差甚至会造成铁渣难分，出渣出铁困难，使冶炼行程失常。俄罗斯冶炼低钛渣时，最先控制铁中［Ti］和［Si］，在 0.30% 左右，可防止变稠。采取富氧和天然气综合鼓风，铁中［Si］和［Ti］分别控制到 0.20% 左右，改善了低钛渣冶炼的技术经济指标，接近相同条件下的普通矿冶炼水平。

中国冶炼低钛渣时，主要是选择和控制适宜的炉温范围。为防止钛渣变稠，同时控制较低铁损，又具有较好的脱硫能力，应控制的适宜炉温范围是：Σ［Si + Ti］= 0.63%~0.75%，［Si］= 0.38%~0.45%，［Ti］= 0.25%~0.30%。

普通铁矿冶炼高炉为了护炉，延长高炉寿命，在炉料中加入含 TiO$_2$ 的钒钛铁精矿物，高炉渣中 TiO$_2$ 达到 1.5%~3.0%，在炉缸和炉底形成高强度的碳氮化物固结层，黏附在炉墙上，此时护炉效果明显。

中钛渣冶炼主要问题是炉渣变稠的速度快于低钛渣。中国高炉冶炼 13%~15% TiO$_2$ 炉渣，冶炼应控制的适宜炉温范围是保证铁中［Si］= 0.25%~0.31%，［Ti］= 0.20%~0.25%，［Si + Ti］= 0.45%~0.56%。如果铁中［Ti］达到 0.30%，炉渣虽然没有明显变稠，铁损也会增高；如果［Ti］连续大于 0.30%，炉渣就会变稠。对于 1000m^3 或以上容积的高炉冶炼中钛渣，也要采取消稠措施。

高钛型渣冶炼主要问题是炉渣变稠速度快，铁损更高，炉渣脱硫能力低和可能形成泡沫渣。一般操作为：

（1）选择适于冶炼的高钛型渣系和熔化性温度。高钛型渣是熔化性高、呈现短渣性、

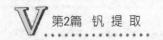

结晶性强的渣系。在一定 MgO 和 Al_2O_3 含量范围内，SiO_2 含量不变，熔化性温度随 TiO_2 增加而提高并随着 CaO/SiO_2 比值增大而增高。为了适于冶炼，必须控制适宜的 SiO_2/TiO_2 和 CaO/SiO_2 两个比值，使炉渣的熔化性温度处于低熔区。中国攀钢生产实践所选择的渣系 $SiO_2/TiO_2 \approx 1.0$，$CaO/SiO_2 = 1.07 \sim 1.13$。熔化性温度为 $1380 \sim 1400\,^\circ\!C$，是高钛型五元渣系比较低的熔化区。

（2）调剂煤气流合理分布，活跃炉缸工作是高钛型炉渣冶炼防稠和消稠极为重要的基础。调剂方法和普通矿相同。针对钒钛烧结矿软化温度高的特点，要维持炉腹区边沿适宜煤气流，以保持软熔带根部有比较好的熔解能力，防止中部结厚引起的高炉冶炼行程失常。冶炼实践表明，边沿的 CO_2 应高于中心 $2\% \sim 3\%$，这时炉缸工作活跃，能维持长期稳定顺行。

（3）选择和稳定适宜的炉温范围是高钛型炉渣冶炼抑制泡沫渣形成和炉渣变稠的关键。铁中 [Ti] 和 [Si] 的关系则为 $[Ti] = 1.353[Si] + 0.012$ 在正常冶炼条件下，铁中 [Ti] 含量大于 [Si] 含量，所以高钛型渣冶炼根据铁中 [Ti] 含量变化判断炉温的变化。只有炉料行程时铁中 [Ti] 接近 [Si]，如若出现 [Ti] < [Si]，则这种特征是高钛型炉渣冶炼炉缸中心堆积的重要标志之一。

5.2　直接还原炼铁

直接还原炼铁是在低于矿石熔化温度下，通过固态还原，把铁矿石炼制成铁的工艺过程。这种铁保留了失氧时形成的大量微气孔，在显微镜下观察形似海绵，所以也称为海绵铁；用球团矿制成的海绵铁也称为金属化球团。直接还原铁的特点是碳和硅含量低，成分类似钢，实际上也代替废钢使用于炼钢过程，通常把炼制海绵铁的工艺称作直接还原炼铁流程。

5.2.1　直接还原炼铁工艺特征

钒钛铁精矿的主要组成是 TiO_2 和 FeO，其余为 SiO_2、CaO、MgO、Al_2O_3 和 V_2O_5 等，直接还原就是通过内配碳造球，在高温还原性条件下，使铁氧化物与碳组分反应，在固态下形成钛渣和金属化球团，在电炉中熔化分离或者深度还原熔炼，形成含钒半钢和低品位钛渣，由于密度和熔点差异实现钛渣与金属铁的有效分离。

目前在国内外使用的直接还原炼铁工艺有隧道窑工艺、回转窑工艺和转底炉工艺三种，均为煤基还原法。钒钛磁铁矿与非焦煤还原剂混合，添加黏结剂，制作含碳煤基还原球团，在高温还原气氛中还原磁铁矿中的铁、钒、钛和硅等氧化物形成含铁的金属化球团，根据钒的走向电炉熔分有两种方法：一种是熔化分离将钒钛进入渣相，再从渣中提取钒钛；另一种是在电炉熔分时深还原，使钒还原进入铁水中，得到钛渣，作为提钛的原料；或者金属化球团细磨磁选金属铁，精选渣铁熔化分离，形成含钒铁水，磨选渣选碳回用，余渣可用作低品位钛原料；链箅机—回转窑预还原—冷却磁选分离—矿热炉还原—氧气转炉吹钒—半钢炼钢工艺是生产实践应用比较成熟的工艺，典型工艺流程见图 5-2。

5.2.2　直接还原涉及的化学反应

钒钛磁铁矿固态还原是逐级进行的，$Fe_2O_3 \rightarrow Fe_3O_4 \rightarrow FeO \rightarrow Fe$，同时伴随着 Ti^{4+} 的部

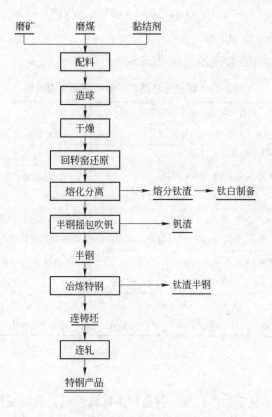

图 5-2 典型直接还原炼铁工艺流程

分还原，矿石中的 MgO 和 MnO 等组元固溶于 M_3O_5 型固溶体中，M 为 Fe、Ti、Mg 和 Mn 等，减缓铁氧化物的还原，直接还原的最终产物为由金属铁、还原产生的金红石类以及 M_3O_5 固溶体组成的混合物。

氧化铁还原的主要还原反应为：

$$3Fe_2O_3 + CO \longrightarrow 2Fe_3O_4 + CO_2 \tag{5-58}$$

$$Fe_2O_3 + C \Longrightarrow 2FeO + CO \tag{5-59}$$

$$Fe_3O_4 + CO \longrightarrow 3FeO + CO_2 \tag{5-60}$$

$$FeO + CO \longrightarrow Fe + CO_2 \tag{5-61}$$

$$3Fe_2O_3 + H_2 \longrightarrow 2Fe_3O_4 + H_2O \tag{5-62}$$

$$Fe_3O_4 + H_2 \longrightarrow 3FeO + H_2O \tag{5-63}$$

$$FeO + H_2 \longrightarrow Fe + H_2O \tag{5-64}$$

$$CO_2 + C \longrightarrow 2CO \tag{5-65}$$

$$H_2O + C \longrightarrow H_2 + CO \tag{5-66}$$

$$FeO(MnO, SiO_2) + C \longrightarrow Fe(Mn, Si) + CO \tag{5-67}$$

$$V_2O_3 + 3C \Longrightarrow 2V + 3CO \tag{5-68}$$

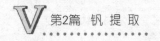

$$V_2O_5 + 5C \xrightarrow{\hspace{1cm}} 2V + 5CO \tag{5-69}$$

式中，M 为 Fe、Ti、Mg 和 Mn 等。

钒钛磁铁精矿矿物相直接还原反应见表 5-15。

表 5-15　钒钛磁铁精矿矿物相直接还原反应

序　号	化 学 反 应	说 明
1	$3Fe_2O_3 + CO \rightarrow 2Fe_3O_4 + CO_2$	赤铁矿被还原成磁铁矿
2	$Fe_3O_4 + CO \rightarrow 3FeO + CO_2$	磁铁矿被还原成浮氏体
3	$xFeO + yCO \rightarrow xFe + yCO_2$	浮氏体还原成金属铁
	$xFeO + (x-y)FeO \cdot TiO_2 \rightarrow (x-y)Fe_2TiO_4$	部分浮氏体与连晶钛铁矿结合成钛铁晶石
4	$[mFe, nMg]TiO_4 + qCO \rightarrow$ $[(m-q)Fe, nMg]_2TiO_4 + qFe + 1/2qTiO_2 + qCO_2$	含 MgO 的钛铁晶石中部分铁被还原，N_{MgO} 增大，生成富镁钛铁晶石，并析出部分 TiO_2
5	$[(m-q)Fe, nMg]_2TiO_4 + q'CO + qTiO_2 \rightarrow$ $(1+q)[(m-q-q')Fe, Mg]TiO_3 + q'Fe + CO_2$	富镁钛铁晶石中的 FeO 继续被还原，当 $(m-q-q') = 1+q$ 时，转变成含镁钛铁矿
6	$[(m-q-q')Fe, Mg] \cdot TiO_3 + q''CO \rightarrow$ $1/2[(M-q-q'-q'')Fe, nMg]Ti_2O_5 + q'Fe + q'CO_2$	含镁钛铁矿中的 FeO 继续被还原，当 $(m-q-q'-q'') + n = 0.5$ 时，转变成铁黑钛石

5.2.3　直接还原实践

直接还原只有南非属于生产性质，其他均为试验性质，规模受限。就攀枝花而言，直接还原发展不平衡，不同的实体在不同的还原装置进行着持续试验，小规模试验装置有流态化炉，规模化试验装置包括回转窑、转底炉、竖炉和隧道窑等，试验产品参次不齐，各种参数还在优化之中。

5.2.3.1　南非回转窑还原生产线

南非海威尔德（Highveld）1961 年 4 月~1964 年 5 月在一座 15t/d 的半工业试验装置上，经过十个月研究后，同步生产出铁、钢、钒产品。

南非海威尔德装备还原回转窑：13 座 $\phi4m \times 61m$，转速 0.40~1.25r/min；熔炼电炉：7 座埋弧电炉，其中两台 45MV·A，两台 33MV·A，直径均为 14m，出炉周期 3.5~4h，70t 铁/炉；另一台 63MV·A，直径均为 15.6m，出炉周期 3.5~4h，80t 铁/炉。

南非海威尔德钒钛铁精矿成分（%）：53~57TFe，1.4~1.9V_2O_5，12~15TiO_2，1.0~1.8SiO_2，2.5~3.5Al_2O_3，0.15~0.6Cr_2O_3。经过回转窑 1100℃ 还原，电炉熔分得到铁水成分（%）：3.95C，1.22V，0.24Si，0.22Ti，0.22Mn，0.08P，0.037S，0.29Cr，0.04Cu，0.11Ni，同时得到低品位钛渣，成分（%）：32TiO_2，22SiO_2，17CaO，15MgO，14Al_2O_3，0.9V_2O_5，0.17S。

图 5-3 给出了南非海威尔德公司直接还原工艺流程图。

5.2.3.2　新西兰直接还原生产线

新西兰利用粒度较粗的矿砂（>0.1mm 占 72%），砂矿不用破碎，经过简单筛分、磁选和重选可以得到铁精矿，矿物组成为 TFe 57%，8% TiO_2，0.4% V_2O_5，与煤混合，多膛炉焙烧预热炉料并脱除挥发分，650℃ 进入回转窑 1000℃ 左右预还原，金属化率控制

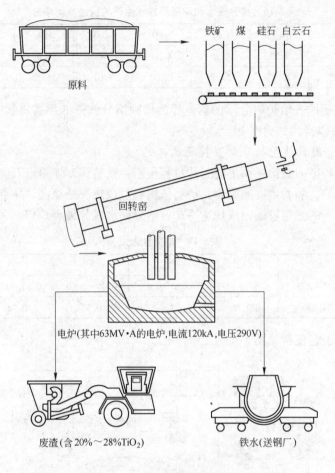

图 5-3 海威尔德炼铁工艺流程

80%，在 900~1000℃将含有 90% 还原料和 10% 的半焦移送至矩形炉顶，用矩形电炉熔化分离，得到铁水成分：3.5%C，0.2%Si，0.2%Ti，0.45%V，铁水包提钒，得到钒渣，16%~20%V_2O_5，16%SiO_2，34%TFe，1%CaO，13%MgO，0.1%P，半钢含 3%C 进入转炉炼钢，钒回收率 60% 左右。

5.2.3.3 中国攀钢回转窑还原试验线

国家"六五"计划和"七五"计划期间，国家组织国内科研院所及高校的专家和相关企业分工合作，分北方流程和南方流程进行了攀枝花钒钛磁铁矿新流程试验，根据钒的走向电炉熔分有两种方法：一种是将钒进入渣相，再从渣中提取钒钛；另一种在电炉熔分时，使钒还原进入铁水中，得到钛渣，作为提钛的原料。攀枝花钒钛铁精矿采用链箅机—回转窑预还原—冷却磁选分离—矿热炉还原—氧气转炉吹钒—半钢炼钢工艺处理。特点为：使用 54%TFe 和不大于 12%TiO_2 的攀枝花钒钛铁精矿，预还原的最高温度 1000~1050℃，金属化率 65%~75%，预还原的金属化球团进入矿热炉以焦粉还原，熔分得到 TiO_2 60%~65% 钛渣和含 C 2.01%、Si 0.47%、V 0.43%、Ti 0.12% 的铁水。

按照熔分和深还原两种不同方式得到的铁水差异较大，熔分铁水和深还原铁水生产的钒渣典型成分见表 5-16。

表5-16 熔分铁水和深还原铁水生产的钒渣典型成分 （%）

名 称	V_2O_5	Al_2O_3	CaO	MgO	MnO	SiO_2	TiO_2	TFe
深还原钒渣	8.72	2.59	1.50	4.50	—	24.63	2.11	35.80
熔分钒渣	1.92	10.92	5.27	12.33	1.01	11.12	41.44	13.1

通过"直接还原—电炉熔分"的新流程，得到熔分钛渣的形式将钛富集而回收利用，其TiO_2的品位可以富集到50%以上。

5.2.3.4 中国攀枝花转底炉直接还原工艺

以转底炉为特征的直接还原主要工艺过程包括：铁精矿、煤粉以及黏结剂混合后造球并干燥，装料入炉，随着炉底的旋转，炉料依次经过预热、还原区、中性区、反应完毕后卸入砌有耐火材料的热运输罐内或快速冷却，熔分铁水成分见表5-17。

表5-17 熔分铁水成分 （%）

成 分	C	Si	Mn	V	Ti	P
含 量	1.5~2.5	0.40~1.47	0.20~0.45	0.40~0.60	0.20~0.38	0.05~0.15
平 均	1.92	0.78	0.27	0.55	0.16	0.08

转底炉还原工艺流程见图5-4。

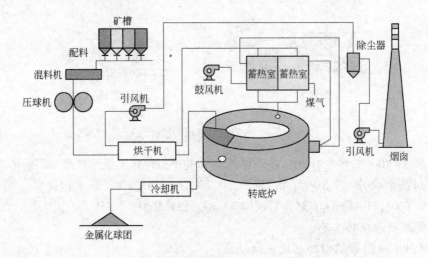

图5-4 转底炉还原工艺流程图

利用54% TFe和不大于12% TiO_2的钒钛磁铁矿与非焦煤混合添加黏结剂，制作含碳煤基还原球团，在转底炉约1100℃高温还原气氛中还原磁铁矿中的氧化铁形成含铁的金属化球团，电炉深还原形成的含钒铁水和深还原渣的成分分别见表5-18和表5-19。

表5-18 使用转底炉还原熔分铁水化学成分 （%）

编 号	C	S	V	Si	Ti
1	2.94	0.076	0.517	0.53	0.252
2	2.81		0.505	0.54	
3	2.36	0.10	0.59	0.50	0.096

编 号	C	S	V	Si	Ti
4	2.41	0.064	0.515	0.705	0.26
5	3.31	0.078	0.507	0.484	0.178
6	2.73	0.060	0.57	0.615	0.348
7	2.69	0.073	0.509	0.450	0.202
平 均	2.75	0.073	0.53	0.55	0.223

表 5-19　熔分渣化学成分　　　　　（%）

编 号	CaO	FeO	SiO_2	TiO_2	V_2O_5	MgO
1	7.51		9.72	44.92	0.17	
2	8.76		8.48	53.00	0.29	
3	11.11		7.35	53.21	0.38	
4	11.55	1.45	9.85	53.85	0.184	
5	13.35	0.86	50.26	0.516	10.34	
6	12.96	0.31	50.69	0.182	10.21	
7	13.60	0.37	52.31	0.233	9.56	
平 均	11.26	0.478	8.85	51.18	0.279	10.04

5.2.3.5　隧道窑直接还原

攀枝花民营企业将 56% TFe 和不大于 12% TiO_2 的攀枝花钒钛磁铁矿与非焦煤混合，添加黏结剂，制作含碳煤基还原球团，续配还原煤粉，装入还原罐，在隧道窑煤气助燃，约 1100℃高温还原气氛中还原，得到铁渣混合料，经过重力分选得到还原铁和煤粉，煤粉回用，还原铁重熔得到含钒铁水，铁水含钒约 0.35%。

5.3　主要生产装置

按照系统划分，可以分为高炉系统装置和直接还原系统装置。

5.3.1　高炉系统装置

5.3.1.1　烧结系统装置

烧结机适用于大型黑色冶金烧结厂的烧结作业，它是抽风烧结过程中的主体设备，可将不同成分、不同粒度的钒钛精矿粉、富矿粉烧结成块，并部分消除矿石中所含的硫、磷等有害杂质。烧结机按烧结面积划分为不同长度、不同宽度的几种规格，烧结机主要工序组成包括生石灰破碎室、煤（焦）粉破碎室、配料库、一次混合机室、二次混合机室、烧结机室、扎料器、热破机和筛分室等。生石灰破碎室，经检验合格的大块生石灰经颚式破碎和对辊破碎筛分至小于 3mm 颗粒大于 85% 的石灰粉送入熔剂仓中，经称量给料和消化后参与配料；煤（焦）粉破碎室，经检验合格的煤（焦）粉经四辊破碎筛分至小于 3mm 颗粒大于 85% 的燃料粉送入燃料仓中，经称量给料后参与配料；配料库，用于原矿混合石灰干燥和筛分用，作为烧结矿生产的储备料库，库内设有 6 个料仓，矿粉、燃料由电子

秤、熔剂由螺旋给料秤按设定配比配料后由主配料皮带送至混料机室；混料室，将来料在一混中加水至一定的湿度并充分混匀，在二混中将混合料造球并加热烧结混合料；烧结室，就是将混合料（矿粉、熔剂、散料按一定配比混合后加水混合）进行烧结，经梭式布料器将混合料沿长度方向均匀地分布在混合料仓中，再由圆辊布料器和多辊布料器联合将混合料平整均匀地布在1.5m宽的烧结大盘上，随着大盘转动前进，送入点火器。经热风预热后的混合料被燃烧的高温烟气加热点火，在负压抽风的作用下，随台车前进的同时向下燃烧，至机尾完成物理化学变化，热烧结矿被 $\phi1.5m \times 2.0m$ 单辊破碎后落入筛分系统，燃烧后混合料变成含铁量高的烧结矿。

5.3.1.2 高炉系统装置

高炉本体用钢板作炉壳，壳内砌筑耐火砖内衬。高炉本体自上而下分为炉喉、炉身、炉腰、炉腹、炉缸这5部分。高炉冶炼的主要产品是生铁，还有副产高炉渣和高炉煤气。高炉生产时从炉顶装入铁矿石、焦炭、造渣用熔剂（石灰石），从位于炉子下部沿炉周的风口吹入经预热的空气。在高温下焦炭（有的高炉也喷吹煤粉、重油、天然气等辅助燃料）中的碳同鼓入空气中的氧燃烧生成的一氧化碳和氢气，在炉内上升过程中除去铁矿石中的氧，从而还原得到铁。炼出的铁水从铁口放出，铁矿石中不还原的杂质和石灰石等熔剂结合生成炉渣，从渣口排出。产生的煤气从炉顶导出，经除尘后，作为热风炉、加热炉、焦炉、锅炉等的燃料。钒钛磁铁矿冶炼高炉规格在 $300 \sim 2000m^3$ 之间，渣量和焦比高于一般高炉。钒钛磁铁矿烧结矿和球团矿经过高炉还原，得到含钒铁水和高炉渣。

5.3.2 直接还原系统装置

5.3.2.1 回转窑

回转窑按照外型分类，可以分为变径回转窑和通径回转窑，直接还原用回转窑属于通径型。回转窑本体由窑头、窑体和窑尾三部分组成。窑头是回转窑的出料部分，直径大于回转窑直径，通过不锈钢鱼鳞片和窑体实现密封，主要组成部分有检修口、喷嘴、小车和观察孔等；窑体是回转窑（旋窑）的主体，通常有 $30 \sim 150m$ 长，圆筒形，中间有 $3 \sim 5$ 个滚圈，回转窑在正常运转时里面要内衬耐火砖；窑尾部分也是回转窑的重要组成部分，位于进料端，形状类似一个回转窑的盖子，主要承担进料和密封作用。

回转窑是由气体流动、燃料燃烧、热量传递和物料运动等过程所组成的热体系。运转过程使燃料能充分燃烧，热量能有效的传递给物料，物料接受热量后发生一系列的物理化学变化，转化形成成品熟料。回转窑的工作区可以分为三段，即干燥段、加热段和焙烧段。通风是燃烧反应的两个物质条件之一，通风供氧使燃料燃烧释放热能，维持适宜的温度。在正常情况下，当通风量小时，供氧不足，燃烧速度减慢，热耗增高；通风量大时，气体流速增大，燃烧分解时间变短，燃烧后烟气量大，热耗高，影响窑的正常运转，应该准确控制窑的通风量，及时对通风量进行调节和控制。正常情况下，系统尾部风机稳定运转排风，窑内通风基本稳定，但有一些因素会影响通风量，如整个系统阻力变化、入窑空气的温度、系统漏风、风机入口掺入冷风、管道内积灰、堵塞、物料布料均匀度、窑炉两个系统干扰等因素，一定程度都会影响窑的通风量。

回转窑采用最新无线通信技术，将热电偶测得的窑内温度数据传送到操作室显示。窑温发送器使用电池供电，可同时采集多个热电偶信号。它安装在窑体上，随筒体一道转动，由于采取了隔热措施，能够耐受300℃以上的筒体辐射高温，抗雨、抗晒、抗震动。窑温接收器安装在操作室，直接显示窑内温度，并有4～20mA输出，可送计算机或其他仪表显示。

将56% TFe和不大于12% TiO_2的攀枝花钒钛磁铁矿与非焦煤混合，添加黏结剂，制作含碳煤基还原球团，在±1100℃高温还原气氛中还原，得到金属化球团。

5.3.2.2　转底炉

转底炉的构造借鉴于轧钢用的环形加热炉，典型特点是炉顶、炉墙不动，炉底转动将被加热坯料送进的机械化加热炉。主要工艺过程包括：铁精矿、煤粉以及黏结剂混合后造球并干燥，装料入炉，随着炉底的旋转，炉料依次经过预热、还原区、中性区、反应完毕后卸入砌有耐火材料的热运输罐内或快速冷却。图5-5给出了转底炉断面图和剖视图。

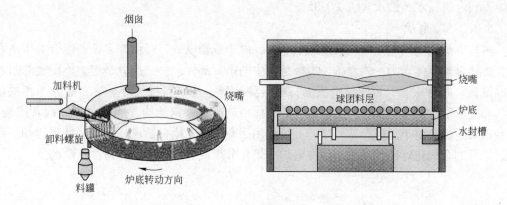

图5-5　转底炉断面图和剖视图

利用54% TFe和不大于12% TiO_2的钒钛磁铁矿与非焦煤混合添加黏结剂，制作含碳煤基还原球团，在转底炉±1100℃高温还原气氛中还原磁铁矿中的氧化铁形成含铁的金属化球团。

5.3.2.3　竖炉

竖炉炉身直立，炉盖上带有竖井，炉气在炉内向上运动，与炉料之间呈逆流换热；多数竖炉的炉料与燃料直接接触。高炉身型带内冷式竖炉的冷却和焙烧在同一炉身内完成，燃烧室布置在矩形焙烧室两侧，利用两侧喷火孔对吹容易将炉料中心吹透。如果炉身高，冷却带相应加长，有利于球团矿冷却，但排矿温度仍在427～540℃，需要炉外喷水冷却，影响成品球质量；中等炉身型使用外冷式竖炉，焙烧在炉身内进行，焙烧后的球团矿在竖炉外的冷却器中进行冷却并有余热利用系统，使竖炉的热量得到较好的利用，成品球也得到较好的冷却，排矿温度可控制在100℃以下。在钒钛磁铁矿冶炼过程中，竖炉主要用作氧化球团和还原金属化球团生产，也可直接用作生产含钒生铁。

5.3.2.4　隧道窑

隧道窑一般是一条长的直线形隧道，其两侧及顶部有固定的墙壁及拱顶，底部铺设的轨道上运行着窑车。燃烧设备设在隧道窑的中部两侧，构成了固定的高温带——烧成带，燃烧产生的高温烟气在隧道窑前端烟囱或引风机的作用下，沿着隧道向窑头方向流动，同时逐步地预热进入窑内的制品，这一段构成了隧道窑的预热带。在隧道窑的窑尾鼓入冷风，冷却隧道窑内后一段的制品，鼓入的冷风流经制品而被加热后，再抽出送入干燥器作为干燥生坯的热源，这一段便构成了隧道窑的冷却带。隧道窑的加热燃烧主要是重油、轻柴油和天然气煤气，原有的直燃煤方式已不多用。油类燃烧配备有储油罐和燃烧喷嘴。因油类成本较高使用较多的仍是天然气和煤气，天然气是通过天然气管道将天然气输送至窑炉，由专门的天然气烧嘴进行喷射燃烧。煤气燃烧除了由专一的煤气管道输送至炉窑外，隧道窑用户大都自备有煤气发生炉进行煤气的生产，由煤气发生炉所产的煤气经过管道输送至隧道窑燃烧室，通过煤气烧嘴进行喷射燃烧。

将 56% TFe 和不大于 12% TiO_2 的攀枝花钒钛磁铁矿与非焦煤混合，添加黏结剂，制作含碳煤基还原球团，续配还原煤粉，装入还原罐，在隧道窑煤气助燃，在 ±1100℃ 高温还原气氛中还原，得到铁渣混合料，经过重力分选得到还原铁和煤粉，煤粉回用，还原铁重熔得到含钒铁水，铁水含钒 ±0.35%。

5.3.2.5 电炉

矿热电炉是利用电热效应供热的工业炉，属于成套设备，即由许多设备组合的生产系统。炉体是构筑体，为主体设备，电极是其中的重要部件。另一部分是与炉体配套的附属机电设备，如变压器、短网、电极夹持与升降装置、进出料机械等。第三部分是相关设备，如变电所、供水系统、除尘装置等。炉体由砖砌体、钢结构（钢架、炉壳或者围板）和基础墩组成。由于炉底温度较高，一般采用架空结构，用自然风或者强制鼓风冷却。直接还原后的金属化球团或者磁选铁在电炉中熔化分离或者配碳还原得到含钒铁水。

6 钒钛磁铁矿提钒工艺 —— 钒渣富集

钒渣属于富钒原料，生产生铁时钒也被还原，获得含钒0.25%左右的铁水；含钒铁水是当今世界上制取工业五氧化二钒的主要原料，占提钒原料的50%~60%；在用生铁炼钢时，钒又被氧化进入渣相中得到有效富集，形成钒渣。含钒铁水提钒工艺包括火法钒渣吹炼、钠化钒渣吹炼和钢渣钒渣吹炼提钒。含钒铁水送入转炉吹炼成钢，钒富集在表面渣中，即钢渣、钒渣，钢作钢用，钒作钒用，炼钢和吹钒工序合二为一，过程热利用率高，但钢渣与钒渣混合，一般 V_2O_5 品位较低，对后序提钒有影响；亦可先行氧化吹炼钒渣，使钒高度富集在表面渣中，即先形成钒渣，半钢再行炼钢，炼钢和吹钒工序发挥各自功能，过程热利用率低，但钒渣 V_2O_5 品位较高，有利于后序提钒；铁水亦可经过钠化氧化处理，形成钠化氧化钒渣，钠化氧化钒渣可以省却后序钒渣焙烧工序，直接细磨进入浸出工序，一般认为过程钠盐的循环负荷重，过程热利用率低，操作环境差，铁水温降大；火法提钒工艺在中国、俄罗斯和南非等国家地区有典型生产厂。

6.1 钒渣富集基础

钒渣富集在熔态含钒铁水中进行，是一个带典型意义的铁钒元素氧化分离和钒渣以及半钢平衡的过程。随着氧化过程持续，形成渣铁界面，氧化还原反应交替进行。图 6-1 给出了钒渣吹炼过程渣-金属-气体的传质示意图，随着吹炼过程的持续，渣面不断变化，渣量增加，传热和传质过程频繁。

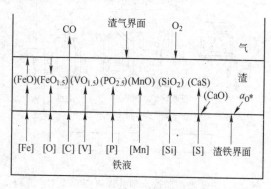

图 6-1 渣-金属-气体传质示意图

图 6-2 给出了钒-氧相图，在不同温度下钒的氧化呈现分区、分相和分层的特点，在不同的吹炼氧化时段，钒系氧化物由低而高，呈现多种类中间氧化物，不同氧化物互相之间反应，与其他氧化物结合，价态、物态和相系不断变化，图 6-3 给出了钒钛磁铁矿铁水预处理钒渣吹炼工艺流程。

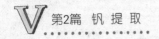
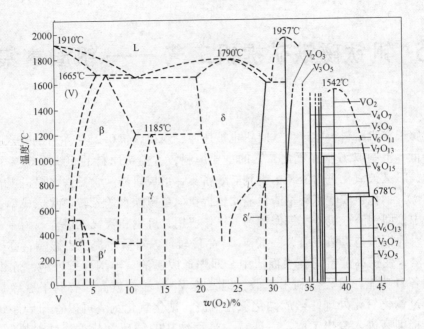

图 6-2　钒-氧系相图

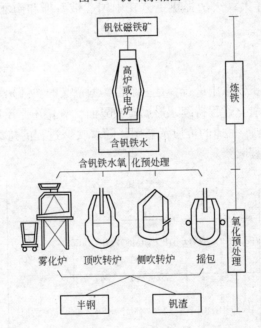

图 6-3　钒钛磁铁矿铁水预处理钒渣吹炼工艺流程

6.1.1　铁水钒品位

　　铁水钒含量与使用的铁矿有关，矿石钒品位越高，铁水的原始钒含量就越高，吹炼得到的钒渣的（V_2O_5）品位也随之升高，反之亦然。含钒铁水可以分为 4 个等级，分别为铁水（钒 02）钒含量不小于 0.2%、（钒 03）钒含量不小于 0.3%、（钒 04）钒含量不小于0.4%和（钒05）钒含量不小于0.5%，用于提钒的铁水钒含量不小于0.15%，用于生产低钒钢渣的铁水钒含量不小于0.10%。钒渣（V_2O_5）随铁水中原始钒含量的增加而增加，随铁水中 Si、Ti、Mn 含量及半钢中残余钒含量的增加而减少。

6.1.2　提钒温度

钒的氧化反应属于放热的多相复杂反应，但其热效应值在数量上差别很大，铁水提钒过程中各元素的氧化反应的标准生成自由能与温度的关系见图6-4。

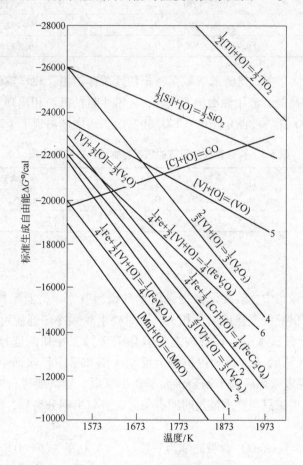

图6-4　铁水提钒过程中各元素氧化反应标准生成自由能与温度的关系

一般研究认为，提钒初期熔池温度比较低，大约1300℃，吹炼开始，钢中 Ti、Si、Cr、V 和 Mn 等元素都比碳优先氧化，放出大量的热，使熔池温度迅速上升，当温度超过1400℃（1673K）时，碳与氧的亲和力大于钒与氧的亲和力，即 $\Delta G_V^\ominus > \Delta G_C^\ominus$，碳即开始大量氧化并抑制钒的氧化，降低钒的回收率。同时碳的大量氧化又使半钢中碳含量过低，给半钢炼钢带来困难。故铁水提钒过程为了达到"提钒保碳"的目的，需要严格控制好熔池温度，将熔池温度控制在1400℃以下。终渣中 SiO_2、TiO_2 和 V_2O_3 含量越高，碳钒选择性氧化临界温度越高；终渣中 FeO 含量越高，碳钒选择性氧化临界温度就越低。渣中 TiO_2、SiO_2 含量以及终点熔池温度升高，V 在渣钢间的分配比下降，渣中 FeO 含量下降，V 在渣

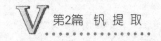

钢间的分配比下降，实验结果表明渣中 V_2O_3 含量升高，V 在渣钢间的分配比先升后降，终渣中 MnO 含量对 V 在渣铁间分配比没有太大影响。

钒渣生长温度：在 1200～1250℃区间尖晶石晶粒尺寸最大；保温时间：1250℃时，保温时间 60min 以内，尖晶石相晶粒结晶长大速率较快，60min 后速率放缓 。表 6-1 给出了有硅存在时钒渣的钒赋存物相和硅赋存物相。

表 6-1 有硅存在时钒渣的钒赋存物相和硅赋存物相

SiO_2 含量/%	含钒物相	含硅物相
15	$Fe_xV_{3-x}O_4$，$Mn_xV_{3-x}O_4$	Mg_2SiO_4，Fe_2SiO_4
25	$Fe_xV_{3-x}O_4$，$Mn_xV_{3-x}O_4$	$(Fe,Mg,Ca)SiO_3$，$CaFeSi_2O_6$

表 6-2 给出了有钛存在时钒渣的钒赋存物相和钛赋存物相。SiO_2 较低时，Si 主要赋存于橄榄石相；SiO_2 较高时，渣中除橄榄石相外，还有少量的辉石相出现。TiO_2 较低时，Ti 主要赋存于 $Mg_xTi_{3-x}O_4$ 和 Fe_2TiO_4 相中；TiO_2 较高时，渣中还出现了少量的 $MgTi_2O_5$。

表 6-2 有钛存在时钒渣的钒赋存物相和钛赋存物相

TiO_2 含量/%	含钒物相	含钛物相
15	$Fe_xV_{3-x}O_4$，$Mg_xV_{3-x}O_4$	$Mg_xTi_{3-x}O_4$，Fe_2TiO_4
25	$Fe_xV_{3-x}O_4$，$Mg_xV_{3-x}O_4$	$Mg_xTi_{3-x}O_4$，Fe_2TiO_4，$MgTi_2O_5$

6.1.3 吹炼时间

吹炼时间一般比较集中，既要保证提钒效率和钒回收率，又要平衡钒渣和半钢的质量，吹炼时间主要与供氧供气强度密切相关，同时要求兼顾冷却剂使用和半钢余钒要求，一般根据铁水的量、含钒水平、设备构造、氧化剂选择、冷却剂选择、气体压力和吹钒方式，综合确定吹炼时间，转炉提钒分为前期吹炼和后序补吹两个阶段，吹氧时间一般为 6～12min，完成吹炼后若半钢余钒大于 0.04%时，则需要进行短时间补吹，以保证钒的氧化率；雾化提钒只与铁水流过时间有关。钒渣与半钢分离后，保温时间和矿化时间严重影响钒渣质量。

钒渣中（V_2O_5）与（FeO）含量之和为一常数，（V_2O_5）+（TFeO）=60%左右，两者皆为钒渣主要成分，在允许范围内，任何降低（FeO）含量的措施对提高钒渣中（V_2O_5）含量都是有效的，综合控制吹炼时间可以避免过吹和半钢余钒过高，所以吹炼时间和吹炼节奏对于钒渣生产十分重要。

6.1.4 吹炼方式

吹炼方式可以分为雾化和吹炼两种。吹炼根据气体类别分为压缩空气和氧气，根据吹炼设备需要可以选择顶吹、底吹、侧吹和复合吹炼，不同的吹炼方式需要不同的辅助配套，产生不同的提钒效率。钒渣中含量最高的是铁，约 35%～40%。降低铁含量是提高钒含量的有效措施，渣中全铁含量下降 5%对提高渣中钒含量都有利，渣中全铁含量取决于供氧强度和氧枪位置。

6.1.5 冷却剂的选择

冷却剂选择首先要求对提钒有利,增加钒的供应,增加氧的供应,但主要功能还是吸收提钒过程热,同时不影响钒渣质量和半钢质量。冷却剂主要是加入适量含钒生铁块或废钢(加入量约为兑入铁水的20%~30%),铁皮(加入量约为兑入铁水的5%~7%),常用冷却剂有氧化铁皮、水、废钢和铁矿石。

6.1.6 调渣剂的应用

伴随着吹钒反应的进行,初渣中 SiO_2 与 FeO、MnO 相互作用,生成铁锰橄榄石等硅酸盐相。根据 $FeO-SiO_2$ 相图,硅酸盐相的熔点为1205℃, Fe_2SiO_4 与 FeO 形成的易熔混合物(FeO:76%, SiO_2:24%)的最低熔点为1177℃,硅酸盐相的形成使初渣熔点下降,钒渣黏度降低,渣流动性增大。

转炉提钒一般采用 SiO_2 调渣,使钒铁尖晶石含量增多,增加初钒渣的流动性,以促进钒的氧化。由于硅酸盐相相对增多,可以在凝固过程中形成钒渣的黏结相,使吹钒达到终点时,钒渣不致过于干稠。根据 $FeO-V_2O_3$ 相图分析,至吹钒终点时,渣系黏度迅速增大,使终点渣外观状态由半凝固状态向颗粒状或半糊状转化,从而产出的转炉钒渣(TFe)和(MFe)含量比较低,体现出转炉提钒的显著优势,用 SiO_2 调渣,可达到降低(TFe)和提高(V_2O_5)的效果。

SiO_2 的调渣作用对比见表6-3。 SiO_2 和 TiO_2 的加入有利于渣中各离子的扩散,对主要物相的析出和长大有利; SiO_2 和 TiO_2 会分别形成橄榄石和钛尖晶石,对后续提钒造成影响,其含量应适宜。

表6-3 SiO_2 的调渣作用对比

项目	$[C]_{半}$/%	$[V]_{半}$/%	$t_{半}$/℃	(V_2O_5)/%	(TFe)/%	(SiO_2)/%	统计数/炉
未调渣	3.36 2.16~4.12	0.04 0.01~0.116	1376 1325~1431	16.51 13.4~27.8	35.32 20.6~42.6	15.6 12.4~20.6	2130
调渣	3.62 2.79~4.09	0.035 0.01~0.10	1387 1335~1420	20.09 11.7~31.2	28.3 17.6~42.9	18.01 14.2~20.7	1983

6.1.7 变价元素

一般情况在钒铁尖晶石结构中,由于变价金属(Fe、V、Mn 和 Cr)的存在,有助于尖晶石类矿物晶粒疏松。

6.1.8 钒渣质量特性

钒渣的质量概念包括结晶组织、化学成分、渣中钒和金属铁的含量,钒渣的结构受钒渣与半钢分离后的结晶和矿化时间所制约。

6.1.8.1 钒渣的氧化性

铁水提钒在适宜的熔池温度下,钒在钒渣与金属相间的分配系数(V)/[V]与钒渣中氧化铁含量和二氧化硅含量之比(TFe)/(SiO_2)呈明显的线性关系,见图6-5。无论是同炉单渣法低碱度操作，还是双联法酸性操作，钒在钒渣和金属相间的分配系数(V)/[V]随钒渣中FeO含量和SiO_2含量之比(TFe)/(SiO_2)的增加而急剧地增加。

为了使铁水中的钒尽可能被氧化进入钒渣中，就必须在提钒过程中使钒渣保持高的氧化性，对于同炉单渣法低碱度((CaO)/(SiO_2)=1.0~2.0)操作，可用下式表示：

$$(V)/[V] = -44.3 + 237.7(TFe)/(SiO_2),$$

$$相关系数 \gamma = 0.96 \qquad (6-1)$$

对于双联法酸性操作，可用下式表示：

$$(V)/[V] = -23.5 + 74.7(TFe)/(SiO_2)$$

$$相关系数 \gamma = 0.91 \qquad (6-2)$$

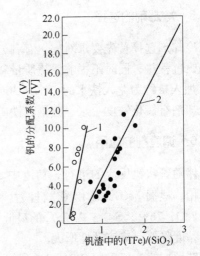

图6-5 钒在渣和金属间的分配系数(V)/[V]与渣中(TFe)/(SiO_2)之比的关系
（在吹钒临界温度下）

1—同炉单渣法 $\left(\dfrac{(CaO)}{(SiO_2)} = 1.0 \sim 2.0 \right)$;

2—双联法酸性渣

式中，(V) 为钒渣中钒含量,%；[V] 为半钢中剩余钒含量,%；(TFe) 为钒渣中FeO含量,%；(SiO_2) 为钒渣中SiO_2含量,%。

钒渣中一般氧化铁含量都很高，一般超过30%。若钒渣中氧化铁含量过高就会降低V_2O_5含量，致使提钒时铁耗增加，并使钒渣的后步加工变得复杂。在保证钒有较高的氧化率情况下，钒渣中氧化铁含量并不是越高越好。

6.1.8.2 钒渣碱度

在合适的提钒温度及钒渣中(TFe)/(SiO_2)之比一定时，钒在渣和金属相间的分配系数(V)/[V]随钒渣碱度的增加而增加。当由酸性渣 $R \leqslant 1.0$ 提高到 $R \geqslant 2.0$ 时，在相同的碳氧化率情况下，钒的氧化率提高约30%。为获得碱性钒渣，通常在铁水提钒过程中外加适量的 CaO 之类碱性物，能使 FeO-SiO_2 系中氧化铁的活度值 a_{FeO} 大大提高，有利于钒的氧化并从铁水中分离出来。但却会导致钒渣量增加，钒渣中 V_2O_5 含量降低，同时，CaO 与钒会生成不溶性的钒酸钙而降低水法冶金提钒过程中钒的回收率；或者需要增加酸浸工序而使生产过程复杂化。另外，CaO 与 P_2O_5 会生成磷酸钙进入钒渣中，会大大降低钒渣的质量。

钒渣质量是指渣中 V_2O_5 含量的高低，渣中 V_2O_5 含量以 (V_2O_5) 表示，(V_2O_5) 含量要高，其他杂质应尽可能低。影响钒渣质量的主要因素有两个：

(1) 铁水成分。钒渣中 V_2O_5 与含钒铁水中各元素、原始含钒量及半钢余钒量之间的关系可用下列多元回归方程表示：

$$(V_2O_5) = 6.22 + 31.916[V] - 10.556[Si] - 8.964[V]_{余} - 2.314[Ti] - 1.855[Mn]$$

$$(6-3)$$

由式 (6-3) 可见，(V_2O_5) 随铁水中原始钒含量的增加而增加，随铁水中 Si、Ti、Mn 含量及半钢中残余钒含量的增加而减少。

（2）渣中 FeO 含量。有代表性的铁水提钒法中，钒渣中 FeO 含量一般波动在 15% ~ 50% 之间，以（FeO）表示。它与（V_2O_5）间的关系可用下式表示：

$$V_2O_5 = -1.94(TFe) + 64.18 \tag{6-4}$$

经计算发现钒渣中（V_2O_5）与（FeO）含量之和为一常数，（V_2O_5）+（TFeO）= 60% 左右，两者皆为钒渣主要成分，在允许范围内，任何降低（FeO）含量的措施对提高钒渣中（V_2O_5）含量都是有效的。

6.1.8.3 钒渣质量

钒渣为酸性渣，断面呈深铁灰色到黑色，形态从较为疏松多孔的泡沫渣到较为致密的岩石渣，钒渣矿物相成分主要由钒铁尖晶石、铁橄榄石、石英、金属铁组成，钒渣主要相组成见表 6-4。一般情况在钒铁尖晶石结构中，由于变价金属（Fe、V、Mn 和 Cr）的存在，有助于尖晶石类矿物晶粒疏松。主要化学成分见表 6-5。按 V_2O_5 含量的不同，中国的国家标准将钒渣分成 6 个牌号，它们是钒渣 11（V_2O_5 10.0% ~ 12.0%）、钒渣 13（V_2O_5 12.0% ~ 14.0%）、钒渣 15（V_2O_5 14.0% ~ 16.0%）、钒渣 17（V_2O_5 16.0% ~ 18.0%）、钒渣 19（V_2O_5 18.0% ~ 20.0%）以及钒渣 21（V_2O_5 >20.0%）；对钒渣中 P、CaO 和 SiO_2 以及 Fe 的含量均有限制性的规定。

表 6-4　钒渣的矿物构成

钒 铁 尖 晶 石			铁橄榄石（体积分数）/%	石英（体积分数）/%	金属铁（体积分数）/%
含量（体积分数）/%	结晶形状	晶粒粒度/mm			
约 40	较完整	约 10	35	25	很少
约 60	较完整	20 ~ 30	35	5	5
70 ~ 75	较完整	约 30	25 ~ 30	无	15 ~ 20

表 6-5　钒渣主要成分　　　　　　　　　　　　　　（%）

钒渣产地	生产方法	V_2O_5	SiO_2	FeO	CaO	TiO_2	MnO
攀 钢	雾化	15 ~ 19.5	13.05	40	0.78	11.51	5.8
攀 钢	转炉	15 ~ 19.5	13.05	40	0.78	11.51	5.8
承 钢	转炉	15 ~ 18	16.5	32.5	1.32	6.00	2.5
马 钢	转炉	12.78	31.2	39.48	2.52	5.77	4.37
俄罗斯	转炉	16 ~ 19	17 ~ 20				
南 非	摇包	27.8					
新西兰		15.48	20.30	30.30	1.13	15.00	14.7

钒渣中 V_2O_5 和其他组分的含量由铁水成分决定。铁水中的硅含量和钒含量是直接影响钒渣质量的首要因素，铁水中硅含量高和钒含量低时，则钒渣中 SiO_2 含量高和 V_2O_5 含量低；反之，则 SiO_2 含量低和 V_2O_5 含量高，即钒渣中 SiO_2 和 V_2O_5 成负相关关系，因此，为了保证钒渣品位，对含钒铁水的硅含量上限有严格限制。

6.1.9 半钢质量

半钢应具有高的含碳量和一定的过热度，低的残余钒量。半钢碳含量与余钒量受熔池的终点温度、吹钒的总供氧量控制，终点温度高，半钢碳含量低，余钒高，如根据氧气转炉提钒的结果，ΔC（脱碳量）与 $T_{终}$（熔池终点温度）之关系可用下式表示：

$$\Delta C = 56.67 T_{终} - 7.03 \tag{6-5}$$

由式（6-5）可见，为使半钢有高的碳含量，应严格控制熔池温度。生产实践证明，熔池温度控制在1400℃以下，半钢碳含量高，且拥有足够的物理热，半钢炼钢无困难。

用氧气或压缩空气吹炼炉中的含钒铁水时，铁水中的硅、钛等元素最先氧化进入炉渣，随后钒也氧化：

$$4/3[V] + O_2 \Longrightarrow 2/3[V_2O_3] \tag{6-6}$$

氧化生成的 V_2O_5 富集在渣中而与铁水分离。过程除要求钒氧化充分外，尚需抑制碳的氧化，因为吹炼后的铁水在后续炼钢时需保留有足够的碳。为此必须把吹炼温度严格控制在 1623 ~ 1693K。此温度范围是钒的最佳氧化转化温度，操作时加入适量的含钒生铁块、铁皮、烧结矿或球团矿等作冷却剂或加入硅铁、碎焦块等提温剂以控制温度。

国内外钒渣生产企业的主要技术经济指标对比见表6-6。

表6-6　国内外钒渣生产企业的主要技术经济指标对比

厂　家	半钢碳含量/%	半钢温度/℃	钒渣中成分/%					氧化率/%	回收率/%	产能/万吨
			V_2O_5	TFe	MFe	P	CaO			
海威尔德	—	1270 ~ 1400	23 ~ 25	29			3	>93	82	18
下塔吉尔	3.20	1380	16	32	9 ~ 12	0.04	1.5	≥90	82 ~ 84	17
承　钢	3.17	1400	12	34	21	0.07	0.8	87.8	77.6	>6
攀　钢	3.57	1375	19.40	28 ~ 33	9 ~ 12	<0.1	2.0	91.42	82.0	17

6.2　含钒铁水直接炼钢生产钢渣钒渣工艺

含钒铁水直接炼钢过程中，用氧气把生铁里过多的碳和其他杂质氧化成气体或炉渣而除去，同时加入适量的造渣材料（如生石灰等）和脱氧剂，氧化生成的 FeO、V_2O_3、TiO_2、SiO_2、MnO 与造渣材料生石灰相互作用成为炉渣。

6.2.1　含钒铁水直接炼钢生产低钒钢渣原理

含钒铁水直接炼钢过程中，Fe、V、Ti、Si 和 Mn 与氧发生氧化反应，其氧化物与造渣剂发生成渣反应，氧化化学反应如下：

$$4/3[V] + O_2 \Longrightarrow 2/3[V_2O_3] \tag{6-7}$$

$$[Ti] + O_2 \Longrightarrow [TiO_2] \tag{6-8}$$

$$[Si] + O_2 \Longrightarrow [SiO_2] \tag{6-9}$$

$$2[Fe] + O_2 === 2[FeO] \tag{6-10}$$

$$4[FeO] + O_2 === 2Fe_2O_3 \tag{6-11}$$

$$2[V] + 3[Fe_2O_3] === [V_2O_3] + 6[FeO] \tag{6-12}$$

$$5[P] + O_2 === P_2O_5 \tag{6-13}$$

$$2FeO + Si === SiO_2 + 2Fe \tag{6-14}$$

$$FeO + Mn === Fe + MnO \tag{6-15}$$

$$FeO + C === CO + Fe \tag{6-16}$$

氧化吹炼生成的二氧化硅和氧化锰等与造渣材料生石灰相互作用形成钢渣钒渣。去硫和磷造渣反应如下：

$$FeS + CaO === FeO + CaS \tag{6-17}$$

$$2P + 5FeO + 3CaO === 5Fe + Ca_3(PO_4)_2 \tag{6-18}$$

6.2.2 钢渣钒渣吹炼过程不同主体设备使用和技术指标

低钒钢渣产生于含钒铁水无专门提钒的炼钢过程，钒品位一般为 2% ~ 4%（以 V_2O_5 计），其余为铁、钙、镁、硅和铝等的氧化物，其中钒全部弥散分布于多种矿物相中，难以直接选冶分离，一般通过直接合金化和返回烧结综合回收利用钒元素。

依据不同的炼钢设备，在转炉、平炉和电炉炼钢过程中可以吹炼生产钒渣，智利 CAP 钢厂用碱性吹氧转炉精炼得到下列组成的转炉渣：5.7% V_2O_5，47.0% CaO，2.5% MgO，11.0% SiO_2，3.2% P_2O_5，4.0% MnO，15.1% Fe 和 1.2% Al_2O_3。由于渣中 CaO 和 P 含量高，所以钒主要以 $3CaO \cdot P_2O_5 \cdot V_2O_5$ 及 $CaO \cdot 3V_2O_5$，$CaO \cdot V_2O_5$ 和 $3CaO \cdot V_2O_5$ 形态存在。

6.3 含钒铁水预处理吹炼钒渣工艺

含钒铁水氧化预处理一般引入氧气或者压缩空气，用氧气或压缩空气吹炼含钒铁水时，可使铁水中的溶解钒氧化富集于渣相，与其他组分氧化物以及金属铁等形成钒渣，分离钒渣后的铁水称为半钢，是深度炼钢的原料，钒渣的 V_2O_5 含量一般可保持在 10% ~ 30%。

6.3.1 吹炼原理

用氧气或压缩空气吹炼炉中的含钒铁水时，铁水中的铁、硅和钛等元素最先氧化进入炉渣，随后钒与氧以及三氧化二铁之间发生氧化反应，接着发生钒渣组元间的成渣-造渣反应。过程化学反应如下：

$$4/3[V] + O_2 === 2/3[V_2O_3] \tag{6-19}$$

$$[Ti] + O_2 === [TiO_2] \tag{6-20}$$

$$[Si] + O_2 === [SiO_2] \tag{6-21}$$

$$2[Fe] + O_2 \Longrightarrow 2[FeO] \tag{6-22}$$

$$2[V] + 3[Fe_2O_3] \Longrightarrow [V_2O_3] + 6[FeO] \tag{6-23}$$

$$C + [O] \Longrightarrow CO \tag{6-24}$$

$$[V] + 1.5[O] \Longrightarrow (VO_{1.5}) \tag{6-25}$$

$$[Si] + 2[O] \Longrightarrow (SiO_2) \tag{6-26}$$

$$[Mn] + [O] \Longrightarrow (MnO) \tag{6-27}$$

$$[P] + 2.5[O] \Longrightarrow (PO_{2.5}) \tag{6-28}$$

$$Fe + [O] \Longrightarrow (FeO) \tag{6-29}$$

$$[S] + (CaO) \Longrightarrow (CaS) + [O] \tag{6-30}$$

主要造渣成渣反应如下:

$$FeO + V_2O_3 \Longrightarrow FeV_2O_4 \tag{6-31}$$

$$MnO + SiO_2 \Longrightarrow MnSiO_3 \tag{6-32}$$

$$FeO + SiO_2 \Longrightarrow FeSiO_3 \tag{6-33}$$

吹炼过程除要求钒氧化充分外,还需要抑制碳的氧化,因为吹炼后的铁水在后续炼钢时需保留有足够的碳,必须把吹炼温度严格控制在 1623~1693K。该温度范围是钒的最佳氧化转化温度,操作时可加入适量的含钒生铁块、铁皮、烧结矿或球团矿等作冷却剂或加入硅铁、碎焦块等提温剂以控制温度。

6.3.2 钒渣吹炼过程不同主体设备使用和技术指标

不同国家采用的设备和吹炼方式也不相一致,俄罗斯和中国的炼铁主体设备是高炉。钒渣吹炼的主体设备和吹炼方式可分为雾化炉吹炼、空气侧吹转炉吹炼、顶吹或底吹转炉吹炼以及摇包(振动罐)吹炼等工艺,转炉及雾化炉一般与大高炉规模化铁水供应对接,摇包(振动罐)吹炼等工艺则与小型高炉形成对接。

中国采用顶吹转炉、空气侧吹转炉和雾化炉吹炼钒渣;俄罗斯采用氧气顶吹或底吹转炉吹炼钒渣。

(1)雾化炉吹炼。中国攀钢发明雾化提钒工艺,雾化炉装置示意图见图6-6,并成功应用于工业生产。工艺过程中用铁水罐将含钒铁水兑入控制铁水流量的中间罐,含钒铁水经中间罐底部水口穿过雾化器,被从雾化器喷孔射出的高速气流击碎,形成粒度小于2mm的液滴。液滴在雾化室和半钢罐中降落时,与气流中的氧接触发生氧化反应,形成粗钒渣。粗钒渣经破碎磁选分离获得精钒渣,作为化学提钒的主要原料。

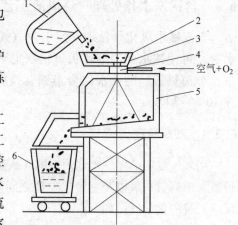

图 6-6 雾化炉装置示意图
1—铁水罐;2—中间罐;3—水口;
4—雾化器;5—雾化室;6—半钢罐

（2）空气侧吹转炉吹炼，中国承德钢铁厂于20世纪60年代初和马鞍山钢铁公司于70年代初采用空气侧吹转炉吹炼钒渣，半钢采用氧气顶吹炼钢，即双联法生产钒渣工艺。由转炉侧面风嘴喷入空气或富氧空气，冲击搅拌含钒铁水，使其中的硅、钛、钒等氧化而生成钒渣，产出的半钢作为深度炼钢原料。当铁水含钒较低时，采用加入高钒生铁冷却剂的方法，将钒渣的钒品位提高达16%~20%。

（3）俄罗斯吹钒采用氧气顶吹或底吹转炉吹炼钒渣，由转炉顶底喷入的空气或富氧空气，冲击搅拌含钒铁水，氧化铁水中的硅、钛和钒等生成钒渣。

6.4　含钒铁水钠化氧化富集钒渣

基于对含钒铁水高硫磷处理难度的考量，直接对含钒铁水进行钠化处理脱硫磷，同时兼顾钒渣提取，省略传统提钒工艺的氧化焙烧过程，其实质是铁水的炉外脱杂处理和提钒炼钢的有机结合，实践无渣炼钢和少渣量炼钢。含钒铁水的直接钠化是对出炉含钒铁水进行气载碳酸钠喷吹，铁水中的钒氧化形成钒氧化物，在高温条件下与钠盐结合形成钒酸钠，提钒过程利用钠盐与硫磷的强烈反应特性，对铁水同时进行脱除硫磷，可以获得优质半钢及水溶性钠化钒渣。攀钢在炼钢厂进行了20~85t级钠化钒渣试验，将碳酸钠用压缩空气喷吹进铁水。气体一方面作为气载介质，使碳酸钠进入铁水扩散反应；另一方面输入氧与溶解钒反应，铁水中的硫磷与碳酸钠反应，与钒渣形成聚合体，钒主要以钒酸钠存在。钠化钒渣生产的化学反应与吹炼钒渣过程基本相同，钠化和脱硫和磷的化学反应如下：

$$3[O] + [S] + Na_2CO_3 \Longrightarrow Na_2SO_4 + CO_2 \tag{6-34}$$

$$5[O] + 2[P] + Na_2CO_3 \Longrightarrow 2NaPO_3 + CO_2 \tag{6-35}$$

$$V_2O_3 + Na_2CO_3 \Longrightarrow Na_2O \cdot V_2O_3 + CO_2 \tag{6-36}$$

钠化钒渣制备属于试验性质，设备主体为中间罐。钠化过程由于钠盐的特殊性，遇高温分解，铁水瞬间温降明显，形成稀渣，有时分离困难；喷吹过程钠盐飞扬损失较大，在炉台操作空间和周边粉尘弥散，操作环境极其恶劣。钠化钒渣的过度钠化也造成了占其渣重50%以上的组分可直接溶入水中，使其水浸溶液具有高碱度、大离子强度、多杂质含量、还原物危害及热浸后产生二次沉淀等。生产1t铁水耗碱约48kg，产生钒渣30kg。

6.5　几种铁水提钒法的工艺比较

从含钒铁水中提取钒的主要方法有转炉提钒、摇包提钒、雾化提钒以及槽式炉提钒和铁水罐提钒等。前3种是现代铁水提钒法的主流，它们都采用专门设备，工艺可控性好，各项技术经济指标稳定。

6.5.1　槽式炉法

含钒铁水以恒定的流速流入槽式炉内，同时通过沿炉体特定部位的喷嘴以与铁水相同的流速吹入空气、氧气或富氧，使Si、Mn、V等元素氧化并从铁水中分离出来。槽式炉一般由三段组成：（1）铁水流量控制段，即前腔或中间罐，借以控制铁水以恒定的流速流入下一段。（2）吹炼段，以侧吹、底吹、顶吹或综合吹的方式，向熔池吹入空气、氧气或富

氧，并加入适量冷却剂掌握熔池的吹炼温度。（3）半钢-钒渣分离段，半钢与钒渣一起进入该段，用机械法将钒渣扒出回收。槽式炉法的主要工艺参数是供气压力和流量、喷嘴高度、熔池深度、吹炼时间。熔池温度也应控制在1400℃以下。该法优点是不需高大厂房和大型起重设备，但可控性差，耐火材料蚀损严重。

6.5.2 铁水罐法

含钒铁水盛于铁水罐内，将可升降的喷枪插入铁水中进行吹钒。喷枪一般为管式，外部用耐火材料保护。喷枪的插入深度、吹入气体的压力和流量、吹炼时间、熔池温度是铁水罐法提钒的重要工艺参数。该法工艺可控性差，喷溅厉害，半钢收得率低。

铁水罐提钒还可以由氧气或空气作载体通过插入式喷枪同时向铁水喷吹 Na_2CO_3。该法的工艺特点是铁水中硅、锰、钒被氧化的同时，硫、磷也一起被氧化进入钒渣中，其优点是半钢中余钒低，而且硫、磷杂质元素含量少，特别利于半钢的冶炼。但 Na_2CO_3 在高温下易挥发，对环境有污染，同时对设备及耐火材料的蚀损也很严重。

6.5.3 雾化炉法

工艺过程中铁水罐将含钒铁水兑入控制铁水流量的中间罐，含钒铁水经中间罐底部水口穿过雾化器，被从雾化器喷孔射出的高速气流击碎成粒度小于2mm的液滴。液滴在雾化室和半钢罐中降落时，与气流中氧接触发生氧化反应，形成粗钒渣。粗钒渣经破碎磁选分离获得精钒渣。

6.5.4 转炉法

中国承德钢铁厂于20世纪60年代初和马鞍山钢铁公司于70年代初采用空气侧吹转炉吹炼钒渣半钢氧气顶吹炼钢即所谓双联法生产钒渣工艺，转炉法目前是提钒的主体。由转炉侧面风嘴喷入空气或富氧空气，冲击搅拌含钒铁水，使其中的硅、钛、钒等氧化而生成钒渣，产出的半钢作为炼钢原料。当铁水含钒较低时，采用加入高钒生铁冷却剂的方法，可将钒渣的钒品位提高达16%～20%。表6-7给出了国内外钒渣主要生产企业的主要技术经济指标对比。

表6-7 国内外钒渣生产企业的主要技术经济指标对比

厂家	半钢碳含量/%	半钢温度/℃	钒渣成分/%					氧化率/%	回收率/%	产能/万吨
			V_2O_5	TFe	MFe	P	CaO			
海威尔德	—	1270～1400	23～25	29	—	—	3	>93	82	18
下塔吉尔	3.20	1380	16	32	9～12	0.04	1.5	≥90	82～84	17
承 钢	3.17	1400	12	34	21	0.07	0.8	87.8	77.6	>6
攀 钢	3.57	1375	19.40	28～33	9～12	<0.1	2.0	91.42	82.0	17

6.5.5 钒钛磁铁矿直接还原—电炉—摇包—钒渣工艺

在钒钛磁铁矿直接还原—电炉—摇包—钒渣工艺过程中，钒钛铁精矿经过内配碳造球制团，在回转窑（转底炉、竖炉或者隧道窑）1000～1050℃直接还原得到金属化球团，用电炉熔化分离或者深还原冶炼得到含钒铁水和钛渣，钛渣另外处理，含钒铁水摇包提钒后得到钒渣。含钒铁水后序吹钒应用摇包或者振动罐吹炼钒渣，摇包或者振动罐容量小，主要考虑与电炉周期生产相适应。南非采用回转窑—电炉工艺，与摇包或者振动罐连接吹炼钒渣，该厂生产的钒渣中五氧化二钒的平均含量约为23%。

将摇包放在摇包架上，以30次/min做偏心摇动。根据铁水成分和温度计算出吹氧量和冷却剂加入量。冷却剂铁块和废钢在开始吹氧前加入，吹炼过程中枪位高度750mm，氧气流量28~42m³/min，氧压为0.15~0.25MPa。当吹氧量达到预定值时，即提枪停止吹氧；停氧后继续摇包5min以降低渣中氧化铁含量并提高钒渣品位。提钒结束后，即将半钢兑入转炉和把钒渣运至渣场冷却。在摇包中通过吹氧使含钒铁水中的钒变为钒渣的铁水提钒工艺。通过摇包的偏心摇动，可以对铁水产生良好的搅拌，使氧气在较低的压力下能够传入金属熔池，获得较高的提钒率并可防止粘枪。

海威尔德钒钢公司摇包提钒的工艺条件及主要指标（60t摇包）为：铁水装入量66.8t；铁矿石加入量1.5t；铁块装入量6.0t；河沙加入量0.19t；半钢产量68.2t；钒渣产量5.85t。钒的提取率93.4%；金属收得率93%；耗氧量21.54m³/t。主要提钒技术指标为：氧化率93.4%，回收率91.6%，半钢收率93%，总吹炼时间为52min，总振动时间为59min，总周期为90min/炉，吹氧前铁水温度为1180℃，吹炼金属温度为1270℃，吹氧管喷嘴直径为2in（1in=2.54cm），吹氧管静止池面以上高度为76.2cm，正常氧气流速（标态）为28.3m³/min，最后氧气流速（标态）为42.5m³/min，吹氧管压力（正常流速下）为160kPa。

6.6　主要设备

6.6.1　提钒转炉

转炉炉体由炉壳和炉衬组成。炉壳由钢板焊成，而炉衬由工作层、永久层和充填层三部分组成。工作层直接与炉内液体金属、炉渣和炉气接触，易受浸蚀，国内通常用沥青镁砖砌筑。永久层紧贴炉壳，用以保护炉壳钢板，修炉时永久层可不拆除。在永久层和工作层之间设充填层，由焦油镁砂或焦油白云石组成，其作用是减轻工作层热膨胀对炉壳的压力，并便于拆炉。

一般炉体可转动，属于用于吹炼钢或吹炼锍的冶金炉。转炉炉体用钢板制成，呈圆筒形，内衬耐火材料，吹炼时靠化学反应热加热，不需外加热源，是最重要的炼钢设备，也可用于铜、镍冶炼。转炉按炉衬的耐火材料性质分为碱性（用镁砂或白云石为内衬）和酸性（用硅质材料为内衬）转炉；按气体吹入炉内的部位分为底吹、顶吹和侧吹转炉；按吹炼采用的气体，分为空气转炉和氧气转炉。转炉炼钢主要是以液态生铁为原料的炼钢方法。其主要特点是：靠转炉内液态生铁的物理热和生铁内各组分（如碳、锰、硅、磷等）与送入炉内的氧进行化学反应所产生的热量，使金属达到出钢要求的成分和温度。炉料主要为铁水和造渣料（如石灰、石英、萤石等），为调整温度，可加入废钢及少量的冷生铁块和矿石等。在转炉炼钢过程中，铁水中的碳在高温下和吹入的氧生成一氧化碳和少量二氧化碳的混合气体，即转炉煤气。转炉煤气的发生量在一个冶炼过程中并不均衡，且成分也有变化，通常将转炉多次冶炼过程回收的煤气经降温、除尘，输入储气柜，混匀后再输

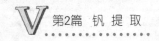

送给用户。

6.6.2　雾化提钒炉

雾化提钒炉主要设备包括雾化器、雾化室和中间罐。

（1）雾化室。它由一个长方形炉膛，侧墙和顶部由水冷结构件组成，炉底和四周下部炉壁砌耐火砖，其作用是造成一个铁水雾化与氧化反应的空间。设计根据雾化器两排风眼交角 α 的大小和小时处理铁水量来确定，炉容比为 $0.7 \sim 0.85 \mathrm{m}^3/\mathrm{t}$。炉衬材质以镁质耐火材料为最佳，既抗冲刷又不污染钒渣。炉底的坡度为 $8°$。

（2）中间罐。这是外用钢板焊接、内衬耐火材料的长方形容器。为避免高炉渣进入雾化室，中部砌有挡渣隔墙，底部有一个 $220\mathrm{mm} \times 20\mathrm{mm}$ 的矩形水口，以控制流量和铁流形状。用高速空气流，将铁水粉碎成细小铁珠，将铁水中钒氧化成钒渣的铁水提钒工艺。该工艺着重分离铁水中的钒，与钒的活度系数相近的元素如硅、钛全部被氧化分离，而锰、磷、铁等部分被氧化分离，硫则几乎不被氧化。

铁水兑入一长方形中间罐，并流经中间罐底部的长方形水口进入雾化室，在雾化室内与从雾化器喷出的高速压缩空气流股相遇，被粉碎成细小铁珠，反应表面积迅速扩大，造成良好的元素氧化动力学条件，铁水中的诸元素随即氧化形成熔渣，半钢和熔渣经流槽进入半钢罐，钒渣和半钢在罐内分离，先倒出半钢送转炉炼钢，后翻出钒渣。

工艺特点为：由于铁水被雾化成小铁珠，每个小铁珠形成一个独立的小熔池，表面的钒原子被氧化后，内部的钒原子来不及扩散到表面，铁珠表面的其他元素也被氧化。铁珠落入雾化室底部并汇集到半钢罐内，靠 FeO 供氧，使氧化反应继续发展：$(\mathrm{FeO}) = [\mathrm{Fe}] + [\mathrm{O}]$，$2[\mathrm{V}] + 3[\mathrm{O}] = (\mathrm{V}_2\mathrm{O}_3)$，$[\mathrm{C}] + [\mathrm{O}] = \mathrm{CO}$，钒的氧化在炉内完成约 60%，在罐内完成约 40%。因此雾化提钒能够较好地满足"去钒保碳"的条件而得到较高的钒氧化率（90% 以上）和满足炼钢要求的半钢。

7 钒渣提取五氧化二钒

提钒过程一般以标准五氧化二钒为目标产品，工艺设计涵盖从含钒原料中制取标准五氧化二钒产品的整个工序过程，设定论证工艺技术参数和设备处理通行能力，通过标准五氧化二钒产品分流进入不同的钒制品用途。提钒过程以原料为设计基础时，可以分为主流程提钒和副流程提钒。主流程提钒以提钒为主要目的，主流程首先使钒充分富集；副流程提钒则是从其他富集副产物中提钒。提钒过程以第一化学处理添加剂为设计基础时，一般可以分为碱处理提取和酸处理提取，碱处理法又分为钠盐法和钙盐法，也可通过无添加剂空白焙烧转化提钒；钒的转化浸出也可分为碱浸、酸浸和热水浸。对于低品位钒渣处理需要因地制宜，开发简单可行方案，进入其他行业领域，完成富集转化后再进行提钒作业。

钒渣提钒工艺一般经过焙烧、浸出、净化、沉钒和煅烧等五个工艺步骤，最终得到五氧化二钒产品，其关键技术在于焙烧转化。钒渣焙烧的实质上是一个氧化过程，即在高温下将矿石中的V(Ⅲ)氧化为V(Ⅳ)直至V(Ⅴ)。为了破坏钒渣的矿相结构，帮助钒的氧化并使其转化为可溶性的钒盐，必须加入提钒用添加剂。常用的添加剂有两大类：钠盐添加剂和钙盐添加剂。对于高钙钒渣可以采用磷酸盐降钙钠化焙烧，高钛钒渣则可以采用硫化焙烧提钒，高磷硫铁水也可直接钠化氧化提钒。

20世纪90年代，提钒发展成为无盐氧化焙烧工艺，即在不加任何添加剂的条件下，利用空气中的氧气在高温下直接氧化低价钒，此法消除了环境污染，但焙烧效果不佳。到21世纪初，提钒又发展到复合焙烧工艺，即多元添加剂高温焙烧法，此法对钒钛磁铁矿的提钒效果比较理想，多元系添加剂高温焙烧法被认为能够提高钒转化效率，目前最成熟的焙烧工艺仍然是钠盐法，但此法会造成严重的环境污染；钙化焙烧提钒是一种很有前途的焙烧工艺，因为不仅消除了环境污染，而且效果也较好，但现在其工业生产技术尚不成熟，原辅材料选择不规范，特别是产品质量控制存在变数。钙盐法在俄罗斯应用比较成功，解决了困扰钒产业发展的废水氨氮问题，但产品应用质量存在缺陷；钙盐提钒在中国国内正在进行工业试生产。

7.1 钒渣钠盐焙烧制取五氧化二钒

钒渣提取五氧化二钒是一个系统选择的过程，必须通过施加外部可控条件，使钒的结构发生转变，有选择地形成合适的水溶、碱浸和酸浸的钒体系，最大限度地分离钒与钒渣体系杂质。图7-1给出了钒酸钠、硅酸钠和铝酸钠热力学平衡图，生成钒酸钠的标准生成自由能小于硅酸钠和铝酸钠，说明在钠化焙烧条件下，钒酸钠形成优先于硅酸钠和铝酸钠。图7-2给出了V-O-H体系相图，不同pH值条件拥有不同的钒离子体系。

钒渣中Al_2O_3含量很小，处在微量水平，在钒渣焙烧过程一般不会生成或者较少生成铝硅酸钠 [$1/2Na_2O \cdot 1/2Al_2O_3 \cdot 2SiO_2$]，处在可控水平，单独的硅酸盐和铝酸盐形成的生成自由能比较高，成盐温度较高，在钒酸盐烧成温度下成盐几率较小，不会对钒渣钠盐

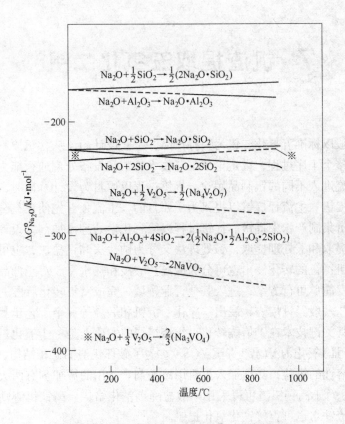

图 7-1　钒酸钠、硅酸钠和铝酸钠热力学平衡图

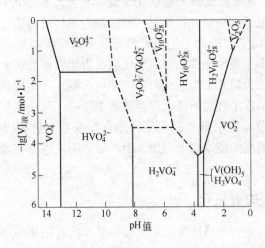

图 7-2　V-O-H 体系相图

焙烧产生影响。

钒酸盐形成有许多限制条件，必须选择合适的经过优化的条件参数，克服共离子效应，与分离条件和实际要求相适应，钒酸盐具有不同的成盐温度，在高温条件下可以互相转化，表 7-1 给出了主要钒酸盐的熔点，同一系列钒酸盐熔点一般差异较大，可以差异化确定转化目标钒酸盐，通过温度选择优化，有选择地形成合适的水溶、碱浸和酸浸的体

系，最大限度地分离钒与钒渣体系杂质。

表7-1 主要钒酸盐的熔点

钒酸盐	分子式	熔点/℃	钒酸盐	分子式	熔点/℃
正钒酸钠	Na_3VO_4	850~866	焦钒酸钙	$2CaO \cdot V_2O_5$	1015
焦钒酸钠	$Na_4V_2O_7$	625~668	正钒酸钙	$3CaO \cdot V_2O_5$	1380
偏钒酸钠	$NaVO_3$	605~630	正钒酸铁	$FeVO_4$	870~880
偏钒酸钙	$CaO \cdot V_2O_5$	778			

钒渣钠化焙烧过程中，主要围绕五价钒的生成与转化，形成的钠系钒酸盐包括偏钒酸钠、正钒酸钠和焦钒酸钠等，以偏钒酸钠为主。图7-3 给出了 $Na_2O\text{-}V_2O_5\text{-}H_2O$ 系的溶解度图，偏钒酸钠、正钒酸钠和焦钒酸钠等所有的钒酸盐具有水溶性，低价钒酸盐具有酸溶性。偏钒酸钠溶于水，溶解度随着温度升高而有限度升高，在水溶体系中易形成水合物，钒浓度比较高时，35℃以上偏钒酸钠形成无水结晶，35℃以下形成水合偏钒酸钠。对于高

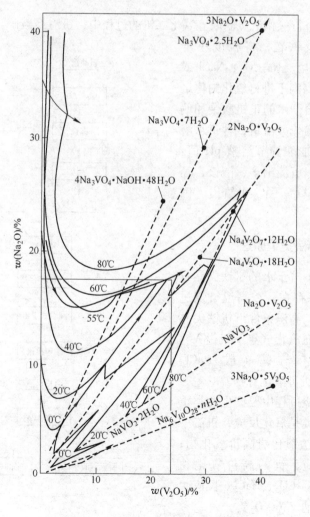

图7-3 $Na_2O\text{-}V_2O_5\text{-}H_2O$ 系溶解度图

钙钒渣可以采用磷酸盐降钙钠化焙烧，将渣用球磨机磨细后与一定量的磷酸钠、碳酸钠混合，在高温条件下焙烧一段时间，将钙离子转化为磷酸盐，钒与碳酸钠反应转化为可溶于水的钒酸钠，水浸回收，当温度为1373K并焙烧2h条件下，钒的回收率随磷酸盐的配比增高而提高，当磷酸盐的配比达到300%时，钒的回收率可达到99%。理论上当温度达到1473K时，可100%回收钒；对于高钛钒渣可以采用硫化焙烧提钒，以硫黄和氧化镁为添加剂添加至高钛钒渣中，加热至1873K，使渣充分硫化后降温冷却。将钒主要富集到氧化物和硫化物中。研究表明，随着渣中FeO含量的减少，V/VO_3的比逐渐增大。然后将渣球磨至200目（0.074mm）以下，在723K温度条件下通入SO_2和O_2气体。将钒转化为极易溶于水的$VOSO_4$。室温下水浸，水浸时间越长越有利于钒的回收。回收率最高可达88.2%。俄罗斯的图拉厂通过焙烧、打浆、酸浸的方法将90%以上的钒浸入到溶液中，此方法简单易操作，但得到的五氧化二钒品位低。原西德采用将转炉渣与石灰混合焙烧后在一定时间下碱浸，可获得85%～90%的回收率。

7.1.1 钒渣钠盐焙烧提钒工艺

在钒渣加钠盐进行氧化焙烧制取五氧化二钒的过程中，钒渣经破碎和球磨后，用磁选或风选除去铁块及铁粒，将粒度小于0.1mm的钒渣和钠盐（Na_2CO_3、NaCl或Na_2SO_4）混合，于高温下进行氧化钠化焙烧，使钒转化为可溶于水的正钒酸钠和偏钒酸钠，用热水和稀硫酸浸钒，含钒水溶液经过净化处理后加酸调节溶液pH值，加铵（NH_4^+、NH_3）沉淀出多钒酸铵，经过高温煅烧得到V_2O_5。图7-4给出了钠盐提钒工艺流程图。

7.1.2 钒渣钠盐焙烧提钒原理

钒渣中的钒以不溶于水的钒铁尖晶石[$FeO \cdot V_2O_3$]状态存在，在高温焙烧过程中，发生相转变，高温条件下钒铁尖晶石相结构被破坏，在氧化气氛下钒由V^{3+}转化为V^{5+}，V^{5+}与碱（或NaCl、Na_2SO_4）反应形成钒可溶化合物。

钒渣在钠化焙烧过程中要产生两类重要的化学反应：一类是氧化反应，钒渣中的低价氧化物完全被氧化成高价氧化物；另一类是钠化反应，钒的高价氧化物（V_2O_5）与钠盐（Na_2CO_3、NaCl）反应生成可溶于水的钒酸钠（$NaVO_3$）。

（1）金属铁的氧化。在300℃左右开

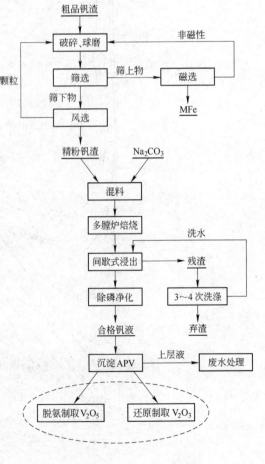

图7-4　钠盐提钒工艺流程图

始进行，反应式如下：

$$Fe + 1/2O_2 \longrightarrow FeO \tag{7-1}$$

$$2FeO + 1/2O_2 \longrightarrow Fe_2O_3 \tag{7-2}$$

（2）铁橄榄石氧化分解。在 $500 \sim 600℃$ 进行，反应式如下：

$$2FeO \cdot SiO_2 + 1/2O_2 \longrightarrow Fe_2O_3 + SiO_2 \tag{7-3}$$

（3）含钒尖晶石氧化分解。在 $600 \sim 700℃$ 进行，反应式如下：

$$FeO \cdot V_2O_3 + 1/2O_2 \longrightarrow Fe_2O_3 \cdot V_2O_3 \tag{7-4}$$

$$Fe_2O_3 \cdot V_2O_3 + 1/2O_2 \longrightarrow Fe_2O_3 \cdot V_2O_4 \tag{7-5}$$

$$Fe_2O_3 \cdot V_2O_4 + 1/2O_2 \longrightarrow Fe_2O_3 \cdot V_2O_5 \tag{7-6}$$

$$Fe_2O_3 \cdot V_2O_5 \longrightarrow Fe_2O_3 + V_2O_5 \tag{7-7}$$

（4）五氧化二钒钠化。钒渣中的低价氧化物完全氧化成高价氧化物之后，即开始钠化反应。$600 \sim 700℃$，五氧化二钒与钠盐反应生成溶于水的钒酸钠，反应式如下：

$$V_2O_5 + Na_2CO_3 \longrightarrow 2NaVO_3 + CO_2 \uparrow \tag{7-8}$$

$$V_2O_5 + 2NaCl + H_2O \longrightarrow 2NaVO_3 + 2HCl \uparrow \tag{7-9}$$

$$V_2O_5 + 2NaCl + 1/2O_2 \longrightarrow 2NaVO_3 + Cl_2 \uparrow \tag{7-10}$$

$$4FeO \cdot V_2O_3 + 4Na_2CO_3 + O_2 =\!\!=\!\!= 4Na_2O \cdot V_2O_3 + 2Fe_2O_3 + 4CO_2 \uparrow \tag{7-11}$$

$$2NaCl + 1/2O_2 =\!\!=\!\!= Na_2O + Cl_2 \uparrow \tag{7-12}$$

$$Na_2O + V_2O_3 + O_2 =\!\!=\!\!= 2NaVO_3 \tag{7-13}$$

$$Na_2SO_4 + V_2O_3 + 3/2O_2 =\!\!=\!\!= 2NaVO_3 + SO_2 \uparrow + O_2 \uparrow \tag{7-14}$$

除杂脱磷硅反应如下：

$$3(Ca,Mg)Cl_2 + 2PO_4^{3-} =\!\!=\!\!= 6Cl^- + (Ca,Mg)_3(PO_4)_2 \downarrow \tag{7-15}$$

$$(Ca,Mg)Cl_2 + SiO_3^{2-} =\!\!=\!\!= 2Cl^- + (Ca,Mg)SiO_3 \downarrow \tag{7-16}$$

在同一温度条件下，五氧化二钒与铁、锰、钙等氧化物生成难溶于水，但溶于酸的钒酸盐，反应式如下：

$$V_2O_5 + CaO \longrightarrow Ca(VO_3)_2 \tag{7-17}$$

$$V_2O_5 + MnO \longrightarrow Mn(VO_3)_2 \tag{7-18}$$

$$3V_2O_5 + Fe_2O_3 \longrightarrow 2Fe(VO_3)_3 \tag{7-19}$$

（5）部分偏钒酸铵结晶脱氧。如果烧成料在窑炉内冷却过程中是缓慢冷却，生成的偏钒酸钠在结晶时，有脱氧反应，偏钒酸钠将变成不溶于水的钒青铜，这必然会降低钒的转浸率。如果在偏钒酸钠熔点 $550℃$ 以上出窑急速冷却，偏钒酸钠在窑内的结晶脱氧便可以避免或减少。

沉钒化学反应如下：

$$Na_2H_2V_{10}O_{28} + 2NH_4^+ =\!\!=\!\!= (NH_4)_2H_2V_{10}O_{28} \downarrow + 2Na^+ \tag{7-20}$$

$$Na_2V_{12}O_{31} + 2NH_4^+ \rightleftharpoons (NH_4)_2V_{12}O_{31} \downarrow + 2Na^+ \tag{7-21}$$

熔片脱氨化学反应如下：

$$(NH_4)_2V_6O_{16} \longrightarrow 2NH_3 \uparrow + 3V_2O_5 \tag{7-22}$$

$$V_2O_5(氨气氛中还原) \Longrightarrow V_2O_4 + 1/2O_2 \uparrow \tag{7-23}$$

$$Na_2SO_4 + V_2O_5 \Longrightarrow 2NaVO_3 + SO_2 \uparrow + 1/2O_2 \tag{7-24}$$

7.1.3 原料准备

提钒的第一步是原料准备，首先用颚式破碎机对块状钒渣进行粗破碎，颚板绕固定心轴摆动，使块状钒渣受压挤弯曲变形而破碎，常用颚式破碎机型号包括 PEE250×400 和 PEE600×400，处理能力约 6~8t/h；细磨处理采用球磨机，利用钢球运动摩擦挤压，加速矿粒离解，要求将提钒原料均匀细磨，常用球磨机型号包括 1500×5700 型，钒渣处理能力 3~4t/h，同时利用磁选设备进行钒渣除铁处理，通常的选铁分离途径包括：（1）利用金属铁的磁性磁选法分离除铁；（2）利用筛分除去大颗粒铁；（3）利用铁密度大的特性，控制风力分离金属铁，常用设备包括干式磁选机、振动筛、风选机和旋风式分级机等，钒渣中金属铁含量控制在 5%~10%。

第一步，原料准备阶段。钒渣经破碎、球磨，用磁选或风选除去铁块、铁粒后，形成粒度小于 0.1mm 的钒渣，可以保证尖晶石类矿物晶粒具有很高的单体解离度，提高钒渣的比表面积，获得离解、氧化和钠化反应良好的动力学条件，并可预防炉料黏结，防止焙烧过程铁的氧化过热，导致物料烧结，影响钒的氧化钠化，同时避免铁资源浪费。准备相应比例的钠盐（Na_2CO_3、$NaCl$ 或 Na_2SO_4），对外购钠盐（Na_2CO_3、$NaCl$ 或 Na_2SO_4）类固体标准产品需要进行简单处理，分拣可能的夹杂物或者块状物，或者失效变质部分，最好经过筛分处理；

所有准备好的原料进入配料料仓，安排好与批量配料适应的计量设备，按照重量控制间歇式或者流量控制连续式配料原则（重量控制连续式通过称重批次配料；流量控制连续式则将不同的物料放入料仓），标定流量水平，控制流量计量。给料设备包括圆盘给料机、电磁振动给料机和螺旋给料机等，螺旋给料机的圆盘装在下料管下面，料仓中卸出的粉状或者粒状物料成圆锥形分布散开，活动套管套住料仓的下料管，通过调整刮板位置、升降活动套管或者圆盘转速调节给料量，一般要求物料水分小于 12%；电磁振动给料机依靠电磁振动器产生高频振动，带动输送机，使物料呈抛物线式跳跃运动给料；螺旋给料机则通过螺旋转速调节给料量；物料输送需要通盘考虑，一般可采用螺旋输送机、刮板输送机、带式运输机、斗式输送机和气动输送机等；根据配料方式选择合适混料，为了减少混料损失和避免粉尘飞扬，可以考虑保持物料一定的水分，控制不超过 5%，物料湿润有利于增加不同物料的接触面积，使后期焙烧有利高效。

第二步进行焙烧浸出。钒渣中的钒在高温焙烧过程中，发生相转变，尖晶石相结构被破坏，在氧化气氛下钒由 V^{3+} 转化为 V^{5+}，V^{5+} 与碱（或 $NaCl$、Na_2SO_4）反应，使钒转化为可溶于水的偏钒酸钠，用热水浸出钒，使钒与大部分不溶于水的杂质分离，焙烧过程原料包括需要准备相应的转化添加剂——氯化钠和碳酸钠，或者硫酸钠；氧化剂主要是富氧、压缩空气、高锰酸钾和软锰矿等；浸出需要热水和稀硫酸等，热水可以是纯热水、洗水和稀溶液等。

第三步对含钒水溶液进行净化处理，主要需求是除磷剂氯化钙。

第四步给钒溶液加酸和铵（NH_4^+、NH_3）沉淀多钒酸铵和偏钒酸铵，主要铵盐沉钒剂包括氯化铵和硫酸铵。

第五步通过煅烧得到 V_2O_5。

钠盐焙烧提钒用热水浸出钒，通过钒转化进入液相，与大部分不溶于水的非钒杂质分离。钠化提钒含钒水溶液经过净化处理后加酸或铵（NH_4^+、NH_3）沉淀出多钒酸铵和偏钒酸铵，经过煅烧得到 V_2O_5。

根据提钒原料和工艺选择的不同，提钒原料包括钒原料，如钒渣、钠盐（Na_2CO_3、$NaCl$ 或 Na_2SO_4）、硫酸、铵盐（NH_4Cl、$(NH_4)_2SO_4$）、除磷剂（$CaCl_2$）、交换树脂和萃取剂等。

7.1.4 设备选择

原料准备阶段必须用球磨机细磨，配套磁选设备分离，一般焙烧采用回转窑、多膛炉、平窑、闷烧炉和流态化炉等，回转窑和多膛炉属于大型化设备，运行平稳规律，电控性能好，同类设备多，通用而且实用性好，能够满足大型化和规模化生产要求；平窑、闷烧炉和流态化炉等属于小型化设备，人为控制效果好，适应于小规模资源开发，焙烧炉内分为预热预氧化区、反应区和冷却区。焙烧反应温度一般在 1123~1223K 之间，具体温度则主要根据钒渣特性、钠化剂种类和添加量而定。

7.1.5 钒渣焙烧

钒渣焙烧的主要是氧化和钠化成盐，氧化过程使钒渣结构解离，成盐过程使钒与钠盐结合。钒的焙烧转化率指钒渣经过氧化钠化焙烧后，熟料中可溶性钒占全部钒量的百分比值。

（1）钒渣质量。影响钒渣焙烧转化率的因素很多，首先是钒渣质量，即钒渣的结构和化学成分，钒渣中的钒主要以 V^{3+} 赋存于 ［$FeO \cdot V_2O_3$］相中（称为钒铁晶石）。钒渣中除含钒物相外，主要是硅酸盐相（铁橄榄石），还有金属铁相。铁橄榄石的主要组成是 Me_2SiO_4（Me 主要是 Fe^{2+}、Mn^{2+} 等金属离子），其化学组成物特点是 FeO 含量高。在钒渣中，铁橄榄石填在尖晶石颗粒之间，是钒渣的基体，钒渣中的具体化学成分如下：V_2O_5 15%~21%，FeO 37%~45%，SiO_2 13%~23%，CaO 0.5%~2.3%，MnO 0.9%~1.4%，TiO_2 9%~11%，Cr_2O_3 1.2%~1.7%，P 0.015%~0.04%，金属 Fe 12%~30%。

钒渣的可控质量一般要求金属 Fe 和 P 含量尽可能低，金属铁可以通过磁选除去相当的部分。钒渣金属铁含量高时，会出现铁快速氧化现象，导致窑炉局部过热，甚至出现物料烧结状况，影响烧结进程；钒渣中钒铁晶石的颗粒很小，钒渣必须细磨到一定程度，才可能保证钒铁晶石有足够的暴露面积与氧和钠盐接触，发生氧化和成盐反应；生产实践中粒度控制在 120~160 目（0.074~0.096mm）。

（2）焙烧温度。焙烧温度的影响也十分重要，根据焙烧物料在炉内的反应变化过程，焙烧炉料在炉内经历了从低温到高温和再从高温到低温的一个渐变过程，经过低温氧化离解、高温钠化和冷却出炉，形成合格熟料，炉内温度变化区间分为氧化带、钠化带和冷却带。氧化带温度在 600℃ 以下，钠化带在 600~800℃，炉内冷却带一般从最高温度开始到 600℃ 出炉结束。由于偏钒酸钠熔点 550℃，不同类型的焙烧设备控制温度不同。多膛炉底层控制在 700℃ 左右出炉，回转窑熟料出炉温度控制在 550℃ 以上。随着焙烧温度升高，钒的氧化速度和成盐反应速度提高，反应的平衡常数增加，在 800~900℃，钒转化率可以保持在 90.2%~91.5% 之间；超过 900℃ 时，钒转化率急剧下降，主要是炉料开始烧结以及出现玻璃化现象，同时碳酸钠与 SiO_2 反应生成不溶性玻璃体 $Na_2O \cdot V_2O_5 \cdot SiO_2$，影响焙烧过程。

（3）焙烧添加剂。钒渣的钠盐焙烧添加剂包括（Na_2CO_3，$NaCl$ 或 Na_2SO_4）。$NaCl$ 为无氧酸盐，在焙烧过程中分解形成 Na_2O，与 V_2O_5 反应生成 $NaVO_3$，$NaCl$ 属于低熔点卤素盐，易挥发分解，焙烧损失大，作为单一添加剂时，由于 $NaCl$ 的大量挥发，导致炉料中 $NaCl$ 量减少，表现出添加剂量不足，如果增加 $NaCl$ 的配量，则会导致炉料烧结、窑炉结圈和挥发物污染，一般会影响焙烧温度选择，不能作为单一添加剂；Na_2CO_3 属于有氧酸盐，分解与 V_2O_5 反应生成 $NaVO_3$ 和 CO_2；Na_2SO_4 属于有氧酸盐，高钙钒渣必须配 Na_2SO_4，分解与 V_2O_5 反应生成 $NaVO_3$ 和 SO_2，SO_2 与钒渣中 CaO 反应生成不溶性的 $CaSO_4$，起到固钙作用；钒渣钠化焙烧添加剂以 Na_2CO_3 为主，辅助添加少量的 $NaCl$，其中 $NaCl$ 的作用是早期反应成核，另外可疏松物料和增大反应表面。

添加剂配入水平用苏打比表示，与钒渣钒含量和杂质水平有关，苏打比体现整体钠盐配比，包括苏打和食盐两部分，保持在 1.2，食盐配入量是苏打的 30%。

$$苏打比 = 配入苏打碳酸钠量 / 渣中 V_2O_5 量$$

碳酸钠，俗称苏打，稳定化合物，白色粉末，分子式 Na_2CO_3，熔点 850℃，常压下分解温度约为 2000℃，有酸性氧化物时可降低分解温度，易溶于水并放热，有一水、五水和十水碳酸钠存在，工业常规使用为无水碳酸钠。

氯化钠，俗称食盐，稳定化合物，白色粉末，分子式 $NaCl$，熔点 800℃，在空气中易潮解，易溶于水，有二水氯化钠存在，工业常规使用为无水氯化钠。

硫酸钠，俗称芒硝、元明粉，为稳定难分解化合物，白色粉末，分子式 Na_2SO_4，熔点 884℃，易溶于水，纯物质常压下分解温度约为 3177℃，有酸性氧化物时分解温度显著降低，如有五氧化二钒存在时分解温度降低至 740℃，特性被成功应用于提钒过程，有一水、七水和十水硫酸钠存在，工业常规使用为无水硫酸钠。

（4）氧化气氛。钒渣的钠化焙烧过程中，钒铁晶石分解、低价钒氧化和钠盐分解等需要氧的参与。随着焙烧炉气中氧浓度提高，钒的转化率随之提高，一般要求焙烧炉气尾气中氧的浓度不小于 5%，这可以通过调节排气量实现。排气量增大，氧气入炉水平提高，但如果超过一定限度，会使窑炉内烧成带后移，预热带缩短，炉料需要在预热带完成的物理化学变化无法如期完成，提前进入高温带，造成钠化剂过早熔化，生成低熔点玻璃体，造成炉料烧结，不利于可溶性偏钒酸钠的形成，同时冷却带延长，冷却速度降低，可溶性偏钒酸盐氧释放生成不溶性 [NaV_6O_{15} 和 $Na_8V_{24}O_{63}$] 钒青铜，降低钒的转化浸出率。图 7-5 给出了不同价态钒氧化物之间的关系。

（5）返渣利用。高品位钒渣焙烧时需要进行对钒总水平进行调节，为避免形成过量低熔点物，造成炉内物料黏结，必须配加返渣，返渣一般为完成浸出洗涤的含钒尾渣，或者

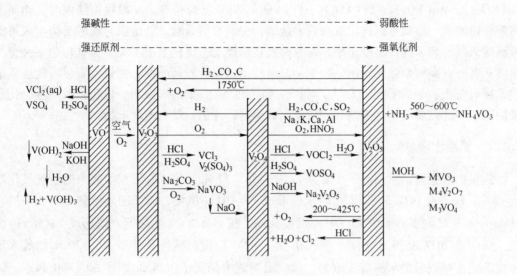

图 7-5　不同价态钒氧化物之间的关系

焙烧故障料、清炉料等，这样一方面控制低熔点钠盐形成总量和比例；另一方面返渣参加二次焙烧提高钒回收率，返渣配加水平视钒渣质量而定。

部分厂家为了加速氧化，采用富氧输氧和添加氧化剂的方法，氧化剂包括氧气、软锰矿和高锰酸钾等。

（6）焙烧实践要求。钠化焙烧实践要求：1）增加混料时间，使物料混合更均匀；2）调低回转窑的转速，从而增加物料在回转窑的停留时间；3）稳定燃烧制度；4）稳定下料量，减少物料转化率的大幅度波动；5）碱比由原来的 1.2 左右提高到现在的 1.4 左右。

7.1.6　焙烧钒渣浸出

图 7-6 给出了 25℃条件下钒酸水溶液的状态与钒浓度及 pH 值的关系，不同酸度 pH 值条件下处于水合变价状态。浸出工序主要是把焙烧后的钒渣经过湿球磨磨细后进入一次间歇热水浸出，经过橡胶带式过滤机过滤，使大部分钒以可溶性的钠盐形式进入溶液，浸出渣经过滤洗涤，滤渣进入二次酸浸，主要浸出低水溶性钒酸盐和低价钒酸盐，如

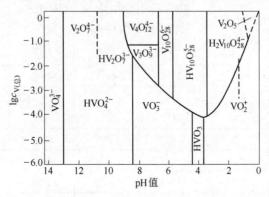

图 7-6　25℃条件下钒酸水溶液的状态与钒浓度及 pH 值的关系

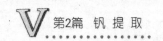

$Ca(VO_3)_2$、$Mn(VO_3)_2$、$Fe(VO_3)_2$、$Fe(VO_3)_3$ 以及复合盐等,一段浸出结束时,均属于酸溶性钒酸盐,溶剂可以选用硫酸或者盐酸,一般采用硫酸,低价钒与硫酸反应生成可溶性硫酸氧钒。为了提高钒浸出率,一方面要在焙烧工艺优化上下工夫,保证转化率和急冷速度;另一方面则要强化浸出,特别是二段浸出,保持较高酸度,使钒元素尽可能进入溶液,同时防止和平衡 Fe^{2+}、Fe^{3+}、Mn^{2+}、Cr^{3+} 和 AlO_2^- 的溶解浸出,以免给钒溶液净化带来困难,因此需要对焙烧控制和一段浸出效果进行评估,做出酸度选择。

7.1.7 钒浸出液净化

钒浸出液金属杂质阳离子主要是 Fe^{2+}、Mn^{2+} 和 Mg^{2+} 等,Fe^{2+} 在溶液中遇空气氧化形成 Fe^{3+},Fe^{3+} 在 pH1.5~2.3 之间水解形成 $Fe(OH)_3$ 沉淀,Cr^{6+} 还原得到 Cr^{3+},Cr^{3+} 在 pH4.0~4.9 之间水解形成 $Cr(OH)_3$ 沉淀,Fe^{2+} 在 pH6.5~7.5 之间水解形成 $Fe(OH)_2$ 沉淀,Mn^{2+} 在 pH7.8~8.8 之间水解形成 $Mn(OH)_2$ 沉淀,碱性条件下 Mn^{2+} 和 Mg^{2+} 等水解形成沉淀,可以通过水解沉淀除去;钒浸出溶液中阴离子包括 CrO_4^{3-}、SiO_3^{2-} 和 PO_4^{3-} 等,可以加入离子沉淀剂去除,保持 90℃,加入含 Mg^{2+} 的沉淀剂,CrO_4^{3-} 在 pH9~10 之间水解形成 $MgCrO_4$ 沉淀,SiO_3^{2-} 在 pH6.5~7.5 之间水解形成 $MgSiO_3$ 沉淀,PO_4^{3-} 在 pH8~9 之间可以与 NH_4^+ 和 Mg^{2+} 发生水解反应生成 $MgNH_4PO_4$ 沉淀,PO_4^{3-} 在 pH8~9 之间可以与 Ca^{2+} 发生水解反应生成 $Ca_3(PO_4)_2$ 沉淀。一般加入氯化钙除磷得到供沉钒用的合格液。

7.1.8 沉钒

经过净化后的钒溶液可以采取铵盐沉钒、钙盐沉钒和水解沉钒,铵盐沉钒包括酸性铵盐沉钒、弱酸性铵盐沉钒和碱性铵盐沉钒,沉钒产物各不相同,但目标产品全部是 V_2O_5。沉钒方法比较见表 7-2。

表 7-2 沉钒方法比较

项目	水解沉钒(V^{5+})	水解沉钒(V^{4+})	酸性铵盐沉钒	弱酸性铵盐沉钒	碱性铵盐沉钒	钒酸钙法	钒酸铁法
沉淀物	红饼,六聚钒酸钠	四价钒酸	六聚钒酸铵	十钒酸铵	偏钒酸铵	焦钒酸钙	钒酸铁
化学分子式	$Na_2O \cdot 3V_2O_5 \cdot H_2O$	$VO_2 \cdot nH_2O$	$2NH_3 \cdot 3V_2O_5 \cdot H_2O$	$(NH_4)_{6-x} \cdot Na_x V_{10}O_{28} \cdot 10H_2O$	$2NH_3 \cdot V_2O_5 \cdot H_2O$	$2CaO \cdot V_2O_5$	$xFe_2O_3 \cdot yV_2O_5 \cdot zH_2O$
沉钒 pH 值	1.5~3	3.5~7	2~3	4~6	8~9	5~11	<7
沉钒溶液浓度 /g·L^{-1}	5~8	20	可大可小	大	大	可大可小	可大可小
酸耗水平	很大	大	大	小	很小		
铵耗水平	无	小	小	大	很大		
沉钒温度/℃	90	常温	75~90	常温	常温	常温	常温
主要废物	废液	废液	废液、废气	废液、废气	废液、废气	废液	废液

续表 7-2

项 目	水解沉钒 (V^{5+})	水解沉钒 (V^{4+})	酸性铵盐沉钒	弱酸性铵盐沉钒	碱性铵盐沉钒	钒酸钙法	钒酸铁法
生产周期	短	短	短	长	长	短	短
沉钒率/%	约 98		>98	>98	>98	97 ~ 99.5	99 ~ 100
产品 V_2O_5 纯度/%	80 ~ 90	99.5	>99	>99	>99	低	低

（1）水解沉钒。经过净化后的钒溶液的钒主要以 V^{5+} 存在，少量以 V^{4+} 存在，钒酸盐在不同的酸度、温度、浓度和杂质水平条件下水解形成不同聚合态的钒酸盐，随着溶液酸度增加，钒酸根逐步以暗红色钒酸沉淀析出，即红饼钒，要求溶液在沸腾状态，钒液浓度控制 5 ~ 7g/L，浓度太高，会出现成核过快和杂质吸附现象，造成钒红饼疏松和产品质量问题，特别是 Fe^{3+}、Al^{3+} 和 P^{5+} 形成 $FePO_4$ 和 $AlPO_4$，容易造成产品污染。图 7-7 给出了水溶液中 V^{5+} 形态与钒浓度及 pH 值关系，图 7-8 为钒离子水溶液 pH-E_h 电位图。

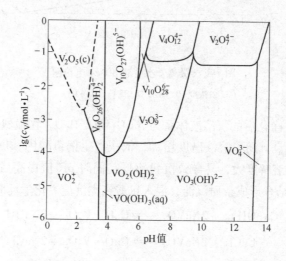

图 7-7　水溶液中 V^{5+} 形态与钒浓度及 pH 值关系

（2）铵盐沉钒。弱碱性条件下，净化后的钒溶液体系为 Na_2O-V_2O_5-H_2O，当 pH = 8 ~ 9 时，溶液中的钒以 $V_4O_{12}^{4-}$ 存在，加入 NH_4^+，形成 $(NH_4)VO_3$（或者 $2NH_3$-V_2O_5-H_2O）结晶，结晶温度为 20 ~ 30℃。

弱酸性条件下，净化后的钒溶液体系为 Na_2O-V_2O_5-H_2O，当 pH = 4 ~ 6 时，溶液中的钒以 $V_{10}O_{28}^{6-}$ 存在，加入 NH_4^+，形成十钒酸盐沉淀，由于钒溶液中钠的存在，沉淀形式为 $(NH_4)_{6-x} \cdot Na_x V_{10}O_{28} \cdot 10H_2O$，$x$ 在 0 ~ 2 之间，为了降低沉淀中的 Na，在 pH = 2 的情况下重结晶，得到六聚钒酸铵，即 $(NH_4)_2V_6O_{16}$ 结晶，结晶后残液钒可以降低到 0.05 ~ 0.5g/L。

酸性条件下，净化后的钒溶液体系为 Na_2O-V_2O_5-H_2O，当 pH = 2 ~ 3 时，加入 NH_4^+，形成六聚钒酸铵沉淀，即 $2NH_3 \cdot 3V_2O_5 \cdot H_2O$，具有沉钒速度快、产品纯度高、沉钒率高、残液含钒低和铵盐消耗低等综合优势及特点。

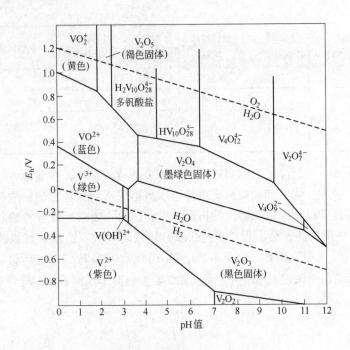

图 7-8　钒离子水溶液 pH-E_h 电位图

（钒浓度 10^{-2} mol/L，25℃，100kPa）

（3）钙盐沉钒。净化后的钒溶液体系为 Na_2O-V_2O_5-H_2O，在强烈搅拌条件下，加入沉钒剂（$Ca(OH)_2$，$CaCl_2$），随着溶液碱度增加，依次产生偏钒酸钙、焦钒酸钙和正钒酸钙，偏钒酸钙钒含量高，溶解度大，易导致沉钒率低，同时 pH 值提高后，SiO_3^{2-} 出现硅胶质沉淀，Ca^{2+} 和 PO_4^{3-} 结合形成杂质沉淀，混入钒酸钙类沉淀。化学反应如下：

$$Ca(OH)_2 + 2NaVO_3 \rel\!=\!= CaO \cdot V_2O_5 + 2NaOH \tag{7-25}$$

$$CaCl_2 + 2NaVO_3 \rel\!=\!= CaO \cdot V_2O_5 + 2NaCl \tag{7-26}$$

如果钒酸钙作为中间产物，可以用硫酸溶解，反应条件为 pH = 2 和室温，钙生成 $CaSO_4$ 沉淀，过滤除去 $CaSO_4$ 沉淀，钒溶液 V_2O_5 浓度 25g/L，加入钠盐加热，在 90℃ 生成红饼钒；亦可采用碳酸氢钠溶解，反应条件为 pH = 9.4，温度 90℃，钙生成 $CaCO_3$ 沉淀，过滤除去 $CaCO_3$ 沉淀，钒溶液 V_2O_5 浓度 120g/L，加入 NH_4^+，pH = 8.3 ~ 8.6，温度 25℃，反应时间控制 6h，沉淀得到偏钒酸铵。

（4）铁盐沉钒。净化后的钒溶液体系为 Na_2O-V_2O_5-H_2O，在强烈搅拌条件下，加入沉钒剂 Fe^{2+} 或者 Fe^{3+}，在弱酸性条件下加热反应得到多变色沉淀物，亚铁条件下是绿色，高铁条件是黄色，中间亚铁将部分高价钒还原为 V^{4+}，亚铁被氧化为高价铁，沉钒产物为 $Fe(VO_3)_2$、$Fe(VO_3)_3$、$Fe(OH)_3$ 和 $VO_2 \cdot H_2O$，高价铁沉钒剂，得到 $xFe_2O_3 \cdot yV_2O_5 \cdot zH_2O$。

（5）沉钒实践。沉钒开始前必须对沉钒罐进行标定，确定标准沉钒罐钒溶液量和常规钒溶液浓度，得到硫酸铵沉钒经验值，浸出合格液经预热后进入沉淀罐，将溶液加热到一定温度，加酸调节 pH 值，再二次加热，加入过量硫酸铵、搅匀，再次加酸调节 pH 值。

沉淀罐合格产品用泵输送到 APV 汇集罐暂存，然后送入厢式压滤机进行过滤、洗涤、吹风，得到含水约 40% 的多钒酸铵（APV 饼）。沉淀上清液用泵送到上清液汇集罐，经重力沉降后对底部含钒物料进行回收，上清液排入废水管道，送入水处理系统。沉钒主要反应式如下：

$$6NaVO_3 + (NH_4)_2SO_4 + 2H_2SO_4 === (NH_4)_2V_6O_{16} + 3Na_2SO_4 + 2H_2O \quad (7-27)$$

调节钒溶液的 pH 值到 2.0 ~ 2.5，加热搅拌开始沉钒。

硫酸量的计算公式为：

$$硫酸体积 = \frac{2.88 \times 钒液浓度 \times 钒液体积 \times K_{NH_3}}{硫酸密度 \times 硫酸浓度(\%) \times 1000} \quad (m^3)$$

沉钒工序总体来说生产较为正常，各项指标均在要求之内。典型沉钒工序生产指标，合格液 V 含量 23.81g/L，合格液 P 含量 0.011g/L，上清液 V 含量 0.074g/L。

（6）沉钒影响因素。溶液中硅影响钒沉淀率，当溶液中 SiO_2/V_2O_5 摩尔比大于 0.89 之后，沉淀率将低于 99%，并且沉钒时间开始延长，过滤困难。随溶液中的硅含量增加，产品质量降低。在工业生产中，用氯化钙除硅后的溶液中，SiO_2/V_2O_5 摩尔比大约为 0.05 以下，对沉淀率和产品的质量影响很小。

磷对酸性铵盐沉钒影响极大。在磷、铵、钒之间生成了复杂的配合物（杂多酸），当达到一定量时，急剧影响沉淀率，当沉钒 pH 值控制在 2.5 左右时，$[P]/[V_2O_5]$ 摩尔比大于 0.0056 时，沉淀率将降低到 99% 以下，以后将急剧降低。工业生产时要用氯化钙除磷，使溶液中的 $[P]/[V_2O_5]$ 摩尔比容易达到 0.003 以下，对沉钒是没有影响的。

锰对钒沉淀率影响不大，对产品的质量稍有影响。在生产中，用水浸出时溶液往往呈碱性，此时锰易水解，留在渣中。溶液中锰的含量很低，不会给沉钒带来影响。但是，在酸浸过程中，锰将是产品中的主要杂质。

铁对沉钒的影响是很大的。当溶液中的 $[Fe]/[V_2O_5]$ 大于 0.053 时，沉钒率小于 99%。采用水浸出提钒时，铁在碱性条件容易水解；当溶液中 $[Fe]/[V_2O_5]$ 小于 0.002 时，对沉钒影响较小，但在酸性沉钒条件小，对产品质量有一定的影响。

当控制沉钒 pH 值在 2.5 左右时，铝对沉钒率的影响极大；当 $[Al_2O_3]/[V_2O_5]$ 大于 0.002 时，铝对沉淀率的影响明显降低。当控制沉钒 pH 在 2.0 左右时，铝对沉钒率的影响程度有所缓解，沉淀率可大大提高，但是也有一定的影响。这是由于在铝、铵、钒之间生成了杂多酸，阻碍了多钒酸铵的沉淀。在实际生产中，一般溶液中的 $[Al_2O_3]/[V_2O_5]$ 控制在 0.001 ~ 0.0015 时，对沉钒影响很小。

钙对沉钒影响不明显，在实际生产中钙是以氯化钙的形式加入到溶液中，用以净化除杂和澄清溶液；生产中加入氯化钙的量控制在 1 ~ 1.5g/L 时，对沉钒的影响是很小的。当氯化钙加入过多时，尽管溶液很快澄清，但是将会生成不溶于水的钒酸钙，造成钒的损失；由于镁的钒酸盐与钠盐类似，也是可溶性的，铵离子在沉钒时可以置换镁离子，镁对沉钒几乎没有影响；当沉钒的 pH 值控制在 2.5 时，铬对沉钒率有一定的影响；适当降低pH 值可以避免此影响，对于钒铬分离是有利的，铬对沉钒的产品质量没有影响。

7.1.9　熔化生产

沉钒过后得到的 APV 饼通常含水分较高，将 APV 加热到 500 ~ 550℃，经过干燥脱去吸附和结晶水分后才能得到粉状的五氧化二钒。如果制成片状，将 APV 加热到五氧化二钒的熔点以上（800～900℃），经脱水、熔化后，再经粒化台制成片状五氧化二钒。熔化工序采用的主要设备是反射炉，熔化阶段主要的反应如下：

当低于 670℃ 时　　$(NH_4)_2V_6O_{16} = 3V_2O_5 + H_2O + 2NH_3\uparrow$　　　　　　(7-28)

当高于 670℃ 时　　$3V_2O_5 + 2NH_3 = 3V_2O_4 + 3H_2O + N_2\uparrow$　　　　　　(7-29)

随着氨气的消耗，系统中氨分压降低，氧分压逐步升高，低价钒氧化物又被氧化成 V_2O_5，反应式为：

$$2V_2O_4 + O_2 = 2V_2O_5 \tag{7-30}$$

熔化过程还有脱硫反应，即 V_2O_5 同沉钒上层液带入的 Na_2SO_4 发生反应生成钒酸盐，反应式为：

$$Na_2SO_4 + V_2O_5 = 2NaVO_3 + SO_2\uparrow + 1/2O_2 \tag{7-31}$$

7.1.10　钒渣钠化提钒流程主体设备和技术指标

回转窑和多膛炉通常被用作焙烧设备，从结构上讲，多膛炉是一个竖起来的回转窑。一般焙烧炉内分为预热预氧化区、反应区和冷却区。焙烧反应温度一般在 1123～1223K 之间，具体温度则主要与钒渣特性、钠化剂种类和数量有关。焙烧的功能就是要生成可溶于水的偏钒酸钠，与大部分不溶于水的杂质分离。

中国提钒工厂多采用回转窑钠化焙烧法从钒渣中提取钒，攀钢 1989 年设计采用多膛炉焙烧工艺。中国攀钢集团公司提钒厂和德国电冶公司纽伦堡钒厂采用多膛炉钠化焙烧工艺，一次焙烧浸出残渣含 V_2O_5 小于 0.6%，钒回收率为 85%～90%。回转窑钠化氧化焙烧的一次焙烧钒渣经过两次浸出，浸出残渣含 V_2O_5 1.2%～2%，要返回钒渣配料，进行二次钠化焙烧，浸出残渣含钒小于 0.8%，钒收率为 80%～88%。图 7-9 给出了回转窑焙烧示意图。

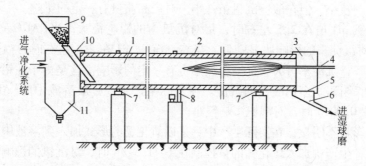

图 7-9　回转窑焙烧示意图

1—窑身；2—耐火砖衬；3—窑头；4—燃烧嘴；5—条栅；6—排料斗；

7—托轮；8—传动齿轮；9—料仓；10—下料；11—灰箱

图 7-10 给出了多膛炉焙烧示意图。多膛炉中心有带耙臂和耙齿的立轴，转动立柱带着耙子转动，使物料按照设定方向移动，焙烧用煤气或者天然气作热源，炉内温度可保

持 1473K。

俄罗斯的秋索夫钒厂的钒渣提钒工艺是将钒渣粗碎至 60~80mm，在球磨机磨至小于 10mm，磁选除铁至残铁不多于 6% 后，在棒磨机内磨至 0.15mm 以下，加钠盐混匀，用螺旋给料机加入内直径 2500mm、外直径 3000mm、长 42000mm 的回转窑中，以重油作燃料进行钠化氧化焙烧，钒转化率为 85%~92%。

表 7-3 给出了国内外五氧化二钒收率指标对比。钠化焙烧钒渣湿磨后间歇式加入浸出槽中，液固比为 3.5/1，在 313~323K 温度下搅拌浸出，然后进行过滤。所得滤液含 V_2O_5 15g/L 左右，滤渣含 V_2O_5 0.6% 左右。滤渣再用酸浸出，以回收其中的低价钒和复合钒盐。焙烧料加入滤渣酸浸出得到酸性含钒溶液。两种浸出溶液混合后加氨沉淀得到多钒酸铵或 V_2O_5，沉钒尾液含 V_2O_5 0.2~0.3g/L。多钒酸铵经脱氨熔化后，并在 V_2O_5 熔化铸片炉中熔铸成片，产出 V_2O_5 铸片用作冶炼钒铁的原料。

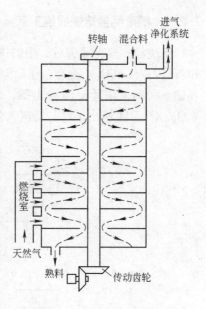

图 7-10 多膛炉焙烧示意图

表 7-3 国内外五氧化二钒收率指标对比

工 序	国内先进水平（一次焙烧）	国内先进水平（二次焙烧）	国外先进水平
原料收率/%	98	98	99
转浸收率/%	87~88	90	91
沉淀收率/%	99	99	99
熔化收率/%	96	97	99
总收率/%	81.31~81.96	84.70	88.29
钒渣单耗/t·t^{-1}	12.30~12.20	11.80	11.33

7.1.11 磷酸盐降钙钠化焙烧

此工艺适用于 CaO 含量相对较高（>5%）的炉渣，CaO 含量在 15%~20% 之间。先将渣样用球磨机磨细后与一定量的磷酸钠、碳酸钠混合，在高温条件下焙烧一段时间，将钙离子转化为磷酸盐，钒与碳酸钠反应转化为可溶于水的偏钒酸钠，水浸回收。当温度为 1373K 并焙烧 2h 条件下，钒的回收率随磷酸盐的配比增高而提高，当磷酸盐的配比达到 300% 时，钒的回收率可达到 99%。理论上当温度达到 1473K 时，可 100% 回收钒。

7.2 钒渣钙盐焙烧提钒

将碳酸钙和磁选钒渣经过细磨后混合均匀，经高温焙烧后，通过稀硫酸浸出，含钒溶液用除磷剂除磷，加入浓硫酸和沉淀剂沉钒，洗涤过滤干燥后熔片，得到片状五氧化二钒。产品纯度在 97%~98.5%。

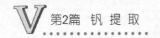
7.2.1 钒渣钙盐焙烧提钒工艺

钒渣经破碎、球磨后，用磁选或风选除去铁块、铁粒后，将粒度小于 0.1mm 的钒渣和石灰石（$CaCO_3$）混合，于高温下进行氧化钙化焙烧，使钒转化为可溶于稀酸的钒酸钙和偏钒酸钙，用稀硫酸浸出钒，含钒水溶液经过净化处理后，加入专用调节剂沉淀出 V_2O_5，图 7-11 给出了钙盐提钒工艺流程图。

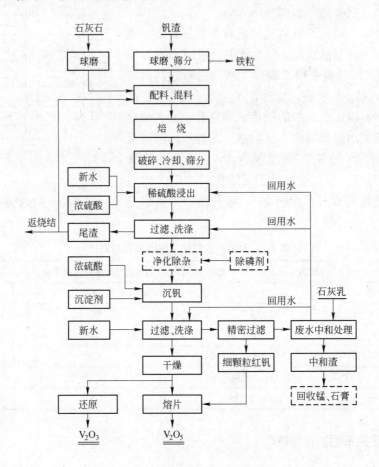

图 7-11　钙盐提钒工艺流程

7.2.2 钒渣钙盐焙烧提钒原理

钒渣中的钒以不溶于水的钒铁尖晶石 [$FeO \cdot V_2O_3$] 状态存在，钒渣中几种最典型的尖晶石的析出顺序为：$FeCr_2O_4 \rightarrow FeV_2O_4 \rightarrow Fe_2TiO_4$。图 7-12 给出了 V_2O_5-CaO 系相图。图 7-13 给出了钒钙系盐的溶解性能图。当控制 pH 值在 2.5 ~ 3.0 之间时形成焦钒酸钙，使之生成焦钒酸钙是最佳选择。

在高温焙烧过程中，发生相转变，高温条件下钒铁尖晶石相结构被破坏，钙化焙烧过程中，在 400℃，出现 $Ca_{0.17}V_2O_5$；在 500℃，V_2O 氧化成了 V_2O_5；在 600℃以上，生成钒酸钙。随着温度的升高，CaV_2O_6 转化为 $Ca_2V_2O_7$，进而转化为 $Ca_3(VO_4)_2$。

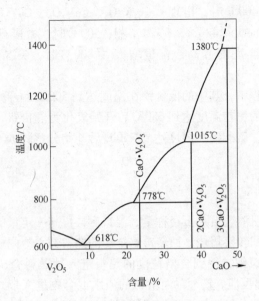

图 7-12 V_2O_5-CaO 系相图

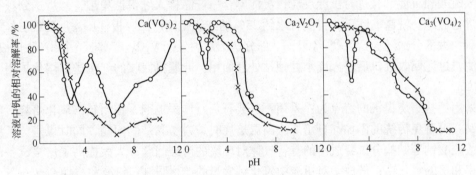

图 7-13 钒钙系盐的溶解性能图

×—20℃；○—60℃

在氧化气氛下钒由 V^{3+} 转化为 V^{5+}，V^{5+} 与石灰石（$CaCO_3$）的反应为：

$$4FeO \cdot V_2O_3 + 12CaCO_3 + 5O_2 = 4Ca_3(VO_4)_2 + 2Fe_2O_3 + 12CO_2 \uparrow \tag{7-32}$$

$$2FeO \cdot V_2O_3 + 4CaCO_3 + 5/2O_2 = 2Ca_2V_2O_7 + Fe_2O_3 + 4CO_2 \uparrow \tag{7-33}$$

$$Ca_3(VO_4)_2 + 4H_2SO_4 = 3CaSO_4 + (VO_2)_2SO_4 + 4H_2O \tag{7-34}$$

$$Ca_2V_2O_7 + 3H_2SO_4 = 2CaSO_4 + (VO_2)_2SO_4 + 3H_2O \tag{7-35}$$

$$2VO_2^+ + 2H_2O = V_2O_5 \cdot H_2O + 2H^+ \tag{7-36}$$

$$V_2O_5 \cdot H_2O = V_2O_5 + H_2O \tag{7-37}$$

焦钒酸钙浸出率最高，因此在配料时控制 CaO/V_2O_5 的质量比为 0.5~0.6，钒渣钙盐焙烧最佳焙烧时间为 1.5~2.5h 之间。钒渣的最佳焙烧温度 890~920℃。钒渣的最佳冷却时间为 40~60min，钒渣的最佳冷却结束温度为 400~600℃。在 300~700℃，橄榄石与尖晶石晶体逐渐被破坏；400℃时，出现 $Ca_{0.17}V_2O_5$、CaV_2O_6、CaV_2O_5 和 V_nO_{2n-1}（$2 \leqslant n \leqslant 8$）；低于 500℃，出现 FeO_x（$4/3 < x < 3/2$）相；500℃时，橄榄石相分解完全；600℃，Fe_2O_3 相出现，并随着温度的升高，含量增大；800℃时，尖晶石相消失，同时出现（Fe_2TiO_5）相。

在钒渣钙化焙烧过程中，其中的低价铁在温度达到 500℃ 后开始氧化为三价铁，表现为钒渣增重；尖晶石中的钒在温度达到 650℃ 后开始氧化为五价钒，表现为钒渣增重，温度越高，氧化速度越快；碳酸钙在温度达到 750℃ 后开始分解释放 CO_2，直至分解完全为止，表现为物料失重。

7.2.3 钙盐焙烧提钒特点

钙化焙烧实践中，钒渣、石灰石经称量、混料后，再与一定量的返渣混合后输送至回转窑炉顶料仓内，进入回转窑焙烧。回转窑焙烧后的熟料经水冷内螺旋输送机冷却后进入粗熟料仓，再经棒磨机磨细，得到合格粒度的熟料进入精熟料仓，然后经称量进入浸出罐，调节 pH 值进行浸出反应，产生的可溶钒的渣水混合物进入带式真空过滤机洗涤、过滤，浸出后的残渣，一部分经脱硫后返回焙烧配料，大部分返烧结利用。浸出液净化除杂后加入硫酸和沉淀剂，进行沉淀反应，沉淀罐合格产品排入红钒汇集罐，然后送到板框压滤机进行过滤、洗涤、吹干，得到含水约 25% 的红钒中间产品。板框压滤后的红钒经气流干燥后，大部分送还原窑生产 V_2O_3，一部分送熔片炉生产 V_2O_5。沉淀、过滤产生的废水，经叶滤机过滤回收红钒后进入废水处理站处理回用，叶滤机回收的红钒送到熔化炉用于生产 V_2O_5。

采用钙盐焙烧提钒的特点为：采用石灰或石灰石作添加剂，在回转窑氧化焙烧，生成钒酸钙，可避免传统的添加苏打焙烧法高温焙烧时炉料易黏结的问题，同时也避免了添加食盐或硫酸钠等钠盐分解释放出的有害气体对环境的污染问题；大大提高了焙烧设备的生产效率和钒的氧化率；解放了对钒渣中氧化钙含量的严格限制；钒渣和添加剂（石灰或石灰石）采用湿球磨和湿法磁选，减少粉尘对环境污染，有利于添加剂和钒渣的接触；将焙烧的熟料粉碎到 0.074mm，加水打浆，液固比控制在（$4 \sim 5$）:1，用稀硫酸（H_2SO_4 5% $\sim$ 10%）溶液，调节 pH 值在 2.5 $\sim$ 3.2，在不断搅拌条件下，浸出温度 50 $\sim$ 70℃，熟料中的钒 90% 以上浸出到溶液中，同时有锰和铁进入溶液中；沉钒采用传统的水解沉钒方法，产品纯度较钠法高，五氧化二钒纯度达 92% 以上，磷含量 0.010% $\sim$ 0.015%，产品中的杂质主要是锰和铁；工艺的钒回收率比传统的钠法高 2% 左右。

对于钒渣生产而言，可直接生产含氧化钙高的钒渣（控制钒渣中 CaO/V_2O_5 为 0.6 左右），称为"钙钒渣"，球磨后不用配添加剂直接焙烧。焙烧温度为 900 $\sim$ 930℃，氧化焙烧后的钒产物为钒酸钙，焙烧熟料采用稀硫酸连续浸出，水解沉钒。

7.2.4 钒渣钙盐焙烧

具体如下。

（1）钒渣钙盐焙烧特点。钒渣钙化焙烧主要由三个相互重叠的阶段组成：1）300 $\sim$ 500℃，钒渣中的铁橄榄石相 [Fe_2SiO_4] 氧化分解，部分自由 FeO 氧化，游离出自由 SiO_2，并呈增加趋势，钒铁尖晶石 [FeV_2O_4] 逐渐摆脱 [Fe_2SiO_4] 相包裹；2）500 $\sim$

600℃，钒铁尖晶石［FeV_2O_4］分解氧化，钒铁尖晶石［FeV_2O_4］中的 FeO 氧化形成 Fe_2O_3，V_2O_3 被表面吸附氧氧化为 V_2O_5，部分 V_2O_3 与 Fe_2O_3 形成固溶体［R_2O_3］；

3）600~900℃，随着温度升高，V_2O_3 的氧化速度加快，低价钒逐渐被氧化成高价钒，部分 V_2O_5 与 Fe_2O_3 形成钒酸铁，其余的 V_2O_5 及反应生成的 $FeVO_4$ 与 CaO 反应形成钒酸钙，主要有 CaV_2O_6 和 $Ca_3V_2O_8$ 等，VO_2 与 CaO 反应生成 CaV_3O_7，当温度超过 900℃ 后，$FeSiO_3$ 相分解形成 Fe_2O_3 和 SiO_2，阻碍氧的扩散，分解生成的 SiO_2 与 CaO 反应生成高熔点 Ca_3SiO_5，对钙化不利。

（2）CaO/V_2O_3 的影响。提高 CaO/V_2O_3 的比例，增加了 CaO 与 V_2O_3 和 V_2O_5 的接触面积，有利于钒酸钙的形成，［CaO/V_2O_3］>1.125，钒的转化浸出率降低，SiO_2 与过量 CaO 反应生成高熔点 CaV_2O_6 和 $Ca_3V_2O_8$ 等，结晶较晚，形状受空间限制，自形性差，一般呈不规则粒状填充于其他矿物之间，并形成包裹，在酸浸过程形成硅胶，阻碍含钒相与酸反应，造成钒损失。

（3）焙烧温度影响。在钙化焙烧过程中，钒酸钙形成基本从 600℃ 开始，700℃ 加剧，800℃ 趋于完全，在 800℃ 以上钒的氧化比较完全，反应温度过高，出现烧结现象，阻碍反应进程。

（4）焙烧时间影响。在钙化焙烧过程中，焙烧时间包括氧化分解和钙化成盐过程，一般控制在 1.5~2.0h，延长焙烧时间一方面增加能耗和处理成本，降低生产效率；另一方面会出现歧化反应，改变烧成物料结构，影响浸出效率。

7.2.5 钙盐焙烧钒渣浸出

一般情况下，冷却后的钙化焙烧钒渣硫酸浸出，得到硫酸钒和硫酸氧钒；也可采用碱性溶液水淬湿球磨浸出，化学反应式如下：

$$Ca(VO_3)_2 + Na_2CO_3 \Longrightarrow CaCO_3 + 2NaVO_3 \tag{7-38}$$

$$Ca(VO_3)_2 + 2NaHCO_3 \Longrightarrow CaCO_3 + 2NaVO_3 + CO_2 + H_2O \tag{7-39}$$

$CaCO_3$ 溶解度低，持续通入 CO_2 气体，可以加速反应进程。

7.2.6 沉钒

硫酸浸出得到的钒液水解得到钒水合物沉淀，过滤洗涤，沉淀物煅烧得到粉状五氧化二钒；碱性浸出液沉钒与钠化焙烧相同。

7.2.7 钙盐提钒焙烧浸出流程设备

湿法焙烧浸出流程的核心首先是使钒氧化而后转化形成水可溶性的钒酸盐，多种焙烧设备可以实现其钠化氧化功能。钙盐提钒焙烧钙化设备为回转窑，浸出、净化以及熔片设备与钠盐焙烧提钒相近，只是槽罐排列差异而已，部分技术参数也进行了相应调整，没有了废水处理设备，提钒渣基本保持不变，中和沉钒渣量增加，增加了临时渣场。产品 V_2O_5 纯度在 97%~98.5%，V_2O_5 收得率大于 83%。

7.3 钠化钒渣提钒

含钒铁水的直接钠化是对出炉含钒铁水进行气载碳酸钠喷吹，铁水中的钒氧化形成钒

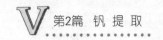

氧化物，在高温条件下与钠盐结合形成钒酸钠，提钒过程利用钠盐与硫磷的强烈反应特性，对铁水同时进行脱除硫磷，可以获得优质半钢及水溶性钠化钒渣。钠化钒渣容易潮解和粉化，将大块渣料粗碎后直接加到球磨机中磨浸，在水和磨球的共同作用下，渣料很快就被转化成渣，形成水能够充分接触的泥浆状态。钠化钒渣用作提钒原料，同时回收碱，保持碱循环。钠化钒渣浸出液加入硫酸铝和氯化钙净化除磷、硫，净化钒液通 CO_2 碳酸化处理回收碳酸钠，脱除碳酸钠的钒液用双氧水和过硫酸铵氧化，最终钒净化液用氯化铵沉淀偏钒酸铵，脱氨后得到五氧化二钒，沉钒渣蒸氨回收氨。

对钠化钒渣含钠、磷、硫和硅高的特点，按照碳酸化—中性铵盐沉钒制取精 V_2O_5 及回收钠盐的工艺流程，可制得 V_2O_5 品位大于99%的精钒产品，以碳酸钠形式回收的钠盐纯度高，可返回用作铁水的直接钠化处理剂。在实验室条件试验的基础上进行了扩大试验，钒收率达92.6%，钠的收率为42.8%。

7.4 钢渣钒渣酸浸提钒

钢渣钒渣一般具有氧化钙、硫和磷含量高的特点，不适应钠盐和钙盐碱性体系提钒，需要引入酸体系，最大限度减少氧化钙、硫和磷的影响。酸浸提钒主要针对钢渣钒渣，含钒原料经过选铁预处理后深度细磨，用一定酸度的硫酸在助剂作用下浸出，使钒溶解进入溶液。

7.4.1 钒渣酸浸提钒工艺

第一段 pH 值控制在4左右，在蒸汽保温条件下浸出含钒原料，钒以钒酸钙的形式留存于渣中，大量的 Fe、Cr、Mn、S 和 P 等杂质被浸出，以离子形态进入上清液，铁以硫酸亚铁形式存在，铬在硫酸亚铁还原作用下以 Cr^{5+} 形式存在于上清液，经过固液分离，大量的 Fe、Cr、Mn、S 和 P 等杂质随液相分离，钒酸钙以底流形式进入第二段浸出，上清液用黄铵铁矾除铁，固液分离后的黄铵铁矾用作炼铁原料，清液返回一段浸出。

第二段浸出 pH 值控制在1左右，在蒸汽保温条件下浸出，钒以 V^{3+} 和 V^{5+} 的形式存在于浸出液中，一段浸出的余量铁和铬在高酸度条件下溶出进入溶液，固液分离，液相送净化处理，残渣送专用堆场。

第二段浸出液加入氧化剂，将 V^{3+} 转化为 V^{5+}，氧化剂可以选择双氧水、次氯酸钠和臭氧等，用氨水调节溶液 pH1.5 左右，经过 N235（三脂肪叔胺）+ TBP（磷酸三丁酯）+ 磺化煤油萃取系统处理，钒进入有机相，洗涤除铁，含钒有机相经过纯碱反萃，萃取液经过处理循环使用，反萃后液按照传统钠法提钒工艺制取五氧化二钒。

7.4.2 钒渣酸浸提钒原理

钒渣酸浸提钒首先是浸出杂质，其次是高温钒浸出，再次进行液态钒氧化，第四进行溶液净化，第五按照传统钠化提钒工艺沉淀五氧化二钒。第一阶段浸出化学反应如下：

$$Fe + H_2SO_4 = FeSO_4 + H_2 \tag{7-40}$$

$$FeO + H_2SO_4 = FeSO_4 + H_2O \tag{7-41}$$

$$MnO + H_2SO_4 = MnSO_4 + H_2O \tag{7-42}$$

$$3Fe^{2+} + Cr^{6+} = 3Fe^{3+} + Cr^{3+} \tag{7-43}$$

$$S + 2H_2SO_4(浓) = 3SO_2\uparrow + 2H_2O \tag{7-44}$$

$$2P + 5H_2SO_4(浓) = 5SO_2 + 2H_2O + 2H_3PO_4 \tag{7-45}$$

$$Cr_2O_3 + 3H_2SO_4 = Cr_2(SO_4)_3 + 3H_2O \tag{7-46}$$

$$CaO + FeS + 2O_2 = FeO + CaSO_4 \tag{7-47}$$

第二阶段浸出化学反应如下:

$$Fe_2(SO_4)_3 + 2H_2O = 2Fe(OH)SO_4 + H_2SO_4 \tag{7-48}$$

$$2Fe(OH)SO_4 + 2H_2O = Fe_2(OH)_4SO_4 + H_2SO_4 \tag{7-49}$$

$$Fe(OH)SO_4 + Fe_2(OH)_4SO_4 + 2NH_4OH \longrightarrow (NH_4)_2Fe_6(SO_4)_4(OH)_{12} \tag{7-50}$$

$$V_2O_5 + H_2SO_4 \longrightarrow (VO_2)_2SO_4 + H_2O \tag{7-51}$$

$$Ca(VO_3)_2 + 2H_2SO_4 \longrightarrow (VO_2)_2SO_4 + CaSO_4 + 2H_2O \tag{7-52}$$

第三阶段液态钒氧化化学反应如下:

$$V^{3+} \longrightarrow V^{5+} + 2e \tag{7-53}$$

第四阶段钒溶液净化化学反应如下:

$$VO_3^- + [R]^+ = VO_3[R] \tag{7-54}$$

$$VO_3[R] = VO_3^+ + [R]^- \tag{7-55}$$

$$[R]OH + HCl \longrightarrow [R]Cl + H_2O \tag{7-56}$$

第五阶段钒溶液沉淀化学反应如下:

(1) 沉钒化学反应。

$NaVO_3$ 在 NH_4^+ 离子浓度过量的条件下生成 NH_4VO_3 沉淀:

$$NaVO_3 + NH_4^+ \longrightarrow NH_4VO_3 + Na^+ \tag{7-57}$$

(2) 煅烧化学反应。

NH_4VO_3 在高温条件下发生分解反应,得到 V_2O_5 产品:

$$NH_4VO_3(s) \longrightarrow V_2O_5 + 2NH_3\uparrow + H_2O\uparrow \tag{7-58}$$

7.4.3 钒渣酸浸提钒工艺装备及典型工艺指标

智利 CAP 钢厂用碱性吹氧转炉精炼得到下列组成的转炉渣: 5.7% V_2O_5, 47.0% CaO, 2.5% MgO, 11.0% SiO_2, 3.2% P_2O_5, 4.0% MnO, 15.1% Fe 和 1.2% Al_2O_3。由于渣中 CaO 和 P 含量高, 所以钒主要以 3CaO·P_2O_5·V_2O_5 及 CaO·3V_2O_5, CaO·V_2O_5 和 3CaO·V_2O_5 形态存在。为减少浸出时的酸耗, 须先将渣中 CaO 转化为硫酸钙, 故加入一定的添加剂以使破坏钙成分。焙烧过程加入一定的黄铁矿, 从转炉渣到红饼 (81% ~82% V_2O_5) 钒的总回收率约为 80%。

7.5 硫化提钒

硫化提钒主要应用在高钛钒渣中。以硫黄和氧化镁为添加剂添加至高钛钒渣中，加热至 1873K，使渣充分硫化后降温冷却。将钒主要富集到氧化物和硫化物中。随着渣中 FeO 含量的减少，V/VO_3 的比逐渐增大。然后将渣球磨制至 200 目（0.074mm）以下，在 723K 温度条件下通入 SO_2 和 O_2 气体。将钒转化为极易溶于水的 $(VO_2)_2SO_4$。室温下水浸，水浸时间越长越有利于钒的回收。回收率最高可达 88.2%。

7.6 主要原辅材料

7.6.1 工业原料

主要原辅材料包括工业氯化钠、工业碳酸钠、工业硫酸、工业硫酸铵和工业氯化铵等。

（1）工业纯碱。纯碱外观为白色粉状结晶，密度 $2.53g/cm^3$，按照堆积密度的差异将纯碱分为轻质纯碱和重质纯碱。分子式为 Na_2CO_3，相对分子质量 106，熔点为 845～852℃，易溶于水，水溶液呈碱性，在 36℃时溶解度最大。表 7-4 给出了工业纯碱国标 GB 210.1—2004。钒渣提取五氧化二钒过程中纯碱碳酸钠主要用作焙烧添加剂，间或用作碱性浸出和溶液酸碱调节剂，焙烧、煅烧和熔钒过程 SO_2 的吸收剂。

表 7-4 工业纯碱（GB 210.1—2004）

指 标 项 目	I 类	II 类		
	优等品	优等品	一等品	合格品
总碱量（以干基的 Na_2CO_3 的质量分数计）（≥）/%	99.6	99.6	98.8	98.0
氯化钠（以干基的 NaCl 的质量分数计）（≤）/%	0.30	0.70	0.90	1.20
铁（Fe）的质量分数（干基计）（≤）/%	0.003	0.0035	0.006	0.010
硫酸盐（以干基的 SO_4 质量分数计）含量（≤）/%	0.03	0.03	—	—
水不溶物含量（≤）/%	0.02	0.03	0.10	0.15
堆积密度（≥）/g·mL^{-1}	0.85	0.90	0.90	0.90
粒度，180μm 筛余物（≤）/%	75.0	70.0	65.0	60.0
	2.0	—	—	—

（2）工业氯化钠。工业盐（氯化钠）分子式：NaCl，相对分子质量：58.44（国家标准 GB/T 5462—2003），氯化钠在工业上的用途很广，是化学工业的最基本原料之一。氯化钠，无色立方结晶或白色结晶，溶于水、甘油，微溶于乙醇、液氨，不溶于盐酸。在空气中微有潮解性。

工业提钒用氯化钠典型化学分析见表7-5。

表7-5 工业提钒用氯化钠典型化学分析

执行标准 GB/T 5462—2003

分析项目		技术指标	分析结果
外　观		白色晶体或微黄色，青灰色，无与产品有关的明显外来杂物	
氯化钠	%（≥）	99.1	99.65
水　分	%（≤）	0.30	0.01
水不溶物	%（≤）	0.05	0.01
镁离子（Ca^{2+}/Mg^{2+}）	%（≤）	0.25	未检出
硫酸根离子（SO_4^{2-}）	%（≤）	0.30	0.052
抗结剂/mg·kg^{-1}	%（≤）	10	5.51

注：产品符合 GB/T 5462—2003 中规定的工业的优级标准。

钒渣提取五氧化二钒过程中食盐氯化钠主要用于焙烧添加剂。

（3）工业硫酸铵。分子式（NH_4）$_2SO_4$，相对分子质量132.13，纯品为无色晶体或白色晶体粉末，易溶于水，不溶于醇及丙酮，水溶液呈酸性，易吸潮结块，具有较强的腐蚀性和渗透性。提钒用工业硫酸铵质量标准见表7-6。

表7-6 硫酸铵工业标准（GB 535—83） （%）

名　称	N（干基）	水分	游离酸	Fe	重金属（Pb）	水不溶物
指　标	≥21.0	≤0.5	≤0.05	≤0.007	≤0.005	≤0.05
指标（1）	≥21.0	≤0.5	≤0.08	≤0.007		
指标（2）	≥20.8	≤1.0	≤0.20	≤0.007		
产　品	20.89	1.4	<0.03	0.016	<0.005	0.554

钒渣提取五氧化二钒过程中硫酸铵主要用于沉钒，提供铵离子。

（4）工业氯化铵。氯化铵（化学式：NH_4Cl），无色立方晶体或白色结晶，其味咸凉有微苦。易溶于水和液氨，并微溶于醇；但不溶于丙酮和乙醚。水溶液呈弱酸性，加热时酸性增强。对黑色金属和其他金属有腐蚀性，特别对铜腐蚀更大，对生铁无腐蚀作用。工业用氯化铵为白色粉末或颗粒结晶体，无臭、味咸而带有清凉。易吸潮结块，易溶于水，溶于甘油和液氨，难溶于乙醇，不溶于丙酮和乙醚，在350℃时升华，水溶液呈弱酸性。

执行中华人民共和国国家标准：GB 2946—92。

1）外观：白色结晶；

2）氯化铵含量（以干基计）≥99.5%；

3）水分含量≤0.4%；

4）氯化钠含量（以干基计）≤0.2%；

5）铁含量≤0.001%；

6）重金属含量（以 Pb 计）≤0.0005%；

7）水不溶物含量≤0.02%；

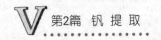

8）硫酸盐含量（以 SO_4^{2-} 计）≤0.02%；

9）pH 值：4.0～5.8；

10）灼烧残渣：≤0.4%。

钒渣提取五氧化二钒过程中氯化铵主要用于沉钒，提供铵离子。

（5）工业硫酸。分子式：H_2SO_4，相对分子质量：98.08，密度 1.83g/cm³，工业硫酸应符合 GB/T 534—2002 工业硫酸标准要求。钒渣提取五氧化二钒过程中硫酸主要用于钒酸盐的溶解浸出、高钙钒渣的酸溶介质、渣的酸性洗涤和沉钒溶液调节。表 7-7 给出 GB/T 534—2002 工业硫酸标准。

表 7-7 工业硫酸标准（GB/T 534—2002）

项　目	指　标					
	浓硫酸			发烟硫酸		
	优等品	一等品	合格品	优等品	一等品	合格品
硫酸（H_2SO_4）的质量分数（≥）/%	92.5 或 98.0	92.5 或 98.0	92.5 或 98.0	—	—	—
游离三氧化硫（SO_4）的质量分数（≥）/%	—	—	—	20.0 或 25.0	20.0 或 25.0	20.0 或 25.0
灰分的质量分数（≤）/%	0.02	0.03	0.10	0.02	0.03	0.10
铁（Fe）的质量分数（≤）/%	0.005	0.010	—	0.005	0.010	0.030
砷（As）的质量分数（≤）/%	0.0001	0.005	—	0.0001	0.0001	—
汞（Hg）的质量分数（≤）/%	0.001	0.01	—	—	—	—
铅（Pb）的质量分数（≤）/%	0.005	0.02	—	0.005	—	—
透明度（≥）/mm	80	50	—	—	—	—
透明度（≤）/mL	2.0	2.0	—	—	—	—

注：指标中的"—"表示该类别产品的技术要求中没有此项目。

（6）硫酸钠。硫酸钠，无机化合物，十水合硫酸钠又名芒硝，白色、无臭、有苦味的结晶或粉末，有吸湿性。外形为无色、透明、大的结晶或颗粒性小结晶。化学式为 $Na_2SO_4 \cdot 10H_2O$（十水合物）或 $Na_2SO_4 \cdot 7H_2O$（七水合物）（硫酸钠与水分子结合形成的结晶），单斜晶系，晶体短柱状，集合体呈致密块状或皮壳状等。钒渣提取五氧化二钒过程中硫酸钠主要用于焙烧添加剂。

（7）石灰石。石灰石主要成分是碳酸钙（$CaCO_3$）。石灰石可直接加工成石料和烧制成生石灰。石灰有生石灰和熟石灰。生石灰的主要成分是 CaO，一般呈块状，纯的为白色，含有杂质时为淡灰色或淡黄色。石灰理化指标见表 7-8，典型石灰石块状/粉状成分：烧失量40.79%，硅4.62%，铝1.21%，铁0.52%，钙50.16%，镁1.10%。钒渣提取五氧化二钒过程中碳酸钙石灰石主要用于焙烧添加剂。

表7-8 石灰的理化指标（YB/T 042—2004）

类 别	指标品级	化学成分/%						活性度，4mol/mL HCl，(40±1)℃，10min
		CaO	CaO + MgO	MgO	SiO_2	S	灼减	
		不小于		不大于				不小于
普通冶金石灰	四级品	80	—	5	5.0	0.10	9	180

（8）硫黄。外观为淡黄色脆性结晶或粉末，有特殊臭味。相对密度是 2（水 =1），熔点 119℃，沸点 444.6℃，不溶于水，S 含量不小于 99%。多数属于石油炼化的产物，化学成分见表7-9。钒渣提取五氧化二钒过程中硫黄主要用于高钛钒渣硫化焙烧。

表7-9 硫黄成分表

成 分	单 位	含 量	成 分	单 位	含 量
硫含量（S）	%	≥99.5（干基）	铁	%	≤0.005
碳（C）	%	≤0.1（干基）	有机物	%	≤0.3
酸度（以 H_2SO_4 计）	%	≤0.005	水分	%	≤0.50

（9）磷酸钠。磷酸钠又称磷酸三钠。分子式：Na_3PO_4，相对分子质量：163.94，化学式：$Na_3PO_4 \cdot 12H_2O$，密度：1.62（g/cm³），熔点：73.4，pH 值：11.5 ~ 12.5，特性：磷酸三钠为无色或白色结晶溶于水，其水溶液呈强碱性；不溶于乙醇、二硫化碳。重要的有十二水合物和无水物。无水物为白色结晶，密度 2.536g/cm³，熔点 1340℃；十二水物为无色立方结晶或白色粉末，密度 1.62g/cm³，熔点 73.3℃。76.7℃分解，加热到 100℃失去 12 个结晶水而成无水物。在干燥空气中易风化。均易溶于水，其水溶液呈强碱性，不溶于二硫化碳和乙醇，由磷酸与碳酸钠溶液进行中和反应，控制 pH 值 8 ~ 8.4，经过滤去滤饼残渣，滤液经浓缩后，加入液体烧碱使 Na/P 比达到 3.24 ~ 3.26，再经冷却结晶，固液分离，干燥而制得。无水物系将十二水磷酸钠结晶溶于加热到 85 ~ 90℃的水（10% ~ 15%）后，经脱水干燥制得。钒渣提取五氧化二钒过程中磷酸钠主要用于高钙钒渣磷酸化钠化焙烧。

7.6.2 工业燃料

工业燃气包括焦炉煤气和天然气，固体燃料选用工业燃煤，主要用作燃料、燃气发生原料和还原剂，如回转窑、多膛炉和平窑等钒焙烧的加热燃料，还原制备三氧化二钒的燃料和还原剂，热水供应热源。

（1）气体燃料。天然气主要成分烷烃，其中甲烷占绝大多数，另有少量的乙烷、丙烷和丁烷，此外一般有硫化氢、二氧化碳、氮、水气和少量一氧化碳及微量的稀有气体，如氦和氩等。在标准状况下，甲烷至丁烷以气体状态存在，戊烷以上为液体，甲烷是最短和最轻的烃分子，典型天然气成分见表7-10。

表7-10 典型天然气成分 （%）

CH_4	C_2H_6	C_3H_8	C_4H_{10}	$CO_2 + H_2S$	CO	H_2	N_2	不饱和烃	低发热量/kJ·m⁻³
96.67	0.63	0.26		1.64	0.13	0.07	1.30		35421

煤气是以煤为原料加工制得的含有可燃组分的气体。根据加工方法、煤气性质和用途分为：煤气化得到的是水煤气、半水煤气、空气煤气（或称发生炉煤气），这些煤气的发热值较低，故又统称为低热值煤气；煤干馏法中焦化得到的气体称为焦炉煤气、高炉煤气，属于中热值煤气，常用高炉和焦炉煤气的成分及含量见表7-11和表7-12。

表 7-11 高炉煤气成分及含量

组 分	CO	CO$_2$	H$_2$	N$_2$	O$_2$	CH$_4$
体积分数/%	25.2	16.1	1.0	57.3	0.2	0.2

表 7-12 焦炉煤气成分及含量

组 分	CO	CO$_2$	H$_2$	N$_2$	O$_2$	CH$_4$	C$_3$H$_8$
体积分数/%	8.6	2.0	59.2	3.6	1.2	23.4	2.0

燃气组成危险化学品性质见表7-13。

表 7-13 危险化学品性质

物料名称	爆炸极限/%	闪点/℃	燃点/℃	燃烧热/kJ·mol^{-1}	危 险 特 性	健 康 危 害
苯酚	1.7~8.6	79	715	3050.6	遇明火、高热可燃	苯酚对皮肤、黏膜有强烈的腐蚀作用，可抑制中枢神经或损害肝、肾功能
硫化氢	4.0~46.0	<-50	260	—	与空气混合能形成爆炸性混合物，遇明火、高热能引起燃烧爆炸。若遇高热，容器内压增大，有开裂和爆炸的危险	本品是强烈的神经毒物，对黏膜有强烈的刺激作用。高浓度时可直接抑制呼吸中枢，引起迅速窒息而死亡
氰化氢	5.6~40.0	-17.8	—	—	其蒸气与空气形成爆炸性混合物，遇明火、高热能引起燃烧爆炸。若遇高热，容器内压增大，有开裂和爆炸的危险	毒副作用发作迅速，使组织不能利用氧，而产生"细胞内窒息"
一氧化碳	12.5~74.2	<-50	—	—	是一种易燃易爆气体。与空气混合能形成爆炸性混合物，遇明火、高热能引起燃烧爆炸	造成组织伤害：一氧化碳在血中与血红蛋白结合而造成缺氧
氢气	4.1~74.1	<-50	400	241.0	与空气混合能形成爆炸性混合物，遇热或明火即爆炸。气体比空气轻，遇火星会引起爆炸	在高浓度时，由于空气中氧分压降低引起窒息。在很高的分压下，可呈现出麻醉作用
氨	16~25	—	651.1		与空气混合能形成爆炸性混合物。遇明火、高热能引起燃烧爆炸。若遇高热，容器内压增大，有开裂和爆炸的危险	低浓度氨对黏膜有刺激作用，高浓度可造成组织溶解坏死
甲烷	5.3~15	-188	538	889.5	与溴、氯气、次氯酸、三氟化氮、液氧、二氟化氧及其他强氧化剂接触剧烈燃烧，与空气混合能形成爆炸性混合物，遇热源和明火有燃烧、爆炸的危险	甲烷对人基本无毒，但浓度过高时，会使空气中氧含量明显降低，使人窒息。皮肤接触液化本品，可致冻伤

（2）固体燃料。煤炭是古代植物埋藏在地下经历了复杂的生物化学和物理化学变化逐渐形成的固体可燃性矿物。它是一种固体可燃有机岩，主要由植物遗体经生物化学作用，埋藏后再经地质作用转变而成。煤炭是世界上分布最广阔的化石能资源，主要分为烟煤和无烟煤、次烟煤和褐煤等四类。常用煤的热容和导热系数见表 7-14。

表 7-14 常用煤的热容和导热系数

物 料	热容 /kJ·(kg·℃)$^{-1}$	导热系数 /W·(m·℃)$^{-1}$	物 料	热容 /kJ·(kg·℃)$^{-1}$	导热系数 /W·(m·℃)$^{-1}$
无烟煤、贫煤	1.09~7.17	0.19~0.65	褐 煤	1.67~1.88	0.029~0.174
烟 煤	1.25~1.50	0.19~0.65	煤的灰渣	约 0.84	0.22~0.29

构成煤炭有机质的元素主要有碳、氢、氧、氮和硫等，此外，还有极少量的磷、氟、氯和砷等元素。碳、氢、氧是煤炭有机质的主体，占 95% 以上；煤化程度越深，碳的含量越高，氢和氧的含量越低。碳和氢是煤炭燃烧过程中产生热量的元素，氧是助燃元素。煤炭燃烧时，氮不产生热量，在高温下转变成氮氧化合物和氨，以游离状态析出。

钒渣提取五氧化二钒过程中煤炭主要用于燃气发生。

7.7 主要提钒装备

钒渣提取钒五氧化二钒，主要原料钒渣需要破磨和磁选分离金属铁，涉及球磨机和磁选，部分需要配套筛分装置；焙烧设备有回转窑、多膛炉和平窑等；浸出设备包括球磨机、浓密机。

7.7.1 回转窑

回转窑按照外形分类，可以分为变径回转窑和通径回转窑，提钒用回转窑属于通径回转窑。回转窑本体由窑头、窑体和窑尾三部分组成，窑头是回转窑的出料部分，直径大于回转窑直径，通过不锈钢鱼鳞片和窑体实现密封，主要组成部分有检修口、喷嘴、小车和观察孔等，窑体是回转窑（旋窑）的主体，通常有 30~150m 长，圆筒形，中间有 3~5 个滚圈，回转窑在正常运转时里面要内衬耐火砖。窑尾部分也是回转窑的重要组成部分，在进料端形状类似一个回转窑的盖子，主要承担进料和密封作用。

回转窑是由气体流动、燃料燃烧、热量传递和物料运动等过程所组成的热体系，运转过程使燃料能充分燃烧，热量能有效的传递给物料，物料接受热量后发生一系列的物理化学变化，转化形成成品熟料。回转窑的工作区可以分为三段，即干燥段、加热段和焙烧段。通风是燃烧反应的两个物质条件之一，通风供氧使燃料燃烧释放热能，维持适宜的温度。在正常情况下，当通风量小时，供氧不足，燃烧速度减慢，热耗增高；通风量大时，气体流速增大，燃烧分解时间变短，燃烧后烟气量大，热耗高，影响窑的正常运转，应该准确控制窑的通风量，及时对通风量进行调节和控制。正常情况下，系统尾部风机稳定运转排风，窑炉内通风基本稳定，但有一些因素会影

响通风量，如整个系统阻力变化，入窑空气的温度，系统漏风，风机入口掺入冷风，管道内积灰、堵塞，物料布料均匀度，窑炉两个系统干扰等因素，一定程度都会影响窑的通风量。

回转窑采用最新无线通信技术，将热电偶测得的窑内温度数据传送到操作室显示。窑温发送器使用电池供电，可同时采集多个热电偶信号。它安装在窑体上，随筒体一道转动，由于采取了隔热措施，能够耐受300℃以上的筒体辐射高温，抗雨、抗晒、抗振动。窑温接收器安装在操作室，直接显示窑内温度，并有4~20mA输出，可送计算机或其他仪表显示。

转炉生产的钒渣经冷却、破碎、磁选除铁后进入球磨粗钒渣料仓，经球磨、筛分除铁后进入精钒渣料仓缓存，再进入风选机选粉，合格料进入配料料仓，粗颗粒料返回球磨机。石灰石用汽车运至地下料仓，经球磨细磨后进入石灰石料仓缓存，然后进入配料料仓。钒渣、石灰石（或者碳酸钠和氯化钠）经称量、混料后，再与一定量的返渣混合后输送至回转窑炉顶料仓内，进入回转窑焙烧。回转窑焙烧后的熟料经水冷内螺旋输送机冷却后进入粗熟料仓，再经棒磨机磨细，得到合格粒度的熟料进入精熟料仓，再经棒磨机磨细，得到合格粒度的熟料进入精熟料仓，然后经称量进入浸出罐。

钒渣提取五氧化二钒过程中回转窑主要用于钒物料的焙烧转化。

7.7.2 多膛焙烧炉

多膛焙烧炉是有多层水平炉膛的竖式圆筒形炉。圆形外层筒体用7~12mm厚钢板围成，内衬230mm厚耐火砖。通常炉内沿高度每隔一定距离用耐火砖砌成6~8层炉拱，将炉内空间分成5~6层水平炉膛。每层中心留有圆孔，旋转主轴从炉底基座穿过各层中心圆孔，轴上在每层装有两个带扒齿的扒臂，主轴转速为0.75~1.5r/min，带动扒臂缓慢扒动矿石。层与层上的扒齿方向相反，钒焙烧料运动的方向也相反。各层炉拱互相贯通，从炉顶加入的炉料可以依次层层降落。这种降落是通过下料孔实现的。这些下料孔上层若位于靠近旋转主轴的炉膛中心，下层就分布在炉壁周缘。炉料在上层扒至中心下落，下层就被扒到炉壁周缘下落，如此交错进行，炉渣从最底层排出炉外。焙烧需要的空气由鼓风机送入旋转主轴和各层扒臂内冷却主轴和扒臂，空气在扒臂预热后进入炉膛空间。和其他焙烧炉相比，多膛焙烧炉的优点是对原料适应性强；炉料在降落和耙动过程中不断发生混合作用，表层和中心及底部的炉料不断变换位置，使全部炉料与空气接触充分，反应较完全。

多膛炉焙烧的实质是在高温和一定负压的情况下，保持氧化气氛，使钒渣与提钒添加剂之间及其自身发生物理化学变化，钒渣、碳酸钠和氯化钠经称量、混料后，再与一定量的返渣混合后输送至多膛炉顶料仓内，进入多膛炉焙烧。熟料经水冷内螺旋输送机冷却后进入粗熟料仓，再经棒磨机磨细，到合格粒度的熟料进入精熟料仓，再经棒磨机磨细，得到合格粒度的熟料进入精熟料仓，然后经称量进入浸出罐。

钒渣提取五氧化二钒过程中多膛炉主要用于钒物料的焙烧转化。

7.7.3 平窑

平窑主要由衬有耐火砖的钢筒或钢筋混凝土筒壳组成。原料块或球由窑顶加入，空气由窑的下部导入。如果用固体燃料，则与原料块轮流加入或掺入原料内。如果用气体或液体燃料，则与空气一同喷入。原料块借重力逐渐下移，经预热、燃烧、冷却等阶段而成产品，由炉底卸出。构造简单，可连续操作。预热、煅烧、冷却采用分层装料，煤层，一般料层都较厚，煤与含钒物料接触面小，燃料燃烧时发热量集中，与燃料接触的钒物料，由于温度高，加热迅速，易产生过烧，离燃料远的焙烧料，温度较低，对流传热慢，造成生烧，使热量利用不均匀，造成烧成熟料质量差，煤耗高。用暗火操作，窑面烟道废气温度一般在200℃以下。这种结构的主要优点是：结构简单、砌筑方便，具有较小的容积面积，散热的面积缺失也较小；缺点是：当混合料的粒度发生变化时，物料的下落和气流沿窑身整个横断面分布的均匀性较差，易产生"窑壁效应"，燃料不易充分燃烧造成结瘤，通风控制困难，窑气浓度低，并且原料对窑壁的刮擦、磨损严重，影响窑炉的使用寿命。

圆锥形平窑，窑的内径自上至下逐渐扩大，呈喇叭口形，在窑身的下部向下又逐渐缩小成圆锥形，这种窑形有利于物料的均匀下落，并可减少"窑壁效应"的产生。立窑自上而下分为预热区、焙烧区、冷却区这三个部分。混合好的含钒物料和燃料由上料小车送至立窑窑顶，通过布料系统进入窑体的预热区，随着生产的进行逐渐向下移动，依次经过焙烧区和冷却区，形成的烧成熟料由出灰系统排出窑外；助燃空气由鼓风机从窑底部送入窑内，并逐渐向上移动，依次经过窑体的冷却区、焙烧区和预热区，煅烧后产生的气体从炉顶排出。在预热带，入窑的冷物料与上升的热气体进行热量交换，物料被加热，气体被冷却；在焙烧带，逐渐被加热的燃料与上升的热空气发生燃烧反应，放出大量热量，焙烧物料吸收热量发生化学反应生成钒熟料。

钒渣提取五氧化二钒过程中平窑主要用于钒物料的焙烧转化。

7.7.4　球磨机

球磨机是由水平的筒体、进出料空心轴及磨头等部分组成，筒体为长的圆筒，筒内装有研磨体，筒体为钢板制造，有钢制衬板与筒体固定，研磨体一般为钢制圆球，并按不同直径和一定比例装入筒中，研磨体也可用钢板制作。根据研磨物料的粒度加以选择，物料由球磨机进料端空心轴装入筒体内，当球磨机筒体转动时，研磨体由于惯性、离心力作用及摩擦力的作用，使它贴附在筒体衬板上被筒体带走，当被带到一定高度的时候，由于其本身的重力作用而被抛落，下落的研磨体像抛射体一样将筒体内的物料给击碎。球磨机由给料部、出料部、回转部、传动部（减速机、小传动齿轮、电机、电控）等主要部分组成。中空轴采用铸钢件，内衬可拆换，回转大齿轮采用铸件滚齿加工，筒体内镶有耐磨衬板，具有良好的耐磨性。根据物料及排矿方式，可选择干式球磨机和湿式格子型球磨机。棒球磨机的长径比应在5左右为宜，棒仓长度与磨机有效直径之比应在1.2～1.5之间，棒长比棒仓短100mm左右，以利于钢棒平行排列，防止交叉和乱棒。

钒渣提取五氧化二钒过程中球磨机主要用于钒物料准备和焙烧转化熟料的浸出。

7.7.5　浓密机

浓密机是基于重力沉降作用的固液分离设备，通常为由混凝土、木材或金属焊接板作为结构材料建成带锥底的圆筒形浅槽。可将含固量为10% ~20%的矿浆通过重力沉降浓缩为含固量为45% ~55%的底流矿浆，借助安装于浓密机内慢速运转（1/3 ~ 1/5r/min）的耙的作用，使增稠的底流矿浆由浓密机底部的底流口卸出。浓密机上部产生较清净的澄清液（溢流），由顶部的环形溜槽排出。浓密机按其传动方式分主要有三种，其中前两种较常见：（1）中心传动式。通常此类浓密机直径较小，一般在24m以内居多。（2）周边辊轮传动型，较常见的大中型浓密机，因其靠传动小车传动得名。直径通常在53m左右，也有100m的。（3）周边齿条传动型。

主要特点包括：（1）增加脱气槽，以避免固体颗粒附着在气泡上，似"降落伞"沉降现象；（2）给矿管位于液面以下，以防给矿时气体带入；（3）给矿套筒下移，并设有受料盘，使给入的矿浆均匀、平稳地下落，有效地防止了给矿余压造成的翻花现象；（4）增设内溢流堰，使物料按规定行程流动，防止了"短路"现象；（5）溢流堰改为锯齿状，改善了因溢流堰不水平而造成局部排水的抽吸现象；（6）将耙齿线形由斜线改为曲线形，使矿浆不仅向中心耙，而且还给了一个向中心"积压"的力，使之排矿底流浓度高，从而增加了处理能力。

钒渣提取五氧化二钒过程中浓密机主要用于焙烧转化熟料的过滤。

7.7.6 磁选机

磁选机是根据物质磁性的差别实现分选的机械。磁选过程是在磁选机的磁场中，借助磁力与机械力对矿粒的作用而实现分选的。不同的磁性的矿粒沿着不同的轨迹运动，从而分选为两种或几种单独的选矿产品。磁选机的主体部分由一个"山"字形的电磁铁与可旋转的悬吊感应圆盘组成。圆盘好像一个翻扣的带尖齿的碟子，其直径比给矿皮带的宽度约大二分之一，圆盘采用蜗杆蜗轮减速传动，通过手轮可调节圆盘与电磁铁间的极距（调节范围0 ~20mm）。为了防止堵塞，在给矿圆筒内装有一个弱磁场磁极，可预先排出给料中的强磁性矿物。

钒渣提取五氧化二钒过程中磁选机主要用于钒渣的选铁处理。

7.7.7 过滤机

过滤机是利用多孔性过滤介质，截留液体与固体颗粒混合物中的固体颗粒，而实现固、液分离的设备。用过滤介质把容器分隔为上、下腔即构成简单的过滤器。悬浮液加入上腔，在压力作用下通过过滤介质进入下腔成为滤液，固体颗粒被截留在过滤介质表面形成滤渣（或称滤饼）。过滤过程中过滤介质表面积存的滤渣层逐渐加厚，液体通过滤渣层的阻力随之增高，过滤速度减小。当滤室充满滤渣或过滤速度太小时，停止过滤，清除滤渣，使过滤介质再生，以完成一次过滤循环。

液体通过滤渣层和过滤介质必须克服阻力，因此在过滤介质的两侧必须有压力差，这是实现过滤的推动力。增大压力差可以加速过滤，但受压后变形的颗粒在大压力差时易堵塞过滤介质孔隙，过滤反而减慢。过滤机按获得过滤推动力的方法不同，分为重力过滤器、真空过滤机和加压过滤机三类，过滤机应根据悬浮液的浓度、固体粒度、液体黏度和对过滤质量的要求选用。

7.7.8 熔化炉

钒熔化炉是传统意义的冶金反射炉，主要功能是对多钒酸铵脱水、脱氨、脱硫和五氧化二钒熔化成型，炉内传热不仅是靠火焰的反射，而且更主要的是借助炉顶、炉壁和炽热气体的辐射传热。反射炉由炉基、炉底、炉墙、炉顶、加料口、产品放出口、烟道等部分构成，其附属设备有加料装置、鼓风装置、排烟装置和余热利用装置等。反射炉由燃烧室、熔炼室和排气烟道（烟囱）三个主要部分组成。整个炉膛就是一个用耐火材料衬里的长方形熔炼室。

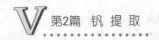

8 页岩矿提钒工艺

页岩是由黏土在地壳运动中挤压而形成的岩石。它是一种沉积岩,是固结较弱的黏土经过挤压、脱水、重结晶和胶结作用而形成的。由于它层理分明、易剥离而称为页岩。页岩一般为褐色、灰色或黑色,硬度不高,易破碎,容易加工。页岩以其对硅、钙、碳的含量不同而分为硅质页岩、钙质页岩和碳质页岩,硅质页岩变形小,吸湿性小,不易风化,部分页岩含有大量 K_2O、Na_2O、CaO。黏土岩成分复杂,除黏土矿物(如高岭石、蒙脱石、水云母、拜来石等)外,还含有许多碎屑矿物(如石英、长石、云母等)和自生矿物(如铁、铝、锰的氧化物与氢氧化物等),具页状或薄片状层理。

石煤是含碳质页岩或黑色页岩中的一种,含有大量已碳化的有机质,常见于煤系地层的顶底板。黑色页岩中除碳以外,还含有多种元素,如钒、铁、铝、硅、镍、铜、钼、硫等。根据有价金属的种类和含量黑色页岩通常分为镍钼矿、石煤及碳质铀矿等。

与钒钛磁铁矿富集钒渣提钒一样,从含钒页岩矿石中提钒可采用钠盐处理工艺、钙盐处理、焙烧转化浸出和直接酸浸提钒,加钠盐处理工艺一般是把含钒矿石破碎和磨细,然后与钠盐(如氯化钠、硫酸钠或碳酸钠等)混合,在850℃焙烧,使钒氧化钠化转变为可溶于水的偏钒酸钠($NaVO_3$)、正钒酸钠(Na_3VO_4)和焦钒酸钠($Na_4V_2O_7$),用水浸出,经过萃取、吸附和沉淀净化去除杂质,加硫酸调整 pH 值到 $2\sim3$,即可用铵盐沉淀出多钒酸铵,在700℃煅烧熔化,得到黑紫色致密的工业五氧化二钒(V_2O_5 含量大于98%),钠盐提钒自1912年 Bleecker 用钠盐焙烧—水浸工艺回收钒的专利公布以来,一直沿用至今;钙盐法工艺采用碳酸钙作提钒添加剂,与细磨含钒石煤混合,在850℃焙烧,使钒氧化物钙化氧化转变为可溶于水的焦钒酸钙($Ca_2V_2O_7$)、偏钒酸钙(CaV_2O_6)和正钒酸钙($Ca_3V_2O_8$),然后用稀酸溶浸或者碱浸,浸出液经过净化后调节酸度,加沉淀剂沉钒,沉淀物经过洗涤、过滤、干燥、煅烧和熔化形成片钒;直接酸浸法提钒是把含钒页岩矿石破碎磨细,进入自然浸泡池,用稀酸浸取,一般采用低酸度 pH 值 $2.0\sim3.0$,在常温下进行,进入酸液的杂质成分经过沉淀定向处理去除杂质,纯净钒液调整 pH 值,将钒水解或添加净化剂将其沉淀;由于含钒页岩矿性质差异,有的酸浸法需要经过空白焙烧处理,使矿物结构发生有利于酸浸出的转化。

8.1 含钒碳质页岩

含钒石煤是一种含钒的页岩,这些页岩还含有 Zn 0.4%、U_3O_8 0.005%,为细晶粒结构,主要矿物有石英、萤石、黏土、方解石与白云灰岩。

8.1.1 含钒页岩结构

石煤形成于早元古代和早古生代的一种沉积的可燃有机岩,呈黑色或黑灰色。石煤生成于古老地层中,由菌藻类等生物遗体在浅海、泻湖、海湾条件下经腐泥化作用和煤化作用转变而成。含钒石煤的物质组成复杂多变，钒的赋存状态和赋存价态变化多端，且分散细微。石煤中的钒绝大部分以 V^{3+} 形态存在于含钒云母、电气石、石榴石等硅酸盐矿物中，以类质同象形式部分取代硅氧四面体"复网层"和铝氧八面体"单网层"中的 Al^{3+}。石煤中的钒可以形成钛钒石榴石、钙钒石榴石、变钒铀矿等矿物；亦可以金属有机配合物和钒叶啉的形态存在，有时也以配合阴离子呈吸附形态作为混合物存在于氧化铁、黏土类矿物中。

石煤是一种高变质的腐泥煤或藻煤，大多具有高灰、高硫、低发热量和硬度大的特点。其成分除含有机碳外，还有氧化硅、氧化钙以及少量的氧化铁、氧化铝和氧化镁等。外观像石头，肉眼不易与石灰岩或碳页岩相区别，属于高灰分（一般大于60%）深变质的可燃有机矿物。含碳量较高的优质石煤呈黑色，具有半亮光泽，杂质少，相对密度为1.7～2.2。含碳量较少的石煤，呈偏灰色，暗淡无比，夹杂有较多的黄铁矿、石英脉和磷、钙质结核，相对密度在2.2～2.8之间，石煤发热量不高，在3.5～10.5MJ/kg之间，是一种低热值燃料。

伴生有钒的石煤，可提取五氧化二钒。石煤中 V_2O_5 品位较低，一般为1.0%左右。石煤中的钒以 V(Ⅲ) 为主，有部分 V(Ⅳ)，很少见 V(Ⅴ)。由于 V(Ⅲ) 的离子半径（74pm）与 Fe(Ⅱ) 的离子半径（74pm）相等，与 Fe(Ⅲ) 的离子半径（64pm）也很接近，因此，V(Ⅲ) 几乎不生成本身的矿物，而是以类质同象存在于含钒云母、高岭土等铁铝矿物的硅氧四面体结构中。

8.1.2 含钒碳质页岩分类

石煤是一种多金属复杂矿，其中碳、铝、钾的回收价值较高；石煤不是煤，它是一种海相沉积物，形成石煤的物质除泥、硅、钙质等无机盐成分外，还有藻菌类等低级生物组成的有机质。根据组成和结构的不同，石煤可分为硅质岩型石煤和泥炭型石煤等，按照风化程度又可分为风化页岩和碳质页岩。

石煤有各种不同的分类。按灰分和发热量，可分为一般石煤和优质石煤。一般石煤的灰分为40%～90%，发热量在16.7kJ/g以下；优质石煤的灰分为20%～40%，发热量为16.7～27.1kJ/g。按结构和构造可分为块状石煤、粒状石煤、鳞片状石煤和粉状石煤。按石煤中矿物杂质的主次，分为硅质石煤和钙质石煤等。

钒主要以吸附状态存在于黏土矿物（高龄石、水云母）中者占66.38%，类质同象者占33.62%，以吸附状态存在于硅质岩中占25.83%，以类质同象赋存于水云母中者占74.17%。

含钒碳质页岩矿石矿物成分以非金属矿物为主，金属较少。非金属矿物主要为硅质（石英）、泥质，次为方解石、碳质等；金属矿物主要有褐铁矿，次为黄铁矿、钒铁矿、铁钒锐钛矿及少量钒云母等。含钒石煤的钒矿物主要是针钒钙石（$CaO \cdot 3V_2O_5 \cdot 9H_2O$）。

硅质：以小于0.01mm的隐晶质石英和玉髓为主（约占硅质总量的80%），次为0.01～0.02mm的微晶质（约占硅质总量的20%）。石英除由硅质结晶而成外，还有细粉砂质碎屑状石英，后者星散分布，粒径一般0.01～0.05mm。

泥质：极细，主要为高岭石和水云母，地表岩石中常见胶状褐铁矿污染。

碳质：在碳质泥岩中均匀分布，碳硅质岩中呈微细质点状，质点多小于0.003mm，个别可达 0.005mm，多沿层理聚集断续的层纹状、层状分布。

褐铁矿：岩石中常见，粒度 0.005~0.1mm，主要呈胶状，其次为黄铁矿微晶，呈不均匀星散状、透镜状、细脉状分布于岩石层理及裂隙中。

黄铁矿：在岩石中呈稀疏星点状分布，粒度 0.005~0.1mm，立方体晶形。浅部岩石中已氧化成褐铁矿。

矿石结构、构造：矿石结构主要为隐晶-微晶结构、变余细粉砂结构，次为粒状、胶状、假晶结构；矿石构造主要有显微平行-纹层状、块状构造及互层状（条带状）、结核状、板状构造等。

根据赋矿岩石，矿石自然类型可分为含碳硅质岩型、含碳泥岩型、硅质碳质岩型三类，前两者为区内钒矿主要矿石自然类型，硅质碳质岩型仅局部分布。

含碳硅质岩型钒矿石：主要由黑色碳硅质岩组成，基本无或很少泥质夹层。V_2O_5 品位一般为 0.76%~1.27%，最高 1.91%，最低 0.68%。

含碳泥岩型钒矿石：主要由泥（页）岩组成，夹极少硅质岩薄层或细条。其单样 V_2O_5 品位一般为 0.85%~1.16%，最高 1.69%，最低 0.60%，平均品位 1.06%。

硅质碳质岩型钒矿石：具有碳硅质岩型与泥岩型矿石的双重特点。其 V_2O_5 品位一般为 0.83%~1.53%，最高 1.75%，最低 0.59%，平均品位 1.05%。

美国内华达州含钒页岩分为风化页岩（含有机碳在 1% 以下）和碳质页岩，主要组成见表 8-1。

表 8-1　美国内华达州含钒页岩分为风化页岩和碳质页岩主要组成　　　　（%）

页岩名称	V_2O_5	P_2O_5	SiO_2	Al_2O_3	MgO	CaO	Fe	有机碳
风化页岩 1	0.93	0.64	54	4.0	6.5	11.2	1.6	<0.1
风化页岩 2	1.28	0.55	57	3.2	5.8	11.2	1.4	<0.1
碳质页岩 1	0.87	0.87	57	4.2	5.6	9.6	2.5	10
碳质页岩 2	0.80	0.70	53	3.2	4.8	8.4	1.8	10

8.1.3　含钒页岩提钒要求

石煤含钒矿床也是一种新的成矿类型，称为黑色页岩型钒矿，它是在边缘海斜坡区形成的，主要含钒矿物是含钒伊利石。热值偏高的含钒石煤，在改进燃烧技术后，可用作火力发电的燃料，钒在烟灰中得到富集，收集后可以用作提钒原料；热值偏低而且低碳含钒的石煤可以直接用作提取五氧化二钒的原料。

8.1.3.1　火法提钒工艺

石煤中的钒以三价为主，三价钒以类质同象形式存在于黏土矿物的硅氧四面体结构中，结合坚固且不溶于酸碱，只有在高温和添加剂的作用下，才能转变为可溶性的五价钒，同时脱除石煤中的碳，因此焙烧转化是从石煤中提钒不可缺少的过程。

火法提钒工艺的特点在于矿物焙烧转化的前置，焙烧分为空白焙烧和加添加剂焙烧两种，空白焙烧时不加任何添加剂，浸出时需要高浓度的酸去分解；加添加剂焙烧，焙烧时加入添加剂（如钠、钙、铁和钡等盐类，硫酸），产生可溶于水或酸的钒酸钠、钒酸钙和钒酸铁等。

传统的石煤提钒多采用 NaCl 和 Na_2CO_3 组合作为钠化焙烧添加剂，焙烧时产生大量的 Cl_2、HCl 和 SO_2 等有毒有害气体，烟气污染大，废水盐分高，只能提取钒，且钒的回收率一般只有 50% 左右，资源浪费严重，生产作业环境较差，后续处理产生的浸出渣残留钠离子较多，无法规模化多用途利用；钙法焙烧不产生 Cl_2、HCl 和 SO_2 等有毒有害气体，但焙烧过程受矿石种类和性质影响较大，焙烧气氛、时间、温度和钙盐用量等的影响也非常敏感，控制不当，容易形成难溶的硅酸盐，使得部分钒被"硅氧"裹络，或者矿样中的部分钒与铁、钙等元素生成钒酸铁、钒酸钙等难溶性化合物，钙化处理渣可以规模化多用途利用；空白焙烧主要是想解决石煤脱碳和低价钒的氧化问题，对矿物结构有一定的要求，但焙烧设备还是传统的立窑、平窑和沸腾炉，不仅生产规模有限，而且焙烧过程并没有完全改变含钒矿物的晶体结构，不能有效提高钒的回收率，对石煤矿资源利用的适应性较差；硫酸化焙烧可以强化矿物分解工艺过程，硫酸化焙烧温度 200～250℃，焙烧时间 0.5～1.5h，焙砂水浸液 pH 值为 1.0～1.5，硫酸利用率显著提高，硫酸沸点 338℃（98.3% 硫酸），焙烧烟气主要是水蒸气，便于净化，石煤低温硫酸化焙烧只需加热，不需氧化，过程简单。

石煤提钒的浸出分为水浸、碱浸和加酸浸出三种，水浸只适用于加钠盐焙烧形成可溶于水的钒酸钠，在钠盐焙烧工艺中已广泛应用；碱浸适合于钙化焙烧过程，选择性强，可循环处理，适合处理碱性脉石较多的石煤，常压碱浸不如压力碱浸效果好；酸浸工艺分为浓酸浸出和低酸浸出，浓酸浸出的特点是用酸量大，浸出的杂质多，剩余的酸度大，回收率低，低酸浸出的显著特点是时间长，浸出的杂质适中，剩余的酸度小，回收率低。从浸出手段还可以分为粉浸和球浸，粉浸只是浸出速度快，球浸速度慢，对浸出率影响不大。

浸出液的提纯和富集一般都用树脂吸附和萃取，树脂吸附仅适用于中性浸出液；萃取分为四价钒萃取和五价钒萃取。

高碳石煤需要进行脱碳处理，将钒富集到烟灰中，用烟灰作原料提钒。有些富集程度较高，可以考虑结合钒渣或者含钒回收料提钒利用。

8.1.3.2　湿法提钒工艺

湿法酸浸工艺主要针对风化石煤，为了得到较高 V_2O_5 浸出率，不得不消耗大量 H_2SO_4，生产中 H_2SO_4 用量一般为矿石质量的 25%～40%，V_2O_5 浸出率一般在 65%～75% 左右，超过 80% 的很少，V_2O_5 回收率一般不超过 70%；酸性浸出液的净化除杂，难度大，Fe(Ⅲ)还原和 pH 值调整等工序需要消耗大量药剂，特别是氨水，从而导致氨氮废水的产生及处理问题。

8.2　石煤提钒

石煤提钒与钒渣提钒工艺类似，必须将有效钒组分转化为可溶性物质，根据矿物性质转化过程以焙烧为主，分为钠盐提钒、钙盐提钒、酸浸提钒和碱浸提钒，需要根据石煤的组成和结构选择合适的矿石分解工艺，由于石煤含钒品位和不同厂家的技术原料选择的差异，形成了一些带典型性的提钒工艺，石煤提钒工艺流程大致可分为三个组成部分（环节）：矿石分解、钒分离富集和精钒制备。

石煤提钒的典型工艺有：（1）石煤加钠盐焙烧，焙烧（闷烧）—酸浸—离子交换法；（2）石煤钙盐焙烧—酸浸—离子交换法；（3）石煤无盐焙烧—酸浸—溶剂萃取法；

（4）酸浸—中间盐提钒。表 8-2 给出了主要钒酸盐的熔点和分子式。

表 8-2 主要钒酸盐的熔点和分子式

钒酸盐	分子式	熔点/℃	钒酸盐	分子式	熔点/℃
正钒酸钠	Na_3VO_4	850~866	焦钒酸钙	$2CaO \cdot V_2O_5$	1015
焦钒酸钠	$Na_4V_2O_7$	625~668	正钒酸钙	$3CaO \cdot V_2O_5$	1380
偏钒酸钠	$NaVO_3$	605~630	正钒酸铁	$FeVO_4$	870~880
偏钒酸钙	$CaO \cdot V_2O_5$	778			

8.2.1 钠盐处理提钒

选择钠盐（Na_2CO_3，$NaCl$ 或 Na_2SO_4）作为提钒添加剂，通过焙烧氧化转化，钒作为可溶组分在浸出过程与其他组元分离。

8.2.1.1 钠盐处理提钒工艺

含钒石煤经过破碎加工，将粒度小于 0.1mm 的含钒石煤和钠盐（Na_2CO_3，$NaCl$ 或 Na_2SO_4）混合，于高温下进行氧化钠化焙烧，使钒转化为可溶于水的钒酸钠和偏钒酸钠，用热水和稀硫酸浸出钒，或者碱浸，含钒水溶液经过富集净化处理后加酸调节溶液 pH 值，加铵（NH_4^+、NH_3）沉淀出多钒酸铵，经过高温煅烧得到 V_2O_5。

用热水浸出钠盐焙烧产物，钒酸钠和偏钒酸钠便溶于热水，而与大部分不溶杂质分离，含钒浸出液经提纯和分离，产出钒的纯化合物。

图 8-1 给出了含钒石煤钠盐提钒典型工艺流程图。

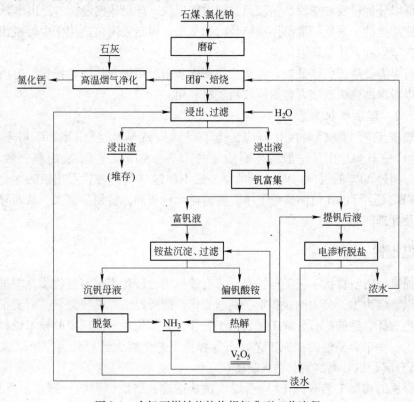

图 8-1 含钒石煤钠盐焙烧提钒典型工艺流程

8.2.1.2 高碳石煤钠盐处理提钒工艺

含钒碳质页岩一般在锅炉或流态化床脱碳燃烧发电，在燃烧过程中钒富集在烟灰中，富集钒烟灰加 NaCl 或 Na_2CO_3 进行氧化钠化焙烧，使钒转变为水溶性的 $NaVO_3$、NaH_2VO_4 和 Na_3VO_4；含钒碳质页岩也可配加无烟煤增加热值，加 NaCl 或 Na_2CO_3 进行氧化钠化焙烧，使钒转变为水溶性的 $NaVO_3$、NaH_2VO_4 和 Na_3VO_4。

8.2.1.3 石煤钠盐处理提钒原理

石煤中的金属氧化物包括钠、铁、钒、镁和钙，钠氧化物与钒在焙烧条件下形成正钒酸钠、焦钒酸钠和偏钒酸钠，属于水溶物；钙氧化物与钒在焙烧条件下形成正钒酸钙、焦钒酸钙和偏钒酸钙，属于酸溶物；镁氧化物与钒在焙烧条件下形成焦钒酸镁和偏钒酸镁，选择性溶出；铁氧化物与钒在焙烧条件下形成正钒酸铁，选择性溶出；正钒酸钠、焦钒酸钠和偏钒酸钠在水中有较好溶解性，钒的钙盐和铁盐在水中溶解度较小，但能溶于稀酸和碱。钒氧化物自由能-温度关系如图 8-2 所示。碳燃烧比钒氧化的吉布斯自由能小，因此在焙烧过程中，第一个反应是碳的燃烧；当碳量较低时，三价钒的氧化过程才开始。石煤在氧化焙烧前，原矿一般要经过预先脱碳处理。

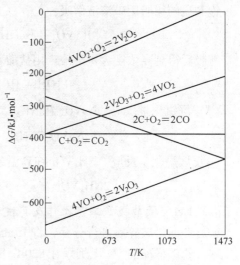

图 8-2 钒氧化物自由能-温度关系

石煤钠盐焙烧化学反应式如下：

$$4FeO \cdot V_2O_3 + 4Na_2CO_3 + 5O_2 = 4Na_2O \cdot V_2O_5 + 2Fe_2O_3 + 4CO_2 \qquad (8-1)$$

$$2NaCl + 1/2O_2 = Na_2O + Cl_2 \qquad (8-2)$$

$$V_2O_3 + O_2 = V_2O_5 \qquad (8-3)$$

$$Na_2O + V_2O_5 = 2NaVO_3 \qquad (8-4)$$

$$xNa_2O + yV_2O_5 = xNa_2O \cdot yV_2O_5 \qquad (8-5)$$

高碳石煤与复合钠盐添加剂高温氧化焙烧时，主要的化学反应有：

$$C + 1/2O_2 = CO \qquad (8-6)$$

$$CO + 1/2O_2 = CO_2 \qquad (8-7)$$

（1）浸出反应。焙砂中的 $NaVO_3$ 和 KVO_3 溶于水，V_2O_5 在氧化钠盐焙烧条件下容易成盐，可溶于水和稀酸，浸出时其化学反应如下：

$$NaVO_3 + H_2O \longrightarrow Na + VO_3^- + H_2O \qquad (8-8)$$

石煤提钒焙烧的浸出液经溶液池澄清的含钒溶液，采用新型树脂浸出含钒合格液无需进行净化处理，进行加酸转型处理后即可进行离子交换吸附。吸附时应控制好流量，保证吸附回收率。吸附排出的尾水返回用于制浆或浸出。树脂饱和后，用 pH 值为 10~11 的 NaOH 溶液解析，得到高浓度含钒液。解析后的树脂用 NaOH 溶液和纯净清水洗涤一次，

然后用 pH 值等于 3.5 ~ 4 的盐酸溶液进行再生处理，使其恢复吸附能力：

（2）离子交换化学反应。离子交换实际上就是置换反应。由于树脂中的 Cl^- 离子与树脂分子团的亲和力远小于它与 Na^+ 离子的亲和力，当树脂与 $NaVO_3$ 溶液接触时，便发生如下反应：

$$[R]Cl + NaVO_3 \longrightarrow NaCl + [R]VO_3 \tag{8-9}$$

饱和后的树脂用碱溶液解吸：

$$[R]VO_3 + NaOH \longrightarrow NaVO_3 + [R]OH \tag{8-10}$$

解吸后得到高浓度含钒溶液。用盐酸对树脂进行再生处理，使其恢复吸附能力：

$$[R]OH + HCl \longrightarrow [R]Cl + H_2O \tag{8-11}$$

（3）沉钒化学反应。$NaVO_3$ 在 NH_4^+ 离子浓度过量的条件下生成 NH_4VO_3 沉淀：

$$NaVO_3 + NH_4^+ \longrightarrow NH_4VO_3 + Na^+ \tag{8-12}$$

（4）煅烧化学反应。NH_4VO_3 在高温条件下发生分解反应，得到 V_2O_5 产品：

$$2NH_4VO_3(s) \longrightarrow V_2O_5 + 2NH_3\uparrow + H_2O\uparrow \tag{8-13}$$

8.2.1.4 钠盐提钒工艺操作及其技术指标

矿石经两级破碎后进行分筛，将 15mm 以下细料送入沸腾炉脱碳。15mm 以上粗料作为配料。脱碳样配加 5% 无烟煤在 820℃ 下焙烧 1.5h，浸出率为 82.08%；焙烧时间为 1h 时，浸出率为 81.96%。脱碳样配加无烟煤高温焙烧，这种点对点接触传热有利于钒氧化，加速钒的转价过程。脱碳样配加无烟煤后不仅可以降低焙烧温度 30℃，亦可缩短焙烧时间 0.5h，且不影响浸出率，大幅度降低了焙烧能耗。脱碳后的矿石连同回收的灰渣配入定量原矿（粒径小于 25mm），拌和均匀，使配合料发热量控制在 (400 ± 50) kcal/kg 范围内。将配合料送入干式球磨机研磨成 150 目（0.104mm）粒级的矿粉，然后经成球导入回转窑进行焙烧。焙烧温度控制在 800 ~ 850℃，保温时间 1 ~ 1.5h。

高碳含钒石煤矿典型化学成分见表 8-3。

表 8-3　高碳含钒石煤矿典型化学成分　　　　　　　　　　　（%）

V_2O_5	SiO_2	Al_2O_3	Fe_2O_3	CaO	MgO	K_2O	Na_2O	C	挥发分
0.82	66.14	6.46	3.49	2.96	1.43	1.65	0.69	9.38	4.59

焙烧出炉的矿粉熟料再次破碎后按 1：3 固液比在制浆槽中搅拌制成矿浆，用砂浆泵输送到浸出搅拌机，浸出采用流态化浸出工艺，矿浆经连续搅拌浸出。浸出酸度比 3% ~ 5%（体积比），pH = 7。为加快浸出速度，提高浸出率，浸出时应加热至 50℃。将合格浸出液（含钒浓度 ≥ 2.2g/L）抽入带式真空过滤机过滤，过滤液直接进入溶液池。滤渣经洗涤后再进行过滤，滤液用于浸下一批料，或返回制浆。浸出滤渣经胶带输送机送入干渣搅拌机与 2% 石灰拌和均匀进行碱中和处理后，运往制尾矿库。

经溶液池澄清的含钒溶液，采用新型树脂浸出含钒合格液无需进行净化处理，进行加酸转型处理后即可进行离子交换吸附。吸附时应控制好流量，保证吸附回收率。吸附排出的尾水返用于制浆或浸出。树脂饱和后，用 pH 值 10 ~ 11 的 NaOH 溶液解析，得到高浓度含钒液。解析后的树脂用 NaOH 溶液和纯净清水洗涤一次，然后用 pH 值等于 3.5 ~ 4 的盐酸溶液进行再生处理，使其恢复吸附能力。

含钒溶液加入定量工业纯 NH_4Cl 沉钒。沉钒时充分搅拌，提高回收率。导入过滤箱过滤得到中间产品——偏钒酸铵。偏钒酸铵经脱水灼烧后便得到粉状精钒。

过程控制参数食盐配比 $100 \sim 200kg/t$ 石煤矿，视石煤矿结构情况可配入少量 Na_2SO_4，焙烧温度 $750 \sim 850℃$，时间控制 $1 \sim 4h$，转化率 $50\% \sim 65\%$，水浸率 $88\% \sim 93\%$，水解沉钒收率 $92\% \sim 96\%$，精制钒收率 $90\% \sim 93\%$，产品 V_2O_5 品位 98.5%，采用平窑 V_2O_5 收得率约为 45%，采用流化床 V_2O_5 收得率约为 55%。石煤钠盐焙烧生产 $1tV_2O_5$，消耗氯化钠 $20 \sim 28t$，烧碱 $1 \sim 1.5t$，工业盐酸 $1.5 \sim 1.8t$，若过程使用硫酸，则硫酸消耗 $0.8 \sim 1.0t$，氯化铵 $1.2 \sim 2t$。

美国内华达含钒页岩提钒将含钒页岩破碎至粒度小于 $50mm$，在 $383K$ 温度下烘干后加 $5\% \sim 10\%$ 食盐，在空气分级球磨机中磨至粒度小于 $0.42mm$。混合料在回转窑中于 $1198K$ 温度下焙烧 $3h$。焙烧产物冷却后用弱酸性溶液浸出。浸出浆液经过滤后，将滤液的 pH 值由 2.5 调到 5 以沉淀分离硅。除硅后的滤液用硫酸回调至 pH 值为 3，再用含联十三胺（DITDA）萃取剂 $0.075mol/L$ 的有机相萃取钒。用纯碱溶液将负载有机相中的钒反萃入溶液，反萃液用 NH_4Cl 沉淀偏钒酸铵。沉淀物煅烧脱氨得 V_2O_5。

8.2.2 钙盐焙烧提钒

钙化焙烧提钒工艺指的是含钒矿物添加石灰或石灰石，根据矿物的高温反应研究结果，含钒页岩（石煤）中的钒焙烧后，低价钒氧化为高价钒，石煤中的钒主要以硅钒酸钙和钙钛氧化物的形式存在。该矿物的化学性质不稳定，在弱的酸性介质中能迅速溶解。偏钒酸钙类化合物在弱酸性环境下易于溶解进入液体，从而实现矿物中钒的分离提取。

8.2.2.1 钙盐焙烧提钒工艺

含钒石煤经过破碎加工，将粒度小于 $0.1mm$ 的含钒石煤和钙盐（石灰石 $CaCO_3$ 或者活性石灰 CaO）混合，于高温下进行氧化钙化焙烧，使钒转化为可溶于水的正钒酸钙、偏钒酸钙和焦钒酸钙，用稀硫酸浸出，或者碱浸，含钒水溶液经过净化处理后调节溶液 pH，水解得到 V_2O_5。

图 8-3 给出了钙盐提钒的典型工艺流程图。

8.2.2.2 钙盐焙烧提钒原理

石煤钙盐焙烧化学反应式如下：

$$V_2O_3 + O_2 == V_2O_5 \tag{8-14}$$

$$2V_2O_4 + O_2 == 2V_2O_5 \tag{8-15}$$

$$CaCO_3 == CaO + CO_2 \tag{8-16}$$

$$2V_2O_5 + 4CaO == 2Ca_2V_2O_7 \tag{8-17}$$

$$V_2O_5 + 3CaO == Ca_3(VO_4)_2 \tag{8-18}$$

稀硫酸浸出：

$$Ca_2V_2O_7 + 3H_2SO_4 == 2CaSO_4 + (VO_2)_2SO_4 + 3H_2O \tag{8-19}$$

$$Ca_3(VO_4)_2 + 4H_2SO_4 == 3CaSO_4 + (VO_2)_2SO_4 + 4H_2O \tag{8-20}$$

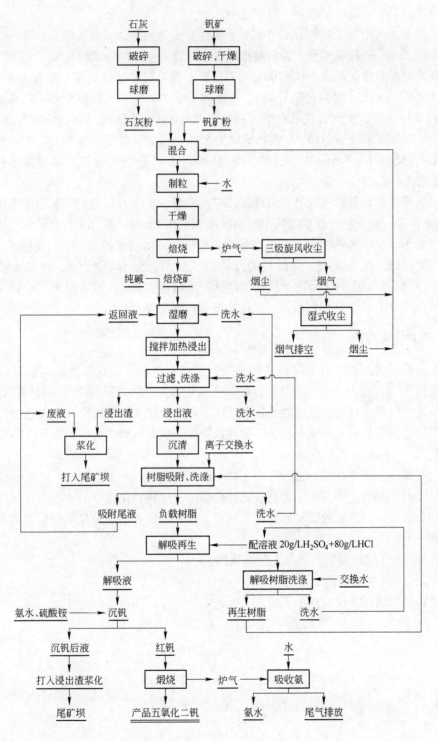

图 8-3 钙盐焙烧工艺流程图

纯碱浸出:

$$Ca_2V_2O_7 + Na_2CO_3 + H_2O = 2NaVO_3 + CaCO_3 \downarrow + Ca(OH)_2 \qquad (8\text{-}21)$$

$$Ca_3(VO_4)_2 + Na_2CO_3 + 2H_2O = 2NaVO_3 + CaCO_3\downarrow + 2Ca(OH)_2 \qquad (8-22)$$

酸性的（含酸 0.01 ~ 0.1mol）的硫酸盐和氯化物中 V^{4+} 以 VO^{2+} 的阳离子形式为 D2EHPA 的煤油溶剂萃取，萃合物会发生聚合作用，有机相为6% D2EHPA 及3% TBP 的煤油溶液，六级混合萃取，用氨控制 pH1.9，反萃液为 140g/L 的硫酸溶液，反萃温度 38 ~ 49℃，四级反萃。

浸出液净化采用 N-236 为萃取剂，仲辛醇为协萃剂，磺化煤油为萃溶剂，萃取条件：15% N-236、3% 仲辛醇和82% 磺化煤油，相比 1∶（2 ~ 3），2 ~ 3 级逆流萃取，有机饱和相浓度 30g/L，pH 值控制在 2 ~ 9，温度 5 ~ 45℃，萃取率 99.55%，萃余液 0.0114g/L；用 N235 萃取，pH 值控制为 ±2.5，萃取率 99.62%。饱和有机相用 1mol/L NH_4OH + 4mol/L NaCl 作反萃剂，二级逆流反萃，得到多钒酸钠盐，浓度在 30g/L 左右。

反萃后液加热到 70℃ 沉钒，沉淀红饼煅烧得到 98% V_2O_5。

$$2VO_2^+ + 2H_2O = V_2O_5\cdot H_2O + 2H^+ \qquad (8-23)$$

$$5V_2O_5\cdot H_2O = H_2V_{10}O_{28}^{4-} + 4H^+ + 2H_2O \qquad (8-24)$$

$$H_2V_{10}O_{28}^{4-} = HV_{10}O_{28}^{5-} + H^+ \qquad (8-25)$$

$$HV_{10}O_{28}^{5-} = V_{10}O_{28}^{6-} + H^+ \qquad (8-26)$$

沉钒反应见式（8-12），煅烧见式（8-13）。

8.2.2.3 钙盐提钒典型工艺操作及其技术指标

含钒石煤经过破碎加工，将粒度小于 0.1mm 的含钒石煤和钙盐（石灰石 $CaCO_3$ 或者活性石灰 CaO）混合，于高温下进行氧化钙化焙烧，使钒转化为可溶于水的正钒酸钙、偏钒酸钙和焦钒酸钙，用稀硫酸浸出，或者碱浸，含钒水溶液经过净化处理后调节溶液 pH 值，水解得到 V_2O_5。

（1）酸浸提钒典型工艺。含钒石煤矿添加 16% 的石灰，另加 SM-1 助剂 1.3%，950℃ 条件下焙烧 3h，转化率 87.6%，用 4% 的硫酸浸出，固液比（3 ~ 4）∶1，常温下堆浸 12h，浸出率 85%；用 15% 的 N263，加 3% 的仲辛醇，稀释剂用磺化煤油，O/A = 1∶（2 ~ 3），四级逆流萃取，反萃剂为 NH_4Cl 和 NaCl 溶液，得到多钒酸钠溶液，质量浓度 30g/L；沉钒用 NH_4Cl，常温下搅拌 2 ~ 3h，静置 12h，脱水干燥；煅烧温度 550℃，得到 V_2O_5，纯度 99.5%，过程钒总收率 65%。

（2）碱浸提钒典型工艺。钒矿石粉添加石灰制粒焙烧（矿石细磨至 -200 目（小于 0.074mm）颗粒占 70%，石灰细磨至 -200 目（小于 0.074mm）颗粒占 64.2%）—纯碱溶液浸出—离子交换（717 强碱性阴离子交换树脂）—硫酸铵沉钒—红钒—焙烧烘干—产品。

1）工艺条件。焙烧条件：矿石磨矿粒度为 -200 目颗粒不小于 70%，石灰粉的加入量为矿石的 2%，焙烧时间为 2 ~ 3h，焙烧温度为 850℃；浸出条件：焙烧矿磨矿粒度 -120 目颗粒不小于 90%，并且采用搅拌浸出；纯碱加入量为焙烧矿量的 6%；浸出时间不小于 2h；浸出温度不小于 75℃；浸出液固比（1.5 ~ 2）∶1。

2）钒的直收率。①焙烧过程中钒的回收率 100%；②浸出过程中钒的直收率 71.97%；③树脂吸附钒的直收率 99.86%；④解吸过程钒的解吸率 99.98%，第一柱解吸直收率 90.98%；⑤沉钒过程钒的直收率为 99.71%；⑥红钒煅烧过程钒的直收率

99.32%；全流程钒的直收率为64.776%，总回收率71.1%。

3）主要材料消耗。①石灰粉：钒矿粉的2%；②纯碱：焙烧矿量的6%，钒矿量的5.70%；③氨水：6.87kL/t V_2O_5 产品；④盐酸：2.11kL/t V_2O_5 产品；⑤硫酸：0.33kL/t 产品 V_2O_5；⑥硫酸铵：0.15t/t 产品 V_2O_5。

8.2.3 直接酸浸提钒

含钒石煤的物质组成比较复杂，钒的赋存状态变化多样。按钒的赋存状态分类，主要有含钒云母型（碳质岩型）、含钒黏土型（硅质岩型）和介于两种之间的中间类型。石煤矿还可以分为风化页岩和碳质页岩，根据风化程度可以选择直接酸浸工艺提钒。

8.2.3.1 酸浸提钒工艺

通常情况下，含钒页岩中的有价元素，在剧烈的酸浸条件下，浸出无选择性，矿石中的许多其他组分也被浸出。浸出酸可以是硫酸，也可以是氟硅酸，或者硫酸与氟硅酸的混合酸，酸浸液冷却除杂后，经转型及中和调整后萃取、反萃取达到提钒的目的。反萃取液经沉淀提取偏钒酸铵。硫酸的直接利用率在40%左右。图8-4是石煤酸浸提钒典型的氧化-中和沉钒工艺流程图，图8-5是石煤酸浸提钒典型的氧化-离子交换沉钒工艺流程图。

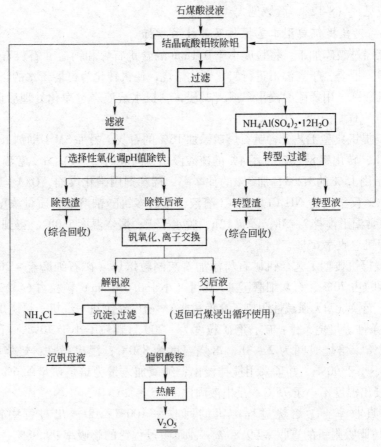

图 8-4　氧化-中和沉钒工艺

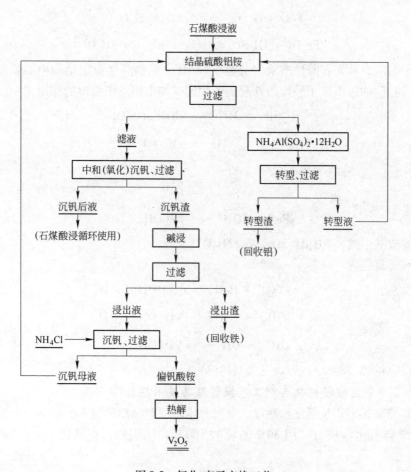

图 8-5　氧化-离子交换工艺

8.2.3.2　酸浸提钒原理

钒在石煤中的价态分析的研究结果表明，各地石煤原矿中一般只有 V^{3+} 和 V^{4+} 存在，极少发现 V^{2+} 和 V^{3+}。除了个别地方石煤中 V^{4+} 高于 V^{3+} 外，绝大部分地区石煤中钒都是以 V^{3+} 为主。石煤中 V^{3+} 存在于黏土矿物二八面体夹心层中，部分取代 Al^{3+}。这种硅铝酸盐结构较为稳定，通常石煤中 V^{3+} 难以被水、酸或碱溶解，除非采用 HF 破坏黏土矿物晶体结构，因此可以认为 V^{3+} 基本上不被浸出。只有 V^{3+} 氧化至高价以后，石煤中的钒才有可能被浸出；石煤中 V^{4+} 可以氧化物（VO_2）、氧钒离子（VO^{2+}）或亚钒酸盐形式存在。VO_2 可在伊利石类黏土矿物二八面体晶格中取代部分 Al^{3+}，这部分 V^{4+} 同样不能被水、酸或碱浸出。石煤中游离的 VO^{2+} 不溶于水，但易溶于酸，生成钒氧基盐 VO^{2+}，稳定，呈蓝色。

V^{5+} 离子半径太小，不能存在于黏土矿物二八面体之中。石煤中 V^{5+} 主要以游离态 V_2O_5 或结晶态（$xM_2O \cdot yV_2O_5$）钒酸盐形式存在，易溶于酸。

直接酸浸提钒涉及的化学反应式如下：

$$VO_2 + H_2SO_4 =\!=\!= VOSO_4 + H_2O \qquad (8-27)$$

$$Al_2O_3 + 3H_2SO_4 =\!=\!= Al_2(SO_4)_3 + 3H_2O \qquad (8-28)$$

$$FeO + H_2SO_4 \Longrightarrow FeSO_4 + H_2O \tag{8-29}$$

$$Fe_2O_3 + 3H_2SO_4 \Longrightarrow Fe_2(SO_4)_3 + 3H_2O \tag{8-30}$$

溶液中氟硅酸首先在酸性溶液中分解生成 HF，矿物晶格稳定结构中的阳离子随即在 HF 电离出的 F^- 的作用下于酸性条件起到了加速矿物中阳离子溶出的作用。

$$H_2SiF_6 + 2H_2O \longrightarrow 6HF + SiO_2 \tag{8-31}$$

$$HF \longrightarrow H^+ + F^- \tag{8-32}$$

氧化除铁

$$Fe^{2+} \longrightarrow Fe^{3+} \tag{8-33}$$

$$Fe^{3+} + 3OH^- \Longrightarrow Fe(OH)_3 \downarrow \tag{8-34}$$

加氨水沉淀硫酸铝铵（$3NH_4Al(SO_4)_2 \cdot 12H_2O$）。

沉淀溶解富集钒：

$$VO^{2+} + H_2O \Longrightarrow [VOOH]^+ + H^+ \tag{8-35}$$

$$[VOOH]^+ + H_2O \Longrightarrow VO(OH)_2 + H^+ \tag{8-36}$$

$$VO(OH)_2 + OH^- \Longrightarrow VO(OH)_3^- \tag{8-37}$$

沉钒反应见式（8-12），煅烧见式（8-13）。

8.2.3.3 直接酸浸提钒典型工艺操作及其技术指标

石煤酸浸提钒工艺包括常压酸浸、常温常压堆浸和加压酸浸等，表 8-4 给出了直接酸浸提钒石煤典型化学成分，用 30% 的硫酸 100℃ 常压酸浸，固液比 1:2，钒的浸出率为 81%。

表 8-4 直接酸浸提钒石煤典型化学成分 （%）

V_2O_5	SiO_2	Al_2O_3	Fe	ZnO	MgO	K_2O	TiO_2	C	挥发分
0.83	65.88	16.32	1.21	1.50	0.88	5.77	0.53	8.1	

贵州石煤硫酸浸出的最佳条件为：硫酸用量 30%，浸出温度 95℃，浸出时间 24h，浸出液固比 1:1，此时 V_2O_5 浸出率为 68%；氟硅酸浸出的最佳条件为：氟硅酸用量 20%，浸出温度 95℃，浸出时间 8h，浸出液固比 1:1，V_2O_5 浸出率达到 80%。甘肃石煤硫酸浸出的最佳条件为：硫酸用量 30%，浸出温度 95℃，浸出时间 24h，浸出液固比 1:1，此时 V_2O_5 浸出率为 40%；氟硅酸浸出的最佳条件为：氟硅酸用量 30%，浸出温度 95℃，浸出时间 12h，浸出液固比 1:1，此时 V_2O_5 浸出率达到 60%。贵州石煤混酸浸出的最佳条件为：15% 硫酸 +8% 氟硅酸，浸出时间 12h，浸出温度 95℃，浸出液固比 1:1，此时 V_2O_5 浸出率能达到 80% 左右。

甘肃石煤混酸浸出的条件为：15% 硫酸 +8% 氟硅酸，浸出时间 16h，浸出温度 95℃，浸出液固比 1:1，此时 V_2O_5 浸出率能达到 55% 左右。钒的分离与富集阶段的实验结果表明，萃取的最佳工艺条件为：萃取体系 10% P204 +5% TBP +85% 磺化煤油，萃原液 pH = 3.0，接触时间 5min，O/A =1:1，萃取温度 30℃，此时对石煤硫酸 + 氟硅酸浸出液单级萃取率达到 60% 以上；7 级萃取后，萃取率达 99%。反萃取的最佳工艺条件为：反萃剂中硫酸质量分数 10%，接触时间 10min，$O/A = 10:1$，此时 V_2O_5 反萃率达到 70% 以上；5 级反萃后，V_2O_5 反萃率不小于 99%。

沉钒与钒产品制备阶段，用 $NaClO_3$ 氧化，控制 pH = 2，沉钒温度 95℃，沉钒时间 2h 的条件下，沉钒率为 95%；也可用 H_2O_2 氧化，控制 pH = 4，沉钒温度 95℃，沉钒时间 5h 的条件下，沉钒率也能达到 95%。沉淀热解后的钒产品均达到国家钒产品 98 级 V_2O_5 标准。

8.2.4 无盐焙烧提钒

8.2.4.1 无盐焙烧工艺

无盐焙烧是依赖矿石特定的冶化性能进行的。石煤中钒主要以三价钒形态存在于云母中。在不加任何化学原料的前提下进行无盐焙烧，矿石发生热分解反应，钒便生成可溶性组分。

8.2.4.2 无盐焙烧原理

其化学反应原理如下：

$$KAl_2[VSi_3O_{10}OH]_2 \cdot CaCO_3 + O_2 \longrightarrow Al_2O_3 + SiO_2 + CaO + CaO +$$
$$KVO_3 + V_2O_5 + Ca(VO_3)_2 + H_2O + CO_2 \tag{8-38}$$

（1）浸出反应：焙砂中的 KVO_3 溶于水，V_2O_5 可溶于稀酸，$Ca(VO_3)_2$ 浸出时其化学反应如下：

$$KVO_3 + H_2O \longrightarrow K^+ + VO_3^- + H_2O \tag{8-39}$$

（2）稀硫酸浸出：

$$V_2O_5 + H_2SO_4 \longrightarrow (VO_2)_2SO_4 + H_2O \tag{8-40}$$

$$Ca(VO_3)_2 + 2H_2SO_4 \longrightarrow (VO_2)_2SO_4 + CaSO_4 + 2H_2O \tag{8-41}$$

$$Ca_2V_2O_7 + 3H_2SO_4 \longrightarrow (VO_2)_2SO_4 + 2CaSO_4 + 3H_2O \tag{8-42}$$

$$Ca_3(VO_4)_2 + 4H_2SO_4 \longrightarrow (VO_2)_2SO_4 + 3CaSO_4 + 4H_2O \tag{8-43}$$

（3）纯碱浸出：

$$Ca(VO_3)_2 + Na_2CO_3 =\!=\!= 2NaVO_3 + CaCO_3 \downarrow \tag{8-44}$$

$$Ca_2V_2O_7 + 2Na_2CO_3 =\!=\!= Na_4V_2O_7 + 2CaCO_3 \downarrow \tag{8-45}$$

$$Ca_3(VO_4)_2 + 3Na_2CO_3 =\!=\!= 2Na_3VO_4 + 3CaCO_3 \downarrow \tag{8-46}$$

沉钒反应见式（8-12），煅烧见式（8-13）。

8.2.4.3 提钒典型工艺操作及其技术指标

无盐焙烧过程控制十分重要，焙烧温度过低，氧化不充分，直接影响钒转浸率，温度过高，钒矿中的 CaO、SiO_2、$Na_2O(K_2O)$ 容易形成硅酸盐熔体，包裹低价钒矿物，不利于低价钒的转化，最佳焙烧温度 800～850℃；焙烧时间过短，氧化不充分，时间过长，容易造成矿样二次反应和硅氧裹络现象，不利于低价钒的转化，最佳焙烧时间不少于 3h。焙烧温度 850℃，焙烧时间 3h。74μm 占 73%；浸出液固比 1:1.5，浸出温度升高，偏钒酸钠的溶解度增加，对浸出有利，最佳浸出温度不小于 90℃；浸出时间延长，浸出率升高，要

保证钒浸出率大于70%，最佳浸出时间不少于3h。无盐焙烧石煤典型化学组成见表8-5。

表8-5 无盐焙烧石煤典型化学成分 （%）

V_2O_5	SiO_2	Al_2O_3	Fe	CaO	MgO	K_2O	Na_2O	C	挥发分
1.13	59.52	5.62	2.09	0.44	0.5	0.91	0.16	10.8	4.59

浸出液静置后用硫酸调节pH值至9~10，加入除硅剂，加热到90℃搅拌1h，SiO_2浓度降低到2g/L，净化渣水洗涤过程钒收得率99.5%；净化除硅后液，用硫酸调节pH值为7，采用强碱性717阴离子交换树脂吸附，一次吸附尾液V_2O_5含量不大于0.01g/L，V_2O_5吸附率99.5%；用20g/L硫酸和80g/L盐酸解吸，解吸含钒液$V_2O_5$45g/L，V_2O_5解吸率99.5%。

将石煤无钠空白焙烧、加入3%~7%的工业碱、65~95℃浸泡3~5h，所得浸出液放入白炭黑反应釜中加热至75~85℃、同时加入浓硫酸调节pH值至5~6，搅拌维持0.5~1.5h，压滤，通入65~75℃的热水，所得滤饼常规制浆，喷雾干燥，得白炭黑，所得的滤液和水洗液进行提钒。

8.3 石煤提钒工艺比较

中国已建有不少从含钒石煤中提取钒的工厂，各厂根据其资源特点开发出具有一定特点的提钒工艺流程。表8-6给出了石煤提钒工艺的比较，不同工艺指标差异较大，不具有绝对的可比性。

表8-6 石煤提钒工艺的比较

提钒工艺	钠化焙烧水浸提钒	硫酸浸出中间盐提钒	氧化焙烧硫酸浸出萃取工艺	氧化焙烧酸浸杂质分离
原矿品位 V_2O_5/%	>1	1.73	0.88	1.16
焙烧转化率/%	55			75.1
浸出率/%	90	88.86	76.1	80.1
萃取率/%		98.1	98.4	
反萃取率/%		98.16	99.4	
沉钒率/%	96	99	98.8	95.82
热解率/%	98	98	98	98
产品品位 V_2O_5/%	>98	>98	99.24	99.5
总回收率/%	45	82.25	70.70	51.65

9 矿物及综合物料提钒

根据钒矿物资源含量的不同、地域差异和不同的提钒技术发展阶段，面对多元、复杂、多变和低品位提钒原料的氧化物特点，经历了低品位原料提钒、高品位原料提钒和提钒兼顾贵金属回收等三个阶段，平衡富集、转化和回收的工序功能，形成了以化工冶金和冶金化工为特征的提钒工艺。选择钒组元合适的成盐和酸解碱溶条件，对钒组分进行特定转化，形成有利于酸、碱和水介质的溶解化合物，特别是利用钒酸钠盐的溶解特性，通过焙烧使物料中赋存钒由低价氧化成高价钒，钠化成盐，转化形成可溶性钒酸盐，使钒原料通过结构转型，转化形成性质稳定的中间化合物，实现钒与其他矿物组分的分离，可溶钒进液相，不溶物留存渣中，工艺适合以提钒为主要目标的钒原料。

矿物及综合物料钒含量普遍较低，对于富含贵金属或者有价金属的钒原料处理，需要提钒与有价金属元素回收并举，钒原料一般成分多杂，部分为原生矿物，部分属于二次再生钒原料，难以平衡不同的回收提取工序功能，酸浸酸解可以建立统一的液相体系，根据不同金属盐的液相组分特点，进行无机沉淀和有机萃取分离，提取钒制品，富集回收有价金属元素；随着钒制品应用领域的不断扩大，由钒应用延伸形成资源产品社会积累，需要召回更新处理，部分二次再生钒原料极可能是危险化学废物，按照现代环保理念必须及时有效处理，具有提钒和废物处理的双重紧迫性；化工冶金提钒流程具有流程短和回收率高的优点，但要求处理的原料含钒品位相对较高，在 20 世纪 60 年代南非提钒产业规模化发展之前发挥了重要作用。

9.1 钒钛磁铁矿直接提钒

钒铁精矿钠盐焙烧制取五氧化二钒的钒提取主要基于初期钒资源匮乏，其次是铁钒工艺的配套、平衡与选择。

9.1.1 钒钛磁铁矿直接提钒工艺

钒钛磁铁精矿经磨矿、磁选所得含钒铁精矿通常含 V_2O_5 0.5% ~ 2% 和全铁 50% ~ 65%，直接进行钠盐焙烧和水浸出提钒，提钒后的铁精矿再用作炼铁原料。对于含钒较高的磁铁精矿，可以采用先提钒处理，矿物细磨后混入钠盐添加剂，造球或者制团，高温焙烧后用水溶浸，含钒浸出液经过净化处理，直接沉钒提取五氧化二钒，浸出渣处理后返回炼铁工序。

采用含钒铁精矿加芒硝制团、焙烧和水浸，使钒酸钠进入溶液，再加硫酸使之转化为 V_2O_5 沉淀，过滤后直接得到 V_2O_5，水浸后的球团用作炼铁原料。南非海威尔德公司是西方国家同时拥有应用以上两流程的典型生产厂。劳塔鲁基（Rautaruukki）公司是芬兰国有钢铁企业，下属奥坦马蒂（Otanmaki）和木斯特瓦拉（Mustavaara）厂均从含钛磁铁矿中回收钒。从原矿到工业 V_2O_5 的总回收率约为 50%。由于原矿中磁铁矿和金红石嵌布极

细，不能用选矿方法使之分离。Mustavaara 原矿含 V_2O_5 1.60%，其处理方法大致与 Otan-maki 矿的处理相同，但由于其硅盐含量高，钠化焙烧熟料浸出液中水溶性硅酸盐浓度高，因此，必须在沉淀作业前进行脱硅处理。经浸出的熟料因含钠量高，不能全部用于钢铁生产。

9.1.2　钒钛磁铁矿直接提钒原理

湿法焙烧浸出流程的核心首先是使钒氧化而后转化形成水可溶性的钒酸盐，多种焙烧设备可以实现其钠化氧化功能。经细磨的钒铁精矿和钠化剂（碱、芒硝或元明粉 Na_2SO_4）制成粒或造成球，在焙烧炉内进行氧化钠化焙烧，钒铁精矿中的钒便被氧化生成 V_2O_5：

$$V_2O_3 + O_2 \longrightarrow V_2O_5 \tag{9-1}$$

$$Na_2SO_4 \longrightarrow Na_2O + SO_2 + 1/2O_2 \tag{9-2}$$

$$V_2O_5 + Na_2O \longrightarrow 2NaVO_3 \tag{9-3}$$

用水浸出焙烧产物过程中，$NaVO_3$ 进入溶液与大部分不溶产物分离，然后再从经净化处理过的含钒溶液中沉淀出钒的化合物。

过程化学反应与钠盐提钒相同。

9.1.3　钒钛磁铁矿直接提钒工艺装备及典型工艺指标

根据钠化焙烧所用的主体设备，钒铁精矿直接提钒又分为竖炉钠化焙烧、流态化床钠化焙烧、回转窑钠化焙烧和链算机-回转窑钠化焙烧四种方法。

9.1.3.1　竖炉钠化焙烧提钒

芬兰劳塔鲁基钢铁公司所属的奥坦马蒂钒厂和木斯特瓦拉钒厂均采用钒铁精矿加钠盐造球，竖炉钠化焙烧的提钒方法。奥坦马蒂钒厂所用的原料成分（质量分数,%）为：TFe 68.4，TiO_2 3.2，V_2O_5 1.125，SiO_2 0.4，CaO 0.06，MgO 0.24，Al_2O_3 0.5。钒铁精矿磨至 -0.038mm 粒级占 85%，加入占料量 2.2% ~ 2.3% 的芒硝（Na_2SO_4）或 1.6% ~ 1.8% Na_2CO_3，用混料圆筒（直径 2.7m，长 9m，倾角 7°）造球机制成直径 13 ~ 16mm 的球粒，加入直径 3 ~ 3.3m、高 15m 圆形竖炉中进行钠化焙烧。焙烧产物在 20 个浸出罐中浸出。浸出罐用钢板焊成，外部保温，罐径 2.5m、高 12.5m、容积 60m³，可装钠化球 80t。浸出后的钠化球经过处理后送高炉炼铁。

浸出液含钒 20 ~ 25g/L，在 6 个 10m³ 沉淀罐中加硫酸和硫酸铵在 363K 温度下沉淀出 V_2O_5。沉钒后尾液含钒 0.08g/L，经进一步处理后排放。竖炉作业率 90%，热耗为每吨球团 18 ~ 20L 重油，蒸汽消耗为每吨 V_2O_5 600L，电耗为每吨 V_2O_5 3300kW·h，产品五氧化二钒纯度为 99.5%，钒收率 78%。

木斯特瓦拉的提钒生产流程与奥坦马蒂钒厂生产设备连接流程类似。所用钒铁精矿的成分（%）为：TFe 63，V_2O_5 1.64，TiO_2 6.5，SiO_2 2.5，CaO 1.0，MgO 1.0，Al_2O_3 1.1。钒铁精矿磨细至 -0.038mm 粒级的占 90%。竖炉生产能力为每小时 40t 球团，作业率 85%。钒浸出率 97%，钒沉淀率 99.5%，V_2O_5 纯度 99.8%。

9.1.3.2　流态化床钠化焙烧提钒

澳大利亚阿格纽克拉夫有限公司（Agnew Clough Ltd.）1980年建成年产 V_2O_5 1620t 的提钒厂。

该厂所处理的原矿含 V：0.5% ~ 1%，选矿除去硅、铝后品位提高到含 V_2O_5 2%，SiO_2 在1%以下。这种钒铁精矿和 Na_2SO_4。一起制成粒径3mm的球粒在流态化床炉中进行钠化焙烧。焙烧产物用水多段浸出，浸出液含 V_2O_5 40 ~ 50g/L，溶液 pH = 10。先将浸出液中和到 pH = 7，除去铝和硅后，再加硫酸铵沉淀多钒酸铵。多钒酸铵经煅烧得五氧化二钒，从炉气中回收氨制成硫酸铵返回系统使用。

9.1.3.3　回转窑钠化焙烧提钒

工业使用的氧化钠化焙烧回转窑直径 2.3 ~ 2.5m，长度大于或者等于 40m，窑身倾斜 2% ~ 4%，转速 0.4 ~ 1.08r/min，用重油、天然气或者煤气作燃烧热源，炉料在炉内停留 2.5h，物料回收率约95%。回转窑内分为预热区、烧成区和冷却区等三个区，预热区长度约为 10 ~ 15m，温度 627 ~ 927℃；烧成区 15 ~ 20m，温度 1073 ~ 1173℃；冷却区 5 ~ 8m，温度 523 ~ 773℃。混合好的炉料经加料管首先进入窑内预热区，脱除炉料水分，然后预热，炉料部分物相被氧化并开始分解；经过预热的炉料随着回转窑转动向前移动进入烧成区，按照工艺要求实现炉料分解—氧化—钠化，形成焙烧熟料；焙烧炉料在烧成区实现熟料转化后进入冷却区开始冷却，进行出窑准备。焙烧熟料出窑后筛去大块物料，经斜管进入湿球磨，形成浸出浆料。

中国上海第二冶炼厂采用承德大庙含钒铁精矿为原料，原料成分（质量分数，%）为：TFe 58，V_2O_5 含量不小于0.72，TiO_2 含量不大于8，SiO_2 含量不大于2.5。钒铁精矿磨至 -0.075mm 粒级不大于65%，配入占精矿量 6.5% ~ 10% 的碳酸钠在回转窑中于1373 ~ 1473K 温度下焙烧 4 ~ 4.5h。焙烧产物用363K温度热水浸出。浸出浆料经浓密过滤，滤渣含 V_2O_5 0.1% ~ 0.2%，滤液含 V_2O_5 7.14 ~ 10g/L。用加酸沉淀钒，钒回收率74.41%。

9.1.3.4　链箅机-回转窑钠化焙烧提钒

原联邦德国联合铝业公司（VAW-Vereinigte Aluminium—Werke AG）与南非德兰斯瓦合金公司（Transvaal Alloys Ltd.）联合在米德尔堡地区建的钒厂把加入硫酸钠的钒铁精矿粉放在造球机上造球，经回转窑1173K温度尾气加热预固化后进入回转窑，于1543K温度下焙烧 60 ~ 110min，钒转化率可达92%。焙烧球料在大型浸出塔中用热水进行逆流浸出，浸出塔设有特殊的密封装置。浸出液含钒达35g/L，含 SiO_2 1g/L，含粉尘固体物 3 ~ 7g/L。浸出的浆液经除硅净化过滤后，在沉淀罐中加硫酸铵沉钒。

（1）南非凡特腊厂。所使用钒钛磁铁矿成分：TFe 50% ~ 60%，V_2O_5 2.5%，TiO_2 8% ~ 20%，Al_2O_3 1% ~ 9%，Cr_2O_3 1%，采用回转窑焙烧实现氧化和转化。

（2）前苏联和澳大利亚阿格纽克拉夫有限公司都采用沸腾炉焙烧使 97% ~ 98% 的钒转化为可溶性钒而被浸出。

（3）芬兰奥坦马蒂，使用原矿成分 Fe 40%，TiO_2 15.5%，V 0.26%（V_2O_5：0.71%）原矿制团，在竖炉焙烧和转化，转化率达 80% ~ 90%。

9.2　石油渣提钒

一般讲，原油和石油砂都含有钒，尽管有些国家至今仍未把油含钒列为钒资源，

但这些原油确是钒的潜在资源，全球的石油中钒的含量变化很大，委内瑞拉、墨西哥、加拿大和美国原油含钒为$(220 \sim 400) \times 10^{-4}\%$，是全球石油含钒量较高的少数几个国家。

9.2.1 提钒工艺

美国、日本、德国、加拿大和俄罗斯等国家从石油渣和石油灰中提钒，提钒的最终产品主要是 V_2O_5，但也可以直接炼成钒铁。提取的方法很多，主要根据原料成分或性质上的差异，选择不同的工艺。

以含钒石油渣为原料制取五氧化二钒的钒提取方法。主要有硫酸浸出、碱法提钒和火法处理提钒等方法。

委内瑞拉原油中含 V_2O_5 0.06%，墨西哥原油中含 V_2O_5 0.02% ~ 0.044%。这些含钒的原油在燃烧后，钒富集在灰烬中。如委内瑞拉原油锅炉灰尘含 V_2O_5 35.28%。

加拿大用硫酸浸出法从石油灰烬中回收钒，由静电除尘器收集的燃油灰尘在 11360L 容积的浸出槽中用硫酸浸出，浸出浆液过滤后，把滤液加温至 366K，用次氯酸钠（$NaClO_4$）将钒氧化成五价。等滤液由蓝色变为黄色后，加氨将溶液 pH 值由 0.3 调整到 1.7，使钒以铵盐形态沉淀。沉淀物在 593K 温度下干燥煅烧得 V_2O_5。V_2O_5 在 1373K 的氧化气氛中熔化铸片。

9.2.2 提钒原理

主要化学反应如下：

酸浸工序：
$$V_2O_5 + 6HCl \longrightarrow 2VOCl_2 + 3H_2O + Cl_2 \qquad (9\text{-}4)$$
$$V_2O_5 + H_2SO_4 \longrightarrow (VO_2)_2SO_4 + H_2O \qquad (9\text{-}5)$$

$NaClO_4$ 氧化：
$$VOCl_2 + NaClO_4 \longrightarrow NaVO_3 + 2NaCl + Cl_2 \qquad (9\text{-}6)$$

沉淀煅烧：
$$NaVO_3 + NH_4Cl \longrightarrow NH_4VO_3 + NaCl \qquad (9\text{-}7)$$
$$2NH_4VO_3 \longrightarrow V_2O_5 + 2NH_3 + H_2O \qquad (9\text{-}8)$$

碱法提钒是在石油渣中混加 Na_2CO_3 制粒后焙烧，接着用水浸出；或用 NaOH 溶液直接加压浸出，再用碱性铵盐从溶液中沉淀钒；或浸出液经萃取法或离子交换法净化和富集后，再制取 V_2O_5。

火法处理提钒是在石油渣中混加 Na_2CO_3 或 NaCl 配料后，在硫化物或硫酸盐存在下进行电炉熔炼，获得钒渣和镍锍，然后与湿法提钒流程对接。

9.3 钾钒铀矿提钒

从钾钒铀矿提取钒，可用硫酸直接浸出，也可以先将矿石焙烧，再用水和稀盐酸或硫酸浸出。矿石中 80% 的钒和铀溶解，然后用叔胺、季胺或烷基磷酸溶剂萃取分离钒和铀。

图 9-1 给出了钾钒铀矿提钒工艺流程图。

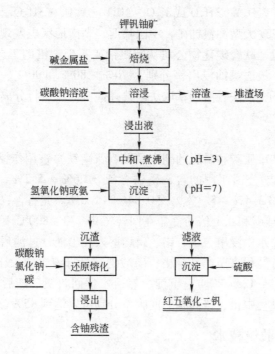

图 9-1　钾钒铀矿提钒工艺流程图

9.4　高铝渣提钒工艺

　　高铝渣指钒铁冶炼得到的高铝渣，特别是渣铁界面渣，采用 Na_2CO_3 作焙烧添加剂，并添加 $MgSO_4$ 作转化剂，对高铝渣进行氧化钠化焙烧，然后用碳铵浸出的方法提取 V_2O_5。该工艺钒的回收率高达 65% ~ 75%，V_2O_5 产品质量可达 98%，过滤容易且浸出液澄清快，工艺流程简单，取消了沉钒后对需排放的上清液进行除钠的工序；整个生产过程没有污水外排，沉渣中含 Al_2O_3 高达 80% ~ 84%，可作耐火材料和生产铝酸盐制品的原料。

9.5　钒铅矿提钒

　　用硫酸浸出钒铅精矿或钒铅锌矿制取五氧化二钒，西南非渥太华地区的阿贝纳比西矿由钒铅矿（$3Pb_3(VO_4)_2 \cdot PbCl_2$）、钒铅锌矿（$(Pb,Zn)_3(VO_4)_2 \cdot (Pb,Zn)(OH)_2$）及白铅矿（$PbCO_3$）等组成，含 V_2O_5 1.39%，含 Pb 7.17%。这种矿经浮选得到含 V_2O_5 10.75%、Pb 49.98% 的精矿，钒的选矿回收率为 89.4%。这种含钒铅精矿用硫酸浸出制取 V_2O_5。

　　赞比亚布罗肯山的钒铅锌矿为红土质风化矿，经重力选矿得到精矿或中矿。精矿含 V_2O_5 16.57%，作为商品销售，用于吹炼钒渣提钒。含 V_2O_5 8.5% 的中矿和矿泥磨至小于 0.07mm 的粒度，加入机械搅拌浸出槽，用硫酸浸出，得到含 V_2O_5 30 ~ 40g/L 的溶液。溶液添加 MnO_2 将钒由 V^{4+} 氧化成 V^{5+} 后，转入沉淀槽加热到 363K 温度，将溶液调至 pH 1.5 ~ 3 便沉淀出五氧化二钒，五氧化二钒的纯度在 90% 以上。

9.6　铀钼钒矿提钒

　　美国钒的生产厂家处理的原料以钾钒铀矿石、铀钼钒矿和磷铁矿石为主，钾钒铀矿的

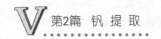

化学式为：$K_2(VO_2)_2(V_2O_8)\cdot 3H_2O$ 或 $K_2O\cdot 2UO_2\cdot V_2O_5\cdot 3H_2O$。最近澳大利亚西部伊利里的钙结石乐岩中发现大型钾钒铀矿，中国陕西、湖南地区也发现钒铀共生矿。世界上最大的矿冶公司——美国联合碳化物公司从钾钒铀矿石生产钒的工艺流程是焙烧、浸出、沉淀、还原和再浸出。该法钒铀浸出率分别为 70%～80% 和 90%～95%。酸法和碱法浸出含钒溶液，可用离子交换法、溶剂萃取法或选择性沉淀法进行分离提纯。

9.7　钒磷铁矿提钒

钒磷铁矿电炉生产单质磷和磷肥的副产品（含钒磷铁）被用作提钒原料，美国的克尔麦吉（KerrMeGee）化学公司所用的含钒磷铁含钒 3.26%～5.2%，磷 24.7%～26.6%，铁 59.9%～68.5%，铬 3.4%～5.7%，镍 0.84%～1.0%。先将含钒磷铁矿磨至粒度小于 0.42mm，配入 1.4 倍纯碱和 0.1 倍的食盐在回转窑中 770～800℃ 下焙烧，钒便转变成水溶性的钠盐，焙砂在沸水中浸出，钒、铬、磷均溶入浸出液，过滤后滤液结晶析出磷酸钠晶体，粗磷酸钠可再行纯化直至产品合格。磷酸钠结晶母液含磷大于 0.98g/L，可加入适量 $CaCl_2$，使其以磷酸钙[$Ca_3(PO_4)_2$]沉淀，然后水解回收钒，随后往母液中加入硝酸铅以沉淀铬酸铅。工艺过程中钒、铬和磷的回收率分别可以达到 85%、65% 和 94%。

9.8　含钒褐铁矿回收钒技术

含钒褐铁矿五氧化二钒含量为 0.5%～2.5%，Fe 20%～40%，SiO_2 30%～65%，矿石主要由针铁矿、赤铁矿和脉石组成。脉石以石英为主，其次是泥质（还有少量的绢云母）。钒在褐铁矿中没有呈独立矿物存在，而是以离子型吸附状态存在于铁和泥质中。处理的原则流程是：破碎、球磨、焙烧、浸出和沉淀 $NaVO_3$ 或 V_2O_5。研究表明褐铁矿 V_2O_5 含量不同，钒的转化率受矿石组分的影响，其中主要影响因素是矿石 CaO 的含量，随着的 CaO 的含量增加，影响钒的转化，焙烧温度的提高能提高钒的转化率。不同含钒矿石，最高转化率的温度是有差异的。

9.9　从炼油渣中回收钒技术

美国从 20 世纪 80 年代末开始用石油渣、石油灰为原料生产钒，目前仍然是该原料生产钒的最大生产国。美国 Amax 和 CRI Ventures 公司就是通过处理炼油渣综合回收钒、钼、钴、镍和铝，处理的工艺是炼油渣与烧碱混合磨矿进行加压浸出，在高温和加压下氧化，硫转化硫化物，碳氢化合物大部分分解，钒、钼溶入溶液，经过滤分离，从溶液回收钒钼。或石油渣加 Na_2CO_3 或 NaCl 配料后，在硫化物和硫酸盐存在下进行电炉熔炼，获得钒渣和镍锍。

9.10　从矾土中提钒

矾土主要是含钒较高的铝土矿，含钒水平差异较大。拜耳提铝过程中，部分 V、Fe、As 和 P 以各自钠盐的形式作为杂质进入铝溶液中，一次过滤后钒在提铝赤泥中得到一次富集，达到 0.3% V_2O_5 水平，采用 Na_2CO_3 作焙烧附加剂，对赤泥进行氧化钠化焙烧提取 V_2O_5，或者碱浸提取 V_2O_5。

进入铝浸出液的 V_2O_5 在铝沉淀过程中，V_2O_5 随液相富集，沉淀得到含 6%～20%

V_2O_5 的拜耳钠盐淤泥，水浸得到 $NaVO_3$ 溶液，与通用沉钒工艺对接。

9.11　废催化剂和触媒的提钒技术

用钒化合物与其载体制成的催化剂能改变某些化学反应速率，而本身又不参加反应的化学试剂。钒催化剂（$V_2O_5 \cdot NH_4VO_3$）代替铂用于生产硫酸，使 SO_2 转化为 SO_3。在石油工业中，钒主要用做裂解催化剂（VS）以及脱硫剂。钒在橡胶工业中，用乙烯和丙烯的交联合成橡胶的催化剂（VCl_4）。

9.11.1　废催化剂和触媒的提钒技术

处理回收废硫化钒催化剂经焙烧得到易溶浸产物，可采用高温氨浸法，钒废原料加入压煮器中，473K 温度下用 1~14mol/L 浓度的氨水压煮 4h，钒酸铵便溶于氨水中，将钒酸铵滤液的温度降至 323K，便析出钒酸铵结晶，结晶浆液经过滤、水洗、干燥后，在 473~873K 温度下煅烧，便得到 V_2O_5，结晶的母液返回浸出循环使用。同样可以用碱浸出钒催化剂废料回收钒，用 NaOH 或 Na_2CO_3 溶液在 363~378K 温度下浸出 1~6h，然后过滤分离，在浸液中通入氨和二氧化碳，保持 298~308K 温度，按 1mol 钒加入 1.5~5mol 氨量，并将溶液 pH 值调至 6~9。经氨处理，保持 308K，便可以沉淀出钒酸铵。

一般废催化剂在 1073K 温度下进行氧化焙烧，先制得含 V 10.88%，Mo 5.49%，Co 2.03%，Ni 1.94%，Al 35.48% 的焙烧料，然后按 150g 焙烧料中加入 300mL 含 NaOH15% 的溶液，在 333K 温度下搅拌浸出 3h，浸出料液在 323K 温度下过滤，浸出液由 323K 降至 278K，便析出含钒结晶体，母液返回使用，结晶体经水洗、干燥、煅烧后得到 V_2O_5。焙烧料也可用酸浸流程，催化剂中除钒外，其他有价元素 Mo、Ni、Co 等都转入溶液，除杂后钒用萃取分离法回收。

直接酸浸液除钒外，还含有大量铁离子，为溶液处理带来麻烦。通过预焙烧使钒氧化成高价钒，同时使其转型，减少了提钒的困难。由于废触媒本身含有 10% 硫酸钾组分，因此氧化焙烧水浸流程可分为不加钠盐和加钠盐两种。前者焙烧温度 900℃ 达到最佳转化率（约 80%）。再高或再低温度的焙烧，钒的转化率都不理想，后者添加 5% 的 Na_2CO_3 在 800℃ 下焙烧 2h，钒的转化率可达 92%，对焙砂进行两段浸出，即先水浸后酸浸或碱浸，其特点是先将钾盐、钠盐和近 80% 的钒水浸进入低酸溶液。这种溶液杂质少，易处理，可回收利用钾盐。酸浸或碱浸目的在于不溶于水的钒盐尽可能多地溶解，以提高钒的回收率。溶液中的钒用 N235 萃取分离，碱反萃，NH_4Cl 沉淀偏钒酸铵，煅烧得 V_2O_5。

9.11.2　石油裂解用废催化剂（VS）的回收技术

废硫化钒催化剂经焙烧得到产物，可以采用高温氨浸法，钒废原料在加入压煮器中，473K 温度下用 1~14mol/L 浓度的氨水压煮 4h，钒酸铵便溶于氨水中，经过炉分离后，将钒酸铵滤液的温度降至 323K，便析出钒酸铵结晶，结晶浆液经过滤、水洗、干燥后，在 473~873K 温度下煅烧，便得到 V_2O_3，结晶的母液返回浸出循环使用。

除以上方法外，也可以用碱浸出从钒废料中回收钒，用 NaOH 或 Na_2CO_3 溶液在 363~378K 温度下浸出 1~6h，然后过滤分离，在浸液中通入氨和二氧化碳，保持 298~308K 温度，按 1mol 钒加入 1.5~5mol 氨量，并将溶液 pH 值调至 6~9。经氨处理，保持 308K，

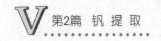

便可以沉淀出钒硫铵。滤液送解吸器，用蒸气驱赶液体中的 NH_3 和 CO_2，然后返回浸出，钒硫铵处理同前。

9.11.3 从原油脱硫用的废催化剂的回收技术

美国 AMR 是一家从石油裂变废催化剂提钒的大公司，其处理的废催化剂的量占全美的 50%，年处理废催化剂 16000t，可以综合回收 1500t V_2O_3，1000 多吨 Mo，400 ~ 600t Ni，110 ~ 180t Co，还有部分 Al_2O_3。

9.11.4 硫酸触媒提钒

硫酸工业上用矾触媒过程中，由于 SO_2 气体中的 As_2O_5 和触媒中 V_2O_5 形成配合物，在触媒的正常操作温度 480℃该配合物随气体挥发掉。挥发量占 V_2O_5 总量的 40% ~ 50%，除此以外还有 K_2SO_4 和 SiO_2。新废触媒成分见表 9-1。

表 9-1　新废触媒成分　　　　　　　　　　（%）

成 分 名 称	V_2O_5	K_2SO_4	SiO_2
新触媒成分	9 ~ 10	20 ~ 22	20
废触媒成分	5 ~ 6	10 ~ 12	80

废触媒的处理，工业上可以采用：（1）直接酸浸工艺；（2）氧化钠化焙烧水浸工艺。直接酸浸工艺为了降低溶液杂质和游离酸，减少酸碱消耗，采用两段逆流浸出：一段为弱酸浸；二段为高酸浸。高酸浸出液加入到新加废触媒进行弱酸浸出。二段浸出结果钒浸出率可达 88.5% ~ 91.1%，浸出渣含 V_2O_5 可以降到 0.59%，当提高二段浸出酸浓度到 80 ~ 100g/t，渣含 V_2O_5 可降到 0.3%。溶液的净化采用 N235 或 P204 萃取，碱反萃取，用 NH_4Cl 沉偏钒酸铵，煅烧得到 V_2O_5。

9.12 飞灰提钒

飞灰特指燃油和燃煤过程收集的烟灰，因为含钒富集而成为提钒资源。提钒一般采用水浸、碱浸和酸浸的工艺，分离钒与其他杂质，根据杂质水平选择净化工艺，经过净化处理后溶液沉钒。

飞灰提钒必须进行溶解转化，采取酸浸、碱浸、脱碳焙烧水浸碱浸和加压酸浸，形成含钒均匀体系，提钒同时与金属回收结合。飞灰提钒典型工艺流程见图 9-2。

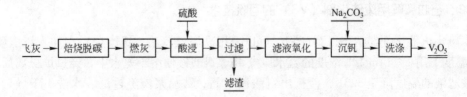

图 9-2　飞灰提钒典型工艺流程图

全球现采石油大多含有微量钒，在石油炼化过程一次富集在重油生产中，重油主要用于发电和工业加热作业，燃烧过程中产生锅炉飞灰和窑炉飞灰，高温燃烧过程钒在飞灰中得到二次富集，可以作为提钒原料，重油飞灰典型成分见表9-2。

表9-2　原料重油飞灰典型成分　　　　　　　　（%）

水 分	C	V	Fe	Na	Si	Ni	Al	S	P
1.9	33.1	2.6	3.5	2.3	2.5	1.3	2.1	12.6	0.1
0.9	39.6	3.3	3.9	2.4	0.7	1.2	0.4	11.3	0.1
1.5	79.1	1.3	4.0	0.2	0.8	0.7	0.6	1.6	0.1

重油发电过程中，飞灰的产出大约30%来自电收尘，部分电收尘过程为了中和烟气酸性，需要喷入氨气中和，导致电收尘飞灰包含相当多的硫酸铵；70%来自旋风除尘，飞灰的主要成分是碳粒，组成主要是 Fe、V、Ni，部分飞灰含镍，钒镍含量呈正比。

锅炉灰 V 4.4% ~ 19.2%，Ni 0.2% ~ 0.5%。磨矿至 −0.15mm，用 8mol/L 的 NaOH溶液112℃浸取4h，经三次逆流浸出，钒浸出率43%、16%和8%，浸出液直接沉钒；浸出渣用88mol/L的盐酸溶液浸取，浸出液带进 Ni、Fe 和 Mg 等，用25%的 TBP 的煤油萃铁，萃余液调节 pH = 6，用25% LIX64N 的煤油萃取 V 和 Ni，用 0.3mol/L 的 HCl 反萃镍，用6mol/L 的 HCl 反萃钒，钒回收率80%。

锅炉灰也可采用酸性溶解浸出，沸腾条件下用1mol/L H_2SO_4，固液比保持2mL/g，浸出渣用水洗涤3次，洗涤固液比3mL/g，一次洗水与滤液合并，加过量25%的氧化剂（$NaClO_3$），用碳酸钠调节 pH 值至2.3，沉淀1h，沉淀物含钠较高，用 pH 值为2左右的H_2SO_4 溶液洗涤，固液比保持10mL/g，干燥后可用作钒铁生产原料。

锅炉灰由于碳含量高，也可采用碳氧化钠化焙烧工艺提钒，焙烧过程氧化脱碳，钒氧化钠化成盐，水浸或者碱浸，主要是焙烧转化过程控制，960℃以上钒和镍的挥发加剧，出现钒青铜现象，重油飞灰在1150℃开始变形，1190℃软化，1260℃熔化，燃烧温度控制在850℃比较合适。钒的浸出率可达到99%，沉钒率89%，钒总收率83%。

鉴于飞灰钠化脱碳焙烧过程难度大，飞灰本身脱氧燃烧具有温度可变性，细粒度颗粒焙烧容易烧结，给焙烧带来困难。将飞灰加压酸浸，温度控制200℃，氧分压1.5MPa，酸浓度控制60g/L，质量液固比1:1，浸取时间15min，V 和 Ni 的浸出率大于95%，浸出液在200℃水解沉淀铁，电解法分离镍，溶液再中和后用铵盐沉钒，煅烧得到 V_2O_5。

重油锅炉电收尘飞灰和旋风除尘飞灰典型化学成分见表9-3。

表9-3　原料重油锅炉飞灰典型成分　　　　　　　　（%）

类 别	C	V	Fe	Na	Mg	Ni	NH_4^+	SO_4^{2-}
电尘飞灰	56.7	0.41	0.55	0.41	2.55	1.02	7.72	29.1
旋风飞灰	63.2	1.91	1.96	1.50	0.07	0.80		24.8

对于30% ~ 40%硫酸铵、0.41% V 和1% Ni 的电收尘飞灰处理，可以采用氨浸工艺，用 0.25mol/L NH_3 + 1mol/L（NH_4）$_2SO_4$ 溶液浸取飞灰，首先浸取镍，形成镍氨离子，镍浸出率60%；用 NaOH 浸取钒，钒浸出率80%；固液分离后浸出液用铵盐沉钒，与铵盐沉钒工艺对接。

沥青岩也含有微量钒，与燃煤配水形成水煤浆，配合燃烧产生燃煤飞灰。水煤浆燃烧飞灰典型成分见表9-4。

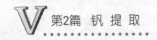

表9-4 水煤浆飞灰典型成分 （%）

水 分	C	V	Fe	Na	Ni	Al	S
5.2	7.1	11.7	0.6	1.1	2.5	3.2	13.2

对于水煤浆处理，一般采用酸性溶解浸出，沸腾条件下用 2mol/L H_2SO_4，固液比 2mL/g，浸出渣用水洗涤 3 次，洗涤固液比 3mL/g，一次洗水与滤液合并，加过量 25% 的氧化剂（$NaClO_3$），用碳酸钠调节 pH 值至 2.3，沉淀 1h，沉淀物含钠较高，用 pH 值为 2 左右的 H_2SO_4 溶液洗涤，固液比保持 10mL/g，干燥后可用作钒铁生产原料。

第3篇 钒 应 用

10 钒铁合金

钒铁是重要的钒合金产品，是钢铁冶金过程钒合金化处理的重要炉料产品，常用的钒铁有含钒40%、60%和80%三种，V组分要求误差小，C、S和P有严格限制，生产商可以根据要求与用户协商约定其他成分。钒铁的生产方法主要有电硅热法、铝热法和钒渣直接合金化法，电硅热法可以生产中钒铁合金和硅钒合金，铝热法可以生产高质量的高钒铁合金，根据安全操作需要形成了铝热法和电铝热法，钒渣直接合金化可以省略钒原料提纯过程，部分节约成本，但产品质量不高，存在C、Si、S、P和Cr杂质不可控的问题。钒铁合金V含量大于40%时，熔点1480℃，固态密度7.0t/m³，堆密度3.3~3.9t/m³，使用块度小于200。

10.1 电硅热法工艺

1894年穆瓦温发明电硅热法还原钒氧化物技术。图10-1给出了电硅热法生产钒铁工艺流程图。

10.1.1 电硅热法工艺

电硅热法钒铁工艺以用片状五氧化二钒为原料，75%硅铁和少量铝作还原剂，在碱性电弧炉中，经还原、精炼两个阶段冶炼生产合格钒铁产品。还原期将一炉的全部还原剂与占总量60%~70%的片状五氧化二钒装入电炉，在高氧化钙炉渣条件下，进行硅热还原。当渣中V_2O_5小于0.35%时，放出炉渣，转入精炼期。再加入片状五氧化二钒和石灰，以脱除合金液中过剩的硅、铝等，当铁合金成分达到要求时，即可出渣出合金。精炼后期放出的炉渣为含V_2O_5达8%~12%的富渣，在下一炉开始加料时，返回利用。合金液一般铸成圆柱形锭，经冷却、脱模、破碎和清渣后即为成品。

图10-2给出了钒氧化物的氧势图，用铝、硅和碳还原钒氧化物（V_2O_5，V_2O_3）的反应$\Delta G^{\ominus}$-T图见图10-3。

10.1.2 电硅热法原理

电硅热法主要还原剂是硅铁中的硅、铝质还原剂和电极中的碳，铁留在合金中作为钒

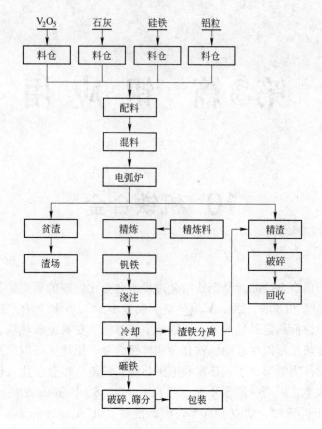

图 10-1　电硅热法钒铁生产工艺流程

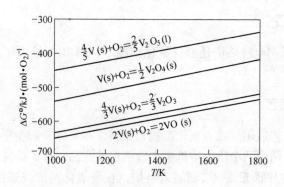

图 10-2　钒氧化物的氧势图

的溶解介质和钒-铁-硅化合的铁元素，电热和反应放热提供热源。

碳还原化学反应如下：

$$1/5V_2O_5 + C === 2/5V + CO \tag{10-1}$$

$$\Delta G^\ominus = 208700 - 171.95T$$

$$2/5V_2O_5 + 9/5C === 4/5VC + CO_2 \tag{10-2}$$

$$\Delta G^\ominus = 150250 - 160.6T$$

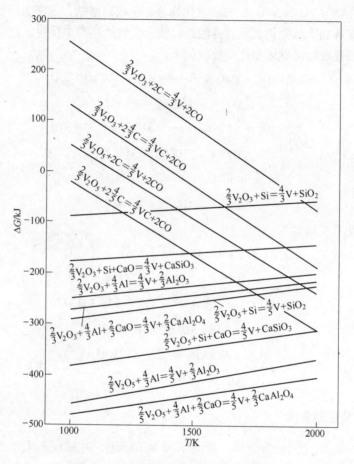

图 10-3　氧化钒还原反应 $\Delta G^{\ominus}$-T 关系图

碳在一般条件下属于弱还原剂，反应（10-1）比反应（10-2）难，碳还原五氧化二钒生产钒合金条件下只能形成 VC，得到高碳钒铁合金，足量碳还原时钒铁碳一般可以达到 5%，或者高达 7% ~ 8%，一定程度影响钒铁应用质量。

硅还原化学反应如下：

$$2/5V_2O_5 + Si \rule[0.5ex]{1.2em}{0.4pt} 4/5V + SiO_2 \tag{10-3}$$

$$\Delta G^{\ominus} = -326026 + 75.2T$$

$$2/3V_2O_3 + Si \rule[0.5ex]{1.2em}{0.4pt} 4/3V + SiO_2 \tag{10-4}$$

$$\Delta G^{\ominus} = -105038 + 54.8T$$

$$2VO + Si \rule[0.5ex]{1.2em}{0.4pt} 2V + SiO_2 \tag{10-5}$$

$$\Delta G^{\ominus} = -25414 + 50.5T$$

$$V_2O_5 + Si \rule[0.5ex]{1.2em}{0.4pt} V_2O_3 + SiO_2 \tag{10-6}$$

$$\Delta G^{\ominus} = -646023 + 101.53T$$

低价钒氧化物（VO 和 V_2O_3）与硅氧化物容易生成硅酸盐，迟滞钒还原反应进程，一般反应配料中应该加入氧化钙，形成硅酸钙，使低价钒继续参加反应。

在有氧化钙存在时，硅还原化学反应如下：

$$2/5V_2O_5 + CaO + Si === 4/5V + CaO \cdot SiO_2 \qquad (10\text{-}7)$$

$$\Delta G^{\ominus} = -470000 + 75.0T$$

$$2/3V_2O_3 + Si + CaO === 4/3V + CaO \cdot SiO_2 \qquad (10\text{-}8)$$

$$\Delta G^{\ominus} = -250000 + 54.0T$$

$$2VO + Si + 2CaO === 2V + 2CaO \cdot SiO_2 \qquad (10\text{-}9)$$

$$\Delta G^{\ominus} = -41070 + 12.03T$$

铝热还原化学反应如下：

$$2/5V_2O_5 + 4/3Al === 4/5V + 2/3Al_2O_3 \qquad (10\text{-}10)$$

$$\Delta G^{\ominus} = -540097 + 24.8T$$

$$2/3V_2O_3 + 4/3Al === 4/3V + 2/3Al_2O_3 \qquad (10\text{-}11)$$

$$\Delta G^{\ominus} = -319453 + 63.96T$$

$$2VO + 4/3Al === 2V + 2/3Al_2O_3 \qquad (10\text{-}12)$$

$$\Delta G^{\ominus} = -316760 + 65.8T$$

10.1.3 原料及配料要求

原料要求：V_2O_5—国标冶金级，块度不大于 200mm，片厚度不大于 5mm；硅铁—国标 75SiFe，块度 20~30mm；铝块—块度 30~40mm；废钢—废碳素钢，或者钒渣磁选铁，$w(C) \leqslant 0.5\%$，$w(P) \leqslant 0.35\%$；石灰—有效 $w(CaO) > 85\%$，有效 $w(P) \leqslant 0.5\%$，块度 30~50mm。

配料要求：钒原料为片状五氧化二钒，按生产 1t 钒铁设计，V_2O_5 相对分子质量 182，V 相对分子质量 102。

冶炼钒铁的五氧化二钒配量(理论值) = 1 × 钒铁钒含量 ÷ (102/182)

考虑过程损耗和收得率等因素，回收率设定为 93%~95%，则配料保证系数一般选 1.07。

冶炼钒铁的五氧化二钒配量(实际值) = 1 × 钒铁钒含量 ÷ (102/182) × 1.07。

还原剂包括硅质还原剂和铝质还原剂，硅热法生产钒铁还原过程硅铁起 80% 的作用，硅的配料保证系数为 1.10；铝起 20% 的作用，铝的配料保证系数 1.10。

按照化学反应（10-3）计算硅需求，还原 1t V_2O_5 硅的理论需要量 0.385t，硅铁理论需要量 = 1 × 钒铁钒含量 ÷ (102/182) × 1.07 × 0.385 ÷ 0.75；硅铁实际需要量 = 1 × 钒铁钒含量 ÷ (102/182) × 1.07 × 0.385 ÷ 0.75 × 1.10。

按照化学反应式（10-8）计算铝需求，还原 1t V_2O_5 铝的理论需要量为 0.5t，铝的理论需要量 = 1 × 钒铁钒含量 ÷ (102/182) × 1.07 × 0.5 ÷ 精铝纯度；精铝实际需要量 = 1 × 钒铁钒含量 ÷ (102/182) × 1.07 × 0.5 ÷ 精铝纯度 × 1.30。

钒铁冶炼过程中铁的主要作用是熔铁介质，通过原料铁的熔化获得，铁在钒铁冶炼温度范围内没有挥发，铁除了极少量渣中残留外全部进入合金，配料保证系数一般选定 1.00。

铁屑需要量 = $1 \times$ [$1 -$ 钒铁含钒(%) $-$ 杂质(%)] $-$ 硅铁带入系统铁量

硅铁带入系统铁量 = 硅铁实际需要量 $\times$ [$1 -$ 硅铁中硅的质量分数(%)]

按照碱度要求计算石灰配入量，实际需要量 = $1 \times$ 钒铁钒含量 $\div$ (102/182) $\times 1.07 \times 0.385 \div 0.75 \times 1.10 \times 0.75 \times$ (62/28) $\times$ 碱度 $\div$ 石灰中(CaO)的质量分数 $\times 110\%$。

10.1.4 电硅热法典型工艺操作及其技术指标

电硅热法钒铁冶炼过程分两步进行，还原过程和精炼过程，根据需要炉料也分为还原料和精炼料，还原过程分为两期还原和三期还原。第 1 步为还原期，用硅铁和铝还原氧化钒，得到含硅高的钒硅铁合金；第 2 步是精炼期，用 V_2O_5 高的炉渣精炼钒硅铁合金，降低硅而得到钒铁。前一个冶炼周期完成后，完成补炉，加入按生产钒铁成分所需要的全部铁料，通电后将上炉的精炼渣返回炉内，并加入第 1 批还原料（五氧化二钒熔片、石灰和配料的大部分硅铁）。当熔池形成后，全负荷供电，使炉料迅速熔化。全部熔化后适当降低供电负荷，加入剩余的硅铁后，再加铝还原渣中的 V_2O_5。充分搅拌熔池，当炉渣中的(V_2O_5) $< 0.35\%$ 时则出渣。出渣后，加入第 2 批还原料（氧化钒熔片和石灰的混合料）。全部熔化后经过充分搅拌，先加硅铁，后加铝块还原炉渣。当渣中(V_2O_5) $< 0.35\%$ 时放渣。还原期加料数量及批数由生产钒铁的钒含量（$40\% \sim 60\%$）确定。生产 V $50\% \sim 60\%$，Si 含量不大于 2.0% 的钒铁，还原期共加 3 批料。每批还原料加完出渣时，还原期产出废渣成分为：V_2O_5 $0.2\% \sim 0.35\%$，CaO $45\% \sim 55\%$，SiO_2 $25\% \sim 28\%$，MgO $5\% \sim 8\%$，Al_2O_3 $5\% \sim 10\%$。还原结束后，精炼期开始。加入五氧化二钒熔片和石灰的混合料，主要目的是降低炉内钒硅铁合金中的硅和提高钒含量。炉内合金成分达到要求后，放出含 V_2O_5 高的精炼渣，返回下一炉。精炼期出炉渣成分为：V_2O_5 $8\% \sim 12\%$，CaO $45\% \sim 50\%$，SiO_2 $23\% \sim 25\%$，MgO 约 10%。钒铁合金铸入锭模，自然冷却 $15 \sim 20h$ 后脱模、精整并破碎成规定粒度后包装出厂。

冶炼 FeV40 原料消耗见表 10-1。压缩空气消耗 $500 m^3/t$，综合电耗 $1600 kW \cdot h/t$，冶炼电耗 $1520 kW \cdot h/t$。

表 10-1 冶炼 FeV40 原料消耗 （kg/t）

V_2O_5(100%)	FeSi75	铝锭	钢屑	石墨电极	镁砖	镁砂	石灰	水
735.6	340	130	250	28	130	130	1540	80

电硅热法一般用于生产含钒 $40\% \sim 60\%$ 的钒铁。钒的冶炼回收率约 97%。生产 1t(V 40%)消耗：片状五氧化二钒约 750kg，硅铁（75% Si）约 370kg，铝块 $100 \sim 110kg$，钢屑（铁料）$380 \sim 400kg$，石灰约 1300kg；电耗 $1500 \sim 1600 kW \cdot h$。

10.1.5 操作要点

还原一期电炉操作过程要求准备补炉料，按照卤水：镁砖粉：镁砂 = 1:3:5 的比例配制补炉料，操作间隙应当发现炉衬缺陷加以修补，高温快补，堵好出铁口，不漏缺陷；补

炉后垫衬部分精炼渣；加入钢屑后检查电极和供电系统，加入上炉液态精炼渣，在极心圆附近加入一期混合料，根据电弧迅速增大电流，冲高至峰值；炉料熔化顺畅后，加入硅铁还原，用石灰调整碱度，适时加入铝块还原，根据还原强度调节电流；炉渣 $w(V_2O_5) \leqslant 0.35\%$ 时小电流、低电压出贫渣，过程控制先快后慢，防止铁渣混出，取样分析贫渣五氧化二钒。

还原二期随着二期混合料的加入电流升至最高值；炉料熔化后加入硅铁还原，调整碱度，持续加铝块和硅铁贫化渣，炉渣 $w(V_2O_5) \leqslant 0.35\%$ 时小电流、低电压出贫渣；还原三期基本重复二期操作，取样分析合金 V、Si、C、S 和 P，调整碱度，加硅铁和铝块进一步贫化炉渣，还原期合金成分控制见表10-2。

表 10-2　还原期合金成分控制　　　　　　　　　　（%）

成 分	V	Si	C	P	S
含 量	31~37	3~4	≤0.6	<0.08	<0.05

精炼期主要调整合金成分，操作与二期相同，用大电流、大电压熔化炉料，调整碱度，根据熔化强度调整电流，取样分析合金 V、Si、C、S 和 P，成分合格后安排出炉；出炉过程采用小电压、大电流保温，渣口出精炼渣，打开出铁口后停电出铁。精炼合金成分控制见表10-3，精炼渣成分控制见表10-4。

表 10-3　精炼合金成分控制　　　　　　　　　　（%）

成 分	V	Si	C	P	S
含 量	>40	<2	<0.75	<0.1	<0.06

表 10-4　精炼渣成分控制　　　　　　　　　　（%）

成 分	V_2O_5	CaO	SiO_2	MgO	CaO/SiO_2
含 量	8~13	45~50	23~25	8~15	1.8~2.0

浇注钒铁时铁水包要预热并清理干净，铁水包底垫干燥河砂，铸模底部垫粉状钒铁，根据铁水温度、排气和铸模大小现场安排浇注速度，铁水面控制离铸模顶端 100mm 左右，脱模时间控制完成浇注后 80min 左右，后期浇注要避免渣铁混浇。

脱模后钒铁合金锭立即送入水冷池，冷却时间控制在 30~40min 之间，水冷池加水量约为容积的 2/3，加入合金锭将水加满。合金锭完成冷却后迅速干燥，称重入库。

10.1.6　硅热法钒铁生产影响因素

电硅热法冶炼钒铁具有两个直观指标，即钒铁产品质量和技术经济指标。钒铁产品质量与产品标准选择和操作控制有关，产品质量控制取决于选料、配料和准确操作；冶炼过程的技术经济指标则主要与操作控制和设备性能有关。钒铁产品中 C、S 和 P 杂质水平控制，必须选择符合标准要求的五氧化二钒、硅铁和石灰，限制进入炉料体系水平，参考同类产品和同类技术工艺的生产经验，在操作控制过程中充分考虑炉渣的容量水平和过程挥发。

电硅热法钒铁生产过程中，对原料有严格要求，工业五氧化二钒纯度越高，杂质越少，对钒铁冶炼越有利，原料中的 P 在高温熔炼过程中基本不挥发，将根据平衡分配系数在合金与渣相分布，有约 85% 将进入合金相，原料控制 P 十分重要；原料中的 S 主要以 Na_2SO_4 形式存在，原料 S 有相当部分可以在高温熔炼过程中挥发，发生化学反应见式 (10-13)，剩余 S 将根据平衡分配系数在合金与渣相分布。

$$2Na_2SO_4 + Si + V_2O_5 = 2Na_2O \cdot SiO_2 + 2SO_2 \uparrow + V_2O_3 \qquad (10-13)$$

熔炼过程中生成低熔点（570℃）化合物 $Na_2O \cdot SiO_2$，导致炉渣变稀，热含量降低，提高炉温受限，热辐射损失增加，炉壁及炉顶耐火材料寿命降低，合金与炉渣熔点差异增加，炉渣贫化困难。反应（10-13）属于吸热反应，生成 SO_2 气体，在熔炼过程中产生起泡现象；五氧化二钒中 Na_2O 应该尽量低，Na_2O 可以被铝还原，从而产生不必要的铝消耗；配料石灰如果没有烧透烧熟，或者严重吸水受潮，冶炼过程中分解消耗电能，并可能造成炉渣碱度降低。

硅热还原是放热反应，冶炼温度主要受配料、硅氧化、供电、系统保温和操作制度影响，冶炼温度一般控制在 1600～1650℃，温度过高会引起钒挥发损失，增加能耗；碱度（CaO/SiO_2）可以平衡替代低价钒氧化物成渣，低碱度降低硅的还原能力，高碱度时炉渣黏度增加，给钒铁合金生产操作和合金分离带来困难，增加物料消耗，过量氧化钙会与五氧化二钒反应生成钒酸钙，增加硅还原难度，碱度一般控制在 2.0～2.2。

10.1.7 常见问题与故障处置

具体如下：

（1）由于配料或者中途跑渣等原因会导致合金钒含量不正常，当钒含量高时，应补加铁屑。

补加铁屑量 = 需降低钒量×炉中合金量÷降后合金钒含量，合金量的估值很重要。

当钒含量低时，应补加 V_2O_5。

应补加 V_2O_5 量 = 需增加钒量×炉中合金量×（182/102）÷五氧化二钒纯度，合金量的估值很重要。

（2）由于配料或者中途跑渣等原因导致合金硅含量不正常，当硅含量高时应补加五氧化二钒。

应补加 V_2O_5 量 = 需减低硅量×炉中合金量×（364/140）÷五氧化二钒纯度，合金量的估值很重要。

当合金硅含量低时，应考虑补加硅铁。

补加硅铁量 = 需增加硅量×炉中合金量÷硅铁中硅的质量分数×增硅后合金硅含量。

（3）合金碳磷含量高主要是原料的选择问题，临时方案可以通过脱磷和脱碳措施解决，或者补充添加铁屑。长期办法应该更新原料，限制碳磷含量。

钢屑补充量 = 需降低碳量×炉中合金量÷（降后合金碳含量 – 钢屑碳含量）。

（4）由于炉内反应节奏、炉料失衡偏析、硫碳氧化燃烧、供热过快和辅助原料消化产生沸腾跑渣现象，主要部位为炉门，形成安全隐患，需要加强原料管理，精细操作，严格

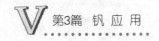

送电制度加以克服。

（5）炉衬保护，停炉间隙补炉清渣，保护碱性炉底炉壁，新炉底和补炉料必须烘烤固结后使用，次炉开炉前炉底垫渣保护，炉温控制不可太高，搅动不要伤害炉底。

10.1.8 电炉要求

炉型选择为炼钢电炉，石墨电极，可资借鉴的运转炉电压 150～250V，电流 4000～4500A，电极直径 200～250mm，实际生产厂要求，变压器 2500kV·A，一次电压 10000V，二次电压 121V、92/210V 和 160V，额定电流 6870A。

电炉规格 3t 电弧炉，电极 ϕ250mm，极心圆 ϕ760mm，炉壳 ϕ2900mm×1835mm，电极行程 1300mm。

10.2 铝热法

铝是最强的还原剂之一，1897 年戈登施米特发明铝热法钒铁工艺，用铝还原片状五氧化二钒生产钒铁，反应过程属于爆发式热释放过程，产生的热量巨大（4577kJ/kg 混合料），不但能够满足完成铝热还原冶炼工艺的热量需求，而且过热部分热量需要添加回炉钒铁碎屑来降低反应温度；通过加入石灰、镁砂和萤石降低炉渣黏度，调节炉渣碱度，加入钢屑作为铁熔剂；调整铝粒与五氧化二钒熔片粒度来降低反应速度，减少喷溅损失，提高钒的收得率。

与电硅热法钒铁工艺相比，铝热法生产的钒铁具有碳含量低和钒含量高的特点，铝热法冶炼装置采用圆形具有一定结构基础的反应炉筒，内衬具有耐高温浸蚀的固结耐火材料，一般采用镁质炉衬，或用钒铁炉渣打结。反应罐可以按照目标产品和炉容要求，准确计算各种物料配比和热量平衡，将配料均匀混料后加入反应罐中，点燃引发炉料的氧化还原反应。

10.2.1 铝热法生产工艺

铝热法用铝作还原剂，在碱性炉衬的炉筒中，炉底铺镁砂，内衬镁砖，所有镁砂必须烘烤干燥固结，先把小部分混合炉料装入反应器中，即行点火引发炉料的氧化还原反应。反应开始后再陆续投加其余炉料，还原主反应结束后，立即向渣层表面加入由三氧化二铁和铝粒组成的发热沉降剂，增加放热，保持渣的熔融状态，使渣中合金沉降，同时在热状态继续还原尚未还原的钒氧化物，吸附渣中合金的悬浮合金液滴。

合金冷却时间 16～24h，完成冷却后，拆炉，分离合金和渣，靠近合金部分的渣和渣面渣分别存放，合金按照块度大小分别处理，靠近合金部分的渣处理后主要用作冷却返料，渣面渣处理后用于炉衬打结。铝热法通常用于冶炼高钒铁（含钒 60%～80%），回收率较电硅热法略低，约 90%～95%。铝热法是最早生产钒铁的方法且至今仍在使用。目前已发展形成连续加料（下点火工艺）和一次加料（上点火工艺）。铝热法钒铁典型生产工艺流程见图 10-4。

10.2.2 电铝热法生产工艺

电铝热法钒铁工艺以片状五氧化二钒、三氧化二钒、钒酸钙、钒酸铁或者上述混合物

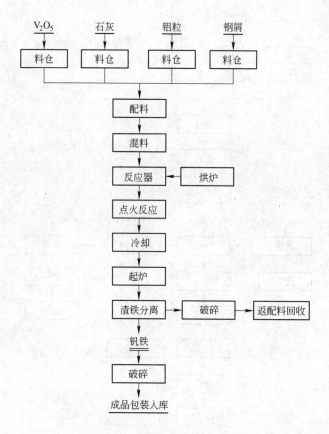

图 10-4　铝热法钒铁生产工艺

为钒原料，铝粒作还原剂，电铝热法工艺用电供应补充热量，替代铝发热。在碱性电弧炉中，经还原、精炼两个阶段冶炼生产合格钒铁产品。还原期将一炉的全部还原剂与钒原料装入电炉，在高氧化钙炉渣条件下，进行铝热还原。还原结束后出贫渣，加入精炼剂，调节合金成分，铁合金成分达到要求，即可出渣出合金。精炼渣为含 V_2O_5 的富渣，在下一炉开始加料时，返回利用。合金液一般铸锭，经冷却、脱模、破碎和清渣后即为成品。电铝热法钒铁典型生产工艺流程见图 10-5。

10.2.3　铝热法生产原理

铝热还原反应生产钒铁主要是以片状五氧化二钒为主钒原料，铝质还原剂，铝热还原化学反应见式(10-10) ~ 式(10-12)。

10.2.4　原料及配料要求

要求五氧化二钒熔片含 V_2O_5 不小于 98%。块度小于 20mm × 20mm，片厚 3 ~ 5mm。铝为含 Al 量大于 98%，粒度小于 3mm 的铝粒和 3 ~ 10mm 的铝片，返渣是前期生产得到的炉渣（刚玉渣），粒度 5 ~ 10mm，钢屑为普碳钢车屑，卷长小于 15mm。铝热法生产钒铁原料成分见表 10-5。

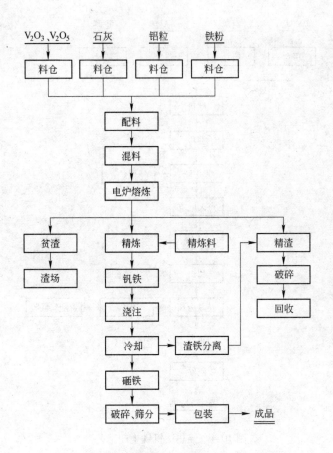

图 10-5　电铝热法钒铁典型生产工艺流程

表 10-5　铝热法生产钒铁原料成分

原 材 料	w/%				粒度/mm
	P	C	S	Si	
五氧化二钒(V_2O_5 大于 93%)	<0.05	0.05	<0.035		1~3
铝粒(Al 大于 98%)				<0.2	3
钢 屑	<0.015	<0.5			10~15
石 灰	<0.015				

　　铝热法的特点是合理用铝，配料要求保证物料平衡和产品品质，最佳工艺条件是单位炉料反应热 3140~3350kJ/kg 炉料，用铝量计算按照铝热化学反应式（10-8）计算理论用铝量，实际配铝量为理论配铝量的 100%~102%。

　　理论用铝量 = V_2O_5 质量 × V_2O_5 品位 × 铝的相对分子质量 × 10 ÷ V_2O_5 的相对分子质量 × 3

　　用 98% 的五氧化二钒冶炼 80VFe，钒的回收率按 85% 计算，100kg 五氧化二钒可冶炼得到 80VFe 量。

五氧化二钒加入量×五氧化二钒品位×2×钒的相对分子质量÷五氧化二钒相对分子质量×过程钒回收率 = $100 \times 0.93 \times 102 \div 182 \times 0.85 \div 0.8 = 55.4kg$

钢屑杂质含量按5%计算，则

钢屑用量 = $55.4 - 55.4 \times 5\% - 100 \times 93\% \times 102 \div 182 \times 0.85 = 8.33kg$

铝热还原冶炼钒铁过程放热量巨大，单位混合料的反应热4500kJ/kg，生产75% ~ 80%的高钒铁的单位炉料反应热在3100 ~ 3400kJ/kg之间比较好，需要冷却料降温缓冲，冷却剂包括石灰和返渣。铝热还原过程中片状五氧化二钒纯度约为95%，熔化后被还原为低价钒，削减部分热量，实际反应热为3768kJ/kg。

还原100kgV_2O_5的反应热 = 实际单位反应热×（五氧化二钒加入量 + 铝粒加入量）

$\qquad = 3768 \times (100 + 46) = 550128kJ$

铝热反应平稳反应热为3266kJ/kg，炉料重量 = $550128 \div 3266 = 168.44kg$

可以确定炉料包含五氧化二钒100kg，47.88kg铝粒，8.33kg钢屑，

应配入冷却料 = 入炉炉料 - 实际五氧化二钒加入量 - 实际铝粒加入量 - 实际钢屑加入量

$\qquad = 168.44 - 100 - 47.88 - 8.33 = 12kg$

入炉冷却剂中石灰和返渣各占一半，即石灰6kg，返渣6kg。

点火剂采用铝粉：氯酸钾（或者过氧化钡，或者镁粉）：V_2O_5 = 1：1：1。

10.2.5 炉型特点

根据炉型和炉容规格用铸铁或者厚钢板制成圆筒形炉壳，外部用钢紧固夹或钢箍加固，分为上部分筒体和下部炉底。冶炼炉准备过程分为砌炉、打结和烘炉，炉衬分为永久层和临时层，永久层采用镁砖和高铝砖分三段砌筑，临时层用返渣和卤水打结，保持一定的强度防止漏炉和保护永久层耐火材料，要求打结层总体强度适中，便于拆炉。炉身筒体与炉底接缝必须塞紧，固结强度高，炉底打结层要求比上半部打结层厚一些，打结料中不能包含低熔点物料。

钒铁一般内衬用镁砖砌筑，炉子内壁用细磨刚玉返渣和卤水混合料打结，炉底可铺镁砂，烘烤干燥固结。按照连续生产的要求，同类炉子可同时安排多台，置于移动平板车上，一台次作为一个小生产周期，炉内径0.5 ~ 1.7m，高0.6 ~ 1.0m。

按照炉型规格、入炉料批大小和合金品种配套称重计量、混配料机、加料装置、化检验、电炉加热以及环保设施，有条件的生产厂可以同时配置炉内在线检测装置。

10.2.6 铝热法钒铁典型工艺操作及其技术指标

10.2.6.1 铝热法

在碱性炉衬的炉筒中，先把小部分混合炉料装入反应器中，即行点火。反应开始后再陆续投加其余炉料，冶炼反应完成后，自然冷却16 ~ 24h。拔去炉筒，取出钒铁锭，进行清理、包装。通常用于冶炼高钒铁（含钒60% ~ 80%），回收率较电硅热法略低，约90% ~ 95%。冶炼得到的钒铁成分为：V 75% ~ 80%，Al 1% ~ 4%，Si 1.0% ~ 1.5%，C 0.13% ~ 0.2%，S ≤ 0.05%，P ≤ 0.075%。炉渣成分含 V_2O_5 5% ~ 6%，Al_2O_3 约85%，（CaO + MgO）约10%。

生产1t 80% V的钒铁消耗：氧化钒熔片（V_2O_5 98%）1500 ~ 1600kg，铝（Al 98%）

810~860kg。钒的冶炼回收率为90%~95%。

10.2.6.2 电铝热法

为了降低炉渣中的钒含量，铝热反应完成后，将反应平板车牵引至电加热器位置，插入电极加热，保持炉渣的熔融状态，使悬浮在炉渣中的金属粒下沉，炉渣中的钒氧化物和残余铝继续反应，提高钒的回收率，提高钒总收得率。

电铝热法还可以以片状五氧化二钒、三氧化二钒、钒酸钙、钒酸铁或者上述混合物为钒原料，铝粒作还原剂，电铝热法工艺用电供应补充热量，替代铝发热。工艺过程与硅热还原钒铁类似。

10.2.7 铝热法钒铁生产影响因素

铝热法钒铁生产的主要影响因素是准确配料、配热和加料速度控制，三者相辅相成，相互影响。配料不准主要包括混料不均、炉料偏析和计量不准，配铝要求使炉料反应完全充分，过量铝将熔入合金，随着合金铝含量升高，合金密度降低，沉降速度降低，炉渣合金夹杂增加，铝耗增加，钒回收率降低。配铝不足可能使炉料反应不完全不充分，导致反应缓慢，或者反应终止，或者钒铁成分失控，畸高畸低，形成废品，造成原材料损失浪费；配热不足或者过高指配料过程中铝、氯酸钾和冷却剂不均衡，将导致反应过程热量不足，或者过热燃烧，或者严重喷溅，结果与配料和配热不均一样。

铝热还原反应经过点火剂引发后，一般逐步增加加料速度，以保持还原过程平稳，速度过快，炉温急速升高，炉料喷溅严重，钒和铝的损失增加；加料速度过慢，冶炼温度低，还原反应进程缓慢，反应的热力学和动力学条件变差，造成炉渣过早黏结，钒氧化物还原反应不完全，渣铁分离困难，合金凝聚差，合金弥散残留在渣中，损失增加，钒回收率降低。综合考虑炉容和炉形特点，加料速度保持在 $160~200kg/(m^2 \cdot min)$ 比较合适，降温冷却剂（返渣和石灰）用量可以按照 V_2O_5 配入量的20%~40%考虑。

三氧化二钒是钒的低价氧化物，与五氧化二钒的铝热还原过程相比，一次还原用弱还原剂，降低二次还原需求，实现天然气或者煤气与铝质还原剂的转换替代，可以节约40%的铝。在用三氧化二钒铝热法生产钒铁时，由于还原过程配铝量降低，反应热量不足，需要通过电能补充热量，用三氧化二钒适应电铝热法冶炼高钒铁，也可使用三氧化二钒和五氧化二钒的混合料。

10.3 钒渣直接合金化生产钒铁合金

钒渣直接合金化一般用于生产中低钒铁，要求满足不同的铁钒还原条件，铁氧化物还原采用弱还原剂，钒氧化物还原用强还原剂，通过简化钒的精制工序，可以最大限度降低钒铁生产成本。

10.3.1 钒渣直接合金化生产钒铁工艺

钒渣直接合金化生产钒铁首先将钒渣中的铁氧化物选择性还原，第一阶段在电弧炉中用碳、硅铁或者硅钙合金还原钒渣中的铁氧化物，使大部分的铁脱离钒渣，得到 V/Fe 高的钒渣；第二阶段在电弧炉中将脱铁后的钒渣用碳、硅或者铝还原，得到钒铁合金。

10.3.2 钒渣直接合金化生产钒铁原理

钒渣直接合金化用碳、硅或者硅钙还原铁氧化物，用硅或者铝还原钒氧化物。

铁氧化物碳还原化学反应如下：

$$Fe_2O_3 + C = 2FeO + CO \tag{10-14}$$

$$FeO + C = Fe + CO \tag{10-15}$$

$$2CO + O_2 = 2CO_2 \tag{10-16}$$

$$Fe_2O_3 + Si + Ca = 2Fe + SiO_2 + CaO \tag{10-17}$$

至于钒氧化物还原反应，碳热还原反应见式(10-1)~式(10-2)。

硅热还原化学反应见式(10-3)~式(10-6)，低价钒氧化物（VO 和 V_2O_3）与硅氧化物容易生成硅酸盐，迟滞钒还原反应进程，一般反应配料中应该加入氧化钙，形成硅酸钙，使低价钒继续参加反应。在有氧化钙存在时，硅还原化学反应见式(10-7)~式(10-9)，铝热还原化学反应见式(10-10)~式(10-12)。

10.3.3 原料及配料要求

根据还原度要求选择还原剂，一次还原以碳质和硅质还原剂为主，碳质可以是石油焦，或者其他含碳精还原剂；硅质还原剂主要是75SiFe，或者硅钙合金，其中的钙同时成为还原剂。一次还原铁的还原率控制在 86% 左右，钒的还原率控制在 5% 左右，V/Fe 由 0.20~0.25 提升至 1.0~1.5。二次还原根据目标钒铁成分选择铝质还原剂，并进行相应的配料计算。

10.3.4 铝热法钒铁典型工艺操作及其技术指标

俄罗斯在 1290~1390℃ 用碳选择性预还原转炉钒渣，将 86% 的铁和 5% 的钒还原进入金属相，分离后钒渣的 V/Fe 从 0.20~0.25 提升至 1.0~1.5，用75SiFe 和铝还原，得到的初合金和精炼合金成分见表10-6。

表 10-6 初合金和精炼合金成分 （%）

项 目	V	Ti	Cr	Si	Mn
初合金	20~26	3~6	2~4	14~18	10~15
精炼合金	26~34		4~6		14~18

美国专利 US34202659 提出，第一步将钒渣、石英、熔剂与碳混合，在1200kV·A 电弧炉中冶炼钒硅合金，钒渣组成为：$w(V_2O_5) = 17.5\% \sim 22.5\%$，$w(SiO_2) = 16.74\% \sim 17.57\%$，得到的钒硅合金成分为：$w(V) = 18.97\%$，$w(Fe) = 32.16\%$，钒硅合金可以采用一次精炼法，加入五氧化二钒和石灰，钒硅合金：五氧化二钒：石灰 = 120：75：126，电炉精炼得到合金组成为：$w(V) = 44.6\%$，$w(Fe) = 34.85\%$，$w(Si) = 16.97\%$，$w(Cr) = 0.91\%$，$w(Ti) = 0.92\%$，$w(Mn) = 0.71\%$ 和 $w(C) = 0.23\%$，中间渣 $w(V) = 9.1\%$；也可采用二次精炼法，将一次精炼渣和钒硅合金在电炉中精炼得到中间钒硅合金（$w(V) = 33.80\%$ 和 $w(Si) = 23.33\%$），配入五氧化二钒和石灰二次精炼，得到钒铁合金成分为：$w(V) = 55.80\%$，$w(Si) = 0.78\%$，过程钒回收率为 87%。

美国专利 US3579328 提出在普通炼钢电炉中将钒渣、石灰和硅铁混合冶炼，钒渣组成为：$w(V_2O_5) = 12.2\%$，$w(SiO_2) = 15.8\%$，$w(Cr_2O_3) = 0.5\%$，$w(MnO) = 1.1\%$，$w(FeO) = 37.2\%$，$w(P_2O_5) = 0.05\%$，$w(CaO) = 0.5\%$，$w(TiO_2) = 4\%$，选择硅铁为 75SiFe，石灰采用煅烧石灰或者白云石石灰，混料比例为钒渣：石灰：硅铁 = 1000：700：90，熔化 1.5h 后，温度控制在 1600~1700℃，得到 1400kg 的中间渣，425kg 的钢，中间渣碱度控制在 1.0~2.0，炉渣中 MgO 质量分数控制在 2%~10%，Al_2O_3 质量分数控制在 2%~20%，中间渣倒入预热后的可摇动渣包中，18min 内加入 83kg 的 75SiFe，还原温度保持在 1650℃，得到 169kg 的钒铁合金，合金组成为：$w(V) = 32.1\%$，$w(Fe) = 32.1\%$，$w(Si) = 6.4\%$，$w(Cr) = 1.7\%$，$w(Ti) = 0.2\%$，$w(Mn) = 2.3\%$，钒回收率为 79%。

美国专利 US4165234 和原西德专利 DIN2810458 提出在底吹转炉内直接合金化冶炼钒铁，在 10t 转炉底部配置氧气和天然气喷嘴，一次装入 6t 钒渣，钒渣组成为 $w(V) = 11.2\%$，$w(Fe) = 42\%$，用 30m³/min 的吹氧速度和 15m³/min 的吹氧速度将转炉内钒渣熔化，吹氧最后 20min 向转炉内加入 550kg 石灰，升温至 1500℃，熔化 45min，熔化后炉渣组成为：$w(V) = 9.52\%$，$w(Fe) = 37\%$，向炉内吹入 12m³/min 水蒸气和 4m³/min 的天然气，同时加入 550kg 75SiFe 和 550kg 石灰，吹入蒸汽加速还原，将炉渣（$w(V_2O_5) = 0.42\%$）倒出，向炉内金属（$w(V) = 17.6\%$，$w(Si) = 1\%$）吹氧（35m³/min）及天然气（3m³/min），吹炼 20min 后得到 2.2t 炉渣（$w(V) = 28\%$，$w(Fe) = 10\%$），1.5t 钢水（$w(V) = 0.12\%$，$w(C) = 0.05\%$），放出钢水，向炉内投入 800kg 铝块和 1000kg 石灰还原炉渣，并吹入蒸汽（12m³/min）和天然气（2m³/min）搅拌，最高还原温度 1700℃，最后得到 1t（$w(V) = 43.4\%$）的钒铁合金。

加拿大专利 860886 用真空碳还原直接冶炼钒铁，钒渣组成 $w(V) = 14.4\%$，$w(FeO) = 38.5\%$，$w(SiO_2) = 20.01\%$，$w(Cr_2O_3) = 2.3\%$，$w(TiO_2) = 8.1\%$，$w(MnO) = 2.2\%$，$w(MgO) = 1.4\%$，$w(P_2O_5) = 0.05\%$，$w(CaO) = 0.3\%$，破碎至小于 0.043mm，石油焦破碎至小于 0.043mm，将钒渣和细粒石油焦混合压块，装入电阻真空炉内，真空压力 0.133Pa，3h 加热至 1480℃，加热过程压力升高至 27Pa，保温 10min，停电，压力降至 8Pa，得到钒铁合金成分为 $w(V) = 24.84\%~26.42\%$，$w(Fe) = 42.15\%~43.15\%$，$w(Si) = 8.50\%$，$w(Cr) = 8.5\%$，$w(Al) = 2.9\%~3.0\%$，$w(Mn) = 0.02\%~0.04\%$，$w(Ca) = 0.25\%~0.10\%$。需要提高合金品位，可以用五氧化二钒精炼提升。

奥地利特雷巴赫工厂（TCW）用钒渣直接冶炼钒铁，首先用焦炭或者硅铁在电炉中选择性还原脱铁，还原铁直接炼钢，预还原钒渣加入硅还原剂和炉渣处理得到的铁钒硅合金进行还原，得到钒铁产品和还原渣，还原渣硅再进行还原处理得到铁钒硅合金返回生产钒铁还原工序，贫渣弃掉。钒铁产品成分为：$w(V) = 45\%$，$w(Si) = 4.3\%$，$w(Mn) = 1.1\%$，$w(C) = 0.7\%$。

10.3.5 钒渣直接合金化钒铁生产影响因素

钒渣直接合金化生产钒铁简化了钒的精制过程，属于非标准化产品，质量无法与五氧化二钒或者三氧化二钒生产的钒铁质量相比，钒铁成分比较复杂，受原料构成的影响较深，产品的用途主要由特定用户决定，适应于钒钛铸铁生产，满足不同客户群体的产品质量要求和生产工艺选择。钒渣直接合金化冶炼钒铁工艺比较多，多数属于试验研究性质，工业生产应用例证仅限于奥地利的特雷巴赫工厂和克里斯蒂那斯皮格尔工厂，中国攀钢和锦州铁合金厂均试验研究过钒渣直接合金化冶炼钒铁，随着钒生产工艺的成熟、资源规模扩大、产品质量标准提升以及环境保护执法力度加大，目前已很少进行类似生产。主要生产过程的质量影响因素在于钒渣质量和还原剂质量，不同地域厂家和工艺生产的钒渣成分有一定差异，合金化过程钒渣中的杂质氧化物被还原，溶解在合金中，还原剂余量产生杂质残留，主要工艺技术经济指标影响因素包括温度、设备选择、能耗、还原剂种类与配比等。

一般认为钒渣直接合金化是钒资源和钒工艺不成熟阶段的产物，但具有回收其他金属的功能，如铬等。

10.4　硅钒合金

用钒渣和硅石为原料，焦炭作还原剂，也可用硅铁作还原剂，石灰作造渣剂，在电弧炉中冶炼硅钒合金，冶炼中应注意控制碳质还原剂的用量，用碳作还原剂时硅钒合金成分见表10-7。如果用硅铁作还原剂则硅钒合金的碳含量小于0.5%。作用原理与电硅热法钒铁基本相同。

表 10-7　硅钒合金成分 （%）

V	Si	Mn	Ti	Cr	C	S	P
8~13	10~30	5~6	0.9~3.0	2~2.5	0.5~1.5	0.003~0.006	0.03~0.10

11 钒在钢铁中的应用

钢铁是钢和生铁的统称，钢和铁都是以铁和碳为主要元素组成的合金。钢铁材料是工业中应用最广、用量最大的金属材料。在钢中添加钒后，钒和碳、氮、氧有极强的亲和力，可以与之形成相应的稳定化合物，钒在钢中主要以碳化物形态存在，其主要作用是细化钢的组织和晶粒，降低钢的过热敏感性，提高钢的强度和韧性。钢在加热过程中，钒与钢中的碳、氮元素形成的化合物能够强烈阻止被加热晶粒长大，从而使热加工后的钢材室温组织细小，具有强度高、塑性和韧性好等特点。当在高温溶入奥氏体时，可以增加淬透性；反之，如以碳化物形态存在时，降低淬透性。钒增加淬火钢的回火稳定性，并产生二次硬化效应；钒在普通低合金钢中能细化晶粒，提高正火后的强度和屈服比及低温韧性，改善钢的焊接性能；钒在合金结构钢中由于在一般热处理条件下会降低淬透性，故在结构钢中常和锰、铬、钼以及钨等元素联合使用；钒在调质钢中主要是提高钢的强度和屈服比，细化晶粒。降低过热敏感性；在渗碳钢中因钒能细化晶粒，可使钢在渗碳后直接淬火，不需二次淬火；钒在弹簧钢和轴承钢中能提高强度和屈服比，特别是提高比例极限和弹性极限，降低热处理时脱碳敏感性，从而提高了表面质量；在无铬含钒钢的轴承钢，碳化物弥散度高，使用性能良好；钒在工具钢中细化晶粒，降低过热敏感性，增加回火稳定性和耐磨性，从而延长了工具的使用寿命。

钒是钢中的重要添加剂，从世界范围来看，钒在钢铁工业中的消耗量约占其总产量的85%。钢中的钒含量，除高速工具钢外，一般均不大于0.5%。实践表明，在结构钢中加入0.1%的钒，可提高强度10%~20%，减轻结构质量15%~25%，降低成本8%~10%。若采用含钒高强度钢时，则可减轻金属结构质量40%~50%，比普通结构钢的成本低15%~30%。钢中添加钒，能提高钢材的焊接性能。钢中添加钒、钛后，使钢具有极强的耐腐蚀性和良好的抗震性能。

11.1 钢铁分类

钢铁材料按成分特点可分为生铁、铸铁和钢三类。碳的质量分数大于2%的铁碳合金称为生铁，按用途可将生铁分为炼钢生铁（含硅低）和铸造生铁；按化学成分可将生铁分为普通生铁和特种生铁（包括天然合金生铁和铁合金）。碳的质量分数大于2%（一般为2.5%~3.5%）的铁碳合金称为铸铁。铸铁一般用铸造生铁经冲天炉等设备重熔，用于浇注机器零件。按断口颜色可将铸铁分为灰铸铁、白口铸铁和麻口铸铁；按化学成分可将铸铁分为普通铸铁和合金铸铁；按生产工艺和组织性能可将铸铁分为普通灰铸铁、孕育铸铁、可锻铸铁、球墨铸铁、蠕墨铸铁和特殊性能铸铁。

碳的质量分数小于2%的铁碳合金称为钢。钢的种类很多，钢的分类最为繁杂。按钢的用途可划分为结构钢、工具钢、特殊性能钢三大类。按钢的品质可分类为：

（1）普通钢（$w(\text{P}) \leqslant 0.045\%$，$w(\text{S}) \leqslant 0.050\%$）；

（2）优质钢（$w(P)$、$w(S) \leqslant 0.035\%$）；

（3）高级优质钢（$w(P) \leqslant 0.035\%$，$w(S) \leqslant 0.030\%$）。

按化学成分分类为：

（1）碳素钢。碳素钢包括：

1）低碳钢（$w(C) \leqslant 0.25\%$）；

2）中碳钢（$w(C) \leqslant 0.25\% \sim 0.60\%$）；

3）高碳钢（$w(C) \leqslant 0.60\%$）。

（2）合金钢。合金钢包括：

1）低合金钢（合金元素总含量 $\leqslant 5\%$）；

2）中合金钢（合金元素总含量 $> 5\% \sim 10\%$）；

3）高合金钢（合金元素总含量 $> 10\%$）。

按成型方法分类：

（1）锻钢；

（2）铸钢；

（3）热轧钢；

（4）冷拉钢。

按金相组织分类：

（1）退火状态的。包括：

1）亚共析钢（铁素体＋珠光体）；

2）共析钢（珠光体）；

3）过共析钢（珠光体＋渗碳体）；

4）莱氏体钢（珠光体＋渗碳体）。

（2）正火状态的。包括：

1）珠光体钢；

2）贝氏体钢；

3）马氏体钢；

4）奥氏体钢。

（3）无相变或部分发生相变的。

按用途分类：

（1）建筑及工程用钢。包括：

1）普通碳素结构钢；

2）低合金结构钢；

3）钢筋钢。

（2）结构钢。包括：

1）机械制造用钢，包括调质结构钢、表面硬化结构钢（表面硬化结构钢包括渗碳钢、渗氮钢、表面淬火用钢）、易切结构钢和冷塑性成型用钢（冷塑性成型用钢包括冷冲压用钢、冷镦用钢）。

2）弹簧钢。

3）轴承钢。

（3）工具钢。包括：

1）碳素工具钢；

2）合金工具钢；

3）高速工具钢。

（4）特殊性能钢。包括：

1）不锈耐酸钢；

2）耐热钢，包括抗氧化钢、热强钢、气阀钢；

3）电热合金钢；

4）耐磨钢；

5）低温用钢；

6）电工用钢。

（5）专业用钢，如桥梁用钢、船舶用钢、锅炉用钢、压力容器用钢、农机用钢等。

综合分类：

（1）普通钢。包括：

1）碳素结构钢，包括 Q195，Q215（A、B），Q235（A、B、C），Q255（A、B）和 Q275；

2）低合金结构钢；

3）特定用途的普通结构钢。

（2）优质钢（包括高级优质钢）。包括：

1）结构钢，包括优质碳素结构钢、合金结构钢、弹簧钢、易切钢、轴承钢和特定用途优质结构钢。

2）工具钢，包括碳素工具钢、合金工具钢和高速工具钢。

3）特殊性能钢，包括不锈耐酸钢、耐热钢、电热合金钢、电工用钢和高锰耐磨钢。

11.2 钢中的主要元素及其影响

11.2.1 钢中的主要元素

钢材的质量及性能是根据需要而确定的，不同的需要，要有不同的元素含量。碳：含碳量越高，钢的硬度就越高，但是它的可塑性和韧性就越差。硫：是钢中的有害杂物，含硫较高的钢在高温进行压力加工时，容易脆裂，通常叫作热脆性。磷：能使钢的可塑性及韧性明显下降，特别在低温下更为严重，这种现象叫作冷脆性。在优质钢中，硫和磷要严格控制。但从另一方面看，在低碳钢中含有较高的硫和磷，能使其切削易断，对改善钢的可切削性是有利的。锰：能提高钢的强度，能消弱和消除硫的不良影响，并能提高钢的淬透性，含锰量很高的高合金钢（高锰钢）具有良好的耐磨性和其他的物理性能。硅：它可以提高钢的硬度，但是可塑性和韧性下降，电工用的钢中含有一定量的硅，能改善软磁性能。钨：能提高钢的红硬性和热强性，并能提高钢的耐磨性。铬：能提高钢的淬透性和耐磨性，能改善钢的抗腐蚀能力和抗氧化作用。钒：能细化钢的晶粒组织，提高钢的强度，韧性和耐磨性。当它在高温熔入奥氏体时，可增加钢的淬透性；反之，当它在碳化物形态存在时，就会降低它的淬透性。钼：可明显地提高钢的淬透性和热强性，防止回火脆性，提高剩磁和矫顽力。钛：能细化钢的晶粒组织，从而提高钢的强度和韧性。在不锈钢中，钛能消除或减轻钢的晶间腐蚀现象。镍：能提高钢的强度和韧性，提高淬透性，含量高时，可显著改变钢和合金的一些物理性能，提高钢的抗腐蚀能力。硼：当钢中含有微量的（0.001% ~ 0.005%）硼时，钢的淬透性可以成倍的提高。铝：能细化钢的晶粒组织，阻抑低碳钢的时效，提高钢在低温下的韧性，还能提高钢的抗氧化性，提高钢的耐磨性和疲劳强度等。铜：它的突出作用是改善普通低合金钢的抗大气腐蚀性能，特别是和磷配合使用时更为明显。

11.2.2 合金元素在钢中的作用

钢的性能取决于钢的相组成、相成分、相结构、各种相在钢中所占的体积组分和分布状态，合金元素通过影响钢的相组成、相成分、相结构、各种相在钢中所占的体积组分和分布状态影响钢的性能。

11.2.2.1 合金元素及合金钢

合金钢分为优质合金钢和特殊质量合金钢。优质合金钢生产过程中需要特别控制质量和性能；特殊质量合金钢生产过程中要严格控制质量和性能。合金钢种类繁多，大体可以分为建筑结构用钢、机械结构用钢（合金结构钢、合金弹簧钢和轴承钢）、工具钢（工模工具钢和高速工具钢）以及特殊性能钢（不锈耐酸钢、耐热不起皮钢和无磁钢）等，按照合金总量划分，可以分为低合金钢（合金量5%以下）、中合金钢（合金量5% ~ 10%）、高合金钢（合金量超过10%），依据主合金元素可以分为铬钢、镍钢、铬镍钢和铬镍钼钢，同时根据金相组织可以分为铁素体钢、珠光体钢、贝氏体钢、马氏体钢、奥氏体钢、亚共析体钢和共析体钢等。合金钢中常用的合金元素有 Si、Mn、Cr、Ni、Mo、W、V、Ti、Nb、Zr、Co、Al、Cu、B、Re 等，P、S、N 在钢中某些条件下起合金作用。根据各元素在钢中形成碳化物的倾向，可以分为三类：第一类强碳化物元素，如 V、Ti、Nb 和 Zr 等，在适当的条件下只要有足够的碳可以形成各自的碳化物，仅在缺碳或高温条件下以原子状态进入固溶体；第二类碳化物形成元素，如 Mn、Cr、W 和 Mo 等，一部分以原子状态进入固溶体，另一部分形成置换式合金渗碳体，如 $(Fe,Mn)_3C$、$(Fe,Cr)_3C$ 等，如果含量超过一定限度（Mn 除外），又将形成各自的碳化物，如 $(Fe,Cr)_7C_3$、$(Fe,W)_6C$ 等；第三类为不形成碳化物元素，如 Si、Al、Cu、Ni 和 Co 等，一般以原子状态存在于奥氏体和铁素体等固溶体中。

合金元素中比较活的元素有 Al、Mn、Si、Ti 和 Zr 等，极易和钢中的 N 和 O 结合，形成稳定的氧化物和氮化物，一般以夹杂物的形态存在于钢中。Mn 和 Zr 也与硫化物夹杂。钢中含有足够数量的 Ni、Ti、Al 和 Mo 等元素时可以形成不同类型的金属间化合物，有的合金元素如 Cu 和 Pb 等，如果含量超过在钢中的溶解度，则以较纯的金属相存在。

11.2.2.2 对钢的相变点影响

改变相变点位置，改变相变点温度，扩大 γ 相（奥氏体）区的元素有 Mn、Ni、C、N、Cu 和 Zn 等，使 A_3 点温度降低，A_4 点温度升高，相反缩小 γ 相（奥氏体）区的元素有 Zr、B、Si、P、Ti、V、Mo、W 和 Nb 等，使 A_3 点温度升高，A_4 点温度降低。唯有 Co 可使 A_3 和 A_4 点温度同时升高，Cr 的作用十分特殊，含 Cr 量小于7%时使 A_3 点温度降低，大于7%则使 A_3 温度升高；改变共析点 S 的位置，缩小 γ 相（奥氏体）区的元素均使共析点 S 的温度升高，扩大 γ 相（奥氏体）区的元素则相反，此外几乎所有合金元素都使共

析点的 C 含量降低，使共析点 S 左移，不过碳化物形成元素 V、Ti、Nb（包括 W、Mo）在含量高到一定程度使 S 点右移；改变 γ 相的形状、大小和位置，一般在合金元素含量较高时，能使之发生显著变化，如 Ni 和 Mn 含量高时，可使 γ 相区扩展到室温以下，使钢成为单相奥氏体组织，而 Si 或 Cr 含量高时可使 γ 相缩小到很小甚至消失，使钢在任何温度下都是铁素体组织。

11.2.2.3 对钢加热和冷却时相变的影响

钢在加热时的相变是非奥氏体向奥氏体相转化，亦即奥氏体化过程，整个过程都与碳的扩散有关，在合金元素中，非碳化物形成元素如 Co 和 Ni 等降低碳在奥氏体中的激活能，增加奥氏体的形成速度，而强碳化物形成元素如 V、Ti 和 W 等，强烈妨碍碳钢中的扩散，显著减缓奥氏体化的过程。

钢冷却时的相变是过冷奥氏体的分解，包括珠光体相变、贝氏体相变以及马氏体相变，由于钢中大多存在几种合金元素的相互作用，钢冷却时相变的影响十分复杂，大多数合金元素（Co 和 Ni 除外）均起减缓奥氏体等温分解的作用，但各种合金元素所起的作用有所不同，不形成碳化物元素（Si、Cu、P、Ni）和少量碳化物形成元素（V、Ti、W、Mo）对奥氏体向珠光体转变和向贝氏体转变的影响差异不大，因而使转变曲线向右移动。

碳化物形成元素（V、Ti、Cr、W、Mo）如果含量较高，将使奥氏体向珠光体的转变显著推迟，但对奥氏体向贝氏体转变的推迟并不显著，当这类元素增加到一定程度时，在两个转变区域中间还将出现过冷奥氏体的亚稳定区。

合金元素对马氏体转变温度 M_s（起始转变温度）和 M_f（终了转变温度）的影响十分显著，大部分元素均使 M_s 和 M_f 点降低，其中以碳的影响最大，其次是 Mn、V、Cr 等，但 Co 和 Al 使 M_s 和 M_f 点升高。

11.2.2.4 对钢的晶粒度和淬透性的影响

影响奥氏体晶粒度的因素很多，钢的脱氧和合金化与奥氏体晶粒度有关，一些不形成碳化物，如 Ni、Si、Cu 和 Co 等，阻止奥氏体晶粒的作用较弱，而 Mn、P 则有促进晶粒长大的倾向，碳化物形成元素 W、Mo、Cr 等对阻止奥氏体晶粒长大起中等作用，强碳化物形成元素 V、Ti、Nb、Zr 等强烈阻止奥氏体长大，起细化晶粒作用，Al 虽然属于不形成碳化物元素，但却是细化晶粒开始粗化温度的最常见元素。

钢的淬透性高低取决于化学成分和晶粒度，除 Co 和 Al 等元素以外，大部分合金元素熔入固溶体后都不同程度地抑制过冷奥氏体向珠光体和贝氏体的相变，增加获得马氏体组织的数量，提高钢的淬透性。一些碳化物形成元素如 V、W、Ti 和 Zr 等，如果形成碳化物而固定钢中的碳，会在一定程度降低淬透性。对于中低碳钢，硼是显著影响淬透性的元素，合金钢中微量硼也会显著提高钢的淬透性，但不适用于高碳钢；易使晶粒粗化的元素如 Mn，能够提高淬透性；使晶粒细化元素如 Al 则降低淬透性。

11.2.2.5 合金元素在结构钢中的作用

合金结构钢一般分为调质结构钢和表面硬化结构钢。增大钢的淬透性，除 Co 外，几乎所有的合金元素 Mn、Cr、Mo、Ni、Si、C、N 和 B 等都能提高钢的淬透性，其中 Mn、Mo、Cr、B 的作用最强，其次是 Ni、Si、Cu。而碳化物形成元素如 V、Ti、Nb 等只能在溶入奥氏体中时才能增大钢的淬透性；影响钢的回火过程，由于合金元素在回火时能阻碍钢中各种原子的扩散，因而在同样温度下和碳素钢相比，一般能起到延迟马氏体的分解和碳化物聚集长大作用，从而提高钢的回火稳定性，提高钢的抗回火软化能力，V、W、Ti、Cr、Mo、Si 的作用比较显著，Al、Mn、Ni 的作用不明显。含有较高碳化物形成元素如 V、W、Mo 等的钢，在 500~600℃ 回火时，析出细小特殊的碳化物质点，如 V_4C_3、Mo_2C、W_2C 等，代替部分较粗大的合金渗碳体，使钢的强度不再下降反而升高，形成二次硬化，Mo 对钢的回火脆性有阻止和减缓作用；影响钢的强化和韧化，Ni 以固溶强化方式强化铁素体，Mo、V、Nb 等碳化物形成元素，既以弥散硬化形式又以固溶强化方式提高钢的屈服强度；碳的强化作用最为显著，加入合金元素均可细化奥氏体晶粒，增加晶界的强化作用，Ni 改善钢的韧性，Mn 易使奥氏体晶粒粗化。对回火脆性敏感，降低 S、P 含量可以提高钢的纯净度，对改善钢的韧性有重要作用。

11.2.2.6 氮对钢的影响

氮的原子半径（0.075nm）比铁的原子半径（0.172nm）小，氮在钢中容易浸入母晶格形成间隙式固溶体，导致晶格畸变，在体心立方的 α-Fe 中通过间隙型溶质原子作用，产生非对称应变，在低碳铁素体钢和奥氏体不锈钢产生强烈的固溶强化作用，是置换式固溶原子的 10~100 倍。钢中的钒和氮具有复合强化作用，钢中添加钒可以结合钢中的游离氮，含钒钢中氮碳饱和时，碳氮化物沿位错线析出，阻碍位错运动，使间隙固溶原子产生的强化大于置换式固溶原子。

钒是最适合产生稳定强烈析出的元素，因为钢中钒的碳氮化物溶度积大，固溶温度低，在高温下的溶解能力大。钒的氮化物具有超强溶解度，钢中的氮能与钒生成大量弥散的细小碳氮化物粒子，氮的存在引导产生沉淀强化，通过析出强化和晶粒细化强化显著提高钢的强度，改善或保持钢的良好塑性和韧性。

N 是非调质钢中常存元素之一。非调质钢在冶炼过程中，必须保证钢中含有稳定的和适量的 N 的存在。通常来说，N 对钢有一定的危害，比如说造成钢的时效，而且通常与钢的各种脆断有关。但是 N 在钢中也有一些有益的作用，N 对于非调质钢的意义尤其大。微合金化元素在非调质钢中的行为和作用，很大一部分主要是通过微合金化元素与氮元素所形成的碳氮化合物来实现的。

N 是很强的形成和稳定奥氏体的元素。N 与 Ti、Nb 和 V 等元素有很强的亲和力，可以形成极其稳定的间隙相。氮化物与碳化物可以互相溶解，形成碳氮化物。氮化物之间也可以互相溶解，形成复合氮化物。这些化合物通常以细小质点存在，产生弥散强化效果，提高钢的强度。N 和钢中的 Al 化合形成 AlN。AlN 以及 TiN、NbN 等都可以有效地阻止奥氏体晶粒粗化，得到细小的铁素体晶粒，有利于提高钢的韧性。

N 在非调质钢中的作用，主要是加强沉淀强化效果及细化晶粒。尤其是对含 V 的微合金非调质钢而言，每加入 0.001% 的 N，其屈服强度将增加 5MPa。提高钢中 N 的含量，使碳氮化物的析出范围扩大，提高了微合金化元素的有效作用，以较少的微合金化元素含量就能获得同等的力学性能。钢中的 VN 不但是强化相，还可以抑制奥氏体晶界的迁移，细化奥氏体晶粒，从而细化铁素体晶粒和珠光体团；在相变时，又起核心作用，进一步使铁素体晶粒细化。因此，V 和 N 同时存在时，既具有明显的沉淀强化作用，又能起韧化作用。

11.3 钒在钢中的作用

对于钢铁用途而言，钒铁和钒氮合金是最重要的前端钒产品，其消费量占钒总消费量的 85% ~90%，钒的钢铁用途见表 11-1。钒铁或者钒氮合金为添加剂进入钢铁产品其作用是共同的，钒铁和钒氮合金的产品品质和钒的利用率是有所差异的，兼顾有一些倾向。钒作为合金和微合金添加剂，在钢中具有许多良好的作用。在钢中加入钒，可显著改善钢的性能。钒之所以用于钢铁，是由于钒能与钢铁中的碳元素生成稳定的碳化合物（V_4C_3），可以细化钢的组织和晶粒，提高晶粒粗化温度，显著改善钢铁的性能，提高钢的强度、韧性、抗腐蚀能力、耐磨能力和承受冲击负荷的能力等。同时研究表明：钒加入钢中，除固溶强化作用不显著外，在以下几方面显著改善钢的性能：（1）V（CN）在奥氏体中溶度积高，钒在低碳钢、中碳钢、高碳钢中都具有较强的沉淀强化作用；（2）钒加入到钢中通过阻止加热时奥氏体晶粒的长大、抑制形变奥氏体再结晶、强化 $\gamma \rightarrow \alpha$ 相变细化晶粒作用等途径，达到细化钢的晶粒的作用；（3）钒对过冷奥氏体转变具有明显影响。与大多数合金元素不同，钒不延迟铁素体转变而推迟贝氏体和珠光体转变。同时钒提高钢的淬透性的作用，是同样含量的钼对淬透性贡献的 2 倍。

表 11-1　钒的钢铁用途

用　途	钒的添加量/%	钒的用途	添加形式	最终制品用途
高强度钢	0.02 ~0.06	使晶粒细化，增加强度	钒铁	输油（气）管，压力容器，船，桥梁
高速工具钢	1.00 ~5.00	耐磨，强度大	钒铁	切削工具
合金工具钢	0.10 ~0.20	可代替钼	钒铁	切削工具（包括轴承钢）
耐热钢	0.15 ~0.25	高温强度增大	钒铁	汽轮机叶片
耐热合金	1.00 ~5.10	高温强度增大	钒	汽轮机喷嘴、叶片

钒作为合金和微合金添加剂，在钢中具有许多良好的作用。钒在不同类型、不同用途的钢种中，具有许多不同的特殊的作用。如在热处理钢中增加抗回火的能力；在高速钢中具有提高红硬性的作用；在热强钢中将改善抗蠕变性能；在耐蚀钢中改善抗腐蚀性能的作用，以及抑制应变时效的作用等。

11.3.1　钒在钢中的行为

钒的碳氮化物具有面心立方晶体结构，理想状态下摩尔配比 C∶N∶V = 1∶1∶1，受点阵缺陷影响，钒的化合物中的碳氮原子存在空位，钒的碳化物和氮化物中碳氮原子的化学配比在 0.75 ~1 之间变化。在钢生产中，钒的碳化物中碳的化学配比接近下限 0.75，钒的碳化物表示为 V_4C_3，钒的氮化物化学配比接近上限 1，钒的氮化物表示为 VN。碳化钒和氮化钒具有相同的晶体结构，点阵参数接近，可以完全互溶。在含钒钢的钒析出相中很难准确区分钒的碳化物和钒的氮化物，一般以碳氮化钒（VC_xN_y）和 V（C，N）表示，（$x + y$）在 0.75 ~1 之间。

微合金化元素的强化作用来自细小碳氮化物的弥散析出和碳氮化物阻止晶粒长大的晶粒细化，或者属于两种共同作用的结果。从晶粒细化角度考虑，为了使相变前奥氏体晶粒保持细小尺寸，要求碳氮化物在奥氏体中部分不溶或者在热轧过程中部分析出；从析出强化考虑，要求微合金化元素固溶在奥氏体中，在奥氏体/铁素体转化过程中或者相变后发生析出，获得细小析出物（3 ~5nm），实现弥散强化效果。

11.3.1.1 奥氏体中析出

奥氏体析出主要是夹杂物上析出、奥氏体晶界析出和奥氏体晶内析出，对于正常成分的含钒钢，在高于1000℃终轧时，几乎全部的钒在铁素体中析出，而不会在奥氏体中析出，当钒氮含量比较高时，少量的钒有可能在奥氏体中析出。在控轧过程中一些固溶态钒通过形变诱导以V(C,N)形式在奥氏体中析出。对于钒钛微合金化处理钢，在连铸或者再加热过程中，奥氏体中形成复合相。在钒微合金化钢中增氮，将加速V(C,N)颗粒在奥氏体中的析出过程。

MnS属于钢中夹杂物，是V(C,N)颗粒在奥氏体中析出的有利位置，V(C,N)依靠MnS夹杂物作为形核核心，长大形成方形的VN析出相。对于钒微合金化钢，VC一直到850℃以下均可完全固溶于奥氏体，只有在较高的钒和氮含量情况下，钢中的VN在低于1000℃以下温度变形时可以产生少量析出。

V(C,N)在奥氏体晶粒内的应变诱导析出取决于钢中的钒氮含量、形变温度和形变量的大小，增加变形量是促进V(C,N)颗粒在奥氏体中析出的有效方法。奥氏体中析出的V(C,N)颗粒尺寸相对较大，不能起到析出强化的作用，相反由于钒在奥氏体中析出减少基体固溶钒含量，导致铁素体中V(C,N)析出数量的降低，减弱析出强化效果。但奥氏体中析出的V(C,N)颗粒为铁素体形核提供了有效核心位置，起到了诱导晶内铁素体形核的作用，从而细化铁素体晶粒。

11.3.1.2 铁素体中析出

V(C,N)在γ/α相变过程或者相变后在铁素体析出，析出相类型包括纤维状析出、相间析出和随机析出，纤维状析出是V(C,N)随γ/α界面移动，或者在铁素体内随机析出，形成弥散分布，起到强化作用。对于典型特殊结构钢，相间析出发生在高温条件下，而随机析出产生于较低温度区域内，通常低于700℃。

纤维状析出在平行于γ/α界面以一定间距形成片层状相间析出，纤维束与γ/α界面垂直，V(C,N)以纤维状形貌析出属于$\gamma \rightarrow \alpha + V(C,N)$共析转变的一种变异模式，由$\alpha/V(C,N)$界面钒浓度梯度变化引起，$\gamma/V(C,N)$和$\gamma/\alpha$的平衡决定了钒浓度梯度方向平行于$\gamma$界面，导致钒由$\gamma$向$\alpha + V(C,N)$横向再分布，纤维状析出不是钒微合金化钢中的主要析出方式，钢中加入Mn和Cr可以明显增加VC的纤维状析出。

相间析出是钒微合金化钢中碳氮化物在铁素体中析出的主要方式，析出相沿平行于γ/α界面单一惯习面长大，各种不同碳含量的含钒钢中，V(C,N)均可以在先共析铁素体和珠光体铁素体中以相间析出形式析出，VC或V(C,N)的非均匀成核与相界面的结构特征有关，相变温度、冷却速率、钢的成分等因素对V(C,N)析出的形貌、间距、尺寸大小有显著影响，相间析出的特征之一就是温度越低析出相越小，同时钢中钒、碳含量越高，碳化物析出的体积分数越大，析出相的平均颗粒尺寸越小，相间析出的层间距越小，相间析出的碳化物颗粒尺寸和层间距随相变温度升高而增加，钢中钒、碳含量越低，温度的影响越明显。钢中含有Mn、Ni、Cr可以推迟相间析出，降低相间析出温度。随钢中氮含量增加，V(C,N)析出相的平均颗粒尺寸越小，相间析出的层间距越小，随相变温度降低，相间析出的层间距减小。钒氮微合金化钢中V(C,N)析出在同一试样和同一晶粒内，析出模式具有多样性。

钒钢中的碳氮化物可以先在共析铁素体中析出，也能够在珠光体铁素体中析出，铁素

体内随机析出的细小 V(C,N) 颗粒形貌主要为薄片状，与铁素体基体符合 B-N 关系，钒钢中的碳氮化物主要在位错线上形核，也能在铁素体内产生均匀析出。通过研究含钒钢 600℃ 和 700℃ 等温相变，随着钢中氮含量增加，VC_xN_y 析出相中碳分数 X 迅速下降，当钢中 N 含量超过 0.010% 时，VC_xN_y 析出相中碳分数 X 低于 10%，析出相为富氮 V(C,N)，当钢中氮含量低于 0.005 时，V(C,N) 析出相中碳分数开始明显增加。钢中氮含量对铁素体中 V(C,N) 的析出有显著影响，氮含量从 0.005% 增加到 0.05%，析出颗粒密度提高，析出颗粒尺寸大幅度减小。

钢中碳含量对析出强化起重要作用，铁素体中固溶碳增加显著提高 V(C,N) 析出的化学驱动力，促进 V(C,N) 的形核，钢中碳含量增加，γ/α 相变动力学过程受到拟制，碳在奥氏体中扩散时间延长，铁素体中碳的活度升高，铁素体相出现碳过饱和的时间延迟，导致大量 V(C,N) 在铁素体中形核，产生致密的析出相。含钒钢中增加 0.01% C，可引起 5.5MPa 的析出强化增量。

11.3.1.3　贝氏体析出

贝氏体是钢中最复杂的组织，与多边形铁素体相变相比，贝氏体相变温度更低，速度更快，贝氏体铁素体处于亚稳定状态，有可能存在大量过饱和碳，大大增加了碳氮化物在贝氏体铁素体中析出的化学驱动力，V-N 微合金化低碳贝氏体钢中细小 V(C,N) 颗粒在贝氏体铁素体中析出，析出的形貌与贝氏体形态有关，粒状贝氏体中的析出相弥散随机分布，板条状贝氏体中的析出相出现类似相间析出的成排分布。贝氏体铁素体中的 V(C,N) 析出颗粒细小、均匀和稳定，属于贝氏体铁素体板条形成过程中析出，与相变同步。贝氏体铁素体中析出的 V(C,N) 以薄片状为主，与贝氏体铁素体基体保持共格或半共格关系，含钒低碳（0.1% C），贝氏体铁素体中碳氮化钒析出有三种类型，位错线上析出相、类似相间析出呈层状分布析出相和球状析出相，主体是位错线上析出相。

11.3.1.4　回火过程析出

钢中钒含量达到一定数量时，将产生明显的二次硬化作用，550～650℃ 范围内钒的碳化物大量析出，含钒钢在回火过程出现强烈二次硬化。回火析出的碳化钒是 V_4C_3，主要析出方式为位错线上非均匀形核析出，析出相的形貌通常呈薄片状，也有短杆状和圆片状。

11.3.2　钒对钢的显微组织及热处理的作用

钒对钢的显微组织及热处理的作用如下：

（1）钒和铁形成连续的固溶体，强烈地缩小奥氏体相区。

（2）钒和碳、氮、氧都有极强的亲和力，在钢中主要以碳化物或氮化物、氧化物的形态存在。

（3）通过控制奥氏体化温度来改变钒在奥氏体中的含量、未溶碳化物的数量以及钢的实际晶粒度，可以调节钢的淬透性。

（4）由于钒形成稳定固溶的碳化物，使钢在较高温度时仍保持细晶组织，大大减低钢的过热敏感性。

11.3.3　对钢的物理、化学及工艺性能的作用

对钢的物理、化学及工艺性能的作用如下：

（1）在高铁镍合金中加入钒，经适当热处理后可提高磁导率。在永磁钢中加钒，能提高磁矫顽力。

（2）加入足够量的钒（碳的 5.7 倍以上）。将碳固定于钒碳化物中时，可大大增加钢在高温高压下对氢的稳定性，其强烈作用与 Nb，Ti、Zr 相似。不锈耐酸钢中，钒可改善抗晶间腐蚀的性能，但作用不及 Ti、Nb 显著。

（3）出现钒的氧化物时，对钢的高温抗氧化性不利。

（4）含钒钢在加工温度较低时显著增加变形抗力。

（5）钒改善钢的焊接性能。

11.3.4 钒对钢的力学性能的作用

钒对钢的力学性能的作用如下：

（1）少量的钒使钢晶粒细化，韧性增大，对低温钢尤为有利。

（2）钒量较高导致聚集的碳化物出现时，会降低强度；碳化物在晶内析出会降低室温韧性。

（3）适当的热处理使碳化物弥散析出时，钒提高钢的高温持久强度和蠕变抗力。

（4）钒的碳化物是金属碳化物中最硬和最耐磨的。弥散分布的钒碳化物提高工具钢的硬度和耐磨性。

11.4 钒在钢中的应用

在普通低合金钢、合金结构钢、弹簧钢、轴承钢、合金工具钢、高速工具钢、耐热钢、抗氢钢、低温用钢等系列中得到广泛应用。

11.4.1 含钒钢工艺特点

含钒钢工艺特点包括：

（1）再加热温度低，钒碳氮化物在奥氏体中具有较高的溶解度，在相对低的热处理温度下，可以保证大部分合金元素的溶解，在冷却时析出，产生析出强化，同时抑制原始奥氏体晶粒粗大化，细化组织，提高韧性。

（2）热形变抗力小，高温轧制时再结晶的能力最弱，再结晶终止温度比较低，热轧轧制抗力小。

（3）终轧温度对性能影响小，钒是钢中析出强化元素，钒钢在奥氏体再结晶区往复轧制时，通过多次轧制-再结晶形变，可获得细小的奥氏体晶粒。

（4）适应电炉炼钢过程的高氮含量，通过合金元素实现有效固氮，拟制自由氮。

11.4.2 含钒钢的连铸要求

含钒钢主要采用连铸工艺生产，液态钢水进入结晶器，与铜壁冷却器接触，快速冷却，在铸坯边缘至中心形成细小等轴晶带、柱状晶带和中心等轴晶带，细小等轴晶带位于铸坯表面，柱状晶带位于细小等轴晶带的内侧，等轴晶带位于连铸坯的中心。连铸过程根据钒钢的高温塑性低谷区的宽度和温度范围，控制二冷区的冷却速度，进行平稳弱冷却，使弯曲矫直时铸坯表面温度高于碳化物的析出温度或 α→β 相变温度，或者产生脆化的上

临界温度，避开塑性低谷区，采用合理的结晶器、高频率小振幅和优质保护渣，降低钢中的硫、磷，拟制碳化物的晶界析出，通过二次冷却使铸坯表面奥氏体晶粒细化，保持结晶器液面的稳定性，降低裂纹敏感性，防止铸坯横向裂纹产生。

11.4.3　热机械控制工艺（TMCP）

含钒钢的热机械控制工艺通过再结晶控制轧制和控制轧制实现，在加热条件下钢在奥氏体再结晶区通过轧制变形-再结晶，奥氏体晶粒逐渐变细，最终获得细小等轴奥氏体晶粒，增加奥氏体有效晶界面积为奥氏体向铁素体相变形核提供空间位置，在随后相变过程中通过加速冷却获得细小铁素体晶粒，需要控制较高的奥氏体晶粒粗化温度、再结晶终止温度、较低的晶粒粗化速率、在奥氏体和铁素体存在较多 V（C，N）以及足够的过冷能力，再结晶控制轧制的冷却速率不超过 10 ~ 12℃/s，加速冷却终止温度不低于 500℃，避免发生贝氏体和马氏体转变。

11.4.4　含钒调质钢

调质钢在化学成分上的特点是碳含量为 0.3% ~ 0.5%，并含有一种或几种合金元素，具有较低或中等的合金化程度。钢中合金元素的作用主要是提高钢的淬透性和保证零件在高温回火后获得预期的综合性能。热处理工艺是在临界点以上一定温度加热后淬火成马氏体，并在 500 ~ 650℃回火。热处理后的金相组织是回火索氏体。这种组织具有强度、塑性和韧性的良好配合。

常用的合金调质钢按淬透性和强度分为四类：（1）低淬透性调质钢；（2）中淬透性调质钢；（3）较高淬透性调质钢；（4）高淬透性调质钢。调质钢的质量要求，除一般的冶金方面的低倍和高倍组织要求外，主要为钢的力学性能以及与工作可靠性和寿命密切相关的冷脆性转变温度、断裂韧性和疲劳抗力等。在特定条件下，还要求具有耐磨性、耐蚀性和一定的抗热性。由于调质钢最终采用高温回火，能使钢中应力完全消除，钢的氢脆破坏倾向性小，缺口敏感性较低，脆性破坏抗力较大，但也存在特有的高温回火脆性。大多数调质钢为中碳合金结构，屈服强度（$\sigma_{0.2}$）在 490 ~ 1200MPa。以焊接性能为突出要求的调质钢，为低碳合金结构钢，屈服强度（$\sigma_{0.2}$）一般为 490 ~ 800MPa，有很高的塑性和韧性。少数沉淀硬化型调质钢，屈服强度（$\sigma_{0.2}$）可到 1400MPa 以上，属高强度和超高强度调质钢。

11.4.4.1　性能要求

要求调质钢具有以下性能：

（1）良好的综合力学性能（既要有高强度，又要求良好的塑性、韧性和高的疲劳强度）；

（2）良好的工艺性能，主要是淬透性，以保证零件截面力学性能的均匀。

11.4.4.2　成分特点

调质钢成分特点包括：

（1）中碳。碳质量分数在 w_c = 0.25% ~ 0.5% 的中碳范围，多为 0.4% 左右。若碳质量分数过低，则淬回火后强度、硬度不能满足性能要求，而碳质量分数过高，则钢的塑性、韧性过低。对于一些要求以强度为主的调质钢，用上限的碳质量分数，对一些以塑性为主的调质钢，用下限的碳质量分数。

（2）合金元素。合金元素的特点如下：

1）主加元素 Mn（w_{Mn} < 2%）、Si（w_{Si} < 2%）、Cr（w_{Cr} < 2%）、Ni（w_{Ni} < 4.5%）、B（w_B < 0.004%）等，其主要的目的是提高淬透性，如 40 钢的水淬临界直径仅为 10 ~ 15mm，而 40CrNiMo 钢的油淬临界直径则超过了 70mm；次要作用是除了 B 以外能溶入固溶体（铁素体）起固溶强化作用，Ni 还能提高钢的韧性。

2）辅加元素为 Mo、W、V、Ti 等强碳化物形成元素，其中 Mo、W 的主要作用是抑制含 Cr、Ni、Mn、Si 等合金调质钢的高温回火脆性，次要作用是进一步提高淬透性；V、Ti 的主要作用是形成碳化物阻碍奥氏体晶粒长大，起细晶强韧化和弥散强化作用。几乎所有的合金元素均提高了调质钢的回火稳定性。

11.4.4.3　热处理特点

调质钢的热处理特点包括：

（1）预备热处理。调质钢预备热处理的主要目的是保证零件的切削加工性能，可依据其碳质量分数和合金元素的种类、数量不同选择预备热处理。合金元素质量分数低的调质钢，预备热处理一般采用正火（碳及合金元素质量分数较低，如 40 钢）或退火（碳及合金元素质量分数较高，如 42CrMo），细化锻造组织，改善切削性能。合金元素质量分数高的调质钢（如 40CrNiMo）空冷后得到马氏体，硬度高，不利于切削，需在空冷后再进行 650 ~ 700℃的高温回火，得到回火索氏体组织，使硬度降至 200HBW 左右。

（2）最终热处理。最终热处理为淬火 + 高温回火，具体的工艺规范视不同的成分及使用要求有些区别。淬火介质和淬火方法根据钢的淬透性和零件的形状尺寸选择确定。回火温度的选择取决于调质零件的硬度要求，由于零件硬度可间接反映强度与韧性，故技术文件上一般仅规定硬度数值，只有很重要的零件才规定其他力学性能指标；调质硬度的确定应考虑到零件的工作条件、制造工艺要求、生产批量特点及形状尺寸等因素。当调质零件还有高耐磨性要求、并希望进一步提高疲劳性能时，可在调质处理后进行渗氮处理、表面淬火强化和表面形变强化（如曲轴轴颈的滚压强化）。

调质后组织为回火索氏体，比同样硬度的片状珠光体的塑性、韧性更好。组织中如出现游离的铁素体，则强度和疲劳寿命会大大下降。如某厂柴油机气泵的偏心轴，材料用 45 号钢，由于淬透性不足，组织中存在较多的游离铁素体，经常发生断裂，后改用 40Cr 钢，才未出现断裂现象。

11.4.5　常用调质钢

合金调质钢按其淬透性不同，可分为三大类：

（1）低淬透性调质钢。这类钢合金元素质量分数低，常用的钢号有 40Cr、40MnB、35SiMn 等，油淬临界淬透直径为 20 ~ 40mm，调质后 R_m = 800 ~ 1000MPa，R_{eL} = 600 ~ 800MPa，a_K = 60 ~ 90J/cm²。主要用于制造中等负荷、中等速度工作条件下的零件，如汽车的转向节，机床的齿轮、轴、蜗杆等。

（2）中淬透性调质钢。这类钢合金元素质量分数较多。常用的钢号有 40CrNi、40CrMn、40CrMnTi、35CrMo 等。油淬临界淬透直径为 40 ~ 60mm，调质后 R_m = 900 ~ 1000MPa，R_{eL} = 700 ~ 900MPa，a_K = 50 ~ 80J/cm²。它主要用于制造截面较大，承受重载荷

的零件，如大型电动机轴、汽车发动机主轴、大截面齿轮等。

（3）高淬透性调质钢。这类钢合金元素质量分数高。常用的钢号有 40CrMnMo、30CrNi3、45CrNiMoV 等，油淬临界淬透直径在 60～100mm 以上，调质后 R_m = 1000～1200MPa，R_{eL} = 800～1000MPa，a_K = 60～120J/cm^2。主要用于制作承受冲击载荷的高强度大截面零件，如卧式锻压机的传动偏心轴、锻压机的曲轴、高强度连接螺栓等。

11.4.6 调质钢的替代用钢

11.4.6.1 低碳马氏体钢

采用低碳（合金）钢（如渗碳钢和低合金高强度钢等）经适当介质淬火和低温回火得到低碳马氏体，从而可以获得比常用中碳合金钢调质后更优越的综合力学性能。它充分利用了钢的强化和韧化手段，使钢不仅强度高而且塑性和韧性好。例如，采用 15MnVB 钢代替 40Cr 钢制造汽车的连杆螺栓，提高了强度和塑性、韧性，从而使螺栓的承载能力提高 45%～70%，延长了螺栓的使用寿命，并满足大功率新车型设计的要求。又如，采用 20SiMnMoV 钢代替 35CrMo 钢制造石油钻井用的吊环，使吊环质量由原来的 97kg 减小为 29kg，大大减轻了钻井工人的劳动强度。

11.4.6.2 中碳微合金非调质钢

非调质钢的化学成分特点是在中碳碳素钢成分的基础上添加微量（$w_{Me} < 0.2\%$）的 V、Ti、Nb 等元素，故称微合金非调质钢。其突出优点是通过控制轧制或锻造工艺而不需要淬火加回火处理，在空冷条件下即可使零件获得较满意的综合力学性能，其显微组织为铁素体＋珠光体。

11.4.7 含钒调质钢

钒钢的调质钢种类繁多，应用范围较广。调质钢中钒的作用包括提高淬透性、提高回火稳定性、产生析出强化和二次硬化，降低钢的临界冷却速度。大多数含钒调质钢为中碳（0.2%～0.5%）合金结构钢，抗拉强度在 490～1200MPa，同时具有较好的塑性和韧性。为改善钢的综合性能（强度、塑性和韧性），采取淬火和高温回火调质热处理，细化钢的显微组织，使钒、钼的碳化物均匀分布在钢中，在保证钢的强度的同时，尽可能提高钢的韧性。表 11-2 给出了中碳含钒调质钢种的化学成分。

表 11-2 中碳含钒调质钢种的化学成分 （%）

钢　种	C	Si	Mn	P	S	Cr	Ni	Mo	V
27MnCrV	0.24～0.30	0.15～0.35	1.00～1.30	≤0.035	≤0.035	0.60～0.90	—	—	0.07～0.12
42CrV	0.38～0.46	0.15～0.35	0.50～0.80	≤0.035	≤0.035	1.4～1.7	—	—	0.07～0.12
50CrV	0.47～0.55	0.15～0.35	0.80～1.10	≤0.035	≤0.035	0.90～1.2	—	—	0.07～0.12
30CrNiMoV	0.26～0.34	0.15～0.35	0.40～0.70	≤0.035	≤0.035	2.3～2.7	—	0.15～0.25	0.10～0.20
34CrNiMoVA	0.32～0.40	0.15～0.35	0.50～0.80	≤0.035	≤0.035	1.3～1.7	1.3～1.7	0.40～0.50	0.10～0.20
30CrNi3MoVA	0.27～0.32	0.15～0.35	0.20～0.70	≤0.035	≤0.035	1.2～1.7	3.00～3.50	0.40～0.65	0.10～0.20

淬火＋低温回火中碳含钒调质钢典型钢种是 Cr-Ni-Mo-V 钢，属于高强度和超高强度钢，其主要成分见表 11-3。

表 11-3　淬火 + 低温回火中碳含钒高强度和超高强度调质钢化学成分　　　（%）

钢　种	C	Si	Mn	Ni	Cr	Mo	V
30M	0.40 ~ 0.46	1.45 ~ 1.80	0.65 ~ 0.90	1.65 ~ 2.00	0.70 ~ 0.95	0.30 ~ 0.50	0.05 ~ 0.10
4340V	0.37 ~ 0.44	0.20 ~ 0.35	0.60 ~ 0.95	1.55 ~ 2.00	0.60 ~ 0.95	0.40 ~ 0.60	0.01 ~ 0.10
D6AC	0.42 ~ 0.48	0.15 ~ 0.30	0.60 ~ 0.90	0.40 ~ 0.70	0.90 ~ 1.20	0.90 ~ 1.10	0.07 ~ 0.15
4330V	0.28 ~ 0.33	0.15 ~ 0.35	0.65 ~ 1.00	1.65 ~ 2.00	0.75 ~ 1.00	0.35 ~ 0.50	0.05 ~ 0.10

在中碳基础上，大幅度降低碳含量，保证高强度和高韧性的同时，显著改善焊接性能，典型钢种是 Cr-Ni-Mo-V 钢，主要化学成分见表 11-4。

表 11-4　高强度、高韧性、良好焊接性低碳含钒调质钢化学成分　　　（%）

钢　种	C	Mn	Si	Ni	Cr	Mo	V	Cu
HY-130	≤0.12	0.60 ~ 0.90	0.15 ~ 0.35	4.75 ~ 5.25	0.40 ~ 0.70	0.30 ~ 0.65	0.05 ~ 0.10	
NS80	≤0.12	0.35 ~ 0.90	0.15 ~ 0.40	3.50 ~ 4.50	0.30 ~ 1.00	0.20 ~ 0.60	≤0.10	
NS90	≤0.12	0.35 ~ 1.00	0.35 ~ 1.00	4.75 ~ 5.50	0.40 ~ 1.00	0.30 ~ 0.65	≤0.10	
NS110	≤0.08	0.10 ~ 0.75	0.10 ~ 0.75	9.0 ~ 10.20	0.35 ~ 1.00	0.70 ~ 1.50	≤0.20	
AK-44	0.08 ~ 0.10	0.30 ~ 0.60	0.30 ~ 0.60	4.3 ~ 4.7	0.60 ~ 0.90	0.55 ~ 0.65	≤0.10	1.20 ~ 1.45

11.4.8　非调质钢

微合金非调质钢先后经历了铁素体-珠光体型组织（第一代）、低碳贝氏体组织（第二代）和低碳马氏体组织（第三代）三个阶段的发展。与调质钢相比，传统热锻用非调质钢的强度有余而韧性不足，限制了它在强冲击条件下的应用。非调质钢是在钢中加入微量元素 V、Ti 等，通过控锻（轧）工艺，使合金元素以 C、N 化合物弥散析出，使钢达到调质强度水平，从而省去调质处理，简化了生产工序。非调质钢主要用于汽车的发动机、拖拉机的发动机、空压机的连杆，机床零件、轴类零件等。微合金化是非调质钢的技术核心，所采用的微合金元素包括 V、Nb、Ti、B 等，其中以 V 作为微合金化元素的占多数。在可统计到的各国非调质钢当中，可知化学成分的牌号有 186 个，其中含钒非调质钢为158 个，占 85%；含铌的为 9 个，占 5%；钒铌复合合金化的 14 个，占 7.5%。

非调质钢是靠微量合金元素在热变形加工后冷却时，从铁素体中析出弥散的碳化物或氮化物质点产生弥散强化，同时又通过控制珠光体与铁素体量的比例与珠光体的片层间距、细化晶粒等途径，来保证其强度和良好韧性的配合。目前该钢存在的主要缺点是塑性、冲击韧度偏低，因而限制了它在强冲击条件下的应用。为了满足汽车工业迅速发展对高强韧性非调质钢的需要，近年来又发展了贝氏体型和马氏体型微合金非调质钢，这两类钢在锻轧后的冷却中即可获得贝氏体和马氏体或以马氏体为主的组织，其成分特点是降碳并适当添加 Mn、Cr、Mo、V、B，使钢在获得高于 900MPa 抗拉强度的同时保持足够的塑性和韧性。

11.4.8.1　铁素体-珠光体型微合金非调质钢

铁素体-珠光体型微合金非调质钢目前用量最大，约占总用量的 60% 以上。为了利用碳化物析出强化来达到所要求的高强度，增加碳含量来增加组织中珠光体的分数，因此韧性难以满足要求。为此，应用了一系列新技术来提高铁素体-珠光体微合金非调质钢的韧

性，例如晶粒细化技术。细化晶粒能有效提高钢的韧性，而且能保持高强度。非调质钢中常加入铝、钛等元素，通过析出细小的氮化铝、氮化钛来钉扎奥氏体晶界，防止加热时晶粒长大或抑制形变过程中的奥氏体再结晶，细化奥氏体晶粒。成分为 0.32C-1.0Mn-0.12V-0.024Ti 的非调质钢加热到 1250℃时，奥氏体晶粒仍能保持在 5 级以上，就是因为均匀分布的粒径为 0.1μm 的氮化钛颗粒起到了钉扎奥氏体晶界、防止晶粒粗化的作用。

非调质钢锻件在冷却过程中发生相变时，铁素体易沿奥氏体晶界首先形核长大，随后奥氏体的其余部分转变为珠光体。如果沿珠光体晶粒形成网状铁素体就会严重损害钢的韧性。日本钢铁公司的研究人员发现，通过适当控制生产工艺，在奥氏体晶内提供大量铁素体形核位置，则相变时铁素体不仅在晶界上形核，也能在奥氏体晶内形成，故能得到细小且分布均匀的铁素体，使钢的韧性显著提高。

IGF 的析出与 MnS 以及 MnS 上析出的 VN 或 TiN 粒子有关，而 MnS 的析出与分布又与钢中微细氧化物核心有关，因此钢中氧化物的特征、种类、数量、大小就决定了 MnS 的数量和大小。脱氧元素不同，所形成氧化物的种类、数量及分布都不一样，钢中的硫含量要在 0.06% 左右，有利于析出 IGF。硫在此处的目的不是改善切削性能，而是为了和氧化物形成复合夹杂促进 IGF 的形成。

11.4.8.2　贝氏体微合金非调质钢

获得高强度和良好韧性的非调质钢，对获得低碳贝氏体组织比较有利。此外，为了确保高强度还必须有一定的碳含量。为了空冷得到贝氏体组织，必须在钢中加入钼、锰、硼等合金元素，这是因为钼对中温转变的推迟作用显著低于高温转变；锰达到一定含量时可使奥氏体等温转变曲线呈 ε 形，使钢的上下 C 曲线分离；硼可以显著推迟铁素体转变。因此，钼-硼或锰-硼相结合可使钢在相当宽的冷却范围内得到贝氏体组织；同时锰可以降低相变温度，改善韧性、提高强度。为了弥补碳含量降低引起的强度下降，低碳贝氏体钢中通常加入钒、铬等元素，确保其高强度。

11.4.8.3　马氏体微合金非调质钢

第三代微合金非调质钢具有低碳回火马氏体组织。与贝氏体微合金非调质钢相似，得到低碳马氏体非调质钢也能兼顾高强度和高韧性的要求，目前已经在汽车行走部件和建筑机械方面得到应用。同时，继铁素体-珠光体（F-P）型、贝氏体（B）型、马氏体（M）型微合金非调质钢开发应用以后，F-B 型、F-M 型复相微合金非调质钢因成本低、性能优而逐渐被开发利用。

随着非调质钢应用范围的扩大，在世界范围已经形成了区域性和行业性非调质钢标准，世界各国研发的非调质钢品种及成分见表 11-5，世界各国研发的非调质钢品种力学性能见表 11-6。

表 11-5　世界各国研发的非调质钢品种及成分　　　　　　　　　（％）

国家	钢　种	化学成分（质量分数）						
		C	Si	Mn	S	V	Ti	N
德国	49MnVS3	0.44 ~ 0.50	≤0.6	0.7 ~ 1.0	0.04 ~ 0.07	0.08 ~ 0.13		
	44MnSiVS6	0.42 ~ 0.47	0.5 ~ 0.8	1.3 ~ 1.6	0.02 ~ 0.035	0.10 ~ 0.15	0.02	
	38MnSiVS6	0.35 ~ 0.40	0.5 ~ 0.8	1.2 ~ 1.5	0.03 ~ 0.07	0.08 ~ 0.13	0.02	
	27MnSiVS6	0.25 ~ 0.30	0.5 ~ 0.8	1.3 ~ 1.6	0.03 ~ 0.05	0.08 ~ 0.13	0.02	

国家	钢 种	化学成分（质量分数）						
		C	Si	Mn	S	V	Ti	N
瑞典	V-2906	0.43 ~ 0.47	0.15 ~ 0.40	0.6 ~ 0.8	0.04 ~ 0.06	0.07 ~ 0.10		$(90 ~ 140) \times 10^{-4}$
	V-2903	0.30 ~ 0.35	1.4 ~ 1.6	0.03 ~ 0.05	0.03 ~ 0.05	0.07 ~ 0.12	0.015 ~ 0.030	$(150 ~ 200) \times 10^{-4}$
	V-2904	0.36 ~ 0.40	1.2 ~ 1.4	0.04 ~ 0.06	0.04 ~ 0.06	0.07 ~ 0.10	0.015 ~ 0.030	$(150 ~ 200) \times 10^{-4}$
英国	BS970-280M01	0.3 ~ 0.5	0.15 ~ 0.35	0.6 ~ 1.5	0.045 ~ 0.06	0.08 ~ 0.20		
	VANARD	0.3 ~ 0.5	0.15 ~ 0.35	1.0 ~ 1.5	≤0.1	0.05 ~ 0.20		
	VANARD850	0.36	0.17	1.25	0.04	0.09		
	VANARD1000	0.43	0.35	1.25	0.06	0.09		
中国	YF35MnV	0.32 ~ 0.39	0.30 ~ 0.60	1.0 ~ 1.5	0.035 ~ 0.075	0.06 ~ 0.13		
	YF40MnV	0.37 ~ 0.44	0.30 ~ 0.60	1.0 ~ 1.5	0.035 ~ 0.075	0.06 ~ 0.13		
	YF45MnV	0.42 ~ 0.49	0.30 ~ 0.60	1.0 ~ 1.5	0.035 ~ 0.075	0.06 ~ 0.13		
	F35MnVN	0.32 ~ 0.49	0.20 ~ 0.40	1.0 ~ 1.5	≤0.035	0.06 ~ 0.13		$≥90 \times 10^{-4}$
	F40MnV	0.37 ~ 0.44	0.20 ~ 0.40	1.0 ~ 1.5	≤0.035	0.06 ~ 0.13		

表 11-6 世界各国研发的非调质钢品种力学性能

国 家		钢 种	力 学 性 能			
			R_m/MPa	$A_{K(室温)}$/J	Z/%	A/%
德 国		38MnSiVS6	820 ~ 925	—	≥25	≥12
英 国		VANARD	770 ~ 1000			10 ~ 18
瑞 典			850 ~ 1000	750 ~ 950		≥12
法 国		V2905	800 ~ 1000			
芬 兰		METASAFE 800 ~ 1000	770 ~ 1000			
日本	爱知制钢	SVdT30	≥600	70 ~ 90	35 ~ 40	≥20
	川崎制钢	NH30MV	840 ~ 1000	42 ~ 72	—	19 ~ 23
	神户制钢所	KNF23M	810	100	58	24
		KN33M	910	50	50	22
	山阳特殊制钢	SMnV30TL	735	—	—	—
		TMAX3	980	—	—	—
	新日铁	NQF250-300XM	810 ~ 910	98	—	—
		NQ22TiN	760	137	—	—
	住友金属	LMIC90F	880	—	—	—
		THF50B	840	104	56	23
	NKK	NCHFC	985	37	—	—
	三菱制钢	VMC30	960	50	—	—

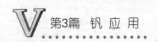

欧洲非调质钢标准 EN 10267—1998 标准规定的钢种和化学成分见表 11-7，中国非调质钢标准 GB/T 15712—2008 规定的钢种和化学成分见表 11-8。

表 11-7 欧洲非调质钢标准 EN 10267—1998 规定的钢种和化学成分　　（％）

钢种设计		化学成分（质量分数）								
编号	名称	C	Si	Mn	P（最大值）	S	N	Cr（最大值）	Mo（最大值）	V
1.1301	19MnVS6	0.15 ~ 0.22	0.15 ~ 0.8	1.20 ~ 1.60	0.025	0.020 ~ 0.060	0.010 ~ 0.020	0.3	0.08	0.08 ~ 0.20
1.1302	30MnVS6	0.26 ~ 0.33	0.15 ~ 0.8	1.20 ~ 1.60	0.025	0.020 ~ 0.060	0.010 ~ 0.020	0.3	0.08	0.08 ~ 0.20
1.1303	38MnVS6	0.34 ~ 0.41	0.15 ~ 0.8	1.20 ~ 1.60	0.025	0.020 ~ 0.060	0.010 ~ 0.020	0.3	0.08	0.08 ~ 0.20
1.1304	46MnVS6	0.42 ~ 0.49	0.15 ~ 0.8	1.20 ~ 1.60	0.025	0.020 ~ 0.060	0.010 ~ 0.020	0.3	0.08	0.08 ~ 0.20
1.1305	46MnVS3	0.42 ~ 0.49	0.15 ~ 0.8	1.20 ~ 1.60	0.025	0.020 ~ 0.060	0.010 ~ 0.020	0.3	0.08	0.08 ~ 0.20

表 11-8 中国非调质钢标准 GB/T 15712—2008 规定的钢种和化学成分　　（％）

序号	统一数字代码	牌号	化学成分（质量分数）									
			C	Si	Mn	S	P	V	Cr	Ni	Cu	其他
1	122358	F35VS	0.32 ~ 0.39	0.20 ~ 0.40	0.60 ~ 1.00	0.035 ~ 0.075	≤0.035	0.06 ~ 0.13	≤0.30	≤0.30	≤0.30	
2	122408	F40VS	0.37 ~ 0.44	0.20 ~ 0.40	0.60 ~ 1.00	0.035 ~ 0.075	≤0.035	0.06 ~ 0.13	≤0.30	≤0.30	≤0.30	
3	122468	F45VS	0.42 ~ 0.49	0.20 ~ 0.40	0.60 ~ 1.00	0.035 ~ 0.075	≤0.035	0.06 ~ 0.13	≤0.30	≤0.30	≤0.30	
4	122308	F30MnVS	0.20 ~ 0.33	≤0.80	1.20 ~ 1.60	0.035 ~ 0.075	≤0.035	0.08 ~ 0.15	≤0.30	≤0.30	≤0.30	
5	122378	F35MnVS	0.32 ~ 0.39	0.30 ~ 0.60	1.00 ~ 1.50	0.035 ~ 0.075	≤0.035	0.06 ~ 0.13	≤0.30	≤0.30	≤0.30	
6	122388	F38MnVS	0.34 ~ 0.41	≤0.60	1.20 ~ 1.60	0.035 ~ 0.075	≤0.035	0.08 ~ 0.15	≤0.30	≤0.30	≤0.30	
7	122428	F40MnVS	0.37 ~ 0.44	0.30 ~ 0.60	1.00 ~ 1.50	0.035 ~ 0.075	≤0.035	0.06 ~ 0.13	≤0.30	≤0.30	≤0.30	
8	122478	F45MnVS	0.42 ~ 0.49	0.30 ~ 0.60	1.00 ~ 1.50	0.035 ~ 0.075	≤0.035	0.06 ~ 0.13	≤0.30	≤0.30	≤0.30	
9	122498	F49MnVS	0.44 ~ 0.52	0.15 ~ 0.60	0.70 ~ 1.00	0.035 ~ 0.075	≤0.035	0.08 ~ 0.15	≤0.30	≤0.30	≤0.30	
10	127128	F12Mn2VBS	0.09 ~ 0.16	0.32 ~ 0.39	2.20 ~ 2.65	0.035 ~ 0.075	≤0.035	0.06 ~ 0.13	≤0.30	≤0.30	≤0.30	B 0.001 ~ 0.004

11.4.9　钒微合金化结构钢

氮化钒能最有效地将钒和氮加入到高强度低合金钢中，比钒铁更有效地强化和细化晶粒，有利钒和氮的利用，减少钒的加入量 20%~40%，从而降低炼钢生产成本。其优点见表 11-9。

表 11-9　用氮化钒改善钢的性质

优　点	原　因
更有效地强化和细化晶粒	氮化钒中的氮比碳化钒更有利于促进富氮的碳氮化钒的析出
减少钒的加入量和降低成本	碳氮化钒比碳化钒析出所用的钒量更少
改善可焊性、切口韧性和可锻性	用低的碳含量和少的合金添加剂能达到所需要的强度等级
有效地强化各种碳钢	因为 1050℃时碳氮化钒在奥氏体中的溶解度很高，它不受碳含量的影响，氮化钒在高碳钢、中碳钢、低碳钢中一样有效
应变时效和塑性损耗	通过选择 Nitrovan 7 或 Nitrovan 12 或 Nitrovan 16，炼钢工人可以调节 V:N 比值，以避免"游离"氮出现，制造的钢无时效
高而连贯地吸收钒和氮	氮化钒粒度均匀，团块致密，快速溶解在钢水中，使用 Nitrovan12 时，每增加 0.001% 的钒就可增加全氮量 0.001%
良好地控制脱氧和减少杂质干扰，避免输送损失	高纯度的产品有低含量的残余元素，如 Si、Al、Cr、Ni，氮化钒包装在牢固的耐湿性的包装袋中，可直接加入到钢水中

钒氮微合金化钢析出物化学相分析见表 11-10，钒氮微合金化钢析出物化学相结构见表 11-11。

表 11-10　钒氮微合金化钢析出物化学相分析　　（%）

项　目	M(C,N)相中各元素占钢中的质量分数						
	V	Ti	Mo	Cr	C	N	Σ
铸坯均热前	0.1151	0.0040	0.0021	0.0024	0.0140	0.0174	0.1550
铸坯均热后	0.0573	0.0043	0.0024	0.0022	0.0049	0.0122	0.0833
1.8mm 带钢	0.0943	0.0041	0.0023	0.0022	0.0097	0.0168	0.1294
3.2mm 带钢	0.0772	0.0039	0.0024	0.0022	0.0070	0.0152	0.1079
6.3mm 带钢	0.0580	0.0038	0.0023	0.0023	0.0041	0.0132	0.0837

表 11-11　钒氮微合金化钢析出物化学相结构

项　目	M(C,N)相组成结构
铸坯均热前	$V_{0.973}Ti_{0.035}Cr_{0.019}Mo_{0.009}C_{0.485}N_{0.515}$
铸坯均热后	$V_{0.877}Ti_{0.070}Cr_{0.033}Mo_{0.020}C_{0.321}N_{0.679}$
1.8mm 带钢	$V_{0.924}Ti_{0.043}Cr_{0.021}Mo_{0.012}C_{0.401}N_{0.599}$
3.2mm 带钢	$V_{0.911}Ti_{0.049}Cr_{0.025}Mo_{0.015}C_{0.384}N_{0.652}$
6.3mm 带钢	$V_{0.885}Ti_{0.062}Cr_{0.032}Mo_{0.019}C_{0.267}N_{0.733}$

11.4.9.1　热轧钢筋

发达国家普遍采用 400MPa 以上的高强钢筋，而中国目前仍基本使用低强度级别的 20MnSi Ⅱ级钢筋。含钒钢筋成本低、强度高，有良好的抗应变时效性、良好的焊接性能、较高的高应变低周疲劳性能。

目前热轧钢筋要求高强度，500~550MPa 钢筋将取代现有的 350~460MPa 钢筋，生产

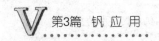

工艺选择以连续和半连续轧制为主，大多数情况下是升温轧制过程，导致终轧温度高，钢种设计要求做 V/VN 合金化和微合金化处理，微合金化元素钒在钢中形成稳定性高的碳氮化物，细小弥散分布，强化晶间组织。采用 V-Fe 和 V-N 进行微合金化处理均可生产高强度钢筋，不同生产条件下生产的钢筋化学成分见表 11-12。

表 11-12 不同生产条件下生产的钢筋化学成分   （%）

钢筋种类	化学成分											
	C	Si	S	P	Mn	Ni	Cr	Mo	V	Cu	Sn	Co
热轧普碳	0.375	0.287	0.029	0.022	1.304	0.064	0.085	0.009	0.003	0.197	0.016	0.00
热轧钒微合金化	0.245	0.154	0.043	0.014	1.029	0.143	0.127	0.023	0.050	0.502	0.020	0.011
余热自回火	0.219	0.193	0.047	0.015	0.870	0.106	0.083	0.014	0.001	0.261	0.016	0.010
加工硬化态	0.271	0.160	0.046	0.027	0.786	0.099	0.168	0.013	0.001	0.532	0.023	0.001

微合金化元素钒在钢中形成稳定性高的碳氮化物，细小弥散分布，强化晶间组织，表 11-13 给出了 500MPa 级高强度钢筋化学成分。在添加钒铁的钒钢中，35.5% 的钒形成 V(C,N) 析出相，占总钒量的 56.3%，其余主要以固溶状态存在，少量存在于渗碳体中；在添加 V-N 的钢中，70% 的钒形成 V(C,N) 析出相，20% 的钒固溶于基体，说明 N 的存在大大促进了 V(C,N) 相的析出，增加并促进了析出强化和细晶强化。

表 11-13 500MPa 级高强度钢筋化学成分

合金化	规格 φ/mm	化学成分/%				
		C	Si	Mn	V	N
V-Fe	16~32	0.20~0.25	0.50~0.80	1.35~1.60	0.07~0.12	残 余
V-N	16~32	0.20~0.25	0.50~0.80	1.35~1.60	0.05~0.07	0.010~0.015
	40	0.20~0.25	0.50~0.80	1.35~1.60	0.07~0.09	0.012~0.018

采用 V-N 微合金化处理钢，提高了 V(C,N) 的析出强化和细晶强化能力，使钒氮钢筋具有良好的抗应变时效性能，固化碳氮，降低了形成柯氏气团的概率，可以有效降低钢筋应变时效敏感性。V-N 微合金化处理钢可以部分通过氮代替钒，减少钒元素需求，减低生产成本。表 11-14 给出了低成本 V-N 微合金化高强度钢筋化学成分，表 11-15 给出了低成本 V-N 微合金化高强度钢筋的工艺与性能。

表 11-14 低成本 V-N 微合金化高强度钢筋化学成分   （%）

钢级	C	Si	Mn	P	S	V	N
400MPa	0.20~0.24	0.4~0.5	1.4~1.5	约0.030	约0.020	0.020~0.030	0.0080~0.012
500MPa	0.20~0.23	0.45~0.55	1.40~1.55	约0.030	约0.020	0.040~0.060	0.010~0.014

表 11-15 低成本 V-N 微合金化高强度钢筋的工艺与性能

钢级	规格 φ/mm	终冷温度/℃	R_{eL}/MPa	R_m/MPa	A/%
400MPa	16	810~856	435	605	30.5
	20	800~850	450	615	27
	32	840	455	615	25.5

钢　级	规格 φ/mm	终冷温度/℃	R_{eL}/MPa	R_m/MPa	A/%
500MPa	20	700	555	715	25
	25	730~755	525	660	27
	28	710~725	545	695	24.5
	32	690	565	705	21

11.4.9.2　线材和棒材

钒的加入降低了硬线钢中碳氮等间隙原子活度，降低了硬线钢的时效敏感性，对硬线钢的强度有明显提高作用，钒对硬线钢的强度和硬度的影响包括：

（1）通过对奥氏体的调控细化奥氏体晶粒尺寸；

（2）固溶于奥氏体中，提高钢的淬透性，改善硬线钢的显微组织状态，细化珠光体团尺寸和片层间距；

（3）在珠光体铁素体中沉淀析出，起析出强化作用。含钒硬线钢的典型成分见表11-16。

表 11-16　含钒硬线钢的典型成分　　　　　　　　　　　（%）

钢种	C	Si	Mn	P	S	Cr	Ni	Cu	Al	Ti	Mo	V	O_2	N_2
基准钢	0.801	0.239	0.72	0.008	0.008	0.27	0.02	0.04	0.001	0.001	0.005	0.058	0.003	0.003
基准钢	0.804	0.25	0.77	0.007	0.009	0.25	0.03	0.04	0.001	0.001	0.005	0.054	0.002	0.003
基准钢	0.805	0.245	0.78	0.009	0.007	0.24	0.02	0.04	0.001	0.001	0.006	0.053	0.003	0.003

11.4.9.3　热处理 PC 棒

PC 棒属于强度等级较高的棒线材，PC 棒具有高强韧性、低松弛性，与混凝土黏结力强，具有可焊性和镦锻性，通过对中碳钢、高碳钢、低合金钢和弹簧钢微钒合金化生产PC 棒，国内典型盘条化学成分见表 11-17，基本力学性能见表 11-18。

表 11-17　国内典型盘条化学成分　　　　　　　　　　　（%）

序　号	C	Si	Mn	P	S	V	B	备　注
1	0.27	1.65	0.83	0.028	0.028	0.080	—	27Si2MnV
2	0.35	1.26	0.81	0.016	0.030	0.081	—	35Si2MnV
3	0.31	0.78	1.42	0.025	0.021	—	—	30SiMn2
4	0.27	0.46	1.29	0.012	0.008	—	0.092	25SiMnB

表 11-18　国内典型盘条基本力学性能

序　号	R_m/MPa	$R_{p0.2}$/MPa	A_8/%	备　注
1	1520	1440	8.0	27Si2MnV
2	1600	1530	7.5	35Si2MnV
3	1550	1470	7.5	30SiMn2
4	1500	1420	8.0	25SiMnB

11.4.9.4 型钢

型钢规格品种繁多，按照加工方法分类可以分为热轧型钢、冷轧型钢、挤压型钢和冷弯型钢；按照尺寸规格可以分为大型型钢、中型型钢、小型型钢和线材；按照断面形状可以分为简单断面型钢和复杂断面型钢，简单断面型钢可以分为圆钢、方钢、扁钢和螺纹钢等，复杂断面型钢分为角钢、槽钢、重轨、轻轨和工字钢等。

钢轨要求高强度与良好韧性的有机结合，钒在钢轨钢中的强化作用十分明显，在空冷条件下加入 0.16% 的 V 可以获得 100MPa 的强度增量，在控冷条件下可以获得 200MPa 的强度增量。对于 0.09% V 钒钢，钒的加入在有效提高钢强度的同时大大改善钢的韧性。

GB 2585—2009 热轧钢轨钢的化学成分要求范围见表 11-19。热轧钢轨中，钒主要应用于 PD3 钢轨，PD3 钢轨化学成分见表 11-20，PD3 钢轨力学性能见表 11-21。在高碳钢中采用钒微合金化，主要用于钢轨、轴承钢、工具钢和模具钢等的生产，重轨钢属于珠光体型钢。珠光体的片间距、珠光体团的大小控制了钢轨强度、韧性和塑性。抗拉强度和屈服强度随片间距的减小而增加，韧性则与珠光体团的大小及渗碳体厚度有关，微量钒在重轨钢中的作用研究结果表明，钒可以细化奥氏体晶粒、细化珠光体组织并改变其组织形态，产生沉淀强化作用，提高重轨的强度和使用寿命。攀钢生产的含钒钢轨有：钒微合金化的热轧钢轨、离线含钒热处理钢轨和在线含钒热处理钢轨。

表 11-19　GB 2585—2009 热轧钢轨钢的化学成分要求范围　　　　（%）

牌　号	化学成分（质量分数）						
	C	Si	Mn	S	P	V	Nd
U74	0.68 ~ 0.79	0.13 ~ 0.28	0.70 ~ 1.00	≤0.030	≤0.030	≤0.030	≤0.010
U71Mn	0.65 ~ 0.74	0.15 ~ 0.35	1.10 ~ 1.40	≤0.030	≤0.030		
U71MnSi	0.66 ~ 0.74	0.85 ~ 1.15	0.85 ~ 1.15	≤0.030	≤0.030		
U71MnSiCu	0.64 ~ 0.74	0.70 ~ 1.10	0.80 ~ 1.20	≤0.030	≤0.030		
U75V	0.71 ~ 0.80	0.50 ~ 0.80	0.70 ~ 1.05	≤0.030	≤0.030	0.04 ~ 0.12	
U76NbRE	0.72 ~ 0.80	0.60 ~ 0.90	1.00 ~ 1.30	≤0.030	≤0.030	≤0.030	0.02 ~ 0.05
76Mn	0.61 ~ 0.79	0.10 ~ 0.50	0.85 ~ 1.25	≤0.030	≤0.030		≤0.010

表 11-20　PD3 钢轨化学成分　　　　（%）

钢　种	C	Si	Mn	V	P, S
PD3	0.75 ~ 0.81	0.60 ~ 0.90	0.75 ~ 1.05	0.05 ~ 0.12	≤0.035

表 11-21　PD3 钢轨力学性能

类　别	$R_{p0.2}$/MPa	R_m/MPa	A_5/%	α_{KU}/J·cm^{-2}	K_{IC}/MPa·m$^{1/2}$
要求值	≥880	≥1275	≥10	—	—
实际值	890 ~ 1010	1290 ~ 1370	10 ~ 13	20 ~ 32	44.0 ~ 50.5

表 11-22 给出了各国锅炉压力容器用含钒高强度低合金钢。

表 11-22　各国锅炉压力容器用含钒高强度低合金钢

国家	钢　种	化学成分/%							规格/mm	屈服强度/MPa	热处理
		C	Si	Mn	Ni	Cr	Mo	V			
中国	09Mn2V	≤0.12	0.15~0.50	1.40~1.80	—	—	—	0.04~0.10	6~16 17~16	290 270	正火 调质
	15MnV	0.10~0.18	0.20~0.60	1.20~1.60	—	—	—	0.04~0.12	6~16 17~25 26~36 37~60	390 375 355 335	热轧 正火
	15MnVN	≤0.20	0.20~0.60	1.30~1.70	—	—	N:0.010~0.020	0.10~0.20	6~16 17~36 37~60	440 420 400	热轧 正火
	14MnMoV	0.10~0.18	0.20~0.50	1.20~1.60	—	—	0.40~0.65	0.05~0.15	30~115	490	正火 回火
	07MnCrMoV	≤0.09	0.15~0.40	1.20~1.60	≤0.30	0.10~0.30	0.10~0.30	0.02~0.06	16~50	490	调质
	07MnNiCrMoV	≤0.09	0.15~0.40	1.20~1.60	0.20~0.50	0.10~0.30	0.10~0.30	0.02~0.06	16~50	490	调质
	12MnNiV	≤0.09	0.15~0.35	1.10~1.50	≤0.30	≤0.50	≤0.30	0.02~0.06	14~50	490	调质
	17MnNiVNb								6~25		
美国	SA225C	≤0.25	0.15~0.45	≤1.72	0.37~0.73			0.11~0.20	≤75 >75	485	热轧 正火
	SA225D	≤0.20	0.08~0.56	≤1.84	0.37~0.73			0.08~0.20	≤75 >75	415 380	正火
	ASTMA225G	≤0.25	0.15~0.30	≤1.60			0.40~0.70	0.09~0.14	15	485	热轧 正火
	ASTMA737A	≤0.20	0.15~0.50	1.00~1.35				≤0.10		345	正火
	ASTMA737C	≤0.22	0.15~0.50	1.15~1.50	Nb:0.05			0.04~0.11		415	正火
日本	SFV245	≤0.20	0.15~0.60	0.80~1.60	Nb:0.05		≤0.35	≤0.10	≤50 50~100 100~125 125~150	370 355 345 335	
	SFV295	≤0.10	0.15~0.60	0.80~1.60	Nb:0.05			≤0.10	≤50 50~100 100~125 125~150	420 400 390 380	

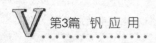

国家	钢种	化学成分/%							规格/mm	屈服强度/MPa	热处理
		C	Si	Mn	Ni	Cr	Mo	V			
日本	SFV345	≤0.10	0.15~0.60	0.80~1.60		Nb:0.05	0.1~0.4	≤0.10	≤50 50~100 100~125 125~150	430 430 420 410	
	HITEN-590U	≤0.09	0.15~0.60	0.90~1.40	B:0.003	≤0.30	≤0.20	≤0.08		450	调质
	HITEN-610U	≤0.09	0.15~0.40	0.90~1.40	B:0.003	≤0.30	≤0.20	≤0.08		490	调质
	K-TEN62	≤0.18	≤0.55	≤1.60	0.20~0.60	0.10~0.30	≤0.60	≤0.10		686	调质
	K-TEN80	≤0.18	≤0.55	≤1.50	≤1.60	≤0.80	≤0.30	≤0.10			调质
	Wel-Ten63CF	≤0.09	0.15~0.35	1.00~1.60	≤0.60	≤0.30	≤0.30	≤0.10	≤0.10	490	调质
	Wel-Ten60H	≤0.18	0.15~0.70	0.90~1.50	0.30~1.60	V+Nb:≤0.10			6~38 38~50	440 410	正火

表 11-23 给出了压力容器用耐热抗氢钢。

表 11-23　压力容器用耐热抗氢钢 （%）

国家	钢种	C	Si	Mn	Cr	Mo	V	W	Ti	B
美国	SA542B	0.09~0.18	≤0.50	0.25~0.66	1.88~2.62	0.85~1.15	≤0.03			
	SQ542C	0.08~0.18	≤0.50	0.25~0.66	2.63~3.37	0.85~1.15	0.18~0.33			
	SA542D	0.09~0.18	≤0.50	0.25~0.66	1.88~2.62	0.85~1.15	0.23~0.37			
德国	47CrMoV	0.15~0.20	0.15~0.35	0.30~0.50	2.70~3.00	0.20~0.30	0.10~0.20			
	20CrMoV	0.17~0.23	0.15~0.35	0.30~0.50	3.00~3.30	0.50~0.60	0.45~0.55			
	20CrMoVW	0.18~0.25	0.15~0.35	0.30~0.50	2.70~3.00	0.35~0.45	0.75~0.85			
中国	12Cr2MoV	0.08~0.15	0.17~0.37	0.40~0.70	0.90~1.20	0.25~0.35	0.15~0.30			
	12Cr2MoWVTiB	0.08~0.15	0.45~0.75	0.40~0.65	1.60~2.10	0.50~0.65	0.28~0.42	0.30~0.55	0.08~0.18	0.002~0.008
	12Cr3MoVSiTiB	0.09~0.15	0.60~0.90	0.50~0.80	2.50~3.00	1.00~1.20	0.25~0.35		0.22~0.38	0.005~0.011
	10Cr5MoWVTiB	0.07~0.12	0.40~0.70	0.40~0.70	4.50~6.00	0.48~0.65	0.20~0.33	0.20~0.40	0.16~0.24	0.008~0.014

表 11-24 给出了核压力用钢。

表 11-24　核压力用钢　（%）

国家	钢种	C	Si	Mn	Ni	Cr	Mo	V	Cu
美国	A508-Ⅰ	≤0.27	0.15~0.35	0.50~0.90	0.50~0.90	0.25~0.45	0.55~0.70	0.01~0.05	<0.10
	A508-Ⅱ	≤0.26	0.15~0.40	1.20~1.50	0.40~1.00	<0.25	0.45~0.55	0.01~0.05	<0.10
俄罗斯	15Kh2MFA	0.13~0.18	0.17~0.37	0.50~0.70	≤0.4	2.5~3.0	0.50~0.70	≤0.30	<0.15
	15Kh2NMFA-A	0.13~0.18	0.17~0.37	0.50~0.70	≤0.4	2.5~3.0	0.50~0.70	0.10~0.12	<0.05

表 11-25 给出了各国高强度工程机械用钢化学成分。

表 11-25　各国高强度工程机械用钢化学成分　（%）

国家	钢种	化学成分								规格/mm	屈服强度/MPa
		C	Si	Mn	Ni	Cr	Mo	V	Ti		
中国	HQ60	0.09~0.16	0.15~0.50	1.10~1.60	0.30~0.60	≤0.30	0.08~0.20	0.03~0.08		4~40 40~50	450 440
	HQ70	0.09~0.16	0.15~0.40	0.60~1.20	0.30~1.0	0.30~0.60	0.20~0.40	V+Nb≤0.15 B 0.0005~0.0003		18~50	590
	HQ80	0.10~0.16	0.15~0.35	0.60~1.20		0.60~1.20	0.03~0.08	0.03~0.08	B 0.0006~0.005	20~50	585
	HQ90	0.10~0.18	0.15~0.35	0.80~1.40	0.70~1.50	0.40~0.80	0.30~0.60	0.03~0.08	Cu 0.15~0.50	8~50	880
美国	A514Q	0.14~0.21	0.15~0.35	0.95~1.30	1.20~1.50	1.00~1.50	0.40~0.60	0.03~0.08		≤63.5 63.5~152	690 620
	A514B	0.12~0.21	0.20~0.35	0.70~1.00		0.40~0.65	0.15~0.25	0.03~0.08	B ≤0.005	≤32	690
德国	STE460	≤0.20	0.10~0.15	1.20~1.70	0.40~0.70			0.10~0.13	N ≤0.020	≤16 16~50 35~55 50~100 100~150	460 450 440 400 390
	STE885	≤0.18	≤0.45	≤1.00	≤1.40	≤0.80	0.20~0.60	≤0.10		≤35	885
日本	Wel-ten60	≤0.16	0.15~0.55	0.90~1.5	≤0.60	≤0.30	≤0.30	≤0.10		6~50	450
	Wel-ten70	≤0.16	0.15~0.35	0.60~1.20	0.30~1.00	≤0.60	≤0.40	V+Nb≤0.15 B≤0.006		6~50 50~75	685 685

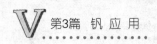

国家	钢种	化学成分								规格/mm	屈服强度/MPa
		C	Si	Mn	Ni	Cr	Mo	V	Ti		
日本	Wel-ten80	≤0.16	0.15~0.55	0.60~1.20	0.40~1.50	0.40~0.80	0.30~0.60	≤0.10	B ≤0.006	6~50 50~100	685 685
	Wel-ten100	≤0.18	0.15~0.55	0.60~1.20	0.70~1.50	0.40~1.50	0.40~0.80	0.30~0.60	B ≤0.006	6~32	880
瑞典	WELDOX1300	≤0.25	≤0.5	≤1.4	≤2.0	≤0.8	≤0.7	≤0.08	≤0.005		
	WELDOX1100	≤0.21	≤0.5	≤1.4	≤3.0	≤0.8	≤0.7	≤0.08	≤0.005		
	WELDOX960	≤0.20	≤0.5	≤1.6	≤1.5	≤0.7	≤0.7	≤0.06	≤0.005		
	WELDOX900	≤0.20	≤0.5	≤1.6	≤0.1	≤0.7	≤0.7	≤0.06	≤0.005		
	WELDOX700	≤0.20	≤0.6	≤1.6	≤2.0	≤0.7	≤0.7	≤0.09	≤0.005		

表 11-26 给出了各种含钒耐磨钢的化学成分及指标。

表 11-26 各种含钒耐磨钢的化学成分及指标 （%）

国家	钢种	化学成分								规格/mm	HB
		C	Si	Mn	Ni	Cr	Mo	V	B		
中国	20MnVK	0.17~0.24	0.17~0.37	1.20~1.60				0.07~0.20			
	25MnVK	0.22~0.30	0.50~0.90	1.30~1.60				0.06~0.13			
	NM 360	≤0.26	0.20~0.24	≤1.60	0.30~0.60	0.80~1.20	0.15~0.50	≤0.10	≤0.005	12~15	360
日本	WeltenAR320	≤0.22	≤0.35	0.60~1.20	0.40~1.50	0.40~0.80	0.15~0.60	≤0.10	≤0.005	6~100	321
	WeltenAR360	≤0.22	≤0.35	0.60~1.20	0.40~1.50	0.40~0.80	0.15~0.60	≤0.10	≤0.005	6~75	361
	WeltenAR400	≤0.24	≤0.35	0.60~1.20	0.40~1.50	0.40~0.80	0.15~0.60	≤0.10	≤0.005	6~32	401
瑞典	HardHiTuf	≤0.20	≤0.50	≤1.60	≤2.0	≤0.70	≤0.70	≤0.06	≤0.005	40~70	310~370
		≤0.20	≤0.60	≤1.60	≤2.0	≤0.70	≤0.70	≤0.09	≤0.005	70~130	310~370

表 11-27 给出含钒高强度低合金结构钢。

表 11-27 含钒高强度低合金结构钢 （%）

等级	钢号	C	Si	Mn	P	S	V	Ti	N	Re
Q315	09MnV	≤0.12	0.20~0.55	0.8~1.20	≤0.045	≤0.045	0.04~0.12			
Q345	12MnV	≤0.15	0.20~0.55	1.0~1.20	≤0.045	≤0.045	0.04~0.12			
Q390	15MnV	0.12~0.18	0.20~0.55	1.2~1.60	≤0.045	≤0.045	0.04~0.12			
Q420	15MnVN	0.12~0.20	0.20~0.55	1.30~1.70	≤0.045	≤0.045	0.10~0.20		0.10~0.20	
Q440	14MnVTiRe	≤0.18	0.20~0.55	1.30~1.60	≤0.045	≤0.045	0.04~0.10	0.09~0.16		0.02~0.20

表 11-28 给出了汽车用钒微合金化带钢。

表 11-28 汽车用钒微合金化带钢 （%）

钢种	C	Si	Mn	P	S	V	Nb	Al	N
Domex590	≤0.12	≤0.4	≤1.5	≤0.03	≤0.01	0.09~0.12	0.03~0.04	0.02~0.05	0.012~0.016
Domex590	≤0.12	≤0.4	≤1.65	≤0.03	≤0.01	0.10~0.15	0.03~0.04	0.02~0.05	0.012~0.016
VAN-60	≤0.15	≤0.30	≤1.20	≤0.03	≤0.01	≤0.010	≤0.04	0.02~0.05	
09SiVL	0.08~0.15	0.70~1.0	0.45~0.75	≤0.03	≤0.01	0.04~0.10		0.02~0.05	残留
W510L	0.08~0.11	0.10~0.30	1.30~1.50	≤0.03	≤0.01	0.05~0.06	0.01~0.03	0.02~0.05	残留
P510	0.08~0.12	0.40~0.70	0.90~1.30	≤0.03	≤0.01	0.06~0.09		0.02~0.05	残留

表 11-29 为实用含钒耐候钢。

表 11-29 实用含钒耐候钢 （%）

国家	钢种	C	Si	Mn	P	S	Cr	Cu	V	Re
中国	08CuPV	0.12	0.20~0.40	0.20~0.50	0.07~0.12	0.04		0.25~0.45	0.02~0.08	0.02~0.20
美国	CORTEN-B	0.10~0.19	0.16~0.30	0.90~1.25	0.04	0.05	0.40~0.65	0.25~0.40	0.02~0.10	
德国	KT52-3	0.08~0.12	0.25~0.50	0.90~1.20	0.05~0.09	0.04	0.50~0.80	0.30~0.50	0.04~0.10	

表 11-30 给出了屈服强度在 350~410MPa 级高强度结构钢的化学成分。

表 11-30 屈服强度在 350~410MPa 级高强度结构钢的化学成分 （%）

最小屈服强度/MPa	C	Si	Mn	V	N	Al
275	0.04~0.07	≤0.03	0.30~0.35	0.015~0.030	0.009~0.013	0.02~0.05
310	0.04~0.07	≤0.03	0.50~0.60	0.025~0.035	0.01~0.014	0.02~0.05
340	0.04~0.07	≤0.03	0.70~0.80	0.045~0.055	0.012~0.016	0.02~0.05
380	0.04~0.07	≤0.03	1.00~1.15	0.055~0.065	0.013~0.017	0.02~0.05
410	0.04~0.07	≤0.03	1.20~1.30	0.075~0.085	0.015~0.019	0.02~0.05

表 11-31 给出了屈服强度在 350~410MPa 级高强度结构钢力学性能。

表11-31 屈服强度在350～410MPa级高强度结构钢力学性能

规格/mm	化学成分/%				屈服强度/MPa	抗拉强度/MPa	伸长率/%	铁素体晶粒尺寸/μm
	C	Mn	V	N				
6.0	0.04	0.9	0.08	0.0136	460	522	27	6.5
9.6	0.04	0.7	0.05	0.0120	420	500	25	11.5
9.6	0.05	0.6	0.03	0.0100	364	462	36	11.5

表11-32给出了屈服强度在550MPa级高强度结构钢化学成分。

表11-32 屈服强度在550MPa级高强度结构钢化学成分 （%）

厂家	C	Si	Mn	V	N	Al	Nb	Mo
Crawfordsville	0.03～0.06	0.30～0.40	1.45～1.55	0.11～0.13	0.018～0.022	0.02～0.05	0.015～0.025	
Gallatin	0.056～0.075	0.02～0.15	1.25～1.45	0.12～0.13	0.015～0.025	0.013～0.035		0.010～0.055

表11-33给出了合金结构钢中主要含钒钢种。

表11-33 合金结构钢中主要含钒钢种

钢种	成分体系	牌号	$w(V)/\%$
合金结构钢	MnV	20MnV	0.07～0.12
	SiMnMoV	20SiMn2MoV	0.05～0.12
		25SiMn2MoV	0.05～0.12
		37SiMn2MoV	0.05～0.12
	MnVB	15MnVB	0.07～0.12
		20MnVB	0.07～0.12
		40MnVB	0.05～0.10
	CrMoV	12CrMoV	0.05～0.30
		35CrMoV	0.10～0.20
		12Cr1MoV	0.15～0.30
		25Cr2MoVA	0.15～0.30
		25Cr2Mo1VA	0.30～0.50
	CrV	40CrV	0.10～0.20
		50CrVA	0.10～0.20
	CrNiMoV	45CrNiMoVA	0.10～0.20
弹簧钢		55SiMnVB	0.08～0.16
		60Si2CrVA	0.10～0.20
		50CrVA	0.10～0.20
		30W4Cr2VA	0.50～0.80

表 11-34 给出了 60CrV7 弹簧钢化学成分。

表 11-34　60CrV7 弹簧钢化学成分　　　　　　　（%）

C	Mn	Si	S	P	Cr	Ni	Mo	Cu	Al	V	N
0.62	0.55	1.56	0.006	0.011	0.660	0.05	0.01	0.11	0.230	0.190	0.012

工具钢主要有三种类型，即热加工、冷加工和塑料造型钢。钒主要用于热加工工具钢，这种工具钢含钒 1%，在高速切削和其他热用途中具有高温抗机械和热冲击性并能保持一定的硬度和强度。冷加工用钢合金成分变化很大，但仅加入少量钒。塑料造型几乎不加入钒。工具钢钢种成分变化很大，每种钢添加合金元素时都必须考虑性能与价格的关系。目前工具钢的品种多，用量大，但不是所有工具钢都需要添加钒。

表 11-35 给出了主要含钒工具钢钢种。

表 11-35　含钒工具钢钢种　　　　　　　（%）

钢　种	C	Mn	Si	Cr	W	Mo	Co	V
W-Cr-V 高速工具钢	0.70~1.55			3.5~5.0	9~19	0~1.0		0.7~5.0
W-Cr-V-Co 高速工具钢	0.70~1.55			3.5~5.5	12~21	0~1.0	0.50~16.0	0.7~5.0
Mo-W-V 高速工具钢	0.70~1.55			3.5~4.0	1.0~7.5	2.0~10.0		0.8~5.0
Mo-W-V-Co 高速工具钢	0.75~1.60			3.5~5.0	1.0~11.0	3.0~9.0	4.0~13.0	1.5~5.5
W-Cr-V 工具钢	0.30~1.50	<0.04	<0.35	0.30~7.00	0.80~9.00			0.20~0.70
W-Cr-Si-V 工具钢	0.60~1.60	0.20~0.40	0.80	0.80~1.10	1.80~4.20			0.15~0.30
Cr-V 工具钢	0.80~1.25	0.30~0.60	<0.35	0.45~0.75				0.15~0.30
Cr-W-Mo-V 工具钢	0.40~0.50	0.30~0.50	0.50~0.80	1.20~1.50	0.40~0.60	0.30~0.50		0.75~0.85
Cr-Mo-V 工具钢	1.45~1.70	<0.35	<0.40	11~12.5		0.40~0.60		0.15~0.30
Cr-Mn-Si-W-V 工具钢	0.40~0.50	1.35~1.65	0.80~1.20	2.5~3.0	0.80~1.20			0.75~0.85
Si-Cr-V 工具钢	0.40~0.50	<0.40	1.20~1.60	1.1~1.3				0.15~0.30
Si-Mn-Mo-V 工具钢	0.45~0.55	0.50~0.70	1.50~1.80	0.2~0.4		0.30~0.50		0.20~0.30
Si-Mn-V 工具钢	0.55~1.50	0.70~1.25	0.70~1.10					0.15~0.30
Mn-Cr-W-V 工具钢	0.90~1.05	1.00~1.30	<0.35		0.40~0.60			0.16~0.30
Mn-V 工具钢	0.85~0.95	1.20~2.00	<0.35	0.4~0.6				0.10~0.25

表 11-36 给出了钒对工具钢综合性能的影响。

表 11-36　钒对工具钢综合性能的影响

性　能[1]	钢 A[2]	钢 B[3]	性　能[1]	钢 A[2]	钢 B[3]
抗拉强度/MPa	1553	1634	断面收缩率/%	35.9	43.1
屈服点/MPa	1411	1576	维氏硬度 HV	457	481
屈服强度/抗拉强度比	0.911	0.963	艾氏冲击值/J	16.6	16.6
伸长率/%	9.6	10.4			

①840℃油淬，427℃回火。
②钢的成分：0.49%C，0.76%Mn，0.21%Si，1.07%Cr。
③钢的成分：0.50%C，0.79%Mn，0.31%Si，0.20%V。

表 11-37 给出了合金工具钢的牌号和化学成分。

表 11-37　合金工具钢的牌号和化学成分　　　　（%）

统一数字代号	序号	钢组	牌号	化学成分									其他
				C	Si	Mn	P	S	Cr	W	Mo	V	
T30100	1-1	量具刃具用钢	9SiCr	0.85~0.95	1.20~1.60	0.30~0.60	0.030	0.030	0.95~1.25				
T30000	1-2		8MnSi	0.75~0.85	0.30~0.60	0.80~1.10	0.030	0.030					
T30060	1-3		Cr06	1.30~1.45	≤0.40	≤0.40	0.030	0.030	0.50~0.70				
T30201	1-4		Cr2	0.95~1.10	≤0.40	≤0.40	0.030	0.030	1.30~1.65				
T30200	1-5		9Cr2	0.80~0.95	≤0.40	≤0.40	0.030	0.030	1.30~1.70				
T30001	1-6		W	1.05~1.25	≤0.40	≤0.40	0.030	0.030	0.10~0.30	0.80~1.20			Co≤1.00
T4024	2-1	耐冲击工具钢	4CrW2Si	0.35~0.45	0.80~1.10	≤0.40	0.030	0.030	1.10~1.30	2.00~2.50			
T40125	2-2		5CrW2Si	0.45~0.55	0.50~0.80	≤0.40	0.030	0.030	1.10~1.30	2.00~2.50			
T40126	2-3		6CrW2Si	0.55~0.65	0.50~0.80	≤0.40	0.030	0.030	1.10~1.30	2.20~2.70			
T40100	2-4		6CrMnSi2Mo1	0.50~0.45	1.75~2.25	0.60~1.00	0.030	0.030	0.10~0.50		0.20~1.35	0.15~0.35	
T40300	2-5		5CR3Mn1SiMo1V	0.45~0.55	0.20~1.00	0.20~0.90	0.030	0.030	3.00~3.50		1.30~1.80	≤0.35	
T21200	3-1	冷作模具钢	Cr12	2.00~2.30	≤0.40	≤0.40	0.030	0.030	11.5~13.0				
T21202	3-2		Cr12Mo1V1	1.40~1.60	≤0.60	≤0.60	0.030	0.030	11.00~13.00		0.70~1.20	0.50~1.10	
T21201	3-3		Cr12MoV	1.45~1.70	≤0.40	0.40	0.030	0.030	11.00~12.50		0.40~0.60	0.15~0.30	Nb 0.20~0.35
T20503	3-4		Cr5Mo1V	0.95~1.05	≤0.4	≤1.00	0.030	0.030	4.75~5.50		0.90~1.40	0.15~0.50	
T2000	3-5		9Mn2V	0.85~0.95	≤0.4	1.72~2.00	0.030	0.030				0.10~0.25	
T20111	3-6		CrWMn	0.90~1.05	≤0.4	0.80~1.10	0.030	0.030	0.90~1.20	1.20~1.60			

统一数字代号	序号	钢组	牌号	化学成分									
				C	Si	Mn	P	S	Cr	W	Mo	V	其他
T20110	3-7	冷作模具钢	9CrWMn	0.85~0.95	≤0.4	0.80~1.20	0.030	0.030	0.50~0.80	0.50~0.80			
T20431	3-8		Cr4W2MoV	1.12~1.25	≤0.4	≤0.4	0.030	0.030	3.50~4.00	1.90~2.00	0.80~1.20	0.80~1.10	
T20432	3-9		6Cr4W3Mo2VNb	0.60~0.70	≤0.4	≤0.4	0.030	0.030	3.80~4.40	2.50~3.50	1.80~2.50	0.80~1.20	Nb 0.20~0.35
T20465	3-10		6W6Mo5Cr4V	0.55~0.65	≤0.4	≤0.6	0.030	0.030	3.70~4.30	6.00~7.00	4.50~5.50	0.70~1.10	
T20104	3-11		7CrSiMnMoV	0.65~0.75	0.85~1.15	0.65~1.05	0.030	0.030	0.90~1.20		0.20~0.50	0.15~0.30	

表 11-38 给出合金工具钢的牌号和化学成分。

表 11-38　合金工具钢的牌号和化学成分　　　　　　　　（%）

统一数字代号	序号	钢组	牌号	化学成分										
				C	Si	Mn	P	S	Cr	W	Mo	V	Al	其他
T20102	4-1	热作模具钢	5CrMnMo	0.50~0.60	0.25~0.60	1.20~1.60	0.030	0.030	0.60~0.90		0.15~0.30			
T20103	4-2		5CrNiMo	0.50~0.60	≤0.40	0.50~0.80	0.030	0.030	0.50~0.80		0.15~0.30			Ni 1.40~1.80
T20280	4-3		3Cr2W8V		≤0.40	≤0.40	0.030	0.030	2.20~2.70	7.50~9.00		0.20~0.25		
T20403	4-4		5Cr4Mo3SiMnVAl	0.47~0.57	0.80~1.10	0.80~1.10	0.030	0.030	3.80~4.30		2.80~3.40	0.80~1.20	0.30~0.70	
T20323	4-5		3Cr3Mo3W2V	0.32~0.42	0.60~0.90	≤0.65	0.030	0.030	2.80~3.30	1.20~1.80	2.50~3.00	0.80~1.20		
T20452	4-6		5Cr4W5Mo2V	0.40~0.50	≤0.40	≤0.40	0.030	0.030	3.40~4.40	4.50~5.30	1.50~2.10	0.70~1.10		
T20300	4-7		8Cr3	0.75~0.85	≤0.40	≤0.40	0.030	0.030	3.20~3.80					
T20101	4-8		4CrMnSiMoV	0.35~0.45	0.80~1.10	0.80~1.10	0.030	0.030	1.30~1.50		0.40~0.60	0.20~0.40		
T20303	4-9		4Cr3Mo3SiV	0.35~0.45	0.80~1.20	0.25~0.70	0.030	0.030				0.25~0.75		
T20501	4-10		4Cr5MoSiV	0.33~0.43	0.80~1.20	0.20~0.50	0.030	0.030				0.30~0.60		

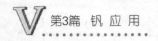

续表11-38

统一数字代号	序号	钢组	牌 号	化 学 成 分										
				C	Si	Mn	P	S	Cr	W	Mo	V	Al	其他
T20502	4-11	热作模具钢	4Cr5MoSiV1	0.32 ~ 0.45	0.80 ~ 1.20	0.20 ~ 0.50	0.030	0.030	4.75 ~ 5.50		1.10 ~ 1.75	0.80 ~ 1.20		Ni 1.40 ~ 1.80
T20520	4-12		4Cr5W2VSi	0.32 ~ 0.42	0.80 ~ 1.20	≤0.40	0.030	0.030	4.50 ~ 5.50	1.60 ~ 2.40		0.60 ~ 1.00		

表11-39 给出含钒低合金工具钢化学成分。

表 11-39 含钒低合金工具钢化学成分   （％）

钢种	符号	AISI	化 学 成 分							
			C	Mn	Si	Cr	V	Mo	Ni	Co
Cr系	211	L2, L3	0.65 ~ 1.10	0.10 ~ 0.90	0.25	0.70 ~ 1.70	0.20	—	—	—
	220	L2	0.45 ~ 0.65	0.30	0.25	0.70 ~ 1.20	0.20	—	—	—
	221	—	0.45 ~ 0.66	0.70	0.25	0.70 ~ 1.20	0.20	0.25	—	—
	224	—	0.55	0.90	0.25	1.10	0.10	0.45	—	—
	225	—	0.45	0.85	0.30	1.15	0.10	0.55	—	—
	226	—	0.45	0.30	0.25	1.60	0.25	1.10	—	—
Ni系	242	—	0.55	0.55	0.80	1.00	0.15	0.75	—	—
	243	—	0.55	0.90	1.00	0.40	0.15	0.45	2.70	—
Si系	310	S2	0.65	0.50	1.00	—	0.20	0.50	—	—
	311	—	0.55	0.50	1.00	—	0.20	0.50	—	—
	312	S4	0.55	0.80	2.00	0.25	0.20	—	—	—
	313	S5	0.55	0.80	2.00	0.25	0.40	—	—	—
	314	S6	0.45	1.40	2.25	1.50	0.30	0.40	—	—
	315	—	0.55	0.90	2.00	0.25	0.25	1.20	—	—
W系	353	F1	1.25	0.30	0.30	0.35	0.15	—	—	—
	354	F2	0.90	0.25	0.25	0.35	0.15	—	—	—

表11-40 给出了含钒耐冲击刃具用钢化学成分。

表 11-40 含钒耐冲击刃具用钢化学成分   （％）

符 号	AISI	化 学 成 分							
		C	Mn	Si	Cr	Ni	V	W	Mo
320	S1	0.45	0.25	0.25	1.40		0.25	2.25	
321	S1	0.55	0.25	0.25	1.40		0.25	2.50	0.30
399	S1	0.55	0.25	0.90	1.40		0.25	2.25	0.50

钒对模具钢的力学性能影响：

（1）钒在奥氏体中的溶解度和对奥氏体晶粒长大的阻碍作用；

（2）钒在钢中的析出强化和二次硬化作用。

表11-41 给出了低钒含量油淬和普通空淬冷作模具钢化学成分。

表11-41　低钒含量油淬和普通空淬冷作模具钢化学成分　（%）

符号	AISI	化学成分							
		C	Mn	Si	Cr	V	W	Mo	其他
410	O1	0.95	1.20	0.25	0.50	0.20	0.50		
411	O2	0.95	1.60	0.25	0.20	0.15		0.30	
413	O7	1.20	0.25	0.25	0.60	0.20	1.60	0.25	
420	A2	1.00	0.60	0.25	5.00	0.25		1.00	
429		1.00	0.60	0.25	3.00	0.25	1.05	2.20	1.00Ti

表11-42 给出了中钒及高钒含量热作模具钢的化学成分。

表11-42　中钒及高钒含量热作模具钢的化学成分　（%）

符号	AISI	化学成分								
		C	Mn	Si	Cr	Ni	V	W	Mo	其他
422	A3	1.25	0.60	0.26	6.00	—	1.00	—	1.00	—
427	A8	0.55	0.30	1.00	5.00	—	0.40	1.25	1.25	—
428	A9	0.50	0.40	1.00	5.00	1.50	1.00	—	1.40	—
430	D2	1.50	0.30	0.25	12.00	—	0.60	—	0.80	—
431	D4	2.20	0.30	0.25	12.00	—	0.50	—	0.80	—
432	D3	2.20	0.30	0.25	12.00	0.50	0.60	—	—	—
434	D5	1.50	0.30	0.50	12.50	0.35	0.50	—	1.00	2.00Co
435	D1	1.00	0.30	0.25	12.00	—	0.60	—	0.80	—

表11-43 给出了中钒及高钒含量热作模具钢的化学成分。

表11-43　中钒及高钒含量热作模具钢的化学成分　（%）

符号	AISI	化学成分							
		C	Mn	Si	Cr	V	W	Mo	Co
511	—	0.95	0.30	0.30	4.00	0.50	—	0.50	—
512	—	0.60	0.30	0.30	4.00	0.75	—	0.50	—
520	H11	0.35	0.30	1.00	5.00	0.40	—	1.50	—
521	H13	0.35	0.30	1.00	5.00	1.00	—	1.50	—
522	H12	0.35	0.30	1.00	5.00	0.40	1.50	1.50	—
523	—	0.40	0.60	1.00	3.50	1.00	1.25	1.00	—
524	H10	0.40	0.55	1.00	3.25	0.40	—	2.50	4.25
531	H19	0.40	0.30	0.30	4.25	2.00	4.25	0.40	0.50

续表 11-43

符 号	AISI	化 学 成 分							
		C	Mn	Si	Cr	V	W	Mo	Co
532	—	0.45	0.30	1.00	5.00	0.50	3.75	1.00	—
536	H23	0.30	0.30	0.50	12.00	1.00	12.00	—	—
540	H21	0.35	0.30	0.30	3.50	0.50	—	9.00	—
541	H20	0.35	0.30	0.30	2.00	0.50	—	9.00	—
543	H22	0.35	0.30	0.30	2.00	0.40	—	11.00	—
544	—	0.30	0.30	0.30	3.50	0.40	3.60	12.00	—
545	525	0.25	0.30	0.30	4.00	1.00	—	15.00	—
546	—	0.40	0.30	0.30	3.50	0.40	—	14.00	—
547	H24	0.45	0.30	0.30	3.00	1.00	—	15.00	—
549	H26	0.50	0.30	0.30	4.00	1.00	—	18.00	—
550	H15	0.35	0.30	0.40	3.75	0.75	1.00	6.00	—
551	H15	0.40	0.30	0.50	5.00	0.75	1.00	5.00	—
552	H43	0.55	0.30	0.30	4.00	2.00	—	8.00	—
553	H42	0.65	0.30	0.30	3.50	2.00	6.40	5.00	—
554	H41	0.65	0.30	0.30	4.00	1.00	1.50	8.00	—
556	—	0.10	0.30	0.30	2.50	0.50	4.00	5.00	25.00

表 11-44 给出超高钒含量特殊耐磨模具钢化学成分。

表 11-44 超高钒含量特殊耐磨模具钢化学成分 （%）

符 号	AISI	化 学 成 分						
		C	Mn	Si	Cr	V	W	Mo
440	A7	2.3	0:50	0.50	5.25	4.75	1.10	1.10
441	—	2.20	0.40	0.30	4.00	4.00	—	—
442	D7	2.40	0.40	0.40	12.5	4.00	—	1.10
443	—	1.50	0.30	0.30	17.25	4.00	—	—
445	—	1.40	0.40	0.30	0.50	3.75	—	—
446	—	3.25	0.30	0.30	1.00	12.00	—	—
447	—	2.70	0.70	0.40	8.25	4.50	—	—
448	—	1.10	—	1.00	5.25	4.00	—	—
449	—	2.45	0.50	0.90	5.25	9.75	—	—

　　在高速工具钢中，钒是不可缺少的合金元素，如 W18Cr4V、W6Mo5Cr4V2 等。不管是冷作模具钢还是热作模具钢，绝大部分都含钒，如 Cr6WV、Cr4W2MoV 等。平均含钒量为 0.47%~0.68%。钢中加入钒，不仅可以细化晶粒、改善韧性，提高硬度、热硬性、耐磨性，而且减少了开裂倾向性。

　　表 11-45 给出了中国高速工具钢牌号与化学成分。

表 11-45　中国高速工具钢牌号与化学成分　　　　　　　　（%）

序号	统一数字代号	牌　　号	化 学 成 分									
			C	Mn	Si	S	P	Cr	V	W	Mo	Co
1	T63342	W2Mo8Cr4V	0.95 ~ 1.03	≤0.40	≤0.45	≤0.030	≤0.030	3.8 ~ 4.5	2.20 ~ 2.50	2.70 ~ 3.00	2.50 ~ 2.90	
2	T64340	W3Mo3Cr4VSi	0.83 ~ 0.93	0.20 ~ 0.40	0.70 ~ 1.00	≤0.030	≤0.030	3.8 ~ 4.5	1.20 ~ 1.80	3.50 ~ 4.50	2.50 ~ 3.50	
3	T51841	W18Cr4V	0.73 ~ 0.83	0.10 ~ 0.40	0.20 ~ 0.40	≤0.030	≤0.030	3.8 ~ 4.5	1.00 ~ 1.20	17.2 ~ 18.7		
4	T62841	W2Mo8Cr4V	0.77 ~ 0.87	≤0.40	≤0.70	≤0.030	≤0.030	3.8 ~ 4.5	1.00 ~ 1.40	1.40 ~ 2.00	8.00 ~ 9.00	
5	T62942	W2Mo9Cr4V2	0.95 ~ 1.05	0.15 ~ 0.40	≤0.70	≤0.030	≤0.030	3.8 ~ 4.5	1.75 ~ 2.20	1.50 ~ 2.10	8.20 ~ 9.20	
6	T66541	W6Mo5Cr4V2	0.80 ~ 0.90	0.15 ~ 0.40	0.20 ~ 0.45	≤0.030	≤0.030	3.8 ~ 4.4	1.75 ~ 2.20	5.50 ~ 6.75	4.50 ~ 5.50	
7	T66542	CW6Mo5Cr4V2	0.86 ~ 0.94	0.15 ~ 0.40	0.20 ~ 0.45	≤0.030	≤0.030	3.8 ~ 4.5	1.75 ~ 2.10	5.90 ~ 6.70	4.70 ~ 5.20	
8	T66642	W6Mo6Cr4V2	1.00 ~ 1.10	≤0.40	≤0.45	≤0.030	≤0.030	3.50 ~ 4.5	2.30 ~ 2.60	5.90 ~ 6.70	5.50 ~ 6.50	
9	T69341	W9Mo3Cr4V	0.77 ~ 0.87	0.20 ~ 0.40	0.20 ~ 0.40	≤0.030	≤0.030	3.5 ~ 4.5	1.30 ~ 1.70	8.50 ~ 9.50	2.70 ~ 3.30	
10	T66543	W6Mo5Cr4V3	1.15 ~ 1.25	0.15 ~ 0.40	0.20 ~ 0.45	≤0.030	≤0.030	3.8 ~ 4.4	2.70 ~ 3.20	5.90 ~ 6.70	4.70 ~ 5.20	
11	T66545	CW6Mo5Cr4V3	1.25 ~ 1.32	0.15 ~ 0.40	≤0.70	≤0.030	≤0.030	3.8 ~ 4.5	2.70 ~ 3.20	5.90 ~ 6.70	4.70 ~ 5.20	
12	T66544	W6Mo5Cr4V4	1.25 ~ 1.40	≤0.40	≤0.45	≤0.030	≤0.030	3.75 ~ 4.5	3.70 ~ 4.20	5.20 ~ 6.00	4.20 ~ 5.00	
13	T66546	W6Mo5Cr4V2Al	1.05 ~ 1.15	0.15 ~ 0.40	0.20 ~ 0.60	≤0.030	≤0.030	3.8 ~ 4.40	1.75 ~ 2.20	4.50 ~ 5.50	4.50 ~ 5.50	Al 0.80 ~ 1.20
14	T71245	W12Cr4V5Co5	1.50 ~ 1.60	0.15 ~ 0.40	0.15 ~ 0.40	≤0.030	≤0.030	3.75 ~ 5.00	4.50 ~ 5.25	11.75 ~ 13.00	—	4.75 ~ 5.35
15	T76545	W6Mo5Cr4V2Co5	0.87 ~ 0.95	0.15 ~ 0.40	0.20 ~ 0.45	≤0.030	≤0.030	3.8 ~ 4.5	1.70 ~ 2.10	5.90 ~ 6.70	4.70 ~ 5.20	4.50 ~ 5.00
16	T76438	W6Mo5Cr4V4Co8	1.23 ~ 1.33	≤0.40	≤0.70	≤0.030	≤0.030	3.8 ~ 4.5	2.70 ~ 3.20	5.90 ~ 6.70	4.70 ~ 5.30	8.00 ~ 8.80
17	T77445	W7Mo4Cr4V2Co8	1.05 ~ 1.15	0.20 ~ 0.60	0.15 ~ 0.50	≤0.030	≤0.030	3.75 ~ 4.5	1.75 ~ 2.25	6.25 ~ 7.00	3.25 ~ 4.25	4.75 ~ 5.75
18	T72948	W2Mo9Cr4V2Co8	1.05 ~ 1.15	0.15 ~ 0.40	0.15 ~ 0.65	≤0.030	≤0.030	3.5 ~ 4.25	0.95 ~ 1.35	1.15 ~ 1.85	9.00 ~ 10.00	7.75 ~ 8.75
19	T71010	W10Mo4Cr4V3Co10	1.20 ~ 1.35	≤0.40	≤0.45	≤0.030	≤0.030	3.8 ~ 4.5	3.00 ~ 3.50	9.00 ~ 10.00	3.20 ~ 3.90	9.50 ~ 10.50

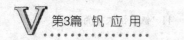

表 11-46 给出了高速钢碳化物的基本数据。

表 11-46　高速钢碳化物的基本数据

金属元素	原子半径比 r_e/r_m	碳化物		点阵结构	熔点/℃	硬度 HRC
		类别	化学式			
Zr	0.48	MC	ZrC	面心立方	3500	2840
Ti	0.554	MC	TiC	面心立方	3200	2850
Nb	0.53	MC	NbC	面心立方	3500	2050
V	0.57	MC	VC	面心立方	约 2750	2010
W	0.55	M_2C	W_2C	密排六方 复杂立方	2750 —	—
Mo	0.56	M_6C	Mo_2C Fe_3Mo_3C	密排六方 复杂立方	2700 —	1480
Cr	0.6	M_7C_3 $M_{23}C_6$	Cr_7C_3 $Cr_{23}C_6$	复杂立方 复杂立方	约 1670 约 1550	2100 1650
Fe	0.61	M_3C	Fe_3C	复杂立方	约 1600	约 1300

表 11-47 给出了通用高速钢化学成分。

表 11-47　通用高速钢化学成分　　　　　　　　（％）

钢 号	C	Mn	S, P	Si	Cr	W	V	Mn
W18Cr4V(Ti)	0.70 ~ 0.80	0.10 ~ 0.40	≤0.030	0.20 ~ 0.40	3.80 ~ 4.40	17.50 ~ 19.00	1.00 ~ 1.10	≤0.30
W6Mo5Cr4V2(M2)	0.80 ~ 0.90	0.15 ~ 0.40	≤0.030	0.20 ~ 0.40	3.80 ~ 4.40	5.50 ~ 6.75	1.75 ~ 2.20	4.50 ~ 5.50
W9Mo3Cr4V	0.77 ~ 0.87	0.20 ~ 0.40	≤0.030	0.20 ~ 0.40	3.80 ~ 4.40	8.50 ~ 9.50	1.30 ~ 1.70	2.70 ~ 3.30
W2Mo9Cr4V2(M7)	0.97 ~ 1.05	0.15 ~ 0.40	≤0.030	0.20 ~ 0.55	3.50 ~ 4.40	1.40 ~ 2.10	1.75 ~ 2.25	8.20 ~ 9.20
M1	0.78 ~ 0.88	0.15 ~ 0.40	≤0.030	0.20 ~ 0.50	3.50 ~ 4.00	1.40 ~ 2.10	1.00 ~ 1.35	8.20 ~ 9.20
M10	0.84 ~ 1.05	0.15 ~ 0.40	≤0.030	0.20 ~ 0.45	3.75 ~ 4.50		1.80 ~ 2.20	7.75 ~ 8.50

表 11-48 给出了半高速钢成分。

表 11-48　半高速钢成分　　　　　　　　（％）

符号	代号	化 学 成 分						
		C	Mn	Si	Cr	V	W	Mo
360	0-4-4-1	0.80	0.25	0.25	4.00	1.10	—	4.25
361	0-4-4-2	0.90	0.25	0.25	4.00	2.00	1.00	4.25

符号	代 号	化 学 成 分						
		C	Mn	Si	Cr	V	W	Mo
362	0-4-4-3	1.20	0.25	0.25	4.00	3.15	—	4.25
363	0-4-4-4	1.40	0.25	0.25	4.00	4.15	—	4.25
364	3-2(1/2)-4-2	0.95	0.25	0.25	4.00	2.30	2.80	2.50
365	1-2-4-2	0.90	0.25	0.25	4.00	2.25	1.00	2.00
366	1(1/2)-1(1/2)-4-3	1.20	0.25	0.25	4.00	2.90	1.40	1.60
367	2-1-4-2	0.95	0.25	0.25	4.00	2.20	1.90	1.10
368	2(1/2)-2(1/2)-4-4	1.10	0.25	0.25	4.00	4.00	2.50	2.60
369	2-5-4-1	0.95	0.25	0.25	4.00	1.20	1.70	5.00

表 11-49 给出了美国 AISI 高钒高速钢化学成分。

表 11-49　美国 AISI 高钒高速钢化学成分 （%）

钢 号	C	W	Mo	Cr	V	Co
M3(1)	1.00 ~ 1.10	5.00 ~ 6.75	4.75 ~ 6.50	3.75 ~ 4.50	2.25 ~ 2.75	
M3(2)	1.15 ~ 1.25	5.00 ~ 6.75	4.75 ~ 6.50	3.75 ~ 4.50	2.25 ~ 2.75	
M4	1.25 ~ 1.40	5.25 ~ 6.50	4.25 ~ 5.50	2.75 ~ 4.75	2.25 ~ 2.75	
T15	1.50 ~ 1.60	11.75 ~ 13.00	≤1.00	4.50 ~ 5.25	2.25 ~ 5.00	4.75 ~ 5.25

表 11-50 给出 V3N 含氮超高速钢的化学成分。

表 11-50　V3N 含氮超高速钢的化学成分 （%）

C	W	Mo	Cr	V	Co	N
1.15 ~ 1.25	11.00 ~ 12.50	2.70 ~ 3.20	3.50 ~ 4.10	2.50 ~ 3.10	—	0.04 ~ 0.10

表 11-51 给出国外粉末冶金工模具钢化学成分。

表 11-51　国外粉末冶金工模具钢化学成分 （%）

	钢 号	C	Cr	W	Mo	V	Co	其 他	HRC
冷作模具钢	CPM9V	1.78	5.25		1.30	9.00		S 0.03	53 ~ 55
	CPM10V	2.45	5.25		1.30	9.75		S 0.07	60 ~ 62
	CPM440V	2.15	17.50		0.50	5.75			57 ~ 59
	Vanadis4	1.50	8.00		1.50	4.00			59 ~ 63
热作模具钢	CPMH13	0.40	5.00		1.30	1.05			42 ~ 48
	CPMH19	0.40	4.25	4.25	0.40	2.10	4.25		44 ~ 52
	CPMH19V	0.80	4.25	4.25	0.40	4.00	4.25		44 ~ 56
高速工具钢	ASP23	1.28	4.20	6.40	5.00	3.10			65 ~ 67
	ASP30	1.28	4.20	6.40	5.00	3.10	8.50		66 ~ 68
	ASP60	2.30	4.00	6.50	7.00	6.50	10.50		67 ~ 69
	CPMRexM3HCHS	1.30	4.00	6.25	5.00	3.00		S 0.27	65 ~ 67
	CPMRexT15HS	1.55	4.00	12.25		5.00	5.00	S 0.06	65 ~ 67

11. 4. 10 耐热钢

耐热钢是在高温下具有较高强度和耐蚀性能的特殊钢，从耐热钢的用途考虑，可以分为热强钢和抗氧化钢，热强钢工作温度范围为 450～900℃，要求具有良好的抗蠕变、抗破断和抗氧化性能，又能承受周期性的疲劳引力；抗氧化钢工作温度范围为 500～1200℃，要求具有良好的抗氧化性和抗高温腐蚀性能，又能承受低载荷和一般性抗蠕变断裂；耐热钢主要通过加入合金元素强化 α-相机体，增加回火时析出碳化物的稳定性，通过热处理使 α-相形成比较稳定的强化结构，重点是加入碳化物形成合金元素。

钒为缩小奥氏体相区和扩大 α-相区的合金元素，是强碳化物形成元素，在钢中加入钒，经过热处理，在 500～700℃ 范围析出 VC 和 VN 相，提高钢的耐热性。

表 11-52 给出了含钒耐热钢棒化学成分（GB/T 1221—2007）。

表 11-52　含钒耐热钢棒化学成分（GB/T 1221—2007）　　　　（％）

项目	14Cr11MoV (1Cr11MoV)	18Cr12MoVNbN (2Cr12MoVNbN)	15Cr12WMoV (1Cr12WMoV)	22Cr12NiWMoV (2Cr12NiWMoV)	13Cr11Ni2W2MoV (1Cr11Ni2W2MoV)	18Cr11NiMoNbVN (2Cr11NiMoNbVN)	06Cr15Ni25Ti2MoAlVB (0Cr15Ni25Ti2MoAlVB)
C	0. 11～0. 18	0. 15～0. 20	0. 12～0. 18	0. 20～0. 25	0. 10～0. 16	0. 15～0. 20	≤0. 08
Si	≤0. 50	≤0. 50	≤0. 50	≤0. 50	≤0. 60	≤0. 50	≤1. 00
Mn	≤0. 60	0. 50～1. 00	0. 50～0. 90	0. 50～1. 00	≤0. 60	0. 50～0. 80	≤2. 00
Cr	10. 00～11. 50	10. 00～13. 00	10. 00～13. 00	10. 00～13. 00	10. 50～12. 00	10. 00～12. 00	13. 50～16. 00
Mo	0. 50～0. 70	0. 30～0. 90	0. 50～0. 70	0. 75～1. 26	0. 35～0. 50	0. 60～0. 90	1. 00～1. 50
V	0. 25～0. 40	0. 10～0. 40	0. 15～0. 30	0. 20～0. 40	0. 18～0. 30	0. 20～0. 30	0. 10～0. 50
Ti							1. 90～2. 35
B							0. 001～0. 010
Ni	≤0. 60	≤0. 60	0. 40～0. 80	0. 50～1. 00	1. 40～1. 80	0. 30～0. 60	24. 00～27. 00
Al						≤0. 30	0. 35
Nb		0. 20～0. 60				0. 20～0. 60	
N		0. 05～0. 10				0. 04～0. 09	
W			0. 70～1. 10	0. 75～1. 25	1. 50～2. 00		
P	≤0. 035	≤0. 035	≤0. 035	≤0. 040	≤0. 035	≤0. 030	≤0. 040
S	≤0. 030	≤0. 030	≤0. 030	≤0. 030	≤0. 030	≤0. 025	≤0. 030

表 11-53 给出含钒耐热钢钢板和钢带化学成分（GB/T 4238—2007）。

表 11-53　含钒耐热钢钢板和钢带化学成分（GB/T 4238—2007）　　　　（％）

序号	牌号	C	Si	Mn	Cr	Mo	V	Ti
1	22Cr12NiMoWV	0. 20～0. 25	≤0. 50	0. 50～1. 00	11. 00～12. 50	0. 90～1. 25	0. 20～0. 30	
2	06Cr15Ni25Ti2MoAlVB	≤0. 08	≤1. 00	≤2. 00	13. 50～16. 00	1. 00～1. 50	0. 10～0. 50	1. 90～2. 35

序号	牌号	B	Ni	Al	W	P	S
1	22Cr12NiMoWV		0. 50～1. 00		0. 90～1. 25	≤0. 025	≤0. 025
2	06Cr15Ni25Ti2MoAlVB	0. 001～0. 010	24. 00～27. 00	≤0. 35		≤0. 040	≤0. 040

表 11-54 给出了含钒锅炉耐热钢管的化学成分（GB/T 5310—2008）。

表 11-54　含钒锅炉耐热钢管的化学成分（GB/T 5310—2008）　（%）

序号	牌号	C	Si	Mn	Cr	Mo	V	Ti	B
1	12Cr1MoVG	0.08 ~ 0.15	0.17 ~ 0.37	0.40 ~ 0.70	0.9 ~ 1.20	0.25 ~ 0.35	0.15 ~ 0.30		
2	12Cr2MoWVTiB（G102）	0.08 ~ 0.15	0.45 ~ 0.75	0.45 ~ 0.65	1.60 ~ 2.10	0.50 ~ 0.65	0.28 ~ 0.42	0.08 ~ 0.18	0.0020 ~ 0.0080
3	07CrMoW2VNbB（T/P23）	0.04 ~ 0.10	≤0.50	0.10 ~ 0.60	1.90 ~ 2.60	0.05 ~ 0.30	0.20 ~ 0.30		0.0005 ~ 0.0060
4	08Cr2Mo1VTiB（T/P24）	0.05 ~ 0.10	0.15 ~ 0.45	0.30 ~ 0.70	2.20 ~ 2.60	0.90 ~ 1.10	0.20 ~ 0.30	0.06 ~ 0.10	0.0015 ~ 0.0070
5	12Cr3MoVSiTiB	0.09 ~ 0.15	0.60 ~ 0.90	0.50 ~ 0.80	2.50 ~ 3.00	1.00 ~ 1.20	0.25 ~ 0.35	0.22 ~ 0.38	0.0050 ~ 0.0110
6	10Cr9Mo1VNbN（T/P91）	0.08 ~ 0.12	0.20 ~ 0.50	0.30 ~ 0.60	8.00 ~ 9.00	0.85 ~ 1.05	0.18 ~ 0.25		
7	10Cr9MoW2VNbN（T/P92）	0.07 ~ 0.13	≤0.50	0.30 ~ 0.60	8.50 ~ 9.50	0.30 ~ 0.60	0.15 ~ 0.25		0.0010 ~ 0.0060
8	10Cr11MoW2VNbBN（T/P122）	0.07 ~ 0.14	≤0.50	≤0.70	10.00 ~ 12.50	0.25 ~ 0.60	0.15 ~ 0.30		0.0005 ~ 0.0050
9	11Cr9Mo1W1VNbBN（T/P911）	0.09 ~ 0.13	0.10 ~ 0.50	0.30 ~ 0.60	8.50 ~ 9.50	0.90 ~ 1.10	0.18 ~ 0.25		0.0030 ~ 0.0060

序号	牌号	Ni	Al	Cu	Nb	N	W	P	S
1	12Cr1MoVG							≤0.025	≤0.010
2	12Cr2MoWVTiB（G102）						0.30 ~ 0.55	≤0.025	≤0.015
3	07CrMoW2VNbB（T/P23）		≤0.030		0.02 ~ 0.08	≤0.030	1.45 ~ 1.75	≤0.025	≤0.010
4	08Cr2Mo1VTiB（T/P24）		≤0.02			≤0.012		≤0.020	≤0.010
5	12Cr3MoVSiTiB							≤0.025	≤0.015
6	10Cr9Mo1VNbN（T/P91）	≤0.040	≤0.040		0.06 ~ 0.10	0.030 ~ 0.070		≤0.020	≤0.010
7	10Cr9MoW2VNbN（T/P92）	≤0.040	≤0.040		0.04 ~ 0.09	0.030 ~ 0.070	1.50 ~ 2.00	≤0.020	≤0.010
8	10Cr11MoW2VNbBN（T/P122）	≤0.050	≤0.040	0.30 ~ 1.70	0.04 ~ 0.10	0.040 ~ 0.100	1.50 ~ 2.50	≤0.020	≤0.010
9	11Cr9Mo1W1VNbBN（T/P911）	≤0.040	≤0.040		0.06 ~ 0.10	0.040 ~ 0.090	0.90 ~ 1.10	≤0.020	≤0.010

表11-55 给出了含钒汽轮机叶片用耐热钢化学成分（GB/T 8732—2004）。

表11-55　含钒汽轮机叶片用耐热钢化学成分（GB/T 8732—2004）　　（%）

序号	牌　号	C	Si	Mn	Cr	Mo	V	Ni
1	1Cr11MoV	0.11 ~ 0.18	≤0.50	≤0.60	11.00 ~ 11.50	0.50 ~ 0.70	0.25 ~ 0.40	≤0.60
2	1Cr12W1MoV	0.12 ~ 0.18	≤0.50	0.50 ~ 0.90	11.00 ~ 13.00	0.50 ~ 0.70	0.15 ~ 0.30	0.40 ~ 0.80
3	2Cr12MoV	0.18 ~ 0.24	0.10 ~ 0.50	0.30 ~ 0.80	11.00 ~ 12.50	0.80 ~ 1.20	0.25 ~ 0.35	0.30 ~ 0.60
4	2Cr11NiMoNbVN	0.15 ~ 0.20	≤0.50	0.50 ~ 0.80	10.0 ~ 12.0	0.60 ~ 0.90	0.20 ~ 0.30	0.30 ~ 0.60
5	2Cr12NiMo1W1V	0.20 ~ 0.25	≤0.50	0.50 ~ 1.00	11.00 ~ 12.50	0.90 ~ 1.25	0.20 ~ 0.30	0.50 ~ 1.00

序号	牌　号	Al	Cu	Nb	N	W	P	S
1	1Cr11MoV		≤0.30				≤0.030	≤0.025
2	1Cr12W1MoV		≤0.30			0.70 ~ 1.10	≤0.030	≤0.025
3	2Cr12MoV		≤0.30				≤0.030	≤0.025
4	2Cr11NiMoNbVN	≤0.03	≤0.10	0.20 ~ 0.60	0.04 ~ 0.09		≤0.020	≤0.015
5	2Cr12NiMo1W1V				0.90 ~ 1.25		≤0.030	≤0.025

表11-56 给出含钒内燃机气阀用耐热钢化学成分（GB/T 12773—2008）。

表11-56　含钒内燃机气阀用耐热钢化学成分（GB/T 12773—2008）　　（%）

序号	牌　号	C	Si	Mn	Cr	Mo	V	Ti	Cu
1	85Cr18Mo2V	0.80 ~ 0.90	≤1.00	≤1.50	16.5 ~ 18.5	2.00 ~ 2.50	0.30 ~ 0.60		≤0.30
2	86Cr18W2VRe	0.82 ~ 0.92	≤1.00	≤1.50	16.5 ~ 18.5	—	0.30 ~ 0.60		≤0.30
3	61Cr21Mn10Mo1V1Nb1N	0.57 ~ 0.65	≤0.25	9.50 ~ 11.50	20.00 ~ 22.00	0.75 ~ 1.25	0.75 ~ 1.00		≤0.30

序号	牌　号	Ni	Al	Re	Nb	N	W	P	S
1	85Cr18Mo2V							≤0.040	≤0.30
2	86Cr18W2VRe		≤0.20				2.00 ~ 2.50	≤0.035	≤0.30
3	61Cr21Mn10Mo1V1Nb1N	≤1.50			1.00 ~ 1.20	0.40 ~ 0.60		≤0.050	≤0.30

表11-57 给出含钒耐热结构钢化学成分（GB/T 3077—1999）。

表11-57　含钒耐热结构钢化学成分（GB/T 3077—1999）　　（%）

序号	牌　号	C	Si	Mn	Cr	Mo
1	50CrVA	0.47 ~ 0.54	0.17 ~ 0.37	0.50 ~ 0.80	0.80 ~ 1.10	
2	12CrMoV	0.08 ~ 0.15	0.17 ~ 0.37	0.40 ~ 0.70	0.30 ~ 0.60	0.25 ~ 0.35
3	12Cr1MoV	0.08 ~ 0.15	0.17 ~ 0.37	0.40 ~ 0.70	0.90 ~ 1.20	0.25 ~ 0.35
4	35CrMoV	0.30 ~ 0.38	0.17 ~ 0.37	0.40 ~ 0.70	1.00 ~ 1.30	0.20 ~ 0.30

续表 11-57

序号	牌　号	C	Si	Mn	Cr	Mo
5	25Cr2MoVA	0.22 ~ 0.29	0.17 ~ 0.37	0.40 ~ 0.70	1.50 ~ 1.80	0.25 ~ 0.35
6	25Cr2MoVA	0.22 ~ 0.29	0.17 ~ 0.37	0.50 ~ 0.80	2.10 ~ 2.50	0.90 ~ 1.10
7	20Cr3MoWV（GB 3077—1988）	0.17 ~ 0.27	0.20 ~ 0.40	0.25 ~ 0.60	2.40 ~ 3.30	0.35 ~ 0.55

序号	牌　号	V	Ni	W	P	S
1	50CrVA	0.10 ~ 0.20				
2	12CrMoV	0.15 ~ 0.30				
3	12Cr1MoV	0.15 ~ 0.30				
4	35CrMoV	0.10 ~ 0.20				
5	25Cr2MoVA	0.15 ~ 0.30				
6	25Cr2MoVA	0.30 ~ 0.50				
7	20Cr3MoWV（GB 3077—1988）	0.60 ~ 0.85	≤0.50	0.30 ~ 0.50	≤0.035	≤0.030

表 11-58 给出了含钒转子耐热钢化学成分（JB/T 1265—1985，JB/T 1265—1993）。

表 11-58　含钒转子耐热钢化学成分（JB/T 1265—1985，JB/T 1265—1993）　　（%）

序号	牌　号	化 学 成 分					
		C	Si	Mn	Cr	Mo	V
1	30Cr1Mo1V	0.27 ~ 0.34	0.17 ~ 0.37	0.70 ~ 1.00	1.05 ~ 1.35	1.00 ~ 1.30	0.21 ~ 0.29
2	30Cr2MoV	0.22 ~ 0.32	0.30 ~ 0.35	0.50 ~ 0.80	1.50 ~ 1.80	0.60 ~ 0.80	0.20 ~ 0.30
3	28CrMoNiVE	0.25 ~ 0.30	≤0.30	0.30 ~ 0.80	1.10 ~ 1.40	0.80 ~ 1.00	0.25 ~ 0.35

序号	牌　号	化 学 成 分				
		Ni	Alt	Cu	S	P
1	30Cr1Mo1V	≤0.50	≤0.010		<0.012	<0.012
2	30Cr2MoV	≤0.30		≤0.20	<0.015	<0.018
3	28CrMoNiVE	0.50 ~ 0.75	≤0.010	≤0.20	<0.012	<0.012

11.4.11　不锈钢

钒既是碳化物形成元素，又是铁素体的形成元素，在含 12% Cr 的马氏体不锈钢中，钒促进了碳化物析出相形成，使二次硬化效果得到增强。

表 11-59 给出了 00Cr22Ni13Mn5Mo2N 不锈钢的化学成分。

表 11-59　00Cr22Ni13Mn5Mo2N 不锈钢的化学成分　　（%）

C	Si	Mn	S	P	Cr	Ni	Mo	N	Co	V
≤0.06	≤1.0	4 ~ 6	≤0.03	≤0.04	20.5 ~ 23.5	11.5 ~ 13.5	1.5 ~ 3.0	0.2 ~ 0.3	0.1 ~ 0.3	0.1 ~ 0.3

表 11-60 给出了 90Cr18MoV 钢的化学成分要求。

表 11-60　90Cr18MoV 钢的化学成分要求　　（%）

C	Si	Mn	S	P	Cr	Mo	V
0.85 ~ 0.95	≤0.80	≤0.80	≤0.030	≤0.040	17 ~ 19	1.00 ~ 1.30	0.07 ~ 0.12

表 11-61 给出了含钒的 Fe 基和 Fe-Ni 基合金化学成分（GB/T 14992—2005）。

表 11-61 含钒的 Fe 基和 Fe-Ni 基合金化学成分（GB/T 14992—2005）（%）

序号	牌 号	C	Si	Mn	Cr	Mo	V	Ti	B
1	GH1016	≤0.08	≤0.60	≤1.80	19.00 ~ 22.00				
2	GH2036	0.34 ~ 0.40	0.30 ~ 0.80	7.50 ~ 9.50	11.50 ~ 13.5	1.10 ~ 1.40	1.25 ~ 1.55	≤0.12	
3	GH2132	≤0.08	≤1.00	≤2.00	13.5 ~ 16.0	1.00 ~ 1.50	0.10 ~ 0.50	1.75 ~ 2.30	0.001 ~ 0.010
4	GH2136	≤0.06	≤0.75	≤0.35	13.0 ~ 16.0	1.00 ~ 1.75	0.01 ~ 0.10	2.40 ~ 3.20	0.005 ~ 0.025

序号	牌 号	Ni	Al	Nb	N	W	P	S
1	GH1016	32.00 ~ 36.00			0.13 ~ 0.25	5.00 ~ 6.00	≤0.020	≤0.015
2	GH2036	7.0 ~ 9.0		0.25 ~ 0.50			≤0.035	≤0.030
3	GH2132	24.0 ~ 27.0	≤0.40				≤0.030	≤0.020
4	GH2136	24.5 ~ 28.5	≤0.35				≤0.025	≤0.025

11.5 钒的铸铁用途

工业用铸铁一般碳含量为 2% ~4%。碳在铸铁中多以石墨形态存在，有时也以渗碳体形态存在。除碳外，铸铁中还含有 1% ~3% 的硅，以及锰、磷、硫等元素。合金铸铁还含有镍、铬、钼、铝、铜、硼、钒等元素。碳、硅是影响铸铁显微组织和性能的主要元素。普通铸铁加入适量合金元素（如硅、锰、磷、镍、铬、钼、铜、铝、硼、钒、锡等）而获得。合金元素使铸铁的基体组织发生变化，从而具有相应的耐热、耐磨、耐蚀、耐低温或无磁等特性，用于制造矿山、化工机械和仪器、仪表等的零部件。钒主要以下述三种状态存在于铸铁中：（1）固溶于 α-Fe 中；（2）析出相；（3）块状化合物。研究表明，铸铁中钒分布在 α-Fe、渗碳体、合金碳化物及氮化物中，氧化物中几乎不含钒。分布在 α-Fe、珠光体、渗碳体中的钒以固溶状态存在，分布在碳化物、氮化物中的钒是以化合态存在的。钒与碳、氮具有很强的亲和力。铸铁中的碳含量较高，在各温度范围内均可形成碳化物。同时铸铁中存在一定量的氮，在形成钒的碳化物的同时也易形成氮化物和碳氮化物。

在凝固过程中，铸铁中的钒有相当部分以块状的碳化物、氮化物及碳氮化物状态析出。凝固结束后，随温度降低，钒溶解度逐渐下降，促使在冷却过程中不断有含钒碳化物析出，这些含钒碳化物弥散分布在铸铁基体上。表 11-62 给出了机床导轨用耐磨铸铁的牌号、力学性能与用途，表 11-63 给出机床导轨用耐磨铸铁的化学成分。

表 11-62　机床导轨用耐磨铸铁的牌号、力学性能与用途

铸铁名称	牌　号	力 学 性 能				用 途 举 例
		抗拉强度 σ_b/MPa	抗弯强度 σ_{bb}/MPa	挠度 f/mm	硬度 HBS	
钒钛耐磨铸铁	MTVTi20	≥200	≥400	≥3.0	160～240	各类中小型机床的导轨铸件
	MTVTi25	≥250	≥470		160～240	
	MTVTi30	≥300	≥540		170～240	
磷铜钛耐磨铸铁	MTPCuTi15	≥150	≥330		170～229	精密机床的床身、立柱、工作台等
	MTPCuTi20	≥200	≥400	≥2.5	187～235	
	MTPCuTi25	≥250	≥470		187～241	
	MTPCuTi30	≥300	≥540	≥2.8	187～255	
高磷耐磨铸铁	MTP15	≥150	≥330		170～229	普通机床的床身、溜板、工作台
	MTP20	≥200	≥400	≥2.5	179～235	
	MTP25	≥250	≥470		187～241	
	MTP30	≥300	≥540		187～255	
铬钼铜耐磨铸铁	MTCrMoCu25	≥250	≥470	≥2.8	185～230	中小型精密仪器仪表机床床身等导轨铸件
	MTCrMoCu30	≥300	≥540	≥3.0	200～250	
	MTCrMoCu35	≥350	≥610	≥3.5	220～260	
铬铜耐磨铸铁	MTCrCu25	≥250	≥470	≥3.0	185～230	
	MTCrCu30	≥300	≥540		200～240	
	MTCrCu35	≥350	≥610	≥3.2	210～250	

表 11-63　机床导轨用耐磨铸铁的化学成分（质量分数）　　　（%）

铸铁名称	牌　号	C	Si	Mn	P	S	Cr	Mo	Cu	其他
钒钛耐磨铸铁	MTVTi20	3.3～3.7	1.4～2.2	0.5～1.0	≤0.3	≤0.12	—	—	—	V≥0.15 Ti≥0.05
	MTVTi25	3.1～3.5	1.3～2.0	0.5～1.1	≤0.3	≤0.12	—	—	—	V≥0.15 Ti≥0.05
	MTVTi30	2.9～3.3	1.2～1.8	0.5～1.1	≤0.3	≤0.12	—	—	—	V≥0.15 Ti≥0.05
磷铜钛耐磨铸铁	MTPCuTi15	3.2～3.5	1.8～2.5	0.5～0.9	≤0.35～0.6	≤0.12	—	—	0.6～1.0	Ti 0.09～0.15
	MTPCuTi20	3.0～3.4	1.5～2.0	0.5～0.9	≤0.35～0.6	≤0.12	—	—	0.6～1.0	Ti 0.09～0.15
	MTPCuTi25	3.0～3.3	1.4～1.8	0.5～0.9	≤0.35～0.6	≤0.12	—	—	0.6～1.0	Ti 0.09～0.15
	MTPCuTi30	2.9～3.2	1.2～1.7	0.5～0.9	≤0.35～0.6	≤0.12	—	—	0.6～1.0	Ti 0.09～0.15

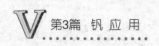

铸铁名称	牌 号	C	Si	Mn	P	S	Cr	Mo	Cu	其 他
高磷耐磨铸铁	MTP15	3.2 ~ 3.5	1.6 ~ 2.2	0.5 ~ 0.9	≤0.6 ~ 0.65	≤0.12	—	—	—	—
	MTP20	3.1 ~ 3.4	1.5 ~ 2.0	0.5 ~ 0.9	≤0.6 ~ 0.65	≤0.12	—	—	—	—
	MTP25	3.0 ~ 3.2	1.4 ~ 1.8	0.5 ~ 0.9	≤0.6 ~ 0.65	≤0.12	—	—	—	—
	MTP30	2.9 ~ 3.2	1.2 ~ 1.7	0.5 ~ 0.9	≤0.6 ~ 0.65	≤0.12	—	—	—	—
铬钼铜耐磨铸铁	MTCrMoCu25	3.3 ~ 3.6	1.8 ~ 2.5	0.7 ~ 0.9	≤0.15	≤0.12	0.10 ~ 0.20	0.20 ~ 0.35	0.7 ~ 0.9	—
	MTCrMoCu30	3.0 ~ 3.2	1.6 ~ 2.1	0.8 ~ 1.0	≤0.15	≤0.12	0.10 ~ 0.25	0.25 ~ 0.45	0.8 ~ 1.1	—
	MTCrMoCu35	2.9 ~ 3.1	1.5 ~ 2.0	0.8 ~ 1.0	≤0.15	≤0.12	0.15 ~ 0.25	0.35 ~ 0.50	1.0 ~ 1.2	—
铬铜耐磨铸铁	MTCrCu25	3.2 ~ 3.5	1.7 ~ 2.0	0.7 ~ 0.9	≤0.30	≤0.12	0.15 ~ 0.25	—	0.6 ~ 0.8	—
	MTCrCu30	3.0 ~ 3.2	1.5 ~ 1.8	0.8 ~ 1.0	≤0.25	≤0.12	0.20 ~ 0.35	—	0.7 ~ 1.0	—
	MTCrCu35	2.9 ~ 3.1	1.4 ~ 1.7	0.8 ~ 1.0	≤0.25	≤0.12	0.25 ~ 0.35	—	0.9 ~ 1.1	—

铸铁中钒的形态和分布受化学成分与冷却速度的影响。研究表明，钒含量大于 0.1%时就可以出现明显的块状化合物。随钒含量的增加，块状物的大小及形状均改变。由骨头棒形、三角形、四方形逐渐变成 Y 形、不规则的多边形和花样形，数量增多，尺寸也随之增大。冷却速度主要影响块状物的尺寸，随冷却速度减小块状物尺寸增大，数量增多。

12 金 属 钒

钒的金属及合金化合物产品制品包括金属钒、钒氮合金、钒铝合金和碳化钒等，钒及其合金化合物制品因为应用规模和应用特点，与钢铁和有色金属等紧密结合，使其在钒制品中占据了重要地位。钒的金属及合金化合物产品制品生产主要以五氧化二钒和三氧化二钒或者钒卤化物为原料，通过还原生产制备，还原剂选用碳、氢和碱金属，其中的钾和钠过于活泼，反应不易控制，一般氧化物还原选用钙和铝，用镁还原卤化物，也可通过钒铁氯化，精制形成钒氯化物，经过金属还原得到钒的金属及合金化合物产品制品，根据深度产品质量和工艺要求，选择金属还原剂或者碳氢类还原剂。

钒元素发现 30 年后，英国化学家罗斯科（Roscoe）用氢气还原钒的氯化物得到纯度 96% 的金属钒，受溶解 C、N、H 和 O 等元素的影响，钒金属性质受到影响，出现硬度和脆性增加现象，偏离钒金属良好延展性预期。用金属或碳将钒氧化物还原成金属钒的过程，为钒冶金流程的重要组成部分。主要有钙热还原、真空碳热还原、氯化物镁热还原和铝热还原四种方法。金属钒的制取工业上采用金属热还原的钙热还原法以及 20 世纪 70 年代发展的铝热还原和真空电子束重熔联合法，联合法可以制得供核反应堆用的纯钒，也可用真空碳热还原。

12.1 钒氧化物热还原

金属氧化物自由能与温度的关系图见图 12-1。可以看出，钒的氧化物稳定性顺序为 $VO > V_2O_3 > V_2O_4 > V_2O_5$。当以 V_2O_5 为原料进行碳还原时，将遵守逐级还原理论，最难还原的是 VO。

在 V-O 体系中存在的主要氧化物有 V_2O_5，V_2O_4，V_2O_3 和 VO，其标准生成自由能：

$$2V(s) + O_2(g) \rule[0.5ex]{1em}{0.4pt}\rule[0.5ex]{1em}{0.4pt} 2VO(s) \quad (1500 \sim 2000K) \tag{12-1}$$

$$\Delta G_1^\ominus = -803328 + 148.78T \quad (J/mol)$$

$$4/3V(s) + O_2(g) \rule[0.5ex]{1em}{0.4pt}\rule[0.5ex]{1em}{0.4pt} 2/3V_2O_3(s) \quad (1500 \sim 2000K) \tag{12-2}$$

$$\Delta G_2^\ominus = -800538 + 150.624T \quad (J/mol)$$

$$V(s) + O_2(g) \rule[0.5ex]{1em}{0.4pt}\rule[0.5ex]{1em}{0.4pt} 1/2V_2O_4(s) \quad (1500 \sim 1818K) \tag{12-3}$$

$$\Delta G_3^\ominus = -692452 + 148.114T \quad (J/mol)$$

$$4/5V(s) + O_2(g) \rule[0.5ex]{1em}{0.4pt}\rule[0.5ex]{1em}{0.4pt} 2/5V_2O_5(l) \quad (1500 \sim 2000K) \tag{12-4}$$

$$\Delta G_4^\ominus = -579902 + 126.91T \quad (J/mol)$$

12.1.1 金属热还原

金属热还原是利用一种活性较强的金属还原另一种活性较弱金属的化合物制取金属或

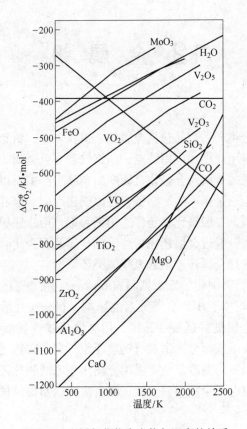

图 12-1　金属氧化物自由能与温度的关系

其合金的过程。被还原金属的化合物可以是金属的氧化物、硫化物、氯化物、氟化物或熔盐，也可是这些化合物的富集物或精矿。过剩的还原剂及反应产生的金属和还原剂的化合物的混合物通过造渣分层或蒸馏或酸洗分离。对于金属还原剂来说，金属单质的还原性强弱一般与金属活动性顺序相一致，即越位于后面的金属，越不容易失电子，还原性越弱。元素位置在同一周期越靠左，金属性越强；元素位置在同一族越靠下，金属性越强。

　　金属还原性顺序：

　　K > Ca > Na > Mg > Al > Mn > Zn > Cr > Fe > Ni > Sn > Pb > (H) > Cu > Hg > Ag > Pt > Au

　　金属阳离子氧化性的顺序：

　　$K^+ < Ca^{2+} < Na^+ < Mg^{2+} < Al^{3+} < Mn^{2+} < Zn^{2+} < Cr^{3+} < Fe^{2+} < Ni^{2+} < Sn^{2+} < Pb^{2+} < (H^+) < Cu^{2+} < Hg^{2+} < Fe^{3+} < Ag^+ < Pt^{2+} < Au^{2+}$

　　金属热还原反应为：

$$MeX + Me' \Longrightarrow Me + Me'X + Q \qquad (12\text{-}5)$$

式中，MeX 为被还原金属的化合物；Me′ 为金属还原剂；Me 为还原生成金属；Q 为反应的热效应。

　　当金属热还原反应放出的热足以维持反应所需的温度，使反应继续进行下去的过程为自热还原，如反应放出的热量过多，有时还要加惰性物以降低反应速度；如反应放出的热量不足以维持反应的继续进行，则需往炉料中加入特殊供热添加剂或供给电热。

出于对还原控制、产品质量以及安全的考虑，金属热还原一般都在特制的容器和电炉中于惰性气体或熔盐或炉渣的保护下进行，并要避免反应容器对产品的污染。选用金属热还原剂要求具有较强的还原能力，还原剂对被还原化合物中的非金属组分的化学亲和势大于金属，还原反应的标准吉布斯自由能变化为负值；金属热还原剂容易处理和提纯，还原产物和生成的金属具有容易分离、成本低廉和安全可靠的特性。

钒氧化物的常用金属还原剂包括钙、镁和铝等，钒氧化物金属还原产物为金属钒和还原剂的氧化产物的混合物，同时包含余量还原剂，经过渣分层和酸洗涤分离，得到粗钒金属制品。

钒氧化物金属热还原热力学数据见表 12-1。

表 12-1　钒氧化物金属热还原热力学数据

项　目	反　应　式	$\Delta H/kJ \cdot g^{-1}$	$\Delta H^{\ominus}/kJ \cdot g^{-1}$
主反应	$V_2O_5 + 5Ca = 2V + 5CaO$	-1621	-4.240
	$V_2O_5 + 3Ca = 2V + 3CaO$	-684	-2.532
	$V_2O_5 + 5Mg = 2V + 5MgO$	-1456	-4.800
	$3V_2O_5 + 10Al = 6V + 5Al_2O_3$	-3735	-4.579
	$V_2O_3 + 2Al = 2V + Al_2O_3$	-459	-2.249
促进剂与稀释剂反应	$Ca + I_2 = CaI_2$	-533	-1.814
	$Ca + S = CaS$	-476	-6.598
	$3BaO + 2Al = 3Ba + Al_2O_3$	-1410	-2.510
	$KClO_3 + 2Al = KCl + Al_2O_3$	-1251	-7.068
	$NaClO_3 + 2Al = NaCl + Al_2O_3$	-1285	-8.028

用钙、镁和铝还原钒氧化物，钙、镁和铝金属热还原钒氧化物过程所有反应生成自由能为负值，具备反应热力学条件，反应可以按照预设条件进行，钒对 CaO、MgO 和 Al_2O_3 不具有还原性，不发生可逆反应。

金属热还原法中金属及其氧化物的物性数据见表 12-2，用钙、镁和铝进行钒氧化物金属热还原，反应产物包括金属钒、余量还原剂、CaO、MgO 和 Al_2O_3，生成物沸点大于 2000℃，氧化物与金属钒熔点相差 140~915℃，具备分离条件，金属钒沸点达到 3409℃，在金属热还原过程中不会产生有毒有害和危险物质。V 和 C 氧化物自由能与温度的关系见图 12-2。

表 12-2　金属热还原法中金属及其氧化物的物性数据

金属及其氧化物	Al	Ca	Mg	V	Al_2O_3	CaO	MgO	V_2O_3	V_2O_5
熔点/℃	660	842	650	1910	2050	2615	2825	1957	678
沸点/℃	2520	1494	1090	3409					

12.1.1.1　钙热还原法

主要反应如下：

钙热还原是一种工业规模生产金属钒的方法。以 V_2O_5 或 V_2O_3 为原料，金属钙屑为还原剂。钙用量为理论量的 60%。钙屑和 V_2O_5 或 V_2O_3 混合后，加入到放置在用惰性气体

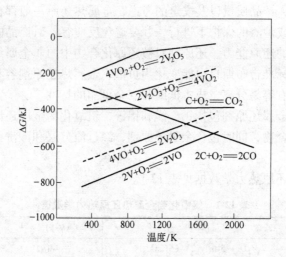

图 12-2　V 和 C 氧化物自由能与温度的关系

清洗过的钢质反应罐的氧化镁坩埚中，再加碘（也可用硫）作发热剂，碘加入量按生成 1mol 钒添加 0.2mol 碘计量，充氩气密封后，用高频感应器加热，温度达 973K 时便开始反应：

$$V_2O_5 + 5Ca \longrightarrow 2V + 5CaO + 1620.07kJ \tag{12-6}$$

$$V_2O_3 + 3Ca \longrightarrow 2V + 3CaO + 683.24kJ \tag{12-7}$$

$$V_2O_5 + Ca \Longleftrightarrow V_2O_4 + CaO \tag{12-8}$$

$$V_2O_4 + Ca \Longleftrightarrow V_2O_3 + CaO \tag{12-9}$$

$$V_2O_3 + Ca \Longleftrightarrow 2VO + CaO \tag{12-10}$$

$$VO + CaO \Longleftrightarrow V + CaO \tag{12-11}$$

$$V_2O_5 + 5Ca \Longleftrightarrow 2V + 5CaO \tag{12-12}$$

因反应是放热反应，反应开始后便停止加热。停止加热后温度会自动上升到 2173K。生成的塑性金属钒块或钒粒用水洗去附着物，钒收率约为 74%。若在炉料中加铝时，钒收率可提高到 82%～97.5%，但因钒含铝高而变脆。以高纯 V_2O_5 为原料，配入超过理论量 50%～60% 的金属钙，用碘作熔剂和发热剂，置于密封的反应器或"反应弹"内反应。得到致密金属锭或熔块，其中约含碳 0.2%，氧 0.02%～0.08%，氮 0.01%～0.05% 和氢 0.002%～0.01%。

12.1.1.2　铝热还原法

将 V_2O_5 与高纯铝在"反应弹"中反应生成致密的钒铝合金，然后在 1790℃ 高温高真空中脱铝，再经真空电子束重熔，除去合金中残余的铝和溶解的氧等杂质，所得金属钒的纯度大于 99.9%。也可以经过两次电子束熔炼，获得纯度更高的钒锭。

德国采用铝热还原法生产粗金属钒。这种方法将五氧化二钒和纯铝放在反应弹进行反应，生成钒铝合金。钒合金在 2063K 的高温和真空中脱铝，可制得含钒 94%～97% 的粗金属钒。

用铝作还原剂时，钒氧化物的还原反应如下：

$$3V_2O_5 + 2Al \Longrightarrow 3V_2O_4 + Al_2O_3 \tag{12-13}$$

$$3V_2O_4 + 2Al \Longrightarrow 3V_2O_3 + Al_2O_3 \tag{12-14}$$

$$3V_2O_3 + 2Al \Longrightarrow 6VO + Al_2O_3 \tag{12-15}$$

$$3VO + 2Al \Longrightarrow 3V + Al_2O_3 \tag{12-16}$$

$$3V_2O_5 + 10Al \Longrightarrow 6V + 5Al_2O_3 \tag{12-17}$$

三氧化二钒同样是稳定的钒氧化物，可以用作金属钒生产原料。钒氧化物的还原反应如下：

$$V_2O_3 + 2Al \Longrightarrow 2V + Al_2O_3 \tag{12-18}$$

有氯酸钾作为催化催热剂时，钒氧化物的还原反应如下：

$$KClO_3 + 2Al \Longrightarrow KCl + Al_2O_3 \tag{12-19}$$

12.1.1.3 镁热还原法

金属镁的纯度高，价格比钙低，反应生成的氯化镁比氯化钙易挥发，所以用镁还原比用钙还原更为合理。其还原过程如下：（1）用含钒80%的钒铁氯化制取粗四氯化钒；（2）用蒸馏法脱除粗四氧化钒中的三氯化铁；（3）在圆柱形镁回流器中将四氯化钒转化为 VCl_3；（4）用蒸馏法去除 VCl_3 中的三氯氧化钒 $VOCl_3$；（5）将冷却后的三氯化钒破碎后放置在还原反应罐中，在氩气保护下加入镁将 VCl_3 还原成金属钒；（6）用真空蒸馏法除去金属钒中的镁和氯化镁；（7）用水洗去除金属钒中残留的氯化镁，干燥后获得产品钒粉。还原作业在软钢坩埚中进行。软钢坩埚放在软钢罐内，用煤气加热。先将酸洗后的镁锭加入坩埚，再加入3倍于镁锭量的三氯化钒。还原温度控制在 1023~1073K。根据温度指示器判断反应的快慢，如反应缓慢则补加镁，保温约 7h 后冷却到室温。每批可生产 18~20kg 金属钒。然后取出坩埚放在蒸馏炉中缓慢加热至 573K 温度，并在 573K 下保温。当指示压力达 0.1333~0.6666Pa 时再升温到 1173~1223K 保温 8h，快速冷却到室温，所得海绵钒的纯度为 99.5%~99.6%，钒收率为 96%。

VCl_2 镁热还原法化学反应如下：

$$VCl_2 + Mg \Longrightarrow MgCl_2 + V \tag{12-20}$$

12.1.2 碳热还原法

碳热还原法是用碳或碳化物作还原剂还原氧化物或选择性还原冶金原料中的某种氧化物，制得金属、合金或中间产品的过程。钒氧化物的非金属还原剂包括碳、氢、煤气、硅和天然气等，碳热还原可以分为碳热钒氧化物还原法、碳热钒氯化物还原法和真空碳热还原法。一般可采用固体碳还原，如石墨或者精碳粉，也可采用气基还原，如煤气或者天然气，焦炉煤气主要成分为 HCH 和 CO，但与天然气相比，焦炉煤气还含有较复杂的其他组分，且随炼焦用煤不同有较大变化，还与炼焦生产操作等许多条件有关。

钒氧化物碳热还原步骤及化学反应：

$$V_2O_5 + C \Longrightarrow 2VO_2 + CO\uparrow \tag{12-21}$$

$$\Delta G_T^{\ominus}(C) = 49070 - 213.42T \quad (J/mol)$$

$$2VO_2 + C \Longrightarrow V_2O_3 + CO\uparrow \tag{12-22}$$

$$\Delta G_T^{\ominus}(C) = 95300 - 158.68T \quad (J/mol)$$

$$V_2O_3 + C \Longrightarrow 2VO + CO\uparrow \tag{12-23}$$

$$\Delta G_T^{\ominus}(C) = 239100 - 163.22T \quad (J/mol)$$

$$VO + C \Longrightarrow V + CO\uparrow \tag{12-24}$$

$$\Delta G_T^{\ominus}(C) = 310300 - 166.21T \quad (J/mol)$$

$$V_2O_5 + 7C \Longrightarrow 2VC + 5CO\uparrow \tag{12-25}$$

$$\Delta G_T^{\ominus}(C) = 79824 - 145.64T \quad (J/mol)$$

12.1.2.1　碳热钒氧化物还原法

用碳还原钒氧化物制取金属钒需要在1700℃以上，一般情况氧化达到一定程度会形成稳定碳化钒（VC或者VC_2），CO的稳定性超过钒氧化物，钒氧化物碳热还原经历$V_2O_5 \rightarrow V_2O_4 \rightarrow V_2O_3 \rightarrow VO \rightarrow V(O) \rightarrow V$，钒氧化物、碳氧化物生成自由能见图12-2。

钒碳化物碳热还原经历$VC \rightarrow VC_2 \rightarrow V(C) \rightarrow V$，碳热还原的基本化学反应可以用下式表示：

$$1/yV_xO_y + C \Longrightarrow x/yV + CO \tag{12-26}$$

当温度低于1000℃，化学反应如下：

$$V_2O_5 + CO \Longrightarrow 2VO_2 + CO_2 \tag{12-27}$$

$$2VO_2 + CO \Longrightarrow V_2O_3 + CO_2 \tag{12-28}$$

当温度高于1000℃，化学反应如下：

$$V_2O_3 + 5C \Longrightarrow 2VC + 3CO \tag{12-29}$$

$$2V_2O_3 + VC \Longrightarrow 5VO + CO \tag{12-30}$$

$$VO + 3VC \Longrightarrow 2V_2C + CO \tag{12-31}$$

$$VO + V_2C \Longrightarrow 3V + CO \tag{12-32}$$

12.1.2.2　真空碳热还原法

真空碳热还原法是制备可锻钒的重要方法之一。把V_2O_5先用氢还原成V_2O_3，再与炭黑混合，在真空炉中经多次高温还原，制得的钒块约含碳0.02%，含氧0.04%，它在室温下是可锻的。金属钒还可以用碘化物热分解法提纯，制得纯度为99.95%的钒。用氢在1000℃还原钒的氯化物也可制得可锻钒。

VO的碳还原反应为：

$$VO(s) + C(s) \Longrightarrow V(s) + CO(g) \tag{12-33}$$

因为：

$$2V(s) + O_2(g) \Longrightarrow 2VO(s) \quad (1500 \sim 2000K) \tag{12-34}$$

$$\Delta G_{34}^{\ominus} = -803328 + 148.78T \quad (J/mol)$$

$$2C(s) + O_2(g) = 2CO(g) \qquad (12\text{-}35)$$
$$\Delta G_{35}^{\ominus} = -225754 - 173.028T \qquad (J/mol)$$

要降低开始还原温度，其方法是降低体系中气相的压力，即降低 CO 的分压 $p(CO)$。不同的 $p(CO)$ 对应有不同的开始还原温度。

工业真空碳热还原是将 V_2O_5 粉与高纯碳粉混合均匀，加 10% 樟脑乙醚溶液或酒精，压块后放入真空碳阻炉或感应炉内。炉内真空压力到 6.66×10^{-1} Pa 后，升温至 1573K，保温 2h。冷却后将反应产物破碎。根据第一次还原产物的组分再配入适量碳化钒或氧化钒进行二次还原。二次还原炉内的真空压力为 2.66×10^{-2} Pa，温度控制在 1973 ~ 2023K 之间，并保温一段时间。真空碳还原法所得金属钒的成分（质量分数，%）为：钒 99.5，氧 0.05，氮 0.01，碳 0.1。钒收率可达 98% ~ 99%。

12.1.2.3 多步碳热还原制取金属钒

碳热还原一般在较高温度下进行，考虑到高温下金属钒和原料氧化钒的挥发，一般采取高碳配比和密闭反应器，钒原料可以从 V_2O_5 开始，也可以从 V_2O_3 和 VC 开始，具体的还原步骤采用多步逐级还原，逐级取出中间产品，破碎、磨细、脱氢、配料重新混合、调整 C/O 比例，制成球团重新入炉，进入下一个作业流程，直至得到金属钒。图 12-3 给出了碳还原多步法制备金属钒工艺。

用乙炔炭黑与 V_2O_5 混合，$x(O)/x(C)$ 摩尔比 1.25，原料结构为 ($V_2O_5 + 4C$)，450 ~ 540℃ 下还原，生成 V_2O_4；调整原料结构为 $V_2O_4 + 3.5C$，加热至 1350℃，抽真空至 10Pa，生成 VC，其中含 V 86% ~ 87%，C 5% ~ 6%，O 7% ~ 8%；加炭黑或者 V_2O_3，调整 $x(O)/x(C) = 1$，加热至 1500℃，抽真空至 0.1Pa，3h 得到粗钒，含 V 96% ~ 97%，C 1% ~ 1.5%，O 2% ~ 3%；调整 $x(O)/x(C) = 1$，加热至 1700℃，抽真空至 0.001Pa，12h 得到延展性钒，含 V 99.6%，C 0.12%，O 0.06%。

以 V_2O_3 和 VC 为原料，根据产品要求和

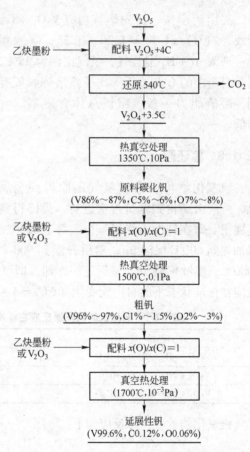

图 12-3 碳还原多步法制备金属钒工艺

工序，将配料置于感应炉内的坩埚，抽真空至 0.05Pa，温度控制在 1450℃，保持 8h；再抽真空至 0.01Pa，温度控制在 1500℃，保持 9h，烧结形成 C - OV 块，用电阻炉处理，加热至 1650℃，抽真空至 0.002Pa，保持 2h，加入 VC 调节成分，再加热至 1675℃，抽真空至 0.005Pa，保持 3h，得到延展性钒。杂质成分为：N 0.01%，C 0.12%，O 0.014%。V_2O_3 和 VC 多步碳热还原制备金属钒工艺流程见图 12-4。

金属钒的碳热还原制备可以借助等离子弧，将 V_2O_5 和石墨粉混合压片，形成圆片，直径为 15mm，厚度为 8mm，炉料结构摩尔比 $x(O)/x(C) = 0.8 \sim 17$，置于水冷铜坩埚，一并装入传导型电弧炉，加热至 2100 ~ 2800℃，抽真空，充氩气冲稀原料中的 CO 浓度，保持 CO 低分压，V_2O_5 快速还原熔化，45s 熔体钒含量达到 90% 以上，10min 熔体钒含量达到 96% 以上，合金含 C 2.3%，O 1.8%，钒转化率为 87%，改进后达到 90% 以上。

采用两步法，首先熔炼由 (V_2O_5 + C) 压块，$x(O)/x(C) = 1.20 \sim 1.25$，制取粗钒；通入 Ar + H_2 混合气，氢气比例为 25%，脱除合金中的 C 和 O，等离子弧冶炼脱氧有利，脱碳能力一般。粗钒总体含氧高、含碳低。

12.1.3 氢还原

钒氧化物可以通过氢气还原得到金属钒，反应由高价到低价逐次进行，最终得到金属钒。即在纯的干燥氢气中，将五氧化二钒加热到 600℃ 保温 3h，然后升温到 900 ~

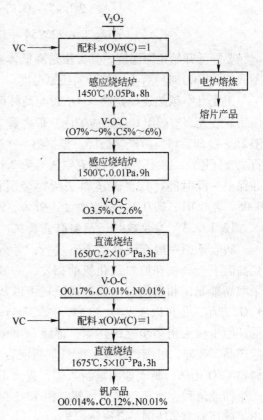

图 12-4 V_2O_3 和 VC 多步碳热还原制备金属钒工艺流程

1000℃，继续保温 5h，最后随炉冷却，即可得到金属钒。表 12-3 给出了氧化钒的氢还原反应在标准状态下的自由能变化（$\Delta G_T^{\ominus} = A + BT$）。

表 12-3　氧化钒的氢还原反应在标准状态下的自由能变化（$\Delta G_T^{\ominus} = A + BT$）

反 应 式	A/J	$B/J \cdot K^{-1}$
$V_2O_5 + H_2 = 2VO_2 + H_2O$	−91630	−68.20
$V_2O_5 + 2H_2 = V_2O_3 + 2H_2O$	−166732	−76.15
$V_2O_5 + 3H_2 = 2VO + 3H_2O$	−14244	−111

钒氧化物的氢还原反应如下：

$$V_2O_5 + H_2 = V_2O_4 + H_2O \tag{12-36}$$

$$V_2O_4 + H_2 = V_2O_3 + H_2O \tag{12-37}$$

$$V_2O_3 + H_2 = 2VO + H_2O \tag{12-38}$$

$$VO + H_2 = V + H_2O \tag{12-39}$$

$$2H_2 + O_2 = 2H_2O \tag{12-40}$$

$$V_2O_5 + H_2 = 2VO_2 + H_2O \tag{12-41}$$

$$V_2O_5 + 2H_2 = V_2O_3 + 2H_2O \tag{12-42}$$

$$V_2O_5 + 3H_2 \rightleftharpoons 2VO + 3H_2O \tag{12-43}$$

图 12-5 给出了氢还原氧化钒的自由能变化与温度的关系。

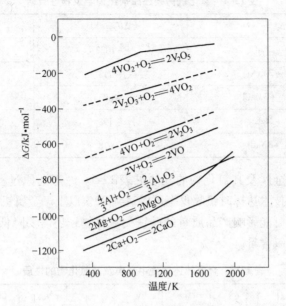

图 12-5　氢还原氧化钒的自由能变化与温度的关系

12.2　钒氯化物还原

钒的氯化物可以被金属类还原剂和碳氢类还原剂还原成金属钒，金属类还原剂包括镁、钠、钙、锂和钾，由于对反应过程控制、产物处理、来源成本和产品质量的综合考虑，钾钠活性高，来源、使用、安全和储存困难，金属钠沸点低，易汽化，容易使反应器压力增大，钠蒸气与其他金属氯化物反应能够生成自燃性化合物，实际应用的金属还原剂仅限于钙和镁，金属钙及其还原生成物 $CaCl_2$ 沸点高，对反应产物的常规处理蒸馏分离法极不适应，如果采用清洗处理，会造成产品污染，碳氢类还原剂仅限于氢，反应器多为真空密封，阶段性充入惰性气体。

氯化钒一般采用是 VCl_4、VCl_3 和 VCl_2，要求纯度高，所有原料净化脱气脱水干燥，VCl_4 一般混入了 $VOCl_3$，还原金属钒产品中氧含量较高，严重影响产品质量。使用的坩埚材料必须结构整体性强，适应高温和气体性强还原气氛，防止高温熔解、浸蚀和脱落。

图 12-6 给出了金属氯化物的自由能与温度的关系。

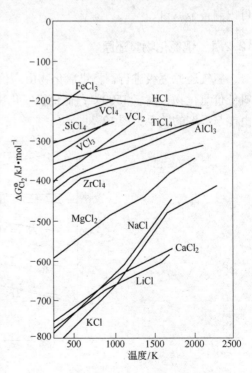

图 12-6　金属氯化物的自由能与温度的关系

氯化钒钙镁还原剂热力学及物性数据见表12-4。

表 12-4　氯化钒钙镁还原剂热力学及物性数据

反应式	$\Delta H_{298}^{\ominus}/kJ$	$\Delta H_{298}^{\ominus}/kJ \cdot g^{-1}$
$VCl_4 + 2Ca = V + 2CaCl_2$	−1022	−3.745
$VCl_4 + 2Mg = V + 2MgCl_2$	−713	−2.954
$2VCl_3 + 3Mg = 2V + 3MgCl_2$	−803	−2.072
$VCl_2 + Mg = V + MgCl_2$	−198	−1.365
$VCl_3 + 3Na = V + 3NaCl$	−678	−2.760

金属热还原法中金属及其氯化物的性质见表12-5。一般还原过程钒回收率在80%以上，条件优化和控制技术达标时钒收得率可以达到90%以上。金属钒产品质量需要高纯度钒氯化物，去除分离可能影响产品质量的硅铁类氯化物，还需要降低三氯氧钒含量水平，尽可能降低合金中的氧含量。

表 12-5　金属热还原法中金属及其氯化物的性质

金属及其氯化物	Al	Ca	Mg	V	Na	NaCl	CaCl$_2$	MgCl$_2$	VCl$_4$
熔点/℃	660	842	650	1910	98	801	772	714	−26
沸点/℃	2520	1494	1090	3409	882	1465	2000	1418	148.5

金属热还原的热力学条件是满足的，在适当的动力学反应条件下，通过还原钒氯化物可以制备金属钒。

12.2.1　钒氯化物氢还原

氢气还原逐级进行，将钒氯化物由高价态还原为低价态，还原反应高于300℃，出现钒低价氯化物，高于1500℃，低价钒氯化物还原形成金属，氢还原钒氯化物的反应生成自由能与温度的关系见图12-7。

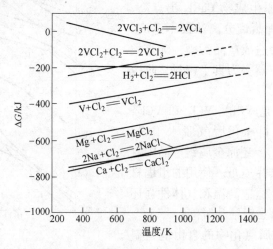

图 12-7　氢还原钒氯化物的反应生成自由能与温度的关系

具体的化学反应如下：

$$2VCl_4 + H_2 \Longrightarrow 2VCl_3 + 2HCl \tag{12-44}$$

$$2VCl_3 + H_2 \Longrightarrow 2VCl_2 + 2HCl \tag{12-45}$$

$$VCl_2 + H_2 \Longrightarrow V + 2HCl \tag{12-46}$$

$$Cl_2 + H_2 \Longrightarrow 2HCl \tag{12-47}$$

氢还原法是在高温条件下用氢将金属氧化物还原以制取金属的方法。氢还原钒氯化物是一个缓慢过程，英国科学家罗斯科（Roscoe）利用氢气还原钒氯化物得到含钒95%的粗钒，将钒氯化物（VCl_3 或者 VCl_2）置于 Pt 反应舟中，通氢气加热 40h，升温至白热，得到金属粗钒；另有科学家 Tyzack 以 VCl_3 为原料，采用马弗炉加热，VCl_3 置于 Mo 反应舟，氢气经过铀屑净化后，首先在 $400 \sim 500℃$ 将 VCl_3 还原形成 VCl_2，然后经过长时间在 $1000℃$ 还原，形成轻度烧结的钒熔片，含 V 纯度达到并大于 99.99%。金属钒切割成 0.049mm 以下，然后压块，真空 $1750℃$ 烧结，得到可压延加工的钒。

氢还原钒氯化物制备金属钒工艺见图 12-8。

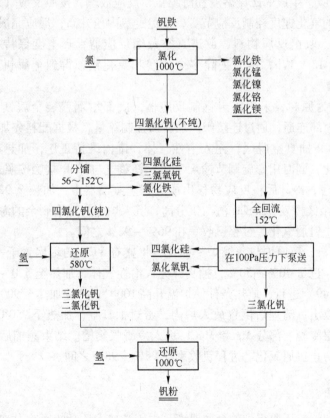

图 12-8　氢还原钒氯化物制备金属钒工艺

12.2.2　钒氯化物钙热还原

VCl_2 钙热还原法化学反应如下：

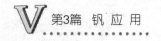

$$VCl_2 + Ca =\!=\!= CaCl_2 + V \qquad (12\text{-}48)$$

金属钙及其还原生成物 $CaCl_2$ 沸点高，对反应产物的常规处理，蒸馏分离法极不适应，如果采用清洗处理，会造成产品污染，一般不作为金属钒的制备选择。

12.2.3　钒氯化物镁热还原

钒氯化物可以通过镁还原控制，在三个阶段进行反应，按照 $VCl_4 \rightarrow VCl_3 \rightarrow VCl_2 \rightarrow V$ 的层次进行反应，第一阶段 VCl_4 还原形成 VCl_3，第二阶段 VCl_3 还原形成 VCl_2，VCl_2 还原形成 V，具体化学反应如下：

$$VCl_4 + 2Mg \longrightarrow V + 2MgCl_2 \qquad (12\text{-}49)$$

$$2VCl_3 + 3Mg \longrightarrow 2V + 3MgCl_2 \qquad (12\text{-}50)$$

$$VCl_2 + Mg \longrightarrow V + MgCl_2 \qquad (12\text{-}51)$$

用特殊的反应器上、下配置两个坩埚，同时配备加热单元，底部坩埚装入金属镁还原剂，上部坩埚装入 VCl_4，炉内充惰性气体，密封加热后，金属镁熔化形成蒸气，与气化扩散的 VCl_4 接触反应，生成 $MgCl_2$ 熔渣和海绵钒，反应放热，按照反应（12-51）进行，一般根据两种物料的气化速度控制反应节奏，避免过热内压升高；反应完成后压力下降，冷却后开启反应器，取出反应物料，放进真空蒸馏反应器，真空度保持在 0.01Pa，温度825℃，时间控制 15～17h，蒸馏去除多余的镁和氯化镁，得到金属钒。过程钒收率为50%～70%。

英国以 VCl_3 为原料，采用密封钢制反应器，底部坩埚盛装金属镁，外部储罐盛装VCl_3，与反应器内部连通，通过连接阀门加料和控制流量，根据配料先加好镁，对炉内加热700℃干燥脱水，抽真空脱气，充入惰性气体，罐内维持正压，加热在 750～780℃ 之间，使镁熔化气化，同时用螺旋调节输入 VCl_3，镁蒸气与 VCl_3 接触按照式（12-50）反应进行，7h 完成反应，冷却后将反应物移出放进真空蒸馏器中，加热至 920～950℃，抽真空，蒸馏 8h，多余镁挥发，$MgCl_2$ 渣与钒分离，沉入炉底，蒸馏剩余的海绵钒在干燥空气保护下冷却，防止钒屑氧化。过程钒收率在 96%～98% 之间。

用 VCl_2 为原料，还原炉与蒸馏炉一体化，将盛有 VCl_2 的坩埚置于一体化真空炉中，加入不定型镁片，过量40%～50%，抽真空充入惰性气体，加热至 520～570℃引燃反应，按照反应式（12-49）进行，放热条件使炉温升高100℃，持续加热至900℃，2h 后反应完成，冷却至室温取出，清理后倒置放入炉内，密封抽真空，加热至950℃，蒸馏 16h，蒸馏出的气体在夹层冷凝，部分 Mg 和 $MgCl_2$ 进入冷凝收集槽。结束蒸馏后，海绵钒在干燥空气吹扫清理，防止钒屑氧化。过程钒收率在 95%～98% 之间。

12.3　钒的精炼

金属热还原和碳氢还原得到的金属钒产品由于受技术环境的影响存在杂质缺陷，影响金属钒产品的品质和深加工应用，杂质主要包括 C、N、O、C、Al、Ca、Cr、Cu、Fe、Mo、Ni、Pb、Ti 和 Zn 等，部分来自生产过程的原料残留和夹杂，其次是受外环境控制的影响，产品吸附、吸收和熔解外层气体及设备外表面材料。

粗金属钒中的氧、氮、碳等非金属杂质含量较高，塑性差。精炼除去杂质后，可使金属钒的塑性提高。经精炼的金属钒的纯度可达99.9%，经过二次电解精炼还可制得纯度达到99.99%的高纯钒。目前工业采用的钒精炼方法有真空精炼、熔盐电解精炼、碘化物热离解法、区域熔炼等。今后有可能采用电子束区域熔炼和电迁移法精炼。

12.3.1　真空精炼

粗钒中的金属杂质主要以溶质的形式存在，真空精炼包括热真空处理和高温真空精炼，热真空处理采用蒸馏、脱氢、脱氮和脱氧，蒸馏净化度取决于杂质金属的蒸气压。表12-6给出了2200K不同金属的蒸气压，杂质从金属中蒸发速度与杂质金属的相对分子质量、浓度、活度系数、蒸气压和绝对温度等有关，一般认为真空精馏比较复杂，即使蒸气压较大，浓度小也会限制真空精馏速度。

表 12-6　2200K 不同金属的蒸气压

金属	V	Al	Ca	Cr	Cu	Fe	Mo	Ni	Pb	Ti	Zn
蒸气压/Pa	3	3×10^3	130×10^3	800	3×10^3	300	0.003	160	120	10	130×10^3

非金属杂质主要是 N_2、H_2 和 O_2 等，在钒中均以晶隙化合物存在，去除方法主要是高真空和热处理。脱气速度与分压、扩散系数、扩散表面积和颗粒大小有关，分压受浓度和温度影响。常温条件气体扩散系数可以保持在 $10^{-9} m^2/s$，500℃时 H_2 在还原钒中的扩散系数大于 $10^{-8} m^2/s$，还原钒中的 H_2 在 100×10^{-4}% 水平，500～1000℃基本可以脱出，如果温度更高，在还原钒熔化后，脱气速度可以迅速提升。还原钒脱氧可以采用热真空处理和碳脱氧。图 12-9 给出了金属钒中的溶解氧分压，氧分压与氧浓度呈正比，温度升高，分

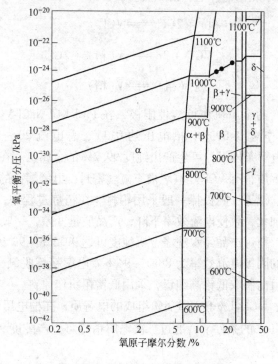

图 12-9　金属钒中的溶解氧分压

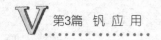

压升高，在可控真空处理温度范围内，氧分压低于钒蒸气压，此时仍可保持氧含量降低。

原因在于整个脱氧过程是钒以亚氧化物形式的挥发，表现为损钒脱氧。化学反应式如下：

$$[O](l) + V =\!=\!= [VO](g) \tag{12-52}$$

式中，$[O](l)$ 为钒熔体溶解氧；$[VO](g)$ 为气相钒亚氧化物。

硅在金属钒中的含量较低，硅的挥发性比钒高，一般难以单独去除，需要借助亚氧化反应进行；碳的脱出主要靠与氧结合，过量氧脱碳，用钒消耗过量氧。还原钒金属脱氮十分困难，原因是 V-N 固溶体比较稳定，氮的平衡分压比较低，氮含量（摩尔分数）小于 1% 的固溶体，接近钒熔点，氮分压小于钒分压。热真空条件（2000～2100℃，2.7×10^{-3} Pa）下可以使还原钒中 N 的质量分数降至 0.3% 以下，氮含量大于 0.3%，能够脱出，如果小于 0.3%，钒蒸发高于氮脱出，造成钒损失，导致钒熔体氮升高。

典型综合提纯钒的方法，先用高纯铝还原 V_2O_5 得到钒铝合金，再将钒铝合金破碎，在真空炉中加热至 1973K 除铝而得到海绵钒。海绵钒压成锭后在电子束炉熔炼进一步去除残余的铝、氧、铁及其他挥发性杂质，可生产出 99.9% 的纯钒。

12.3.2 熔盐电解精炼

粗钒按照生产方式可以分为碳热还原粗钒、铝热还原粗钒和钙热还原粗钒，因为不同的还原剂选择，杂质存在不同，熔盐电解精炼主要基于熔盐中金属离子电位的高低在电流作用下得到分离，一般情况将粗金属熔铸成电极，电解质选择低熔点氯盐体系，主要是 K、Na、Ga、Ba 和 Li 系氯化物，电解精炼反应如下：

$$\text{阳极反应：} \quad V(\text{粗}) + 2Cl^- =\!=\!= VCl_2 \tag{12-53}$$

$$\text{阴极反应：} \quad VCl_2 + 2e =\!=\!= V(\text{精}) + 2Cl^- \tag{12-54}$$

$$\text{总反应：} \quad V(\text{粗}) =\!=\!= V(\text{精}) \tag{12-55}$$

以铝热还原法生产的金属钒作可溶性阳极，在 LiCl-KCl-NaCl-VCl 熔盐体系中进行电解精炼。在电解槽工作温度 893K、槽电压约 0.3V、总电流 20～25A、阴极电流密度 3200～3700A/dm² 的电解条件下，可生产出纯度 99.2% 的金属钒。在电解精炼前一般向槽内通入少量氯气使电解质含有 VCl_2。电解槽充氩气密封，电解槽内的坩埚材料选用电极电位较正的金属，如钼、镍等；阴极棒一般采用钼材。在精炼过程中，随着阳极钒的溶解，粗钒表面逐渐氧化和钝化，致使电流效率下降，产品质量变差，一般在阳极粗钒溶解 30% 以后需停炉处理。电解精炼产品经水洗涤，钒纯度可达 99.5%～99.9%。这样纯度的钒可加工成材。电解精炼的阴极电流效率为 88%～94%。电解精炼脱氧、脱硅效果最佳，铁、铝次之，除铬最难。目前制取低铬高纯钒，采用低铬粗钒作原料。

采用含 KCl 51%、LiCl 41% 和 VCl₂ 8% 组成的电解质，在槽电压 0.3～0.54V、阴极电流密度 33.4～37.7A/dm² 的条件下，通过二次电解精炼可生产纯度 99.99% 的钒，阴极电流效率为 89%～92%。

对钙热还原金属钒采用 51% KCl-41% LiCl-8% VCl₂ 作电解质，粗金属钒制成电解阳极，温度控制在 620℃，电压 0.54V，阴极电流密度 $3300A/cm^2$，电积次数 17，电解电量 $9690A \cdot h$，阴极电流效率 92%，进行一次精炼电解，钒阳极消耗 9.2kg，阴极沉积 8.5kg。精炼后的金属钒作成二次精炼阳极进行二次精炼电解，温度控制在 620℃，电压 0.3V，阴极电流密度 $3800A/cm^2$，电积次数 11，电解电量 $6600A \cdot h$，阴极电流效率 89%，进行一次精炼电解，钒阳极消耗 6kg，阴极沉积 5.6kg。

碳热还原得到的金属钒一般含有 VC 和 V_2C，主体进行脱碳，选择氯化物作电解质，熔盐电解过程钒碳分解，V_2C 分解化学反应包括：

$$V_2C = 2V + C \qquad \Delta G^{\ominus} = 143kJ \tag{12-56}$$

VC 分解化学反应包括：

$$VC = VC_{0.88} + 0.12C \qquad \Delta G^{\ominus} = 47kJ \tag{12-57}$$

$VC_{0.88}$ 属于稳定相，$VC_{0.88}$ 分解化学反应包括：

$$VC_{0.88} = V + 0.88C \qquad \Delta G^{\ominus} = 96kJ \tag{12-58}$$

阳极反应：

$$V + 2Cl^- = VCl_2 \tag{12-59}$$

$$VCl_2 + Cl^- = VCl_3 + e \tag{12-60}$$

$$2VCl_3 + V_2C = 3VCl_2 + VC_{0.88} + 0.12C \tag{12-61}$$

$$V_2C + 2Cl^- = VCl_2 + VC_{0.88} + 0.12C + 2e \tag{12-62}$$

阴极反应：

$$VCl_2 + 2e = V(精) + 2Cl^- \tag{12-63}$$

电解总反应：

$$V_2C = V(精) + VC_{0.88} + 0.12C \tag{12-64}$$

还原钒的典型商业成品成分为 85% V，10% C，其他杂质约 5%，杂质构成包括 O、Fe 和 Cr 等。对碳热还原得到的金属钒进行电解精炼，使用 48% $BaCl_2$-31% KCl-21% NaCl 为电解质，再配加 5% ~12% VCl_2，温度控制在 670℃，槽电压为 0.4 ~1.3V(0.2 ~0.7V)，阴极电流密度为 2150 ~9700A/cm^2，阴极电流效率为 70%(87%)，钒收得率为 84% (77%)。

V_2C 型电极经过一段时间电解，约 50% 的钒电解后，转入 VC 型电解。出现电解效率下降，主要是钒电解后碳化物 O、Fe 和 Cr 增加，形成阴极钒污染。对 VC 型钒的电解精炼，首先电解提取 99% 的钒，并以此做成电极，采用 NaCl-LiCl-VCl_2 电解质，温度控制在 620℃，电解精炼，阴极电流密度 $130 \times 10^3 A/cm^2$，可以得到 99.80% 的金属钒；对 VC 型钒的电解精炼，可以用 Mo 桶型电极，将钒原始料置于多孔石墨管内，悬挂于桶型电极中央，电解质选择 45% NaCl-45% LiCl-10% VCl_2，电压 0.2 ~1.2V，电流 23 ~90A，电解电量 1500 ~2500A · h，钒电解沉降在阴极 Mo 桶壁，在精炼阶段电极转换，移出多孔石墨管，转换成 Mo 棒阴极，电压 0.08V，电流 10A，电解电量 70A · h，沉积在 Mo 棒上的钒纯度为 99.86%，满足深加工要求。

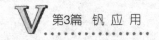

12.3.3 碘化物热离解

碘化物精炼主要利用碘化物的气化、沉淀和再气化进行热离解，碘的熔点为113℃，沸点为684℃，VI_2 在750℃升华，O、C 和 N 类杂质在 800~900℃不与碘反应，可能的杂质碘生成物在 1000~1400℃不分解，可能分解杂质全部能挥发，化学反应如下：

$$V(粗) + I_2 \Longrightarrow VI_2 \tag{12-65}$$

$$VI_2 \Longrightarrow V(精) + I_2 \tag{12-66}$$

典型的碘化热离解，如先往钼质的碘化反应器内放入粗钒和碘，碘化反应温度控制在 1073K，钒丝热离解温度为 1573K。产品的典型成分（质量分数，%）为：V 99.95，Cr < 0.007，Fe < 0.015，Si < 0.005，Ca < 0.002，Cu < 0.003，Ni < 0.002，Mg < 0.002，Ti < 0.002，C 0.015，H < 0.001，N < 0.0005，O < 0.004。此法已用于小批量生产。

12.3.4 区域熔炼

在真空条件下利用不同的熔炼手段进行精炼，常用方法包括真空烧结、感应熔炼、电弧熔炼和电子束熔炼，真空烧结需要高温、高真空度和高强度无污染坩埚，如真空烧结处理铝热法生产的金属钒，首先将原料碎成小块，然后装入钽坩埚，置于感应炉加热，温度控制在 1700℃，真空度 6×10^{-3}Pa，保持时间 8h，净化结论，氧含量显著降低，主要是脱铝过程中形成氧化亚铝气体挥发，C、Ca、Fe 和 Zn 等脱除效果明显，要求温度不超过 1820℃以保护坩埚，通过改进，用 Mo 吊篮装钒片后，放入钽坩埚，用锆毡包裹绝缘，在油扩散真空泵与电炉之间用液氮环拟制油蒸气，防止对炉内气氛污染，温度控制在 1700℃，真空度控制在 6×10^{-4}Pa，时间维持 8h，经过处理，铝热还原纯钒的铝含量水平由 10.1%下降到 0.5%，C 含量水平由 1.3%下降到 0.25%，Fe 含量水平由 8.1%下降到 1.7%，N 含量水平由 0.6%下降到 0.25%，O 含量水平由 29%下降到 1.3%，Si 含量水平由 5.0%下降到 1.8%。

感应熔炼一方面需要高强度无污染坩埚，另一方面需要承受高温液态钒浸蚀，同时不带入杂质，目前认为可满足坩埚条件的只有硫化铈类材质，但考虑硫对钒的可能污染，认为目前情况下真空感应净化手段对钒不适应。电弧炉熔炼具有有限精炼功效，在惰性气氛下使用自耗电极或者非自耗电极，熔融金属钒铸型。熔炼过程部分脱除了 H、Al 和 Mo 等，O 和 N 脱除效果不明显；采用非自耗电极，如镀钍的钨电极，用于铸造小微钒锭，熔炼过程可以有效脱氢，处理 C、O 和 N 功效很小。

采用真空悬浮区域熔炼精炼。直径 4.4mm 的钒棒在真空压力 1.333MPa、精炼熔区长度 6~10mm、熔区移动速度 57.16mm/h 条件下，经 6 个行程即可获得高纯钒。

12.4 金属钒的应用

金属钒一般纯度较高，有不同规格牌号，如高纯金属钒片，银光色泽，颗粒薄片，适合航空，宇宙原子工业的超合金及新合金的开发，电子材料部件，分析标准试料等；超细高纯金属钒粉：各种规格，触媒试剂，粉末冶金；高纯钒箔，5μm~1mm，是最好的屏蔽材料。

金属钒在航空航天、电子、信息、海洋、新型材料等领域有着广泛用途，因而金属钒被用作原子能反应堆的防护材料。在宇航和航空工业制造火箭、导弹、宇宙飞船的转接壳体和蒙皮，大型飞船、空间渡船的结构材料，制作飞机制动器和飞机、飞船、导弹的导航部件，火箭、导弹、喷气飞机的高能燃料的添加剂。在冶金工业中金属钒是合金钢的添加剂，也用于制作耐火材料与特种玻璃、集成电路、天线等。

主要用途如下：

（1）宇航机，航空机，原子能关联设备，高张力合金零部件加工，喷气发动机，电动机特殊零部件加工，飞机等起降轮架加工等。

（2）各种特殊钢加工用原料。

（3）各种试验合金用原料。

（4）非晶态金属加工。

（5）在冶金工业中，金属钒的抗腐蚀性好，还保持有很高的导电性，被用来制造高速轴承，海底电缆等。

（6）高强度刃具加工，金刚石切割刀，金刚石玻璃刀，筑路用金刚石切缝机。

（7）各种触媒用。

（8）电子产品零部件加工。

（9）各种试剂，分析标准试药，还原剂等。

（10）金属钒作为一种新兴材料日益被重视，金属钒是原子能、火箭、导弹、航空、宇宙航行以及冶金工业中不可缺少的宝贵材料。

（11）金属钒是原子能工业之宝。在原子反应堆里，金属钒熔点高，特别能耐高温，是反应堆里中子反射层的最好材料。

（12）金属钒是优秀的宇航材料。人造卫星的质量每增加 1kg，运载火箭的总质量就要增加大约 500kg。制造火箭和卫星的结构材料要求质量轻、强度大。金属钒的吸热能力强，力学性能稳定。

以钒为基加入其他合金化元素组成合金。钒合金的快中子吸收截面小，对液态金属锂、钠、钾等有良好的抗蚀性，还有良好的强度和塑性、好的加工性能，能抗辐照脆化，抗辐照肿胀，在辐照下具有良好的尺寸稳定性，是重要的反应堆结构材料。典型的钒合金有 V-15Ti-7.5Ct，V-15Cr-5Ti，V-10Ti，V-20Ti，V-9Cr-3Fe-1.5Zr-0.05C，这些钒合金用作液态金属冷却的快中子增殖反应堆的燃料包套和结构元件。其他钒合金还有 Vanstar7（V-9Cr-3Fe-ZrC），Vanstar8（V-9Cr-3Ta-ZrC），Vanstar9（V-6Fe-3Nb-ZrC），V-40Nb-1.3Zr，V-9Cr-10W-1.5Zr，V-9Cr-10Ta-1.25Zr 等。

据美国 USBM 报道，非钢铁合金中 90% 以上的钒是用来生产有色合金和磁性合金，其中钛合金占绝大多数。钛合金中的钒（添加量为 1%）可作为强化剂和稳定剂，钛合金添加 4% V 时，合金具有好的延性和成型性。在钛合金中，最重要的两种合金是 Ti-6Al-4V（含 4% V）和 Ti-8Al-1Mo-1V，这两种合金总共占钛合金市场的 50%。这些合金用于生产喷气发动机、高速飞行器骨架和火箭发动机机壳。钒通常以钒铝基合金形式加入钛合金中。

钒吸收裂变中子的半径很小，因此被用在核工业中，含钒高性能合金的主要非宇航潜在用途是在核聚变反应器生产中用作反应器的覆盖墙和屏蔽墙。目前一直在研究用于该领域的钒合金，与其他合金相比，在700℃时，这些合金仍保持较好的延性和强度，中子辐射衰变最小，可阻止放射；对液态锂和钠（用作冷却剂）具有良好的耐腐蚀性。开发的主要钒合金是 LiV-Cr-TiSi（含0.15%Cr，0.20%Ti 和＜1% Si）系列，其中最有意义的含钒合金是 V-5Ti-5Cr。钒能加入许多其他合金中，目的是增加强度和延展性。例如加入铜基合金中，用于控制气体成分和显微组织，加入铝合金中可用于生产内燃发动机活塞以及加入一些镍基超级合金中生产汽轮机和叶片。

13　主要钒制品特性与技术质量标准

13.1　钒渣

13.1.1　钒渣性质

钒渣是含钒铁水脱钒富集的产物,普通钒渣一般呈黑灰色,密度在 3.7 ~ 3.8g/cm³ 之间。转炉钒渣具有疏松非典型结构,由带有金属铁珠的细粒胶结生成物组成,其氧化物相由橄榄石、辉石和尖晶石类矿物组成。钒主要存在于钒尖晶石类矿物 $(Fe, Mn, Mg)O \cdot (V, Fe, Al, Cr)O_3$ 中,钒在尖晶石矿物中的含量为 30% ,同时富集了 30% Mn 和 40% Fe,渣中 MgO 在硅酸盐相和钒尖晶石相之间均匀分布。

不同来源的铁水和不同的工艺设备提钒,得到钒渣的品级相差较大,五氧化二钒含量在 5% ~ 25% 之间变化。

13.1.2　钒渣用途

钒渣主要用途是供下游厂提取五氧化二钒,其次用于直接合金化。

13.1.3　钒渣标准

中国钒渣国家标准如下:

(1)中国钒渣国家标准。表 13-1 给出中国钒渣国家标准(GB 5062—85)。块状钒渣的金属铁含量不得大于 22% 。

(2)物理状态。钒渣以块状或粉状交货,块状钒渣的粒度不得大于 200mm × 200mm,粉状钒渣的粒度及金属铁含量由供需双方议定。

(3)交货要求。交货钒渣不得混入明显杂质。

(4)试验方法。

1)取样。块状钒渣试样的采取按附录 A(补充件)所规定的方法进行。

2)制样。块状钒渣试样的制备按附录 B(补充件)所规定的方法进行。

3)铁含量测定。块状钒渣金属铁含量的测定暂按各厂现行的试验方法进行。

(5)化学分析。化学分析方法按 YB 547—67《钒渣化学分析方法》进行。

粉状钒渣的试验方法除化学分析外均由供需双方协议。

(6)检验规则。

1)交货钒渣按车验收,每一车厢钒渣为一交货批。

2)钒渣质量的检查和验收,由供方技术监督部门负责进行。需方有权进行复验,如有异议,应从到货之日起一个月内向供方提出。

(7)包装、运输和质量证明书。

1）块状钒渣为散装、敞车运输，如需方要求，可用棚车或简易棚车装运。

2）粉状钒渣的包装和运输由供需双方协商确定。

3）交货钒渣按批附复验试样和质量证明书。

质量证明书中应注明：a. 钒渣牌号，组、级、类、化学成分和金属铁含量；b. 质量及基准量；c. 车号及交货日期；d. 供方名称及检查员代号。

表 13-1　中国钒渣国家标准（GB 5062—85）　　　（%）

牌　号			钒渣 11	钒渣 13	钒渣 15	钒渣 17	钒渣 19	钒渣 21
代　号			FZ11	FZ13	FZ15	FZ17	FZ19	FZ21
化学成分	V_2O_5		10.0~12.0	>12.0~14.0	>14.0~16.0	>16.0~18.0	>18.0~20.0	>20.0
	P	一组	≤0.08					
		二组	≤0.35					
		三组	≤0.70					
	CaO	一组	≤1.0					
		二组	≤1.5					
		三组	≤2.5					
	SiO_2	一组	≤22.0					
		二组	≤24.0					
		三组	≤34.0					
		四组	≤40.0					

（8）附录 A 块状钒渣的取样方法（补充件）。

1）试样应在发货车厢内用铁锹采取。

2）试样分两层采取，上、下样层的高度应分别位于钒渣实装高度的 3/4 和 1/4 处。

3）各取样点取样量应均衡，并不小于 10kg，每批钒渣取样总量应不小于该批钒渣实际重量的 1%。

4）钒渣试样的粒度分布应能代表本批钒渣的实际粒度分布。

5）经供需双方协议，允许定量贮存钒渣，并在装车前预先取样，装车后将组成该批钒渣的份样合并为该批试样。

（9）附录 B 块状钒渣试样的制备方法（补充件）。

1）试验用钒渣样品，由同一交货批的全部试样进行多段破碎、缩分后制取。

2）试样用破碎机或手工在专用高锰钢板上进行破碎。

3）将试样平铺在钢板上，用四分法（取对角）按下表（略）规定缩分。

13.1.4　钒渣技术要求标准

技术要求如下：

钒渣按五氧化二钒的品位分为 7 个牌号，其品级与化学成分应符合表 13-2 规定。

表 13-2　钒渣品级及其化学成分　　　　　　　　　　（%）

牌号	V₂O₅	SiO₂			P			CaO/V₂O₃		
		一级	二级	三级	一级	二级	三级	一级	二级	三级
FZ9	8. 0 ~ 10. 0									
FZ11	>10. 0 ~ 12. 0									
FZ13	>12. 0 ~ 14. 0									
FZ15	>14. 0 ~ 16. 1	≤16	≤20	≤24	≤0. 13	≤0. 3	≤0. 5	≤0. 11	≤0. 16	≤0. 22
FZ17	>16. 0 ~ 18. 2									
FZ19	>18. 0 ~ 20. 0									
FZ21	>20. 0									

注：1. 水分含量不作交货条件，但供方应按批向需方提供测定结果。

　　2. 钒渣以块状交货，其粒度为不大于 200mm。需方对钒渣粒度有特殊要求时，由供需双方商定。

　　3. 交货钒渣中的金属铁含量不得大于 20%。

13. 2　三氧化二钒

外观与性状：灰黑色结晶或粉末。

熔点：1970℃。

沸点：3000℃。

相对密度（水的相对密度 = 1）：4. 87(18℃)。

燃烧热：无意义。

临界温度：无意义。

临界压力：无意义。

闪点：无意义。

引燃温度：无意义。

13. 2. 1　性质

CAS 号：1314-34-7。

分子式：V_2O_3。

相对分子质量：149. 88。

13. 2. 2　危险性

健康危害：吸入后引起咳嗽、胸痛、咳血和口中金属味。对眼睛有刺激性，有催泪作用，对皮肤有刺激性。口服引起胃部不适、腹痛、呕吐、虚弱。中毒者舌苔呈墨绿色。

环境危害：对环境有危害，对水体可造成污染。

燃爆危险：本品不燃，有毒，具有刺激性。

13. 2. 3　急救措施

皮肤接触：脱去污染的衣着，用大量流动清水冲洗。

眼睛接触：提起眼睑，用流动清水或生理盐水冲洗，就医。

食入：饮足量温水，催吐，就医。

废弃处置方法：用安全掩埋法处置，在能利用的地方重复使用容器或在规定场所掩埋。

包装方法：螺纹口玻璃瓶、铁盖压口玻璃瓶、塑料瓶或金属桶（罐）外普通木箱。

危险货物编号：61028。

UN 编号：2860。

运输注意事项：运输前应先检查包装容器是否完整、密封，运输过程中要确保容器不泄漏、不倒塌、不坠落、不损坏。严禁与酸类、氧化剂、食品及食品添加剂混运。运输时运输车辆应配备泄漏应急处理设备。运输途中应防曝晒、雨淋，防高温。公路运输时要按规定路线行驶，勿在居民区和人口稠密区停留。

操作注意事项：密闭操作，局部排风。操作人员必须经过专门培训，严格遵守操作规程。建议操作人员佩戴防尘面具（全面罩），穿胶布防毒衣，戴橡胶手套。远离易燃、可燃物，避免产生粉尘，避免与酸类接触。搬运时要轻装轻卸，防止包装及容器损坏。配备泄漏应急处理设备。倒空的容器可能残留有害物。

储存注意事项：储存于阴凉、通风的库房。远离火种、热源。应与易（可）燃物、酸类、食用化学品分开存放，切忌混储。

溶解性：不溶于水，溶于硝酸、氢氟酸、热水。

禁配物：热硝酸。

接触控制/个体防护：

中国 MAC：$0.1mg/m^3$（尘），$0.02mg/m^3$（烟）；

前苏联 MAC：$0.5mg/m^3$；

燃爆危险：本品不燃，有毒，具刺激性。

13.2.4 安全数据

表 13-3 为物料安全数据表（三氧化二钒）。

表 13-3　物料安全数据表（三氧化二钒）

	危险性类别	第6.1类毒害品
	危险货物包装标志	14
	包装类别	Ⅱ
包装与储运	储运注意事项	储存于阴凉、通风仓间内。远离火种、热源。专人保管。保持容器密封。防止受潮。应与酸类、食用化工原料等分开存放。不能与粮食、食物、种子、饲料、各种日用品混装、混运。操作现场不得吸烟、饮水、进食。搬运时要轻装轻卸，防止包装及容器损坏。分装和搬运作业要注意个人防护
毒性危害	接触限值	中国 MAC：$0.1mg/m^3$（尘），$0.02mg/m^3$（烟）； 前苏联 MAC：$0.5mg/m^3$； 美国 TWA：0.05mg（V_2O_5）$/m^3$； 美国 STEL：未设

毒性危害	侵入途径	吸入、食入
	毒 性	LD50：130mg/kg（小鼠经口）
	健康危害	吸入、摄入或经皮肤吸收后对身体有害。对眼睛、皮肤、黏膜和上呼吸道有刺激作用
急救防护措施	皮肤接触	用肥皂水及清水彻底冲洗，就医
	眼睛接触	拉开眼睑，用流动清水冲洗 15min，就医
	吸 入	迅速脱离现场至空气新鲜处，就医
	食 入	误服者，饮适量水，催吐，就医
	工程控制	密闭操作，局部排风
	呼吸系统防护	可能接触其粉尘时，佩戴防毒口罩
	眼睛防护	戴化学安全防护眼镜
	防护服	穿工作服
	手防护	必要时戴防护手套
	其 他	工作现场禁止吸烟、进食和饮水。工作后，沐浴更衣。注意个人清洁卫生
	泄漏处置	隔离泄漏污染区，周围设警告标志，建议应急处理人员戴自给式呼吸器，穿化学防护服。不要直接接触泄漏物，用湿砂土混合，倒至空旷地方深埋。如果大量泄漏，小心扫起，避免扬尘，装入备用袋中。被污染地面用肥皂或海河剂刷洗，经稀释的污水放入废水系统

13.3　五氧化二钒

中文名：五氧化二钒；外文名：vanadium pentoxide；别名：钒酸酐；化学式：V_2O_5；相对分子质量：182.00；化学品类别：无机物，金属氧化物；管制类型：五氧化二钒（剧毒）；储存：密封保存。

13.3.1　物理性质

外观与性状：橙黄色、红棕色结晶粉末或灰黑色片状；CAS号：1314-62-1；熔点：690℃；相对密度（水的密度 = 1）：3.35；沸点：1750℃（分解）；分子式：V_2O_5；相对分子质量：182.00；溶解性：微溶于水，不溶于乙醇，溶于浓酸、碱。

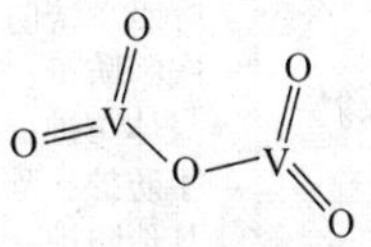

图 13-1 给出了五氧化二钒结构式。

图 13-1　五氧化二钒
结构式

13.3.2　化学性质

五氧化二钒为两性氧化物，但以酸性为主。700℃以上显著挥发。700～1125℃分解为氧和四氧化二钒，这一特性使它成为许多有机和无机反应的催化剂。五氧化二钒为强氧化剂，易被还原成各种低价氧化物。微溶于水，易形成稳定的胶体溶液。溶于碱，生成钒酸盐。溶于酸不生成五价钒离子，而生成 VO^{2+} 离子。五氧化二钒为有毒物质，空气中最大

允许量少于 0.5mg/m³。

表 13-4 为物料安全数据表（五氧化二钒）。

表 13-4　物料安全数据表（五氧化二钒）

标 识	中文名：五氧化二钒		英文名：vanadium pentoxide	
	分子式：V_2O_5		相对分子质量：182	UN 编号：2862
	危货号：61028		RTECS 号：—	CAS 号：1314-62-1
理化性质	性状：橙黄色或红棕色结晶粉末			
	熔点：690℃		溶解性：微溶于水，不溶于乙醇，溶于浓酸、碱	
	沸点：—		气体密度：—	
	饱和蒸气压：—		相对密度：3.35	
	临界温度：1750℃		燃烧热（kJ/mol）：—	
	临界压力：—		最小引燃能量/mJ：—	
燃烧爆炸危险性	燃烧性：本品不燃		燃烧产物：—	
	闪点：—		聚合危害：不能出现	
	爆炸极限体积分数：—		稳定性：在常温常压下稳定	
	自燃温度：—		禁忌物：强酸、易燃或可燃物	
	危险特性：没有特殊的燃烧爆炸特性			
	灭火方法：本品不燃，火场周围可用的灭火介质均可			
毒性	属高毒类 LD50：10mg/kg（大鼠经口）LC50			
对人体危害	对呼吸系统和皮肤有损害作用。急性中毒：可引起鼻、咽、肺部刺激症状，多数工人有咽痒、干咳、胸闷、全身不适、倦怠等表现，部分患者可引起肾炎、肺炎。慢性中毒：长期接触可引起慢性支气管炎、肾损害、视力障碍等			
急救	皮肤接触：脱去污染的衣着，立即用流动清水彻底冲洗。 眼睛接触：立即提起眼睑，用流动清水冲洗。 吸入：脱离现场至空气新鲜处。注意保暖，必要时进行人工呼吸，并及时就医。 食入：误服者给饮大量温水，催吐，就医			
防护	最高容许浓度：中国 MAC：0.1mg/m³（烟）；前苏联 MAC：0.1mg/m³（烟）；美国 TWA：OSHA0。 工程控制：密闭操作，局部排风。 呼吸系统防护：空气中浓度超标时，应该佩戴防毒面具，必要时佩戴自给式呼吸器。 眼睛防护：戴化学安全防护眼镜。 身体防护：穿相应的防护服。 手防护：戴防护手套。 其他防护：工作现场禁止吸烟、进食和饮水。工作后，淋浴更衣。单独存放被毒物污染的衣服，洗后再用。进行就业前和定期培训			
泄漏处理	应急处理：隔离泄漏污染区，周围设警告标志，建议应急处理人员戴正压自给式呼吸器，穿化学防护服。不要直接接触泄漏物，避免扬尘，用清洁的铲子收集于干燥、洁净、有盖的容器中，转移到安全场所。也可以用水泥、沥青或适当的热塑性材料固化处理再废弃。如大量泄漏，收集回收或无害处理后废弃			
储运	储存：储存于阴凉、通风仓间内。远离火种、热源。防止阳光直射。包装必须密封，切勿受潮。应与碱类、酸类、氧化剂等分开存放。 运输：不可混储混运。搬运时要轻装轻卸，防止包装及容器损坏。分装和搬运作业要注意个人防护			
废弃物处置	处置前应参阅国家和地方有关法规			

13.4　五氧化二钒标准

13.4.1　中国五氧化二钒国家标准（GB 3283—87）

本标准适用于钒渣或其他含钒矿物经焙烧、浸出、沉淀、分解、熔化制得的冶金、化工等用的片状或粉状五氧化二钒。

13.4.1.1　技术要求

牌号和化学成分要求具体如下：

（1）产品按用途和五氧化二钒品位分为三个牌号，其化学成分应符合表 13-5 的规定。

（2）需方如有特殊要求，可协商供应杂质含量更低的产品。

（3）需方要求时，可协商提供表列以外其他元素的实测数据。

表 13-5　五氧化二钒及其化学成分　　　　　　　　　　（%）

适用范围	牌　号	化 学 成 分								物理状态
		V_2O_5	Si	Fe	P	S	As	Na_2O+K_2O	V_2O_4	
冶金	$V_2O_5$99	>99.0	<0.15	<0.20	<0.03	<0.01	<0.01	<1.0	—	片　状
	$V_2O_5$98	>98.0	<0.25	<0.30	<0.05	<0.03	<0.02	<1.5	—	
化工	$V_2O_5$97	>97.0	<0.25	<0.30	<0.05	<0.10	<0.02	<1.0	<2.5	粉　状

注：五氧化二钒含量系由全钒含量换算而成。

13.4.1.2　物理状态

冶金用五氧化二钒以片状交货，片径不大于 $55mm \times 55mm$，厚度不大于 $5mm$；化工用五氧化二钒以分解后自然粉状交货。

13.4.1.3　试验方法

试验方法如下：

（1）取样，化学分析用试样的采取按附录 A 所规定的方法进行。

（2）制样，化学分析用试样的制取按附录 B 所规定的方法进行。

（3）化学分析，五氧化二钒的分析暂按各生产厂现行分析方法进行，如有异议，通过协商解决。

13.4.1.4　检验规则

检验规则如下：

（1）产品质量的检查和验收，由供方技术监督部门进行，需方有权按规定对产品质量进行复验。如有异议，应在到货后 30d 内提出。

（2）同一牌号的产品可以归为一批交货，其批量一般在 4～10t 之间，或由供需双方商定。

13.4.1.5　包装、标志、储运和质量证明书

（1）包装，产品采用铁桶包装，桶内壁须刷一层防护漆。每桶净重一般不大于 250kg，或由供需双方商定。

（2）标志、储运和质量证明书。产品标志、储运和质量证明书应符合 GB 3650—83

《铁合金验收、包装、储运、标志和质量证明书的一般规定》的要求。

13.4.1.6 附录A 五氧化二钒取样方法（补充件）

A 片状五氧化二钒取样

在每批产品的25%包装件中，于料面下100~200mm深处分别铲取数量大致相等的试样，其总量不少于2kg，然后破碎至10mm以下，充分混匀后再用四分法缩分至1kg。

B 粉状五氧化二钒取样

在每批产品的25%包装件中，于料桶中心插扦于料层厚度的1/2以上。分别扦取数量大致相等的试样，其总量不少于1kg。

13.4.1.7 附录B 五氧化二钒制样方法（补充件）

A 片状五氧化二钒制样

将1kg试样全部破碎至小于5mm，置于不锈钢盘中，按四分法缩取500g，放入捣缸中捣至1.5mm，再用四分法缩取250g，再放入捣缸中捣至小于1mm，用四分法缩取60g后，将其粉碎至全部通过80目筛。分装两袋，一袋做分析用，一袋封存备查。

B 粉状五氧化二钒制样

将1kg试样充分混匀后用四分法缩取60g，再将其粉碎或研磨至全部通过80目筛后，分装两袋，一袋做分析用，一袋封存备查。

13.4.2 高纯五氧化二钒国家标准（GB 3283—87）

高纯五氧化二钒分子式为V_2O_5，表13-6给出了高纯五氧化二钒标准（GB 3283—87）。

表13-6 高纯五氧化二钒标准（GB 3283—87） （%）

	化学成分								状态
	V_2O_5	V_2O_4	Si	Fe	S	P	As	$Na_2O + K_2O$	
规格	≥98.0	≤2.5	≤0.25	≤0.3	≤0.03	≤0.05	≤0.02	≤1.0	粉状
	≥99.0	≤1.5	≤0.1	≤0.1	≤0.01	≤0.03	≤0.01	≤0.7	
	≥99.5	≤1.0	≤0.08	≤0.01	≤0.01	≤0.01	≤0.01	≤0.25	
	≥99.7		≤0.02	≤0.005	≤0.008	≤0.008	≤0.005	≤0.1	
	≥99.9		≤0.01	≤0.002	≤0.005	≤0.005	≤0.001	≤0.05	

13.4.2.1 高纯五氧化二钒性质

五氧化二钒为橘黄色粉末，相对密度为3.357，相对分子质量：181.88。溶于酸、碱，微溶于水，不溶于无水乙醇。五氧化二钒蒸气有毒。

13.4.2.2 高纯五氧化二钒用途

用于冶金工业制钒铁合金、钒铝合金及其他含钒合金。化工行业中用作催化剂、印染、陶瓷的着色材料，是制备硫酸催化剂的主要原料，也是制备钒化合物的原料。

13.4.3 五氧化二钒（99.0%粉钒）化学纯国家标准（GB 3283—87）

五氧化二钒（99.0%粉钒）分子式为V_2O_5，表13-7给出了五氧化二钒（99.0%粉钒）化学纯国家标准（GB 3283—87）。

表 13-7　五氧化二钒（99.0%粉钒）化学纯国家标准（GB 3283—87）

五氧化二钒（99.0%粉钒）化学纯	
国家标准 GB 3283—87	
Cl≤0.005%	Fe<0.03%
Na<0.10%	NH$_4$≤0.10%
SO$_4$≤0.04%	灼烧失重：0.25%
盐酸不溶物及硅酸盐≤0.3%	
物理状态：粉状	

13.4.4　中国五氧化二钒国家标准（优级纯）

五氧化二钒（99.0%粉钒）分子式为 V_2O_5，表 13-8 给出了中国五氧化二钒国家标准（优级纯）。

表 13-8　中国五氧化二钒国家标准（优级纯）

五氧化二钒（优级纯）
规格：V_2O_5≥99.5%
杂质含量：盐酸不溶物及硅酸盐≤0.1%
灼烧失重：0.01%
氯化物（Cl）：0.005%，硫酸盐（SO$_4$）：0.01%
铵盐（NH$_4$）：0.02%，钠（Na）：0.02%
铁（Fe）：0.01%
重金属（以 Pb 计）：0.002%

13.4.5　五氧化二钒（98.0%粉钒）国家标准（GB 3283—87）

五氧化二钒（98.0%粉钒）分子式为 V_2O_5，表 13-9 给出了五氧化二钒（98.0%粉钒）国家标准（GB 3283—87）。

表 13-9　五氧化二钒（98.0%粉钒）国家标准（GB 3283—87）

五氧化二钒（98.0%粉钒）	
国家标准 GB 3283—87	
Si<0.15%	Fe<0.20%
P<0.04%	S<0.01%
As<0.01%	Na$_2$O + K$_2$O<1.0%
物理状态：粉状	

13.5　钒酸铵

13.5.1　偏钒酸铵

13.5.1.1　偏钒酸铵标准

表 13-10 给出了中国偏钒酸铵国家标准。

表13-10 中国偏钒酸铵国家标准　　　　　　　　　（%）

NH$_4$VO$_3$（以干基计）	Si	Fe	S	Al	Cl	As	Na$_2$O + K$_2$O
≥98.0	≤0.2	≤0.3	≤0.04	≤0.1	≤0.2	≤0.01	≤0.3
≥99.0	≤0.1	≤0.1	≤0.03	≤0.05	≤0.15	≤0.01	≤0.2
≥99.5	≤0.08	≤0.08	≤0.02	≤0.03	≤0.10	≤0.01	≤0.01

13.5.1.2 钒酸铵安全数据

物料安全数据见表13-11。

表13-11 物料安全数据表（钒酸铵）

钒 酸 铵		
标　识	中文名	钒酸铵
	英文名	Ammomiu vanadate
	分子式	NH$_4$VO$_3$·2H$_2$O
	相对分子质量	117
	UN 编号	2859
	IMDG 规则页码	6066
理化性质	外观与性状	白色晶体或黄色结晶粉末
	主要用途	催化剂、染料、快干漆
	熔点/℃	—
燃烧爆炸危险性	燃烧性	—
	自然温度/℃	—
	爆炸下限（体积分数）/%	—
	爆炸上限（体积分数）/%	—
	危险特性	加热到210℃分解生成五氧化二钒
包装与储运	危险性类别	第6.1类 剧毒
	储运注意事项	玻璃外木箱内衬垫料，储存于阴凉、干燥、通风的仓库间。远离火种，与可燃物、还原剂、食用原料隔离储存
	侵入途径	吸入，误服
	毒性	高毒。大鼠经口 LD50 160mg/kg
	健康危害	误服产生呕吐、腹泻，粉尘能刺激眼睛、黏膜
	急　救	应使吸入气体的患者立即脱离污染区，安置并保暖，必要时送医院诊治。眼睛受刺激用水冲洗，对溅入眼内严重者就医诊治。误服立即漱口，然后送医院救治
	措　施	可能接触其蒸汽时，应该佩带防护用品。紧急事态抢救或逃生时，建议佩戴自给式呼吸器
	泄漏处置	带好防毒面具与手套，用湿沙土混合倒至空旷地方深埋

13.5.1.3　性质

偏钒酸铵，分子式为 NH_4VO_3，相对分子质量为 116.98，含有由共角 VO_4 四面体组成的无限长链结构。白色至微黄色结晶粉末，微溶于冷水、热乙醇和乙醚，溶于热水和稀氨水中。在空气中灼烧时转变为具有毒性的五氧化二钒。熔点为 210℃（分解），相对密度（水的相对密度 = 1）为 2.326，溶解性：难溶于水，溶于热水、氨水，不溶于乙醇、醚、氯化铵。

13.5.2　多钒酸铵

13.5.2.1　多钒酸铵物理性质

多钒酸铵物理性质见表 13-12。

表 13-12　多钒酸铵物理性质

外　观	淡黄色结晶粉末	熔　点	350℃时分解
密度/g·cm^{-3}	3.03	粒度/mm	≤3
松密度/g·cm^{-3}	0.9		

13.5.2.2　化学性质

分子式为 $(NH_4)_2V_6O_{16}$，相对分子质量为 597.72，微溶于冷水、热乙醇和乙醚，溶于热水及稀氢氧化铵；空气中灼烧时变成五氧化二钒，有毒。

13.5.2.3　标识信息

表 13-13 给出了多钒酸铵标识信息。

表 13-13　多钒酸铵标识信息

IMDG Class（国际海运危险货物类别）	6.1
CAS No.（化学文摘号）	11115-67-6
UN No.（统一编号）	2861
Tariff No.（关税编号）	2841 9030

13.5.2.4　多钒酸铵用途

多钒酸铵主要用作化学试剂、催化剂、催干剂、媒染剂等，陶瓷工业广泛用作釉料，也可用于制取五氧化二钒、三氧化二钒。

13.5.2.5　中国多钒酸铵国家标准（Q/JTHJ017—2002）

表 13-14 给出了中国多钒酸铵国家标准。

表 13-14　中国多钒酸铵国家标准（Q/JTHJ017—2002）　　　　　　（%）

牌　号	化学成分（分解后）						
	V_2O_5	Si	Fe	P	S	As	$Na_2O + K_2O$
APV-01	≥99.0	≤0.10	≤0.10	≤0.03	≤0.10	≤0.01	≤1.0
APV-02	≥98.0	≤0.10	≤0.10	≤0.03	≤0.10	≤0.01	≤1.5
APV-03	≥98.0	≤0.25	≤0.30	≤0.05	≤0.20	≤0.02	≤1.5

13.6 钒铁

分子式为 VFe。

13.6.1 性质

钒与铁在液相都无限互溶。低温有一中间相 VFe，其晶格结构为四方晶系。密度为 6.7g/cm³，熔化温度为 1450℃。钒铁中的钒可与钢中的碳、氮生成稳定的碳化物、氮化物和碳氮化物，由此提高钢的强度、硬度、耐磨性和韧性。按钒含量分别有 40%、60% 和 80% 三种产品。

13.6.2 物理状态

钒铁呈块状，最大块重不超过 8kg，10mm×10mm 筛孔的碎块不超过总质量的 3%，如用户对程度还有特殊要求，可由供需双方商定。

13.6.3 钒铁标准

13.6.3.1 中华人民共和国国家标准（钒铁 GB 4139—87）

中华人民共和国国家标准（钒铁 GB 4139—87）符合表 13-15 要求。

表 13-15 中华人民共和国国家标准（钒铁 GB 4139—87） （%）

牌 号	化 学 成 分						
	V	C	Si	P	S	Al	Mn
FeV 40-A	≥40	≤0.75	≤2	≤0.1	≤0.06	≤1	
FeV 40-B	≥40	≤1	≤3	≤0.2	≤0.1	≤1.5	
FeV 50-A	≥50	≤0.4	≤2	≤0.07	≤0.04	≤0.5	≤0.5
FeV 50-B	≥50	≤0.75	≤2.5	≤0.1	≤0.05	≤0.8	≤0.5
FeV 75-A	≥75	≤0.2	≤1	≤0.05	≤0.04	≤2	≤0.5
FeV 75-B	≥75	≤0.3	≤2	≤0.1	≤0.05	≤3	≤0.5

A 物理状态

钒铁以块状供货，最大块重不超过 8kg，通过 10mm×10mm 筛孔的碎块不得超过该批总重的 3%。

需方对块度如有特殊要求，由供需双方另行协商。

B 试验方法

试验方法如下：

（1）取样。化学分析用试样的采取按 GB 4010—83《铁合金化学分析用试样采取法》进行。

（2）制样。化学分析用试样的制取按 GB 4332—84《合金化学分析用试样制取法》进行。

（3）化学分析。钒铁化学分析按 YB 585—65《化学分析方法》进行。

C 检验规则

检验规则如下：

（1）质量检查和验收。产品质量检查和验收应符合 GB 3658—83《铁合金验收、包装、储运、标志和质量证明书的一般规定》的要求。

（2）组批。每一炉号产品作为一批交货，不足包装一件的余量，可与同牌号钒含量相差不大于2%的其他炉或批产品组批交货。

D 包装、储运、标志和质量证明书

具体如下：

（1）包装。产品用铁桶包装，每桶净重分 50kg 和 100kg 两种，按用户要求在合同中注明。

（2）储运、标志和质量证明书。产品储运、标志和质量证明书应符合 GB 3650—85 的要求。

E 附加说明

本标准由中华人民共和国冶金工业部提出。

本标准由锦州铁合金厂起草。

本标准主要起草人：黄树杰、白凤仁。

本标准水平等级标记为 GB 4139—87。

F 钒铁规格和交货条件要求标准

钒铁—规格和交货条件：ISO 5451—1980。

（1）范围和适用领域。本国际标准规定通常用于炼钢和铸造的钒铁的交货要求和条件。

（2）有关标准。

ISO 565 试验用筛—金属丝网和孔板—公称孔径。

ISO 3713 铁合金—取样和制样——总则。

（3）定义。钒铁：通过还原而得到的铁和钛中间合金，其钒含量不小于 35.0%（质量）。不大于 85.0%（质量）。

（4）订货内容。钒铁订货单应包括下列内容：

1）数量。

2）组批方法。

3）化学成分，按表 13-16 所列的牌号。

4）粒度范围，按表 13-17 所列的等级。

5）分析报告、包装等合适的必要要求。

（5）要求。

1）组批。钒铁应按下列方法之一组批交货。

——按炉组批法。按炉组批法是一般交货产品由一炉（或连续出炉的一部分）钒铁组成。

——按级组批法。按级组批法是一批交货产品由一种牌号的若干炉（或连续出炉的若干部分）钒铁组成。

构成一批交货产品的各炉（或连续出炉的各部分）之间钒含量之差不应大于3%（绝

对值)。

——混合组批法。按混合组批法，一批交货产品是由一种牌号的若干炉（或连续出炉的若干部分）钒铁组成，其产品应破碎成粒度小于50mm并混匀。

构成一批交货产品的各炉（或连续出炉的各部分）主要组分含量可以波动在相应钒铁牌号规定的最低和最高极限值之间。

2）化学成分。

——钒铁化学成分应符合表13-16规定，其粒度应符合表13-17中1～4级的粒度范围。

——表13-16所列的化学成分仅为主要元素的化学成分和一般杂质的含量。如果需方对主要元素含量的波动范围要求更窄和（或）对已规定元素要求不同极限和（或）对未规定元素要求有极限，那么这些都应该经供需双方协商。

——表13-15所列化学成分受钒铁取样和分析方法精确度的影响（见第（6）项）。

3）粒度范围。

——钒铁以块状或破碎并筛分成一定粒度供应。粒度范围和偏差应符合表13-17规定。过细粒度值应以给需方的交货点为准。

规定的粒度系用方孔钢筛筛分，见ISO 565。

——如果需方要求表13-17以外的粒度范围和（或）偏差，那么应经供需双方商定。

4）外来沾污。钒铁应尽可能避免外来沾污。

（6）试验。

1）化学分析和筛分分析的取样。交货点即指对交货产品承担的责任由供方转移到需方的地点。如果既不是供方，也不是需方承担运输，那么过细粒度值有效的交货点应当商定。

——化学分析和筛分分析的取样最好按ISO 3713中规定的方法进行，但是也可以采用具有类似准确性的其他取样方法。

——除非另有协议，取样通常应在供方货场进行。无论在何处取样，均可有供需双方代表在场。

——如果需要仲裁取样，应由供需双方相互协商选定的仲裁者来进行。取样应按ISO 3713中规定的方法进行，也可以采用具有类似准确性的其他取样方法。但由供方、需方和仲裁三方商定。

仲裁样品应为供需双方所接受。

2）分析。

——钒铁的化学分析最好用ISO 6467中规定的方法进行，但是也可以采用具有类似精确度的其他化学分析方法。

——钒铁交货产品应附有供方提供的分析合格证，说明钒的含量，如经商定，也可说明表13-15中规定的或附加协议规定的其他元素含量，如果需方要求，应交付货产品的代表性样品。

——发生争议时，可采用下列两种方法中的一种方法解决。

3）对证分析。化学分析应该用同一试样，最好用ISO 6467中规定的方法进行，也可以采用具有类似精确度的其他化学分析方法，但是应由供需双方商定。

如果两个分析结果之差在 X% 之内，那么应该采用其平均值。如果两个分析结果之差超过 X%，假如又没有达成其他协议，那么应该进行仲裁分析，仲裁者由供需双方互相协商选定。表 13-16 给出了钒铁化学成分要求，表 13-17 为钒铁颗粒粒度要求。

表 13-16　钒铁化学成分要求　　　　　　（%）

牌　号	化 学 成 分									
	V	Si	Al	C	P	S	As	Cu	Mn	Ni
FeV40	35.0~50.0	≤2.0	≤4.0	≤0.10	≤0.10	≤0.10				
FeV60	50.0~65.0	≤2.0	≤2.5	≤0.06	≤0.05	≤0.05	≤0.06	≤0.10		
FeV80	75.0~85.0	≤2.0	≤1.5	≤0.06	≤0.05	≤0.05	≤0.06	≤0.10	≤0.50	≤0.15
FeV80A2	75.0~85.0	≤1.5	≤2.0	≤0.06	≤0.05	≤0.05	≤0.06	≤0.10	≤0.50	≤0.15
FeV80Al4	70.0~80.0	≤2.0	≤4.0	≤0.10	≤0.10	≤0.10	≤0.10	≤0.10	≤0.50	≤0.15

表 13-17　钒铁颗粒粒度要求

等级	粒度范围 /mm	过细粒度，最大重量/%	过大粒度，最大重量/%
1	2~100	3	10
2	2~50	3	在两个或三个方向上不得有超过规定粒度范围最大极限值×1.15 的粒度
3	2~25	5	
4	2~10	5	
5	<2	—	

4）仲裁分析。仲裁分析最好用 ISO 6467 中规定的方法进行，也可以采用具有类似精确度的其他化学分析方法，但应由供方、需方和仲裁三方商定。

只要仲裁分析结果在两个争论值之间，或不超出其中一个值之外 y%，那么仲裁分析结果即为最后裁决。

——发货和贮存。钒铁的包装、贮存和运输按国际规章。

注：①铁合金的筛分分析将成为 ISO 4551 的议题。②X 值将作出规定，在未作出规定之前，该值由供需双方商定。

13.6.3.2　钒铁（DIN 17563—65）

A　概念

本标准所述的钒铁系指钒含量最低为 50%（质量）的中间合金，它是由相应的原料或其精料经还原而制得的。

B　要求

a　化学成分

钒铁以两个品种供货。其标准块度的化学成分应符合表 13-18 的规定。

b　状态

——钒铁通常以拳头大小的"标准块度"供货的。

——钒铁也可以破碎成其他块度的形式供应，其块度大小应协商确定。

表 13-18 钒铁（DIN 17563—65） （%）

材料缩写符号	材料代号[①]	化学成分（质量分数）							
		V[②]	Al	Si	C	S	P	As	Cu
FeV60	0.4706	≤50~65	≤2.0	≤1.5	≤0.15	≤0.05	≤0.06	≤0.06	≤0.10
FeV80	0.4708	≤78~82	≤1.5	≤1.5	≤0.15	≤0.05	≤0.06	≤0.06	≤0.10

①主族 O 的材料代号标准目前正在制订，所列出的材料代号是建议采用的。

②一批中的钒含量偏差不得超过 ±2%（质量分数）。

C 试验

a 取样

——取样按前西德钢铁协会化学工作者委员会 1）或前西德矿冶协会化学工作者委员会 2）规定的方法进行。

——一般是在发货单位由双方公认的取样者进行取样。

——如果商定在接收地点进行取样，供方有权参加或请人参加取样。

——取样者应从截取的试样按分析精度要求制备并封存四个分析试样，其中，供需双方各得一个试样进行分析，第三个试样用作仲裁分析，第四个试样作为备用。仲裁试样按协议规定在一个地方予以保存。

b 分析

——推荐按前西德钢铁协会化学工作者委员会 3）或前西德矿冶协会化学工作者委员会 4）规定的方法进行钒铁的分析。

——供方在交货时要填写一份未与需方分析结果交换核对的独自的分析证明书，说明钒含量，按协议也可给出表中所规定的其他元素的含量。

c 交换分析结果和仲裁分析

——在提供交换分析结果时，钒含量以及商定需要分析的其他成分，提供货协议选定的试样来确定。在协议双方商定的期限内交换双方的分析结果。只要双方的分析结果相差不超过 0.50% V，则采用双方分析结果的平均值。

——如果供需双方提出的交换分析结果中钒含量的差别超过了 0.5%，若没有其他办法求得一致意见，即按前西德钢铁协会化学工作者委员会或前西德矿冶协会化学工作者委员会规定的方法用仲裁试样进行一次仲裁分析。

仲裁分析的结果如在双方提供的两个交换值之间，则此仲裁分析结果作为最终的判断依据。如仲裁分析结果在两个交换值之外，则以仲裁分析值与最接近此分析值的那个交换分析值两者的算术平均值作为标准。

通过仲裁分析可以裁决，其分析结果与仲裁分析偏差最大的那一方承担责任。如果仲裁分析值在双方分析值的中间，则责任由双方共同承担。

D 发货和储存

钒铁在发货和储存时，应装在有标记的容器里。

E 异议

只有当外部和内部缺陷较明显地影响铁合金的加工和使用时，才允许提出异议。

用户应给供方提供机会，使他能通过对有异议的样品和供应材料的审议，确认用户提出的异议是有根据的。

13.6.3.3 钒铁 (JIS G 2308—1986)

A 适用范围

本标准主要适用于钢铁冶炼作合金成分添加剂用的钒铁。

B 种类及牌号

种类及牌号如表 13-19 所示。

表 13-19 种类及牌号

种 类		牌 号
钒 铁	1 号	FV1
	2 号	FV2

C 组批方法

(1) 组批方法可采用分段组批法、混合组批法或按炉组批法。

(2) 采用分段组批法时，区分品位选取的成分为钒分量，品位分段间隔不大于2%。

(3) 批量的大小如表 13-20 所示。

表 13-20 批量的大小

组批方法	分段组批法	混合组批法	按炉组批法
批量的大小	≤20t	≤5t	1 炉量

D 质量

a 化学成分

化学成分如表 13-21 所示，但可以按表 13-22 指定化学成分。

表 13-21 化学成分 (%)

种 类	牌号	化 学 成 分					
		V	C	Si	P	S	Al
钒铁	1 号 FV1	75.0~85.0	≤0.2	≤2.0	≤0.10	≤0.10	≤4.0
	2 号 FV2	45.0~55.0	≤0.2	≤2.0	≤0.10	≤0.10	≤4.0

表 13-22 指定化学成分 (%)

种 类		化 学 成 分		
		P	S	Al
钒 铁	全部种类	≤0.03	≤0.05	≤1.0 ≤0.5

b 粒度

粒度原则上如表 13-23 所示。

表 13-23　粒度　　　　　　　　　　　　　　　　　　　　（mm）

种　类	代　号	粒　度
一般粒度	G	1~100
小粒度	S	1~50

E　试验

（1）取样确定一批量平均品位的取样方法及试样制备方法可采用下列标准：

JIS G 1501（铁合金取样方法通则）；

JIS G 1602〔铁合金成分分析试样方法的取样法（2. 钨铁、钼铁、钒铁、钛铁和铌铁）〕。

（2）分析试验分析方法采用下列标准：

JIS G 1301（铁合金分析方法通则）；

JIS G 1318（钒铁分析方法）。

（3）粒度试验。粒度试验按 JIS G 1641（铁合金粒度用试样的取样方法及粒度测定方法）进行。

F　检查

分析试验和粒度试验的结果，必须符合 E 中（2）的规定。不符合时，其试样所代表的整批料视为不合格。

G　标志

产品散装时，将其总量分成批量，必须将下列各项内容标记在发货单上，装容器时，标记在每个容器上：

（1）种类或其牌号；

（2）指定化学成分时，化学成分和其含量百分数；

（3）粒度或其代号；

（4）批量编号；

（5）生产厂名称或其简称。

13.6.3.4　钒铁标准（ASTM A 102—92）

A　范围

（1）本标准包括一种品级的钒铁。

（2）以英寸一磅制单位制表示的数值为标准，括号内的数值仅供参考。

B　有关文件

ASTM 标准：

E29 确定试验数据符合标准要求所取有效位数的推荐方法。

E31 铁合金的化学分析方法。

E32 测定化学成分用铁合金和钢添加剂取样方法。

C　订货单内容

（1）属于本标准材料的订单应包括下列内容：

1）数量；

2）材料名称；

3）ASTM 标准号和发布年份；

4）块度；

5）必要时，对包装、分析报告等提出的特殊要求。

（2）虽然钒铁是以总净重订货，但通常付款的依据是每磅钒含量。

D　化学成分要求

（1）各种品级的化学成分应符合表 13-24 和表 13-25 的规定。

（2）生产厂应提供每批钒铁按表 13-24 规定元素的分析结果。

（3）表 13-25 中的数值是所要求的最大值。在购方要求下，生产厂应提供双方共同商定的过去某一段时期内积累的这些元素中任一元素的分析值。

表 13-24　化学成分要求 A　　　　　　　（%）

元　素	成　分	元　素	成　分
钒 B	75 ~ 85	铝（最大）	2.0
碳（最大）	0.75	硫（最大）	0.08
硅（最大）	1.5	磷（最大）	0.08

注：1. 为了确定是否符合本标准，报告的分析结果应按照 E29 的修约方法，修约至与极限值最后一位数相同的位数。

　　2. 为了确定任一批钒铁的钒含量应采用 1. 中规定的修约方法，将钒的分析报告结果修约至最接近 0.1%。

表 13-25　补充化学成分 A，B　　　　　　　（%）

元　素	允许的最高极限	元　素	允许的最高极限
铬	0.50	锌	0.020
铜	0.15	钼	0.75
镍	0.10	钛	0.15
铅	0.020	氮	0.20
锡	0.050		

注：1. 参看表 13-24 注 1。

　　2. 钒铁的成分应在这些最大极限值范围以内，但不需要每批都分析。生产厂应根据购方要求提供双方共同商定的某一期间内这些元素的分析结果。

E　块度

（1）各种品级按表 13-23 所列的块度供货。

（2）表 13-26 所列块度是生产厂发货时的标准块度，这些合金具有不同程度的脆性，因此可以预料，在运输、贮存和装卸过程中会有一些磨损。

F　取样

（1）材料应按 E32 的方法进行取样。

表 13-26　典型块度要求

块度要求
2in(50mm) ×2in 以下
1in(25mm) ×1in 以下
1/2in(12.5mm) ×1/2in 以下
NO.8(2.36mm) ×NO.8 以下

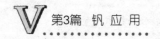

（2）生产厂和购方共同商定的其他取样方法也可以使用，但是，在有争议时，应以 E32 方法作仲裁。

G 化学分析

（1）材料的化学分析应采用 E31 方法中所述的钒铁化学分析方法或其他能得出相同结果的分析方法。

（2）如果使用其他分析方法，有争议时，应以 E31 方法作仲裁。

（3）如果 E31 标准中没有给出某一特殊元素的分析方法，则应按生产厂和购方商定的方法进行该元素的分析。

H 检查

生产厂应为代表购方的检查员免费提供一切合理的便利条件，使其确信材料是按照本标准提供的。

I 拒收

任何索赔或拒收应由购方于到货日起 45 日内向生产厂提出。

J 包装和包装标志

（1）钒铁应以坚固的容器封装，或者在保证钒铁装运中不会损失或污染的情况下以散装发运。

（2）散装发运时，应附有适当的标志，表明材料、品级符号、ASTM 标准号、块度、批号及生产厂的名称、商标或标记。

（3）用容器封装发运时，每个容器均应作上标志或贴挂标签，表明材料、品级符号、ASTM 标准号、块度、批号、总重、皮重、净重及生产厂的名称、商标或标记。

13.6.3.5 美国钒铁标准（等级/标准块度/偏差）

美国钒铁标准见表 13-27。

表 13-27 美国钒铁标准

等 级	标准块度/mm	偏 差	
A、B、C、铸铁级	<50	>50mm≤10%	<0.84mm≤10%
	<25	>25mm≤10%	<0.84mm≤10%
	<12.5	>12.5mm≤10%	<0.60mm≤10%
	<2.36	>2.36mm≤10%	<0.074mm≤10%

化学成分见表 13-28。

表 13-28 化学成分 （%）

元 素	化 学 成 分			
	A 级	B 级	C 级	可锻造铁级
V	50.0~60.0 或 70.0~80.0	50.0~60.0 或 70.0~80.0	50.0~60.0 或 70.0~80.0	35.0~45.0 或 50.0~60.0
C(最高)	0.20	1.5	3.0	3.0

元素	化学成分			
	A 级	B 级	C 级	可锻造铁级
P(最高)	0.050	0.06	0.050	0.10
S(最高)	0.050	0.050	0.10	0.10
Si(最高)	1.0	2.5	8.0	8.0 或 7.0~11.0
Al(最高)	0.75	1.5	1.5	1.5
Mn(最高)	0.50	0.50	—	—

美国钒铁标准——钒铁补充化学成分见表 13-29。

表 13-29　美国钒铁标准——钒铁补充化学成分

元素	A 级、B 级、C 级和可锻铸铁级所允许的最高界限值/%	元素	A 级、B 级、C 级和可锻铸铁级所允许的最高界限值/%
Cr	0.50	Zn	0.020
Cu	0.15	Mo	0.75
Ni	0.10	Ti	0.15
Pb	0.020	N	0.20
Sn	0.050		

13.6.3.6　日本钒铁（JIS G2308—1986）

A　种类及代号

钒铁用于钢铁生产作合金成分添加剂，其种类和代号见表 13-30。

表 13-30　钒铁种类及代号

种　类		代　号
钒　铁	1 号	FV1
	2 号	FV2

B　化学成分

化学成分如表 13-31 所示，但可以按表 13-32 指定化学成分。

表 13-31　化学成分　　　　　　　　　　　　（%）

种　类		代号	化　学　成　分					
			V	C	Si	P	S	Al
钒铁	1 号	FV1	75.0~85.0	≤0.2	≤2.0	≤0.10	≤0.10	≤4.0
	2 号	FV2	45.0~55.0	≤0.2	≤0.2	≤0.10	≤0.10	≤4.0

表 13-32 指定化学成分 （%）

种 类		化 学 成 分		
		P	S	Al
钒铁	全种类	≤0.03	≤0.05	≤1.0 ≤0.5

C 粒度

粒度原则上如表 13-33 所示。

表 13-33 粒度 （mm）

种 类	代 号	粒 度
一般粒度	g	1 ~ 100
小粒度	s	1 ~ 50

13.7 钒氮合金

13.7.1 钒氮合金性质

GB/T 20567—2006 钒氮合金。
英文标准名称：Vanadium—Nitrogen；
中文标准名称：钒氮合金；
标准号：GB/T 20567—2006；
密度：钒氮合金的表观密度应不小于 3.0g/cm³；
粒度：钒氮合金的粒度应为 10 ~ 40mm，产品中小于 10mm 粒级应不大于总量的 5%；
包装：采用高强度防潮包装；
用途：钒氮合金可用于结构钢、工具钢、管道钢、钢筋及铸铁中。钒氮合金应用于高强度低合金钢中可同时进行有效的钒、氮微合金化，促进钢中碳、钒、氮化合物的析出，更有效地发挥沉降强化和细化晶粒作用。

钒氮合金的主要成分是氮化钒，它有两种晶体结构：一是 V_3N，六方晶体结构，硬度极高，显微硬度约为 1900HV，熔点不可测；二是 VN，面心立方晶体结构，显微硬度约为 1520HV，熔点为 2360℃。它们都具有很高的耐磨性。

13.7.2 中国氮化钒、碳化钒国家标准

中国氮化钒、碳化钒国家标准见表 13-34。

表 13-34 中国氮化钒、碳化钒国家标准

氮化钒、碳化钒			
氮化钒 V≥77%，N：10% ~ 14%			
Si≤0.25%	P≤0.03%	S≤0.01%	
C≤7%		Al≤0.2%	Mn：0.05%
碳化钒：VC≥99%			
C 总含量≤17% ~ 19%，C 游离量≤0.5%			
Fe≤0.5%	Si≤0.5%	其他≤0.5%	

密度：

钒氮合金的表观密度应不小于 3.0g/cm³。

粒度：

钒氮合金的粒度应为 10~40mm，产品中小于 10mm 粒级应不大于总量的 5%。

13.7.3 攀钢钒氮合金内控标准

钒氮合金的化学成分见表 13-35。

表 13-35 钒氮合金的化学成分 （%）

牌 号	V	N	C	Al	S	P
VN12	76~82	10~14	≤10	≤0.20	≤0.08	≤0.06
VN16	76~82	14~18	≤6	≤0.02	≤0.08	≤0.06

13.7.4 南非 Vametco 矿业公司生产氮化钒化学成分

南非 Vametco 矿业公司生产氮化钒化学成分见表 13-36。

表 13-36 南非 Vametco 矿业公司生产氮化钒化学成分 （%）

合 金	V	N	C	Si	Al	Mn	Cr	Ni	P	S
Nitrovan7	80	7	12.0	0.15	0.15	0.01	0.03	0.01	0.01	0.10
Nitrovan12	79	12	7.0	0.07	0.10	0.01	0.03	0.01	0.02	0.20
Nitrovan16	79	16	3.5	0.07	0.10	0.01	0.03	0.01	0.02	0.20

Nitrovan12 的物理特性见表 13-37。

表 13-37 Nitrovan12 的物理特性

外 观	单个球重	标准尺寸/mm			表观密度	堆积密度	密度
	/g	长	宽	高	/g·cm⁻³	/g·cm⁻³	/g·cm⁻³
煤球状暗灰色金属质	37	33	28	23	3.71	2.00	约4.0

13.7.5 美国碳化钒

美国战略矿物公司生产的碳化钒化学成分见表 13-38。

表 13-38 美国战略矿物公司生产的碳化钒化学成分 （%）

V	C	Al	Si	P	S	Mn
82~86	10.5~14.5	<0.1	<0.1	<0.05	<0.1	<0.05

13.8 金属钒

13.8.1 性状

金属钒为颗粒状结晶，呈银白色金属光泽，密度为 6.11g/cm³，熔点为 1900℃，为难

熔金属。纯钒在高温下易氧化，钒化合物对人体有毒。具有优良的抗腐蚀性能，对盐酸和硫酸的抗腐蚀能力优于不锈钢和钛。核性能良好并易于加工变形。

13.8.2 用途

金属钒主要用于制造合金钢和有色金属合金，还用于制造电子工业中的电子管阴极、栅极、射线靶及吸气剂、电极管的荧光体等。

13.8.3 中国金属钒国家标准（GB/T 4310—1984）

表13-39 给出了中国金属钒国家标准（GB/T 4310—1984）。

表 13-39 中国金属钒国家标准（GB/T 4310—1984） （%）

产品牌号	化学成分							
	V 含量	杂 质 含 量						
		Fe	Cr	Al	Si	O	N	C
V-1	余量	≤0.005	≤0.006	≤0.005	≤0.004	≤0.025	≤0.006	≤0.01
V-2	余量	≤0.02	≤0.02	≤0.01	≤0.004	≤0.035	≤0.01	≤0.02
V-3	≥99.5	≤0.10	≤0.10	≤0.05	≤0.05	≤0.08	—	—
V-4	≥99.0	≤0.15	≤0.15	≤0.08	≤0.08	≤0.10	—	—

13.9 钒铝合金

13.9.1 性质

钒铝合金外观呈银灰色金属光泽块状。随合金中钒含量的增高，其金属光泽增强，硬度增大，氧含量提高。钒含量大于85%时，产品不易破碎，长期存放表面易产生氧化膜。VAl55-VAl65 牌号粒度范围为 0.25 ~ 50.0mm；VAl75-VAl85 牌号粒度范围为 1.0 ~ 100.0mm。

13.9.2 用途

钒铝合金为中间合金，主要作为制作钛合金、高温合金的中间合金及某些特殊合金的元素添加剂。钒铝合金是一种广泛用于航空航天领域的高级合金材料，具有很高的硬度、弹性，耐海水、轻盈，用来制造水上飞机和水上滑翔机。目前世界上只有美国和德国等少数国家才实现了工业化生产。

13.9.3 中国钒铝合金国家标准（GB 5063—85）

本标准适用于金属热法还原钒氧化物制得的，作为钛合金、高温合金及某些特殊合金添加剂用的钒铝合金。

13.9.3.1 技术要求

（1）牌号和化学成分。

（2）钒铝合金按含钒及其杂质含量的不同，分为四个牌号，其化学成分应符合表13-40规定。

表 13-40　中国钒铝合金国家标准（GB 5063—85）　　　　（%）

牌　号	化学成分					
	V	Fe	Si	C	O	Al
AlV55	50.0～60.0	≤0.35	≤0.30	≤0.15	≤0.20	余量
AlV65	>60.0～70.0	≤0.30	≤0.30	≤0.20	≤0.20	余量
AlV75	>70.0～80.0	≤0.30	≤0.30	≤0.20	—	余量
AlV85	>80.0～90.0	≤0.30	≤0.30	≤0.30	—	余量

（3）各牌号的铝含量和 AlV75、AlV85 的氧含量，供方提供实测数据，但不作验收依据。

（4）需方对表列或其他元素如有特殊要求，可由供需双方另行协商。

（5）物理状态：

1）产品分块状、粒状交货，其粒度范围应符合表 13-41 规定。

表 13-41　中国钒铝合金国家标准（GB 5063—85，粒度）　　　　（mm）

牌　号	粒度范围	牌　号	粒度范围
AlV55	3.0～50.0	AlV75	1.0～100.0
AlV65	1.0～100.0	AlV85	1.0～100.0

2）各牌号超过粒度范围的数量允许不大于合金总重的 5.0%。

3）需方对粒度如有特殊要求，由供需双方另行协商。

（6）外观质量：合金要严格精整，其表面不得含有肉眼可见的氧化膜和非金属夹杂物等。

13.9.3.2　试验方法

（1）取样。化学分析用试样的采取按本标准附录 A（补充件）进行。

（2）制样。化学分析用试样的制取按本标准附录 B（补充件）进行。

（3）化学分析。钒铝合金化学分析，暂按各生产厂现行分析方法进行。如有异议，通过协商解决。

13.9.3.3　检验规则

（1）产品的质量检查和验收，应符合 GB 3650—83《铁合金验收、包装、储运、标志和质量证明书的一般规定》的要求。

（2）每炉产品归为一批交货，最大批量不得超过 500kg。

13.9.3.4　包装、标志、储运和质量证明书

（1）包装。产品采用铁桶包装，每桶净重 40kg，不足 40kg 时注明实际质量。

（2）储运、标志和质量证明书。储运、标志和质量证明书应符合 GB 3650—83 的有关规定。

13.9.3.5　附录 A 钒铝合金取样方法（补充件）

A　生产检查取样

将每炉合金金属锭半径分成三等份，在等分线上取三块金属柱（包括金属锭中线），然后在每块金属柱上由上表面开始自上而下等距各取三点组成，其粒度不大于 20mm，总量为 400g 的综合样。

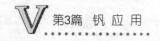

B 验证取样

每批产品取3件，每件从不同部位均匀采取不大于20mm×20mm的试样三点，各点试样量大致相等，试样总量为1.6kg，并破碎至小于2mm，用四分法缩分至400g，组成综合样。

13.9.3.6 附录B钒铝合金制样方法（补充件）

将400g试样全部破碎至2mm以下，在不锈钢钵中研磨至1mm以下，用四分法缩取100g，使其全部通过100目筛，分作两等份，一份供分析用，一份作保留样待查。

13.9.3.7 附加说明

本标准由中华人民共和国冶金工业部提出。

本标准由锦州铁合金厂负责起草。

本标准主要起草人尤宝仁、黄亚东。

13.9.4 德国工业标准DIN 17563 钒铝中间合金

德国GFE公司按照德国工业标准DIN 17563生产的钒铝中间合金化学成分见表13-42。

表13-42 钒铝中间合金化学成分 （%）

编 号	V	C	Si	Al
V80Al	85	0.10	1.00	15
V40Al	40	0.10	1.00	60
V40Al60	40~45	0.10	0.30	55~60
V80Al20	75~85	0.05	0.40	15~20

14 钒系制品及功能材料

按照钒化合物的结合类型分类，钒系化合物包括钒的有机化合物和钒的无机化合物，钒可以通过聚合配位形成有机物，形成机理比较复杂，目前少有能分离出稳定固定分子的化合物，多数处于研究阶段。钒的无机化合物包括氯化物、硫酸盐、氧化物、钒酸盐、碳化物和氮化物等，用途较为广泛，其中有的属于终极产品，有的属于中间产品，有的属于特定功能产品的组分；功能材料是新能源材料里面的一个分类，通过钒配位使功能材料具有特殊功能，如钒系催化剂、钒基颜料、膜材料、光敏材料、储氢材料、电池材料和超导材料等，在不同的应用层面实现了功能化。

14.1 钒的卤化物

钒能与各种卤素生成二价、三价和四价的卤化物。五价钒的纯卤化物已知的只有 VF_5。对同一种卤素，随着钒原子价增加，钒卤化物的化学稳定性减弱。对同一价态的钒，其卤化物的化学稳定性由氟到碘依次递减。这说明钒与氟、氯容易发生反应，而与溴、碘反应较困难。二价钒卤化物的热稳定性好，是强还原剂，易吸湿，在水中能形成 $V(H_2O)_2^{6+}$ 离子。三价和四价钒的卤化物稳定性较差。其中四氯化钒相对来说较稳定。五价钒的卤化物中仅 VF_5 被确认。VF_5 是白色固体，在 19.5℃熔化成淡黄色液体，是强氧化剂和氟化剂。五价钒的卤氧化物较多。钒的最高价是五价，在与氯的反应过程中，受氯自身氧化性的影响，四价钒成为钒氯化的最高价。

14.1.1 三氯氧钒

三氯氧钒，化学式为 $VOCl_3$，无机物，外观为黄色液体。这种物质可通过蒸馏的方法得到，在空气中十分容易水解，是一种强氧化剂。在有机合成中充当反应试剂。三氯氧钒的钒呈正五价，并有反磁性。其分子构型为正四面体，其中 O—V—Cl 键键角为 111°，Cl—V—Cl 键键角为 108°，V—O 键和 V—Cl 键键长分别为 157pm 和 214pm。三氯氧钒在水中反应剧烈，静置时会产生氯气。其可溶于非极性溶剂，如苯、二氯甲烷、己烷。在某种程度上，三氯氧钒和三氯氧磷化学性质相似。一个不同点是，三氯氧钒是强氧化剂，而磷化物不是。与许多碳氢化合物和卤化物如四氯化碳、四氯化钛、四氯化锡完全互溶，还溶解三氯化磷、三氯氧磷、三氯化砷和三氯化锑。它易溶于水、甲烷和乙醚。它是制取乙丙橡胶、乙烯-环戊二烯共聚的催化剂。三氯氧钒别名为三氯氧化钒、三氯代氧化钒、三氯一氧化钒、三氯代氧化钒（Ⅴ）和三氯氧钒（高纯试剂）。

三氯氧钒摩尔质量为 173.2999g/mol，密度为 1.826g/cm³（20℃）（液），熔点为 -76.5℃，沸点为 126.7℃，折射率为 1.6300，介电常数为 2.898±0.007（25℃），电导率为 $9 \times 10^{-12}/(\Omega \cdot cm)$（20℃）。

$VOCl_3$ 可由 V_2O_5 与氯气反应制得，反应过程中，环境温度约保持在 600℃：

$$3Cl_2 + V_2O_5 \longrightarrow 2VOCl_3 + 1.5O_2 \qquad (14-1)$$

当 V_2O_5 和碳混合，温度在 $200 \sim 400°C$ 时，碳会充当脱氧剂。

三氧化二钒也可用作反应物：

$$3Cl_2 + V_2O_3 \longrightarrow 2VOCl_3 + 0.5O_2 \qquad (14-2)$$

更典型的实验室制法是用 $SOCl_2$ 氯化 V_2O_5：

$$V_2O_5 + 3SOCl_2 \longrightarrow 2VOCl_3 + 3SO_2 \qquad (14-3)$$

三氯氧钒在水中会迅速水解为五氧化二钒和盐酸：

$$2VOCl_3 + 3H_2O \longrightarrow V_2O_5 + 6HCl \qquad (14-4)$$

$VOCl_3$ 可与醇类反应，生成醇盐，特别是在质子接受体（如 Et3N）前面：

$$VOCl_3 + 3ROH \longrightarrow VO(OR)_3 + 3HCl \quad (R = Me, Ph 等) \qquad (14-5)$$

$VOCl_3$ 可互换成其他价态 V—O—Cl 化合物，$VOCl_3$ 也可用于合成 $VOCl_2$：

$$V_2O_5 + 3VCl_3 + VOCl_3 \longrightarrow 6VOCl_2 \qquad (14-6)$$

一氯二氧钒可由含有 Cl_2O 的罕见反应制备：

$$VOCl_3 + Cl_2O \longrightarrow VO_2Cl + 2Cl_2 \qquad (14-7)$$

温度高于 $180°C$ 时，VO_2Cl 分解为 V_2O_5 和 $VOCl_3$。同样，$VOCl_2$ 也可分解为 $VOCl_3$ 和 $VOCl$。

$VOCl_3$ 是一种强路易斯酸，其趋向于与乙腈、胺等各种碱基形成加合物。在形成的加合物中，钒会由原先的 V4 几何四面体变为 V6 八面体：

$$VOCl_3 + 2H_2(NEt) \longrightarrow VOCl_3[H_2(NEt)]_2 \qquad (14-8)$$

$VOCl_3$ 用于烯烃聚合，$VOCl_3$ 在制备乙丙橡胶（实三元乙丙橡胶，EPDM）的反应中可用作催化剂或预催化剂。

14.1.2　四氯化钒

四氯化钒（化学式：VCl_4）是钒（Ⅳ）的氯化物，为亮红色液体，可用于制备其他很多钒化合物，包括氯化二茂钒。它与许多配体形成加合物，如与四氢呋喃反应生成 $VCl_4(THF)_2$。四氯化钒的摩尔质量为 $192.75g/mol$，是外观黏稠的红褐色液体，对潮湿敏感，在潮湿空气中冒烟，密度为 $1.816g/cm^3$（液），熔点为 $-28°C$，沸点为 $154°C$。

四氯化钒呈顺磁性，它是少数室温下为液体且为顺磁性的化合物之一。VCl_4 可由金属钒氯化制备，氯气的氧化性不足以将钒氧化至 VCl_5。四氯化钒在沸点下分解，生成三氯化钒和氯气：

$$2VCl_4 \longrightarrow 2VCl_3 + Cl_2 \qquad (14-9)$$

有机合成中，VCl_4 可使酚偶联，比如与苯酚反应生成 4,4'-联苯酚：

$$2C_6H_5OH + 2VCl_4 \longrightarrow HOC_6H_4-C_6H_4OH + 2VCl_3 + 2HCl \qquad (14-10)$$

橡胶工业中，VCl_4 可以催化烯烃的聚合反应。VCl_4 与 HBr 反应生成 VBr_3。反应经由中间产物 VBr_4，室温下分解放出 Br_2：

$$2VCl_4 + 8HBr \longrightarrow 2VBr_3 + 8HCl + Br_2 \tag{14-11}$$

14.1.3 五氟化钒

五氟化钒是钒唯一的五卤化物，化学式为 VF_5。固态时是一种多聚体，由 V—F—V 顺式桥连和 VF6 八面体相连而成的无限链状结构。电子衍射和光谱实验表明，气态时五氟化钒为单体，空间构型为三角双锥，V—F 键长为 171pm。

将金属钒加热到 300℃，与氟或三氟化溴反应，或者在氮气气氛中加热到 600℃ 使四氟化钒歧化：

$$2V + 5F_2 \longrightarrow 2VF_5 \tag{14-12}$$

$$2VF_4 \longrightarrow VF_3 + VF_5 \tag{14-13}$$

五氟化钒是很强的氟化剂，常温下就能腐蚀玻璃：

$$4VF_5 + 5SiO_2 \longrightarrow 2V_2O_5 + 5SiF_4 \tag{14-14}$$

14.2 钒酸盐

钒酸盐多指钒酸根与阳离子结合形成的盐。钒酸盐分偏钒酸盐 MVO_3、正钒酸盐 M_3VO_4 和焦钒酸盐 $M_4V_2O_7$，式中 M 代表一价金属。含 $(V_3O_9)^{3-}$ 或 $(V_4O_{12})^{4-}$ 的离子的钒酸盐也称为偏钒酸盐，而含 $(V_{10}O_{28})^{6-}$ 离子的称为十钒酸盐。Bi、Ca、Cd、Cr、Co、Cu、Fe、Pb、Mg、Mn、Mo、Ni、K、Ag、Na、Sn 和 Zn 均能生成钒酸盐。碱金属和镁的偏钒酸盐可溶于水，得到的溶液呈淡黄色，其他金属的偏钒酸盐不易溶于水。

钒在溶液中的聚合状态不仅与溶液的酸度有关，而且也与其浓度关系密切。在钒浓度很低时，在所有的 pH 值下钒均以单核形式存在。在钒浓度高时，产生聚合反应，生成高聚合度的同多酸离子，其聚合状态与溶液的 pH 值相关。在钒浓度一定时，从碱性溶液中析出的是正钒酸盐，从弱碱性溶液中结晶出的是焦钒酸盐，从接近中性溶液中结晶出的是多聚钒酸盐。当钒溶液的 pH 值小于 1 时，钒主要以 VO^{2+} 离子存在，即多聚钒酸根离子遭到破坏。

钒酸根仅在高电位和高 pH 值时才稳定。当 pH 值小于 4 时，钒可以随电位的下降，依次形成各种阳离子：VO^{2+}、V^{3+}、$V(OH)^{2+}$ 和 V^{2+}。

14.2.1 偏钒酸铵

偏钒酸铵在钒的湿法冶金中占重要地位。偏钒酸铵为白色或微黄色的晶体粉末，微溶于水和氨水，而难溶于冷水。当水溶液中有铵盐存在时，因共同离子效应，偏钒酸的溶解度下降。这一现象在钒的湿法冶金中被广泛应用。

偏钒酸铵在常温下稳定，加温时易分解。它在空气中的分解反应为：

$$6NH_4VO_3 = \!\!=\!\!= (NH_4)_2O \cdot 3V_2O_5 + 4NH_3 + 2H_2O \tag{14-15}$$

$$2NH_4VO_3 = \!\!=\!\!= V_2O_5 + 2NH_3 + H_2O \tag{14-16}$$

即在较低温度时，分解的固体产物中仍有部分氨；温度较高时，分解的固体产物为 V_2O_5。

14.2.1.1 性质

偏钒酸铵，分子式为 NH_4VO_3，相对分子质量为116.98，含有由共角 VO_4 四面体组成的无限长链结构。偏钒酸铵为白色至微黄色结晶粉末，微溶于冷水、热乙醇和乙醚，溶于热水和稀氨水中。在空气中灼烧时转变为具有毒性的五氧化二钒。熔点为210℃（分解），相对密度（水的相对密度为1）为2.326，难溶于水，溶于热水、氨水，不溶于乙醇、醚、氯化铵。

14.2.1.2 制备方法

钒酸钠溶液用盐酸调 pH 值至 7.5 ~ 8，再加热至 70 ~ 80℃ 与氯化铵溶液进行反应，析出物经离心分离、水洗、干燥，制得偏钒酸铵成品。

14.2.1.3 应用

偏钒酸铵主要用作化学试剂、催化剂、催干剂、媒染剂等，还可作为玻璃和陶瓷的着色颜料。在陶瓷工业中被广泛用作釉料，也可用于制造五氧化二钒，转化生产其他钒系产品。

14.2.2 多钒酸铵

14.2.2.1 化学性质

多钒酸铵分子式为 $(NH_4)_2V_6O_{16}$，相对分子质量为597.72，微溶于冷水、热乙醇和乙醚，溶于热水及稀氢氧化铵，空气中灼烧时变成五氧化二钒，有毒。

14.2.2.2 多钒酸铵物理性质

多钒酸铵物理性质见表13-12。

14.2.2.3 应用

多钒酸铵可用于制取五氧化二钒和三氧化二钒，做颜料和催化剂。

14.2.3 钒酸钠

对钒冶金而言，最重要的钒酸盐是钒酸钠。偏钒酸钠 $NaVO_3$、焦钒酸钠 $Na_4V_2O_7$ 和正钒酸钠（Na_3VO_4）比较常见，它们在水中易溶，生成水合物。以偏钒酸钠为例，在350℃以上时它能从其溶液中结晶出无水结晶，而在35℃以下则析出 $NaVO_3 \cdot 2H_2O$。偏钒酸钠 $NaVO_3$ 的溶解度随温度升高而增加。

14.2.3.1 性质

钒酸钠的英文名为 sodium vanadate，分子式为 Na_3VO_4，相对分子质量为183.91，熔点为 850 ~ 866℃，可含12个结晶水，无色，六方棱柱，溶于水，不溶于乙醇，有毒，水溶液煮沸可变成偏钒酸钠，中性水溶液呈现无色透明状，而酸性溶液呈现黄色透明状，有强氧化性。

14.2.3.2 应用

钒酸钠可用作催化剂、油漆催干剂、媒染剂、缓蚀剂等，也用于制备其他钒盐。

14.2.3.3 制备方法

可用五氧化二钒与化学计量的碱金属碳酸盐熔融反应或用钒铁粉与木炭粉混合焙烧，然后与氢氧化钠反应制备。

14.2.3.4 自然存在

钒酸钠为无色棱柱状单斜结晶，溶于水。在自然界以少见的付穆水钒钠石（metamunirite，无水物）和水钒钠矿（munirite，二水物）存在。

14.2.4 偏钒酸钠

偏钒酸钠，化学式为 $NaVO_3$，无色棱柱状单斜结晶，溶于水。在自然界以少见的付穆水钒钠石（metamunirite，无水物）和水钒钠矿（munirite，二水物）存在。

偏钒酸钠由五氧化二钒溶于氢氧化钠溶液中，经浓缩结晶而得：

$$V_2O_5 + 2NaOH \longrightarrow 2NaVO_3 + H_2O \tag{14-17}$$

偏钒酸钠可用于化肥、照相、煤气脱硫，也用作媒染剂等。

14.2.5 钒酸钾

钒酸钾，分子式为 KVO_3，相对分子质量为 138.04，纯度不小于 98%，密度为 2.84 g/mL（25℃），熔点为 520℃，白色略带淡黄色晶体。

钒酸钾可用作化学试剂、催化剂、催干剂、媒染剂等。

14.2.6 钒酸铋

钒酸铋，分子式为 $BiVO_4$，相对分子质量为 323.92，CAS 号为 14059-33-7，规格为 99.9%，性状为黄色粉末。

钒酸铋在国际上又被称为 184 黄，德国巴斯夫最先生产研发成功，标志着新一代环保材料的诞生。钒酸铋是一种亮黄色无机化学品，它不含对人体有害的重金属元素，是一种环保低碳的金属氧化物质。钒酸铋具有多种晶格，不同晶格的钒酸铋具有不同的性质和应用。

14.2.6.1 应用性能

钒酸铋别称为铋黄、184 黄、钼铋黄、钛铋黄、铋黄 184，钒酸铋英文名为 Bismuth Vanadate Yellow。化学组成为 Bi-V-Mo-O，Bi-V-O；钒酸铋耐温性低于 600℃；吸油量为 15~30；耐光性为 8 级；耐热性为 4~5 级；耐酸性为好；耐碱性为好；分散性为优；细度可达 23μm；钒酸铋不溶于有机物，如醋酸乙酯、二甲苯、乙醇等。

14.2.6.2 结构

钒酸铋目前已知的晶格结构有以下四种，根据晶格结果的不同，其应用也不同：

（1）四方晶，是白钨矿型晶体，可做黄色颜料；

（2）四方晶，是硅酸锆型晶体，呈很浅的黄色；

（3）正交晶，是钒酸矿型晶体，自然界中存在的钒酸铋矿为棕色；

（4）单斜晶，可做黄色颜料。

14.2.6.3 制备方法

制备方法具体如下：

（1）水溶液沉淀法。将 Bi^{3+} 和 V^{5+} 盐高纯度溶液在一定条件下生成 Bi-V 氧化物-氢氧

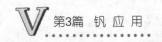

化物胶体。提高温度进行结晶，形成沉淀粗颜料。可用磷酸盐或氧化物包覆改进性能。

（2）煅烧法。一定比例的氧化物加少量促进剂。可用上述得到的干胶体代替母体，600℃以上煅烧形成颜料结晶。用碱洗涤可溶成分。

14.2.6.4 应用

钒酸铋的应用介绍如下：

（1）各种黄色交通标志；

（2）适用于涂料、油墨添加；

（3）可用于汽车面漆、橡胶制品和塑料制品的着色等各项性能要求很高的场合；

（4）钒酸铋因其高环保、无毒的性能，也可广泛应用于食品、玩具等领域；

（5）钒酸铋在光催化等领域也具有广阔的应用前景。

14.2.6.5 功能特性

功能材料里面钒酸铋在涂料行业的应用最出色。最新发现，钒酸铋可作为含铬和镉颜料的替代品。但是实际研发起来，钒酸铋的应用要远远超过这些。钒酸铋的分散性非常好，不管是应用在水性涂料还是在粉末、油性涂料里面，钒酸铋都能够很好地分散开来。钒酸铋能够耐200℃高温，在涂料行业是一种高温颜料。

由钒酸铋衍生出来的还有一个钼酸铋或钼铋黄，钒酸铋是黄相的，钼酸铋稍偏绿相，非常适合应用在军工方向。钒酸铋代替镉黄或铬黄，应用在交通标志、室内装修等都极具优势。钒酸铋的环保无毒性表现在可食性上。

钒酸铋又是一种光催化剂。光催化剂在光的照射下能促进某些物质产生反应，或者加速反应，但自身不发生改变。光催化产生的化学反应类似于植物的光合作用，在太阳光的照射下吸收空气中部分紫外线，同时分解空气中大部分的有害无机物质和几乎全部有害有机物，一方面起到净化空气的作用，另一方面可以预防紫外线对人体的危害。

14.2.7 钒酸钇

钒酸钇，化学式为 YVO_4，相对分子质量为203.8，钒酸钇属四方晶系，是二极管（LD）泵浦小型激光器的重要材料，是一种通常采用提拉法生长的晶体，具有良好的力学性质和物理性质，由于其具有宽的透过波段和大的双折射率而成为制作光学偏振元器件的理想材料。在许多实用方面可替代方解石（$CaCO_3$）和金红石（TiO_2）来制作光纤隔离器、环状镜、光来置换器、分来器、格兰（Glan）偏振镜和其他偏振器件。

14.2.7.1 主要性质

透明波段：0.4～5μm；对称性：D4h；晶胞参数：$a = b = 0.712nm$，$c = 0.629nm$；密度：$4.22g/cm^3$；潮解性：不潮解；热膨胀；晶体结构：四方晶系；晶体光性：正光性单轴晶；折射率：双折射率，一个晶胞中有24个原子。

14.2.7.2 应用领域

钒酸钇广泛应用于光纤通信领域，是光通信无源器件，如光隔离器、环形器、旋光器、延迟器、偏振器中的关键材料。

14.3 钒氧化物

钒与氧形成众多的氧化物，但公认的主要氧化物为 V_2O_5、V_2O_4、V_2O_3 和 VO。VO_2 是两性氧化物，能与碱形成四价钒的钒酸盐。五价钒的氧化物是酸性较强的两性氧化物，它与碱形成五价钒的钒酸盐的趋势更为明显。

14.3.1 二氧化钒

二氧化钒（VO_2）（vanadium dioxide）是一种具有相变性质的金属氧化物，其相变温度为 68℃，相变前后结构的变化导致其产生对红外光由透射向反射的可逆转变，人们根据这一特性将其应用于制备智能控温薄膜领域。

14.3.1.1 性质

二氧化钒为深蓝色晶体粉末，单斜晶系结构。密度为 $4.260g/cm^3$，熔点为 1545℃。不溶于水，易溶于酸和碱中。溶于酸时不能生成四价离子，而生成正二价的钒氧离子。在干的氢气流中加热至赤热时被还原成三氧化二钒，也可被空气或硝酸氧化生成五氧化二钒，溶于碱中生成亚钒酸盐。二氧化钒可由碳、一氧化碳或草酸还原五氧化二钒制得。它可用作玻璃、陶瓷的着色剂。

14.3.1.2 应用

二氧化钒在材料世界以其迅速和突然的相变而显得与众不同，其相变温度为 68℃。二氧化钒所具有的导电特性让其在光器件、电子装置和光电设备中具有广泛的应用潜力。氧化钒材料在相对低的温度下作为绝缘体时，呈现出多相竞争的现象。

美国田纳西大学研究助理亚历山大·特瑟勒夫与法国科学家合作，在美国橡树岭国家实验室纳米相材料科学中心，借助凝聚物理学理论成功地解释了二氧化钒的相行为。特瑟勒夫表示，他们发现二氧化钒发生的多相竞争现象纯粹是由晶格对称引起的，并认为在冷却时二氧化钒晶格能够以不同的方式发生"折叠"，因此人们所观察到的现象是二氧化钒不同的折叠形态。

一种热敏功能材料，该材料突出的特点主要体现在它接近室温时的金属-绝缘体相变特性上。由于其独特的相变性质，可望在许多领域内得到应用。

14.3.2 三氧化二钒

三氧化二钒分子式为 V_2O_3，灰黑色带金属光泽的结晶粉末、斜方晶系结构、熔点为 2070℃，密度为 $4.843g/cm^3$，难熔氧化物，能导电，在 1100℃时电阻为 $551×10^4\Omega$。呈碱性，在空气中慢慢吸收氧而转变为四氧化二钒。在空气中加热猛烈燃烧。不溶于水和碱，能溶于酸。它为强还原剂。由氢、碳或一氧化碳还原五氧化二钒制得，或在 1750℃下热分解五氧化二钒、在隔绝空气下煅烧钒酸铵制得。它可用于玻璃、陶瓷的染色剂。

以高纯度的五氧化二钒粉末为原料，用还原反应制备所需的二氧化钒和三氧化二钒，三氧化二钒是通过氢气直接还原五氧化二钒来生成的。而制备二氧化钒的方法有如下几种：（1）氢气直接还原五氧化二钒；（2）碳（炭黑或石墨）以一定的摩尔比混合五氧化

二钒在惰性气体保护下还原；（3）铜做还原剂还原五氧化二钒。随着反应温度的不同，氢气还原五氧化二钒可以生成 V_6O_{13}，VO_2，V_3O_5，V_2O_3 等多种低价氧化物，而制备纯化学计量比的三氧化二钒的理想条件是：在纯的干燥氢气中，将五氧化二钒加热到 600℃ 保温 3h，然后升温到 900~1000℃ 继续保温 5h，最后随炉冷却。炭黑和石墨还原效果相似，但它们还原五氧化二钒的最终产物分别是二氧化钒和五氧化三钒。制备二氧化钒理想条件是：在氮气/氩气保护下，将炭黑和五氧化二钒的混合粉末（C：V_2O_5 = 1：2）加热到 600℃ 处理 3h，然后升温到 800~850℃ 热处理 5h，最终随炉冷却。铜还原会产生不可分离的杂质，因此不是制备低价钒氧化物的理想还原剂。

14.3.3 五氧化二钒

五氧化二钒分子式为 V_2O_5，别名为矾酸酐、钒（酸）酐、五氧化二矾、氧化矾、氧化钒、无水钒酸、五氧化钒、氧化钒（V）。外观与性状：橙黄色、红棕色结晶粉末或灰黑色片状。熔点为 690℃；相对密度（水的密度为1）为 3.35；沸点为 1750℃（分解）；分子式为 V_2O_5；相对分子质量为 182.00；微溶于水，不溶于乙醇，溶于浓酸、碱。

五氧化二钒为两性氧化物，但以酸性为主。700℃ 以上显著挥发。700~1125℃ 分解为氧和四氧化二钒，这一特性使它成为许多有机和无机反应的催化剂。五氧化二钒为强氧化剂，易被还原成各种低价氧化物。微溶于水，易形成稳定的胶体溶液。极易溶于碱，在弱碱性条件下即可生成钒酸盐（VO_3^-）。溶于强酸（一般在 pH = 2 左右起溶）不生成钒酸根离子，而生成同价态的氧基钒离子（VO_2^+）。五氧化二钒为有毒物质，空气中最大允许量少于 0.5mg/m^3。

五氧化二钒具有两性，可溶于碱生成多聚钒酸盐，也可溶于非还原性酸生成淡黄色含 VO_2^+ 的溶液：

$$V_2O_5 + 2HNO_3 \longrightarrow 2VO_2(NO_3) + H_2O \tag{14-18}$$

与碱如氢氧化钠反应，碱过量时产物为无色的钒酸钠（Na_3VO_4），酸度升高时，颜色逐渐由无色变为橙色再到红色。pH 值处于 9~13 时的微粒主要是 HVO_4^{2-}、$V_2O_7^{4-}$，pH 值低于 9 时变为 $V_4O_{12}^{4-}$、$HV_{10}O_{28}^{5-}$。pH 值为 2 时沉淀出棕色的五氧化二钒水合物。

五氧化二钒与亚硫酰氯反应得到三氯氧钒：

$$V_2O_5(s) + 3SOCl_2(l) \longrightarrow 2VOCl_3(l) + 3SO_2(g) \tag{14-19}$$

五氧化二钒中的正五价钒可被还原，在酸性介质得到 V（Ⅳ），蓝色的 $VO(H_2O)_5^{2+}$ 钒氧基离子。以盐酸和氢溴酸作还原剂，氧化产物是相应的卤素单质：

$$V_2O_5(s) + 6HCl + 7H_2O \longrightarrow 2[VO(H_2O)_5]^{2+} + 4Cl^- + Cl_2 \tag{14-20}$$

固态的五氧化二钒可被草酸、一氧化碳或二氧化碳还原为深蓝色的二氧化钒固体，还原剂过量会经由 V_4O_7 与 V_5O_9 之类的复杂氧化物混合，最终产物是黑色的三氧化二钒。

溶液中，钒酸盐或 VO^{2+} 离子被锌汞齐还原，会发生一系列的颜色变化，最终得到Ⅶ离子：

无色 VO_3^- ——→ 黄色 VO^{2+} ——→ 蓝色 VO^{2+} ——→ 绿色 V^{3+} ——→ 紫色 V^{2+}

五氧化二钒还原对于不同的还原剂,还原的最终产物不同。阻温测试的结果表明,所制得的三氧化二钒和二氧化钒均具有明显的热敏相变效应,并伴随着电阻的突变。

14.4 钒颜料

颜料领域开发出了钒酸铋黄颜料、钒钼酸铋黄颜料,该颜料具有纯净色调、高遮盖力和耐候耐热性,用于配制不含毒性的黄汽车漆或作为户外建筑涂料,五氧化二钒在陶瓷工业广泛用作釉料,其应用前景较大。

14.4.1 钒锆蓝

钒锆蓝是锆基陶瓷釉用的色料,广泛用于卫生陶瓷、日用陶瓷和搪瓷工业中。显色稳定,高温稳定性好,颜色鲜艳,耐化学腐蚀,能与许多其他种类色料混合配色,应用范围广泛。能产生蓝色、绿色、黄色,作蓝色着色剂。

陶瓷色料的天蓝色高温色料,属锆英石类,常用的着色剂原料为五氧化二钒或偏钒酸铵。常用母体色料为二氧化锆和石英粉,也可以用天然锆英石作母体原料。钒锆蓝是以钒为发色元素,$ZrSiO_4$锆英石为载色母体的人工合成着色矿物。色调为天蓝色,主要用于建筑卫生陶瓷色釉,也可用于釉下彩装饰,或者坯用色料。对釉料的适应性好,但不适用于还原气氛。

天然二氧化锆煅烧后粉碎过筛,粒度 $0.300 \sim 0.425mm$,按一定配方与二氧化硅、五氧化二钒或偏钒酸铵混合,煅烧气氛为弱还原性或中性气氛。煅烧好的半成品进入中湿研磨、洗涤、脱水、烘干、粉化过筛、配色等工序。

14.4.2 钒酸铋

钒酸铋示温颜料:将 Bi_2O_3 和 V_2O_5、$Mg(OH)_2$、CaO 混合按上述类似工艺制得$BiVO_4$-$0.1MgO$ 和 $BiVO_4$-$0.1CaO$。它们比单纯的 $BiVO_4$ 好,具有可逆性。25℃呈黄色或亮黄色;140℃呈橙红色;350℃呈橙红色到粉红色,但没有明确的转变温度。$BiVO_4$-$0.1MgO$ 和 $BiVO_4$-$0.1CaO$ 开始熔融温度分别为844℃和853℃。

由于传统的黄色颜料铬酸铅、镉黄等含有铬、铅、镉等重金属,重金属含有毒性,在环保要求越来越严格情况下,许多国家已经禁止使用,钒酸铋黄色颜料是环保型颜料,成为镉黄的替代品。钒酸铋具有优良的颜料性能,用于塑料、橡胶、陶瓷、油漆、印刷油墨等方面,尤其是在黄色汽车漆、汽车修补漆、高级建筑涂料方面。

14.4.3 复合颜料

在玻璃中添加五氧化二钒(0.02%)可消除对眼睛有伤害和造成织物颜色褪色的超高能紫外线。钒也用于调黄绿色玻璃,而添加氧化钒和氧化铈混合物可制得绿玻璃,用于测量 UV 辐射强度。氧化物和偏钒酸盐用于生产印刷油墨,可促使反应,形成树脂黑涂料。添加钒酸铵的性能,可产生快干油墨。少量五氧化二钒也用于织物印花业,钒有助于氧化苯胺,得到较浓而不褪色的黑色染料。

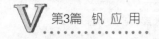

14.4.4 金属碳化物粉末

VC 粉末，VC 含量大于 99.0%，熔点为 2810℃，硬度高，耐磨损。金属碳化物粉末是硬质合金工具、碳化物硬质涂层和其他金属陶瓷涂层的重要组分。

14.5 功能材料

14.5.1 超导及光敏材料

钒与镓的合金（V_3Ga）可以用来制作超导电磁铁，发生强磁场，其磁强度可达 175000Gs；YVO_4 与 Eu 一起可用作光材料，生产荧光灯具。钒磷酸钇铕 $Y(VO_4)PO_4 : Eu^{3+}$ 和钒酸钇铕 $YVO_4 : Eu^{3+}$ 都是高效的红色发光材料，曾被应用作为彩色电视荧光粉的红色组分，现在仍然广泛地用在高压汞蒸气放电荧光灯中，作为调整色度的发光材料。

掺 Eu^{3+} 离子的钒酸盐 $LnVO_4 : Eu^{3+}$（Ln = La、Y）通过调变阳离子的成分和含量，可使钒酸盐 $LnVO_4 : Eu^{3+}$ 发出不同波长的光。它可以用作照明用荧光灯和各种特殊光源，阴极射线管和电视荧光屏，电离辐射探测晶体，X 射线荧光屏和增感屏，以及各种电致发光平板、数字、符号和图像显示器等，也可制作发光橡胶、发光塑料类产品、发光树脂产品、发光涂料、发光油墨产品、长余辉蓄能夜光材料等。

14.5.2 薄膜材料

由于 VO_2 在 68℃ 附近具有可逆的一级相变的过程，它在相变前后结构的变化导致其产生对红外光由透射向反射的可逆转变，能将其应用于制备智能控温薄膜领域。具有高度复现性的非真空方法进行的表面涂层 VO_x，基底是由烷氧基钒制备的溶胶-凝胶原料溶液内旋转或浸渍来沉积薄膜，可均匀地涂覆大面积和弯曲的表面，沉积厚度可达到 $1\mu m$，当航空航天飞机在需要减弱红外光时，可使用透明又能转换成不透明的氧化钒薄膜，在受热时能阻止红外光和电磁辐射透过。在环境温度变化时，其光学透过性能会发生变化。在钒的功能材料中，溶胶-凝胶技术制备的 VO_2 涂层，利用其相变后光学、电学等特殊性质可应用于太阳能控制材料、红外辐射测温计、热敏电阻、热致开关、可变反射镜、红外脉冲激光保护膜、光盘介质材料、全息存储材料、点致变色显示材料、滤色镜、热致变色显示材料、非线性或线性电阻材料、温度传感器、可调微波开关装置、红外光学调制材料、高灵敏度应变传感器、透明导电材料、抗静电涂层等方面。

溶胶-凝胶法就是用含高化学活性组分的化合物作前驱体，在液相下将这些原料均匀混合，并进行水解、缩合化学反应，在溶液中形成稳定的透明溶胶体系，溶胶经陈化胶粒间缓慢聚合，形成三维空间网络结构的凝胶，凝胶网络间充满了失去流动性的溶剂，形成凝胶。凝胶经过干燥、烧结固化制备出分子乃至纳米亚结构的材料。

溶胶-凝胶法的化学过程首先是将原料分散在溶剂中，然后经过水解反应生成活性单体，活性单体进行聚合，开始成为溶胶，进而生成具有一定空间结构的凝胶，经过干燥和热处理制备出纳米粒子和所需要材料。

其最基本的反应是：

（1）水解反应：

$$M(OR)_n + xH_2O \longrightarrow M(OH)_x(OR)_{n-x} + xROH \qquad (14-21)$$

（2）聚合反应：

$$—M—OH + HO—M— \longrightarrow —M—O—M— + H_2O$$

$$—M—OR + HO—M— \longrightarrow —M—O—M— + ROH \qquad (14-22)$$

溶胶-凝胶法按产生溶胶凝胶过程机制主要分成三种类型：

（1）传统胶体型。通过控制溶液中金属离子的沉淀过程，使形成的颗粒不团聚成大颗粒而沉淀得到稳定均匀的溶胶，再经过蒸发得到凝胶。

（2）无机聚合物型。通过可溶性聚合物在水中或有机相中的溶胶过程，使金属离子均匀分散到其凝胶中。常用的聚合物有聚乙烯醇、硬脂酸等。

（3）配合物型。通过配合剂将金属离子形成配合物，再经过溶胶、凝胶过程形成配合物凝胶。

溶胶-凝胶法与其他方法相比具有许多独特的优点：

（1）由于溶胶-凝胶法中所用的原料首先被分散到溶剂中而形成低黏度的溶液，因此，就可以在很短的时间内获得分子水平的均匀性，在形成凝胶时，反应物之间很可能是在分子水平上被均匀地混合。

（2）经过溶液反应步骤，就很容易均匀定量地掺入一些微量元素，实现分子水平上的均匀掺杂。

（3）与固相反应相比，化学反应将容易进行，而且仅需要较低的合成温度，一般认为溶胶-凝胶体系中组分的扩散在纳米范围内，而固相反应时组分扩散是在微米范围内，因此反应容易进行，温度较低。

（4）选择合适的条件可以制备各种新型材料。

金属化合物经溶液、溶胶、凝胶而固化，再经低温热处理而生成纳米粒子。其特点是反应物种多，产物颗粒均一，过程易控制，适于氧化物和Ⅱ～Ⅵ族化合物的制备。溶胶-凝胶法作为低温或温和条件下合成无机化合物或无机材料的重要方法，在软化学合成中占有重要地位。在制备玻璃、陶瓷、薄膜、纤维、复合材料等方面获得重要应用，更广泛用于制备纳米粒子。

采用钒-钨混合溶胶及浸渍提拉法在玻璃基片上涂五氧化二钒膜，再通过氢还原法制备掺钨二氧化钒薄膜。采用 XRD 及 XPS 等测试方法对薄膜的相组成进行分析。

当温度改变时，二氧化钒和三氧化二钒发生相变，即原子的排列方式发生变化。这些相变伴随着材料磁、电、光学性能上的相当可观的突变，使得用二氧化钒和三氧化二钒制造各种电子、光学器件如限流元件、热敏器件和智能窗涂层等应用材料成为可能。

14.5.3　储氢材料

储氢合金主要作用包括：（1）能量转换；（2）用于氢分离、净化和回收；（3）氢的同位素分离；（4）催化剂；（5）合金传感器；（6）合金蓄电池；（7）氢的储存与运输。

主要吸氢合金及其氢化物性质见表 14-1。

表 14-1 主要吸氢合金及其氢化物性质

类 型	合 金	氢化物	吸氢量 （质量分数）/%	放氢压 （温度）/MPa	氢化物生成热 /kJ·mol^{-1}
	$LaNi_5$	$LaNi_5H_{6.0}$	1.4	0.4 (50)	-30.1
	$LaNi_{4.5}Al_{0.4}$	$LaNi_{4.5}Al_{0.4}H_{5.5}$	1.3	0.2 (80)	-38.1
	$MmNi_5$	$MmNi_5H_{6.3}$	1.4	3.4 (50)	-26.4
	$MmNi_{4.5}Mn_{0.5}$	$MmNi_{4.5}Mn_{0.5}H_{6.6}$	1.5	0.4 (50)	-17.6
	$MnNi_{4.5}Al_{0.5}$	$MmNi_{4.5}Al_{0.5}H_{4.9}$	1.2	0.5 (50)	-29.7
AB5	$CaNi_5$	$CaNi_5H_4$	1.2	0.04 (30)	-33.5
AB2	$Ti_{1.2}Mn_{1.8}$	$Ti_{1.2}Ni_{1.8}H_{2.47}$	1.8	0.7 (20)	-28.5
AB	$TiCr_{1.8}$	$TiCr_{1.8}H_{3.6}$	2.4	0.2~5 (-78)	—
A2B	$ZrMn_2$	$ZrMn_2H_{3.46}$	1.7	0.1 (210)	-38.9
	ZrV_2	$ZrV_2H_{4.8}$	2.0	10^{-9} (50)	-200.8
	FeTi	$TiFeH_{1.95}$	1.8	1.0 (50)	-23.0
	$TiFe_{0.8}Mn_{0.2}$	$TiFe_{0.8}Mn_{0.2}H_{1.95}$	1.9	0.9 (80)	-31.8
	Mg_2Ni	$Mg_2NiH_{4.0}$	3.6	0.1 (253)	64.4

钒是唯一在常温下吸、放氢的金属，吸氢量理论上可达到 3.8%。许多国家研究了多种钒基固溶体 BBC 型贮氢合金，由于是用金属钒作为合金元素，金属钒价格昂贵，制作成本太高限制了其应用。

钒基固溶体贮氢合金，目前已经开发出吸氢量大于 3.3%、放氢量大于 2.3%、放氢温度小于 100℃ 的较为理想的钒基贮氢合金。钒的晶体结构是体心立方晶格，VH 的晶体结构是体心四方晶格，VH_2 为面心立方晶格，吸氢后晶格发生变化，（α+β）两相区域内，吸氢量低时形成体心四方晶格，VH 和 VH_2 之间 313K 的平衡离解压为 303.9kPa，室温条件下钒中的氢原子以 $2×10^{12}$ 次/s 的频率跳跃于两个相邻晶格间，温度在 435~620K 之间，氢在钒中有很高的扩散系数。

钒及钒基固溶体合金（V-Ti, V-Ti-Cr）等与氢反应生成 VH、VH_2，VH_2 储氢能力强，储氢合金可以方便氢气输送，输氢的量和安全性大大提升；用于氢气提纯，根据同位素效应和吸氢特点，可以从同位素提取以及分离氢气和杂质；吸氢和放氢过程要释放吸收大量的热，可以以此为依据设计新型热交换器。

钒基固熔体合金的储氢量与合金的钒含量相关，金属钒与氢可以直接反应生成 VH_x，x 取值在 0~2 之间，钒氢反应一般经历 4 个过程，氢分子向氢原子转化，氢原子扩散，形成氢化物，氢向氢化物层扩散，可以在适当温度压力下，可逆地吸收和释放氢，氢储存量是自身体积的 1000 倍，理论吸氢量为 3.8%，氢在氢化物中扩散速度快，已经开发出的储氢合金，V-H 系合金两相共存的区域比较大，温度高于 420K 时，氢原子无规则地分布在金属晶格间隙内，溶氢量较小；温度低于 420K 时，氢原子以致密状态有规则地分布在金属晶格间隙内，溶氢量较大；当钒基合金氢原子与钒原子数比 H/V 小于 0.4，V-H 系以（α+β）共存形态存在，由于 α 态不规则，储氢容量小，当钒基合金氢原子与钒原子数比 H/V 大于 0.4，达到 1.5~2.0，α 相消失，储氢量增加达到理论值。

世界上已经应用的贮氢合金主要有稀土系 AB5 型，贮氢量小于 1.3%；钛锆系 AB2 型，贮氢量小于 2.0%。其他类型的贮氢合金由于成本高或吸氢、放氢条件苛刻难以应用。

14.5.4 电池材料

二次电池的负极材料，一般钒基固溶体合金不具有电极性能，加入适量催化元素并经过热处理优化控制合金结构，可以在合金中形成三维网状结构，改善本身电极活性和充放电能力缺陷，提高固溶体合金的循环稳定性。添加元素包括 Al、Si、Mn、Fe 和 Co 等可以提高稳定性，但在一定程度上降低初始放电量。以储氢合金替代 Ni-Cd 电池的镉负极，如 Ni/MH 负极，美国 Ovonic 电池公司研制的 Zr-V-Ti-Cr-Ni 基储氢合金性能优异，可用作 30~250A·h 大容量电池的负极，能量密度达到 80W·h/kg，100% 放电深度循环寿命超过 1000 次。

利用金属离子在细胞壁上的静电匹配、诱导基因和酶催化作用，建立生物矿化过程的基因调控方法，组装介孔微球结构。以酵母细胞为自组装结构模板，从分子水平上控制磷酸钒锂纳米颗粒的沉积矿化，利用酵母细胞中基因识别调控功能及排序功能将磷酸钒锂纳米颗粒组装成介孔微球结构。采用原位掺入导电剂技术，通过酵母细胞碳化和晶化热处理，合成高性能介孔微球磷酸钒锂/碳粉体材料，实现结构和电化学性能的精确调控。

磷酸钒锂/碳复合快离子导体具有能量密度高、环境友好、安全性好和循环寿命长的特点，可成为锂离子电池首选正极材料，将促进各种电子产品和电动汽车的研究、生产和应用，缓解汽车对石油能源的依赖和对环境的污染。微生物催化仿生合成磷酸钒锂/碳复合材料可实现从分子水平上对纳米结构的精确控制和组装，且廉价，结构和组成重复性好，可批量合成，产率高，反应条件温和，工艺简单，无污染，耗能低，易产业化。

15 钒系列催化剂

催化剂是一种改变反应速率但不改变反应总标准吉布斯自由能的物质。催化剂有的是单一化合物，有的是配合化合物，有的是混合物。催化剂具有十分强烈的选择性，不同的反应所用的催化剂有所不同。五氧化二钒是化学工业上使用的重要催化剂的组成部分，钒系催化剂主要是以含钒化合物为活性组分的一系列催化剂。工业上常用钒系催化剂的活性组分有含钒的氧化物、氯化物和配合物，以及杂多酸盐等多种形式，但最常见的活性组分是含一种或几种添加物的 V_2O_5，以 V_2O_5 为主要成分的催化剂几乎对所有的氧化反应都有效。钒系催化剂在现代化学工业中占有十分重要的作用，是硫酸工业、橡胶合成、石油裂解工业和合成某些高分子化合物的特效催化剂。

15.1 催化剂类型

催化剂种类繁多，按状态可分为液体催化剂和固体催化剂；按反应体系的相态分为均相催化剂和多相催化剂，均相催化剂有酸、碱、可溶性过渡金属化合物和过氧化物催化剂。多相催化剂有固体酸催化剂、有机碱催化剂、金属催化剂、金属氧化物催化剂、配合物催化剂、稀土催化剂、分子筛催化剂、生物催化剂、纳米催化剂等；按照反应类型又分为聚合、缩聚、酯化、缩醛化、加氢、脱氢、氧化、还原、烷基化、异构化等催化剂；按照作用大小还分为主催化剂和助催化剂。

15.1.1 均相催化剂

催化剂和反应物同处于一相，没有相界存在而进行的反应，称为均相催化作用，能起均相催化作用的催化剂为均相催化剂。均相催化剂包括液体酸、碱催化剂和色可赛思固体酸性和碱性催化剂，可溶性过渡金属化合物（盐类和配合物）等。均相催化剂以分子或离子独立起作用，活性中心均一，具有高活性和高选择性。

15.1.2 多相催化剂

多相催化剂又称非均相催化剂，呈现在不同相的反应中，即和它们催化的反应物处于不同的状态。例如，在生产人造黄油时，通过固态镍（催化剂），能够把不饱和的植物油和氢气转变成饱和的脂肪。固态镍是一种多相催化剂，被它催化的反应物则是液态（植物油）和气态（氢气）。一个简易的非均相催化反应包含了反应物吸附在催化剂的表面，反应物内的键因十分脆弱而导致新的键产生，但又因产物与催化剂间的键并不牢固，而使产物出现。现已知许多催化剂具有发生吸附反应的不同可能性的结构位置。

15.1.3 生物催化剂

酶是生物催化剂，是植物、动物和微生物产生的具有催化能力的有机物（绝大多数是蛋白质，但少数 RNA 也具有生物催化功能），旧称酵素。酶的催化作用同样具有选择性。例如，淀粉酶催化淀粉水解为糊精和麦芽糖，蛋白酶催化蛋白质水解成肽等。活的生物体利用它们来加速体内的化学反应。如果没有酶，生物体内的许多化学反应就会进行得很慢，难以维持生命。大约在 37℃ 的温度中（人体的温度），酶的工作状态是最佳的。如果温度高于 50℃ 或 60℃，酶就会被破坏掉而不能再发生作用。因此，利用酶来分解衣物上的污渍的生物洗涤剂，在低温下使用最有效。酶在生理学、医学、农业、工业等方面，都有重大意义。

15.2 催化剂的制造方法

制造催化剂的每一种方法，实际上都是由一系列的操作单元组合而成的。为了方便，人们把其中关键而具特色的操作单元的名称定为制造方法的名称。传统的方法有机械混合法、沉淀法、浸渍法、喷雾蒸干法、热熔融法、浸溶法（沥滤法）、离子交换法等，现发展的新方法有化学键合法、纤维化法等。

15.2.1 机械混合法

机械混合法是将两种以上的物质加入混合设备内进行混合的方法。此法简单易行，例如转化-吸收型脱硫剂的制造，是将活性组分（如二氧化锰、氧化锌、碳酸锌）与少量黏结剂（如氧化镁、氧化钙）的粉料计量连续加入一个可调节转速和倾斜度的转盘中，同时喷入计量的水。粉料滚动混合黏结，形成均匀直径的球体，此球体再经干燥、焙烧即为成品。乙苯脱氢制苯乙烯的 Fe-Cr-K-O 催化剂，是由氧化铁、铬酸钾等固体粉末混合压片成型、焙烧制成的。利用此法时应重视粉料的粒度和物理性质。

15.2.2 沉淀法

此法用于制造要求分散度高并含有一种或多种金属氧化物的催化剂。在制造多组分催化剂时，适宜的沉淀条件对于保证产物组成的均匀性和制造优质催化剂非常重要。通常的方法是在一种或多种金属盐溶液中加入沉淀剂（如碳酸钠、氢氧化钙），经沉淀、洗涤、过滤、干燥、成型、焙烧（或活化），即得最终产品。如果在沉淀桶内放入不溶物质（如硅藻土），使金属氧化物或碳酸盐附着在此不溶物质上沉淀，则称为附着沉淀法。沉淀法需要高效的过滤洗涤设备，以节约水，避免漏料损失。

15.2.3 浸渍法

将具有高孔隙率的载体（如硅藻土、氧化铝、活性炭等）浸入含有一种或多种金属离子的溶液中，保持一定的温度，溶液进入载体的孔隙中。将载体沥干，经干燥、煅烧，载体内表面上即附着一层所需的固态金属氧化物或其盐类。浸渍法可使催化活性组分高度分散，并均匀分布在载体表面上，在催化过程中得到充分利用。制备含贵金属（如铂、金、铑、铱等）的催化剂常用此法，其金属含量通常在 1% 以下。制备价格较贵的镍系、钴系催化剂也常用此法，其所用载体多数已成型，故载体的形状即催化剂的形状。另有一种方法是将球状载体装入可调速的转鼓内，然后喷入含活性组分的溶液或浆料，使之浸入载体中，或涂覆于载体表面。

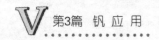

15.2.4 喷雾蒸干法

用于制颗粒直径为数十微米至数百微米的流化床用催化剂。如间二甲苯流化床氨化氧化制间二甲腈催化剂，先将给定浓度和体积的偏钒酸盐和铬盐水溶液充分混合，再与定量新制的硅凝胶混合，泵入喷雾干燥器内，经喷头雾化后，水分在热气流作用下蒸干，物料形成微球催化剂，从喷雾干燥器底部连续引出。

15.2.5 热熔融法

热熔融法是制备某些催化剂的特殊方法，适用于少数不得不经过熔炼过程的催化剂，为的是借助高温条件将各个组分熔炼成为均匀分布的混合物，配合必要的后续加工，可制得性能优异的催化剂。这类催化剂常有高的强度、活性、热稳定性和很长的使用寿命，主要用于制造氨合成所用的铁催化剂。将精选磁铁矿与有关的原料在高温下熔融、冷却、破碎、筛分，然后在反应器中还原。

15.2.6 浸溶法

从多组分体系中，用适当的液态药剂（或水）抽去部分物质，制成具有多孔结构的催化剂。例如骨架镍催化剂的制造，将定量的镍和铝在电炉内熔融，熔料冷却后成为合金。将合金破碎成小颗粒，用氢氧化钠水溶液浸泡，大部分铝被溶出（生成偏铝酸钠），即形成多孔的高活性骨架镍。

15.2.7 离子交换法

某些晶体物质（如合成沸石分子筛）的金属阳离子（如 Na）可与其他阳离子交换。将其投入含有其他金属（如稀土族元素和某些贵金属）离子的溶液中，在控制的浓度、温度、pH 条件下，使其他金属离子与 Na 进行交换。由于离子交换反应发生在交换剂表面，可使贵金属铂、钯等以原子状态分散在有限的交换基团上，从而得到充分利用。此法常用于制备裂化催化剂，如稀土-分子筛催化剂。

15.2.8 其他方法

15.2.8.1 化学键合法

化学键合法现大量用于制造聚合催化剂，其目的是使均相催化剂固态化。能与过渡金属配合物化学键合的载体，表面有某些官能团（或经化学处理后接上官能团），如—X、—CH₂X、—OH 基团。将这类载体与膦、胂或胺反应，使之膦化、胂化或胺化，然后利用表面上磷、砷或氮原子的孤电子对与过渡金属配合物中心金属离子进行配位配合，即可制得化学键合的固相催化剂，如丙烯本体液相聚合用的载体——齐格勒-纳塔催化剂的制造。

15.2.8.2 纤维化法

纤维化法用于含贵金属的载体催化剂的制造。如将硼硅酸盐拉制成玻璃纤维丝，用浓盐酸溶液腐蚀，变成多孔玻璃纤维载体，再用氯铂酸溶液浸渍，使其载以铂组分。根据实用情况，将纤维催化剂压制成各种形状和所需的紧密程度，如用于汽车排气氧化的催化剂，可压紧在一个短的圆管内。如果不是氧化过程，也可用碳纤维。纤维催化剂的制造工艺较复杂，成本高。

15.3　制硫酸和烟气脱硫用钒基催化剂

1880 年人们发现了钒的催化作用，1901 年开始钒触媒的试验，1930 年开始在工厂正式使用。钒催化剂于 1913 年在德国巴登苯胺纯碱公司首次使用，20 世纪 30 年代起钒催化剂全部代替了铂催化剂用于硫酸生产。

15.3.1　钒基催化剂合成方法

一些化工企业利用专业厂生产的五氧化二钒，自行加工的各种钒催化剂，如偏钒酸钠、偏钒酸铵、钒酸铵钠、三氯化钒等。制备技术是钒系催化剂研究的一个重要方面，制备工艺和技术直接影响催化剂的结构与性能。目前国内外在催化剂成型基础理论研究和技术创新方面的报道仍不多见，钒系催化剂的制备方法主要可归纳为混碾法、浸渍法和溶胶-凝胶法 3 种，实际操作中往往是两种方法并用。

15.3.1.1　混碾法

混碾法是将 2 种或 2 种以上物质通过机械作用混合碾压来制备催化剂的方法。其优点在于方法简单、容易操作，可自动化生产；缺点是混料不均，操作过程对催化剂性能影响较大。多组分催化剂在成型之前都要经历这一操作。

目前中国 SO_2 氧化制酸用钒系催化剂的制备即是使用混碾法，混合工序在轮碾机上进行，其制备流程如图 15-1 所示。

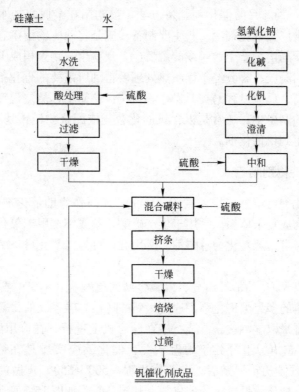

图 15-1　混碾法生产钒催化剂工艺示意图

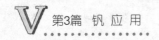

制造过程一方面将天然硅藻土经预处理以除去杂质并改善物性结构，得到精制硅藻土；另一方面将 V_2O_5 用 KOH 溶液溶解并除去杂质，经一定量的 H_2SO_4 中和得到 V_2O_5-K_2SO_4 混合料浆。最后将此料浆与精制硅藻土及适量硫黄加入轮碾机上充分碾压成塑性物料，放入螺杆挤条机成型，再经后处理即得催化剂成品。

15.3.1.2 浸渍法

浸渍法是以浸渍为关键步骤的一种催化剂制造方法。浸渍法生产钒催化剂工艺流程如图 15-2 所示，基本做法是将载体放进含钒活性物质的液体或溶胶中浸渍，待达到浸渍平衡后，将剩余的液体除去，再进行干燥、焙烧、活化等后处理工序即成。浸渍法是一种简单易行且经济的方法，其优点在于：可以使用既成外形和尺寸的载体，省去催化剂成型的步骤；可以选择比表面积、孔半径、机械强度等催化剂所需物理结构特性的载体；活性组分利用率高、用量少。缺点是催化剂活性物质在载体横断面的分布不均匀，浸渍在载体吸附活性组分的同时也吸附其余组分。

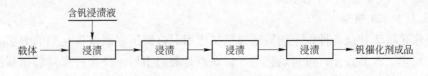

图 15-2 浸渍法生产钒催化剂工艺示意图

15.3.1.3 溶胶-凝胶法 （sol-gel）

溶胶-凝胶法是一种新兴的催化剂制备方法，最初用在金属醇盐水解和胶凝化制备氧化物薄膜上，后来推广到催化剂上。其主要制备步骤是将前驱物溶解在水或有机溶剂中形成均匀的溶液，溶质与溶剂产生水解或醇解反应，反应生成物聚积成 1nm 左右的粒子形成溶胶，再浓缩成透明凝胶，凝胶经干燥、热处理后得到所需要的催化剂。该法的优点是催化剂粒径小、纯度高，反应过程易控，操作容易，设备简单，焙烧温度低，因此受到广泛重视。在钒催化剂的制备中，通常是以含钒的化合物或配合物经预处理得到钒的前驱体，再经过后处理工艺得到钒催化剂。

15.3.2 典型钒系催化剂制造

含氧化钒的催化剂可单独使用或载于载体上，或与作为助催化剂的钼、钛、铬、磷、钾、硫等的氧化物构成复杂体系。它用于生产硫酸，萘或邻二甲苯氧化制苯酐，苯或正丁烯氧化制顺丁烯二酸酐，蒽转化为蒽醌等。所用载体可为二氧化硅、二氧化钛、三氧化二铝、碳化硅、硅藻土、浮石等。

钒系催化剂是以 V_2O_5 为活性组分、以碱金属的硫酸盐（K_2SO_4 或 Na_2SO_4）为助催化剂、以硅藻土为载体的多组分催化剂，通称为钒-钾(钠)-硅系统催化剂。制备钒系催化剂可采取浸渍法，也可采取湿混法，混杂工序在轮碾机上进行，在应用温度（400~600℃）下，载体上的 V_2O_5-K_2SO_4 组分处于熔融状况，催化反应实质是在熔融液层中进行的，V_2O_5-K_2SO_4 组分与载体初步混杂后，在焙烧进程（500~550℃）做进一步混杂，采取混碾制备工艺可以制得满足质量要求的催化剂，其制备流程如图 15-1 所示。

自然硅藻土经水洗、酸处置、过滤、洗涤、干燥除去 Al_2O_3、Fe_2O_3 等杂质并改良物性构造，得到精制硅藻土。原料五氧化二钒经消融净化处置，再经沉淀除去铁杂质，即得钒盐溶液：

$$2KVO_3 + H_2SO_4 =\!\!=\!\!= V_2O_5 + K_2SO_4 + H_2O \tag{15-1}$$

$$2K_3VO_4 + 3H_2SO_4 =\!\!=\!\!= V_2O_5 + 3K_2SO_4 + 3H_2O \tag{15-2}$$

$$2KOH + H_2SO_4 =\!\!=\!\!= K_2SO_4 + 2H_2O \tag{15-3}$$

按设定比例将中和好的 V_2O_5-K_2SO_4 混杂物与正确称量的精制硅藻土倒入轮碾机，并加适量水充分碾压成可塑性物料，碾压好的物料用螺旋挤条机成型，制成直径 5mm 的圆柱体，并在链带式（链板）干燥器上干燥，已干燥的物料送入贮斗，经摆动筛到滚筒式焙烧炉（合金转窑）焙烧。焙烧温度保持在 500～550℃ 之间，焙烧时间约 90min，最后经冷却、过筛、气密包装，即可获得产物。

影响催化剂质量的主要因素包括：

（1）碾压时间。原料的混杂在轮碾机上进行，碾压兼有疏散与混杂两种作用。经过碾压，使块状物料（硅藻土、五氧化二钒）疏松分散，各个组分混合均匀，制成比较平均的多组分系统。在一定碾压限定时间内，活性与强度皆随碾压时间延长而提高，超过碾压限定时间后，强度可以持续上升，但活性反而有所降低。

（2）焙烧时间和温度。钒系催化剂在焙烧进程中，温度是影响催化剂质量的一个十分主要的因素。焙烧温度不能低于 500℃，焙烧时间控制在 90min。经过焙烧，可以提高催化剂的机械强度，除去造孔剂硫黄和杂质有机物，形成优异的孔构造，使 V_2O_5 与 K_2SO_4 共熔，并在载体上重新分布，以及将催化剂进行 SO_2 的预饱和稳固活性等。对于 $K_2O/V_2O_5 = 2～3$ 的催化剂，在 500～550℃ 温度下焙烧，可以保证 V_2O_5-K_2SO_4 组分处于熔融状况。

二氧化硫氧化制硫酸的钒系催化剂低熔融温度为 430℃，高温有利于它们互相扩散，弥补疏散度较低的不足。如果温度过低，时间太短，有机杂质没有除尽，硫黄未能充足发挥作用，则活性降低；温度过高，时光太长，可能使硫黄、有机杂质急速氧化，放出大量的燃烧热，造成催化剂严重烧结。

钒催化剂的载体是硅藻土，它的化学构成、机械强度、比表面积、孔径散布和孔容对催化剂的活性、应用寿命和装填量有决定性的影响，是影响钒催化剂质量的主要因素。能够作为钒催化剂载体的硅藻土必须纯净，并具有适合的物理构造，一般要求 $w(SiO_2) \geq 85\%$，$w(Fe_2O_3) < 1.0\%$，$w(Al_2O_3) = 2.0\%～4.0\%$，孔容积大于 1.2mL/g，比表面积大于 $30m^2/g$。

15.3.3 制硫酸及烟气脱硫钒催化剂的应用

硫酸是一种重要的无机化工原料，根据原料路线大致可分为硫铁矿制酸、硫黄制酸和冶炼烟气制酸等。各种路线条件差异性较大，但其核心部分都是 SO_2 的转化。目前全世界的硫酸工业生产都使用钒系固体催化剂。该催化剂是以 V_2O_5 为活性成分，以碱金属硫酸盐（如 K_2SO_4 等）为助催化剂，以硅化物（通常用硅藻土）为载体，通常称为 V-K-Si 系催化剂。按使用温度分中温型（S101、S101Q、S101-2H）、低温型（S107、S108、S107Q）、宽温型（S109-1、S109-2）和耐砷型（S106）等类型催化剂；外形有条形、球

形、环形和雏菊形。

钒催化剂的作用是加速二氧化硫氧化生成三氧化硫的反应速度。钒催化剂商品一般为直径5mm的圆柱形颗粒，其氧化钒、氧化钾附着在多孔性硅藻土载体上。在反应过程中，钒催化剂有效成分熔融分布在载体微孔内表面上，形成一定厚度的液态薄膜。熔盐混合物是由多种钒氧化物溶解在碱金属的多种焦硫酸盐中所构成的。钒催化剂正常使用寿命为5~10年或更长。催化剂在生产装置上的装用量，按日产吨硫酸规模计一般为180~300L，这与气体组成、设计条件以及尾气要求有关。钒催化剂的制备通常是将V_2O_5掺入硅藻土载体，再加入钠盐或钾盐调浆，造型、烘干、煅烧制成。钒催化剂的一些物理化学性质和成分对催化性能有一定影响，钒催化剂的主要物理化学性质有颗粒尺寸、堆密度、孔隙率、机械强度、工业燃起温度以及V_2O_5、K_2SO_4、Na_2SO_4的含量。

在制硫酸过程中，由于原料气经过湿法净化系统后降温至40℃左右，所以必须通过换热器，以转化反应后的热气体间接加热至反应所需温度，再进入转化器，二氧化硫经氧化反应放出的热量，使催化剂层温度升高，二氧化硫平衡转化率随之降低，如温度超过650℃，将使催化剂损坏。为此将转化器分成3~5层，层间进行间接或直接冷却，使每一催化剂层保持适宜反应温度，以同时获得较高的转化率和较快的反应速度。

转化工序生成的三氧化硫经冷却后在填料吸收塔中被吸收，吸收反应虽然是三氧化硫与水的结合，即：

$$SO_3 + H_2O \longrightarrow H_2SO_4 \qquad \Delta H = -132.5kJ \qquad (15-4)$$

但不能用水进行吸收，否则将形成大量酸雾，工业上采用98.3%硫酸作吸收剂，因其液面上水、三氧化硫和硫酸的总蒸气压最低，故吸收效率最高，出吸收塔的硫酸浓度因吸收三氧化硫而升高，需向98.3%硫酸吸收塔循环槽中加水并在干燥塔与吸收塔间相互串酸，以保持各塔酸浓度恒定，成品酸由各塔循环系统引出。

现代硫酸生产用的两次转化工艺，是使经过两层或三层催化剂的气体，先进入中间吸收塔，吸收掉生成的三氧化硫，余气再次加热后，通过后面的催化剂层，进行第二次转化，然后进入最终吸收塔再次吸收，由于中间吸收移除了反应生成物，提高了第二次转化的转化率，故其总转化率可达99.5%以上，部分老厂仍采用传统的一次转化工艺，即气体一次通过全部催化剂层，其总转化率最高仅为98%左右。

五氧化二钒最重要的应用，是在接触法制硫酸时，作二氧化硫氧化为三氧化硫的催化剂。三氧化硫进一步与水反应可以得到硫酸：

$$2SO_2 + O_2 \longrightarrow 2SO_3 \qquad (15-5)$$

式（15-5）是可逆反应，一般催化反应于400~620℃时发生。低于此温度时，五氧化二钒无法发挥出催化活性；高于此温度时，五氧化二钒则分解。反应的催化机理如下，经由低价的二氧化钒中间产物：

$$SO_2 + V_2O_5(s) \longrightarrow SO_3(g) + 2VO_2(s) \qquad (15-6)$$

$$2VO_2(s) + 1/2O_2(g) \longrightarrow V_2O_5 \qquad (15-7)$$

通过优化转化器各段触媒的分配，优化各转化段温度使其更加适合于触媒的转化反应，可使总的转化率达到 99.73% 以上，经"3 + 1"两转两吸工艺过程，获得了很高的 SO_2 转化率和 SO_3 吸收率。

15.3.4 制硫酸对催化剂的要求

钒触媒只能加快反应速度，但不能改变反应的化学平衡，触媒本身参加反应后，其化学组成和化学性质均不变。硫酸工业用触媒应具备下列基本条件：

（1）活性好，活性的温度范围大，活性温度低；

（2）具有良好的选择性，能控制副反应的产生；

（3）力学性能好，不易粉碎；

（4）具有良好的耐热性和抗毒能力，使用寿命长；

（5）比表面积大和大的孔隙率，气体通过时阻力小；

（6）原料来源丰富，制造成本低廉。

当前国内外硫酸用钒催化剂的发展趋势是研制低温型、长寿命和高性能钒催化剂，以满足硫酸原料结构的变化和 SO_2 排放控制标准提高的新要求。目前硫酸用钒催化剂生产主要发展动向是研制低温低压下高活性钒催化剂、发展多型号钒催化剂，降低催化剂堆密度、提高空隙率等。

15.3.4.1 钒触媒的形状

钒触媒有粒状、片状、圆柱状、球状、环柱状、齿环状等。其中环状触媒具有阻力小、对于同等体积的触媒耗钒量少等优点，但制造复杂。硫酸工业上最常用的是圆柱状钒触媒。

15.3.4.2 化学组成

钒触媒虽然品种很多，但化学组成一般都是由五氧化二钒、二氧化硅和碱金属钾盐三种组分组成，只是其含量和制备方法不同而已。

钒触媒成分以五氧化二钒为主，其含量在 7% ~ 12% 之间，如果五氧化二钒的含量过低，则钒触媒活性下降，并且使用寿命缩短。五氧化二钒的含量过高，钒触媒活性提高并不显著，反而增加了成本，不经济。单纯的五氧化二钒活性很低，几乎不能做触媒使用，但当其中加入一定量的碱金属盐时，其活性就能增加 100 倍。

二氧化硅可作为触媒的载体，工业上一般采用硅藻土。载体的主要作用是触媒负载于其表面上，使触媒具有良好的空隙结构，增加触媒的内表面，从而使反应的气体和触媒中的活性组分充分接触，使其提高转化效率。

硅藻土做载体主要是因为它质地疏松，单位容积的面积较大，且不因温度高低而变化，不与混合气体起化学作用等。此外其还有来源丰富、价格便宜等优点。

没有钾或钠的化合物存在时，向五氧化二钒中添加二氧化硅，不仅不能提高活性，反而会使其活性降低，在钒触媒中添加钾或钠的化合物，也只有在二氧化硅存在时，才会显示出强烈的活化作用。如以 $V_2O_5 \cdot 8SiO_2 \cdot 0.1K_2SO_4$ 制成的触媒，其活性比没有 K_2SO_4 的触媒大 250 倍。典型钒催化剂成分见表 15-1。

表15-1 典型钒催化剂成分 （%）

成 分	含 量	成 分	含 量
五氧化二钒（V_2O_5）	8.09~9.55	氧化钠（Na_2O）	3.22~5.12
二氧化硅（SiO_2）	54.04~65.37	三氧化二铝（Al_2O_3）	2.33~2.70
氧化钾（K_2O）	6.42~9.88	五氧化二磷（P_2O_5）	1.98~2.33
三氧化硫（SO_3）	9.97~19.00		

15.3.5 钒触媒影响因素

15.3.5.1 温度对钒触媒的活性影响

温度对钒触媒有很大影响，当温度在400~750℃的范围内时，随着温度的变化，触媒的化学组成和触媒活性，都发生急剧的变化。只有当温度高于470℃时，才有稳定的高活性和维持一定的化学组成。当温度低于470℃时，触媒的活性开始明显下降，触媒的颜色由黄色变为绿色，即五氧化二钒转变成没有活性的硫酸氧钒，因而活性下降。

在过高的温度下，触媒的活性会显著降低。这是由触媒结构被破坏，孔隙度和表面积减少所造成的，故一般不允许气体温度超过600℃。至于钒触媒使用的最高温度和最低温度，则随钒触媒的组成而定。

15.3.5.2 钒触媒的起燃温度

触媒的起燃温度，是指足以使触媒具有催化作用，而且能靠反应热使触媒迅速升温的最低温度，也就是触媒活性温度范围的下限（活性停止的温度）。起燃温度是二氧化硫气体进入触媒层后能使反应进行的最低进气温度。在生产实践中，通常要求进气温度比起燃温度稍高一些。起燃温度是触媒活性好坏的一个标志，起燃温度较高，说明要在较高温度下才能具有一定的反应速度，触媒的活性就差；起燃温度较低，说明在较低温度下触媒已具有一定的反应速度，说明该触媒的活性较好。

通常希望触媒起燃温度低一些好，主要原因是：

（1）起燃温度低，气体进入触媒层前预热的温度较低，从而节省了换热面积，缩短了开车升温时间。

（2）起燃温度低，说明触媒在低温下仍有较好的活性，这样可以使反应的末尾阶段能在较低温度下进行，有利于提高后段反应的平衡转化率，从而可以提高实际的总转换率（又称最终转化率）。

（3）起燃温度低，说明触媒活性好，可以提高触媒利用率。

起燃温度除了和触媒组成相关外，还与气体中氧浓度、空塔速度等因素有关。中温触媒的起燃温度一般在400~420℃，触媒中增加碱金属盐可以降低起燃温度。中国产的S_{107}型触媒是具有抗毒性的低温触媒，起燃温度为380~400℃；美国产的M_{615}型触媒起燃温度为370℃左右；英国产的ICI_{33-2}与ICI_{33-4}型触媒起燃温度为370~390℃。

15.3.5.3 触媒的耐热温度

触媒活性温度上限称作触媒的耐热温度，超过这一温度或长期在这一温度下使用，触媒将被烧坏或迅速老化失去活性。因此触媒的耐热温度也是触媒性能好坏的一个标志。高温下触媒活性下降是不可逆的。耐热温度越高的触媒，生产中适用于温度变化的幅度越大，对生产越有利。S_{101} 型触媒的耐热温度比 S_{107} 型高。在生产中为了安全，转化一段最高温度应规定比触媒的耐热温度要稍微低些，一般不允许在温度超过 600℃ 的情况下长期使用。

在高温下，钒触媒催化活性下降的原因包括：

（1）在高温下，触媒中的五氧化二钒和硫酸钾形成了一种比较稳定的、无催化活性的氧钒基钒酸盐，其分子式为：$4V_2O_5 \cdot V_{2.4} \cdot K_2$，$4V_{2.5} \cdot V_{2.4} \cdot 2K_2$ 和 $5V_{2.5} \cdot V_{2.4} \cdot K_2$。

（2）在 600℃ 以上的高温作用下，触媒中的钾和二氧化硅结合，随着活性物质中钾含量的减少，使五氧化二钒从熔融物中析出，造成催化活性下降。据研究，增加钾含量可以提高触媒的耐热温度。目前，中国生产的钒触媒，其可在 620℃ 以下长期操作，能很好地满足工业生产的要求。

（3）在 600℃ 下，五氧化二钒和载体二氧化硅之间会慢慢发生固相反应，使部分五氧化二钒变成没有活性的硅酸盐。中国用量最大的中温触媒 S_{101}，操作温度为 425～600℃，在各段均可使用，催化活性已达到国际先进水平。

15.3.5.4 触媒的表面积

触媒的表面积包括两部分：一部分是外表面积，一部分是触媒内部微孔等内表面积；触媒的比表面积是指 1g 触媒的外表面积与内表面积之和，其大小与孔隙率、堆密度有关。

触媒孔隙率是指触媒内部的微孔体积占触媒体积的分数。

触媒的比表面积一般随触媒的孔隙率的增大而增大，随触媒的堆密度的减小而增大。

触媒的催化作用主要是在内表面上进行的，比表面积越大，触媒的活性越高，但同时还与微孔的大小有关，在比表面相同时，微孔越大，催化反应越快；微孔越小，催化反应越慢。

15.4 烟气脱硝催化剂

当今工业排放气体中广泛含有的 SO_x 和 NO_x，已经对人类健康和自然界的生态平衡造成了极其严重的危害，每生产 1000kW·h 的电力，产生 2.1kg 的氮氧化物。氮氧化物的危害是形成酸雨和光化学烟雾，破坏臭氧层，危害生态环境和人类健康，世界各国都在重视烟气脱硫脱氮技术的研究。在烟道气 SO_x 的处理中，根据气体浓度和工厂实际条件，有各种脱硫方法，但是将 SO_2 氧化成 SO_3，再用水或稀硫酸吸收的工艺一直受到人们的重视，如硫酸生产中用钒催化剂的催化法。例如美国圣路易市 Wood River 电厂的烟道气脱硫技术即是典型例子。选择性催化还原（SCR）法脱硝，是在有催化剂存在的条件下，采用氨、碳或碳氢化合物等作为还原剂，将烟气中的 NO_x 还原为 N_2 和 H_2。燃煤电厂目前一般采用 NH_3 法 SCR 技术，在烟道气中 NO_x 的含量与 SO_x 相近，但对人类健康的威胁却超过 SO_x，对 NO_x 控制更为重要，将 V_2O_5 担载在活性炭（AC）上制得的 V_2O_5/AC 催化剂在 200℃ 时可以同时脱除烟气中的 SO_2 和 NO，其效果比纯活性炭强，且再生后钒催化剂的脱硫脱氮能力还会增强。

15.4.1 脱硝模式及反应

催化剂脱硝示意图见图 15-3，选择性催化还原（SCR）法脱硝，是在有催化剂存在的条件下，采用氨、CO 或碳氢化合物等作为还原剂，将烟气中的 NO_x 还原为 N_2 和 H_2O。

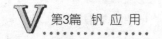

脱硝化学反应如下：

$$4NH_3 + 4NO + O_2 \rightleftharpoons 4N_2 + 6H_2O \qquad (15\text{-}8)$$

$$2NH_3 + NO + NO_2 \rightleftharpoons 2N_2 + 3H_2O \qquad (15\text{-}9)$$

$$8NH_3 + 6NO_2 \rightleftharpoons 7N_2 + 12H_2O \qquad (15\text{-}10)$$

氨气的氧化反应如下：

$$4NH_3 + 3O_2 \rightleftharpoons 2N_2 + 6H_2O \qquad (15\text{-}11)$$

$$2NH_3 + 2O_2 \rightleftharpoons N_2O + 3H_2O \qquad (15\text{-}12)$$

$$4NH_3 + 5O_2 \rightleftharpoons 4NO + 6H_2O \qquad (15\text{-}13)$$

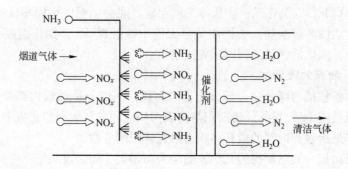

图 15-3　催化剂脱硝示意图

烟气脱硫脱硝催化剂泛指应用在电厂 SCR（selective catalytic reduction）脱硝系统上的催化剂（catalst），在 SCR 反应中，促使还原剂选择性地与烟气中的氮氧化物在一定温度下发生化学反应的物质。

15.4.2　脱硝催化剂的类型及构成特征

目前 SCR 商用催化剂基本都是以 TiO_2 为基材，以 V_2O_5 为主要活性成分，以 WO_3、MoO_3 为抗氧化、抗毒化辅助成分。催化剂形式可分为三种：板式、蜂窝式和波纹板式。

板式催化剂以不锈钢金属板压成的金属网为基材，将 TiO_2、V_2O_5 等的混合物黏附在不锈钢网上，经过压制、煅烧后，将催化剂板组装成催化剂模块。

蜂窝式催化剂一般为均质催化剂。将 TiO_2、V_2O_5、WO_3 等混合物通过一种陶瓷挤出设备，制成截面为 150mm × 150mm、长度不等的催化剂元件，然后组装成为 1m 的标准模块。

波纹板式催化剂的制造工艺一般以用玻璃纤维加强的 TiO_2 为基材，将 WO_3、V_2O_5 等活性成分浸渍到催化剂的表面，以达到提高催化剂活性、降低 SO_2 氧化率的目的。催化剂是 SCR 技术的核心部分，决定了 SCR 系统的脱硝效率和经济性，其建设成本占烟气脱硝工程成本的 20% 以上，运行成本占 30% 以上。近年来，美国、日本、德国等发达国家不断投入大量人力、物力和资金，研究开发高效率、低成本的烟气脱硝催化剂，重视在催化剂专利技术、技术转让、生产许可过程中的知识产权保护工作。

最初的催化剂是 Pt-Rh 和 Pt 等金属类催化剂，以氧化铝等整体式陶瓷作载体，具有活性较高和反应温度较低的特点，但是昂贵的价格限制了其在发电厂中的应用。从 20 世纪 60 年代末期开始，日本日立、三菱、武田化工三家公司通过不断地研发，研制了 TiO_2 基材的催化剂，并逐渐取代了 Pt-Rh 和 Pt 系列催化剂。该类催化剂的成分主要由 $V_2O_5(WO_3)$、Fe_2O_3、CuO、CrO_x、MnO_x、MgO、MoO_3、NiO 等金属氧化物或起联合作用的混合物构成，通常以 TiO_2、Al_2O_3、ZrO_2、SiO_2、活性炭（AC）等作为载体，与 SCR 系统中的液氨或尿素等还原剂发生还原反应，目前成为了电厂 SCR 脱硝工程应用的主流催化剂产品。催化剂形式可分为三种：板式、蜂窝式和波纹板式。三种催化剂在燃煤 SCR 上都拥有业绩，其中板式和蜂窝式较多，波纹板式较少。

催化剂的设计就是要选取一定反应面积的催化剂，以满足在省煤器出口烟气流量、温度、压力、成分条件下达到脱硝效率、氨逃逸率等 SCR 基本性能的设计要求。在灰分条件多变的环境下，其防堵和防磨损性能是保证 SCR 设备长期安全和稳定运行的关键。

在防堵灰方面，对于一定的反应器截面，在相同的催化剂节距下，板式催化剂的通流面积最大，一般在 85% 以上，蜂窝式催化剂次之，流通面积一般在 80% 左右，波纹板式催化剂的流通面积与蜂窝式催化剂相近。在相同的设计条件下，适当地选取大节距的蜂窝式催化剂，其防堵效果可接近板式催化剂。三种催化剂以结构来看，板式的壁面夹角数量最少，且流通面积最大，最不容易堵灰；蜂窝式的催化剂流通面积一般，但每个催化剂壁面夹角都是 90° 直角，在恶劣的烟气条件中，容易产生灰分搭桥而引起催化剂的堵塞；波纹板式催化剂流通面积一般，但其壁面夹角很小而且其数量又相对较多，为三种结构中最容易积灰的版型。最常用的催化剂为 V_2O_5-WO_3(MoO_3)/TiO_2 系列，TiO_2 作为主要载体，V_2O_5 为主要活性成分。

催化剂是 SCR 脱硝技术的核心，其催化活性直接影响 SCR 系统的整体脱硝效果。国内现行使用的 SCR 催化剂绝大部分为进口的、以 TiO_2 为载体的整体催化剂，TiO_2 约占催化剂总质量的 80% 左右，存在成本高、活性组分利用率低等问题。整体式催化剂是以活性组分和载体为基体，与黏合剂、造孔剂以及润滑剂等混合后通过捏合、挤压成型、干燥和煅烧等过程获得，但目前在催化剂成型过程中，仍存在不同程度的催化活性降低问题。

以国产分析纯 TiO_2 为载体，V_2O_5 为活性成分，WO_3 为助剂，可以采用浸渍法制备系列钒系催化剂。同时可以以聚丙烯酰胺（PAM）、聚乙烯醇（PVA）和高岭土（Kaolin）作成型剂制备 V_2O_5–WO_3/TiO_2（VWTi）整体式催化剂。当 VWTi 催化剂中 V_2O_5 负载量（质量分数）在 0.4% ~ 1% 内，WO_3 含量（质量分数）为 8% 时，在 300 ~ 400℃ 的温度区间和 O_2 浓度大于 1%、NH_3/NO 为 0.8 ~ 1、空速在 10000h^{-1} 时，脱硝率均可达 85% 以上，且对不同 NO 初始浓度有较好的适应能力。MoO_3 的添加对于提高 VW8Ti 催化剂 De-NO_x 活性的贡献不大，但对催化剂的热稳定性和耐硫性能有所提高。适当相对分子质量的有机成型剂有助于保持催化剂比表面积不降低的情况下，提高催化剂的机械强度。无机成型剂可显著提高催化剂的机械强度，但对催化剂载体的结晶形态存在影响。PAM、Kaolin 对 VWTi 催化剂活性影响较大，随其含量的增加，催化活性逐渐降低，当含量达到 4% 时，催化剂最高脱硝率约为 75%。而 PVA 对 VWTi 催化剂活性影响较小，添加不同含量的 PVA，在 400℃ 催化活性均可达 85% 以上，且抗压强度均达 0.7MPa 以上，PVA 成型剂成型效果最佳，且有助于拓宽催化剂活性窗口，对催化剂的物理化学性能影响较小。

15.4.3 典型脱硝催化剂

氧化钒脱硝催化剂包括钒/钨-钛催化剂、复合载体 TiO_2-Al_2O_3 及其负载型催化剂和多组分复合氧化物活性组分催化剂。典型催化剂的 BET 比表面积及孔结构表征见表 15-2。

表 15-2 典型催化剂的 BET 比表面积及孔结构表征

样　品	表面积/$m^2 \cdot g^{-1}$	空隙/$cm^3 \cdot g^{-1}$	平均孔径/nm
TiO_2	11.47	0.038	13.3
W_8Ti	12.17	0.036	12.13
$V_{0.4}W_8Ti$	11.72	0.037	12.33
$V_{1.2}W_8Ti$	10.07	0.029	11.77
$V_{1.6}W_8Ti$	9.23	0.040	17.37

钒/钨-钛催化剂的制备工艺见图 15-4。WO 含量为 3% ~ 8%；测试条件：NO 和 NH_3 含量为 500×10^{-4}%，O_2 为 2%，空速为 $10000h^{-1}$，N_2 作平衡气。无 V_2O_5 时，其最大活性在 400℃ 时仅为 40% 左右，催化剂中钒含量为 0.4% 时，催化剂在 350 ~ 400℃ 时的最大脱硝率可以接近 99%。钒含量为 0.4% 和 0.8% 时，催化剂活性范围窗口为 250 ~ 450℃。当钒含量大于 0.8% 时，脱硝率有明显下降的趋势。

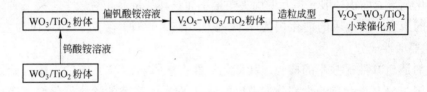

图 15-4　钒/钨-钛催化剂的制备工艺

V_2O_5-WO_3/TiO_2 催化剂活性测试主要信息见表 15-3。氧化铁的加入，一定程度上增大了催化剂的活性，但是该催化剂中 V_2O_5 含量过大。

表 15-3　V_2O_5-WO_3/TiO_2 催化剂活性测试主要信息

V_2O_5 含量/%	活性起始温度点/℃	活性下降温度点/℃	最高活性温度点/℃	最高活性脱硝率/%
0	350	425	400	49.7
0.4	250	450	400	98.3
0.8	250	425	350	96.1
1.2	250	425	350	91.5
1.6	250	375	300	86.4
2.0	250	350	300	82.2
2.4	250	375	300	86.8

选择氧化铝对二氧化钛进行了改性制备复合载体，以及复合载体负载的 V_2O_5-WO_3/TiO_2-Al_2O_3 催化剂。复合载体负载 V_2O_5-WO_3/TiO_2-Al_2O_3 催化剂制备流程见图 15-5。

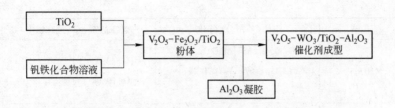

图 15-5　复合载体负载 V_2O_5-WO_3/TiO_2-Al_2O_3 催化剂制备流程图

V_2O_5-MoO_3-WO_3/TiO_2 催化剂制备工艺见图 15-6。不同钼含量条件下催化剂的脱硝过程的低温活性显著提高。

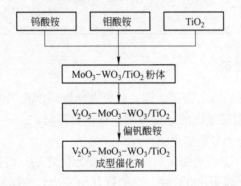

图 15-6　V_2O_5-MoO_3-WO_3/TiO_2 催化剂制备工艺

多组分氧化物催化剂典型组成见表 15-4，多组分氧化物对催化剂的脱硝率影响情况较为复杂。惰性平衡物质对脱硝率也存在一定的影响。

表 15-4　多组分氧化物催化剂典型组成

编　号	催化剂	组成(质量分数)/%	平衡组成/%	最高温度/℃	脱硝率/%
1	M10701	Fe_2O_3 27.53；MnO_2 6.83；Cr_2O_3 1.67；V_2O_5 1.29；TiO_2 7.98	Al_2O_3 27.35；SiO_2 27.35	300	96.09
2	M10702	Fe_2O_3 27.53；MnO_2 6.83；Cr_2O_3 1.67；V_2O_5 1.29；TiO_2 7.98	Al_2O_3 27.35；SiO_2 18.23	350	89.56
3	M10703	Fe_2O_3 27.53；MnO_2 6.83；Cr_2O_3 1.67；V_2O_5 1.29；TiO_2 7.98	Al_2O_3 43.75；SiO_2 10.94	350	88.97
4	M10704	Fe_2O_3 27.53；MnO_2 6.83；Cr_2O_3 1.67；V_2O_5 1.29；TiO_2 7.98	Al_2O_3 36.46；SiO_2 18.23	300	95.26

编 号	催化剂	组成(质量分数)/%	平衡组成/%	最高温度/℃	脱硝率/%
5	M10705	Fe_2O_3 27.53；MnO_2 6.83；Cr_2O_3 1.67；V_2O_5 1.29；TiO_2 7.98	Al_2O_3 43.75；SiO_2 10.94	300	93.11
6	M10801	Fe_2O_3 27.53；MnO_2 6.83；Cr_2O_3 1.67；V_2O_5 1.29；TiO_2 7.98；K_2O 0.14	Al_2O_3 27.28；SiO_2 27.28	300	91.20
7	M10802	Fe_2O_3 27.53；MnO_2 6.83；Cr_2O_3 1.67；V_2O_5 1.29；TiO_2 7.98；Na_2O 5.90	Al_2O_3 24.40；SiO_2 24.40	300	81.77

15.4.4 脱硝催化剂的维护

由于造成催化剂失活的因素很多，因此研究总结脱硝催化剂的失活机理，对延长催化剂寿命、降低 SCR 烟气脱硝系统的运行费用具有重要意义。

催化剂中毒现象及原因分析如下：

(1) 催化剂的烧结。烧结是催化剂失活的重要原因之一，而且催化剂的烧结过程是不可逆的。一般在烟气温度高于400℃时，烧结就开始发生。按照常规催化剂的设计，当烟气温度低于420℃时，催化剂的烧结速度处于可接受的范围内。当反应器入口烟气温度高于450℃并持续一定时间时，催化剂的寿命将会在短时间内大幅降低。目前，SCR 催化剂多为 V_2O_5-WO_3-TiO_2 系催化剂，其中 V_2O_5 为活性成分，WO_3 为稳定成分，TiO_2 为载体物质。在 SCR 烟气脱硝中，TiO_2 晶型为锐钛型，烧结后会转变成金红石型，从而导致晶体粒径成倍增大，以及催化剂的微孔数量锐减，催化剂活性位数量锐减，即催化剂失活。

适当提高催化剂中 WO_3 的含量，可以提高催化剂的热稳定性，从而提高其抗烧结能力。目前国内 SCR 烟气脱硝系统基本不设旁路，一旦进入 SCR 系统的烟气温度超出了催化剂所能承受的最高温度，烟气也只能流经催化剂。在炉膛吹灰器不能正常吹灰、SCR 系统入口烟温大幅度上升等故障工况下，为了避免催化剂的烧结失活，应降低锅炉负荷，以保护催化剂。

(2) 砷中毒。砷是大多数煤种中都存在的成分，SCR 催化剂的砷中毒是由气态砷的化合物不断聚积，堵塞催化剂活性位通道造成的。烟气中气态砷的主要形态为 As_2O_3，在 SCR 催化剂所处的温度区间会部分生成 As_3O_5 或 As_4O_6。As_2O_3 主要沉积并堵塞催化剂的中孔，即孔径在 $0.1 \sim 1.0\mu m$ 之间的孔。砷的气相浓度取决于炉型和煤的化学组成，液态排渣炉所产生的烟气中气态砷的浓度要远高于固态排渣炉，但无论是应用哪一种炉型，催化剂都会出现砷中毒现象，在燃烧各阶段，采用一系列物理化学方法减少烟气中的砷含量可有效降低砷对催化剂的中毒作用。如燃烧前，采用物理化学方法减少原煤中的砷含量；燃烧过程中，通过向炉内喷钙抑制气态砷的形成等。从催化剂角度分析，可以通过改善催化剂的物理、化学特性来避免催化剂砷中毒。改善催化剂的化学特性，一是改变催化剂的表面酸位点，使催化剂对砷不具有活性，从而不吸附砷的氧化物；二是通过采用钒和钼的混合氧化物，经高温煅烧获得稳定的催化剂，使砷吸附的位置不影响 SCR 催化剂的活性位，以 V9Mo6O40 作为前驱物制得的 TiO_2-V_2O_5-MoO_3 催化剂具有较强的抗砷中毒能力。相比于相同 V 和 Mo 负载量的催化剂，这种催化剂对砷化物的吸收容量明显增加，同时催化剂活性组分分布的改变及催化剂制备过程中新物质的生成改变了催化剂的表面张力，从而使得其抗砷中毒的性能增强。

（3）钙中毒。碱土金属元素对 SCR 催化剂的影响主要表现在其氧化物在催化剂表面的沉积并进一步发生反应而造成孔结构堵塞，催化剂表面沉积的碱土金属化合物主要为 $CaSO_4$，其余为 $Ca_3Mg(SiO_4)_2$ 和 $CaCO_3$，其中 $CaSO_4$ 和 $CaCO_3$ 是由 CaO 分别与 SO_3 和 CO_2 反应得到的，Ca 也能够和 K 一样，影响酸性位和 $V^{5+}=O$ 上 NH_3 的吸附。

烟气中的 CaO 可以将气态 As_2O_3 固化，但是 CaO 浓度过高又会加剧催化剂的 $CaSO_4$ 堵塞。在一定的砷浓度下，随着煤中 CaO 含量的增大，催化剂寿命先增大后减小，这是由于在 CaO 含量较低时，催化剂寿命主要受砷中毒影响，当 CaO 含量较大时，催化剂寿命主要受 $CaSO_4$ 堵塞影响。

（4）碱金属中毒。碱金属元素被认为是对 SCR 催化剂毒性最大的一类元素，不同碱金属元素毒性由大到小的顺序为：$Cs_2O > Rb_2O > K_2O > Na_2O > Li_2O$，除碱金属氧化物以外，碱金属的硫酸盐和氯化物也会导致催化剂的失活。在燃煤电厂中，由于含量的关系，碱金属元素中 K 的影响是最显著的。碱金属化学中毒的机理是：K 与催化剂表面的 V—OH 酸位点发生反应，生成 V—OK，使催化剂吸附 NH_3 的能力下降。从而使参与 NO 还原反应的 NH_3 的吸附量减少，并降低了其参与 SCR 反应的活性。不同种类钾盐在催化剂表层的聚积位置和浓度是不同的，催化剂 K 中毒失活速率远大于比表面积减少的速率。

（5）SO_3 中毒。烟气中的 SO_2 也能使催化剂中毒。烟气中的 SO_2 在钒基催化剂作用下被催化氧化为 SO_3，与烟气中的水蒸气及 NH_3 反应，生成一系列铵盐，这样不仅会造成 NH_3 的浪费，而且还会导致催化剂的活性位被覆盖，导致催化剂失活。此外，SO_2 与催化剂中的金属活性成分发生反应，生成金属硫酸盐导致催化剂失活。对于高 CaO 煤，在其他各种致毒因素同时存在的情况下，硫酸钙是使催化剂失活的主要原因。在 CaO 与 SO_3 的反应过程中，CaO 首先在催化剂表面沉积，沉积速度相对较慢，沉积在催化剂表面的 CaO 与烟气中的 SO_3 的反应属于气-固反应。由于在催化剂表面有活性物质催化氧化生成的 SO_3，其浓度相对较高，反应速率很快；快速反应后生成的 $CaSO_4$ 的体积膨胀，堵塞催化剂表面，影响反应物在催化剂表面的扩散。

（6）磷中毒。磷元素的一些化合物也对 SCR 催化剂有钝化作用，包括 H_3PO_4、P_2O_5 和磷酸盐。通过脱硝活性测试，催化剂的活性随着 P_2O_5 负载量的增加而下降，但相比碱金属的影响要小很多。SCR 催化剂的磷中毒机理被认为是 P 取代了 V—OH 和 W—OH 中的 V 和 W，生成了 P—OH 基团，P—OH 的酸性不如 V—OH 和 W—OH，但可以提供较弱的 Bronsted 酸性位，所以当负载量较小时，催化剂的磷中毒现象并不十分明显。P 也可以和催化剂表面的 V=O 活性位发生反应，生成 $VOPO_4$ 一类的物质，从而减少了活性位的数量。

（7）水的毒化。水在烟气中以水蒸气的形式出现，水蒸气在催化剂表面的凝结，一

方面会加剧 K、Na 等碱金属可溶性盐对催化剂的毒化；另一方面凝结在催化剂毛细孔中的水蒸气，在温度增加的时候，会汽化膨胀，损害催化剂细微结构，导致催化剂的破裂。

（8）催化剂孔隙积灰堵塞。在所有导致 SCR 催化剂中毒的因素当中，积灰是最复杂、影响最大的一个。催化剂表面的积灰过程可用如下机理来解释：含有 K、Na、Ca 和 Mg 等元素及其氧化物的飞灰颗粒随烟气进入 SCR 反应器时沉积在催化剂表面；飞灰颗粒与烟气中的 CO_2 反应，部分氧化物转变为碳酸盐；同时由于催化剂表面的 SO_2 部分被氧化成 SO_3，颗粒会进一步发生硫酸盐化；固态的金属氧化物与碳酸盐、硫酸盐与催化剂表面渐渐融为一体，部分小颗粒渗入催化剂内部；催化剂表面活性位逐渐丧失，同时内部孔结构发生堵塞，导致催化剂中毒。

煤燃烧后所产生的飞灰绝大部分为细小灰粒，由于烟气流经催化反应器的流速较小，一般为 6m/s 左右，气流呈层流状态，细小灰粒聚集于 SCR 反应器上游，到一定程度后掉落到催化剂表面。烟气中除了细小灰粒，也可能存在部分粒径较大的飞灰，颗粒尺寸一般大于催化剂孔道的尺寸，会直接造成 SCR 催化剂孔道的堵塞。火电厂因为锅炉炉型和燃用煤质的差异，所产生的烟气成分的差别是巨大的，燃用褐煤和烟煤的火电厂飞灰中通常含有大量的碱金属元素和碱土金属元素，主要为 K、Na、Ca 和 Mg，这些矿物质主要存在于石英、黏土、碳酸盐、硫酸盐、硫化物和含磷矿物质中。比较实际电厂反应器入口处烟气中的飞灰成分与催化剂表面沉积的飞灰成分，结果发现，催化剂表面沉积的飞灰主要是一些粒径小于 5μm 的颗粒，与烟气中的飞灰相比，硫酸盐化的颗粒数目明显增加，As 和 Na 等元素更容易在小颗粒上富集，进而对催化剂造成严重毒害。

15.4.5 催化剂的再生

催化剂是 SCR 烟气脱硝系统中最核心的部件，其性能好坏直接影响着 SCR 烟气脱硝系统的整体脱硝效果。国外 SCR 催化剂研制及再生技术已经很成熟了，不用将催化剂拆下来就能实现快速再生，脱硝催化剂可以通过处理修复，流程是灰尘清理→除盐水清洗→活性再生→除盐水再清洗→干燥。再生液包括清洗液和活性补充液，清洗液含有 H_2SO_4 和乳化剂 S-185；活性补充液含有 $VOSO_4$ 和偏钨酸铵；清洗方法采用超声波清洗；再生后催化剂，其相对活性（K/K_0）为 0.95 ~ 0.99，SO_2/SO_3 转化率均小于 1%。

15.5　有机合成钒系催化剂

钒化合物在工业催化中是最重要的催化氧化催化剂系列之一，广泛用于硫酸工业和有机化工原料合成领域，如苯酐生产、顺酐生产、催化聚合、烷基化反应和氧化脱氢反应等。

15.5.1　主要的有机合成用钒基催化剂

钒系催化剂主要是以含钒化合物为活性组分的系列催化剂。工业上常用钒系催化剂的活性组分有含钒的氧化物、氯化物和配合物，以及杂多酸盐等多种形式，但最常见的活性组分是含一种或几种添加物的 V_2O_5，以 V_2O_5 为主要成分的催化剂几乎对所有的氧化反应都有效。重要的钒基催化剂见表15-5。

表 15-5 重要的钒基催化剂

钒化合物类型	生 产 工 艺	最 终 用 途
五氧化二钒（V_2O_5）	在 H_2SO_4 生产过程中，用作把 SO_2 氧化为 SO_3 的催化剂，用作把环己烷氧化为己二酸的催化剂	生产磷肥、尼龙
偏钒酸铵（NH_4VO_3）	在 H_2SO_4 生产过程中，用作把 SO_2 氧化为 SO_3 的催化剂，用作把苯氧化为顺丁烯二酸酐的催化剂，用作把萘氧化为苯二酸酐的催化剂	生产磷肥、不饱和聚酯（涤纶等）和聚氯乙烯
三氯氧钒（$VOCl_3$）	用作乙烯和丙烯的交联	生产乙烯、丙烯和汽车工业用橡胶
四氯化钒（VCl_4）	用作乙烯和丙烯的交联	生产乙烯、丙烯和汽车工业用橡胶

钒系催化剂的主要钒组分为五氧化二钒（V_2O_5）、三氧化二钒（V_2O_3）、偏钒酸铵（NH_4VO_3）、三氯氧钒（$VOCl_3$）和四氯化钒（VCl_4）。五氧化二钒（V_2O_5）是提钒的标准产物；三氧化二钒（V_2O_3）可以通过五氧化二钒（V_2O_5）还原，或者多钒酸铵还原获得，还原剂包括碳、天然气和焦炉煤气；三氯氧钒（$VOCl_3$）可以通过低价钒氧化物氯化获得；四氯化钒（VCl_4）可以通过五氧化二钒或者钒铁氯化获得。在钒主要成分的基础上添加混入辅助成分，按照有机合成反应的要求和反应装置特点，经过专业化加工处理后即可获得催化剂。

15.5.2　催化剂中的主要钒组分

催化剂中的主要钒组分包括五氧化二钒、三氧化二钒、三氯氧钒和四氯化钒等。

15.5.3　钒基催化剂的有机合成应用

钒基催化剂是尼龙、聚酯、乙烯、丙烯、橡胶合成、石油裂解工业和合成某些高分子化合物的特效催化剂。

15.5.3.1　苯酐生产

苯酐是邻苯二甲酸酐的简称，主要用于生产塑料增塑剂、不饱和聚酯、醇酸树脂，以及染料、涂料、农药、医药和仪器添加剂、食用糖精等，是一种十分重要的化工原料。早期生产工艺中曾经以汞盐和 Cr_2O_3 为催化剂，目前主要由萘或邻二甲苯经钒催化剂催化氧化制得。国产硫化床萘氧化制成的苯酐催化剂主要有 0401 型、0402 型、Dx1 型和 Dx11 型等，它们主要由 V_2O_5、K_2SO_4 及 SiO_2 组成，其中 V_2O_5 为活性成分，K_2SO_4 主要起抑制深度氧化并维持催化剂活性的作用，SiO_2 作为载体。

15.5.3.2　顺酐生产

顺丁烯二酸酐简称顺酐，又名马来酸酐，是一种重要的有机化工原料，广泛用于涂料、医药及食品添加剂等。由苯氧化制顺酐是顺酐生产的常用技术，其催化剂使用载体类型多样，催化剂性能各异。表15-6 给出了用于苯氧化制顺酐典型钒系催化剂。正丁烷资源丰富、价格便宜，为以正丁烷制顺酐提供了广阔的发展前景。但与苯相比，丁烷更难氧化，反应条件苛刻，因此开发高性能催化剂是关键，可以用浸渍法制备用于将丁烷选择性

氧化成顺酐的具有特定相结构的氧钒基磷酸盐催化剂。

表 15-6　用于苯氧化制顺酐典型钒系催化剂

催 化 剂	反应温度/K	原料浓度(体积分数)/%	顺酐收率(质量分数)/%
V_2O_5/浮石	573~973	0.8	72
V_2O_5-MoO_3/α-Al_2O_3	748~813	0.662~82	62~80
V_2O_5-MoO_3/P_2O_5/TiO_2	653	0.86	84.2
V_2O_5-MoO_3/P_2O_5-Na_2O-MO/α-Al_2O_3 M：Zn/Cu/Bi/Co	723	0.95	85
V_2O_5-MoO_3/P_2O_5-Na_2O-MO/α-Al_2O_3 M：Co/Ni/Ca/Fe	678	1.25	101
V_2O_5-P_2O_5-WO_3-Na_2O-MO/α-Al_2O_3 M：Mg/Ca/Zn/Ti/Mn/Ni	683	0.95	86.7
V_2O_5-WO_3-P_2O_5/α-Al_2O_3	653	0.658	98

15.5.3.3　催化聚合领域

聚合反应是化学工业的一个重要反应，通过它可以实现由简单有机化合物到各种不同性能高聚物的转变，根据不同的聚合反应原理，对催化剂有不同的要求。目前，钒系催化剂主要在乙丙橡胶（EPR）合成及部分烯烃的聚合反应中应用。世界乙丙橡胶合成工业中采用的 V-Al 催化体系技术比较成熟，产品性能优异。在 Ziegler-Natta 催化剂中，VCl_3-AtEt2 和 $VOCl_3$-AtEt2 催化剂最引人注目，它既可以催化聚合产生无规交替共聚物，还能催化乙烯-丙烯共聚得到乙丙橡胶。$V(acac)_3$-$Al(i$-$Bu)_2Cl$ 为高度分散的多相胶体催化剂，对催化丁二烯聚合反应具有较高活性，以 $MgCl_2$ 为载体制备的负载型（2-乙酰基-1-萘酚氧基）二氯化钒催化剂，与原均相催化剂的催化相比，其对乙烯的催化聚合活性和稳定性有大幅改善。

介孔氧化铝（m-Al_2O_3）负载钒催化剂（V/m-Al_2O_3），介孔氧化铝具有大比表面积、窄孔径分布和二维六方相结构，在其上负载适量的 V 可实现 V 活性物种的高分散及催化剂的弱酸性，从而有利于提高丙烷转化率和丙烯选择性。

15.5.3.4　有机合成

目前在丙烷氧化脱氢制丙烯反应中研究得最为广泛的是负载型 V 基催化剂，它具有较高的催化活性，常用的载体包括 MgO、TiO_2、ZrO_2、Al_2O_3 和 SiO_2 等，一般认为，孤立的 V—O 四面体物种对丙烷氧化脱氢制丙烯较有利，而 V 物种的结构与其负载量及载体的物化性质有关，V 物种在 SiO_2 上易形成晶相 V_2O_5，在 MgO 上易形成金属钒酸盐，而 Al_2O_3 可很好地分散 V 物种，将 V/SBA-15 催化剂用于丙烷氧化脱氢制丙烯，丙烷转化率及丙烯选择性明显优于 V/SiO_2 催化剂。这主要是由于 SBA-15 具有较高的比表面积，可更好地分散活性组分，从而得到更多有利于提高丙烯选择性的孤立态 V 物种。另外，一般认为烷烃在催化剂上的吸附和活化是烷烃氧化脱氢反应的快速步骤，而烷烃的吸附需催化剂具有一定的 Lewis 酸中心。因此，介孔 Al_2O_3（m-Al_2O_3）材料有可能成为烷烃氧化脱氢催化剂中的良好载体。

金属掺杂的有序 m-Al_2O_3 与商用 Al_2O_3 相比，m-Al_2O_3 具有更大的比表面积、更窄的孔径分布和更大的孔径，且孔径在一定范围内可调，无序 m-Al$_2$O$_3$ 负载 V 或 Mo 催化剂与以 γ-Al$_2$O$_3$ 为载体的催化剂进行比较，在乙烷氧化脱氢反应中表现出更高的活性和选择性，m-Al$_2$O$_3$ 负载 V 和 Ni 催化剂，也具有较高的催化丙烷氧化脱氢制丙烯反应活性，这与 m-Al$_2$O$_3$ 的大比表面积及大孔径有关。

钒系催化剂还用于烷基化反应、氧化脱氢反应及醋酸生产等方面。可溶性的钒系衍生物是氧化各种有机化合物的高效试剂和催化剂。V$_2$O$_5$-Fe$_2$O$_3$ 催化剂用于苯酚与甲醇烷基化制备二甲酚时表现出低温下的高转化率和选择性，且使用寿命长。对钒系催化剂用于氧化脱氢反应的研究表明，V$_2$O$_5$ 与 Ag$_2$O、NiO 组成的二元或三元复合氧化物对甲苯氧化制苯甲醛反应具有较高的反应活性和选择性；美国专利报道了一种用于醋酸生产的钒催化剂；催化剂 VO$_x$/CuSBA-15 能选择性地催化 O$_2$ 分子，氧化苯产生苯酚。相对于直接脱氢，由于 O$_2$ 或 CO$_2$ 的存在，烷烃氧化脱氢可抑制积炭，因而催化剂稳定性提高。

16 钒 电 池

钒属于ⅤB族元素，价电子结构为$3d^3s^2$，可形成四种不同价态的钒离子，分别是V^{2+}、V^{3+}、V^{4+}和V^{5+}，化学性质活跃，在酸性介质中可以形成临价态电对，V^{5+}/V^{4+}和V^{3+}/V^{2+}，两个电对的电位差为1.255V。氧化还原液流电池的电解液要求包含不同价态金属离子，存储的电解液在充放电过程中循环流动。钒电池全称为全钒氧化还原液流电池（Vanadium Redox Battery，缩写为VRB），是一种活性物质呈循环流动液态的氧化还原电池。采用不同的钒离子溶液作为电池正负极活性物质，通过外连接泵，把溶液从储液槽压入电池堆体内，完成电化学反应，又回到储液槽，液态的活性物质不断循环流动；选择钒液流电池的活性物质以液态形式贮存在电对外部的储液罐中，流动的活性物质使浓差极化可减至最小，电池容量取决于外部活性物质的多少，能够做出调整，钒电池正负极的标准电势差为1.26V，其正负极活性物质溶液浓度均为1mol/L，随着溶液浓度提升，电势差相应增加，极具实用价值。

16.1 钒电池发展的技术背景

电网供电模式是一个动态平衡过程，电网输变电要求在供电和用电之间加入稳定调节装置。一般经济活动具有周期性变化特征，累积的用电负荷变化容易形成电网冲击，用电供电大波动应运而生，为了电网保持基本平衡，适应用电供电波动，需要建立中间储能转化系统，削峰错谷；同时适应部分偏远地区相对富余电能的转换，解决分散发电的储存转化，特别是风能、太阳能和小水电，形成自给性供电系统，为海岛、边远山区和机站等提供电力服务；着重解决风能、太阳能和潮汐类新能源的转化技术问题。

开发二次电池可以用来中间储能，形成中间储能转化系统。1973年美国国家航空宇航局（NASA）的Lewis研究中心首次对氧化还原液流电池进行了研究，1975年L. H. Thaller发现Fe^{2+}/Fe^{3+}和Cr^{2+}/Cr^{3+}氧化还原电对可以作为电池的正负极活性物质，液流电池正极采用Fe^{2+}/Fe^{3+}电对，负极采用Cr^{2+}/Cr^{3+}电对，一张隔膜将电池分成两个区间，Fe/Cr液流电池存在Cr半电池可逆性差，负极会发生析氢反应，导致电压降损失；同时离子交换膜隔离不理想，两个半电池电解液中的不同金属离子交叉污染。经过一定的改进，无法从根本上消除Fe/Cr氧化还原液流电池存在的固有缺陷。为了克服不同金属离子交叉污染，进行了单一金属离子溶液为电解质的电池实验，主要有Cr系、Ce系和V系。

1984年澳大利亚新南威尔士大学的M. Skyllas-Kazacos提出钒氧化还原液流电池概念，将V^{5+}/V^{4+}和V^{3+}/V^{2+}电对应用于氧化还原液流电池，同时发现V^{5+}可稳定存在于硫酸介质中，1986年获得全钒离子电池体系专利，经过系统研究，钒电池相关隔膜、导电聚合物和石墨毡等相关材料也研究定型，并获得多项相关专利；1993年钒电池在太阳能系统获得应用，300套4kW钒电池安装在太阳能系统；1994年钒电池应用在高尔夫车；4kW钒电池安装在潜艇作为备用电源。之后经技术转让和发展，在澳大利亚、日本和加拿大得到深入研究。目前，加拿大的 VRB Power Systems 公司和日本住友电工研发的全钒液流电池技术进入实用化阶段。

VRB-ESS 储能系统是 VRB Power Systems 公司在新南威尔士大学研究人员提出的全钒液流电池技术基础上发展出来的储能系统，将化学能和电能相互转换。化学能存储于不同阶态的钒离子中，电解质溶液为钒离子硫酸电解液，电解液通过泵从两个独立的塑料存储罐中流入两个半电池组单元，采用一个质子交换膜（PEM）作为电池组的隔膜，电解质溶液平行流过电极表面并发生电化学反应，通过双电极板收集和传导电流。这个反应过程可以逆反进行，对电池进行充电、放电和再充电。VRB-ESS 系统包括两个具有不同氧化状态钒离子的电解液存储罐，分别是正极 V(Ⅳ)/V(Ⅴ) 和负极 V(Ⅱ)/V(Ⅲ) 氧化还原电极对。电解液由泵在存储罐和电堆之间循环输送。电堆包括多个电池组，每个电池组具有两个半电池部分，由质子交换膜隔开。在半电池组中，电化学反应是在碳板电极上进行的，产生电流对电池进行充放电。

从 1985 年起日本住友电工与日本 Kansai Electric Power Plant 合作开发钒电池，致力于固定型电站调峰储能钒电池系统。1993 年三菱化工从 UNSW 获得许可，1994 年开发光电转换系统用储能钒电池，50kW×50h 钒电池系统建成，单个电堆 2kW，5 个 10kW，电流密度 100mA/cm^2 时，功率输出密度为 1.2kW/cm^2。1997 年住友电工建成 450kW 钒电池，循环周期为 170 次；1997 年住友电工在鹿岛电厂建成 200kW×4h 电站调峰用钒电池，循环周期为 650 次；1999 年住友电工建成 450kW 电站调峰用钒电池，运行 5 年，循环周期为 1819 次；2001 年研究能量存储系统试验的 250kW 和 520kW 钒电池在日本投入商业使用，使用 8 年后结果表明，25kW 实验室钒电池电堆达到 16000 次循环，电池隔膜在一定程度使用寿命受限，其他组件包括电解液均可循环使用。

随着技术的成熟，钒电池不断适应不同的储能需求，2001 年 3 月建成了 Institute of Applied Energy 配置 AC170kW×6h 的稳定风力涡轮机输出钒电池；2001 年 4 月 Obayashi Corporation 配置 AC1.5MW×1h 的调峰钒电池；Obayashi Corporation 配置 DC30kW×8h 的光伏系统钒电池；2001 年 11 月 Kwansei Gakuin 大学配置 AC500kW×10h 的调峰钒电池；2000 年 2 月办公室配置 100kW×8h 的平衡负载钒电池；半导体工厂 2001 年 4 月配置 1500kW×1h UPS 平衡负载钒电池；2001 年 4 月风能发电站配置 170kW×6h 稳定风力涡轮机输出钒电池；Obayashi Corporation 的高尔夫俱乐部 2001 年 4 月配置 30kW×8 平衡负载光伏系统钒电池。

中国工程物理研究院从 1995 年率先在国内开始钒电池的研制。先后研制成功了 20W、100W、500W 的钒电池样机，不断在钒电池的关键技术上有所突破，成功开发了四价钒溶液制备、导电塑料成型及批量生产、中型电池组装配和调试等技术。1998 年，500W 的钒电池样机用于电瓶车的驱动，现已研制出 800W 的产品样机。主要参数如下：单体数为 10 个；电极面积为 784cm^2；单体电池厚度为 13mm；电解液浓度为 1.5mol/L VOSO$_4$ +2mol/L H$_2$SO$_4$；电解液量为 10L；理论容量为 200A·h；最大充电电流为 80A（电流密度 102mA/cm^2）；充电电压（50% 充电状态）：40A 充电电压为 15.0V，80A 充电电压为 16.5V；充电容量为 40A·h；最大放电电流为 80A（电流密度 102mA/cm^2）；放电电压（50% 放电状态）：40A 放电电压为 11.5V，80A 放电电压为 10V；放电容量为 30A·h；充放电利用率不小于 80%；电堆最大功率不小于 800W。

2011 年中国工程物理研究院与攀枝花市银江金勇工贸有限责任公司成功实现钒电池示范，并与太阳能对接形成 1000m^2 办公楼供电能力，2012 年攀枝花干巴塘钒电池林地保护示范发电带动抽水达到 320m 高程，2013 年攀枝花迤撒拉钒电池旅游保护示范发电带动抽水达到 820m 高程。

中国科学院大连化学物理研究所在 20 世纪 90 年代末研究了铁铬系液流储能电池。2000 年以来，又开始了全钒液流储能电池的研究开发，在电极设计制备、双极板设计制备、电解质溶液分配、电池组公用管道设计、电池组装及系统设计与集成技术等方面取得重大进展，成功地开发出 10kW 和 100kW 级全钒液流储能电池系统。其研制的全钒氧化还原液流储能电池模块的额定输出功率达到 10.1kW，最大放电功率达 28.8kW，系统运行稳定，能量效率为 80.4%，研究开发的全钒液流储能电池示范系统，自 2007 年 7 月 6 日以来已自动无故障连续运行 105 天，超过 2500h。示范系统由千瓦级电池模块、系统控制模块和 LED 屏幕三部分组成。利用系统配置可实现利用储能电池储存夜间电能，在日间对 LED 屏幕进行供电的过程，电池的能量效率为 87%，运转过程未见衰减。大连化学物理研究所还在进行电池储能容量衰减机理的研究，提高电池容量的稳定性，对大功率电池模块结构的设计进行优化，研制的第三代 5kW 级电池模块的充电、放电能量转换效率超过 80%。

清华大学、东北大学、北京科技大学、重庆大学和中南大学等多所院校也对钒电池进行了研究，国内已有数家企业初步进行钒电池生产。清华大学研究组装 10kW 钒电池电堆，发现在 50mA/cm^2 的电流密度下，电池的能量效率可以达到 82.35%。攀钢与中南大学合作先后研究组装了 5kW 级钒电池样机（第一代）和 2kW 级（第二代）钒电池电源演示系统。北京普能世纪科技有限公司是中国第一家致力于钒电池储能技术的企业，拥有大批钒电池研发人员。其在钒电池电堆集成技术、关键材料研发以及电解液制备技术的三个方面，都有建树。电堆集成方面，普能公司已设计和研制了系列化的 50W~5kW 钒电池样机，样机密封性好，加工装配工艺简捷。

16.2 钒电池技术体系

钒电池（VRB）是一种新型清洁能源存储装置，经过美国、日本、澳大利亚等国家的应用验证，与目前市场中的铅酸蓄电池、镍氢电池相比，具有大功率、长寿命、支持频繁大电流充放电、绿色无污染等明显技术优势，主要应用于再生能源并网发电、城市电网储能、远程供电、UPS 系统、海岛应用等领域。主要技术体系包括电堆技术、电解液技术和密封技术。

16.2.1 电堆技术

电堆属于系统技术，包括膜、电极材料、双极板、流场设计和密封等专项技术。

16.2.1.1 膜

膜可以说是钒电池核心中的核心，它基本决定了钒电池的寿命、效率。钒电池使用的膜，并不限制一定使用某种膜，关键是使用的膜一是耐腐蚀，就是寿命；二是离子交换能力要足够好，就是电池效率；三是一致性要好。膜的使用要经过预处理，如杜邦生产的 Nafion117 离子交换膜，用 2% 的双氧水加热至 80℃，保持 1h，除去有机杂质，热蒸馏水清洗 4～5 次，在于 0.5mol/L 硫酸溶液，加热至 80℃，保持 1h，除去金属杂质，热蒸馏水清洗 4～5 次，清洗后隔膜密封在蒸馏水中保存。

16.2.1.2 电极材料

目前钒电池的电极材料主要有石墨毡和碳毡两类。石墨毡烧制温度高、石墨化程度高；碳毡烧制温度低一些、石墨化程度相对低。两者导电性能不同，价格不同。具体使用何种电极材料取决于钒电池电堆的设计。好的电极材料可提高钒电池的电流密度，而且对双极板的抗腐蚀有一定的保护作用。

16.2.1.3 双极板

双极板材料的要求很综合，包括耐腐蚀、面积、韧性、强度、导电性、价格。钒电池常用的双极板是石墨板（包括硬石墨和软石墨两类）和导电塑料。虽然有很多人研究过金属复合双极板，但目前能用的还只有石墨板和导电塑料。和电极材料一样，各家需根据自己的钒电池堆的设计寻找和测试不同厂家的产品，在对双极板的各种要求中取得一种平衡，需要一定的时间。特别是成本，双极板在目前的钒电池电堆的成本中占较大比重，是钒电池产业化必须重点解决的问题。

16.2.1.4 电堆的流场设计

流场设计的好坏，对钒电池的性能有很大影响，还可能对电堆寿命带来影响。

16.2.1.5 密封技术

钒电池电堆密封技术比较重要的在于，要把几十片面积上千平方厘米甚至几千平方厘米的单片电池集成到一起，不发生任何泄漏，并且要保证在 10 年之内任何时间、任何场景下都不能泄漏。

16.2.2 电解液技术

在氧化还原流体电池里，能量是通过称为电解液的工作流体化学变化进行储存的，流体内所包含的可溶性物质可以通过电化学氧化或还原来储存能量。电解液决定了钒电池的储电量，也是钒电池成本的重要组成部分。电解液技术主要是：一是配方，目标是提高功率密度、提高温度适应性等；二是如何用比较低的成本生产出合格的电解液来。电解液配方的好坏会影响膜的寿命、电极的寿命、电池效率等。电解液生产相关的技术关键在于原材料的来源，决定了电解液的生产成本；提纯目标和提纯工艺路线；环保问题等。电解液的成本将会对钒电池的市场竞争力起到重要的影响作用。

16.2.3 控制技术

钒电池的控制系统对于钒电池长期稳定运行相当关键，包括电解液的温度、流量、流量分配，充放电电压、电流等。相对于燃料电池的控制系统，钒电池的控制系统要求相对比较简单。

16.2.4 系统集成技术

首先是钒电池系统各主要部件的选择和应用集成技术，包括泵的选择，管路、阀门、控制器等，要能够长期稳定支持钒电池系统运行；其次是如充电机、大功率系统的电流、电压控制器，与风力发电的集成控制，与太阳能发电的集成控制等。鉴于钒电池的应用优

势在于大功率系统，系统集成技术中就有很多属于工程技术。为便于运输，大型电堆的组装通常利用集装箱作为外壳，相应的空间布局设计，包括质量、体积、通道、管路、线束、各种接口等；现场安装工程，包括大型电解液储罐，与电堆及应用端的管路、线路连接，防雷、防雨、防水设计，远程监控等。

16.2.5 钒电池技术特点

钒电池的技术特点比较明显：

（1）能量存储于电解液中，增加电解液储罐的体积或者提高电解液的浓度均可增加电池容量。即对于相同功率输出的钒电池，可根据需求任意调整容量。它非常适合大容量储能应用。

（2）输出功率由电池堆中参与反应的面积决定，可通过增加或减少单电池和不同电池组串联和并联调整满足不同功率需求，目前美国商业化示范运行的钒电池的功率已达6000kW。

（3）充放电不涉及固相反应，电解液的理论使用寿命无限，可以长期使用。铅酸蓄电池充电过程中，溶液中的铅离子转化为固态氧化铅沉积在电极表面，放电过程中固态氧化铅电极重新溶解进入液相，充放电过程伴随极板物质的液相/固相转化。为了保证固态氧化铅电极晶型的稳定性，电池充放电程度需要严格控制；电极结构的变化导致电化学性能逐渐劣化，原理上决定了有限的充放电循环和电池寿命。

（4）反应速度快，可在瞬间启动，在运行过程中充放电状态切换只需要0.02s，响应速度1ms。

（5）理论充放电时间比为1:1(实际运行(1.5～1.7):1)，支持频繁大电流充放电，深度充放电对电池寿命影响不大，充放电状态下电池正、负极活性物质均为液相，不会出现镍氢电池、锂离子电池等蓄电池因电极上枝状晶体的生长而将隔膜刺破导致电池短路的危险。

（6）电池堆可与电解液相分离，存储于电解液中的能量可长期保存，不会因自放电损耗。

（7）能量循环效率高，充放电能量转换效率达75%以上，远高于铅酸电池的45%。电解液在充放电过程中不消耗，重复充放电不影响电池容量。

（8）能量的存储量可以精确地测量出来。

（9）正负极使用同一种金属离子的电解液，避免了电解液交叉污染问题，提高了电池的效率和寿命。

（10）电解液的流动性，可使电池组中各个单电池状态基本一致，可靠性高。

（11）可以通过增加电解液或更换电解液的方式增加系统运行时间。通过更换电解液，可实现瞬间再充电，类似于汽车加油。

（12）结构简单，更换和维修容易，使用费用低廉，维护工作量小。

（13）可全自动封闭运行，无噪声，无污染，维护简单，运营成本低。

（14）可以同时对系统充电和放电，充放电方式可以根据不同的应用需求进行调整。可以同时有一种或多种电输入，也可以输出多种电压。如可以用串联电池组的电压放电，而充电则可以在电池堆的另一部分用不同的电压进行。

（15）系统使用寿命长，充放循环寿命可超过10000次，远远高于固定型铅酸电池的

1000 次。目前加拿大 VRB Power Systems 商业化示范运行时间最长的钒电池模块已正常运行超过 9 年，充放循环寿命超过 18000 次。

（16）安全性高，钒电池无潜在的爆炸或着火危险，即使将正、负极电解液混合也无危险，只是电解液温度略有升高。

（17）除离子膜外，材料价格便宜，来源丰富，不需要贵金属作电极催化剂，成本低。批量化生产后成本甚至低于铅酸电池。

（18）电解液可长期使用，没有污染排放，对环境友好。

16.2.6 钒电池工作原理

钒属于ⅤB族元素，价电子结构为 $3d^3s^2$，可形成四种不同价态的钒离子，分别是 V^{2+}、V^{3+}、V^{4+} 和 V^{5+}，化学性质活跃，在酸性介质中可以形成临价态电对，V^{5+}/V^{4+} 和 V^{3+}/V^{2+}，两个电对的电位差为 1.255V。图 16-1 给出了不同价态钒离子电解液颜色以及相互反应，不同价态的钒离子溶液呈现不同的颜色，依靠相互的氧化还原反应形成不同的价态离子，V^{5+} 离子的硫酸盐稀溶液为亮黄色，V^{4+} 离子的硫酸盐稀溶液为亮蓝色，V^{3+} 离子的硫酸盐稀溶液为亮绿色，V^{2+} 离子的硫酸盐稀溶液为亮紫色。

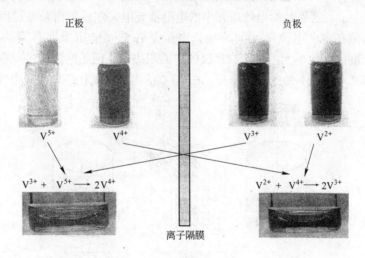

图 16-1　不同价态钒离子电解液颜色以及相互反应

氧化还原液流电池的电解液要求包含不同价态金属离子，存储的电解液在充放电过程中循环流动。钒电池全称为全钒氧化还原液流电池（Vanadium Redox Battery，缩写为 VRB），是一种活性物质呈循环流动液态的氧化还原电池。采用不同的钒离子溶液作为电池正负极活性物质，通过外连接泵，把溶液从储液槽压入电池堆体内，完成电化学反应，又回到储液槽，液态的活性物质不断循环流动；选择钒液流电池的活性物质以液态形式贮存在电对外部的储液罐中，流动的活性物质使浓差极化减至最小，电池容量取决于外部活性物质的多少，能够做出调整，钒电池正负极的标准电势差为 1.26V，其正负极活性物质溶液浓度均为 1mol/L，随着溶液浓度提升，电势差相应增加。

酸性介质中，钒的电位：

$$VO_2^+ \xrightleftharpoons{0.999V} VO^{2+} \xrightleftharpoons{0.314V} V^{3+} \xrightleftharpoons{-0.255V} V^{2+} \xrightleftharpoons{-1.17V} V$$

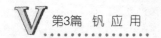

　　钒电池，全称是全钒氧化还原液流电池（Vanadium Redox Battery，VRB），是一种活性物质呈循环流动液态的氧化还原电池。钒电池（VRB）是一种可以流动的电池，VRB作为一种化学的能源存储技术，和传统的铅酸电池、镍镉电池相比，它在设计上有许多独特之处，性能上适用于多种工业场合，比如可以替代油机、备用电源等。利用 VRB 技术设计制造的 VESS 系统（Vanadium Energy Storage System，即钒能源存储系统），其设计和操作特性在 VRB 的基础之上被优化，而且集成了许多自动化的智能控制和用于管理操作的电子装置。钒电池将存储在电解液中的能量转换为电能，这是通过两个不同类型的、被一层隔膜隔开的钒离子之间交换电子来实现的。电解液是由硫酸和钒混合而成的，酸性和传统的铅酸电池一样。由于这个电化学反应是可逆的，所以 VRB 电池既可以充电，也可以放电。充放电时随着两种钒离子浓度的变化，电能和化学能可以相互转换。

　　VRB 电池由两个电解液池和一层层的电池单元组成。电解液池用于盛两种不同的电解液。每个电池单元由两个"半单元"组成，中间夹着隔膜和用于收集电流的电极。两个不同的"半单元"中盛放着不同离子形态的钒的电解液。每个电解液池配有一个泵，用于在封闭的管道中为每一个"半单元"输送电解液。当带电的电解液在一层层的电池单元中流动时，电子就流动到外部电路，这就是放电过程。当从外部将电子输送到电池内部时，相反的过程就发生了，这就是给电池单元中的电解液充电，然后再由泵输送回电解液池。在 VRB 中，电解液在多个电池单元间流动，电压是各单元电压串联形成的，标称电压是 1.2V。电流密度由电池单元内电流收集极的表面积决定，但是电流的供应取决于电解液在电池单元间的流动，而不是电池层本身。图 16-2 给出了钒氧化还原液流电池构造图。

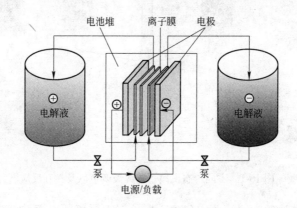

图 16-2　钒氧化还原液流电池构造图

　　正极电解液由 V(Ⅴ)和 V(Ⅳ)离子溶液组成，负极电解液由 V(Ⅲ)和 V(Ⅱ)离子溶液组成，电池充电后，正极物质为 V(Ⅴ)离子溶液，负极为 V(Ⅱ)离子溶液，电池放电后，正、负极分别为 V(Ⅳ)和 V(Ⅲ)离子溶液，电池内部通过 H^+ 导电。V(Ⅴ)和 V(Ⅳ)离子在酸性溶液中分别以 VO^{2+} 离子和 VO_2^+ 离子形式存在，故钒电池的正负极反应可表述如下：

阴极反应：
$$VO_2^+ + 2H^+ + e \Longleftrightarrow VO^{2+} + H_2O \tag{16-1}$$

阳极反应：
$$V^{3+} + e \Longleftrightarrow V^{2+} \tag{16-2}$$

VRB 电池技术的一个最重要的特点是：峰值功率取决于电池层总的表面积，而电池的电量则取决于电解液的多少。在传统的铅酸和镍氢电池中，电极和电解液被放置到一块，功率和能量强烈地依赖于极板面积和电解液的容量。但 VRB 电池不是这样，它的电极和电解液不一定必须放到一块，这就意味着能量的存放可以不受电池外壳的限制。从电力上来讲，不同等级的能量可以通过为电池层中不同的电池单元或单元组提供足够的电解液来得到。给电池层充电和放电不一定需要相同的电压。例如，VRB 电池可以用串联电池层的电压放电，而充电则可以用不同的电压在电池层的另一部分进行。全钒液流电池是一种新型储能和高效转化装置，将不同价态的钒离子溶液分别作为正极和负极的活性物质，分别储存在各自的电解液储罐中，通过外接泵把电解液泵入电池堆体内，使其在不同的储液罐和半电池的闭合回路中循环流动，采用离子交换膜作为电池组的隔膜，电解质溶液平行流过电极表面并发生电化学反应，通过双电极板收集和传导电流，使储存在溶液中的化学能转换成电能。这个可逆的反应过程使钒电池顺利完成充电、放电和再充电。图 16-3 给出了钒电池反应原理示意图。

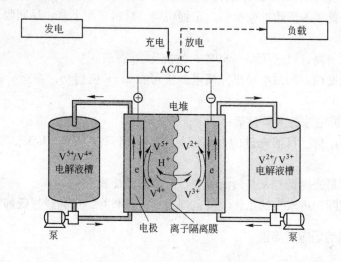

图 16-3　钒电池反应原理示意图

16.3　钒电池的应用

VRB 全钒液流储能电池系统能够经济地存储并按照需求提供大规模电力，主要模式是固定方式。它是一种长寿命、低成本、少维护、高效率的技术，支持电力与储能容量的无级扩展。VRB 全钒液流储能电池系统通过存储电能实现供需的最优匹配，对于可再生能源供应商、电网企业和终端用户尤为有效。

VRB 全钒液流储能电池系统能够应用于电力供应价值链的各个环节，可将诸如风能、太阳能等间歇性可再生能源电力转化为稳定的电力输出；是偏远地区电力供应的最优化解决方式；电网固定投资的递延，以及削峰填谷的应用。VRB 全钒液流储能电池系统也能够为变电站及通信基站提供备用电源。VRB 全钒液流储能电池系统对于环境友好，在所有的储能技术中对于生态影响程度最低，同时不以铅或镉等元素为主要反应物。

16.3.1 钒电池的特点

钒电池作为储能系统使用，具有以下特点：

（1）电池的输出功率取决于电池堆的大小，储能容量取决于电解液储量和浓度，因此它的设计非常灵活，当输出功率一定时，要增加储能容量，只要增大电解液储存罐的容积或提高电解质浓度；

（2）钒电池的活性物质存在于液体中，电解质离子只有钒离子一种，故充放电时无其他电池常有的物相变化，电池使用寿命长；

（3）充、放电性能好，可深度放电而不损坏电池；

（4）自放电低，在系统处于关闭模式时，储罐中的电解液无自放电现象；

（5）钒电池选址自由度大，系统可全自动封闭运行，无污染，维护简单，操作成本低；

（6）电池系统无潜在的爆炸或着火危险，安全性高；

（7）电池部件多为廉价的碳材料、工程塑料，材料来源丰富，易回收，不需要贵金属作电极催化剂；

（8）能量效率高，可达75%～80%，性价比非常高；

（9）启动速度快，如果电堆里充满电解液可在2min内启动，在运行过程中充放电状态切换只需要0.02s。

目前全钒液流电池的劣势包括：

（1）能量密度低，目前先进的产品能量密度大概只有40W·h/kg，铅酸电池大概有35W·h/kg；

（2）因为能量密度低，又是液流电池，所以占地面积大；

（3）目前国际先进水平的工作温度范围为5℃和45℃，过高或过低都需要调节。

16.3.2 钒电池市场应用前景

钒电池具有功率大、容量大、效率高、成本低、寿命长、绿色环保等一系列独特优点，适合于大规模电能储存，在风力发电、光伏发电、电网调峰、分布电站、军用蓄电、交通市政、通讯基站、UPS电源等广阔领域有着极其良好的应用前景。

由于全钒液流电池可以保持连续稳定、安全可靠的电力输出，用于风能、太阳能等可再生能源发电系统，解决其发电不连续、不稳定特性；用于电力系统，可调节用户端负载平衡，保证智能电网稳定运行；用于电动汽车充电站，可避免电动车大电流充电对电网造成冲击；用于高耗能企业，谷电峰用，可降低生产成本。此外，它还可应用于电信的通信基站、国家重要部门的备用电站等。

16.3.2.1 风力发电

风能发电自身所固有的随机性、间歇性特征，决定了其规模化发展必然会对电网调峰和系统安全运行带来显著影响，必须要有先进的储能技术作支撑。研究表明，如果风电装机占装机总量的比例在10%以内，依靠传统电网技术以及增加水电、燃气机组等手段基本可以保证电网安全；但如果所占比例达到20%甚至更高，电网的调峰能力和安全运行将面临巨大挑战。目前为了减少对电网的冲击，每一台风机需要配备其功率4%的后备蓄电池。

另外还需要大约相当于其功率1%的蓄电池用于紧急情况时风机保护收风叶。

电网对风电输出平稳性的要求已成为风电发展的瓶颈。随着风电的快速发展，风电与电网的矛盾越来越突出。如果需要平滑风电90%以上的电力输出，需要为风电场配置20%左右额定功率的储能电池；如果希望风电场还能具有削峰填谷的功能，将需要配备相当于40%~50%功率的动态储能电池；如果风机离网发电，则需要更大比例的动态储能电池。风机现在使用的铅酸电池容量小、寿命短、稳定性差、维护费时费力、污染大，钒电池所具备的优点，完全可以取代现有的铅酸电池，成为风电场动态储能系统的主体。

中国风电资源经初步探明10m高空约10亿千瓦，其中陆上风电资源2.35亿千瓦，沿海风电资源7.5亿千瓦；扩展到50m高空，是20亿~25亿千瓦。根据国家中长期能源规划，风电装机目标为2010年400万千瓦，2020年2000万千瓦。但实际上2008年底中国风电场累计装机1215万千瓦，当年风电新增容量625万千瓦；中国风能协会统计，2009年全国新增风电装机为800万千瓦，2009年底累计装机容量就将超过2020年的规划目标2000万千瓦。预计2020年中国风电装机会突破1亿千瓦，将占到全国发电量的10%左右。

风电产业的快速发展，特别是我国的多数风电场属于"大规模集中开发、远距离输送"，对电网的运行和控制提出了严峻挑战。大容量储能产品成为解决电网与风电之间矛盾的关键因素。即使按照风电调控最低要求计算，5%的风电储能比例，2009年储能电池的需求将达到100万千瓦，2020年储能电池的需求将达到500万千瓦；如果需要平滑90%以上的风电输出，储能电池的需求还要增加3倍以上。

16.3.2.2 光伏发电

2008年全球太阳能安装总量已累计达1500万千瓦，当年新装容量达到了550万千瓦以上，其中80%以上位于欧洲。2009年全球新安装的光伏发电系统将达到400万千瓦左右，大多数都在德国。德国将安装150万千瓦，意大利为58万千瓦，还有30万~40万千瓦将来自西班牙、美国加州和日本。2008年中国太阳能电池产量达到约260万千瓦，占世界产量的32.9%，但当年中国的光伏电池安装量只有4万千瓦，中国2010年光伏电池发电总容量达到25万千瓦，2020年太阳能发电装机容量计划达到2000万千瓦。

光伏发电依赖于太阳光，目前大型光伏发电场主要采用的是并网发电，对电网的调峰能力有比较高的要求，目前中国电力系统煤电比例较高，核电和热电机组不能参与调峰，水电、燃气发电具有比较好的调峰性能，但所占比例不高，如果光伏发电占的比例大了，会给电网调控造成非常大的困难。

光伏发电系统中储能电池的作用是贮存太阳能电池方阵受光照时发出的电能并可随时向负载供电。光伏发电对储能电池的基本要求是：（1）自放电率低；（2）使用寿命长；（3）深放电能力强；（4）充电效率高；（5）少维护或免维护；（6）工作温度范围宽；（7）价格低廉。目前与光伏发电相配套的储能主要是铅酸电池，由于功率、容量、寿命都不能满足光伏发电配套需求，钒电池将作为未来光伏发电储能电池的首选。

16.3.2.3 电网调峰

电网调峰的主要手段一直是抽水蓄能电站。由于抽水蓄能电站需建上、下两个水库，受地理条件限制较大，在平原地区不容易建设，而且占地面积大，维护成本高。为应对城市尖峰负荷，电力系统每年都要新增大量投资用于电网和电源后备容量建设，但利用率却

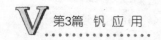

非常低。以上海为例，2004～2006年，为解决全市每年只有183.25h的尖峰负荷，仅对电网侧的投资每年就超过200亿元，而为此形成的输配电能力的年平均利用率不到2%。采用钒电池取代抽水蓄能电站，大容量储能电池应对城市尖峰负荷，不受地理条件限制，选址自由，占地少，维护成本低，还可提高能源利用效率，为国家节约巨额投资，其节地、节能、减排的效果是其他调峰措施无法比拟的。

16.3.2.4　通信基站

通信基站和通信机房需要蓄电池作为后备电源，且时间通常不能少于10h。对通讯运营商来讲，安全、稳定、可靠性和使用寿命是最重要的，在这一领域，钒电池有着铅酸电池无法比拟的先天优势。

钒电池和铅酸电池相比，在网络通信应用中优势明显：寿命长，维护简单，能量存储稳定、控制精确、自放电少，可便捷调整能量的存储量，总体使用成本低。钒电池在通信应用中能量存储成本低的优势明显。通信网络中的基站动力系统中通常使用柴油发电机，在停电时提供长时间动力。柴油机在备用动力系统投资中占了很大一部分，而且需要持续不断的机械维护以保证其可靠性；在实际应用中，柴油机的利用率很低，因此其单位时间的使用成本比较高；系统中经常使用的铅酸电池由于自放电的原因，也需要经常维护。

钒电池完全可以替代动力系统中的铅酸电池和柴油机的动力组合，提供高可靠性的直流电源的能量存储解决方案。钒电池还可以很好地与网络通信领域使用的地理分布很广、数量众多的太阳能电池进行很好的匹配，替代目前太阳能供电系统中通常使用的铅酸电池，降低维护量，减少成本，提高生产率。

16.3.2.5　UPS电源

中国经济的持续高速发展带来的UPS用户需求分散化，使得更多的行业和更多的企业对UPS产生了持续的需求。钒电池相对于铅酸电池，在功率、安全稳定性、使用寿命上都有着绝对优势。钒电池作为一个单一的能源存储元件可以针对不同需求同时提供多种不同的电压，相对于传统串联型铅酸或镍镉电池，这种优越性是显著的。

16.3.2.6　分布式电站

大型电网自身的缺陷，难以保障电力供应的质量、效率、安全可靠性要求，对于重要单位和企业，往往需要双电源甚至多电源作为备份和保障。分布式电站可以减少或避免由于电网故障或各种意外造成的断电。医院、指挥控制中心、数据处理和通讯中心、商业大楼、娱乐中心、政府要害部门、制药和化学材料工业、精密制造工业等领域是分布式电站发展的重点领域，钒电池可以在分布式电站的发展中发挥重要作用。

16.3.2.7　交通市政

目前汽车尾气排放污染已经成为大城市中的头号污染源。大力发展节能、环保的电动汽车替代传统燃油汽车，已成为人们的共识。钒电池的大容量、大电流充放、同时充放的特点技术，可以作为电动汽车、电动自行车、电动船舶等电动设备的理想充电电源。

16.4　钒电池关键材料

钒电池关键材料包括钒电解液、隔膜和电极，制造制备需要严格的技术控制和测试手段配合完成。

16.4.1 钒电池电解液

钒电池电解液全钒最初是将 $VOSO_4$ 直接溶解于 H_2SO_4 中制得的,但由于 $VOSO_4$ 价格较高,人们开始把目光转向其他钒化合物如 V_2O_5、NH_4VO_3 等。目前制备电解液的方法主要有两种:混合加热制备法和电解法。其中混合加热法适合于制取 1mol/L 电解液,电解法可制取 3~5mol/L 的电解液。

16.4.1.1 钒电解液制备

钒电解液可以通过直接溶解 $VOSO_4$ 得到,也可通过高纯 V_2O_5 和 V_2O_3 硫酸溶解反应获得,将细磨后的 V_2O_5 和 V_2O_3 按照一定的摩尔比混合,加入到 3~8mol/L 的硫酸溶液中加热至沸腾,持续数小时,使钒原料尽量溶解,冷却过滤后即可得到钒电解液。

具体化学反应如下:

$$V_2O_3 + 3H_2SO_4 \longrightarrow V_2(SO_4)_3 + 3H_2O \tag{16-3}$$

$$V_2O_5 + H_2SO_4 \longrightarrow (VO_2)_2SO_4 + H_2O \tag{16-4}$$

$$V_2(SO_4)_3 + (VO_2)_2SO_4 \longrightarrow 4VOSO_4 \tag{16-5}$$

反应 (16-3) 是 V_2O_3 和硫酸溶解化学反应,反应 (16-4) 是 V_2O_5 和硫酸溶解化学反应,反应 (16-5) 是 V(V) 和 V(Ⅲ) 发生氧化还原生成 V(Ⅳ) 反应,通过 V_2O_5 和 V_2O_3 摩尔比例调节,可以得到 V(Ⅲ) 和 V(Ⅳ) 混合电解液,V_2O_5 和 V_2O_3 摩尔比为 1 时得到 V(Ⅳ) 电解液;V_2O_5 和 V_2O_3 摩尔比为 1:3 时得到 V(Ⅳ) 和 V(Ⅲ) 各占一半的电解液。

硫酸氧钒外观为蓝色晶体粉末,在湿空气中潮解,易溶于水,微溶于乙醇、乙醚,不溶于苯和二甲苯,流动性好。

16.4.1.2 钒电解液成分测试

钒离子浓度测试采用电位滴定法,V(Ⅱ)、V(Ⅲ) 和 V(Ⅳ) 测试采用重铬酸钾标准液滴定,方法是移取待测定的溶液于烧杯中,用 10mol/L 的磷酸溶液稀释到 30mL,搅拌均匀,用重铬酸钾标准液滴定,发生如下化学反应:

$$Cr_2O_7^{2-} + 6V^{2+} + 14H^+ \Longrightarrow 2Cr^{3+} + 6V^{3+} + 7H_2O \tag{16-6}$$

$$Cr_2O_7^{2-} + 6V^{3+} + 2H^+ \Longrightarrow 2Cr^{3+} + 6VO^{2+} + H_2O \tag{16-7}$$

V(Ⅱ)、V(Ⅲ) 和 V(Ⅳ) 测试在滴定初始阶段,随着滴定液的加入,溶液电位缓慢变化,直到溶液中某种价态离子消失,溶液电位发生突跃,V(Ⅱ) 和 V(Ⅲ) 的突跃电位 $-150~150mV$,V(Ⅲ) 和 V(Ⅳ) 的突跃电位 $500~900mV$,V(Ⅱ) 和 V(Ⅳ) 突跃电位 $1000~1100mV$,由反应式可计算出 V(Ⅱ)、V(Ⅲ) 和 V(Ⅳ) 的浓度 (mol/L),分别为:

$$C_{V(Ⅱ)} = 6V_1C_1/V \tag{16-8}$$

$$C_{V(Ⅲ)} = 6V_2C_1/V \tag{16-9}$$

$$C_{V(Ⅳ)} = 6V_3C_1/V \tag{16-10}$$

式中,C_1 为重铬酸钾标准溶液浓度;V_1、V_2 和 V_3 分别是滴定 V(Ⅱ)、V(Ⅲ) 及 V(Ⅳ) 达

到终点时消耗重铬酸钾标准溶液的体积；V 是待测定钒溶液试样的体积。

V(Ⅴ)采用硫酸亚铁铵标准溶液来测定，方法是移取待测定的溶液于 50mL 烧杯中，加入 10mol/L 的磷酸溶液 10mL，加入蒸馏水 10mL，搅拌均匀，用硫酸亚铁铵标准液滴定，过程发生如下化学反应：

$$VO_2^+ + Fe^{2+} + 2H^+ \rightleftharpoons VO^{2+} + Fe^{3+} + H_2O \tag{16-11}$$

在滴定过程中，溶液电位缓慢下降，直到溶液中 V(Ⅴ)完全转变为 V(Ⅳ)，溶液电位发生突跃，V(Ⅴ)完全转变为 V(Ⅳ)的突跃电位在 750~450mV 范围，通过反应式可以计算溶液 V(Ⅴ)浓度（mol/L）：

$$C_{V(Ⅴ)} = V_4 C_2/V \tag{16-12}$$

式中，C_2 为 Fe(Ⅱ)标准溶液的浓度；V_4 为滴定终点时消耗 Fe(Ⅱ)标准液的体积；V 为待测试钒溶液体积。

总钒浓度测试方法，取一定体积待测溶液，加入 10mol/L 磷酸溶液 10mol，用蒸馏水稀释，搅拌直至溶液电位稳定，缓慢滴加 2.5% 的高锰酸钾溶液，直至溶液颜色微红，并过量约 2 滴，搅拌 10min，使电解液中 V(Ⅱ)、V(Ⅲ)和 V(Ⅳ)完全氧化为 V(Ⅴ)，加入几滴 20% 的尿素溶液，然后缓慢加入 1% NaNO₂ 溶液，直至溶液红色褪去，并过量 1 滴，搅拌 5min，消除过量高锰酸钾的影响，然后用硫酸亚铁铵标准溶液滴定至溶液电位发生突跃，计算总钒浓度（mol/L）：

$$C_{V(总)} = V_5 C_2/V \tag{16-13}$$

式中，C_2 为硫酸亚铁铵标准溶液；V_5 为滴定终点时消耗硫酸亚铁铵标准溶液体积；V 为待测溶液的体积。

钒电解液是含有不同价态的钒离子硫酸溶液，溶液中的硫酸不仅是导电介质，而且是支持电解质，酸度对钒离子的溶解度影响较大，测试确定酸度一般采用硫酸根，用过量的氯化钡，分离出硫酸钡沉淀，充分干燥后测定其中的硫酸根量，扣除与钒结合的硫酸根，依次可以计算出溶液酸度。

16.4.1.3 添加剂

选取山梨醇、甲烷磺酸、牛磺酸和柠檬酸作为添加剂，稳定溶液，添加剂含量为 2%。选择总钒浓度 2.08mol/L，V(Ⅱ)和 V(Ⅲ)各占 50%，每 10 天进行一次测试，结果表明，所有溶液的总钒离子浓度随时间增加而降低，但降低程度各不相同，不加添加剂的空白试验电解液，开始下降较快，然后变化缓慢，主要是由电解液刚开始是过饱和状态不稳定所致的；含有山梨醇、甲烷磺酸、牛磺酸和柠檬酸的电解液总钒离子浓度下降速度比空白试样缓慢，起到了一定的稳定作用，其中含有甲烷磺酸的电解液总钒离子浓度下降速度最慢，含有柠檬酸的电解液总钒离子浓度下降速度最快。

柠檬酸对 V(Ⅲ)的结晶具有促进作用，不适合作为混合电解液的添加剂；相对而言，山梨醇、甲烷磺酸和牛磺酸比较稳定，其中甲烷磺酸存在时波动最小，提高了溶液活性，适合作为混合电解液的添加剂；山梨醇加入对电解液电导率影响较小。

16.4.1.4 电化学溶液性能测试

循环伏安法将一个线性扫描电压施加在电极上，以一个电压 ϕ_i 开始，定向恒定速度扫描，达到一定电压 ϕ_r 值后，反向扫描到起始 ϕ_i，记录响应电流。假设溶液中的电极反应是简单的一级反应，以一个起始电压电压 ϕ_i 开始作正向扫描，由于双电层结构存在，刚开始时只有非法拉第电流通过，随着电位逐渐增大，活性物质在电极表面开始反应，开始出现法拉第电流，随着电位持续增大，电极反应越来越快，电流迅速增加，同时电极周围的反应物逐渐被消耗，会导致反应速度变小，出现峰电流，随后逐渐变小，当扫描至电压 ϕ_r 时，电势扫描方向发生变化，向反方向开始扫描，电极附近可被氧化的物质 R 开始增加，电极反应加速，电流逐渐增大，同时随着反应不断进行，R 不断减少，导致反应速度越来越小，电流减小，产生一个峰电流，之后 R 的浓度显著减小，电流出现衰降。

循环伏安曲线有两个重要参数，即峰电流比 I_{pc}/I_{pa} 和峰电势差 $\phi_{pc}-\phi_{pa}$，试验证明电势差变化与溶液浓度呈正比，与扩散系数和扫描速度无关。

交流阻抗方法是以小振幅的正弦电位（或者电流）为扰动信号，在平衡电位附近，对系统进行测试。采用小振幅信号使扰动信号与响应信号之间有近似线性关系；可以使得到的结果简单方便进行数学处理。阻抗技术测试可以得到较多的力学信息和电信息。

16.4.2 钒电池隔膜

钒电池的隔膜必须抑制正负极电解液中不同价态的钒离子的交叉混合，而不阻碍氢离子通过隔膜，传递电荷。这就要求选用具有良好导电性和较好选择透过性的离子交换膜，最好选用允许氢离子通过的阳离子交换膜。电池隔膜一般都以阳离子交换膜为主，也有用 Nafion 膜（Dupont）的，但后者价格较贵。对阳离子交换膜进行处理，可以提高亲水性、选择透过性和增长使用寿命，这是提高钒电池效率的途径之一。全氟磺酸型离子交换膜是由杜邦公司率先研制成功的，并以 Nafion 为其商标，是目前性能最好的一种离子交换膜。

16.4.3 钒电池电极材料

电极材料是电化学反应的场所，是电化学反应顺利进行的关键材料，要求有较大的比表面积和良好的反应活性。全钒液流电池要达到大容量的储能，必须实现若干个单电池的串联或者并联，这样除了端电极外，基本所有的电极都要求制成双极化电极。由于 VO^{2+} 的强氧化性及硫酸的强酸性，作为钒电池的电极材料必须具备耐强氧化和强酸性，电阻低，导电性能好，机械强度高，电化学活性好等特点。钒电池电极材料主要分为三类：金属类，如 Pb、Ti 等；炭素类，如石墨、碳布、碳毡等；复合材料类，如导电聚合物、高分子复合材料等。

16.4.3.1 石墨毡处理

一般认为聚丙烯腈（PAN）基石墨毡具有疏松多孔结构和耐磨蚀性能，比较适合作钒电池的电极材料，由于石墨毡的制造工艺原因，表面常附着羰基、羧基、内酯、醌、酚类和碳氢键等，影响吸水性，需要进行活化处理，改变石墨毡的亲水性和电化学活性。

石墨毡的热处理：用蒸馏水浸泡 24h，充分干燥后称重，考察吸水率；在电解液中浸泡 24h，充分干燥后称重，考察吸钒率。

石墨毡酸的处理：用浓硫酸浸泡 24h，取出后用蒸馏水浸泡 24h，取出后置于烘箱，充分干燥后称重，考察吸液率；在电解液中浸泡 24h，充分干燥后称重，考察吸钒率。

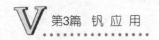

16.4.3.2 电化学性能测试

石墨毡电极的循环伏安测试，采用三电极体系，石墨毡电极为工作测试电极，铂金电极为辅助电极，饱和甘汞电极为参比电极，扫描电位为 $-1.5 \sim 1.5V$，扫描速度为 $1mV/s$。石墨毡电极交流阻抗测试：将石墨毡电极浸泡在待测溶液中直至电位基本平衡，初始电位为 $0.6V$，终止电位为 $1.1V$。石墨毡电极极化测试：将石墨毡电极浸泡在待测溶液中直至电位基本平衡，初始电位设置为平衡电位，频率区间为 $0.01 \sim 100000Hz$，振幅为 $5mV$。

石墨毡电极热处理和酸处理后平衡电位比原毡小，在正、负极电解液中的反应活性和可逆性好，热处理的交换电流大，热处理极化电阻最小，相比原毡减少了 45.5%。酸处理的极化电阻最大，相比原毡增大了 45.5%。交换电流和速度常数成正比，与极化电阻成反比，交换电流越大，反应越快，而相应的极化电阻也就越小。热处理降低了石墨毡电极的极化电阻，提高了反应活性。

交流阻抗图谱测试表明，不同石墨毡的阻抗谱均表现为两个时间常数，热处理石墨毡在中高频区和中低频区均出现一个半圆，低频区为一直线；酸处理石墨毡在中高频区出现一个较小的被压扁的圆弧，在中低频区出现一个较大的半圆，低频区为一直线；热处理的圆弧比酸处理和原毡要小。

16.4.3.3 一体化复合电极制备

导电集流板以石墨、高密度聚乙烯粉末（HDPE）、碳纤维和导电炭黑为原料，室温下按照比例配料，采用无水乙醇作为分散剂，用磁力搅拌使树脂粉末和导电填料充分混合，将混合物倒入不锈钢蒸发皿，放入干燥箱烘干，在 $100℃$ 烘干大约 $20min$，然后在模具中压制成型。再放入干燥箱烘干，在 $150℃$ 烘干大约 $15min$，取出空冷即可。

一体化复合电极包括两部分：活性电极材料和导电集流板，两者通过导电黏结层结合在一起，要求黏结牢靠，具有良好导电性。黏结剂首先用水和乙醇的混合物搅拌成糊状，均匀涂抹在导电集流板上，然后将处理好的石墨毡平稳地压在上面，保持一定的压力，在恒温箱中 $160℃$ 保持 $10min$，冷却后取出即可成为一体化复合电极。图 16-4 给出了复合电极示意图。

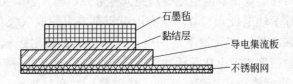

图 16-4 复合电极示意图

16.5 钒电池组装

钒电池一般由一个或者几个单体电池组成电池组，构成单体电池的主要元器件需要进行专业测试。

16.5.1 钒电池单体结构

钒电池单体内部结构见图 16-5。每个电池包括端板、集流板、复合电极、密封垫圈、带进出口的液流框和隔膜等，将单电池进行串联或者并联可以形成电池组，串联得到高的输出电压，并联得到高的输出电流。

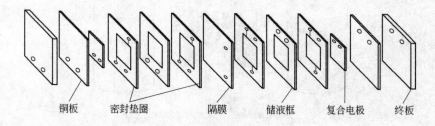

铜板　密封垫圈　隔膜　储液框　复合电极　终板

图 16-5　单电池内部结构示意图

16.5.2　静止型

钒电解液在电池中是静止的，并且在电池运行过程中可以向正负半电池分别通入惰性气体，一方面可以减少电解液浓差极化，另一方面可以在负极半电池中形成无氧环境，防止负极电解液中的二价钒离子氧化。由于静止型钒电池的电解液是静止不动的，所以很容易出现浓差极化，并且电池腔体有限，导致电池的容量不可能很大。图 16-6 给出了静态氧化还原钒电池示意图。

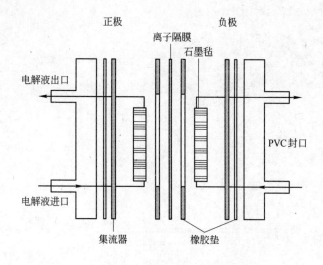

正极　　　负极

离子隔膜

石墨毡

电解液出口

PVC封口

电解液进口

集流器　　橡胶垫

图 16-6　静态氧化还原钒电池示意图

16.5.3　流动型

流动型氧化还原钒电池示意图见图 16-7。流动型钒氧化还原钒电池与静态钒电池最大区别在于电解液在充放电过程中是流动的，以此可减少浓度极化；电池容量的大小可以通过两个电解液储罐进行调节，电解液通过两个蠕动泵带动，泵动力消耗为电池总能量的 2% ~3%。

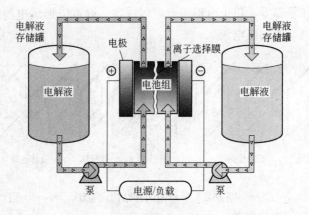

图 16-7　流动型氧化还原钒电池示意图

17 碳氮化钒与钒铝合金

钒的氧化物在还原转化过程中遵循逐级还原理论，钒氧化物的稳定性顺序为：VO > V_2O_3 > VO_2 > V_2O_5。根据热力学计算临界还原温度分别为：VO（1866.9K），V_2O_3（1464.9K），VO_2（600.5K），V_2O_5（229.9K）。以五氧化二钒为原料生产碳氮化钒过程中，还原、碳化和氮化过程相互交织，试验生产过程一般按照温度、气氛、配碳和控制原则进行产品和反应器的选择配置，有时分离部分还原功能，还原生产 V_2O_3 和 V_2O_4，有时一体化反应器完成，有时分离反应器完成。通常还原剂条件下，V_2O_5 首先被还原成 VO_2，接着 VO_2 被还原成 V_2O_3，V_2O_3 被还原形成 VO。钒氧化物的非金属还原剂包括碳、氢、煤气、硅和天然气等，碳热还原可以分为碳热钒氧化物还原法、碳热钒氯化物还原法和真空碳热还原法。一般可采用固体碳还原，如石墨或者精碳粉，也可采用气基还原，如煤气或者天然气，焦炉煤气主要成分为 H_2、CH_4 和 CO，但与天然气相比，焦炉煤气还含有较复杂的其他组分，且随炼焦用煤不同有较大变化，还与炼焦生产操作等许多条件有关。

氮化钒是以钒的氧化物 V_2O_5、V_2O_3 以及钒的化合物钒酸氨（NH_4VO_3）、多钒酸铵等为原料，以碳质、氢气、氨气、CO 等为还原剂，在高温或真空下进行还原，之后再通入氮气或氨气进行氮化而制备的。按照制备体系、原料条件的不同，制备氮化钒的方法可分为高温真空法和高温非真空法两大类，在每大类中按使用原料的不同又可分为以 C 和 V_2O_5、C 和 V_2O_3、C 和 NH_4VO_3，为固体反应物制备氮化钒的方法。

钒铝合金制备一般以五氧化二钒为原料，铝粉作还原剂，采用的方法包括铝热还原、铝热还原 + 真空感应熔炼和自燃烧法等，要求产品的高纯度、高品级和高均匀致密性。

17.1 碳化钒

钒和碳生成 VC 和 V_2C 两种碳化物：VC 中（$w(C) = 19.08\%$）存在于43% ~ 49% C（原子分数）之间，碳化钒具有面心立方结构，NaCl 型结构；V_2C（$w(C) = 10.54\%$）存在于29.1% ~ 33.3% C（原子分数）之间，为密排六方晶格，暗黑色晶体。VC 密度为 5.649g/cm³，熔点为 2830 ~ 2648℃，V_2C 密度为 5.665g/cm³，熔点为 2200℃，比石英略硬。碳化钒 V84C13 产品，固态密度为 4.0t/m³，堆密度为 1.92t/m³，块度为 38mm × 31mm × 19mm。

17.1.1 碳化钒生产工艺

国内外碳化钒生产方法各不相同，一般按照温度、气氛、配碳和控制原则进行产品和反应器的选择配置，有时分离部分还原碳化功能，还原生产 V_2O_3 和 V_2O_4，然后实施碳化功能，有的是由一体化反应器完成，有的是由分离反应器完成。

17.1.1.1 主要方法

主要方法包括：

（1）以三氧化二钒、铁粉和铁鳞为原料，碳粉为还原剂，采用高温真空法生产碳化钒，通氩气或者真空炉冷却。

（2）以五氧化二钒为原料，在回转窑内还原生成 VC_xO_y，再采用高温真空，采用高温真空法生产碳化钒，通惰性气体冷却。

（3）以五氧化二钒或者三氧化二钒为原料，还原剂为炭黑，在小型回转窑内或者坩埚中通氩气高温还原生产碳化钒。

（4）用炭（木炭、煤焦或者电极）作还原剂，高温还原五氧化二钒制取碳化钒。

（5）原料为五氧化二钒，采用氮等离子流用丙烷还原生成碳化钒。

（6）北京科技大学用五氧化二钒和活性炭为原料，在高温真空钼丝炉内生产碳化钒；原锦州铁合金厂采用真空法试制碳化钒。

碳化钒是钢和含钒合金用的一种高碳钒铁添加剂，成分为 V 83% ~ 86%，C 10.5% ~ 13%，Fe 2% ~ 3%。生产方法是用天然气在回转窑内，于 600℃ 下将 V_2O_5 还原成 V_2O_4，然后在另一座回转窑内于 1000℃ 用天然气将 V_2O_4 还原成钒碳氧化合物。钒碳氧化合物按计算加入焦炭或石墨。加碳量比碳氧反应计算值过量 1%。钒碳氧与石墨的混合物加压成块，放在真空炉中加热至 1000℃ 即制成碳化钒。美国联合碳化物公司生产的碳化钒的典型成分为：V 84.5%，C 12.25%，Si 0.05%，Al 0.005%，S 0.004%，P 0.004%，Fe 2.5%。合金外形为扁饼状。密度为 4.58g/cm³。碳化钒压块包装成袋，每袋含钒 25lb 和碳 3.7lb❶，可不再分析，直接加入炉内或钢包中使用。碳化钒与钒铁相比价格较便宜，加入钢液后溶解较快，钒收得率较高。

17.1.1.2 配碳计算

纯碳化钒是通过氢化钒粉末和碳在真空中参碳制成，在 800℃ 转化成碳化钒，C：V = 0.72 ~ 0.87（摩尔比），化学反应式为：

$$V_2O_3 + 4C \Longrightarrow V_2C + 3CO \tag{17-1}$$

实际配碳量为理论量的 90% ~ 110%。

17.1.1.3 物料及工艺参数要求

美国联合碳化物公司采用真空炉方法生产碳化钒，用 V_2O_3、铁粉和碳粉为原料，在真空炉 1350℃ 保温 60h，得到碳化钒。

南非瓦米特克（Vametco）矿物公司是美国战略矿物公司（STRATCOR）的一个子公司，专业生产碳化钒，具体方法是用天然气在 600℃，在回转窑内将 V_2O_5 还原形成 V_2O_4，然后在另一回转窑内在 1000℃ 将 V_2O_4 还原成 VC_xO_y 化合物，而后配加焦炭或者石墨，压块在真空炉中加热至 1000℃，得到碳化钒产品。生产的碳化钒成分见表 17-1。

表 17-1 碳化钒成分

成 分	V	C	Al	Si	P	S	Mn
质量分数/%	82 ~ 86	10.5 ~ 14.5	<0.1	<0.1	<0.05	<0.1	<0.05

❶ 1lb = 0.45359237kg。

美国专利 US3334992 真空法生产碳化钒，原料要求粒度小于 0.2mm，其中三氧化二钒粒度小于 0.2mm，铁粉小于 0.15mm，铁鳞小于 0.074mm，还原剂碳粉小于 0.074mm，加入 1.5%～2% 的特制黏结剂，15%～20% 的水，压块 51mm×51mm×38mm，120℃ 烘干，除去 95% 的水分，置于真空炉中，抽真空至 8～27Pa，升温至 1385℃，保温 18～60h，炉内压力为 67～1600Pa，当炉内压力 8～24Pa 时停止加热，通氩气或者真空炉冷却出炉，碳化钒产品：$w(V) = 85\%$，$w(C) = 12\%$，$w(N) = 0.1\%$。

美国专利 US3342553 真空还原生产碳化钒，以片状五氧化二钒为原料，还原温度保持 565～621℃，还原时间为 60～90min，在 1040～1100℃ 生成 VC_xO_y（$x = 0.4～0.6$，$y = 0.4～0.8$），还原时间为 100～180min，在非氧化性气氛下冷却。配碳量不超过理论的 10%，炭黑或者石墨粒度小于 0.043mm 的部分要大于 60%，真空加热温度为 1370～1483℃，不断抽气，真空维持压力；当压力达到 7Pa 时停止加热，通入惰性气体冷却，碳化钒产品的碳质量分数为 8%～15%，密度为 4.0～4.5g/cm³。

美国专利 US 提出保护气氛还原法制备碳化钒，钒原料采用五氧化二钒或者三氧化二钒，粒度控制在小于 0.2mm，还原剂用炭黑，粒度控制在小于 0.074mm，原料经过混合压块，装在坩埚或者小型回转窑中，通氩气或者其他惰性气体，加热至 1400～1800℃，可得到碳化钒产品：$w(V) = 77.31\%～85.68\%$，$w(C) = 10.22\%～21.66\%$，$w(O) = 1.58\%～4.48\%$，$w(Fe) = 1.7\%～2.57\%$，不同铁粉（粒度小于 0.42mm）配入量可以不同程度提高产品的强度和粒度。

美国专利 US3565610 提出碳还原法，用炭（木炭、煤焦或者电极）作还原剂，高温还原五氧化二钒制取碳化钒（V_2C），还原温度为 1200～1400℃，碳化钒产品：$w(V) = 70\%～85\%$，$w(C) = 5\%～20\%$，$w(O) = 2\%～10\%$。

俄罗斯采用氮等离子流用丙烷还原生成碳化钒，气体载体为纯氮，流速为 3.0g/min，粉状五氧化二钒与丙烷按照一定的比例混合，沿反应器轴线加入，至电弧加热器等离子射流碰撞区，在 2600～3500K 温度区发生反应，生成碳化钒，当温度低于 2600K，碳化钒中氮增加，生成 VCN。

北京科技大学采用真空法生产碳化钒，用五氧化二钒和活性炭为原料，在高温真空钼丝炉内生产碳化钒（V_2C），配料比 $r_{V_2O_5} : r_C = 1 : 5.5$（摩尔比），还原温度为 1673K，真空度为 1.33Pa，V_2O_5 与 C 混合均匀，用聚乙烯醇作黏结剂加 20% 的水搅拌，并在液压机压制成块，烘干块料，放入石墨坩埚中，置于真空炉内，最终得到碳化钒：$w(V) = 86.41\%$，$w(C) = 7.10\%$，$w(O) = 6.48\%$。

17.1.2 碳化钒生产原理

五氧化二钒具有毒性，熔点低（650～690℃），在 700℃ 以上容易挥发，以 V_2O_5 为原料进行炭化时炭化温度高于 700℃，常因为挥发造成损失，所以需要真空条件，或者还原形成低价钒后再行碳化，V_2O_5 在低温时还原形成 VO（熔点 1790℃）、V_2O_3（熔点 1970～2070℃）、VO_2（熔点 1545～1967℃），可以有效控制还原碳化过程。

17.1.2.1 直接还原

配入原料的碳与钒氧化物发生直接还原反应，钒氧化物碳热直接还原步骤及化学反应：

$$V_2O_5 + C \rlap{=\!=\!=} 2VO_2 + CO\uparrow \tag{17-2}$$

$$\Delta G_T^{\ominus}(C) = 49070 - 213.42T \quad (J/mol)$$

$$2VO_2 + C \rlap{=\!=\!=} V_2O_3 + CO\uparrow \tag{17-3}$$

$$\Delta G_T^{\ominus}(C) = 95300 - 158.68T \quad (J/mol)$$

$$V_2O_3 + C \rlap{=\!=\!=} 2VO + CO\uparrow \tag{17-4}$$

$$\Delta G_T^{\ominus}(C) = 239100 - 163.22T \quad (J/mol)$$

$$VO + C \rlap{=\!=\!=} V + CO\uparrow \tag{17-5}$$

$$\Delta G_T^{\ominus}(C) = 310300 - 166.21T \quad (J/mol)$$

$$V_2O_5 + 7C \rlap{=\!=\!=} 2VC + 5CO\uparrow \tag{17-6}$$

$$\Delta G_T^{\ominus}(C) = 79824 - 145.64T \quad (J/mol)$$

重要步骤：

$$V_2O_5(s) + C(s) \rlap{=\!=\!=} V_2O_4(s) + CO(g)\uparrow \tag{17-7}$$

$$\Delta G_T^{\ominus}(C) = 4940 - 41.55T + RT\ln(p_{CO}/p_0) \quad (J/mol)(345 \sim 943K)$$

$$VO(s) + 2C(s) \rlap{=\!=\!=} VC(s) + CO(g)\uparrow \tag{17-8}$$

$$\Delta G_T^{\ominus}(C) = 186697 - 151.42T + RT\ln(p_{CO}/p_0) \quad (J/mol)$$

17.1.2.2 间接还原

由于钒氧化物碳热还原反应生成 CO，钒氧化物与 CO 发生碳热间接还原步骤及化学反应：

$$V_2O_5(s) + CO(g) \rlap{=\!=\!=} V_2O_4(s) + CO_2(g)\uparrow \tag{17-9}$$

$$\Delta G_T^{\ominus}(C) = 69250 - 173.63T + RT\ln(p_{CO_2}^2/p^{\ominus}) \quad (J/mol)$$

$$VO(s) + 3CO(g) \rlap{=\!=\!=} VC(s) + 2CO_2(g)\uparrow \tag{17-10}$$

$$\Delta G_T^{\ominus}(C) = 139380 - 188.40T + RT\ln(p_{CO_2}^2/p_{CO}^2) \quad (J/mol)$$

钒氧化物间接还原起始温度与 p_{CO} 和 p_{CO_2} 有关，根据布都尔反应：

$$C + CO_2 \rlap{=\!=\!=} 2CO \tag{17-11}$$

温度高于 710℃，CO_2 不能稳定存在，反应向左进行，在更高温度下，只要碳过剩，p_{CO} 就远远大于 p_{CO_2}，间接反应就能顺利进行。

用 V_2O_3 生产碳化钒（VC），总化学反应式如下：

$$V_2O_3 + 5C \rlap{=\!=\!=} 2VC + 3CO \tag{17-12}$$

$$\Delta G^{\ominus} = 655500 - 475.68T$$

$$\Delta G^{\ominus} = 0 \quad T = 1378K = 1105℃$$

$$\Delta G_T^{\ominus} = 655500 + (57.428\lg p_{CO} - 475.68)T$$

用 V_2O_3 生产碳化钒（VC），p_{CO} 与起始温度关系见表 17-2。

用 V_2O_3 生产碳化钒（V_2C），总化学反应式如下：

$$V_2O_3 + 4C = V_2C + 3CO \qquad (17\text{-}13)$$

$$\Delta G^\ominus = 713300 - 491.49T$$

$$\Delta G^\ominus = 0 \qquad T = 1451K = 1178℃$$

$$\Delta G_T^\ominus = 713300 + (57.428\lg p_{CO} - 491.49)T$$

表 17-2　用 V_2O_3 生产碳化钒（VC）p_{CO} 与起始温度关系

p_{CO}/Pa	开始反应温度 T/K	p_{CO}/Pa	开始反应温度 T/K
1.013×10^5	1378	1.013×10^2	1012
1.013×10^4	1230	1.013×10^1	929
1.013×10^3	1110	1.013×10^0	859

用 V_2O_3 生产碳化钒（V_2C）p_{CO} 与起始温度关系见表 17-3。

表 17-3　用 V_2O_3 生产碳化钒（V_2C）p_{CO} 与起始温度关系

p_{CO}/Pa	开始反应温度 T/K	p_{CO}/Pa	开始反应温度 T/K
1.013×10^5	1451	1.013×10^2	1075
1.013×10^4	1299	1.013×10^1	989
1.013×10^3	1176	1.013×10^0	916

17.1.2.3　碳热钒氧化物还原

用碳还原钒氧化物达到一定程度会形成稳定碳化钒（VC 或者 VC_2），CO 的稳定性超过钒氧化物，钒氧化物碳热还原经历 $V_2O_5 \rightarrow V_2O_4 \rightarrow V_2O_3 \rightarrow VO \rightarrow V(O)(s) \rightarrow V$，钒氧化物、碳氧化物生成自由能见图 12-2。

钒碳化物碳热还原经历 $VC \rightarrow VC_2 \rightarrow V(C)(s) \rightarrow V$，碳热还原的基本化学反应可以用下式表示：

$$1/yV_xO_y + C = x/yV + CO \qquad (17\text{-}14)$$

当温度低于 1000℃，化学反应如下：

$$V_2O_5 + CO = 2VO_2 + CO_2 \qquad (17\text{-}15)$$

$$2VO_2 + CO = V_2O_3 + CO_2 \qquad (17\text{-}16)$$

当温度高于 1000℃，化学反应如下：

$$V_2O_3 + 5C = 2VC + 3CO \qquad (17\text{-}17)$$

$$2V_2O_3 + VC = 5VO + CO \qquad (17\text{-}18)$$

$$VO + 3VC = 2V_2C + CO \qquad (17\text{-}19)$$

$$VO + V_2C = 3V + CO \qquad (17\text{-}20)$$

17.1.2.4　真空碳热还原法

真空碳热还原法是制备碳化钒的重要方法之一。把 V_2O_5 先用氢还原成 V_2O_3，再与炭黑混合，在真空炉中经高温还原，制得碳化钒块。

VO 的碳还原反应为：

$$VO(s) + C(s) \Longrightarrow V(s) + CO(g) \tag{17-21}$$

因为：

$$2V(s) + O_2(g) \Longrightarrow 2VO(s) \quad (1500 \sim 2000K) \tag{17-22}$$

$$\Delta G_{22}^{\ominus} = -803328 + 148.78T(J/mol)$$

$$2C(s) + O_2(g) \Longrightarrow 2CO(g) \tag{17-23}$$

$$\Delta G_{23}^{\ominus} = -225754 - 173.028T(J/mol)$$

则用碳质还原剂还原 V_2O_5 或 V_2O_3，在标准状态下，最高开始还原温度 T 为 1794.77K（1521.77℃）。

要降低开始还原温度，其方法是降低体系中气相的压力，即降低 CO 的分压 p_{CO}。不同的 p_{CO} 对应有不同的开始还原温度。

17.1.3 生产系统

碳化钒生产一般比较小，生产系统设备主要包括：回转窑、小型竖炉、TBY 炉和真空炉等，辅助系统主要包括：动力系统、计量系统、混料系统、控制系统、液压制块系统、料仓系统和包装系统。

17.2 氮化钒

氮化钒是以钒的氧化物 V_2O_5、V_2O_3 以及钒的化合物钒酸铵（NH_4VO_3）、多钒酸铵等为原料，以碳质、氢气、氨气、CO 等为还原剂，在高温或真空下进行还原，之后再通入氮气或氨气进行氮化而制备的。制备氮化钒的方法根据制备体系、条件的不同可分为高温真空法和高温非真空法两大类，在每大类中按使用原料的不同又可分为以 C 和 V_2O_5、C 和 V_2O_3、N_4H_3VO，为固体反应物制备氮化钒的方法。

钒氮合金是一种新型合金添加剂，氮化钒有两种晶体结构：一是 V_3N，六方晶体结构，硬度极高，显微硬度约为 1900HV，熔点不可测；二是 VN，面心立方晶体结构，显微硬度约为 1520HV，熔点为 2360℃。

17.2.1 氮化钒生产工艺

氮化钒生产是在钒氧化物还原碳化的基础上进行的，美国联合碳化物公司分别用三种方法生产氮化钒：

（1）以 V_2O_3、铁粉和炭粉为原料，在真空炉 1350℃保温 60h，得到碳化钒。然后将温度降至 1100℃时通入氮气渗氮，并在氮气氛中冷却，得到含 78.7%V，10.5%C，7.3%N 的氮化钒。

（2）用 V_2O_5 和 C 的混合物在真空炉内加热到 1100～1500℃，抽真空并通入氮气渗氮，重复数次，得到含 C 和 O 小于 2% 的氮化钒。

（3）用钒化合物（V_2O_3 或 V_2O_5 或 NH_4VO_3）在 NH_3 或者 N_2 和 H_2 混合气氛下，一部分高温还原成氮氧钒，再与含碳化物混合，在惰性气氛或者氮气气氛下，于真空炉内高温处理，制得含 7%C 的氮化钒。

印度 Bhabha 原子研究所在 1500℃ 高温下碳热还原渗氮制取氮化钒；荷兰冶金研究所用五氧化二钒或者偏钒酸铵为原料，采用还原气体在流化床或者回转管中于 800～1200℃，还原制取了 74.2%～78.7%V，4.2%～16.2%N，6.7%～18.0%C 的氮化钒。

传统的高温、真空碳热还原法制备氮化钒的工艺有不少欠缺，如：

（1）长达几十个小时的反应周期，导致劳动生产率低；

（2）过长的反应周期造成能耗过大；

（3）长时间的高温过程对设备损耗大；

（4）设备的一次性投入大，生产成本高，产品竞争力下降。氮化钒生产新工艺力求突破真空条件，降低工艺的适应性条件。

17.2.2 氮化钒生产原理

$$VO(s) + C(s) + 1/2N_2(g) \Longrightarrow VN(g) + CO(g) \tag{17-24}$$

$$\Delta G_T^{\ominus}(C) = -64830 - 7.36T + RT[(\ln p_{CO}) - 1/2\ln p_{N_2}](J/mol)$$

氮化钒是渗氮钢中常见的氮化物，它有两种晶体结构：一是 V_3N，六方晶体结构，硬度极高，显微硬度约为 1900HV，熔点不可测；二是 VN，面心立方晶体结构，显微硬度约为 1520HV，熔点为 2360℃。它们都具有很高的耐磨性，钒钢经过氮化处理后可以极大地提高钢的耐磨性能。

当钒碳氧和石墨的压块在烧结过程中往炉内通入氮气，就可以制成氮化钒，它含 V 78%～82%，C 11%～12%，$N_2 \geqslant 6.0\%$。

在 V-C 体系中存在的碳化物为 V_2C 和 VC，但是当碳含量高时其稳定相为 VC，极少量的金属钒。VC 的生成反应和标准生成自由能 $\Delta G_5^{\ominus}$：

$$V(s) + C(s) \Longrightarrow VC(s) \tag{17-25}$$

$$\Delta G_{13}^{\ominus} = -102090 + 9.581T(J/mol)$$

可见金属钒的碳化过程为放热过程。

在 V-N 体系中，氮化钒为复杂组态的氮化物 VN_x，其中 x 值在 0.5～1 之间，此值与体系的氮分压 p_{N_2} 和温度 $t(℃)$ 有关：在一定的温度 t 下，p_{N_2} 增大时 x 值也增大；当 p_{N_2} 一定时，t 升高则 x 值减少。一般认为，在 V-N 体系中的稳定相为 VN，其生成反应和标准生成自由能 $\Delta G_{14}^{\ominus}$ 为：

$$V(s) + 1/2N_2(g) \Longrightarrow VN(s) \tag{17-26}$$

$$\Delta G_{14}^{\ominus} = -214639 + 82.425T(J/mol)$$

可见钒的氮化过程亦为放热过程。

17.2.3 生产系统

氮化钒生产规模一般比较小，生产系统设备主要包括：回转窑、小型竖炉、TBY 炉和真空炉等，辅助系统主要包括：动力系统、计量系统、混料系统、控制系统、液压制块系统、料仓系统和包装系统。

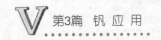

17.3 氮化钒铁

氮化钒铁可以采用合金氮化法获得，合金氮化法包括固态掺氮法和液态掺氮法，固态掺氮法包括滚筒法、沟槽法、脱碳块法和还原法；液态掺氮法包括吹洗熔体法、金属热还原法和吹洗表面法，以及在烧结过程掺氮（自扩散高温合成法）的 CBC 法。

制备氮化钒铁的 CBC 法是在密闭容器内通入高压（$p'_{N_2} = 10^5 Pa$ 液态氮），通过氮化反应放出的热量使钒铁粉末生成氮化物的程度随温度的升高而降低，CBC 法不需要很高的温度，但需要保证掺氮通道和化学计量组分要求，氮化钒铁的自扩散高温合成法制成的氮化钒铁氮含量较高，合金具有较好的密度，氮化时间短，电耗低，能以较高水平精准控制氮含量。

17.3.1 制备氮化钒铁的原理

氮化物的形成以纯金属在氮气中燃烧为先决条件，反应式如下：

$$x R + y/2 N_2 \Longrightarrow R_x N_y \tag{17-27}$$

$$\lg \alpha_{R_x N_y} / (\alpha_R^x \alpha_N^{y/2}) = -\Delta G_T^{\ominus} / (2.3RT) \tag{17-28}$$

当 $\alpha_{R_x N_y} = 1$；$p_{N_2} = 10^5 Pa$ 和 $p'_{N_2} = 10^7 Pa$ 时，按照吉布斯自由能变化 $\Delta G_T^{\ominus}$ 计算平衡常数，生成 VN，$\lg K = 9134/T - 4.38$，$p_{N_2} = 10^5 Pa$，吸收温度为 2085K，$p'_{N_2} = 10^7 Pa$，吸收温度为 2702K；生成 $VN_{0.5}$，$\lg K = 6780/T - 2.32$，$p_{N_2} = 10^5 Pa$，吸收温度为 2992K，$p'_{N_2} = 10^7 Pa$，吸收温度为 3725K。

17.3.2 制备氮化钒铁的方法

CBC 法生产氮化钒铁工艺设备流程包括：
（1）破碎机，将钒铁合金破碎至一定粒度；
（2）气流粉碎机，继续破碎合金；
（3）分级机和粉尘分离器，选出一定粒度且粒度均匀的合金粉末；
（4）储斗和排料斗；
（5）CBC 反应器，进行氮化反应，生成氮化合金粉末；
（6）压缩装置，压缩氮气使氮气具有一定压力。

氮化反应是放热反应，初始料层通过自扩散燃烧分层氮化，高温过程有助于部分产物熔化，加速密结，得到沿断面没有氮浓度梯度的结构均匀材料，氮饱和依靠氮化物生成放热，初始产物掺氮反应是同步和瞬间过程。一个 $0.2 m^3$ 的容量装置中掺氮速度为 $0.5 t/h$，密封条件可以避免原料损失和污染。

17.3.3 氮化钒铁成分控制

用 CBC 掺氮产品氮化钒铁特点：
（1）高密度（$6.2 \sim 7.0 g/cm^3$）；
（2）高氮含量（$w(N)$ 为 $10\% \sim 11\%$）；
（3）低气孔率（$1\% \sim 3\%$）。

17.4 钒铝合金

钒铝合金外观呈银灰色金属光泽，块状，随合金中钒含量的增高，其金属光泽增强，硬度增大，氧含量提高。钒含量大于 85% 时，产品不易破碎，长期存放表面易产生氧化膜。VAl55 ~ VAl65 牌号粒度范围为 0.25 ~ 50.0mm；VAl75 ~ VAl85 牌号粒度范围为 1.0 ~ 100.0mm。

17.4.1 生产原理

用铝作还原剂时，钒氧化物的还原反应如下：

$$3V_2O_5 + 2Al \Longrightarrow 3V_2O_4 + Al_2O_3 \tag{17-29}$$

$$3V_2O_4 + 2Al \Longrightarrow 3V_2O_3 + Al_2O_3 \tag{17-30}$$

$$3V_2O_3 + 2Al \Longrightarrow 6VO + Al_2O_3 \tag{17-31}$$

$$3VO + 2Al \Longrightarrow 3V + Al_2O_3 \tag{17-32}$$

$$3V_2O_5 + 10Al \Longrightarrow 6V + 5Al_2O_3 \tag{17-33}$$

三氧化二钒同样是稳定的钒氧化物，可以用作金属钒生产原料。钒氧化物的还原反应如下：

$$V_2O_3 + 2Al \Longrightarrow 2V + Al_2O_3 \tag{17-34}$$

有氯酸钾作为催化剂时，钒氧化物的还原反应如下：

$$KClO_3 + 2Al \Longrightarrow KCl + Al_2O_3 \tag{17-35}$$

17.4.2 生产方法

钒铝合金是生产钛合金如 Ti-6Al-4V 用的钒添加剂。根据钒含量分为 50%、65% 和 85% 三级，余量为铝。钒铝合金的气体含量低，其他杂质如 Fe、Si、C、B 等要满足钛合金的要求。生产钒铝合金用的五氧化二钒是将工业产品再提纯，使杂质含量达到规定范围的高纯五氧化二钒。铝要用高纯度铝。生产场地要保持洁净，避免杂质污染。

先用铝热法生产 85% V-Al 合金。再将 85% V-Al 合金与铝在 500kg 真空感应炉内熔炼成规定钒含量的钒铝合金。重熔的目的除脱气外，主要是使合金成分均匀，要求钒含量的偏差小于 0.5%。脱气处理时，炉内真空度为 0.266Pa（2×10^{-3}Torr）。合金锭经过破碎、筛分，筛下物不要，粒度 0.2 ~ 6mm 的钒铝合金经磁选去除有磁性（铁高）的合金粒，再经紫外线和荧光检查，挑除有非金属夹杂物的合金粒，包装出售。

17.4.2.1 铝热法

采用五氧化二钒（V_2O_5）、铝粉（Al）和造渣剂（CaF_2）为原料，准确配料配热后混合均匀，置于带金属外壳和内衬耐火材料的反应器中，在大气中铝热还原，冷却后精整得到钒铝合金和还原渣。优点在于原料设备工艺简单，缺点在于产品质量均匀性差，某些杂质元素含量较高，环境污染较大。

17.4.2.2 两步法

铝热法与真空感应熔炼法结合，德国于 1957 年开始研究钒铝合金，20 世纪 60 年代确

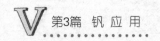

立了两步法工艺，将铝热法制得的 Al-V 中间合金进行进一步提纯，通过对铝热法生产的 85% 的高钒铝合金进行二次真空感应精炼，过程加铝调节，制造出所需配铝成分的钒铝合金。优点在于产品质量均匀，纯度高；缺点在于增加再处理工序，成本较高。

17.4.2.3 自燃烧法

采用五氧化二钒（V_2O_5）和铝粉（Al）为原料，真空条件下直接燃烧，可以制取成分均匀、纯度高和致密性好的钒铝合金。

17.4.2.4 专利技术

德国 GFE 电气冶金有限责任公司 1985 年发表两步法钒铝合金专利，1987 年申请美国专利"钛基合金生产用中间合金及其制备方法"，该中间合金 Mo 含量高，并能够在钛合金生产中熔化和分散。基础合金成分：25% ~ 36% Mo，15% ~ 18% V，7% Ti，其余为 Al，其中 Mo 含量为 V 含量的 1.4 倍，熔点约为 1500℃。

美国 Reading 合金公司 1981 年申请美国专利"钒-铝-钌中间合金制备方法"，合金包含难熔金属钌，生产过程是氧化钒与铝之间的铝热反应，中间加入钌，得到理想的钒-铝-钌中间合金，基础成分为 59% ~ 70% V，29% ~ 40% Al，1% ~ 10% Ru。

美国 Teledyne 工业公司 1993 年申请美国专利"钒-镍-铬中间合金制备工艺"，用五氧化二钒、镍粉、铬粉与少量铝发生铝热反应，制备中间合金，基础成分为 4% ~ 17% V，5% ~ 12% Cr。

17.4.2.5 主要钒铝合金规格

美国钒公司 Stratcor 公司是钒铝中间合金的重要生产商，生产线安装了 LumenX 数字式 X 射线检测系统，在美国获得 ISO 9002 质量认证，专业为钛合金公司提供高质量钒铝合金。生产的钒铝合金产品技术规范为：粒度 1/4 × 212mm，包装：450kg/桶，65% Al-V，34% ~ 39% Al，60% ~ 65% V，颜色深紫色，通过数字式 X 射线检测系统测试；85% V-Al，粒度 8 × 0.300mm，包装：450kg/桶，65% Al-V，13% ~ 16% Al，82% ~ 85% V，颜色深紫色，通过数字式 X 射线检测系统测试。

国内钒铝中间合金牌号有 AlV50、AlV70 和 AlV80。块状 AlV50 的粒度在 1 ~ 50mm 之间，AlV70 和 AlV80 粒度一般不超过 100mm，1mm × 1mm 的质量不超过总质量的 3%，铁桶包装为 40kg/桶。

17.4.2.6 不同合金制备工艺产品质量比较

三种方法生产的钒铝合金化学成分比较见表 17-4。

表 17-4 钒铝合金化学成分比较

生产方法	合金粒度/mm	合金成分/%					
		V	Fe	Si	O	C	Al
自燃烧法	0.83 ~ 3	55.47	0.18	0.14	0.06	0.03	余量
二步法	0.25 ~ 6	50.50	0.27	0.17	0.06	0.01	余量
铝热法	0.83 ~ 3	56.74	0.24	0.25	0.13	0.07	余量

第4篇 钒产业发展

18 攀枝花钒钛资源特征

考古发现证明,攀枝花是人类活动较早的地区;除邻近地区已发现的"元谋人"、"蝴蝶人"遗迹外,在攀枝花市内还发现了距今约 1.8 万 ~ 1.2 万年前的回龙洞寺古人类遗址。攀西裂谷一带地方属于人类最早活动的一个区域,也是原始人群南北迁徙、东西交往的走廊。这里的人类活动,最早见于文字的有:《山海经·海内经》关于黄帝长子昌意降居若水(今雅砻江下游及其与金沙江汇合后的一段河道),并生帝颛顼的神话;《尚书·周书·牧誓》关于居住在这一带地方的髳、微、濮人参加武王伐纣的传说。清末,宣统元年(1909 年)盐源境置盐边厅。1913 年改盐边厅为盐边县,改会理州为会理县。今米易安宁河西,为西昌县辖地;河东为会理县辖地,同属建昌道。1935 年,盐边县、会理县、西昌县改属四川省第 18 行政督察区。1939 年 1 月 1 日建西康省,三县又改属西康省第三行政督察区,改迷易巡司为迷易所。中华人民共和国成立初期,攀枝花市境仍分属川滇两省。1951 年在会理、德昌部分地区,建立迷易县,次年更名为米易县,隶属于西康省西昌专区。1955 年,西康省撤销,会理、米易及盐边等县,随西昌专区重隶四川省。市境江北西部地区,初属云南省丽江专区华坪县,江南地属楚雄专区永仁县。1958 年,合永胜、华坪两县为永华县,永仁县并入大姚县,市境两地亦随之改属。

1964 年中央决定建立攀枝花市,由原四川省(西康省)和云南省部分地区组成,基本构成为三区两县,即东区、西区、仁和区、米易县和盐边县。攀枝花市是中国四川省直管地级市,位于中国西南川滇交界部,金沙江与雅砻江汇合处,北纬 26°05′ ~ 27°21′,东经 101°18′ ~ 102°15′。

18.1 攀枝花地质演变

6 亿年前构成中国大陆的中朝、扬子、青藏、塔里木板块尚未连成一体,攀枝花处在扬子板块边缘;2.5 亿年前后,扬子板块向北漂移,与中朝板块接近,西部古特提斯洋板块东来,俯冲扬子板块,攀枝花上部地壳基底薄弱带断裂,地心岩浆喷出,形成宏大岩浆杂岩带,地表呈现熔岩高原地貌。随后出现正断裂活动和沉积作用,隆起岩浆杂岩带西侧，攀枝花断裂首先在宝鼎、红坭和红格形成裂谷盆地；东侧安宁河断裂随之成谷，形成W形构造，演变为南北长300km和东西宽100km的攀西裂谷。2亿年前后南来的羌塘-昌都陆块沿金沙江缝合带与扬子板块碰撞，川西地区被抵压成山，攀西高原深谷地貌消失，形成前陆坳陷盆地。200万年左右，印度板块沿雅鲁藏布江缝合带与欧亚板块碰撞，攀西沉积盖层一起被挤成褶皱和冲断，在西缘形成木里-盐源推复体，最终形成攀西安宁河裂谷；裂谷作用是重要的造矿工程，攀西裂谷经过孕育、破裂和掩埋，形成品类繁多、系列齐全和规模巨大的内生、外生和再生矿藏。在裂前穹状隆起阶段，地球深处幔源岩浆上涌，但未穿过地面，形成与岩浆结晶分异和重力堆积有关的钒钛磁铁矿和铜镍铂族成矿系列。裂谷作用形成多种矿床，攀西裂谷具有对称性分布特征；轴部地带为钒钛磁铁矿、铜镍矿及稀有稀土金属为主的内生矿床，两侧为以煤为主的外生矿床，边界带上则以铁矿、铜矿和铅锌矿为主的火山型-沉积型的再生矿床。

18.2　勘探定性

攀枝花矿产资源为世人注目已久，从1872年至1949年末，在攀西地区进行地勘的外国人有德国的李希霍芬，匈牙利的劳策，法国的乐尚德，瑞士的汉威。在攀西地区进行地勘的中国人有丁文江、谭锡畴、李春昱、李承三、黄汲清、常隆庆、刘之祥和程裕祺等。

1912年出版的《盐边厅乡土志》写道："磁石（磁铁矿），亦名戏（吸）石，产白水江（即今金沙江）边，能戏（吸）金铁。"1936年地质学家常隆庆、殷学忠调查宁属矿产，在攀枝花倒马坎矿区见到与花岗岩有关的浸染式磁铁矿，并在《宁属七县地质矿产》一文中论及："盐边系岩石，接近花岗石。当花岗石浸入时，金铁等矿物浸入岩石中，成为矿脉或浸染矿床，故盐边系中，有山金脉及浸染式之磁铁矿、赤铁矿等。"

1940年6月，汤克成及助手姚瑞开奉资源委员会川康铜业管理处之命，到宁属调查矿产。在从盐边返回会理途经攀枝花时，于山谷间见有多量铁粒，踪其源，发现铁矿露头，因之以10余天的时间履勘了攀枝花及倒马坎两矿区，并略测地质图各一幅，推算两矿区的磁铁矿和磁黄铁矿储量为1000万吨左右，并写成《西康省盐边县攀枝花倒马坎一带铁矿区简报》。1942年，汤克成与刘振亚、陆凤翥等奉资源委员会西康钢铁厂筹备处之命，再次到攀枝花矿区进行勘测，经过20天的野外工作，测制了攀枝花矿区1/5000地质图、倒马坎矿区1/2500地质图，写出了《盐边攀枝花及倒马坎矿区地质报告》，认定铁矿成因为岩浆分异矿床，估计铁矿储量可达4000万吨。从1940年8月17日到11月11日对宁属地质矿产进行了调查，经河西、盐源县、白盐井、梅雨铺、黑盐塘、黄草坝、永兴场、盐边县、新开田、棉花地、弄弄坪等地，于9月6日到达攀枝花村，对尖包包、营盘山（兰家火山）、倒马坎等矿区的磁铁矿及硫黄铁矿露头进行了勘察，以罗盘仪、气压表、皮尺等简单仪器做了测量，绘制了地形和地质草图，在铁矿露头处照了相。

1941年8月，刘之祥用中、英两种文字印行了《滇康边区之地质与矿产》论著。文中写道："此次则限于宁属南部之康滇边区……费时八十七日，共行一千八百八十五里。""矿产方面，则发现弄弄坪之沙金矿，及他处之煤、铜、铁等矿，……最有价值者，当属盐边县攀枝花之磁铁矿。""攀枝花海拔一千四百八十五公尺，位于盐边县之南东，距盐边县九十七公里，在弄弄坪以东十四点七公里处，农民有十余家。""总计尖包包与营盘山二处磁铁矿储量共为一千一百二十六万四千吨。"

1942 年 6 月，常隆庆在《新宁远》杂志调查报告专号发表了《盐边、盐源、华坪、永胜等县矿产调查报告》。文中说："攀枝花在盐边之东南二百一十里，新庄之东六十里，位于金沙江北岸之倮果十里，系一小村。海拔一千四百三十米。有农民十余家。四周皆小山、丘陵起伏，有小溪自北高山流水来，向东南经倮果之西而入金沙江。村北有二山对峙，两山相连，而中隔一沟。东侧之山为营盘山，高出地面约四百米；西侧之山较低，为尖包包，两山坡面皆甚陡峭，山顶则颇平坦，磁铁矿出露于两山顶之。总计营盘山及尖包包二处铁矿之储量，共为八百六十五万二千吨。其露头甚佳，极易认识，本地人民亦知山下有矿，惟该地森林地带极远，如建设之炼铁厂，则燃料取给显难，故历来无人经营。然该矿之天然条件则甚优越，试登矿山西望，则永仁纳拉箐大煤田中群山历历可数，南望金沙江俯瞰即是，其位置之优越在已知各铁矿之上，有首先经营之价值。"

早在 1938 年，雷祚文、袁复礼、戴尚清、任泽雨等即受宁源公司之邀调查了永仁、会理、华坪、盐边等地煤、铁、铜矿产的分布情况。1939 年袁复礼、苏良赫、任泽雨等亦曾到攀枝花、倒马坎铁矿区绘制了地质草图，认为两矿属侏罗纪接触矿床，估计攀枝花矿区储量为 8000 万吨以上，倒马坎矿区为 5000 万吨。1941 年探矿工程师雷祚文又奉宁源公司之命，在戴尚清的工作基础上复勘攀枝花磁铁矿，认为矿藏极丰。

1941 年 3 月，中央地质调查所李善邦、秦馨菱到达攀枝花，测制了矿区地形图，进行了地表调查，利用磁秤探测，并雇用民工挖掘一些明洞，对营盘山、尖包包、倒马坎 3 个矿区的矿层作了较为细致的观察，采集了矿样，著有《西康盐边攀枝花倒马坎铁矿》（中央地质调查所临时报告）。报告提出："综合攀枝花、倒马坎储量 15,607,350 吨，或称一千六百万吨，贫矿不计"。所采矿样经地质调查所化验分析，含铁 51%、二氧化钛 16%、三氧化二铝 9%，从此得知攀枝花铁矿石中含有钛。

1943 年 8 月，武汉大学地质系教授陈正、薛承凤复受中央地质调查所所长李赓扬之邀，利用暑假调查攀枝花铁矿。在进行详细野外地质调查的基础上，对取得的资料进行了室内整理研究，对所采矿样逐个进行钛的定性分析，择要进行铁的定量分析，同时引用李善邦、秦馨菱的分析结果，作出攀枝花矿床为钛磁铁矿的结论，并且提出："此种高钛铁矿至今尚不适炼铁，惟我国缺少钛矿，本矿床不妨作为电炼铁合金矿开采。"

同年，资源委员会郭文魁、业治铮借到西康之便顺道查勘了攀枝花矿区。他们以平板仪测制了攀枝花矿区 1/5000 地质图 3 幅，估算营盘山、尖包包、倒马坎 3 处铁矿储量为 2400 万吨，并论证了矿床的岩浆分异成因，指出主要矿物为磁铁矿及少量钛铁矿。1944 年，根据程裕祺的意见，又发现钛磁铁矿中含有钒。从而确定了攀枝花铁矿为钒钛磁铁矿。

攀枝花铁矿的发现，曾经引起国民政府的注意。在《资源委员会季刊》上曾有人提出，"在会理、盐边及永仁间之金沙江岸，择地另建一个钢铁中心，以开发该方面之煤铁资源。其规模之大小，则可视当时之需要情况而定。惟此一钢铁中心之建立，自须有铁路联络贯通乃可"。1941 年 12 月，资源委员会决定在会理设立西康钢铁厂筹备处，以胡博渊为筹备处主任。据有关资料记载，这个厂"由资源委员会与西康省政府合作经营，其计划系设立十吨炼铁炉两座，三吨贝色麦炼钢炉一座，及轧钢厂全部，该厂所有铁矿，取诸会理攀枝花，炼焦所需之烟煤，则拟取诸永仁。设厂地点，择定金沙江岸旁鱼岔（鲊）地方"。1944 年资源委员会决定撤销西康钢铁厂筹备处，由黔西铁矿筹备处接收，更名为康

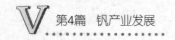

黔钢铁事业筹备处。抗日战争胜利后，这一机构也被撤销，攀枝花铁矿的调查与开发研究亦告中止。

18.3 勘探定量

中华人民共和国成立后，西南地质局根据全国的统一部署，组建了会理普查大队，即508地质队。南京大学地质系教授徐克勤应西南地质局局长黄汲清之邀，带领师生30余人到达会理，正式编入普查大队进行工作。在此期间，徐克勤等曾带领南京大学应届毕业生到攀枝花，对兰家火山、尖包包、倒马坎3个山头及其外围地区进行了详细观察，判定钒钛磁铁矿产于辉长岩中，呈层状，岩体厚度大，北西倾斜，北东走向，3个山头应属同一矿床，但被南北走向的断层割开；不久，他们又在距倒马坎不远的江边找到了矿床露头，从而证实了它们是同一矿床。通过现场观测，由徐克勤等绘制了兰家火山、尖包包、倒马坎和外围地区的路线图一幅，由杨逸恩、吕觉迷对3个矿区进行刻槽取样，采取了一个剖面的矿样共200余件。攀枝花钒钛磁铁矿是粒状共生结构，易选，可以利用。矿区含矿岩体长6.7km，最厚处100m，估算地表水位以上的矿石储量至少有5000万吨，可能超过1亿吨，建议国家进行正式地质勘探。

南大师生关于攀枝花的普查找矿报告，引起了地质部和西南地质局的极大重视。西南地质局根据国家建设需要，决定将所属510地质队从涪陵一带迁至攀枝花，并于1955年1月组建了508地质队二分队，负责攀枝花的普查勘探工作。同年9月，又以508二分队为基础组成了531地质队，次年5月改名为攀枝花铁矿勘探队，队部驻在兰家火山下的攀枝花村。勘探高峰时，开动钻机28台，并得到了苏联专家的指导。

1955年1月，勘探队在矿区开始物理探矿及地质勘探工作，地表调查方面以槽探为主，深部勘探则以钻探手段进行。钻孔的布置，在矿床主要地段用200m×(100~120)m的密度进行，以获得C1级储量；在靠近地表稳定地段则用100m×100m的密度（获B级储量），或100m×(50~60)m的密度（获A2+B级储量）进行。通过各种勘探手段，在矿石产状、品位、储量等方面获得了大量资料，并据此作出了地质结论。

攀枝花铁矿产于辉长岩体中，分上部含矿层，底部含矿层及暗色粗粒辉长岩中浸染状矿石3个层位，而底部含矿层则是工业储量的获得层位。矿床分布于辉长岩的底部，延长达19km，最大厚度为200m，已知延深在850m以上，一般含矿率达60%。矿石的主要成分是磁铁矿、钛铁矿、钛铁晶石、磁黄铁矿、黄铜矿等，脉石矿物以长石、辉石为主。矿石呈致密状及浸染结构，而以致密浸染状为主，夹石中很大一部分含铁达15%~20%。

通过地质勘探，不仅探明了兰家火山、尖包包、倒马坎3个矿区，而且还发现了朱家包包、公山、纳拉箐等矿区，它们与兰家火山等矿区属于同一辉长岩体的不同矿段。1956年通过对攀枝花铁矿找矿标志进行总结，结合区内基性岩体广泛出露的情况，又陆续发现了禄库（即红格，包括新村芭蕉矿点）、白马（包括巴洞）矿区，确认了康滇地轴中段钒钛磁铁矿呈带状分布的规律。

1957年12月27日攀枝花铁矿的地质勘告一段落，1958年6月野外工作基本结束，随即提出《攀枝花钒钛磁铁矿储量计算报告书》。矿床储量计算的结果见表18-1。攀枝花矿区经过20世纪50年代的地质勘探，获得工业储量10.75亿吨、远景储量10亿吨，探明为一处大型铁矿床。这一储量上报全国储量委员会。

表 18-1 矿床储量统计表　　　　　　　　　　（万吨）

矿种储量级别	铁	二氧化钛	五氧化二钒
平衡表内储量 A2 + B + C1	70823. 9	8272. 1	211. 8
C2	36666. 1	4136. 6	104. 7
平衡表外储量 A2 + B + C1	12813. 7	881. 4	19. 0
C2	31686. 4	2444. 6	44. 3
远景储量	100000		

在攀枝花铁矿勘探过程中，地质部苏联专家组库索奇金、潘捷列耶夫、塔拉洛夫、彼德洛·巴甫洛夫斯基等先后 3 次到现场指导工作，负责审查勘探设计，提出了兰家火山后面还可能有铁矿在深部与已知铁矿连在一起的设想，就铁矿工业品级、矿体分层、分类等提出建议，对地质勘探有一定的指导作用。

18.4 资源特征

1964 年攀枝花铁矿的开发被列为国家重点建设项目。地质部全国储量委员会于同年 10 月 29 日审查了攀枝花铁矿的储量报告，批准朱家包包、兰家火山、尖包包 3 个详细勘探区的铁钒储量可以作为工业设计依据，钛的储量因利用问题尚未解决暂作平衡表外储量处理，并且要求地质部门按照工业部门的需要提供补充地质资料。四川省地质局 106 地质队接受了这项任务，于 1965 年 1 ~ 5 月对攀枝花矿区进行了补充勘探工作，并于同年 5 ~ 9 月两次提交了有关矿区断裂构造、水文地质、矿石围岩的物理力学性能试验、尖包包矿区 22 ~ 24 线储量计算、矿石中元素赋存状态及其分布规律、矿石选矿性能及综合利用、钴镍的储量计算等方面的补充报告，使地质勘探资料基本满足了工业设计的要求。

攀枝花铁矿经过 20 世纪 50 年代的地质勘探和 60 年代中期的补充勘探，完成了勘探任务。在此基础上，许多单位在成矿规律、矿产预测、伴生元素研究、扩大远景、后备勘探基地选择等方面又陆续做了大量工作。到 1980 年，攀枝花—西昌地区已探明铁矿 54 个，总储量 81 亿吨，其中钒钛磁铁矿 23 个，总储量 77. 6 亿吨。到 1985 年，攀西地区已探明钒钛磁铁矿储量达到 100 亿吨，占全国同类型铁矿储量的 80% 以上，其中钒的储量占全国的 87%，钛的储量占全国的 92%。攀枝花市境内有攀枝花、白马、红格、安宁村、中干沟、白草，成为攀西地区的 6 大矿区，总储量达 75. 3 亿吨。

攀西地区的钒钛磁铁矿中伴生矿物多，储量大。地质勘探结果，全矿区保有二氧化钛储量为 8. 98 亿吨，五氧化二钒储量为 2045. 2 万吨。在红格矿区，钒钛磁铁矿中伴生的铬（Cr_2O_2）平均达到 0. 33%，三氧化二铬储量为 810. 05 万吨。另外，钒钛磁铁矿中含有氧化钴 0. 014% ~ 0. 018%、镍 0. 008% ~ 0. 015%、钨 0. 036%、锰 0. 25%、钽（Ta_2O_5）0. 0004%、铌（Nb_2O_5）0. 0002%。此外，还有锆、铪、镧、铈、镨、钕、钐、铕、钆、铽、镝、钬、铒、铥、镥、镱、钇、铀、钍、铂族元素等。

表 18-2 给出了攀枝花钒钛磁铁矿多元素典型分析，表 18-3 给出了攀枝花钒钛磁铁矿主要矿相。

表 18-2 钒钛磁铁矿多元素典型分析 （%）

TFe	FeO	V_2O_5	SiO_2	Al_2O_3	CaO	MgO	S
30.55	22.82	0.30	22.36	7.90	6.80	6.35	0.64
P_2O_5	TiO_2	Cr_2O_3	Co	Ga	Ni	Cu	MnO
0.08	10.42	0.029	0.017	0.0044	0.014	0.022	0.294

表 18-3 钒钛磁铁矿主要矿相

矿 物	钛磁铁矿	钛铁矿	硫化物	钛普通辉石	斜长石
含 量	43 ~ 44	7.5 ~ 8.5	1 ~ 2	28 ~ 29	18 ~ 19

钒钛磁铁矿中除了上述伴生元素外，还含有硒、碲、镓、钪等重要组分。硒、碲一般赋存于硫化物中，硒含量平均为 0.0041%，碲含量平均为 0.0004%。镓主要赋存于钛磁铁矿中，含量为 0.003% ~ 0.0058%。钪是一种高度分散的元素，在钒钛磁铁矿中一般不形成独立矿物，而是呈类质同象赋存于含钛普通辉石、含钛角闪石、黑云母及钛铁矿中。据红格矿区矿样分析，辉长岩相带中钛磁铁矿含钪为每吨 2.89 ~ 5.39g，钛铁矿中为每吨 18.2 ~ 22.2g，脉石矿物中为 17.6 ~ 27.1g；辉石岩-橄榄岩相带中钛磁铁矿每吨含 3.4 ~ 7.16g，钛铁矿中为 24.5 ~ 28.4g，脉石矿物中为 37.0 ~ 56.2g。在攀枝花矿区，辉长岩型矿石钛铁矿中含钪为每吨 40.9g；在白马矿区，辉长岩型矿石钛铁矿中含钪为每吨 50.6g。

攀枝花钒钛磁铁矿含矿岩体沿安宁河、攀枝花两条深断裂带断续分布，一般多浸入震旦系灯影组白云岩中，或震旦系与前震旦系不整合面之间。岩体由辉长岩、橄榄辉长岩和橄长岩组成，含矿岩体为海西晚期富铁矿，为高钙、贫硅、偏碱性的基性超基性岩体，矿床为典型的晚期岩浆结晶分凝成因，分异好，呈层状构造，其中大型矿床有攀枝花、太和、白马和红格等，矿体赋存于韵律层的下部，呈层状，似层状，透镜状，多层平行产出，单层矿体长达 1000m 以上，厚几十厘米至几百米。四大矿区中，攀枝花矿区矿石中 Fe 含量为 31% ~ 35%，TiO_2 含量为 8.98% ~ 17.05%，V_2O_5 含量为 0.28% ~ 0.34%，Co 含量为 0.014% ~ 0.023%，Ni 含量为 0.008% ~ 0.015%，与太和矿同属高钛高铁矿石；白马矿是高铁低钛型矿石，TiO_2 含量为 5.98% ~ 8.17%，平均矿石品位 Fe 为 28.99%，V_2O_5 为 0.28%，Co 为 0.016%，Ni 为 0.025%；红格矿属低铁高钛型矿石，TiO_2 含量 9.12% ~ 14.04%，其他组元平均品位 Fe 为 36.39%，V_2O_5 为 0.33%，同时矿石中镍含量比较高，平均为 0.27%。攀枝花、白马、太和三矿区矿石化学组元基本相同，只是含量有所变化。随矿石中铁品位的升高，TiO_2、V_2O_5、Co 和 NiO 的含量增加，SiO_2、Al_2O_3、CaO 的含量降低，MgO 的含量对于攀枝花、太和矿区，随铁品位增高而降低，但对于白马矿区则相反。

矿石中主要金属矿物有：钛磁铁矿（系磁铁矿、钛铁晶石、铝镁尖晶石和钛铁矿片晶的复合矿物相）和钛铁矿，其次为磁铁矿、褐铁矿、针铁矿、次生黄铁矿；硫化物以磁黄铁矿为主，另有钴镍黄铁矿、硫钴矿、硫镍钴矿、紫硫铁镍矿、黄铜矿、黄铁矿和墨铜矿等。

脉石矿物以钛普通辉石和斜长石为主，另有钛闪石、橄榄石、绿泥石、蛇纹石、伊丁石、透闪石、榍石、绢云母、绿帘石、葡萄石、黑云母、拓榴子石、方解石和磷灰石等。

19 攀枝花矿产资源配置及利用布局

攀枝花钒钛磁铁矿属多金属共生矿，矿物共生关系密切、嵌布微细，含铁品位偏低，含钛品位较高。常隆庆的"有山金脉及浸染式之磁铁矿、赤铁矿等"明确给出了攀枝花矿产的磁铁矿属性；中央地质调查所李善邦和秦馨菱所采矿样经地质调查所化验分析，含铁51%、二氧化钛（TiO_2）16%、三氧化二铝（Al_2O_3）9%，从此得知攀枝花铁矿石中含有钛，武汉大学地质系教授陈正和薛承风采矿样逐个进行钛的定性分析，择要进行铁的定量分析，同时引用李善邦和秦馨菱的分析结果，做出了攀枝花矿床为钛磁铁矿的结论；资源委员会郭文魁和业治铮论证了矿床的岩浆分异成因，指出主要矿物为磁铁矿及少量钛铁矿，发现钛磁铁矿中含有钒，从而确定了攀枝花铁矿为钒钛磁铁矿。

20 世纪六七十年代经过全面详尽的勘探计算，认定全矿区保有二氧化钛（TiO_2）储量为 8.98 亿吨，五氧化二钒（V_2O_5）储量为 2045.2 万吨。红格矿区钒钛磁铁矿中伴生的铬（Cr_2O_2）平均达到 0.33%，三氧化二铬（Cr_2O_3）储量为 810.05 万吨。另外钒钛磁铁矿中含有氧化钴 0.014%~0.018%、镍 0.008%~0.015%、钨 0.036%、锰 0.25%、钽（Ta_2O_5）0.0004%、铌（Nb_2O_5）0.0002%，还有锆、铪、镧、铈、镨、钕、钐、铕、钆、铽、镝、钬、铒、铥、镥、镱、钇、铀、钍、铂族元素等。钒钛磁铁矿中除了上述伴生元素外，还含有硒、碲、镓、钪等重要组分。硒、碲一般赋存于硫化物中，硒含量平均为 0.0041%，碲含量平均为 0.0004%。镓主要赋存于钛磁铁矿中，含量为 0.003%~0.0058%。钪是一种高度分散的元素，在钒钛磁铁矿中一般不形成独立矿物，而是呈类质同象赋存于含钛普通辉石、含钛角闪石、黑云母及钛铁矿中。据红格矿区矿样分析，辉长岩相带中钛磁铁矿含钪为每吨 2.89~5.39g，钛铁矿中为每吨 18.2~22.2g，脉石矿物中为 17.6~27.1g；辉石岩-橄榄岩相带中钛磁铁矿每吨含 3.4~7.16g，钛铁矿中为 24.5~28.4g，脉石矿物中为 37.0~56.2g。在攀枝花矿区，辉长岩型矿石钛铁矿中含钪为每吨 40.9g；在白马矿区，辉长岩型矿石钛铁矿中含钪为每吨 50.6g。

19.1 攀枝花重要资源矿物的利用流向设计

攀枝花资源配置及利用布局根据不同矿物特点属性，以铁、钒和钛资源利用为主线，兼顾回收有价元素，不断提升资源利用技术设备的适应性，优化系统整体工艺技术，分层次回收提高铁、钒和钛的利用率，产品逐步由初级产品向中高级产品转变。

19.1.1 铁矿物

钛磁铁矿是攀枝花钒钛磁铁矿石中的主要铁矿物，由磁铁矿、钛铁晶石、铝镁尖晶石和钛铁矿片晶等组成，以磁铁矿为主。钛铁矿、次铁精矿和浮硫尾矿等也是主要的含铁矿物，钒钛铁精矿和次铁精矿全部进入钢铁生产线流程烧结工序，钛精矿在用作硫酸法钛白原料时，铁转化成硫酸亚铁二次铁资源，后序以铁化合物和铁粉为主线的产品，若钛精

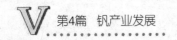

冶炼酸溶性钛渣用作硫酸法钛白原料时，铁资源转化为半钢，作机械铸件用途，硫钴精矿的铁可在制硫酸过程中形成硫酸渣铁红，与铁精矿配矿制球团用作高炉调节料。

19.1.2　钛矿物

钛矿物主要是钛铁矿和钛铁晶石，钛铁晶石的分子式为 $2FeO \cdot TiO_2$，具有强磁性，呈微晶片晶，与磁铁矿致密共生，形成磁铁矿-钛铁晶石连晶（即钛磁铁矿），在磁选过程中以钛磁铁矿进入精矿，大量的钛沿烧结-高炉流程进入高炉渣中，正在进行提钛利用研究。钛铁矿是从矿物中回收钛的主要矿物，主体为粒状，其次为板状或粒状集合体，晶度较粗，主要混于磁选尾矿，经过弱磁选—强磁选—螺旋、摇床重磁选—浮硫—干燥电选，得到钛精矿、次铁精矿和浮硫尾矿。钛精矿用途包括硫酸法直接制钛白粉，或冶炼高钛渣回收铁，高钛渣作硫酸法钛白和氯化法钛白的生产原料，或用作冶炼含钛铁合金（或复合合金）的原料。

19.1.3　钒矿物

矿石中的金属钒绝大多数与铁矿物类质同相，在选矿过程中大部分进入铁精矿，经过烧结—高炉—铁水雾化提钒（或转炉提钒）得到钒渣，钒渣经多膛炉焙烧—浸出—沉淀—熔片— V_2O_5 成品，或还原生产 V_2O_3，V_2O_3 和 V_2O_5 电铝热法生产高钒铁，或生产钒氮合金；在高炉强还原过程中，钒在铁水与高炉渣之间依据温度和活度变化，按照平衡常数分配，以 V_2O_5 形式部分地存在于高炉渣中，可以在高炉渣提钛利用过程中回收；少量的钒进入钛精矿中，钒在钛渣冶炼过程中，部分进铁水，部分进酸溶性钛渣，在制钛白过程中分散在绿矾硫酸亚铁和酸解渣，没有利用；尾矿中也有部分的钒，在以后利用过程中回收。

19.1.4　钴、镍矿物

钒钛磁铁矿中，主要钴镍矿物有硫钴矿、钴镍黄铁矿、辉钴矿、紫硫铁镍矿和针镍矿等，其中攀枝花、太和矿区以钴镍黄铁矿和硫钴矿为主，白马矿区以镍黄铁矿为主，辉钴矿在三个矿区都存在。钴镍金属除以硫化物的包裹体或细脉石状存在于钛磁铁矿、钛铁矿等矿物中以外，其余部分主要以含镍、钴的独立矿物存在于硫化矿物中，这种镍、钴矿物粒度微细，不能破碎解离，只能富集到硫化物精矿中。硫化物在矿石中分布不均，颗粒大小不等，但大部分可以单独回收。在回收钛精矿过程中，以浮硫精选尾矿形式（硫钴精矿）存在，镍、钴品位达到工业利用标准，选钛浮硫部分回收。钛磁铁矿和钛铁矿中的钴镍分散存在于铁水、高炉渣、钒渣和钢渣中，无法利用。在硫钴精矿中，除镍和钴而外，还存在大量的 S、Cu 资源，在硫钴精矿的深加工时通过制硫酸回收硫，并可考虑回收铜。

19.1.5　镓、钪矿物

由于镓和钪属稀散金属，按攀枝花资源利用流程，经过选矿冶炼后，镓在提钒浸渣中有所富集，镓品位达到 0.012% ~0.015%，成为提镓主要原料；钪同样在高炉渣中得到富集，达到 20g/t，成为提钪的重要原料之一；钪也存在于钛精矿中，在硫酸法制钛白过程分散于废酸，可以考虑提钪；钛精矿在冶炼成高钛渣后，在熔盐氯化时，富集在氯化烟尘中,是另一提钪原料。

19.1.6 其他有益元素矿物

在钛磁铁矿中还存在有锰、铬;硫化物中还有硒、碲和铂族元素;在钛铁矿中还存在钽、铌等元素,这些部分均达到或接近工业利用水平。

19.2 技术选择

根据化学光谱分析表明,攀枝花矿含有各类化学元素 30 多种,有益元素 10 多种,资源价值链若按矿物含量进行排序,依次为:

$$Fe > Ti > S > V > Mn > Cu > Co > Ni > Cr > Sc > Ga > Nb > Ta > Pt$$

若以矿物经济价值排列,则排序为:

$$Ti > Sc > Fe > V > Co > Ni$$

19.2.1 选矿富集

攀枝花钒钛磁铁矿属多金属共生矿,矿物共生关系密切、嵌布微细,含铁品位偏低,钛磁铁矿是攀枝花钒钛磁铁矿石中的主要铁矿物,由磁铁矿、钛铁晶石、铝镁尖晶石和钛铁矿片晶等组成,以钛磁铁矿为主。含钛品位较高,必须经过选矿工艺进行钛铁分离和脉石矿物分离,控制性降低钛品位,提高含铁品位,方能进行冶炼。

表 19-1 给出了钒钛磁铁矿多元素典型分析,表 19-2 给出了钒钛磁铁矿主要矿相,表 19-3 给出了钒钛磁铁矿主要矿物的物理性质。

表 19-1　钒钛磁铁矿多元素典型分析　　　　　　　　　　　　　　　　　(%)

TFe	FeO	V_2O_5	SiO_2	Al_2O_3	CaO	MgO	S
30.55	22.82	0.30	22.36	7.90	6.80	6.35	0.64
P_2O_5	TiO_2	Cr_2O_3	Co	Ga	Ni	Cu	MnO
0.08	10.42	0.029	0.017	0.0044	0.014	0.022	0.294

表 19-2　钒钛磁铁矿主要矿相　　　　　　　　　　　　　　　　　　　(%)

矿物名称	钛磁铁矿	钛铁矿	硫化物	钛普通辉石	斜长石
含　量	43～44	7.5～8.5	1～2	28～29	18～19

表 19-3　钒钛磁铁矿主要矿物的物理性质

矿 物 名 称	钛磁铁矿	钛铁矿	硫化物	钛普通辉石	斜长石
密度/g·cm^{-3}	4.561	4.623	4.500	3.250	2.672
比磁化系数/cm^3·g^{-1}	7300×10^{-6}	240×10^{-6}	4100×10^{-6}	100×10^{-6}	14×10^{-6}
比电阻/Ω	1.38×10^{6}	1.75×10^{5}	1.25×10^{4}	3.13×10^{13}	$>10^{14}$

19.2.1.1　选铁试验

1956 年地质部北京矿物原料研究所首先对攀枝花铁矿进行了可选性试验研究。1959年中国科学院长沙矿冶研究所、冶金部选矿研究院、有色金属研究院等单位也进行了研究。到 1963 年得到的研究结果是：攀枝花钒钛磁铁矿经过选矿富集，只能获得含铁 52% ~55%、二氧化钛 12% ~14%、五氧化二钒 0.5% ~0.6%的钒钛铁精矿。研究结果说明，这种矿石的钛、钒等共生金属是不能用机械方法选出低钛高铁精矿粉的。

1964 年长沙矿冶研究所等科研单位对攀枝花兰家火山、尖包包、朱家包包 3 个矿区的矿样分别进行了实验室和半工业性选矿试验，1965 年 10 月在西昌 410 厂进行了工业试验。试验结果表明，钒钛磁铁矿与普通铁矿不同，不是含铁品位越高越好。当原矿品位为 33% 时，精矿品位以选到 53% 为宜；原矿品位为 30%，精矿品位以选到 51% 较为合适。采用一段磨矿磨到 0.6mm 粒度时，因原矿品位不同，可以获得含铁 51% ~52% 的精矿，选矿回收率也较高，但如采用二段磨矿，磨到 0.2mm 粒度时，则可获得含铁 54% ~56% 的精矿，而选矿回收率要降低 3%，流程也比较复杂，高的铁品位也带来了钛的高品位，对高炉冶炼有害无利。最后确定采取一段磨矿、一次粗选、一次扫选的选矿工艺流程，并以此作为选矿的设计依据。

表 19-4 给出了钒钛铁精矿多元素典型分析，表 19-5 给出了磁选尾矿多元素典型分析。铁精矿投产初期生产基本正常，但一直尝试提高铁品位和降低 TiO_2 品位，后序经过数次和多年的技术攻关改造，特别是通过阶磨阶选，TFe 可以控制在 54%，TiO_2 控制在约 10%，表 19-6 给出了铁矿选矿初期 16 年主要技术经济指标统计表。

表 19-4　钒钛铁精矿多元素典型分析　　（%）

TFe	FeO	V_2O_5	SiO_2	Al_2O_3	CaO	MgO	S
51.56	30.51	0.564	4.64	4.69	1.57	3.91	0.532
P	TiO_2	Cr_2O_3	Co	Ga	Ni	Cu	MnO
0.0045	12.73	0.032	0.02	0.0044	0.013	0.02	0.33

表 19-5　磁选尾矿多元素典型分析　　（%）

TFe	V_2O_5	SiO_2	Al_2O_3	CaO	MgO	S
18.32	0.065	34.4	11.06	11.21	7.66	0.609
P	TiO_2	Co	Ga	Ni	Cu	
0.034	8.63	0.016	0.0044	0.01	0.019	

表 19-6　铁矿选矿主要技术经济指标统计表

年份	原矿处理量 /万吨	铁精矿产量 /万吨	选矿比 /倍	原矿品位 /%	精矿品位 /%	尾矿品位 /%	铁回收率 /%	全员劳动生产率/元· (人·年)$^{-1}$
1970	50	20.4	2.348	30.81	52.63	14.60	<72.78	3056
1971	221	100.4	2.204	31.88	51.67	15.30	<73.72	14783
1972	289	126.6	2.284	30.96	51.46	14.99	<72.78	15544
1973	420	164.9	2.548	28.51	50.72	14.16	<69.82	16947
1974	375	165.4	2.268	31.21	50.91	15.68	<71.91	14236
1975	463	205.6	2.252	31.03	50.24	15.09	<71.91	16749

续表 19-6

年份	原矿处理量 /万吨	铁精矿产量 /万吨	选矿比 /倍	原矿品位 /%	精矿品位 /%	尾矿品位 /%	铁回收率 /%	全员劳动生产率/元·(人·年)⁻¹
1976	383	169.0	2.263	31.34	51.24	15.57	<72.27	13081
1977	531	210.7	2.520	29.54	51.48	15.12	<69.14	15189
1978	641	282.1	2.271	30.68	51.58	14.22	<70.05	20222
1979	813	343.8	2.366	29.95	51.56	14.12	<72.78	21624
1980	777	345.4	2.248	30.81	51.59	14.17	<74.47	25683
1981	661	297.1	2.226	30.73	51.59	13.72	<75.41	21450
1982	743	326.3	2.278	30.25	51.57	13.57	<78.84	22718
1983	727	320.4	2.270	30.23	51.54	13.46	<75.11	23558
1984	803	357.3	2.248	30.60	51.56	13.81	<74.94	29795
1985	732	324.1	2.252	30.56	51.59	13.78	<74.94	26701

19.2.1.2 选钛试验

攀枝花钒钛磁铁矿中其他有用成分（钛、钴、镍、硫等）的综合回收，是将尾矿作进一步选矿处理，从尾矿中回收的。1971 年以前，长沙矿冶研究所及其他有关科研和生产单位，曾以钛精矿品位 45% 为目标，采取重选法、浮选法、重-浮结合法的磁—重—浮流程进行选钛试验，同时进行回收钴、镍的试验。通过试验，可以获得含二氧化钛 45% 左右的钛精矿。这种钛精矿当时被认为不能满足钛冶炼方面的要求，用来制造钛白粉等也嫌 TiO_2 品位偏低。1971 年以后，各研究单位把选钛试验研究的重点放在了提高钛精矿的质量方面，目标是把钛精矿的品位提高到 48% 以上，同时尽可能地降低钛精矿中的钙和镁的含量。

表 19-7 给出了选钛原矿多元素典型化学成分。表 19-8 给出了选钛原矿主要矿相。

表 19-7 选钛原矿多元素典型化学成分 （%）

TFe	FeO	V_2O_5	SiO_2	Al_2O_3	CaO	MgO	S
13.82	5.3	0.30	34.40	11.60	11.21	7.66	0.609

P_2O_5	TiO_2	Cr_2O_3	Co	Ga	Ni	Cu	MnO
0.034	8.63	0.01	0.016	0.0022	0.01	0.019	0.187

表 19-8 选钛原矿主要矿相 （%）

矿物名称	钛磁铁矿	钛铁矿	硫化物	钛普通辉石	斜长石
含 量	4.3～5.4	11.4～15.3	1.5～2.1	45.6～50.3	30.4～33.3

1972～1973 年，长沙矿冶研究所等单位提出了以电选手段的"重选—浮选—电选"流程，从攀枝花的磁选尾矿中选出了含二氧化钛（TiO_2）48% 的钛精矿。为了探索这一选钛流程在工业生产上的可行性，长沙矿冶研究所在攀枝花冶金矿山公司等单位的协作下，于 1974 年 3 月至 1975 年 5 月，以兰尖铁矿的矿样在承德双塔选矿厂进行了单机工业性试验和全流程试验，最终确定了"强磁选—重选—浮选—电选"的选钛工艺流程，获得了含

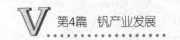

二氧化钛（TiO_2）48.7%的钛精矿，钛回收率达到53%。

粗粒级采用重选—电选工艺，细粒级采用磁选—浮选工艺。原矿先用斜板浓密机分级，将物料分成大于0.063mm和小于0.063mm两种粒级，大于0.063mm粒级经圆筒筛隔渣后，经螺旋选矿机选得钛粗精矿，该粗精矿经浮选脱硫后，过滤干燥，再用电选法得粗粒钛精矿。小于0.063mm粒级物料用旋流器脱除小于19μm的泥之后，用湿式高梯度强磁选机将细粒钛铁矿选入磁性产品中，然后通过浮选硫化矿和浮选钛铁矿，获得细粒钛铁矿精矿。

表19-9给出了钛精矿多元素典型分析，钛精矿投产初期生产规模小，但生产秩序基本正常，一直尝试提高TiO_2品位和降低$\Sigma(CaO+MgO)$品位，后序经过数次和多年的技术攻关改造，工艺技术水平和装备水平明显提升，随着国内钛产业20世纪90年代后的持续升温，产能产量和技术经济指标实现质的突破，90年代完成了微细粒级回收利用，增加钛精矿当年1/3的产量，特别是攀钢选铁流程通过阶磨阶选改造后，选钛工艺进行了改造对接，装备可以接受磁选系统的所有尾矿，攀钢钛精矿产能达到400kt/a，钛精矿TFe可以控制在约34%，TiO_2控制在约47%，约$\Sigma(CaO+MgO)$5%，选钛尾矿TiO_2稳定在5%~8%水平，有的达到3%~4%水平，钛资源回收率大幅提高。2000年以后民营企业介入选钛，生产能力放大迅速，2012年达到创纪录的2500kt/a。

表19-9　钛精矿多元素典型分析　（%）

TFe	FeO	V_2O_5	SiO_2	Al_2O_3	CaO	MgO	S
31.56	32	0.068	4.64	1.4	1.2	6.0	0.532
P	TiO_2	Cr_2O_3	Co	Ga	Ni	Cu	MnO
0.01	46~48	0.005	0.01	—	0.06	0.01	0.65

表19-10给出了1980~1985年的生产统计。

表19-10　钛精矿1980~1985年生产统计表

年　份	1980	1981	1982	1983	1984	1985
产量/t	2100.44	2580.42	5715.92	3873.20	8724.92	6190.32
品位(TiO_2)/%	46.23	46.81	47.10	47.33	47.07	47.21

19.2.1.3　硫钴精矿选矿试验

硫钴矿（Co_3S_4）是主要的含钴矿物，包裹于磁黄铁矿中，当磁黄铁矿蚀变为黄铁矿或磁铁矿时，硫钴便产在其中。硫钴矿在磁黄铁矿中呈针状、片状分布于其边沿，粒径一般小于0.01mm。而在磁黄铁矿呈粒状者，其粒径较大。硫钴精矿多元素典型分析见表19-11。

表19-11　硫钴精矿多元素典型分析　（%）

TFe	FeO	V_2O_5	SiO_2	Al_2O_3	CaO	MgO	S
49.01	32	0.282	5.42	1.4	1.69	2.16	36.61
P	TiO_2	Cr_2O_3	Co	Ga	Ni	Cu	MnO
0.019	1.62	—	0.258	—	0.192	0.32	0.058

钴黄铁矿和镍黄铁矿的通式为$(Co, Fe, Ni)_9S_4$，也包裹于磁黄铁矿中，常呈自型粒状产生，粒度微细，不能破碎解离，只能富集在硫化物精矿中，硫化物在矿石中分布不均，颗粒大小不一，但大部分可以单独回收。在选钛浮硫过程中选出了含钴 0.31%（磁选尾矿中含钴 0.0123%）的硫钴精矿，回收率达到 25%。

19.2.2 冶炼试验

攀枝花铁矿经过选矿所得到的铁精矿含二氧化钛（TiO_2）高达 13% 左右，这种铁精矿在高炉冶炼中生成含二氧化钛（TiO_2）25%~30% 的炉渣。冶炼试验主要是为冶炼操作选择合适的炉渣，为渣铁有效分离创造条件，Al_2O_3 属于中性，但在高炉冶炼中可认为是酸性物质，其熔点是 2050℃，在高炉冶炼中与 SiO_2 混合后仍产生高熔点（1545℃）的物质，使渣铁流动性差，分离困难。当加入碱性物质如 CaO 或 MgO 后，尽管 CaO 的熔点是 2570℃，MgO 熔点是 2800℃，但与 SiO_2 和 Al_2O_3 结合后生成低熔点（低于 1400℃）的物质，在高炉内熔化，形成流动性良好的炉渣，使渣铁分离，保证高炉正常生产。高炉冶炼攀枝花钒钛磁铁矿，渣中的二氧化钛（TiO_2）含量高，在炉缸中往往被还原成高熔点的碳化钛（TiC）和氮化钛（TiN），高熔点组分提高了炉渣熔点，造成炉渣黏稠、渣铁难分，从而导致炉缸堆积。当积存起来的炉渣超过风口水平面后，粘渣中的碳化钛和氮化钛又被热风搅动氧化为二氧化钛，变为稀渣，影响炉况。

19.2.2.1 承德试验

1965 年 2~6 月在承德钢铁厂 100m³ 高炉上进行了模拟试验，在没有烧结机的条件下，通过土法烧结，初步掌握了钒钛磁铁矿的烧结性能。高炉冶炼试验中，围绕钛渣黏度、熔化温度、高温变稠与消稠、钛渣脱硫性能、钛渣矿物组成及冶炼铁损高等问题，分五个段落进行试验，探索其反应规律。首先把钛渣含二氧化钛量控制在 20%，采用冶炼普通铁矿的方法试炼，炉况基本顺行，但出渣出铁不均匀，钒钛磁铁矿冶炼的特殊现象逐步显露出来。随后将炉渣二氧化钛增加到 25%，此时出渣出铁既不均匀，也出不净，后来只出铁不出渣，忽然大渣量涌出，流满炉台。将炉渣中的二氧化钛提高到 30%，炉渣变得黏稠，大渣量喷涌次数增加，炉缸堆积，炉底上涨，经用氧气烧化渣口前的铁渣，使渣口通连风口，才避免了炉子闷死。把生铁含硅从 0.5% 降到 0.3%，把炉温控制在较低水平，出渣前后向炉内喷入精矿粉，提高炉缸氧化气氛，提高冶炼强度，炉况逐渐顺行，渣铁畅流。最后将炉渣含二氧化钛提高到 35%，在操作上控制适当的炉渣碱度，降低烧结矿的硫含量，保持和适当发展中心气流的煤气分布，做到渣铁畅流，生铁合格率达到 93.3%，焦比为 692kg，铁损为 6%~13%。这次试验的结果表明：用普通高炉冶炼高钛型钒钛磁铁矿是可能的。试验所取得的指标不够理想，主要是铁损高、焦比高（750~1068kg/t）、生铁合格率低（硫含量不大于 0.07% 的占 50.7%）、钒回收率低（56%~64%）。

19.2.2.2 西昌验证试验

1966 年 1~5 月在西昌四一〇厂 8.25m² 烧结机和 28m³ 小高炉上，用攀枝花铁矿进行了从烧结到冶炼的大型试验，验证承德试验的结果。试验共分三段进行：1 月 19 日用泸沽矿开炉；2 月 19 日~3 月 19 日以太和矿进行试验，采用承德取得的基本冶炼制度，做到渣铁畅流，生铁含硫量在 0.07% 以下的达到 98%，其中优质率（含硫量不大于 0.05%）

为97.2%；3月30日~4月20日用兰家火山矿试验。高炉冶炼各项指标均取得较好的结果：焦比643kg/t，铁损3.6%，生铁平均含硫量0.054%，钒回收率71.9%。8.25m² 烧结机的烧结试验，解决了兰家火山高硫精矿的脱硫问题，钢铁厂建设的技术基础基本奠定了。

试验组经过审慎研究，对几个重大问题提出了决策性建议：（1）选矿采取一段磨矿工艺流程；（2）建小高炉还是建大高炉？试验组认真讨论了各方面专家的意见，根据试验中风口的风力可以搅拌全炉的情况，认为采用1000~1500m³ 的高炉不会有问题，提出了建设大高炉的可行性报告；（3）炼钢炼铁实行联合生产，建设混铁炉这个中间储仓予以调节。

19.2.2.3　首钢生产试验

1967年4~6月，在首钢62.5m² 烧结机和516m³ 高炉上进行生产性试验。这次试验既是对前两次试验验证，也是一次生产性演习。试验的原料是用承德钒钛铁精矿加上钛精矿粉，配制成炉渣含二氧化钛30%左右的炉料进行的。试验的内容主要有：富氧配锰矿、富氧不配锰矿、喷无烟煤粉、转炉含钒钢渣返高炉冶炼、抑制钛还原措施等，并着重探索送风制度、合理料线、均匀布料、炉缸温度和合理炉渣碱度等操作制度。试验证明：承德、西昌试验中采取的技术措施是成功的。不论高炉容积大小，也不论用模拟矿或者攀枝花矿，其基本规律是一致的，所采取的抑制钛还原的措施也是合理的，用大型高炉冶炼钒钛磁铁矿一样可以做到炉况顺行，渣铁畅流。但是试验中也出现铁水粘罐和泡沫等问题，需进一步研究解决；炉前操作也带来新的困难，有加强炉前工作机械化的必要。

19.2.2.4　昆钢攻关试验

用攀枝花的钒钛铁精矿在昆钢18m² 烧结机上烧结，在250m³ 高炉冶炼。冶炼仍按已经掌握的操作制度进行，但炉料中配加了3%左右的萤石，试验结果炉况顺行。在出铁到铸块过程中，由于工序组织紧凑，时间较短，铁水温度降低不大，粘罐情况不很严重。

19.2.2.5　攀钢投产出铁

攀枝花钒钛磁铁矿冶炼攻关组的科技人员，在3年攻关试验中，先后进行了1200多炉次试验，取得了3万多个数据，终于找到了用普通高炉冶炼高钛型钒钛磁铁矿的规律，攻克了世界冶金技术上的一个难关。在多次试验研究分析的同时，设计勘探施工同时进行，终于在1970年7月1日攀钢1号高炉顺利投产出铁，陆续有3号高炉和2号高炉投产出铁，后序经过数次和多年的技术攻关改造，工艺技术水平和装备水平明显提升，高炉利用系数和喷煤水平提升，经济性逐步显现。

钒钛磁铁精矿与普通铁矿相比，钒钛磁铁精矿成分稳定，铁含量波动较小，钒钛磁铁矿理论成矿铁含量低，脉石矿物选别难度大，攀枝花钒钛磁铁精矿具有亚铁高、钛高、铝高、硫高和硅含量低的特点，$(CaO + MgO)/(SiO_2 + Al_2O_3)$ 大于0.5。由于钒钛磁铁矿中 TiO_2 的存在，而且随着 TiO_2 的含量水平提高，钙钛矿形成的概率和含量增加，$CaO \cdot TiO_2$ 熔化温度高，表面张力小，抗压强度低，钙钛矿在烧结矿中不起黏结作用，相反会削弱钛磁铁矿和钛赤铁矿的连晶作用，钙钛矿含量水平为复合铁酸盐（SFCA）的1/4。由于钒钛磁铁矿冶炼的特殊性，烧结过程必须配加不同比例的普通铁矿，以控制高炉炉渣中 TiO_2 含量不大于24%；表19-12给出了攀钢历年生铁产量及炼铁主要技术经济指标统计表。

表 19-12　攀钢历年生铁产量及炼铁主要技术经济指标统计表

年　份	生铁产量/万吨	高炉利用系数/t·(m³·d)⁻¹	焦比/kg·t⁻¹	生铁合格率/%
1970	7.15	0.482	979	70.30
1971	42.82	0.851	818	87.72
1972	55.99	0.696	847	90.17
1973	82.21	0.846	794	91.65
1974	82.28	0.690	766	79.19
1975	110.04	0.903	746	67.82
1976	85.98	0.705	798	59.87
1977	110.84	0.931	750	80.55
1978	144.16	1.255	684	99.14
1979	176.71	1.431	648	99.67
1980	195.23	1.569	613	99.96
1981	184.84	1.540	614	99.95
1982	197.68	1.626	628	99.80
1983	189.12	1.623	631	99.76
1984	207.09	1.651	625	99.78
1985	193.74	1.662	609	99.84

19.2.3　提钒炼钢试验

攀枝花铁矿中含有 0.28% ~ 0.34% 的五氧化二钒，回收利用钒资源也是开发攀枝花资源的一项重要课题。以承钢的含钒生铁为原料，在首钢 3t 转炉上进行吹炼试验。试验以三种方案进行：一种方案是以单渣法炼钢，将所得钢渣返回高炉，增加铁水中的钒含量，然后用转炉提钒；另一种方案是双渣炼钢法，将吹炼前期所得的钒渣用人工扒出，作为产品。这是当时重点进行的两种试验方案，但是试验中发现，所提钒渣中二氧化硅和氧化钙含量较高，而且扒渣工艺在大型转炉上难以实现，两种方案均被淘汰。第三种方案是苏联下塔基尔钢厂采用的双联提钒法，到 1965 年末共炼 300 余炉，试验中钒的回收率虽然取得较好效果，但是吹钒与炼钢工艺周期不协调，难于相互配合，造成设备利用率低，提钒工艺未能圆满解决。

西南钢铁研究院技术人员查阅了大量国外资料，从英国的炼钢杂志上的"雾化炼钢"得到启示，提出了雾化提钒的设想。利用土坑作熔池，制成简易雾化器、出铁槽和漏斗等装置，露天作业，试炼了几炉，发现效果不错，随后试炼 3 次共计 16 炉，经过总结，认为雾化提钒工艺设备简单，设备利用率高。1966 年被冶金列入重点科研项目，在首钢回转窑车间，利用半吨电炉化铁，安装了一座每小时处理 20t 铁水的简易雾化提钒炉进行扩大试验，试验虽然取得了很大成效，但是由于提钒工艺尚不够完善，冶金科技界对此存在异议，不少人仍主张采用双联法提钒。

1967 年 2 ~ 6 月，冶金部工作组继续在首钢 30t 氧气转炉上进行双联提钒和炼钢的扩

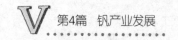

大试验。其办法是：先用一座转炉吹炼提钒，在得到钒渣和半钢（提钒后的铁水）后，用另一座转炉把半钢吹炼成钢。试验中就供氧强度、冷却剂的选定和用量进行了探索，得到的钒渣含五氧化二钒平均 20% 左右，钒的氧化率为 88.73%，产渣率为 3.046%，钒收得率为 76.02%。总计试炼 233 炉，取得了大量技术数据，为攀钢提钒炼钢设计提供了依据。

半钢炼钢试验与双联提钒试验同步进行。半钢炼钢的关键是解决热量和造渣问题，试验初期为了保证钢水温度，不论冶炼低碳钢还是高碳钢，都加入硅铁提温。后来发现，当每吨钢的渣料量在 60kg 左右时，炼低碳钢时可以不加提温炉料，炼高碳钢时只要生产能连续进行并且操作得当，热量也是够用的；在造渣方面，通过配加河沙、铁水配锰和留渣试验，已能保证吹炼的顺利进行。

19.2.4 钢材轧制试验

1965 年开始，四〇公司就开始进行钢材轧制试验，探讨钢中残余钒钛对钢材性能的影响。最初以模拟攀枝花铁矿进行冶炼轧制试验；炼铁投产后，即用攀枝花含钒生铁在兄弟单位炼制成钢再行轧制；炼钢和初轧投产以后，则用攀钢自己的钢锭或钢坯到兄弟单位做轧制试验。总计先后试轧了重轨、型钢、管材、板材、硅钢片等产品系列共 40 多个品种，3 万多吨。

19.2.4.1 重轨轧制试验

1965～1970 年曾用模拟攀枝花矿和攀枝花原矿在首钢、上钢一厂进行了 7 次试验。试验证明，用攀枝花铁矿资源，不仅能炼出合格的重轨钢，而且其抗张强度（σ_b）接近或超过 1000MPa，伸长率（δ）不小于 10%，常温冲击值接近或超过 0.1MPa，PD1 的化学成分与平炉钢 P71 接近，综合性能达到了中锰重轨钢 AP1 的水平。

19.2.4.2 型钢轧制试验

1970 年攀钢以自己冶炼的生铁，在上钢一厂 30t 氧气转炉炼成 09V、14V、AP3 等钢种，并在包钢轧制成 14 号、16 号、40 号和 56 号轻型工字钢，钢材的强度、塑性及常温冲击韧性都比较好，只有低温冲击值较低；经过采取措施，提高钢中酸熔铝含量，使晶粒度达到 8 级，达到了满意的结果。

19.2.4.3 板材轧制试验

1968 年以模拟攀枝花矿炼成铁水在首钢及上钢一厂炼成 09V 钢，再经鞍钢开坯轧成 8～12mm 中板，经检验，具有强度高、塑性好、焊接性能强等优点，完全能够满足制作油罐车的技术要求。攀钢初轧投产后，又将炼制的 20g 钢锭开坯后送往武钢轧成 10～24mm 中板，中板屈服强度比其他钢板高 20MPa，并保证了塑性和韧性要求。

19.2.4.4 硅钢片轧制试验

1970 年进行第一次试验，用攀钢生铁在上钢一厂炼成硅钢，然后在每炉钢中取一个钢锭在上海钢铁研究所轧成 100mm 宽的冷轧硅钢片，电磁性能全部合格，高牌号 D340 产品达 60% 以上，个别炉号达到日本产品 G11 的水平。1977～1978 年进行第二次试验，将攀钢自产的硅钢坯送往鞍钢半连轧厂热轧成卷，再送往太钢第七轧钢厂冷轧并热处理为成品，总成材率为 14.66%，最高牌号为 Z10，成材率及产品性能均达到当时国内最好水平。1979 年进行第三次试验，将攀钢的硅钢坯料送往武钢硅钢片厂冷轧及热处理，总成材率达到 50.55%，高牌号 Q12 的比例达到 61.78%。

19.2.4.5　管材轧制试验

1972～1973年攀钢在钢铁研究所30kg和50kg高频感应炉上进行了小型冶炼试验，初步确定了套管钢的化学成分及热处理工艺。1974年在密地机修厂1.5t电炉上进行半工业性试验。1975年又将攀钢轨梁厂轧制的140管坯及150管坯送往鞍钢轧成140mm×11mm的管体和150mm×15mm的接手料，并进行热处理和加工丝扣。试轧的产品经试用，屈服强度（σ_s）不小于550MPa，氢脆系数不大于56%，应力腐蚀持续时间为200h以上，达到了3000～5000m深井抗硫化氢套管的要求。

19.3　攀枝花资源战略布局

根据统一计划、统一步骤、分工负责、联合作战的原则，确定攀枝花工业基地建设以钢铁厂为中心，要求围绕这个中心搞好综合平衡。

19.3.1　总体要求

首先由原冶金部提出攀枝花钢铁厂的内部配套综合平衡计划，根据一期工程的年产钢规模，拟定采矿、选矿、烧结、炼焦、炼铁、炼钢、轧钢以及联合企业各个辅助部门的相应规模，提出技术要求和钢铁联合企业的设计任务书；其次以攀枝花钢铁厂的建设规模和生产需要，向国家有关部委局办提出外部的配套项目建设计划和要求，其中包括煤炭部门的炼焦用煤和工业用煤，电力部门的发供电需求，机械工业部门的成套设备制造，铁道部门的铁路支线建设，交通部门的公路网络建设布局，工程建设部门的施工能力，物资部门的物资供应，劳动部门的职工人数计划，邮电部门的通讯设施，卫生部门的医疗设施，教育部门的学校计划，银行和商业部门的网点建设，蔬菜基地规划，城市规划等。各部门根据这些要求提出各自的建设计划以及相互间的协作关系，最后综合形成工业基地的初步建设计划和城市建设发展规划。

原冶金工业部给重庆黑色冶金设计院、长沙黑色金属矿山设计院和鞍山焦化耐火材料设计院下达了《攀枝花联合企业设计任务书》。提出"攀枝花钢铁联合企业是西南地区以攀枝花为中心的第一个钢铁企业，它包括弄弄坪钢铁厂、攀枝花铁矿及密地选矿厂，设计规模为年产钢100万吨、生铁100万吨、钢材70万～80万吨，铁矿年开采总量为1200万吨"。要求设计750m³高炉3座，预留1座，80t氧气顶吹转炉3座，其中1座吹炼钒渣。铁矿山工程分两期连续建设：第一期开采朱家包包矿区，建设规模年产铁矿500万吨，供弄弄坪钢铁厂；第二期开采兰家火山及尖包包矿区，所产精矿外供其他厂使用。选矿厂建设总规模为年处理原矿1200万吨左右，第一期建设规模为年处理原矿500万吨左右，产铁精矿200万吨左右，并预留回收钴、钛等元素所需设施的余地。

19.3.2　项目选址

20世纪60年代中期攀枝花基地调查组从乐山经泸沽、西昌到攀枝花，先后考察了11处可供建设钢铁厂的厂址，包括盐边的弄弄坪、西昌的小庙、礼州、牛郎坝、德昌的巴洞—宽裕—王所、米易的挂榜—丙谷、乐山的黄田坝—太平场和九里的临江河北岸等。按照中央当时提出的"靠山、分散、隐蔽"的要求，以及尽量节约用地、不占或少占良田的原则，还有建设钢铁厂必须具备的条件，多数在踏勘过程中已被否定。

1964 年 7~11 月，攀枝花筹建小组继续组织选厂工作，同时对四川宜宾以及贵州、云南一些地方又作了调查并进行比较。推荐了 6 处备选厂址，并对备选厂址的建设规模提出了初步设想：盐边弄弄坪，可建年产 100 万吨钢的钢铁厂；西昌牛郎坝，可建年产 200 万吨钢的钢铁厂；乐山太平场，可建年产 70 万吨钢的钢铁厂；云南昆明，可建年产 50 万吨钢的钢铁厂；云南宣威和贵州威宁，均可建设年产 100 万吨钢的钢铁厂。如果全部建设达产，年产钢能力可达 600 万吨。

在广泛进行厂址调查的基础上，经过反复分析对比，意见逐步集中在 3 处，即乐山的太平场、西昌的牛郎坝和盐边的弄弄坪。

乐山选址，其优点是：地域广阔，土地较平坦，土石方工作量小，地震烈度低，水源充足，又靠近大城市，工农业基础好，建设速度快，还可以减轻攀枝花工业区的施工压力。缺点是：乐山少煤无铁，远离资源，并要占用大量良田，更不符合当时"靠山、分散、隐蔽"的要求。

牛郎坝选址，其优点是：距西昌仅 15km，有城市为依托，生活供应困难较小，有面积约 5km^2 的场地，附近有一定的铁矿资源，可以建设较大的钢铁联合企业，并有发展前途。缺点是：距离煤矿和水源较远，占用农田多达 6000 亩[1 亩 =（10000/15）m^2]，同农业争水，铁路通车时间比攀枝花约晚 1 年，地震烈度高达 8 度。

弄弄坪选址，其优点是：矿产资源得天独厚，有巨型的攀枝花铁矿，有中型的宝鼎煤矿，距贵州水城大型煤矿 752km，比西昌、乐山运距小，区内有丰富的石灰石、白云石等辅助原料，厂区周围有原始森林，可为建设提供木材；金沙江、雅砻江水源充足，还有丰富的水力资源；厂区大部分是荒地，占用农田极少；地震烈度为 7 度，不需要采取过多的防震措施；成昆铁路南段修通比西昌可早 1 年。主要的问题是：厂区土石方工作量大；取水扬程高，约 110m，耗电多；所在地区农业不如西昌；在 30km 范围内几个建设项目同时兴工，施工组织和生活供应均较困难。

以上 3 个厂址方案，经过反复比较，多数人主张选择在盐边弄弄坪，也有一部分人主张选择在乐山。

19.3.3 设计遵循的原则

设计遵循的原则如下：

（1）坚持"以农业为基础"。不占和少占良田好地，充分考虑支援农业的措施。

（2）树立战备观念。平时使用云南永仁、羊场和贵州水城、盘县焦煤，战时使用永仁、华坪当地焦煤；平时生产重轨、大型钢材，战时转产部分军用钢材。

（3）生产工艺求新，生活设施从简。积极采用国内外行之有效的新工艺、新技术、新设备、新材料，生活上贯彻"干打垒"精神，职工家属下农村，实行厂社结合、工农结合。

（4）充分利用积压设备。"复活"设备资金，加快建设速度。

（5）总图布置考虑防空要求。尽可能采取分散隐蔽伪装措施，分散部分生产车间，适当预留发展余地。

（6）有利企业管理。工厂实行两级管理，技职人员集中在厂部，服务到班组，干部参加劳动，工人参加管理，生产工人参加维护检修，实行亦工亦农制度。

（7）专业化生产与协作相结合。工业区内设置区域机修厂，既为矿山、钢铁厂生产备品备件，也为其他工厂承担部分机修任务。

（8）充分考虑综合利用。转炉回收钒渣，利用高炉水渣、转炉煤气和加热炉余热，治理工业废水和生活污水，变废为利。

19.3.4　工程勘察

冶金勘察公司武汉分公司于 1964 年 9 月进入厂区和矿区，着手进行场地测量和工程地质、水文地质勘察工作。在弄弄坪厂区，对厂区自然条件、地质岩性结构、土壤物理力学性质、水文地质条件、地震、构造及自然地质等情况进行了全面的勘察。1964 年 11 月提出了《关于西昌钢铁公司弄弄坪厂址稳定性与建厂适应性的工程地质评价》，1965 年 1 月提出《四川省西昌钢铁公司弄弄坪冶金厂厂址初步设计阶段工程地质勘察报告书》。与此同时，四川、云南两省卫生防疫站对金沙江水质卫生状况进行了检验，并于 1965 年 1 月初提出《水质卫生检验报告书》。中国科学院地球物理研究所对弄弄坪及其周围地震情况进行了考察，于 1965 年 3 月提出《弄弄坪地区地震基本烈度的初步意见》。四川省气象局工作组也于 1965 年 1 月提出《弄弄坪地区风向调查报告》。

在攀枝花矿区，冶金勘察公司武汉分公司 107 队在西南地质局测绘大队和冶金勘察武汉分公司二队以往工作的基础上继续勘察，1964 年完成了矿区大地测量，随后由 103 队对原有测量控制网进行改造，1965 年 11 月完成了Ⅲ等水准和Ⅳ等三角测量，1966 年 1 月提出了测量成果。武汉分公司 202 队根据矿山初步设计阶段工程地质勘察的要求，对攀枝花 0.06km^2 的工业场地和朱家包包 0.05km^2 工业场地进行了勘察，1964 年 12 月提出了两处场地可以作为天然地基的结论。武汉分公司 102 队于 1965 年 4 月承担了密地地区的测量任务，同年 6 月底完成。1967 年 7 月以后，昆明勘察公司接替了武汉勘察公司的全部工作，继续承担了攀枝花钢铁联合企业的全部工程地质勘察任务，积极有效地配合各个时期的设计工作。

19.3.5　厂区设计

弄弄坪厂地狭窄，地质条件复杂，东西长仅 3km，南北宽 0.8km，面积约 2.5km^2，横向自然坡度高达 10%，且有 5 条大冲沟、两条断裂带。在这个狭小的场地上，布置一个大型钢铁联合企业，难度很大。按照当时苏联的设计规范，大型钢铁联合企业的总图布置要"三大一人"，即大平地、大厂区、大铁路，工厂布置成"人"字形，自然坡度不得超过 5%，厂区建筑系数为 22%～25%。如果照此办理，就得用几年时间搬走 3000 万立方米土石方，把山坡削平，即使做到这一点，也只能布置一个年产钢 60 万～80 万吨的钢铁厂。

承担厂区设计的重庆、长沙、鞍山等冶金设计院和铁道部第二设计院的设计人员，没有拘泥于外国的规范，他们本着"总图上摆得下，运输上通得过"的原则，一方面同在一块总图板上布置设计方案，一方面深入现场，在场地上用仪器测量，"一比一"地放大样。他们考察了 100 多个国外总图布置和相应的技术经济指标，先后做出了 50 多个总图方案，经过反复比较，集思广益，最后择优推荐一个比较理想的总图布置方案。这个方案，把生产和使用铁水、钢锭、铁渣、钢渣等炽热货流，需要用铁路运输的炼铁、炼钢、铸铁、初轧、轨梁、渣场等生产设施摆在标高基本相同的台地上，把具有独立生产的机修、耐火材

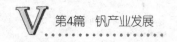

料等厂安排到主厂区之外,这样就在弄弄坪厂地摆下了一个年产150万吨钢的大型钢铁联合企业。

在总图设计中,设计人员高度协作,打破了历次规划中将工厂铁路站与钢铁厂串联布置的办法,采取了并联布置。这样做,增强了工厂铁路站对钢铁厂规模变化的适应性,并增加了铁路服务的扇面,充分利用了弄弄坪坡地。铁道部同意了这一方案,并把原拟放在弄弄坪的全区工业站移至密地,又为弄弄坪总图布置让出了地方。

在总图设计中,设计人员还从山区地形的实际出发,合理利用坡地,尽量减少土石方工作量。对厂区土石方量做了30多次平衡,计算了16万个数据,最终选出一个经济合理的竖向布置方案,把钢铁厂的各项生产设施布置在4个大台阶和23个小台阶上,相邻的阶差在5~21m之间,大大超出了苏联工业区工业规划管理中"各台阶的高差不得超过1.5~2m"的规定。另外,还利用台阶斜面布置了若干建筑物。

在总图设计中,还根据物料性能和山区特点,因地制宜地采用多种运输工具,形成多种运输方式同时并举的运输体系。对大宗原燃料如烧结矿、冶金焦等全部采用胶带运输,减少了厂区铁路长度和站场设施;对铁水、钢锭、铁渣、钢渣等炽热货流,则采用铁路运输,并且使用了6号曲线尖轨道岔,做到省地、高效、安全;对部分颗粒物料,采取因势利导的自流水力输送;对水、风、气、汽采用管道输送;初轧和轨梁间的钢坯,采取两库合并办法,冷坯过跨用牵引车运送,热坯用辊道输送;石灰石矿采用架空索道运输;小宗物料采用汽车运输。此外,矿山铁矿石的运输采用了平硐溜井开拓方式,减少了大量的盘山铁路;选矿厂的矿浆利用坡地实行自流,节约了大量砂泵。

经过周密的总图布置,钢铁厂区主要利用荒地,占用农田只有177亩,厂区建筑系数高达34%,平均每吨钢占地仅一个多平方米。这个设计开创了大型钢铁厂总图布置的先例,被人们誉为"象牙微雕",为在山区建设大型钢铁厂闯出了一条新路子。

工厂设计中尽量采用先进工艺、先进技术和先进装备。炼铁采用了国内首创的用普通高炉冶炼高钛型钒钛磁铁矿的工艺和国外行之有效的先进经验,炉料采用100%的自熔性烧结矿、含硫0.5%以下的焦炭,冶炼采用1200℃的高风温和0.15MPa炉顶压力的高压操作。炼焦采用36孔大容积焦炉,热效率高,加热均匀,能耗低,焦炭强度高,劳动生产率高。炼钢120t氧气转炉和130m²烧结机不仅在国内型号最大,而且机械化、自动化程度高。初轧机结构较国内同类型设备合理,操作方便。轨梁轧机品种适应性强,轧制能力和作业率高,并设有全国第一条重轨全长淬火作业线。

19.3.6 矿区设计

1964年,长沙黑色金属矿山设计院210队进驻攀枝花矿区,根据冶金部下达的设计任务书着手矿区设计。设计队研究了矿山实际情况,根据设计任务书的要求,提出以下方案:

(1)在已经探明的朱家包包、兰家火山、尖包包、倒马坎、公山、纳拉箐6个矿区中,以前3个矿区为前期开采对象。

(2)兰家火山矿区剥采比最小,铁路工程量小,达产时间快,基建副产矿石多,矿山建设程序按先兰家火山,次尖包包、后朱家包包的顺序进行为宜。

(3)根据技术上可能和经济上合理的原则,矿山建设规模为年产铁矿石1350万吨,其中兰家火山 500 万吨、尖包包 150 万吨、朱家包包 700 万吨；矿石采剥总量 4601 万吨，平均剥离系数为每吨矿石剥离废石 2.4t。

（4）矿石技术标准。根据矿体赋存特点和开采技术条件，采取高、中、低品位混合开采办法，以单一品种送往选矿，采出矿石平均含铁 31.3%，二氧化钛 11.42%、五氧化二钒 0.31%，矿石最大块度 1000mm。

（5）矿山开拓运输方案。兰家火山和尖包包采用平硐溜井开拓，工作面用 25t 自卸汽车运输，朱家包包采用铁路上山办法。采出矿石均以准轨铁路运往选矿厂。

（6）矿山建设进度。兰家火山和尖包包 1967 年开始剥离，1969 年及 1968 年分别投产；朱家包包 1967 年剥离，1971 年投产。1974 年达到 1350 万吨设计规模。

选矿厂布置在矿区东南 4.6km 密地新村北面的荒山坡上，占地约 50 公顷，场地自东而西基本平顺，坡度不大。设计方案是：

（1）建设规模为年处理原矿 1350 万吨，产钒钛铁精矿 564.3 万吨。

（2）矿石采用三段开路破碎流程，最终破碎粒度达到 25mm 以下。

（3）选矿采用二段磨矿阶段磁选流程。

（4）选出的钒钛磁铁精矿含铁 54%、二氧化钛 14%、五氧化二钒 0.6%，铁的回收率为 72%。

（5）排出的尾矿经 2 个直径 100m 的浓缩池浓缩后，扬送至金沙江南岸马家田尾矿场储存。

（6）矿石中钛、钴等伴生金属回收，因未做试验研究，在场地上预留位置，待以后进行。

除了采选主体工程外，在矿区选择了 10 个排土场，分别布置在五道河、朱家包包、兰家火山、尖包包等处，其中五道河两侧的万家沟及马家湾 2 处均为铁路排土场，是全矿区最大的排土场，可堆放岩土 5 亿立方米，其余为汽车排土场。矿区采用铁路运输方案，由密兰、密朱铁路及厂区联络线组成。密兰线承担兰、尖 2 个采场的矿石运输任务，由溜井底部的板式给矿机装车，运至密地选矿厂破碎站，以自身侧翻装置卸车。密朱线承担朱家包包采场矿石及岩土运输任务。矿山开采后期，密兰线通过兰家火山平硐经由采场固定崖道可与密朱线接通，从而形成矿区铁路环形运输系统。其他方面还有矿山机修、汽车修理、炸药加工以及供电、供水、通讯等辅助生产设施等，使整个矿区形成一个以铁矿采选为主体的矿山生产体系。

矿区初步设计于 1965 年 11 月完成，经冶金部审查，12 月 6 日获得批准，接着转入施工图设计。1966 年施工图完成后，适值西昌四一〇厂取得新的选矿试验成果，于是将选矿的两段磨矿改为一段磨矿，并将精矿年产规模调整为 588 万吨。其他方面也有修改补充。

在矿区设计中，设计人员针对山脚至最高开采标高近 500m、地形坡度在 35° 以上的情况，大胆构思，科学地利用山区地形，创造性地提出露天矿采用平硐溜井开拓运输方案，利用矿石自重装车，克服运输困难。具体方案是：在采矿矿体内布置了 3 个直径 5 米、深 400 多米的大溜井，溜井下部掘有运输平硐，使用（3～4）m×8m 重型板式给矿机，装入 100t 侧卸式液压自翻矿车，以 150t 电机车牵引输出。这个方案的特点是：大溜井随采场开采一道下降，岩矿运输不倒段，可以最大限度地缩短矿岩运距，简化工艺环节；采出的直径 1m 以上的大矿块可以不经破碎，飞泻溜井装车外运；同时还针对这一新型工艺的特点，采取了一套预防"跑"、"砸"、"堵"、"溜"事故的应变措施。选矿厂利用从原矿破碎站到精矿仓108m的高差，把工厂布置在山坡上，利用矿浆自流，减少了泵站设施和运输胶带，简化了生产工艺，取得了较好经济效果。

1973年以后，随着矿区建设发展和管理体制的变更，出现了原设计的某些环节与新情况不相适应的问题。到1980年止，经过冶金部批准的重大设计修改和补充共有6次。主要内容有：

（1）增加兰尖、朱家包包铁矿和密地选矿厂的机修、电修、汽车保养、仓库等设施。

（2）改革朱家包包开拓运输系统和采剥方案，实行汽车场外倒装，矿岩分流，减少铁路运量。采用陡帮分期开采横向推进的采剥工艺，选择矿体厚大、出露条件好、岩石覆盖较薄的半箐沟西侧（东山头、南山头、狮子山东头），为先期强化开采区段，由东向西推进，同时放缓狮子山西部铁路曲线部分的推进，以平衡前后期的采剥比。

（3）改变采场组织。将朱家包包5个山头划分为东、西两个采场，营盘山、徐家山组成西露天采场，狮子山、东山头、南山头组成东露天采场，等矿山开采进入中期、西采场的营盘山和徐家山降到兰家火山同一水平时，即可将其划入兰尖铁矿，形成统一的采场。

（4）将兰家火山平硐以下的矿石运输与朱家包包的深部运输系统进行统筹安排，尽量利用兰家火山现有平硐运矿。

20 攀枝花提钒利用

攀枝花提钒以铁精矿利用为基础，通过铁精矿还原，使铁钒氧化物还原形成含钒铁水，钒在吹炼铁水过程中氧化富集，得到钒渣，形成理想提钒富原料，基准五氧化二钒提取由冶金过程转向化工过程，深加工得到五氧化二钒、钒铁合金、钒氮合金、金属钒和钒系列催化剂等专业化钒产品。低钒钢渣产生于含钒铁水无专门提钒的炼钢过程，钒品位一般为 2% ~ 4%（以 V_2O_5 计），其余为铁、钙、镁、硅和铝等的氧化物，其中钒全部弥散分布于多种矿物相中，难以直接选冶分离，一般通过直接合金化和返回烧结综合回收利用钒元素。

20.1 还原炼铁

对于攀枝花钒钛磁铁矿的提钒利用，国外机构和部分国内专家参照南非及前苏联的利用模式，强调在铁钒利用主流程中使用电炉还原、摇包吹钒和电炉炼钢，综合回收利用铁钒钛资源，认为攀枝花钒钛磁铁矿不适合高炉冶炼，主要基于对高炉的大渣量和高钛品位以及钛利用问题的忧虑，但同时认为攀枝花能源基础缺乏，特别是攀枝花地区电力供应处于起步阶段，不足以支撑规模化利用过程的电力需求，方案作为持续目标和备选进入决策视野；部分国内专家则认为中国 20 世纪 60 年代需要规模化钢铁生产能力的全面提升，攀枝花煤炭资源丰富，中国专家更熟悉高炉系统，以钒钛磁铁矿为原料还原炼铁，大型化高炉应该属于首选，主体利用铁、兼顾回收钒和后续处理钛的思路比较明确，具有较好的可行性和可操作性，得到决策高层的肯定。

高炉冶炼钒钛磁铁矿是一个世界难题，一般认为钒钛烧结矿的强度比普通烧结矿强度低，其转鼓指数一般为 81% ~ 82%，而普通烧结矿转鼓指数可达 83% ~ 85%。钒钛烧结矿冷却后的转鼓指数比冷却前提高了 6% ~ 7%，钒钛烧结矿在热状态下脆性大，强度不如普通烧结矿好。钒钛烧结矿的低温还原粉化率比普通烧结矿高得多，一般大于 60%，高的达 80% ~ 85%。高炉冶炼的炉渣，主要成分来源于原燃料所带入的脉石成分。冶炼普通矿形成四元（$CaO\text{-}MgO\text{-}SiO_2\text{-}Al_2O_3$）渣系，而冶炼钒钛矿则为五元（$CaO\text{-}MgO\text{-}SiO_2\text{-}Al_2O_3\text{-}TiO_2$）渣系。五元渣系炉渣相对于四元渣系炉渣最大的特点在于：炉渣熔化温度升高、炉渣变稠和炉渣脱 S 能力低，形成泡沫渣，低钛炉渣的熔化温度与普通四元渣系相近，泡沫渣的形成在高钛型炉渣的冶炼中较为明显。炉渣变稠是随着高炉内还原过程的进行，炉渣中一部分 TiO_2 被还原生成钛的碳氮化合物，TiC 的熔点为 $(3140 \pm 90)℃$，TiN 的熔点为 $(2950 \pm 50)℃$，远高于炉内最高温度，高钛型高炉渣的脱硫能力远低于普通高炉渣，L_S 仅为 5 ~ 9；钒钛铁水的粘罐物中则因含有钒、钛的氧化物，熔点很高，高于出铁温度，出铁时不能被熔化，越结越厚，造成铁水罐容积迅速减小。

攀枝花高炉渣含 TiO_2 较高，属于高钛型高炉渣，相对于普通高炉渣，是高钛渣，但相对于提钛用途的高钛渣，是典型的低钛渣。一般高炉渣可用于水泥生产，但攀枝花高钛型高炉渣硬度高、强度大、TiO_2 含量高和铁夹杂弥散广泛，磨矿成本高，活性差。

攀枝花选择大型高炉作为铁钒主还原设备，在攀枝花 1000m³ 大型高炉冶炼钒钛磁铁矿投产初期，高炉承受大渣量和高负荷压力，冶炼时存在炉缸堆积和粘渣严重等问题，必须周期性地用普通矿洗炉，高炉利用系数一度低到 0.482t/(m³·d)，休风率为 27.5%，焦比为 979kg/t，生铁合格率仅达 70.3%。

经过分析认为主要原因是渣中 TiO_2 含量高，在高炉强还原气氛下 TiO_2 还原形成高熔点碳化钛和氮化钛组分，炉渣黏度增加，产生泡沫渣，在炉缸产生黏结现象，造成出渣出铁困难；同时高炉内气氛变化，高熔点碳化钛和氮化钛组分遇氧消失，出现泻渣，影响高炉顺行。

围绕抑制钛的还原、消除粘渣和减少泡沫渣，进行了合理控制炉温试验。试验采用吹风式堵渣机解决损坏渣口问题，采取吹氧化罐和冷抠铁罐等措施解决铁水粘罐问题，通过喷浆机解决了渣罐粘积问题等。在烧结层面，通过大风、小水、低碳、低碱度和加厚料层的操作方法提高烧结矿强度，把烧结矿碱度提高到 1.7~1.8，高炉炉料中试加了 15%~20% 会理块矿，使渣中二氧化钛（TiO_2）降到 23% 以下，保证了炉况顺行，泡沫渣基本消失，渣铁出净了。生铁含钒 0.34%，合格率为 99.83%，一级品率为 24.38%，钒硫合格率均为 50.23%。表 20-1 给出了攀钢铁水典型成分。

表 20-1 攀钢铁水典型成分 （%）

C	Si	Ti	V	Mn	P	S
4.32	0.139	0.164	0.335	0.162	0.045	0.064

攀钢历年生铁产量及炼铁主要技术经济指标统计表见表 20-2。标准的含钒生铁见表 20-3。

**表 20-2 攀钢 1970 年投产至 1985 年高炉稳定期间的
生铁产量及炼铁主要技术经济指标统计表**

年 份	生铁产量/万吨	高炉利用系数/t·(m³·d)⁻¹	焦比/kg·t⁻¹	生铁合格率/%
1970	7.15	0.482	979	70.30
1971	42.82	0.851	818	87.72
1972	55.99	0.696	847	90.17
1973	82.21	0.846	794	91.65
1974	82.28	0.690	766	79.19
1975	110.04	0.903	746	67.82
1976	85.98	0.705	798	59.87
1977	110.84	0.931	750	80.55
1978	144.16	1.255	684	99.14
1979	176.71	1.431	648	99.67
1980	195.23	1.569	613	99.96
1981	184.84	1.540	614	99.95
1982	197.68	1.626	628	99.80
1983	189.12	1.623	631	99.76
1984	207.09	1.651	625	99.78
1985	193.74	1.662	609	99.84

表 20-3 标准含钒生铁

铁 号		牌号	钒 02	钒 03	钒 04	钒 05
		代号	F02	F03	F04	F05
化学成分/%		V	≥0.20	≥0.30	≥0.40	≥0.50
		Ti	≤0.60			
	Si	一组	≤0.45			
		二组	>0.45~0.80			
	P	一级	≤0.15			
		二级	>0.15~0.25			
		三级	>0.25~0.40			
	S	一类	≤0.05			
		二类	≤0.07			
		三类	≤0.10			

20.2 提钒炼钢

20.2.1 雾化钒渣

雾化提钒是中国针对自己的资源条件于 20 世纪 60 年代中期开发的提钒技术,攀枝花钢铁公司 1973 年在小试验的基础上建成了处理能力为 120t/h 的工业试验炉,生产了大量优质钒渣。攀钢含钒铁水经历了从投产初期的高钒含量到中期的低钒,再到稳定保钒达到约 0.3%。

20.2.1.1 雾化提钒技术控制

将铁水兑入一个长方形中间罐,并流经中间罐底部的长方形水口进入雾化室,在雾化室内与从雾化器喷出的高速压缩空气流股相遇,铁水被雾化粉碎成细小铁珠,反应表面积迅速扩大,形成良好的元素氧化动力学条件,铁水中的其他溶解元素随即氧化形成熔渣,半钢和熔渣经流槽进入半钢罐,钒渣和半钢在罐内分离,先倒出半钢送转炉炼钢,后翻出钒渣。由于铁水被雾化成小铁珠,每个小铁珠形成一个独立的小熔池,表面的钒原子被氧化后,内部的钒原子来不及扩散到表面,铁珠表面的其他元素也被氧化。铁珠落入雾化室底部并汇集到半钢罐内,靠 FeO 供氧,使钒氧化。钒的氧化在炉内完成约 60%,在罐内完成约 40%。雾化提钒装置简图见图 6-6。

雾化提钒工艺着重分离铁水中的钒,与钒的活度系数相近的元素如硅、钛全部被氧化分离,而锰、磷、铁等部分被氧化分离,硫则几乎不被氧化。

20.2.1.2 雾化提钒设备

雾化室:一个长方形炉膛,侧墙和顶部由水冷结构件组成,炉底和四周下部炉壁砌耐火砖,其作用是造成一个铁水雾化与氧化反应的空间。设计根据雾化器两排风眼交角 α 的大小和小时处理铁水量来确定,炉容比为 0.7~0.85m³/t。炉衬材质以镁质耐火材料为最佳,既抗冲刷又不污染钒渣。炉底的坡度为 10%。

中间罐:外用钢板焊接、内衬耐火材料的长方形容器。为避免高炉渣进入雾化室,中

部砌有挡渣隔墙，底部有一个 220mm × 20mm 的矩形水口，以控制铁水流量和铁流形状。水口截面面积由 $F = kQ/h^{1/2}$ 计算，式中，k 为经验常数；Q 为设计铁水流量，$t/\min$；h 为中间罐内铁水液面高度。

雾化器是直接影响钒的氧化率和半钢温度的关键设备。雾化器设计可用下式求得孔径 d 及孔数 n：

$$\left\{ \begin{array}{l} L = (n-1)d + (n-1)\delta \qquad\qquad (20\text{-}1) \\ \\ Fc = 2n\dfrac{\pi d^2}{4} \qquad\qquad\qquad\qquad (20\text{-}2) \end{array} \right.$$

式中，L 为风眼带长度，工艺要求它比中间罐水口长 80 ~ 100mm；δ 为风眼间距，考虑到制作条件取 2mm；Fc 为风眼临界总面积，由供风的有关参数求得。双排孔全水冷雾化器的主要参数是两排风眼交角 α。

在雾化提钒工艺中，雾化器是关键设备。好的雾化器应具有雾化效果好、钒氧化率高、不喷溅、对炉衬冲刷较轻的特点。目前我国使用的全水冷双排孔型雾化器是比较好的一种。雾化法生产钒渣存在的主要问题是渣中铁含量高达 40% ~ 43%。

表 20-4 为雾化法生产的钒渣的典型成分。

表 20-4　雾化法生产的钒渣的典型成分　　　　　　　　　　　（%）

TFe	V_2O_5	TiO_2	Cr_2O_3	MnO	CaO	SiO_2	MgO	P
43.10	18.94	12.08	1.98	6.47	0.13	17.10	0.19	0.0121

20.2.1.3　雾化提钒工艺技术指标

在攀钢 1 号转炉进行投产准备过程中，炼钢厂土法上马，于 1971 年 4 月 1 日建成一座每小时处理铁水 66t 的 1 号雾化提钒炉，4 个多月吹炼铁水 30 炉，生产钒渣 30t，经锦州铁合金厂试用，产品符合国家一级标准。但炉子生产连续性差，人工扒渣劳动强度大，炉龄低，同年 11 月 16 日另建成 1 座每小时处理铁水 180t 的 2 号雾化提钒试验炉。这座炉子，炉龄虽有提高，但炉体上半部死角凝铁严重，渣铁分离困难，钒渣含铁高，半钢温度偏低，指标不够稳定。1973 年 2 月 19 日又建成雾化能力 180t/h 的 3 号炉。在生产试验中发现钒的氧化率低，炉体和半钢罐粘渣粘铁严重，排烟系统也不合理，试炼 6 炉决定停用。1973 年 8 月 29 日对 2 号炉进行了全面改造，进一步完善了炉型，使工艺和操作趋于合理。

雾化提钒具有半钢中碳含量高，处理能力大，设备简单，容易操作的优点。雾化法一度成为攀枝花钢铁公司生产钒渣的主要方法，其钒渣生产量占当时全国的一半以上。

1973 年攀钢将炼钢厂正式改名为提钒炼钢厂，1974 年 8 月确定建设雾化提钒车间。由于国家急需钒渣，该厂一面将 3 号炉拆除新建提钒车间，一面由 2 号炉继续生产。1978 年 12 月 28 日新建提钒车间建成投产，设有两座 120t 雾化提钒炉，年处理铁水 200 万吨，生产钒渣 7.14 万吨。

1973 ~ 1985 年攀钢雾化提钒工艺运行统计见表 20-5，其中钒渣为含五氧化二钒 10% 的折合量。

**表 20-5 1973~1985 年攀钢钢和钒渣产量及
炼钢主要技术经济指标统计表**

年份	钢产量 /万吨	钒渣 产量/t	转炉利用 系数 /t·(m³·d)⁻¹	钢锭合 格率/%	品种 合格率/%	钢铁料 消耗 /kg·t⁻¹	铁水消耗 /kg·t⁻¹	炉龄/次	镇静钢 比/%
1973	41.16	3277	4.3	92.0	—	1289	1269	157.6	0.76
1974	46.75	5115	3.6	94.8	—	1272	1262	133.3	1.22
1975	62.80	8671	4.3	92.32	—	1265	1250	132.13	15.85
1976	48.00	10130	3.6	93.90	79.0	1226	1219	124.57	30.88
1977	66.48	15062	5.05	91.75	79.64	1275	1259	150.40	45.15
1978	97.04	20104	9.84	95.37	93.97	1242	1208	238.91	51.26
1979	133.90	31326	10.49	98.41	95.61	1184	1160.31	270.71	44.49
1980	162.32	40254	12.32	99.02	97.77	1161.48	1116	311.07	38.37
1981	156.93	45930	11.90	99.05	97.70	1158.56	1125.79	377.54	45.62
1982	168.35	61578	12.81	99.04	97.93	1138.34	1094.63	430.56	47.00
1983	158.04	66267	12.03	99.02	99.01	1126.19	1090.43	495.70	55.17
1984	175.08	71450	13.67	99.43	99.13	1106.44	1086.21	501.77	54.43
1985	165.16	64100	12.57	99.31	99.31	1114.65	1089.36	502.93	57.72

20.2.2 转炉钒渣

转炉提钒是将含钒铁水兑入转炉内，纯氧或空气通过可移动或固定式喷枪，喷嘴从转炉的顶部、底部或侧面吹入，将钒氧化富集形成钒渣。转炉提钒过程中钒的氧化是以渣-铁界面上消耗初渣中 FeO 为主要特征的。初渣流动性增大有助于钒氧化后与FeO 形成钒铁尖晶石的高温化学反应进程，加快钒的氧化过程。不同形式的提钒转炉见图 20-1。

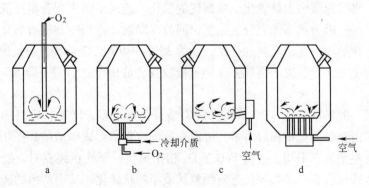

图 20-1 不同形式的提钒转炉
a—氧气顶吹转炉；b—氧气底吹转炉；c—空气侧吹转炉；d—空气底吹转炉

含钒铁水温度为1250℃左右，装入炉子后，氧气经位于炉子顶部可上下升降的多孔氧枪吹入，通常氧枪顶端距熔池面为0.7~1.5m，熔池温度控制在1350~1420℃，需加入大量冷却剂降温，加入量约25~30kg/t；供氧强度为3~5m^3/(min·t)时，提钒时间分别为3~3.5min与4~6min。冷却剂主要是加入适量含钒生铁块或废钢（加入量约为兑入铁水的20%~30%），铁皮（加入量约为兑入铁水的5%~7%），吹氧时间一般为8~12min，若半钢余钒大于0.04%时，则需要进行短时间补吹，以保证钒的氧化率。

吹炼结束后，倾动转炉先放出半钢，后倒出钒渣回收，半钢移至另一转炉吹炼成钢。攀钢低钒铁水条件见表20-6，入转炉原材料和铁水带渣化学成分见表20-7。表20-8给出了转炉提钒用铁块化学成分。

表20-6 攀钢低钒铁水条件

$w(C)/\%$	$w(V)/\%$	温度/℃	统计数/炉
$\dfrac{4.53}{3.78~5.09}$	$\dfrac{0.32}{0.23~0.4}$	$\dfrac{1247}{1187~1365}$	3100

表20-7 入转炉原材料和铁水带渣化学成分 （%）

C	Si	Mn	V	S	P	样本数/个
4.31	0.10	0.26	0.324	0.05	0.059	10

表20-8 转炉提钒用铁块化学成分 （%）

组 元	CaO	Fe_2O_3	TFe	S	P	样本数/个
复合球	<0.5	>62	0.044	0.097		10
铁水带渣	25.44	2.74	29.1	2.595	0.065	10

转炉法是将含钒生铁水置入转炉内吹炼数分钟，使钒氧化进入炉渣，实现钒与铁的分离。冷却剂的使用是保证吹炼钒渣顺利进行的一个重要条件。吹炼时，由于部分碳和其他元素的氧化，产生大量的化学热。如果不能将多余的热吸收，将造成熔体温度升高。熔体温度过高时，将引起碳的大量氧化，抑制钒的氧化，造成半钢中碳含量过低，使后续的炼钢热能不足，同时因为钒不能充分氧化使钒回收率降低。常用冷却剂有氧化铁皮、水、废钢和铁矿石。在炉渣中含量最高的是铁，约为35%~40%。降低铁含量是提高钒含量的有效措施。渣中全铁含量取决于供氧强度和氧枪位置。渣中全铁含量下降5%对提高渣中钒含量有利。

转炉提钒一般采用SiO_2调渣，使钒铁尖晶石含量增多，增加初钒渣的流动性，以促进钒的氧化。由于硅酸盐相相对增多，可以在凝固过程中形成钒渣的黏结相，使吹钒达到终点时，钒渣不致过于干稠。根据FeO-V_2O_3相图分析，至吹钒终点时，渣系黏度迅速增大，使终点渣外观状态由半凝固状态向颗粒状或半糊状转化，从而产出的转炉钒渣TFe和MFe含量比较低，体现出转炉提钒的显著优势，用SiO_2调渣，可达到降低TFe和提高V_2O_5的效果。SiO_2的调渣作用对比见表20-9。

表 20-9　SiO_2 的调渣作用对比

项目	[C]$_半$/%	[V]$_半$/%	$t_半$/℃	(V_2O_5)/%	(TFe)/%	(SiO_2)/%	统计数/炉
未调渣	$\dfrac{3.65}{2.16 \sim 4.12}$	$\dfrac{0.04}{0.01 \sim 0.116}$	$\dfrac{1376}{1325 \sim 1431}$	$\dfrac{16.51}{13.4 \sim 27.8}$	$\dfrac{35.32}{20.6 \sim 42.6}$	$\dfrac{15.6}{12.4 \sim 20.6}$	2130
调渣	$\dfrac{3.62}{2.79 \sim 4.09}$	$\dfrac{0.035}{0.01 \sim 0.10}$	$\dfrac{1387}{1335 \sim 1420}$	$\dfrac{20.09}{11.7 \sim 31.2}$	$\dfrac{28.3}{17.6 \sim 42.9}$	$\dfrac{18.01}{14.2 \sim 20.7}$	1983

　　伴随着吹钒反应的进行，初渣中 SiO_2 与 FeO，MnO 相互作用，生成铁锰橄榄石等硅酸盐相。根据 $FeO\text{-}SiO_2$ 相图，硅酸盐相的熔点为 1205℃，Fe_2SiO_4 与 FeO 形成的易熔混合物（FeO：76%，SiO_2：24%）的最低熔点为 1177℃，硅酸盐相的形成使初渣熔点下降，钒渣黏度降低，渣流动性增大。

　　吹炼前钒铁尖晶石的存在，可以使后续钒铁尖晶石晶粒长大，转炉提钒过程部分采用留渣操作，部分采用不留渣操作，得到不同相结构钒渣，不同操作对半钢和钒渣质量的影响见表 20-10。

表 20-10　不同出钒渣操作对半钢和钒渣质量的影响

名　称	半　钢　条　件			钒渣成分/%		样本数炉
	[C]/%	[V]/%	温度/℃	V_2O_5	TFe	
留渣操作	$\dfrac{3.54}{2.6 \sim 3.9}$	$\dfrac{0.030}{0.02 \sim 0.058}$	$\dfrac{1378}{1326 \sim 1430}$	$\dfrac{18.6}{14.6 \sim 22.1}$	$\dfrac{34.0}{26.7 \sim 38.6}$	104
未留渣操作	$\dfrac{3.56}{2.5 \sim 4.1}$	$\dfrac{0.031}{0.01 \sim 0.101}$	$\dfrac{1381}{1315 \sim 1440}$	$\dfrac{15.3}{13.2 \sim 19.3}$	$\dfrac{38.1}{25.2 \sim 41.3}$	374

　　钒渣岩相分析比较见表 20-11。

表 20-11　钒渣岩相分析比较

项　目	各岩相结构含量/%	钒铁尖晶石大小/mm
留渣操作	钒铁尖晶石：35～45，硅酸盐相：46～54，金属铁：1.1～1.5，RO 相：6～9	大多为 0.017～0.033，近似圆形连晶结构，部分呈 0.05～0.06 的大晶粒
未留渣操作	钒铁尖晶石：25～35，硅酸盐相：55～60，金属铁：1，RO 相：10	为 0.01～0.02 的近似圆形晶粒
雾化钒渣	钒铁尖晶石：38～45，硅酸盐相：45～50，金属铁：4，RO 相：8	为 0.03～0.04 的近似圆形晶粒

　　[V]$_半$ 由原 0.039% 降至 0.028%；（V_2O_5）由原 14.7% 升至 18.06%；（TFe）、（MFe）分别由原 37.3% 和 19.0% 降至 28.7% 和 15.2%，且（MFe）在 1999～2002 年进一步降至 9%～11%；钒氧化率由原 86.7% 升至 90.4%；钒回收率由原 69.9% 升至 80.9%。

20.2.3　钠化钒渣

　　基于对攀钢铁水高硫磷处理难度的考量，对含钒铁水进行钠化处理脱硫磷，同时兼顾钒渣提取，省略传统提钒工艺的氧化焙烧过程，其实质是铁水的炉外脱杂处理和提钒炼钢的有机结合，实践无渣炼钢和少渣量炼钢。

　　含钒铁水的直接钠化是对出炉含钒铁水进行气载碳酸钠喷吹，铁水的钒氧化成钒氧化物，与钠盐结合形成钒酸钠，提钒过程利用钠盐与硫磷的强烈反应特性，对铁水脱除硫

· 341 ·

磷, 可以获得优质半钢及水溶性钠化钒渣。攀钢在炼钢厂进行了 20 ~ 85t 级钠化钒渣试验, 将碳酸钠用压缩空气喷吹进铁水, 气体一方面作为气载介质, 使碳酸钠进入铁水扩散反应, 另一方面输入氧与溶解钒反应, 铁水中的硫磷与碳酸钠反应, 与钒渣形成聚合体, 钒主要以钒酸钠存在, 钠化钒渣典型化学成分见表 20-12。

表 20-12 钠化钒渣典型化学成分 （%）

项目	Na$_2$O	V$_2$O$_5$	P	S	SiO$_2$	Al$_2$O$_3$	TiO$_2$
V-1	37.34	11.58	0.617	0.97	6.48	2.58	6.49
V-2	38.55	12.38	0.76	1.17	6.78	2.30	6.89

项目	Cr$_2$O$_3$	CaO	MgO	MnO	TFe	Ga	
V-1	0.032	0.98	0.18	1.35	1.90	0.0031	
V-2	0.038	1.23	0.21	1.62	3.00	0.0022	

钠化过程由于钠盐的特殊性, 高温分解, 铁水瞬间温降明显, 形成稀渣, 分离困难; 喷吹过程钠盐飞扬损失较大, 在炉台操作空间和周边粉尘弥散, 环境极其恶劣。钠化钒渣的过度钠化也造成了占其渣重 50% 以上的组分可直接溶入水中, 使其水浸溶液具有高碱度、大离子强度、多杂质含量、还原物危害及热浸后产生二次沉淀等。生产 1t 铁水耗碱约 48kg, 产生钒渣 30kg。

钠化钒渣容易潮解和粉化, 将大块渣料粗碎后直接加到球磨机中磨浸, 在水和磨球的共同作用下, 渣料很快就被转化成渣, 水能够充分接触的泥浆状态。钠化钒渣用作提钒原料, 同时回收碱, 保持碱循环。钠化钒渣浸出液加入硫酸铝和氯化钙净化除磷硫, 净化钒液通 CO$_2$ 碳酸化处理回收碳酸钠, 脱除碳酸钠的钒液用双氧水和过硫酸铵氧化, 最终钒净化液用氯化铵沉淀偏钒酸铵, 脱氨后得到五氧化二钒, 沉钒渣蒸氨回收氨。

对钠化钒渣含钠、磷、硫和硅高的特点, 按照碳酸化—中性铵盐沉钒制取精 V$_2$O$_6$ 及回收钠盐的工艺流程, 可制得 V$_2$O$_5$ 品位大于 99% 的精钒产品, 以碳酸钠形式回收的钠盐纯度高, 可返回用作铁水的直接钠化处理剂。在实验室条件试验的基础上进行了扩大试验, 钒收率达 92.6%, 钠的收率为 42.8%。

20.3 钒钛铸铁

钒钛铸铁正逐步形成独立的铸铁体系, 已经形成钒钛灰铸铁、钒钛球墨铸铁、钒钛可锻铸铁和钒钛耐磨铸铁等各种铸造材质。钒钛与碳氮具有较强的亲和力, 钒在铸铁中以 α 铁、析出相和块状化合物三种形式存在, 块状化合物中的钒钛占总量的 50% 以上, 钒在 α 铁中的固溶量高于钛, 钒钛元素在铸铁中形成块状碳化物、氮化物、碳氮化物和碳氮硫化合物, 属于高熔点、高硬度和具有一定强度的化合物, 形成互溶体结构。在凝固过程中, 铸铁中的钒有相当部分以块状的碳化物、氮化物及碳氮化物状态析出。凝固结束后, 随温度降低, 钒溶解度逐渐下降, 促使在冷却过程中不断有含钒碳化物析出, 这些含钒碳化物弥散分布在铸铁基体上。钒含量大于 0.1% 时就可以出现明显的块状化合物。随着钒含量的增加, 块状物的大小及形状发生改变。由骨头棒形、三角形、四方形逐渐成 Y 形、不规则的多边形和花样形, 数量增多, 尺寸也随之增大。冷却速度主要影响块状物的尺寸, 随冷却速度减小块状物尺寸增大, 数量增多。

钒钛铸铁金相组织见表20-13。

表20-13　钒钛铸铁金相组织

铸铁名称	金　相　组　织		
	按 GB 7216—1987《灰铸铁金相》评定		
	项　目	铸件质量/t	
		≤2	>2
钒钛铸铁	石　墨	A 型或 D 型、E 型为主。以 A 型为主时，长度 10～25 mm（100×）	A 型或 D 型、E 型为主。以 A 型为主时，长度 10～35 mm（100×）
	珠光体	数量"珠90"以上	数量"珠80"以上
	钒钛碳氮化合物	弥散分布	
	磷共晶	数量在"磷4"以下	
	自由渗碳体	数量在"碳3"以下	
稀土钒钛铸铁	（1）基体：全珠光体，晶粒较小，片间距较小；（2）石墨：较细，一般心部长度 60～500μm，外层 15～250μm，含量 8%～10%；（3）硬化相：二元及三元磷共晶 4%～5%，呈断续网状；钒钛的碳、氮化合物以菱形或块状均布，分散度较高		
磷铜钒钛铸铁	（1）基体：珠光体细片状（中细片状，铁素体允许 10%～30%）；（2）石墨：A 型，少量 E 型（A 型，少量 D、E 型），大小 4～6 级，面积 6%～9%（7%～11%）；（3）二元磷共晶：小块状 3%～5%；（4）不允许合金偏析		

钒在贝氏体组织中均匀分布，而在奥氏体中主要以碳化物形式存在。无钼含钒贝氏体球墨铸铁中的钒碳化物主要均匀分布在贝氏体基体上，呈方形或腰果形；有钼含钒贝氏体球墨铸铁中碳化物除了在贝氏体基体上弥散分布外，在残留奥氏体内也有三角形、块状夹杂物或各种不规则形状的碳化物成堆出现。

攀枝花含钒生铁除了含有碳、硅、锰、硫、磷外，还含有钒、钛、铬、钴、镍、铜、钨等成分，是一种低磷钒钛生铁。可应用于铸造形成钒钛灰铸铁、钒钛球磨铸铁、钒钛耐磨铸铁、钒钛耐热铸铁、钒钛可锻铸铁等系列，铸件具有耐热、耐磨、力学性能好的特点。用钒钛生铁铸造的铣床，其耐磨性比普通生铁高 1～2 倍，铸造的真空转子、汽车缸套、活塞环和曲轴等，耐磨性比普通铸铁高 20%～80%。攀钢用钒钛铁铸造的钢锭模，每吨钢消耗 10.8kg，比其他钢厂用灰铸铁、球墨铸铁和蠕墨铸铁等铸造钢锭模低 4kg 以上。用钒钛生铁制造的轧辊，经解剖观察，从表面到中心硬度逐渐下降，莱氏体组织数量逐渐减少，石墨数量逐渐增加，寿命比其他铸铁轧辊高 1 倍，没有出现过断辊、剥落和掉肉等现象。

以富含钒钛合金元素的钒钛生铁为原材料，经过特殊的蠕化和孕育工艺处理，生产新型蠕墨铸铁，具有优良的综合性能，是汽车制动鼓的理想材料。获得的钒钛蠕墨铸铁，经过测试分析力学性能、金相组织、显微组织、耐磨性能、导热性能、壁厚敏感性以及蠕化衰退性，认为钒钛蠕墨铸铁的抗拉强度在 350MPa 以上，布氏硬度为 230～280HBW，伸长率在 1.42% 以上，力学性能明显优于钒钛灰铸铁；金相组织观察发现，石墨形态均为蠕虫状和球状混合，其中蠕虫状石墨均在 60% 以上；基体组织为珠光体、铁素体、少量渗碳体和合金化合物，其中珠光体量在 50% 以上；通过扫描电镜（SEM）和能谱（EDS）分析，钒钛元素在蠕墨铸铁中主要以方块状、多边形状、三角形状等钒钛碳化物形态以及固溶于渗碳体的方式存在。由于钒钛化合物的弥散强化、钒钛渗碳体的固溶强化以及钒钛元素细化晶粒和细化石墨的作用，使钒钛蠕墨铸铁的强度和硬度得到提高。但当钒钛元素以及As等元素以沉淀相存在于晶界或者富集于晶界时会降低钒钛蠕墨铸铁的强度及塑性。钒钛蠕墨铸铁的断口裂纹源自石墨聚集区，断口微观形貌为少量浅韧窝和河流花样共存，表现为韧-脆混合断裂。采用激光热常数仪和往复摩擦磨损试验机测试了钒钛蠕墨铸铁、钒钛灰铸铁的导热性能和磨损性能。结果表明：钒钛蠕墨铸铁具有较高的导热系数，尤其是在高温时仍能保持较高的导热性能，高温时的导热系数甚至高于钒钛灰铸铁。

钒钛蠕墨铸铁的耐磨性能明显优于普通合金灰铸铁，钒钛蠕墨铸铁的磨损率与钒钛灰铸铁相比低27% ~35%左右，钒钛蠕墨铸铁的摩擦系数比钒钛灰铸铁高40% ~55%左右。

20.4 钒渣提取 V_2O_5

钒渣提取五氧化二钒的生产工艺为：钒渣预处理—加盐焙烧—浸出—沉钒—熔化铸片。

20.4.1 钠化焙烧提取

攀枝花提钒的焙烧工序主要采用回转窑和多膛炉，浸出采用湿球磨，沉钒采用间断式硫酸铵沉钒，熔化采用反射炉。攀钢1989年引进德国GfE公司多膛炉工艺技术焙烧生产五氧化二钒，焙烧钒渣转浸率为87% ~89%，残渣中未转化钒为0.81% ~0.85%。攀枝花民营企业采用回转窑一次焙烧钒渣工艺，钒渣转化率为90% ~95%，残渣含钒小于0.8%；采用硫酸铵沉钒，沉淀收率为95% ~99%，熔化五氧化二钒采用反射炉熔化，熔化收率95% ~96%。沉淀工序收率由92.82%提高到98.95%，外排水含钒小于0.1%。

20.4.2 直接焙烧提钒

焙烧时不加任何添加剂，靠空气中的氧在高温下将低价钒直接转化为酸可溶的 V_2O_5。然后用硫酸将焙烧产物中的 V_2O_5 以五价钒离子形态浸出，再对浸出液净化，除去Fe等杂质，并用水解沉淀法或铵盐沉淀法沉淀红钒，再将红钒溶解于热的烧碱水溶液中，控制适当浓度和pH值，使溶液中的钒主要以 $VO_3(OH)^{2-}$ 形态存在，澄清后取上清液采用铵盐沉淀法制偏钒酸铵，再煅烧即得高纯 V_2O_5。

20.4.3 钙化焙烧提钒法

将石灰、石灰石或其他含钙化合物作溶剂添加到钒渣中混合焙烧，使钒氧化成不溶于水的钒的钙盐，如 $Ca(VO_3)_2$、$Ca_3(VO_4)_4$、$Ca_2V_2O_7$，再用酸将其浸出，并控制合理的pH值，使之生成 VO_2^+、$V_{10}O_{28}^{6-}$ 等离子，同时净化浸出液，除去Fe等杂质。工艺过程为：原料预处理、钒渣与石灰类添加剂配料混合、氧化钙化焙烧、焙烧熟料稀盐酸浸出、固液分离和残渣洗涤、浸出液用硫酸调节pH值后水解沉淀、沉淀物脱水煅烧、熔化铸片。

20.4.4 钒产品

攀钢与钒生产相关的单位有炼铁厂、提钒炼钢厂和攀宏钒制品厂。炼铁厂用铁精矿炼铁时，约80%的钒还原进入生铁。提钒炼钢厂采用氧气顶吹转炉提钒工艺（提钒率达70%）生产出粗钒渣。攀宏钒制品厂将粗钒渣加工成钒制品，主要产品是 V_2O_5、V_2O_3（中间产品）、FeV80、FeV50 和钒氮合金。

攀钢攀宏钒制品厂现有 V_2O_5、V_2O_3、钒铁和钒氮合金 4 条生产线，主要生产设备有 4 台球磨机、4 座十层焙烧窑、5 座还原窑、3 座熔化炉、1 座钒铁冶炼电炉、6 座推板窑、2 套废水处理设施，占地面积为 13.8 万平方米，建筑面积为 4.6 万平方米。

20.4.4.1　五氧化二钒

攀钢及民营企业以钒渣为原料采用钠化焙烧提钒技术工艺生产满足国家标准的五氧化二钒产品，攀钢 1989 年引进德国 GfE 公司多膛炉工艺技术焙烧生产五氧化二钒，攀枝花民营企业采用回转窑一次焙烧钒渣工艺，硫酸铵沉钒，钒沉淀收率为 95% ~99%，熔化五氧化二钒采用反射炉熔化，熔化收率为 95% ~96%。过程钒总收率约为 81.6%。

20.4.4.2　三氧化二钒

攀钢以多钒酸铵为原料，用焦炉煤气作还原剂，采用煤气热还原技术生产三氧化二钒，主要用作钒铁和钒氮合金生产原料。

20.4.4.3　钒铁

攀钢主要生产工艺是采用三氧化二钒电铝热法冶炼，攀枝花民营企业采用五氧化二钒电铝热法冶炼，产品为 FeV80 和 FeV50 标准产品，使用三氧化二钒比使用五氧化二钒可节约 30% ~40% 的铝，综合生产成本较低。钒过程收率约为 96%。

20.4.4.4　钒氮合金

攀钢以三氧化二钒为原料，采用常压、连续推板窑生产钒氮合金，综合钒收得率为 98%，通过生产销售经验制定了国家钒氮合金技术质量标准。

20.5　低钒钢渣利用

低钒钢渣产生于含钒铁水的炼钢过程，钒品位一般为 2% ~4%（以 V_2O_5 计），余为铁、钙、镁、铝等的氧化物。其中钒全部弥散分布于多种矿物相中，难以直接选、冶分离。

20.5.1　返回烧结

攀钢在投产初期存在提钒能力不足的问题，生产了较多的含钒钢渣。含钒钢渣拥有 2% ~5% V_2O_5，35% ~43% CaO，3% MFe。将低钒钢渣添加在烧结矿中作为熔剂进入高炉冶炼，钒在铁水中得到富集，后经转炉吹钒得到较高品位的钒渣。按照一定的比例返回到烧结配料，可以部分取代石灰，增加烧结矿中的 V_2O_5 含量，进入二次钒利用循环，但同时增加金属铁回收量。工艺过程优点是利用现有生产设备回收钒，同时也能回收铁、锰等元素，钢渣处理量大。缺点是易产生磷在铁水中的循环富集，加重炼钢脱磷任务，钢渣杂质多，有效氧化钙含量相对低，会降低烧结矿品位，增加炼铁过程能耗。

20.5.2　钒直接合金化

钒渣在炼钢中亦可以直接合金化，经在转炉、平炉、电炉上进行工业试验，可以冶炼

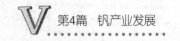

出 09V、22MnSiV、15MnVR 等 20 余个含钒低合金钢种，钢的纯净度较高。这种冶炼方法，工艺简单，易于推广。

将原块状钒渣和还原期造渣材料、脱氧剂先后加入熔池，包括以下步骤：

（1）在炼钢电弧炉冶炼除净氧化渣后，立即向钢液深部插铝 1.0 ~ 1.2kg/t 钢，并加入 0.8 ~ 1.0kg/t 钢的 Ca-Si 合金进行预脱氧。

（2）向炉内加入稀薄渣料 20 ~ 20kg/t 钢，其组成为石灰：萤石 = （8 ~ 8.5）：（1.5 ~ 2），充分搅拌后，取钢试样分析 C、Mn、P、S 及所需元素。

（3）按计算一次性加入原块状钒渣 10 ~ 20kg/t 钢，块度不大于 120mm，充分搅拌。

（4）向熔池内分批加入复合脱氧剂碳化硅进行扩散脱氧，还原期碳化硅总用量为 5 ~ 8kg/t 钢，并对熔池进行充分搅拌，加入石灰使还原期碱度 R = 2.5 ~ 3.2。

（5）当稀薄渣下试样分析结果报出和炉渣变白后，即可进行终调成分、温度，准备出钢。

（6）终脱氧插铝量视钢种在 0.5 ~ 0.8kg/t 钢范围。

（7）出钢过程要强调钢渣混冲。

（8）最后，钢包吹氩 60 ~ 90s，压力为 0.15 ~ 0.2MPa。

将含 V_2O_5 1.54% 的钢渣，以河沙和煤粉调整碱度，在矿热炉内直接还原得到含钒 2.59% ~ 3.99% 的高钒铁水，钒回收率可达 90% 以上。

20.6　含钒钢开发

攀钢在投产初期，与国内科研院所、高校和企业合作，进行系列钒钛钢开发工作，取得显著成绩。攀钢在含钒的新品种开发、钢铁材料中钒的作用机制研究等方面，开展了大量的工作。20 世纪 70 年代末，攀钢的低合金钢比不到 1%，经过二十年的努力，已开发并转产低合金钢品种达 50 多个（其中微合金钢 19 个），攀钢低合金钢的产能比已达到 40% 左右，成功开发出了一系列钒微合金化高、中碳钢和含钒低碳微合金钢。

20.6.1　含钒高碳钢

攀钢在高碳钢中采用钒微合金化，主要用于钢轨、轴承钢、工具钢和模具钢等的生产，目前攀钢采用钒微合金化生产的钢种主要为铁路钢轨，重轨钢属于珠光体型钢，珠光体的片间距和珠光体团的大小控制了钢轨强度、韧性及塑性。抗拉强度和屈服强度随片间距的减小而增加，韧性则与珠光体团的大小及渗碳体厚度有关，微量钒在重轨钢中的作用研究结果表明，钒可以细化奥氏体晶粒、细化珠光体组织并改变其组织形态，产生沉淀强化作用，提高重轨的强度和使用寿命。

攀钢生产的含钒钢轨有：钒微合金化的热轧钢轨、离线含钒热处理钢轨和在线含钒热处理钢轨。PD3 含钒重轨是攀钢自己开发的新一代微合金钢轨，其强度 σ_b 高达 980MPa，比通常的 U71Mn 的使用寿命提高 50% 以上；PD3 钢轨经全长淬火处理后 HRC33.5 ~ 42.5 的硬化层深度不小于 15mm，σ_b 高达 1275MPa，δ_5 不小于 10%。钢轨在线路运营过程中，可减轻剥离掉块、波浪磨耗、早期磨耗到限等缺陷；虽然省略了轨端淬火但没有轨端压溃现象，并具有良好的焊接性能，线路使用的耐磨性能比 U71Mn 提高 3 倍。

在高速工具钢中，钒是不可缺少的合金元素，如 W18Cr4V、W6Mo5Cr4V2 等，不管是冷作模具钢还是热作模具钢，绝大部分都含钒，如 Cr6WV、Cr4W2MoV 等。平均钒含量为 0.47% ~ 0.68%。钢中加入钒，不仅可以细化晶粒、改善韧性，提高硬度、热硬性、耐磨性，而且减少了开裂倾向性。

钒在轴承钢中也有应用。20 世纪年代末，中国研制了 MnV 系轴承钢，如 GSiMnV、GSiMnMoV、GSiMnVRe、GSiMnMoVRe、GMnMoV、GMnMoVRe 等，目前已被大量使用。锰钒系轴承钢的使用寿命和疲劳强度都比 GCr15 高，并且达到了瑞典 SKF 名牌滚珠钢的水平。

20.6.2 含钒中碳钢

钒在提高强度的同时，使钢材具有较高的韧性。钒在中碳钢中得到了广泛的应用，如含钒非调质钢、中碳弹簧钢、含钒容器用钢等。

20.6.2.1 含钒非调质钢

在汽车行业，二汽公司用 F35MnVN 代替 40MnB 调质钢用作 EQ6100 发动机的连杆；用 48MnV 钢代替 40Cr 用作康明斯发动机曲轴；用 12Mn2VB 贝氏体钢用于制作汽车前轴；南汽将 F35MnVN 钢应用于要求较高、难度较大的万向节叉和套管叉；一汽还与鞍钢合作，研制出非调质钢 38MnVTi，代替 40Cr 或 40MnB 制造汽车半轴等零件。

成都无缝钢管公司开发了在厚壁载重汽车扭力轴用管及薄壁 N80 石油套管上应用的含钒非调质钢。南汽试制了中碳微合金非调质无缝钢管，形成多种强度、多种规格热轧、冷轧系列产品。

含钒非调质钢的应用正在不断扩大到机床、石油机械、民用机械、塑料模具等领域。微合金化是非调质钢的技术核心，所采用的微合金元素包括 V、Nb、Ti、B 等，其中以 V 作为微合金化元素的占多数。在可统计到的各国非调质钢当中，可知化学成分的牌号有 186 个，其中含钒非调质钢为 158 个，占 85%；含铌的为 9 个，占 5%；钒铌复合合金化的 14 个，占 7.5%。攀钢先后开发的如 20MnVB 齿轮钢等优钢，因其良好的韧性，已广泛应用于汽车行业。

20.6.2.2 高压氧气瓶钢：34Mn2V

该产品用于冲压高压气瓶，要求高强度且具有良好加工性能，加工过程不能产生裂纹，攀钢采用钒合金化生产了 34Mn2V 氧气瓶钢。

20.6.2.3 弹簧钢

弹簧钢 55SiMnVB 是针对原 60Si2Mn 弹簧钢淬透性差和脱碳倾向大的缺点而开发的，适当降低碳含量，加入少量的钒和微量硼以细化晶粒，提高强度、韧性和淬透性，从而使弹簧寿命提高约 5 ~ 10 倍。

20.6.3 含钒低碳钢

钒在钢中以 V4C3、VN 形式存在，通常是细小颗粒，足以抑制钢中晶界的移动和晶粒长大。氮化钒和碳化钒的析出对钢起到了强化作用。钒在低碳钢中的作用主要是细化晶粒、提高强度、降低脆性转变温度和显著改善钢的焊接性能。钒微合金化低合

金高强度钢已广泛用于铁路车辆的制造、高强度汽车结构件、油气输送管线、含钒建筑用钢等。

20.6.3.1　铁路车辆用钢

中国铁路车辆制造中，已广泛应用含钒微合金钢。制造铁路车辆主梁，均采用攀钢生产的09V钢，其力学性能：$\sigma_s \geqslant 294MPa$，$\sigma_b \geqslant 441MPa$，$a_K$（常温）$\geqslant 58.8J/cm^2$，$a_K$（$-40℃$）$\geqslant 35J/cm^2$，并具有良好的焊接性能。

20.6.3.2　含钒汽车用高强度热轧钢板

高强度热轧钢板在中型和轻型载重汽车上应用较多，主要用于制作汽车底盘和车厢的各种梁类部件、保险杠、发动机的悬置梁、车轮的轮辐和轮辋等。要求具有良好的强韧性、成型性及焊接性能。

攀钢采用钒微合金化，陆续开发并形成抗拉强度从370MPa至510MPa的系列汽车梁用钢板，该系列汽车梁用钢板进一步提高了成型性，降低了韧脆转变温度，提高了使用的安全性。

20.6.3.3　含钒管线钢

为适应世界范围能源开发和运输工业日益增长的需要，输送管线应用的范围在不断地扩大，输送管线的数量在不断地增加，输送管线的压力在不断地提高，并且在油、气输送管线中，输气管线的用量在迅速增加，对管线钢性能的要求也在不断地提高。

攀钢于1993年开始管线钢的工业试制，现已开发出X42~X70。攀钢的管线钢以钒微合金化为主，并辅以其他多元合金化，具有良好的强韧性和焊接性能。

20.6.3.4　建筑用钢

中国含钒钢的应用前景非常广阔。发达国家普遍采用400MPa以上的高强钢筋，而中国目前仍基本使用低强度级别的20MnSiⅡ级钢筋。钒合金化是生产高强钢筋的最佳方法。攀钢和国内许多厂家生产的含钒钢筋成功地用于小浪底工程、大亚湾核电站以及全国许多城市的高层建筑等建设工程中。含钒钢筋成本低、强度高，有良好的抗应变时效性、良好的焊接性能，较高的高应变低周疲劳性能。

20.6.3.5　含钒造船用钢板

攀钢自主研制开发的钒微合金化高强度造船用钢板（AH36），因其具有良好的韧塑性及低的冷脆转变温度，已通过英国劳氏船级社的认证，获取攀钢船板生产的国际通行证。

21 钒产业发展

钒产业的竞争合作发展经历了钒价值的回归发现、钒技术链的形成完善、上下游产业供需链条衔接和市场应用空间拓展四个阶段，主要围绕资源、技术装备、产品、环境和市场展开竞争合作。钒产业真正发展的起点是钒价值的发现，钒发现的最初阶段在平静中度过，伴随着钒在催化剂和钢铁合金化应用价值的发现确认，提钒技术在资源短缺经济中发展。围绕资源中心配置技术装备，一段时间重点在于用全新的勘探技术发现富集钒资源，不断创新特色提钒工艺技术，资源地域化竞争合作加速发展，伴随着大型化钒资源发现和规模化钢铁技术发展，应用市场扩大直接促进产能提升，同时将应用领域拓展。合金材料中钒资源利用属于消耗性的，不可再生，其他应用领域的钒在应用循环中逐步累积，形成循环性二次资源，达到一定的循环水平将影响钒产业构成，原料结构发生变化，应用提钒的紧迫性降低，产业发展动力更多地转向产品、环境和市场。同时按照现代商品理念，涉及公共安全的毒害元素，其生产应用过程必须严格受控，钒的形态和应用性质处在可变之中，性质和影响也在动态变化，因此一切的钒应用储存必须固化，实现稳定，性质固化，形态固化，不可固化和用途变化的钒制品应该召回再生利用，生产应用过程中增加内循环和配置外循环，平衡能源和物质，所有与提钒有关的中间产物和尾渣必须保护性储存利用，提钒废水中的钒和伴生伴随的有害元素必须达标排放。

世界钒的生产在竞争合作的大格局中高度集中，形成南非海威尔德、瑞士嘉能可（XSTRATA）、俄罗斯图拉-秋索夫、中国攀钢-承钢及美国战略矿物五大集团，产能占世界80%以上，海威尔德和美国战略矿物又被俄罗斯耶弗拉兹控股公司（Evraz）控股，实际上是三家的竞争。目前主要提钒的资源有钒钛磁铁矿（钒渣）、石油灰渣、脱硫废催化剂、硫酸废催化剂等二次资源、石煤等多元化原料，目前二次钒资源上所占的比例在不断提升，资源循环加速。发达国家把本国的资源作为战略物资刻意保护起来，而向不发达的国家购买钒产品。从产业发展看，俄罗斯的钒资源发展潜力最大，中国攀西地区拥有大型钒资源，承德地区也有新的资源发现，石煤钒资源开发和二次存量钒资源利用打破了钒产业发展的地域封界，钒资源的内控型和外向型发展加速并加强了产业升级的原动力。

21.1 钒产业技术发展

21.1.1 钒产业技术

工业化提钒过程一般以标准五氧化二钒为目标产品，工艺设计涵盖从含钒原料中制取标准五氧化二钒产品的整个工序过程，设定论证工艺技术参数和设备处理通行能力，通过标准五氧化二钒产品分流进入不同的钒制品用途。提钒过程以原料为设计基础时，可以分为主流程提钒和副流程提钒，主流程提钒以提钒为主要目的，主流程首先使钒充分富集，副流程提钒则是从其他富集副产物中提钒。提钒过程以第一化学处理添加剂为设计基础时，一般可以分为碱处理提取和酸处理提取，碱处理法又分为钠盐法和钙盐法，也可通过无添加剂空白焙烧转化提钒；钒的转化浸出也可分为碱浸、酸浸和热水浸。对于低品位钒渣处理需要因地制宜，开发简单可行方案，进入其他行业领域，完成富集转化后再进行提钒作业。

1882 年德国人低温盐酸处理从 0.1% 的碱性转炉渣中成功制取了钒产品。1894 年穆瓦温发明钒氧化物还原法。1897 年戈登施米特发明铝热法钒氧化物还原工艺。1906 年秘鲁发现绿硫钒矿。美国开采冶炼 50 年，产能占同期世界的 1/4；美国国内主要从钾钒铀矿中提钒，资源现已经枯竭。1912 年 Bleecker 公布用钠盐焙烧-水浸工艺回收钒的专利，钠盐提钒成为钒的标志性工艺一直沿用至今；钒渣提钒工艺一般经过焙烧、浸出、净化、沉钒和煅烧等五个工艺步骤，最终得到五氧化二钒产品，其关键技术在于焙烧转化。钒渣（包括其他钒原料）焙烧的实质上是一个氧化过程，即在高温下将矿石中的 V(III) 氧化为 V(IV) 直至 V(V)。为了破坏钒渣的矿相结构，帮助钒的氧化并使其转化为可溶性的钒盐，必须加入提钒用添加剂。常用的添加剂有两大类：钠盐添加剂和钙盐添加剂。对于高钙钒渣可以采用磷酸盐降钙钠化焙烧，高钛钒渣则可以采用硫化焙烧提钒，高磷硫铁水也有直接钠化氧化提钒的，多元系添加剂高温焙烧法被认为能够提高钒转化效率，目前最成熟的焙烧工艺仍然是钠盐法，但此法会造成严重的环境污染。钙盐法在俄罗斯应用比较成功，解决了困扰钒产业发展的废水氨氮问题，但产品应用质量存在缺陷。钙盐提钒在中国国内正在进行工业试生产。有的钒原料采取无盐焙烧转化，钒盐结构有利于钒的溶出，特别是酸溶过程。

1911 年美国人福特发现并成功将钒用于钢合金化。1936 年苏联从贫钒铁矿中先获得钒渣，然后从钒渣中提取钒产品，20 世纪 70 年代成功应用钒渣钙盐提钒。1955 年芬兰开始从磁铁矿中提取钒。1957 年南非开始从钛磁铁矿中生产钒渣和五氧化二钒，钒产能实现历史性突破，应用范围迅速扩大。20 年代 60~80 年代美国、日本、加拿大和秘鲁先后从石油灰和废催化剂中提取回收五氧化二钒，地域性钒资源垄断逐步被打破。

钒矿的分解方法有：（1）酸法，用硫酸或盐酸处理后得到 $(VO_2)_2SO_4$ 或 VO_2Cl；（2）碱法，用氢氧化钠或碳酸钠与矿石熔融后得到 $NaVO_3$ 或 Na_3VO_4；（3）氯化物焙烧法，用食盐和矿石一起焙烧得到 $NaVO_3$。

钒渣提取五氧化二钒是一个系统选择的过程，一定程度上属于带典型意义的主流提钒工艺，需要进行系统理论分析和生产经验总结借鉴，代表着一个时代、一个产业和一个产品发展的先进水平及其特征，要求必须体现一个核心的提钒思想，从而放大一个产业的产品和资源价值，通过技术手段和参数选择全方位贯穿到整个工序工艺。首先要全方位考虑原辅材料的供应实际；其次要使成套技术工艺设备具有先进性、经济性和可控性；第三必须满足高端产品市场需求，同时体现环保安全价值。

根据钒矿物资源含量的不同、地域差异和不同的提钒技术发展阶段，面对多元、复杂、多变和低品位提钒原料的氧化物特点，经历了低品位原料提钒、高品位原料提钒和提钒兼顾贵金属回收等三个阶段，平衡富集、转化和回收的工序功能，形成了具有化工冶金和冶金化工为特征的提钒工艺。选择钒组元合适的成盐和酸解碱溶条件，对钒组分进行特定转化，形成有利于酸、碱和水介质的溶解化合物，特别是利用钒酸钠盐的溶解特性，通过焙烧使物料中赋存钒由低价氧化成高价钒，钠化成盐，转化形成可溶性钒酸盐，使钒原料通过结构转型，转化形成性质稳定的中间化合物，实现钒与其他矿物组分的分离，可溶钒进液相，不溶物留存渣中，工艺适合以提钒为主要目标的钒原料。

矿物及综合物料钒含量普遍差异较大，对于富含贵金属或者有价金属的钒原料处理，需要提钒与有价金属元素回收并举，钒原料一般成分复杂，部分为原生矿物，部分属于二次再生钒原料，难以平衡不同的回收提取工序功能，酸浸酸解可以建立统一的液相体系，根据不同金属盐的液相组分特点，进行无机沉淀和有机萃取分离，提取钒制品，富集回收有价金属元素。化工冶金提钒流程具有流程短和回收率高的优点，但要求处理的原料含钒品位相对较高，在20世纪60年代南非提钒产业规模化发展之前发挥了重要作用。

钒的氧化物具有优良的催化性能，钒催化剂同时具有特殊的活性，1880年人们发现了钒的催化作用，1901年开始进行钒触媒的试验，钒催化剂于1913年在德国巴登苯胺纯碱公司首次使用，1930年开始在工厂正式使用，20世纪30年代起全部代替了铂催化剂用于硫酸生产。钒系催化剂主要是以含钒化合物为活性组分的系列催化剂。工业上常用钒系催化剂的活性组分有含钒的氧化物、氯化物和配合物，以及杂多酸盐等多种形式，但最常见的活性组分是含一种或几种添加物的 V_2O_5，以 V_2O_5 为主要成分的催化剂几乎对所有的氧化反应都有效。钒化合物在工业催化中的应用是最重要的催化氧化催化剂系列之一，广泛用于硫酸工业和有机化工原料合成领域，如苯酐生产、顺酐生产、催化聚合、烷基化反应和氧化脱氢反应等，同在现代环保中作为脱硝催化剂的主要组成部分。

五氧化二钒的出现改变了硫酸生产用贵金属作催化剂的历史，硫酸产能成百倍增加，在随后的石化工业发展中同样表现不俗，加速了化学反应进程，增加了有机合成反应的可靠性和稳定性。1889年英国谢菲尔德大学的阿若德教授开始研究钒在钢中的特殊作用，20世纪初美国人亨利·福特提出钒的钢铁应用新途径，对福特汽车的关键部件通过钒合金化特殊制造，取得良好效果。通过五氧化二钒生产的钒铁合金、钒氮合金和金属钒等产品形式将钒用于钢铁工业，赋予钢铁产品复杂的功能，可以形成细化钢铁基体晶粒，全面有效改善钢铁产品性能，提高强度、韧性、延展性和耐热性，生产的轨道钢、桥梁钢、合金钢和建筑用钢在保证强度需求的前提下实现了自重减量目标，降低高层建筑的本体重量，承载重型车辆和高速机车通行。氮化钒在钢铁合金化的推广应用中通过争议赢得辉煌，通过溶氮固氮强化钢的性能，引入氮而节约钒。钒以钒铝合金形式用于制造钛合金（Ti6Al4V），微钒处理提高铝基合金的强度，改善铜基合金的微观结构，使铸铝、铸铜和铸钛产品的强度得到应有提升。英国科学家罗斯科（Roscoe）通过氢气还原钒的氯化物首次获得金属钒，使钒金属应用领域拓展，尤其是屏蔽辐射和超导的特殊功效得到公认。

钒基固溶体合金，可以在适当温度压力下，可逆地吸收和释放氢，氢储存量是自身体积的1000倍，理论吸氢量为3.8%，氢在氢化物中扩散速度快，已经开发出的储氢合金，形成储氢新能源材料。钒电池（VRB）是一种可以流动的电池，钒电池将存储在电解液中的能量转换为电能，这是通过两个不同类型的、被一层隔膜隔开的钒离子之间交换电子来实现的。电解液是由硫酸和钒混合而成的，由于这个电化学反应是可逆的，所以 VRB 电池既可以充电，也可以放电。充放电时随着两种钒离子浓度的变化，电能和化学能相互转换。

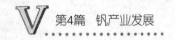

21.1.2 钒产业链

钒产业以钒价值链为纽带，通过不断发现、发掘钒的应用价值，使钒资源勘探和提钒技术链得到丰富和发展，多样化钒资源进入开发利用视野，化学化工技术的精进为初期钒产业发展打下基础；钒在催化剂和钢铁合金化应用价值的发现确认，实现了钒产业技术发展的跨行业国际贸易互动，导致全行业的精细化分工和经济社会影响面的增加，围绕提钒的关联企业集群化发展，并逐步与钢铁和化工产生直接或者间接联系，出现钒生产应用一体化企业和跨国公司，与钒产业有关的教育、科研、咨询、销售、物流和政府管制政策应运而生，对产业形成外围支持。

典型的生产结构有三种：一些钒厂占有钒渣等资源，甚至作为商品销售，具有前向一体化特征；一些厂家除了销售钒制品外，还开展深加工，生产特殊合金、催化剂、特种材料等下游产品（如美国战略矿物公司、日本的一些钒厂），具有后向一体化特征；还有一些厂家靠购买原料生产钒制品销售给下游厂家，属于典型的钒加工生产企业。

目前的钒制品主要有三个去向：（1）部分企业将部分产品直接销售给固定用户；（2）经中间商或金属交易市场寻求用户（这部分占的比例最大）；（3）具备后向一体化的企业消耗部分钒制品生产下游产品。可以把中间商看作一类特殊的用户，他们在选择经销哪家厂家的产品时，也会用价格、运输、服务质量、与厂家的感情联系、最终用户的喜好等指标去衡量。从各国及各钒生产厂家提供的数据表明，直接销售和中间商的交易所占比例最大。

21.2 南非钒产业

世界上已知的最大的钒矿石储量赋存于南非布什维尔德复合矿体上盘带的钒钛磁铁矿矿层和矿颈中，这个巨大的层状浸入体位于南非特拉土瓦省，矿体整体明显含钒，主要含钒钛磁铁矿为上盘带矿层，钒含量最高，V_2O_5 品位为 $1.6\% \pm 0.2\%$，矿层矿体呈椭圆形向外延伸数百千米，矿体在罗申尼卡等地有露头，主矿层磁铁矿含量高的钛磁铁矿由填充紧密的几乎等同的颗粒组成，次要的硅酸盐存在于其缝隙中，矿石中的钛主要作为固溶体存在于富钛的磁铁矿相（钛尖晶石 Fe_2TiO_4），少量以钛铁矿存在，钛铁矿以单独的颗粒拉长了的粒间体或者以平行于磁铁矿八面体面排列的矿物离析薄片存在产出。

矿石中赋存的钒主要以磁铁矿-钛尖晶石内固溶体形式产出，其中的 V^{3+} 取代 Fe^{3+}，钒均匀分布于包裹有钛铁矿薄片的磁铁矿颗粒中，未作为独立矿相存在，当在风化条件下暴露时，磁铁矿被氧化为钒磁赤铁矿（$TiFe)_2O_3$、少量赤铁矿，而矿石构造未发生变化。

1949 年以来，W. Bleloch 成功试验用埋弧电弧炉冶炼布什维尔德钒钛磁铁矿，加入还原剂碳，铁和钒得到优先还原，得到充分渗碳的低钛生铁，大量的 TiO_2 聚合在渣中。使用侧吹空气转炉，可以从低钛生铁中以富钒渣的形式回收钒。

1960 年 5 月南非的英美公司组成海威尔德联合开发公司，经过三年勘探证实有 2 亿吨矿石（平均含 Fe 56%，TiO_2 13%，V_2O_5 1.5% ~ 1.9%）。南非马坡奇矿的处理特点是将矿石预先筛分成 32 ~ 6mm 及 –6mm 两种产品。采用两种流程分别处理：块矿（32 ~ 6mm）经回转窑预还原，用埋弧电炉冶炼，生产富含钒铁水，再经吹氧振动罐，获得钒渣，钒渣冷却后进行破碎、磁选除铁提高钒品位，一般钒成分为 V_2O_5 25%、SiO_2 16%、Cr_2O_3 5%、MnO 4%、Al_2O_3 4%、CaO 3%、MgO 3%，其余为铁的氧化物和铁；粉矿（-6mm）经湿式球磨机磨至 -200 目（0.074mm）占 60%，再经磁选得铁钒精矿，与钠盐混合后进回转窑（或多层焙烧竖炉），焙烧产品再进浸出和旋转干燥系统得片状 V_2O_5。这一生产过程形成的基础是 1949 年研究成功的生铁和钒渣流程，1961 年进行中间试验，矿石经过预还原后用电炉深还原，得到铁水钒渣。1968 年投产，成功地建立起回转窑预处理技术、埋弧电炉炼出富含铁水技术、向振动罐内吹氧回收钒渣技术以及矿石分级处理和选冶结合技术等。-6mm 粉矿焙烧浸出主要解决了回转窑原料准备的磨矿系统和磁选富集工艺技术、钠化氧化焙烧技术、多钒酸盐浸出和干燥技术等。

海威尔德钢钒公司露天开采的玛波切斯矿山于 1967 年投产，矿山位于东特拉土瓦省的罗申尼卡镇，主磁铁矿矿层约呈 13°向西倾斜，与矿山内的地形构造一致，通常称为碎石的磁铁矿碎屑和巨砾在矿层露头的东部产出，主矿层露头和碎石中间是风化了的铺地石，约 0.75~1.0m，基础成分为 53%~57% TFe，1.4%~1.9% V_2O_5，12%~15% TiO_2，1.0%~1.8% SiO_2，2.5%~3.5% Al_2O_3，0.15%~0.6% Cr_2O_3。

揭开表外矿层约 3m，铺地石矿石用爆破或者水力碎岩机进行机械破碎，对暴露的坚硬和较纯的矿层打钻爆破，通过推土机将矿石推至储矿场，再用装载机将矿石运往选矿厂，得到粒度 4.5~25mm 的块矿和粒度小于 4.5mm 的磁选富集矿粉，块状矿石送往钢铁厂，粉状矿物送往湿法提钒厂。

海威尔德（Highveld）1961 年 4 月~1964 年 5 月间在一座 15t/d 的半工业试验装置上，经过 10 个月研究后，同步生产出铁、钢、钒产品。1965 年 1 月开始设计和施工，1968 年建成综合钢铁厂，1969 年 4 月投产，年产 30 万吨钢材（钢轨、工字钢、钢柱、角钢和扁钢等），12 万吨轧制和连铸大钢坯，标准钒渣 2.6 万吨（含 V_2O_5 25%）。该公司所属 Vantra 钒厂是世界最大钒生产者，1972 年以前生产偏钒酸铵，1973 年引进了多钒酸铵生产法，生产 700 万磅（3818t）V_2O_5。1983 年开始二期工程，1985 年夏季投产。目前已经形成了钢坯生产能力为 100 万吨/年，钒的生产能力：标准钒渣 18 万吨/年，V_2O_5 2.2 万吨/年（折合）。

21.2.1　海威尔德公司的主要工艺及设备

海威尔德炼铁工艺设备流程见图 5-3。

21.2.1.1　直还和电熔车间

还原回转窑：13 座，ϕ4m×61m，转速 0.40~1.25r/min；熔炼电炉：7 座埋弧电炉，其中两台 45MV·A，两台 33MV·A，直径均为 14m，出炉周期为 3.5~4h，70t 铁/炉；另一台 63MV·A，直径均为 15.6m，出炉周期为 3.5~4h，80t 铁/炉。

21.2.1.2　摇包提钒与炼钢车间

摇包：4 个摇包台，16 个摇包，高 5.5m，外壳内径 4.3m，标准容量 75t 铁水。原矿成分（%）：53~57TFe，1.4~1.9V_2O_5，12~15TiO_2，1.0~1.8SiO_2，2.5~3.5Al_2O_3，0.15~0.6Cr_2O_3；铁水成分（%）：3.95C，1.22V，0.24Si，0.22Ti，0.22Mn，0.08P，0.037S，0.29Cr，0.04Cu，0.11Ni。

海威尔德吹钒炼钢工艺流程见图 21-1。

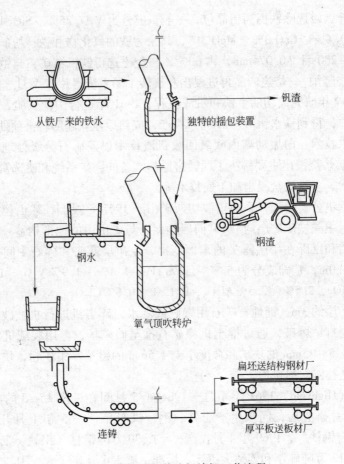

图 21-1 海威尔德吹钒炼钢工艺流程

钛渣成分 (%): 32TiO$_2$, 22SiO$_2$, 17CaO, 15MgO, 14Al$_2$O$_3$, 0.9V$_2$O$_5$, 0.17S。

氧气转炉: 3座, 75t, ϕ4.8m×7.1m。

连铸机: 5台, 扁坯 180mm×230mm

主要提钒技术指标: 氧化率为 93.4%, 回收率为 91.6%, 半钢收率为 93%, 总吹炼时间为 52min, 总振动时间为 59min, 总周期为 90min/炉, 吹氧前铁水温度为 1180℃, 吹炼金属温度为 1270℃, 吹氧管喷嘴直径为 2in (1in=25.4mm), 吹氧管静止池面以上高度为 76.2cm, 正常氧气流速 (标准状态) 为 28.3m^3/min, 最后氧气流速 (标准状态) 为 42.5m^3/min, 吹氧管压力 (正常流速下) 为 160kPa, 半钢成分(%): 3.17C, 0.07V, 0.01Si, 0.01Ti, 0.01Mn, 0.09P, 0.040S, 0.04Cr, 0.04Cu, 0.11Ni。

非磁性钒渣成分 (%): 27.8V$_2$O$_5$, 22.4FeO, 0.5CaO, 0.3MgO, 17.3SiO$_2$, 3.5Al$_2$O$_3$, 2.5C, 13.0Fe。

磁性渣成分 (%): 1.3V$_2$O$_5$, 96.5Fe, 游离铁89.6%。

全部熔渣中 V$_2$O$_5$ 含量为: 26.1%。

21.2.1.3 海威尔德钢钒公司分部——Vantra 厂

南非于 1957 年在威特班克建成投产第一个钒回收生产化工厂, 由洛克菲勒财团控制的科罗拉多矿物工程公司子公司南非矿物工程公司投资建设, 采用焙烧-浸出工艺生产偏钒酸铵和五氧化二钒。1959 年南非英美公司接管工厂管理权，一年以后完全购买，改名为 Vantra 厂。1972 年以前由布什维尔德复合矿体周围的矿山提供原料，肯尼迪的瓦列矿山是主要的供应者，1972 年以后主要是马坡奇矿山细粒矿石。在 Vantra 厂矿石采用湿式磨矿，一些富含 SiO_2 和 Al_2O_3 的脉石从矿石中解离出来，用高强磁选机从矿浆中分选出来，然后使矿浆脱水，脱水后饼的成分为：56.4% TFe，1.65% V_2O_5，14.1% TiO_2，1.2% SiO_2，3.1% Al_2O_3，0.4% Cr_2O_3。向细磨矿石中加入碳酸钠或者硫酸钠，或者两者的混合物，准确计量，混合均匀后送入焙烧炉，包括多膛炉和回转窑。

1974 年以前，多膛炉焙烧采用氯化钠添加剂焙烧，焙烧效果不如碳酸钠或者硫酸钠，使用硫酸钠可以得到富钒溶液，使用碳酸钠得到的钒溶液浓度低，主要是水溶性铝酸钠、铬酸钠和硅酸钠的生成，影响溶液钒浓度提高。为了防止回转窑结圈和多膛炉炉料结块，必须考虑合适的炉料结构和窑炉参数，使用不纯的矿物和碳酸钠作添加剂时焙烧温度较低，使用选别矿物和硫酸钠作添加剂时焙烧温度较高，增加添加剂用量也可降低焙烧温度，但必须避免矿物烧结成块，保证氧分与矿物颗粒充分接触。

焙烧炉出来的热焙砂经过链板输送机到达浸出池上部的冷却箱，放入浸出池，将钒酸钠溶解入水，钒可溶物 V_2O_5 达到 50～60g/L 时，作为富钒溶液泵送至储液池。经过数次洗涤后，将浸出过的焙砂从浸出池排去，送到尾渣库堆存。

1972 年以前生产偏钒酸铵，1973 年引进了多钒酸铵生产法，1974 年停止生产偏钒酸铵，1972 年起只处理马坡奇矿产的粉矿。其焙烧设备有：4 座 $\phi 6.1m \times 10$ 层的多膛炉，3 座 $\phi_{外} 1.52m \times 18.3m$ 回转窑，1 座 $\phi_{外} 2.6m \times 36.5m$ 回转窑，用煤粉加热。1974 年前用氯化钠作添加剂，有氯化氢放出，用氨水转化为氯化铵。海威尔德的凡特拉厂（Vantra 厂），提取五氧化二钒，可用钒渣，也可用矿石为原料，粒度为 -200 目占 60%，磁选后用回转窑或多膛炉焙烧，煤粉作燃料。熟料经链板运输机输送到淬火槽到达浸取池，当浸出池装满熟料进行水浸，浓度达到 50～60g/L V_2O_5，用泵输送母液存储起来，再连续置换洗涤浸取池内的残渣，再将残渣倒入渣坑排到尾渣场。海威尔德提钒工艺流程见图 21-2。

沉淀偏钒酸铵时，蒸汽加热，向空气搅拌反应器内添加过量的氯化铵，再溢流到第二个反应器，最后流入浓密机，澄清偏钒酸铵沉淀被耙向中心排料口，废液中的五氧化二钒降低到 1g/L 时，用泵打入箱式过滤机内，水洗得到六钒酸铵沉淀。溢流液或贫钒液用泵打入烧煤的闪烁蒸发器中（两段式蒸发装置回收废液），出来的氯化铵浓缩液再返回沉淀车间使用。废水浓缩物返回焙烧浸出系统，用离心法得到的结晶硫酸钠，返回焙烧使用。偏钒酸铵送到外加热的管式螺旋运输机型脱氨反应器上，脱氨，得到五氧化二钒粉末。再在加热炉850℃熔融，从炉口放出，到冷却转轮上制片。

1993 年 7 月开始生产 V_2O_3，采用多钒酸铵沉淀法，20t 溶液/次。硫酸调节 pH 值到 5.5，加硫酸铵，再调节 pH 值到 2 左右，蒸汽加热母液含五氧化二钒到 0.5g/L 时，停止，过滤，洗涤，得到产品，后面与偏钒酸铵沉淀法相同。用天然气还原 APV 得到 V_2O_3，其中 V_2O_3 产品中含 V 最小为 66%。关于提钒废水的处理：废水用一台新式两级真空蒸发器处理，回收的硫酸铵直接返回到沉淀、硫酸钠经闪烁干燥后返回到焙烧循环使用。

标准钒渣：190kt/a；V_2O_5（折合）：22kt/a，其中包括 6kt/a 左右的矿石直接提钒能力。当钒市场不好时，其钒渣出售给 Vametco Minerals Corp 和 Xstrata Alloys 等钒厂，通过

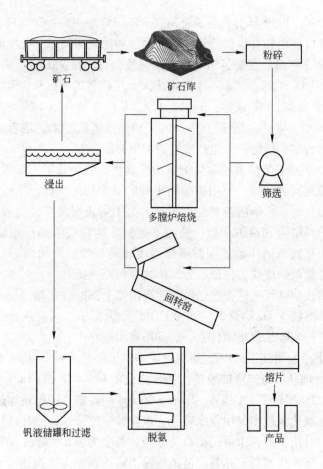

图 21-2　海威尔德提钒工艺流程

降低钒产量来调剂市场供求。

　　海威尔德已经涉足钒电池，购买了澳大利亚钒电池的知识产权，现在已经有两台样机，1MW 和 2MW 各一台，在美国使用，液体中 $VOSO_4$ 的溶度为 1.6mol/L，目前可以做到 2.5mol/L。

21. 2. 2　Vametco Minerals Corp

　　Vametco 公司采用矿石或者钒渣或者是两种物资的任意混合物为原料进行提钒，通常当市场好的时候，只有矿石，而市场不好的时候，海威尔德要向其供应钒渣，从而减少市场的钒供应量。

　　其生产工艺流程见图 21-3。由于大多数工艺是相通的，关于提钒废水的处理，Vametco 公司也是采用蒸发回收硫酸盐。Vametco Minerals Corp 现在是美国 Stratcor（Strategic minerals corp）的控股公司。该公司由 USAR 矿物公司建于 1965 年，后被美国联合碳化物公司从 Flderale Volksbelgging 手中收购，1986 年才被美国战略矿物公司从联合碳化物公司收购成为其控股公司。矿山建于 1967 年，位于 Bophuthatswana 的 Britz 西南约 12km 的两个地段。

　　Vametco 的钒钛磁铁矿取自 Bushveld 露天开采矿上层地带的火成岩复合矿中，该矿为

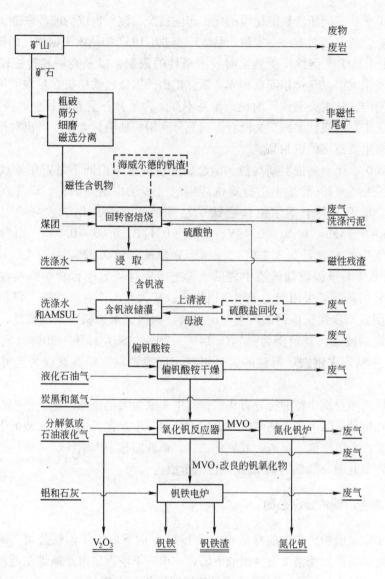

图 21-3　Vametco 公司提钒工艺流程

长 3.5km 的倾斜度约 20°的矿床，矿石的梯度约为 10m 深。20 世纪 70 年代初 Vametco 在 BON ACCORD 建成了选矿厂，并于 1976 年开始扩建 V_2O_5 提取工厂生产 V_2O_5，到 1981 年才最后建成，选矿厂和提取工厂在 1986 年被美国战略矿物公司收购后重新完善。Vametco 从 1993 年开始购买电炉研发由 V_2O_3 深加工生产钒铁和氮化钒技术，随后停止生产传统 V_2O_5 产品，目前只生产钒铁和氮化钒投放市场，其生产规模为 3500t·V/a，该公司 1996 年通过了 ISO 9002 认证，后又于 2003 年换版通过了 ISO 2000 版的认证，其产品大多数销往美国、欧洲和日本。

21.3　俄罗斯钒产业

俄罗斯大多数的钒钛磁铁矿中都含有钒，俄罗斯的钒生产始于 1936 年，当时秋索夫钢铁厂为加工平炉车间所产钒渣建设的化工车间投产，该厂也成为前苏联能工业化生产钒铁的首家企业，也是当时唯——家钒产品生产企业。1937 年秋索夫钢铁厂的钒铁产量达到500t。不过由于秋索夫钢铁厂受到当时技术条件的限制，以及高炉和转炉设备能力的制约，加之所使用的第一乌拉尔斯克和库辛斯克矿山的钒钛磁铁矿钒含量较低等因素，在较长的一段时间内，秋索夫钢铁厂的钒产量并不高。为了弥补前苏联其他地区未发现钒矿，而乌拉尔地区丰富的钒钛磁铁矿又没有得到充分利用的缺陷，大量生产出对钢铁工业和化工工业都具有重要意义的钒制品。

20 世纪 60 年代中期俄罗斯乌拉尔冶金研究所的专家们同下塔吉尔钢铁公司的科技人员合作开发出在 120t 转炉上进行提钒炼钢的二步法炼钢新工艺，即先在 1 台转炉上注入 100 ~ 120t 用卡契卡纳尔钒钛磁铁矿冶炼的铁水，其化学成分为（%）：0.4 ~ 0.5Si，0.25 ~ 0.35Mn，0.40 ~ 0.48V，0.05 ~ 0.11P，0.03 ~ 0.05S，而后进行吹氧提钒，直到半钢中的 C 含量为 3.2% ~ 3.8%，V 含量降到 0.02% ~ 0.04% 为止。将钢水中的 90% ~ 95% 的钒提取到钒渣中之后，再把半钢注入另一台转炉炼制成成品钢。下塔吉尔钢铁公司具备了采用卡契卡纳尔钒钛磁铁矿大量生产含钒生铁、钒钢和钒渣的生产能力。采用该二步提钒炼钢法所生产的钒渣，根据铁水中钒含量的高低，其主要成分的含量有一定的波动，其范围为：V_2O_5 14% ~ 20%，SiO_2 15% ~ 20%，氧化铁 45% ~ 55%。1964 年秋索夫钢铁厂新建的 2 号钒铁车间投产后，前苏联成为世界上主要的产钒大国。

俄罗斯目前涉及钒生产的企业有 9 家，其中 4 家为大型企业，它们是生产钒钛磁铁精矿、球团矿和烧结矿的卡契卡纳尔钒矿山股份公司，生产含钒生铁、钒渣的下塔吉尔钢铁股份公司，生产含钒生铁、钒渣、五氧化二钒、钒铁的秋索夫钢铁厂（该厂已改制为股份公司）和生产氧化钒、钒铁的钒-图拉黑色冶金股份公司。

21.3.1　下塔吉尔钢铁股份公司

下塔吉尔钢铁股份公司的前身是成立于 1940 年的下塔吉尔钢铁公司。该公司位于俄罗斯乌拉尔地区斯维尔德洛夫斯克州的下塔吉尔市。下塔吉尔市是斯维尔德洛夫斯克州的一座重要的工业城市，下塔吉尔钢铁公司是俄罗斯第五大钢铁公司，也是俄罗斯钒钛钢、钢轨、车轮、轮箍的主要生产商。下塔吉尔钢铁股份公司现有 6 座高炉，其中的 1 号和 2 号高炉（炉容均为 1242m³）是 1940 年投产的。6 号高炉是 1963 年建成投产的，由于其冶炼钒钛磁铁矿的技术状态不稳定，于 1996 年停产。下塔吉尔钢铁股份公司对 5 号、6 号高炉进行改造性大修的计划实现后，不仅可以保证年产 545 万吨含钒生铁，并可将每吨生铁的焦炭消耗量减少 60kg。

下塔吉尔钢铁公司是前苏联最早采用氧气转炉炼钢的大型钢铁公司，1963 年建成全苏联首台 130t 氧气转炉。目前公司转炉车间有 4 台 160t 的氧气转炉，车间里还配置有 2 台钢包精炼炉、1 台 RH 真空炉和 2 台连铸机。

转炉车间采用二步法提钒炼钢工艺冶炼含钒铁水，既能生产含五氧化二钒约 18% 的商品钒渣，又可生产出天然含钒的优质钢。下塔吉尔钢铁公司所产钒渣中制取的钒产品产量占俄罗斯钒产量的 80%。

21.3.2 卡契卡纳尔钒矿山股份公司

卡契卡纳尔铁矿位于俄罗斯乌拉尔地区斯维尔德洛夫州,距下塔吉尔约 100km。卡契卡纳尔铁矿的储量大,矿石硫、磷含量较低,适合露天开采,卡契卡纳尔钒矿山股份公司目前拥有 2 座铁含量仅为 15.8% 的钒钛磁铁矿(其他矿山公司的铁矿铁含量在 30% ~ 50% 之间)。卡契卡纳尔铁矿于 1963 年 9 月 30 日投产,按 TY 14-9-93-90 技术规范,生产铁含量为 60.3% 的铁精矿;按 TY14-00186933-003-95 技术规范,生产铁含量为 61.0% 的未加熔剂的球团矿;按 TY14-00186933-005-95 技术规范,生产铁含量为 53.0% 的高碱度烧结矿;利用公司采选后的尾矿生产粒度为 5 ~ 10mm,10 ~ 40mm 的碎石渣。

21.3.3 秋索夫钢铁厂

秋索夫钢铁厂是俄罗斯乌拉尔地区老牌钢铁企业,始建于 1879 年,到 19 世纪末已拥有 2 座 114m³ 的高炉和 12t、15t 以及 18t 的碱性平炉各 1 座。第一次世界大战期间,秋索夫钢铁厂拥有 2 座 122m³ 高炉和 4 座 30t 的平炉,是当年乌拉尔地区规模大和装备水平先进的钢铁厂。1936 年秋索夫钢铁厂成为苏联首家工业化生产钒制品的企业。1961 年秋索夫钢铁厂建成 2 号铁合金车间,用当年最先进的工艺生产出第一炉钒铁。20 世纪 60 年代秋索夫钢铁厂钒制品进入国际市场,是唯一全流程(烧结、高炉、转炉、湿法冶金和电冶金)成功利用卡契卡纳尔钒钛磁铁矿制造钒制品的企业,生产出各种优质钒类产品。目前秋索夫钢铁厂炼铁、炼钢的主要设备有 16m² 烧结机 1 台,225m³ 和 1033m³ 高炉各 1 座,250t 混铁炉 1 座,20t 贝氏转炉 3 座(用于提钒)和 2 座 250t 平炉;轧钢设备主要有 250mm、370mm、550mm、800mm 轧钢机。秋索夫钢铁厂炼钢车间转炉工段加工含钒铁水的生产能力为 2100t∕d,平炉工段的炼钢能力为 1200 ~ 1300t∕d,轧钢车间的年生产能力为 35 万吨,钒铁车间的年生产能力为 7000t∕a。

21.3.4 钒-图拉黑色冶金股份公司

钒-图拉黑色冶金股份公司的前身是前苏联新图拉钢铁厂的一个车间,专门生产钒铁、五氧化二钒、硅-钙-钒中间合金、硅镍锰铁合金、二碳化三铬、电石等产品。该车间始建于 20 世纪 70 年代初,1974 年建成投产,是前苏联钒制品生产能力最大的一个化工车间。1976 年前苏联政府向该车间钒制品生产新工艺研究小组颁发了列宁奖。由于新图拉钢铁厂高炉并不冶炼钒钛磁铁矿,因此该车间生产钒制品的钒渣均要从远隔几千里之外,位于乌拉尔地区的下塔吉尔钢铁公司购买。

新图拉钢铁厂是前苏联政府在 1931 年 2 月建设的,1935 年 6 月 1 号高炉开始出铁,1938 年 8 月 2 号高炉建成投产。1953 年 4 月新图拉钢铁厂炼钢车间建成投产,同年 12 月世界上首台立式连铸机在该厂建成投产。1955 年该厂炼钢车间建成投产了前苏联首座氧气转炉。1960 年新图拉钢铁厂烧结车间建成,1962 年 3 号高炉投产,拥有年产 16000t 钒制品的能力(按五氧化二钒计算),也是国际钒制品市场主要的供货商之一,1996 年成功实施钙盐提钒工艺改造。钒-图拉黑色冶金股份公司生产钒铁的设备为 2 台 6t 的电炉,功率为 4000kW,一台采用硅热法生产 50 钒铁,另一台采用铝热法生产 80 钒铁。

21.4 新西兰钒产业

新西兰 Tasman（塔斯曼）海岸线有丰富的铁钒钛资源，主要来源于火山岩浆沉积，属露天型钒钛铁砂矿。新西兰钢铁公司的钛资源主要在瓦卡托矿区，含钛的尾矿砂形成自然砂丘十余公里，储量上亿吨，尾矿砂中 TiO_2 含量为 4.5% ~ 6%，大多赋存于粒状钛铁矿中，现有储量估计上千万吨。

21.4.1 新西兰钢铁公司钢铁生产工艺与设备

工艺流程分炼铁和炼钢两部分。

21.4.1.1 炼铁部分

炼铁设备有：4 座多膛炉，4 条回转窑，2 座矩形熔炼炉。

多膛炉有 12 层。炼铁用铁矿砂、煤和石灰在原料场进行配料混合后，用皮带机输送加入多膛炉，多膛炉的上层温度为 500℃，中间 6、7 层的温度为 900℃，出料温度为 600℃，炉料在多膛炉内不还原，不焙烧，仅脱除水分和挥发分，并预热炉料。

回转窑为 $\phi4.6m \times 65m$。多膛炉出料用料斗提升机加入回转窑中，进行还原，并将石灰石煅烧。回转窑的金属化率达到 78%，其废气送发电。

矩形熔炼炉外形尺寸为 $20m \times 7.6m \times 7.5m$，有 6 根自焙电极，每根电极最大功率为 42MW，工作电压为 60V；12 个加料口，分布于电极两边；两个出铁口和两个出渣口；共有三台变压器，每台变压器向两根电极供电。矩形熔炼炉上料为吊运料罐上料，每罐重为 8t；处理能力为 65t/h，出铁水量 42t/h，每隔 4h 出一次铁，每次配 3 个铁水罐，日产含钒铁水 2000t；重铁水罐用叉车运到炼钢厂。

回转窑和矩形熔炼炉产生的煤气用于锅炉发电，年发电量为 50 ~ 55MW。

21.4.1.2 炼钢部分

炼钢设备有：2 套铁水包提钒装置（VRU）（1 套闲置，1 套生产），1 台扒渣机，1 座 60tK-OBM 复吹转炉，2 座精炼站和 1 台 1 机 1 流板坯连铸机。厂内原有 1 座电炉和 1 台小方坯连铸机，但现已淘汰。

铁水提钒：矩形熔炼炉供给的含钒铁水座车后，直接在包内吹氧提钒，铁皮作冷却剂，N_2 搅拌，需要时吹钒终点加硅铁脱氧。吹钒完毕后，在原座车上用液压扒渣机扒渣。

转炉炼钢：转炉为 60tK-OBM 复吹转炉，底吹 $N_2 + O_2 + Ar + $ 粉状 CaO，溅渣护炉，副枪测温、取样，自动化控制，一次湿法除尘、二次布袋除尘和屋顶除尘等。炼钢时，先兑铁，再加废钢，转炉散状料为：石灰、石灰石、高镁石灰、矽砂和萤石等，用焦炭提温。炼钢总渣量为每吨钢 100 ~ 120kg。转炉出钢量约为 73t，出钢温度约为 1680℃。钢种：全为低碳钢。炉龄为 1300 ~ 1500 炉，炉衬异地砌筑，6 ~ 7 周整体更换 1 次。

铁水包提钒工艺流程见图 21-4。

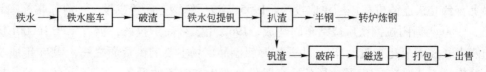

图 21-4 新西兰钢铁公司铁水包提钒工艺流程

21.4.2 铁水包提钒装置

铁水包提钒装置主要有：带有电液倾动系统的铁水罐车、铁水罐、顶吹氧枪及氧枪升降设备、顶吹氮气喷枪及喷枪升降设备、自动测温、取样枪及升降设备、液压扒渣机（1台）、除尘烟罩系统，铁水罐提钒产生的烟气引入炼钢转炉二次除尘系统处理。

新铁水包重40t，后期罐重52~55t；内径ϕ2490mm，高3550mm；材质：高铝砖。

炼铁厂矩形熔炼炉的出铁温度为1500~1520℃，送到炼钢厂提钒站的铁水温度为1380~1420℃，铁水成分和温度见表21-1。铁水包净空500~800mm。

表 21-1 提钒用铁水成分和温度

铁水量/t	$w(C)/\%$	$w(Si)/\%$	$w(Mn)/\%$	$w(P)/\%$	$w(S)/\%$	$w(Ti)/\%$	$w(V)/\%$	$w(Cr)/\%$	温度/℃
$\dfrac{74}{62\sim86}$	$\dfrac{3.3}{3.0\sim3.8}$	$\dfrac{0.20}{0.06\sim0.40}$	0.40	0.06	$\dfrac{0.032}{0.024\sim0.048}$	$\dfrac{0.25}{0.08\sim0.40}$	$\dfrac{0.49}{0.45\sim0.53}$	0.045	$\dfrac{1400}{1380\sim1420}$

21.5 中国钒产业

中国的钒生产始于日伪时期的锦州制铁所，以钒精矿为原料提钒；中华人民共和国成立后，重工业部钢铁工业管理局于1954年下达"承德大庙钒钛磁铁矿精矿火法冶炼提钒及制取钒铁"的科研任务，项目于1955年完成，奠定了中国钒铁工业的建设基础。锦州铁合金厂于1958年恢复用承德钒钛磁铁矿精矿为原料生产钒铁。1959年开始用钒渣生产钒铁。20世纪60年代国家重点发展攀枝花，1978年攀枝花钢铁公司开始生产钒渣，使中国步入世界钒生产大国行列，攀钢独创的雾化提钒技术结束了中国钒进口历史，为国家节约大量外汇，攀枝花改变了钒的技术资源分布，也改变了中国和世界的经济地理，钒改变了攀枝花，为世界所注目。锦州铁合金厂、南京铁合金厂、峨眉铁合金厂和攀钢等相继建设以钒渣为原料的提钒厂，改变建筑钢结构基础，使"工业味精"助推工业经济长足发展；20世纪70~80年代，利用中国南方丰富的石煤资源建成若干小型提钒厂，促进了钒产业的全面发展。

21.5.1 攀钢钒产业

攀西钒钛磁铁矿资源在中国作为一个整体进行系统开发，攀枝花矿产资源为世人注目已久，从1872年起，在攀西地区进行地勘的外国人有德国的李希霍芬，匈牙利的劳策，法国的乐尚德，瑞士的汉威。在攀西地区进行地勘的中国人有丁文江、谭锡畴、李春昱、李承三、黄汲清、常隆庆、刘之祥和程裕祺等。1936年地质学家常隆庆、殷学忠调查宁属矿产，在攀枝花倒马坎矿区见到与花岗岩有关的浸染式磁铁矿；1943年8月，武汉大学地质系教授陈正、薛承凤复受中央地质调查所所长李赓扬之邀，对所采矿样逐个进行钛的定性分析，择要进行铁的定量分析，同时引用李善邦、秦馨菱的分析结果，所采矿样经地质调查所化验分析，含铁51%、二氧化钛16%、三氧化二铝9%，从此得知攀枝花铁矿石中含有钛，作出攀枝花矿床为钛磁铁矿的结论；同年资源委员会郭文魁、业治铮借到西康之便顺道查勘了攀枝花矿区，论证了矿床的岩浆分异成因，指出主要矿物为磁铁矿及少量钛

铁矿。1944 年，根据程裕祺的意见，又发现钛磁铁矿中含有钒，从而确定了攀枝花铁矿为钒钛磁铁矿。

攀枝花铁矿经过 20 世纪 50 年代的地质勘探和 60 年代中期的补充勘探，完成了勘探任务。在此基础上，许多单位在成矿规律、矿产预测、伴生元素研究、扩大远景、后备勘探基地选择等方面又陆续做了大量工作。到 1980 年，攀枝花—西昌地区已探明铁矿 54 个，总储量达 81 亿吨，其中钒钛磁铁矿 23 个，总储量为 77.6 亿吨。到 1985 年，攀西地区已探明钒钛磁铁矿储量达到 100 亿吨，占全国同类型铁矿储量的 80% 以上，其中钒的储量占全国的 87%，钛的储量占全国的 92%。攀枝花市境内的攀枝花、白马、红格、安宁村、中干沟、白草成为攀西地区的 6 大矿区，总储量为 75.3 亿吨。

攀钢是中国完全依靠自己的力量在极其艰苦的条件下，依托储量丰富的攀西钒钛磁铁矿资源建设和发展起来的特大型钒钛钢铁企业。攀钢始建于 1965 年，1970 年建成出铁，1974 年出钢，经过 40 多年的建设和发展，攀钢已发展成为跨地区、跨行业的具有较强市场竞争力和较高知名度的大型钒钛钢铁企业集团。攀钢已具备钒制品 2 万吨、钛精矿 30 万吨、钛白粉 9.3 万吨、铁 830 万吨、钢 940 万吨、钢材 890 万吨的综合生产能力。攀钢是中国第一、世界第二大钒制品生产企业，中国最大的钛原料生产基地和主要的钛白粉生产商，中国最大的铁路用钢生产企业和中国品种结构最齐全的无缝管生产企业；拥有世界先进的重轨生产线和世界一流的无缝钢管生产线，形成了以氧化钒、高钒铁、钒氮合金、氯化法钛白、硫酸法钛白等为代表的钒钛产品系列和以重轨、310 乙字钢、汽车大梁板、冷轧镀锌板、IF 钢、无缝钢管、军工钢等为代表的钢铁产品系列。攀钢的建设发展经历了三个重要阶段：1965 ~ 1980 年是攀钢进行艰苦卓绝的一期建设和创业，实现从无到有的重要历史时期。攀钢于 1965 年春开工建设，1970 年出铁，1971 年出钢，1974 年出钢材，1980 年主要产品产量和技术经济指标达到或超过设计水平，形成了 150 万吨钢的综合生产能力。1981 ~ 2000 年是攀钢建设二期工程，规模迈上新台阶，品种结构实现调整，实现从"钢坯公司"到"钢材公司"战略性转变的重要历史时期。攀钢二期工程新建了 4 号高炉、板坯连铸、板材等三大主体系统，总体装备水平达到 20 世纪 80 年代末、90 年代初国际先进水平，新增铁、钢、坯、材各 100 万吨，后经挖潜达到年产 600 万吨钢的规模。

攀钢是中国最大的钒生产商之一，按 V_2O_5 产量计算，攀钢生产的钒原料曾经占全国的 74% 左右，占世界 18% 左右。中国钒工业的崛起主要得益于攀枝花钒钛磁铁矿的开发利用。随着 1974 年攀钢雾化提钒投产，中国钒从无到有，从 1980 年开始由一个钒的进口国，变成钒的出口大国。攀枝花钒钛磁铁矿原矿经选矿得到含钒铁精矿，经过烧结和高炉冶炼工序，得到含钒铁水，含钒铁水经雾化提钒或者转炉提钒后得到钒渣，攀钢从 1972 年开始从铁水中提取钒，在 1995 年以前，攀钢采用自行开发的具有自主知识产权的雾化提钒技术，规模为年产 7.5 万吨钒渣，处理的含钒铁水量为每年 150 万吨。随着钢铁生产规模的扩大，为提高铁水处理能力和钒的收率，开发了有攀钢特色的转炉提钒生产工艺，建设了转炉提钒车间，目前铁水处理量达到每年 500 万吨，得到钒渣约 23 万吨，年处理能力可达 500 万吨含钒铁水。采用转炉提钒，钒的氧化率从 85% 以下提高到了 90% 左右，半钢中的残钒降到了 0.04% 以下，技术指标得到大幅度提高。

攀钢的 V_2O_5 车间于 1990 年 3 月建成投产，目前的生产能力约为每年 3800t（含攀钢西昌分公司的生产能力)，该工序的钒收率在 85%。为了降低生产成本，提高生产效率，于 1998 年自行开发了 V_2O_3 生产工艺，与引进设备和技术相结合，于 1998 年建成了年产 3350t 的 V_2O_3 车间，1999 年 V_2O_3 产量达到 2180t，2000 年的产量达到设计能力。攀钢于 1991 年自主开发了 FeV80 生产技术和装备，并投入商业生产，年产能 1300t，钒收率在 95% 以上，1993 年攀钢引进卢森堡电铝热法冶炼 FeV80 设备，在广西北海建设了第二条生产线，产能为 2000t。为满足国内钢厂的不同需要，攀钢从 1998 年开始也生产 FeV50。

1991 年攀钢在实验室里用多钒酸铵为原料研制了碳化钒，同时还用高钒铁为原料制得了氮化钒铁。1997 年，攀钢又和东北大学进行合作用三氧化二钒为原料研制氮化钒，结果在常压下使 $V_2O_3 + 4C = V_2C + 3CO$ 碳化反应时间从 40 ~ 60h 缩短为 5h 以内，并且还有进一步缩短碳化时间的潜力。产品达到国际同类产品技术标准，在生产工艺上已取得关键性突破，批量工业应用取得良好效果，建成 4000t/a 规模的工业生产线。

攀钢凭借钒的资源优势和应用技术优势，经过十多年的不断努力，先后开发了数十个含钒钢品种，其含钒低合金钢和微合金钢的产量占到了全国同类钢总产量的 50% 以上。攀钢火法部分拥有高炉 5 座和提钒炼钢转炉 6 座，每年生产含钒生铁 600 万吨，生产标准钒渣 25 万吨，V_2O_5、V_2O_3、钒铁和钒氮合金 5 条生产线，主要生产设备有 4 台球磨机、4 座十层焙烧窑、5 座还原窑、3 座熔化炉、1 座钒铁冶炼电炉、6 座推板窑、2 套废水处理设施，氧化钒（V_2O_5、V_2O_3）生产能力为每年 2 万吨，钒铁（FeV80/50）每年 1.6 万吨，钒氮合金每年 0.4 万吨。

攀枝花钒钛磁铁矿利用流程见图 21-5。

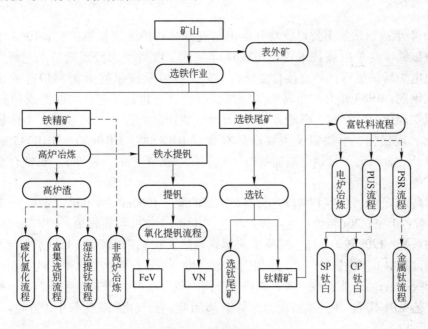

图 21-5 攀枝花钒钛磁铁矿利用流程

攀钢于 2009 年动工兴建攀西资源综合利用项目，其主体项目有：1 万吨钙盐提钒生产线、中钒铁生产线、$2 \times 360m^2$ 烧结机、$3 \times 1750m^3$ 高炉、$1 \times 200t$ 提钒转炉、$2 \times 200t$ 炼钢转炉，22.7 万吨钒渣，1.88 万吨钒铁。

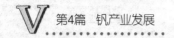

氧化钒生产采用"钙化焙烧—硫酸浸出"的清洁生产工艺，主要工艺技术为：钒渣球磨及筛分除铁、配料、混料、回转窑钙化焙烧、硫酸浸出、连续沉钒、板框压滤机过滤、气流干燥、煤气还原。该工艺技术解决了现有工艺浸出尾渣及废水处理产生的固废硫酸钠较难处理的问题，具有废水处理成本低、锰资源可回收利用等优点。钒铁的生产采用三氧化二钒电铝热法工艺技术。

21.5.2 承德钒产业

承德钢铁集团有限公司始建于 1954 年，是前苏联援建中国的 156 个项目之一，是中国钒钛产业的发祥地和先导企业，地处中国河北省承德市双滦区滦河镇。50 多年来，承钢依托承德钒钛磁铁矿资源不断发展和完善钒钛磁铁矿的冶炼技术、钒的提取技术和加工应用技术，逐步形成了以钒钛产品和冶炼、轧制含钒钛低合金钢材为主业，冶、炼、轧、钒完整的钒钢生产体系。

承德钒钛磁铁矿大庙钒钛磁铁矿床位于内蒙古地轴东端的宣化—承德—北票深断裂带上，基性-超基性岩侵入于前震旦纪地层中；由晚期含矿熔浆分异出的残余矿浆贯入构造裂隙而成矿，50 多个钛磁铁矿矿体呈透镜状、脉状或囊状产于斜长岩中或斜长岩接触部位的破碎带中，与围岩界线清楚；辉长岩中的矿体多呈浸染状或脉状，与围岩多呈渐变关系。矿体一般长 $10 \sim 360m$，延深数十米至 $300m$，矿石有致密块状和浸染状两类。主要矿石矿物有磁铁矿、钛铁矿、赤铁矿与金红石等。磁铁矿与钛铁矿呈固溶体分离结构。钒呈类质同象存在于钒钛磁铁矿中。矿石平均品位为 $0.16\% \sim 0.39\%$。铁精矿中 V_2O_5 为 0.77%。

1960 年承德钢铁集团公司成功开发出空气侧吹转炉火法提钒工艺，1965 年完成高钛型钒钛磁铁矿高炉冶炼技术攻关，1967 年完成工业规模水浸提钒新工艺研究，1972 年开发出电炉转炉炼钢钒渣直接合金化新工艺，1980 年按照英标 BS4449 生产出含钒高强度螺纹钢筋，1984 年开发出转炉炼钢钒渣直接合金化新工艺，均取得成功。2009 年承钢形成钢产能 800 万吨、钒渣产能 36 万吨、钒产品产能 3 万吨规模，主体装备实现了大型化、现代化。承德钒钛主要产品有含钒 HRB500、HRB400、HRB335 级螺纹钢筋，含钒低合金圆钢、带钢、高速线材、五氧化二钒（片剂、粉剂）、钒铁合金、高品位钛精矿等。

现有高炉 6 座，总容积 $4179m^3$，其中 $2500m^3$、$1260m^3$、$450m^3$、$380m^3$、$315m^3$ 和 $274m^3$ 高炉各 1 座；30t 转炉系统：转炉 5 座，其中 1 座 80t 提钒转炉，4 座 30t 炼钢转炉；120t 转炉系统：120t 转炉 3 座，其中 1 座提钒转炉，2 座炼钢转炉；150t 转炉系统：150t 转炉 3 座，其中 1 座提钒转炉，2 座炼钢转炉；30000t/a 五氧化二钒生产线一条；三氧化二钒生产线一条；VN 生产线一条；钒铁生产线一条。承钢生产工艺见图 21-6，承钢钒制品生产工艺见图 21-7。生产钒渣能力为每年 36 万吨，五氧化二钒为每年 3 万吨。

21.5.3 锦州铁合金厂

锦州铁合金厂的前身是 1940 年成立的日伪满洲特殊铁矿株式会社锦州制炼所。1953 年中国政府和苏联政府签订援建项目协议书，其中包括原锦州制炼所。中华人民共和国成立后，重工业部钢铁工业管理局于 1954 年下达"承德大庙钒钛磁铁矿精矿火法冶炼提钒及

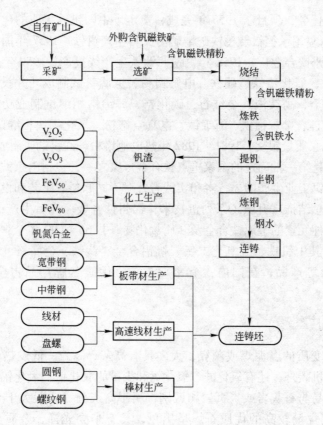

图 21-6　承钢生产工艺

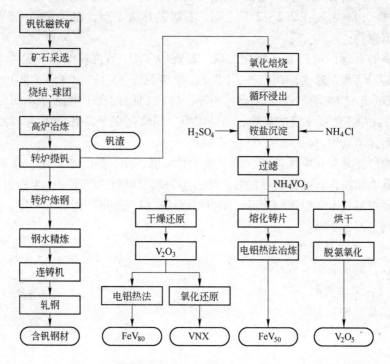

图 21-7　承钢钒制品生产工艺

制取钒铁"的科研任务，项目于 1955 年完成，奠定了中国钒铁工业的建设基础。锦州铁合金厂于 1958 年恢复用承德钒钛磁铁矿精矿为原料生产钒铁。1957 年国家冶金工业部下发文件，命名为锦州铁合金厂；1958 年钒铁、钛铁生产线投产；1959 年开始用钒渣生产钒铁。1959 年硅铁、氮化铬铁、硼铁、电解铬粉、金属钒试制成功并投产；1961 ~ 1969 年金属铬、钒铝合金、高钛渣、金红石、碳化锆、海绵锆相继试制成功并投产；1970 ~ 1977 年金属钛、锰硅合金、锰铁、海绵钛、电真空锆粉、氧化钼块相继试制成功并投产；1980 年钒铁荣获国家质量银奖；1981 ~ 1982 年热电池铬粉、红钒钠研制成功。

锦州铁合金厂是第一批确定的国家重点铁合金厂家之一，包括南京铁合金厂和峨眉铁合金厂，是中国提钒工业生产的先行者和实践者，对不同原料、工艺和设备进行了大胆有效的尝试，在中国总结推广升级了系列钒技术，锦州铁合金厂先后生产钒、钛、铬、锰、钼、镁、锆、铪八种元素的金属铁合金及金属氧化物，共 66 种 90 多个牌号，年总生产能力达 7 万吨左右，其中钒铁、五氧化二钒、钒铝合金、钛铁、金属铬、氧化钼块、海绵锆、锆粉、海绵铪等产品，在国内占有重要地位，优质名牌产品占全厂铁合金总量的 88%。

21.5.4 石煤提钒厂

石煤是一种高变质的腐泥煤或藻煤，大多具有高灰、高硫、低发热量和硬度大的特点。其成分除含有机碳外，还有氧化硅、氧化钙和少量的氧化铁、氧化铝和氧化镁等。外观像石头，肉眼不易与石灰岩或炭页岩相区别，属于高灰分（一般大于 60%）深变质的可燃有机矿物。碳含量较高的优质石煤呈黑色，具有半亮光泽，杂质少，相对密度为 1.7 ~ 2.2，含碳量较少的石煤，呈偏灰色，暗淡无比，夹杂有较多的黄铁矿、石英脉和磷、钙质结核、相对密度在 2.2 ~ 2.8 之间，石煤发热量不高，在 3.5 ~ 10.5MJ/kg 之间，是一种低热值燃料。

伴生有钒的石煤，可提取五氧化二钒。石煤中 V_2O_5 品位较低，一般为 1.0% 左右。石煤中的钒以 V(Ⅲ) 为主，有部分 V(Ⅳ)，很少见 V(Ⅴ)。由于 V(Ⅲ) 的离子半径（74pm）与 Fe(Ⅱ) 的离子半径（74pm）相等，与 Fe(Ⅲ) 的离子半径（64pm）也很接近，因此，V(Ⅲ) 几乎不生成本身的矿物，而是以类质同象存在于含钒云母、高岭土等铁铝矿物的硅氧四面体结构中。

石煤资源广泛分布在中国的川、渝、陕、甘、鄂、湘、赣、浙、桂、粤和皖等省区，成为提钒的重要原料，石煤提钒存在散、乱、小和微型现象，产品主体为粉钒，工艺缺乏整体性，主要控制技术一般比较落后，能力与市场交织，产量产能飘忽不定，鼎盛时期石煤提钒厂达到了四五十家。

21.5.4.1 火法提钒工艺

具体内容参见 8.1.3.1 节。

21.5.4.2 湿法提钒工艺

具体内容参见 8.1.3.2 节。

附录　钒基材料制造有关附表

附表 1　元素物理性质

元素符号	元素名称	熔点/℃	沸点/℃	质量热容/J·(kg·K)$^{-1}$	密度(20℃)/g·cm^{-3}
Ag	银	960.15	2117	234	10.5
Al	铝	660.2	2447	900	2.6984
Ar	氩	-189.38	-185.87	519	1.7824×10^{-3}
As	砷	817 (12.97MPa)	613	326 (升华)	2.026(黄) 4.7(黑)
Au	金	1063	2707	130	19.3
B	硼	2074	3675	1030	2.46
Ba	钡	850	1537	192	3.59
C	碳	4000(6.83MPa)	3850 (升华)	711 519	2.267(石墨) 3.515(金刚石)
Ca	钙	861	1478	653	1.55
Ce	铈	795	3470	184	6.771
Cl	氯	-101.0	-34.05	477	2.98×10^{-3}(气体)
Co	钴	1495	3550	435	8.9
Cr	铬	1990	2640	448	7.2
Cu	铜	1683	2582	385	8.92
F	氟	-219.62	-188.14	824	1.58×10^{-3}
Fe	铁	1530	3000	448	7.86
H	氢	-259.2	-252.77	1.43×10^4	0.8987×10^{-3}
Hg	汞	-38.87	365.58	138	13.5939
K	钾	63.5	758	753	0.87
Mg	镁	650	1117	1.03×10^3	1.74
Mn	锰	1244	2120	477	7.30
Mo	钼	2625	4800	251	10.2
N	氮	-209.97	-195.798	1.04×10^3	1.165×10^{-3}
Na	钠	97.8	883	1.23×10^3	0.97
Ni	镍	1455	2840	439	8.90
O	氧	-218.787	-182.98	916	1.331×10^{-3}
P	磷	44.2 59.7 610	280.3 431(升华) 453(升华)		1.828(白) 2.34(红) 2.699(黑)

元素符号	元素名称	熔点/℃	沸点/℃	质量热容/J·(kg·K)$^{-1}$	密度(20℃)/g·cm^{-3}
Pb	铅	327.4	1751		11.34
Pt	铂	1774	约3800	130	21.45
Re	铼	3180	5885	138	21.04
Rh	铑	1966	3700	243	12.41
S	硫	112.3 114.6 106.8	444.60	732	2.68(α) 1.96(β) 1.92(γ)
Sb	锑	630.5	1640	20	6.684
Si	硅	1415	2680	711	2.33
Sn	锡	231.39	2687	218	7.28(白)
Ti	钛	1672	3260	523	4.507(α) 4.32(β)
V	钒	1919	3400	481	6.1
W	钨	3415	5000	134	19.35
Zn	锌	419.47	907	285	7.14
Zr	锆	1855	4375	276	6.52(混)

附表2 元素物理性质

元素符号	元素名称	热导率/W·(m·K)$^{-1}$	电阻率/Ω·m	熔化热/kJ·mol^{-1}	气化热/kJ·mol^{-1}
Ag	银	4182	1.6×10^{-8}	11.95	254.2
Al	铝	211.015	2.6×10^{-8}	10.76	284.3
Ar	氩	0.016412		1.18	6.523
As	砷	817 (12.97MPa)	3.5×10^{-7}		
Au	金	293.076	2.4×10^{-8}	12.7	310.7
B	硼		1.8×10^{-4}		
Ba	钡		6.0×10^{-7}	7.66	149.32
C	碳	23.865	1.375×10^{-5}	104.7	326.6(升华)
Ca	钙	125.604	4.5×10^{-8}	9.2	161.2
Ce	铈		7.16×10^{-7}		
Cl	氯		>10(液态)	6.410	20.42
Co	钴	69.082	0.8×10^{-7}	15.5	398.4
Cr	铬	66.989	1.4×10^{-7}	14.7	305.5
Cu	铜	414.075	1.6×10^{-8}	13.0	304.8
F	氟			1.56	6.37
Fe	铁	75.362		16.2	354.3

续附表 2

元素符号	元素名称	热导率/W·(m·K)$^{-1}$	电阻率/Ω·m	熔化热/kJ·mol^{-1}	气化热/kJ·mol^{-1}
H	氢			0.117	0.904
Hg	汞	10.476	9.7×10^{-7}(液) 2.1×10^{-7}(固)	2.33	58.552
K	钾	97.134	6.6×10^{-8}	2.334	79.05
Mg	镁	157.424	4.4×10^{-8}	9.2	13.9
Mn	锰			14.7	224.8
Mo	钼	146.358	0.5×10^{-7}		
N	氮			0.720	5.581
Na	钠	132.722	4.4×10^{-8}	2.64	98.0
Ni	镍	58.615	6.8×10^{-8}	17.6	378.8
O	氧			0.444	6.824
Sb	锑	22.525	3.9×10^{-7}	20.1	195.38
Si	硅	83.736		46.5	297.3
Sn	锡	64.058	1.15×10^{-7}	7.08	230.3
Ti	钛		0.3×10^{-7}		
V	钒		5.9×10^{-7}		
W	钨	167.472	5.48×10^{-8}		
Zn	锌	110.950	5.9×10^{-8}	6.678	114.8
Zr	锆		4.0×10^{-7}		

附表 3 常见氧化物物理性质

氧化物	氧的质量分数/%	密度/g·cm^{-3}	熔化温度/℃	气化温度/℃
Fe_2O_3	30.057	5.1~5.4	1565	
Fe_3O_4	27.640	5.1~5.2	1597	
FeO	22.269(异稳定) 23.239~23.28(稳定)	5.163(含氧23.91%)	1371~1385	
SiO_2	53.257	2.65(石英)	1713(硅石1750)	2590
SiO	36.292	2.13~2.15	1350~1900(升华)	1990
MnO_2	36.807	5.03	535 前分解	
Mn_2O_8	30.403	4.30~4.80	940 前分解	
Mn_3O_4	27.970	4.30~4.90	1567	
MnO	22.554	5.45	1750~1788	
Cr_2O_3	31.580	5.21	2275	
TiO_2	40	4.26(金红石) 3.84(锐钛矿)	1825	3000
P_2O_5	49	2.39	569(加压)	350(升华)
TiO	56.358	4.93	1750	

氧化物	氧的质量分数/%	密度/g·cm^{-3}	熔化温度/℃	气化温度/℃
V_2O_5	25.038	3.36	663~675	1750(分解)
VO_2	43.983	4.30	1545	
V_2O_3	38.581	4.84	1967	
VO	32.024	5.50	1970	
NiO	25.901	6.80	1970	
CuO	21.418	6.40	1148(分解),1062.6	
Cu_2O	20.114	6.10	1235	
ZnO	19.660	5.5~5.6	2000(5.629MPa)	1950(升华)
PbO	7.168	9.12±0.05(22℃) 7.794(880℃)	888	1470
CaO	28.530	3.4	2585	2850
MgO	39.696	3.2~3.7	2799	3638
BaO	10.436	5.0~5.7	1923	~2000
Al_2O_3	47.075	3.5~4.1	2042	2980
K_2O	16.986			766
Na_2O	25.814			890

附表 4　常用化学反应的自由能与温度关系 $\Delta G^{\ominus} = A + BT$（J/mol）

反　应	A/J·mol^{-1}	B/J·(mol·K)$^{-1}$	误差/kJ	温度范围/℃
$Al(s) = Al(l)$	10795	-11.55	0.2	660(熔点)
$Al(l) = Al(g)$	304640	-109.50	2	660~2520(沸点)
$Al(s) + 1.5O_2 = Al_2O_3(s)$	-1675100	313.20		22~660(熔点)
$Al(l) + 1.5O_2 = Al_2O_3(s)$	-1682900	323.24		660(熔点)~2024
$2Al(l) + 1.5O_2 = Al_2O_3(l)$	-1574100	275.01		2042~2494(沸点)
$2Al(g) + 1.5O_2 = Al_2O_3(l)$	-2106400	468.62		2494~3200
$2Al(l) + 0.5O_2 = Al_2O(g)$	-170700	-49.37	20	660~2000
$2Al(l) + O_2 = Al_2O_2(g)$	-470700	28.87	20	660~2000
$4Al(l) + 3C = Al_4C_3(s)$	-265000	95.06	8	660~2200(熔点)
$Al(l) + 0.5N_2(g) = AlN(s)$	-327100	115.52	4	660~2000
$Al_2O_3(s) + SiO_2(s) = Al_2O_3 \cdot SiO_2(s)$	-8800	3.80	2	25~1700
$2Al_2O_3 + 2SiO_2 = 2Al_2O_3 \cdot 2SiO_2(s)$	-8600	-17.41	4	25~1750(熔点)
$Al_2O_3 + TiO_2 = Al_2O_3 \cdot TiO_2(s)$	-25300	3.93		25~1860(熔点)
$C(s) = C(g)$	713500	-155.48	4	1750~3800
$C(s) + 0.5O_2 = CO(g)$	-114400	85.77	0.4	500~2000
$C(s) + 2H_2(g) = CH_4(g)$	-91044	110.67	0.4	500~2000
$Ca(s) = Ca(l)$	8540	-7.70	0.4	839(熔点)

续附表4

反 应	$A/\mathrm{J} \cdot \mathrm{mol}^{-1}$	$B/\mathrm{J} \cdot (\mathrm{mol} \cdot \mathrm{K})^{-1}$	误差/kJ	温度范围/℃
$\mathrm{Ca}(1) = \mathrm{Ca}(\mathrm{g})$	157800	-87.11	0.4	839 ~ 1491(熔点)
$\mathrm{Ca}(1) + \mathrm{F}_2(\mathrm{g}) = \mathrm{CaF}_2(\mathrm{s})$	-1219600	162.3	8	839 ~ 1484
$\mathrm{CaF}_2(\mathrm{g}) = \mathrm{CaF}_2(1)$	2970	-17.57	0.4	1418(熔点)
$\mathrm{CaF}_2(1) = \mathrm{CaF}_2(\mathrm{g})$	308700	-110.0	4	2533(沸点)
$\mathrm{Ca}(1) + 2\mathrm{C}(\mathrm{s}) = \mathrm{CaC}_2(\mathrm{s})$	-60250	-26.28	12	839 ~ 1484
$\mathrm{Ca}(1) + 0.5\mathrm{S}_2(\mathrm{g}) = \mathrm{CaS}(\mathrm{s})$	-548100	103.85	4	839 ~ 1484
$3\mathrm{CaO} + \mathrm{Al}_2\mathrm{O}_3 = 3\mathrm{CaO} \cdot \mathrm{Al}_2\mathrm{O}_3(\mathrm{s})$	-12600	-24.69	4	500 ~ 1535
$\mathrm{CaO} + \mathrm{Al}_2\mathrm{O}_3 = \mathrm{CaO} \cdot \mathrm{Al}_2\mathrm{O}_3(\mathrm{s})$	-18000	-18.83	2	500 ~ 1605
$\mathrm{CaO} + 2\mathrm{Al}_2\mathrm{O}_3 = \mathrm{CaO} \cdot 2\mathrm{Al}_2\mathrm{O}_3(\mathrm{s})$	-16700	-25.52	3.2	500 ~ 1750
$\mathrm{CaO} + 6\mathrm{Al}_2\mathrm{O}_3 = \mathrm{CaO} \cdot 6\mathrm{Al}_2\mathrm{O}_3(\mathrm{s})$	-16380	-37.58	1.7	1100 ~ 1600
$\mathrm{CaO} + \mathrm{CO}_2(\mathrm{g}) = \mathrm{CaCO}_3(\mathrm{s})$	-161300	137.23	1.2	700 ~ 1200
$\mathrm{CaO} + \mathrm{Fe}_2\mathrm{O}_3 = \mathrm{CaO} \cdot \mathrm{Fe}_2\mathrm{O}_3(\mathrm{s})$	-29700	-4.81	4	700 ~ 1216(熔点)
$2\mathrm{CaO} + \mathrm{Fe}_2\mathrm{O}_3 = 2\mathrm{CaO} \cdot \mathrm{Fe}_2\mathrm{O}_3(\mathrm{s})$	-53100	-2.51	4	700 ~ 1450(熔点)
$3\mathrm{CaO} + \mathrm{SiO}_2 = 3\mathrm{CaO} \cdot \mathrm{SiO}_2(\mathrm{s})$	-118800	-6.7	12	25 ~ 1500
$3\mathrm{CaO} + 2\mathrm{SiO}_2 = 3\mathrm{CaO} \cdot 2\mathrm{SiO}_2(\mathrm{s})$	-236800	9.6	12	25 ~ 1500
$2\mathrm{CaO} + \mathrm{SiO}_2 = 2\mathrm{CaO} \cdot \mathrm{SiO}_2(\mathrm{s})$	-118800	-11.3	12	25 ~ 2130(熔点)
$\mathrm{CaO} + \mathrm{SiO}_2 = \mathrm{CaO} \cdot \mathrm{SiO}_2(\mathrm{s})$	-92500	2.5	12	25 ~ 1540(熔点)
$3\mathrm{CaO} + 2\mathrm{TiO}_2 = 3\mathrm{CaO} \cdot 2\mathrm{TiO}_2(\mathrm{s})$	-207100	-11.51	10	25 ~ 1400
$4\mathrm{CaO} + 3\mathrm{TiO}_2 = 4\mathrm{CaO} \cdot 3\mathrm{TiO}_2(\mathrm{s})$	-292900	-17.57	8	25 ~ 1400
$\mathrm{CaO} + \mathrm{TiO}_2 = \mathrm{CaO} \cdot \mathrm{TiO}_2(\mathrm{s})$	-79900	-3.35	3.2	25 ~ 1400
$\mathrm{CaO} + \mathrm{MgO} = \mathrm{CaO} \cdot \mathrm{MgO}$	-7200	0.0	1.2	25 ~ 1027
$3\mathrm{CaO} + \mathrm{V}_2\mathrm{O}_5 = 3\mathrm{CaO} \cdot \mathrm{V}_2\mathrm{O}_5(\mathrm{s})$	-332200	0.0	5	25 ~ 670
$2\mathrm{CaO} + \mathrm{V}_2\mathrm{O}_5 = 2\mathrm{CaO} \cdot \mathrm{V}_2\mathrm{O}_5(\mathrm{s})$	-264800	0.0	5	25 ~ 670
$\mathrm{CaO} + \mathrm{V}_2\mathrm{O}_5 = \mathrm{CaO} \cdot \mathrm{V}_2\mathrm{O}_5(\mathrm{s})$	-146000	0.0	5	25 ~ 670
$\mathrm{Cr}(\mathrm{s}) + 1.5\mathrm{O}_2 = \mathrm{CrO}_3(\mathrm{s})$	-580500	259.2		25 ~ 187(熔点)
$\mathrm{Cr}(\mathrm{s}) + 1.5\mathrm{O}_2 = \mathrm{CrO}_3(1)$	-546600	185.8		187 ~ 727
$\mathrm{Cr}(\mathrm{s}) + \mathrm{O}_2 = \mathrm{CrO}_2(1)$	-587900	170.3		25 ~ 1387
$2\mathrm{Cr}(\mathrm{s}) + 1.5\mathrm{O}_2 = \mathrm{Cr}_2\mathrm{O}_3(\mathrm{s})$	-1110140	247.32	0.8	900 ~ 1650
$2\mathrm{Cr}(\mathrm{s}) + 1.5\mathrm{O}_2 = \mathrm{Cr}_2\mathrm{O}_3(\mathrm{s})$	-1092440	237.94		1500 ~ 1650
$3\mathrm{Cr}(\mathrm{s}) + 2\mathrm{O}_2 = \mathrm{Cr}_3\mathrm{O}_4(\mathrm{s})$	-1355200	264.64	0.8	1650 ~ 1655(熔点)
$\mathrm{Cr}(\mathrm{s}) + 0.5\mathrm{O}_2 = \mathrm{CrO}(1)$	-334220	63.81	0.8	1665 ~ 1750
$\mathrm{Fe}(\mathrm{s}) = \mathrm{Fe}(1)$	13800	-7.61	0.8	1536(熔点)
$\mathrm{Fe}(1) = \mathrm{Fe}(\mathrm{g})$	363600	-116.23	1.2	1536 ~ 2862(沸点)
$\mathrm{Fe}(\mathrm{s}) + 0.5\mathrm{O}_2 = \mathrm{FeO}(\mathrm{s})$	-264000	64.59	0.8	25 ~ 1377
$\mathrm{Fe}(1) + 0.5\mathrm{O}_2 = \mathrm{FeO}(1)$	-256060	53.68	2	1377 ~ 2000
$3\mathrm{Fe}(\mathrm{s}) + 2\mathrm{O}_2 = \mathrm{Fe}_3\mathrm{O}_4(\mathrm{s})$	-1103120	307.38	2	25 ~ 1597(熔点)

反　应	$A/\text{J} \cdot \text{mol}^{-1}$	$B/\text{J} \cdot (\text{mol} \cdot \text{K})^{-1}$	误差/kJ	温度范围/℃
$2Fe + 1.5O_2 = Fe_2O_3(s)$	-815023	251.02	2	$25 \sim 1462$
$Fe(s) + 0.5O_2 + V_2O_3(s) = FeO \cdot V_2O_3(s)$	-288700	62.34	1.2	$750 \sim 1536$
$Fe(1) + 0.5O_2 + V_2O_3(s) = FeO \cdot V_2O_3(s)$	-301250	70.0	1.2	$1536 \sim 1700$
$Fe(\alpha) + 3C(s) = FeC_3(s)$	29040	-28.03	0.4	$25 \sim 727$
$Fe(\gamma) + 3C(s) = FeC_3(s)$	11234	-11.0	0.4	$727 \sim 1137$
$Fe(\gamma) + 0.5S_2(g) = FeS(s)$	-336900	224.51	4	$630 \sim 760$
$2FeO + SiO_2 = 2FeO \cdot SiO_2(s)$	-36200	-61.67	4	$25 \sim 1220$(熔点)
$2FeO \cdot SiO_2(s) = 2FeO \cdot SiO_2(1)$	92050	-61.67	4	1220(熔点)
$2FeO + TiO_2 = 2FeO \cdot TiO_2(s)$	-33900	5.86	8	$25 \sim 1100$
$FeO + TiO_2 = FeO \cdot TiO_2(s)$	-33500	12.13	4	$25 \sim 1300$
$Fe(1) + 0.5O_2 + V_2O_3(s) = FeO \cdot V_2O_3(s)$	-288700	62.34	1.2	$750 \sim 1536$
$Fe(1) + 0.5O_2 + V_2O_3(s) = FeO \cdot V_2O_3(s)$	-301250	70.0	1.2	100(沸点)
$H_2O(1) = H_2O(g)$	41086	-110.12	0.12	$25 \sim 2000$
$H_2 + 0.5O_2 = H_2O(g)$	-247500	55.86	1.2	$25 \sim 2000$
$H_2 + 0.5S_2(g) = H_2S(g)$	-91630	50.58	1.2	649(熔点)
$Mg(s) = Mg(1)$	8950	-9.71	0.4	$649 \sim 1090$(沸点)
$Mg(1) = Mg(g)$	129600	95.14		$25 \sim 649$(熔点)
$Mg(s) + 0.5O_2 = MgO(s)$	-601230	107.59		$649 \sim 1090$(沸点)
$Mg(1) + 0.5O_2 = MgO(s)$	-609570	116.52		$1090 \sim 1727$
$Mg(g) + 0.5O_2 = MgO(s)$	-732700	205.99		$25 \sim 1400$
$MgO(s) + Al_2O_3(s) = MgO \cdot Al_2O_3(s)$	-35600	-2.09	3.3	$700 \sim 1400$
$MgO(s) + Fe_2O_3(s) = MgO \cdot Fe_2O_3(s)$	-19250	-2.01	3.3	$25 \sim 1500$
$MgO(s) + Cr_2O_3(s) = MgO \cdot Cr_2O_3(s)$	-42900	7.11	5	$25 \sim 1898$(熔点)
$MgO(s) + SiO_2(s) = MgO \cdot SiO_2(s)$	-67200	4.31	6	$25 \sim 1577$(熔点)
$2MgO(s) + SiO_2(s) = 2MgO \cdot SiO_2(1)$	-41100	6.10	6	$25 \sim 1500$
$MgO(s) + TiO_2(s) = MgO \cdot TiO_2(s)$	-25500	1.26	2	$25 \sim 1500$
$MgO(s) + TiO_2(s) = MgO \cdot 2TiO_2(s)$	-26400	3.14	3	$25 \sim 1500$
$MgO(s) + 2TiO_2(s) = MgO \cdot 2TiO_2(s)$	-27600	0.63	3.3	$25 \sim 670$
$2MgO(s) + V_2O_5(s) = 2MgO \cdot V_2O_5(s)$	-721740	0	6	$25 \sim 1200$
$MgO(s) + V_2O_5(s) = 2MgO \cdot V_2O_5(s)$	-53350	8.4	3	1244(熔点)
$Mn(s) = Mn(1)$	12130	-7.95		$1244 \sim 2062$(沸点
$Mn(1) = Mn(s)$	235800	-101.17	4	$25 \sim 1277$
$Mn(s) + 0.5O_2 = MnO(s)$	-385360	73.75		$25 \sim 1277$
$3Mn(s) + 2O_2 = Mn_3O_4(s)$	-1381640	334.67		$25 \sim 1277$
$2Mn(s) + 1.5O_2 = Mn_2O_3(s)$	-956400	251.71		$25 \sim 727$
$Mn(s) + O_2 = MnO_2(s)$	-519700	180.83		$527 \sim 1277$

续附表4

反 应	$A/\text{J} \cdot \text{mol}^{-1}$	$B/\text{J} \cdot (\text{mol} \cdot \text{K})^{-1}$	误差/kJ	温度范围/℃
$MnO(s) + Al_2O_3(s) = MnO \cdot Al_2O_3(s)$	−48100	7.3	6	25~1291(熔点)
$MnO(s) + SiO_2(s) = MnO \cdot SiO_2(s)$	−28000	2.76	12	25~1345(熔点)
$2MnO(s) + SiO_2(s) = 2MnO \cdot SiO_2(s)$	−53600	24.73	12	25~1360
$MnO(s) + TiO_2(s) = MnO \cdot TiO_2(s)$	−24700	1.25	20	25~1450
$2MnO(s) + TiO_2(s) = 2MnO \cdot TiO_2(s)$	−37700	1.7	20	98~675(熔点)
$MnO(s) + V_2O_5(s) = MnO \cdot V_2O_{5(s)}$	−65900		6	98~801(熔点)
$2Na(l) + 0.5O_2 = Na_2O(s)$	−514600	218.8	12	98~883(熔点)
$Na(l) + 0.5Cl_2 = NaCl(s)$	−411600	93.00	0.4	850~2200
$2Na(l) + C(s) + 1.5O_2 = Na_2CO_3(s)$	−1227500	273.54		250~884(熔点)
$2Na(l) + C(s) + 1.5O_2 = Na_2CO_3(l)$	−1229600	362.47		25~1089(熔点)
$Na_2O(s) + SO_2(g) + 0.5O_2 = Na_2SO_4(s)$	−651400	237.3	12	25~974(熔点)
$Na_2O(s) + SiO_2(s) = Na_2O \cdot SiO_2(s)$	−237700	−3.85	12	25~1030(熔点)
$Na_2O(s) + 2SiO_2(s) = Na_2O \cdot 2SiO_2(s)$	−283500	8.83	12	25~986(熔点)
$Na_2O(s) + TiO_2(s) = Na_2O \cdot TiO_2(s)$	−209200	−1.26	20	25~1128(熔点)
$Na_2O(s) + 2TiO_2(s) = Na_2O \cdot 2TiO_2(s)$	−230100	−1.7	20	25~527
$Na_2O(s) + 3TiO_2(s) = Na_2O \cdot 3TiO_2(s)$	−234300	−11.7	20	25~627
$Na_2O(s) + V_2O_5(s) = Na_2O \cdot V_2O_5(s)$	−325500	−15.06	16	25~527
$2Na_2O(s) + 2V_2O_5(s) = 2Na_2O \cdot 2V_2O_5(s)$	−536000	−29.3	20	25~627
$2Na_2O(s) + 2V_2O_5(s) = 2Na_2O \cdot 2V_2O_5(s)$	−721740	0	20	25~670
$Na_2O(s) + Fe_2O_3(s) = Na_2O \cdot Fe_2O_3(s)$	−87900	−14.6		25~1132
$P(s, 白) = P(l)$	657	−2.05	0	44(熔点)
$P(s, 红) = 0.25P_4(g)$	32130	−45.65	1.2	25~431
$2P_2(g) = P_4(g)$	217150	−139.0	2	25~1700
$0.5P_2(g) + 0.5O_2 = PO(s)$	−77800	−11.59		25~1700
$0.5P_2(g) + O_2 = PO_2(s)$	−385800	60.25		25~1700
$2P_2(g) + 5O_2 = P_4O_{10}(s)$	−3156000	1010.9		358~1700
$S(s) = S(l)$	1715	4.44	0	115(熔点)
$S(l) = 0.5S_2(g)$	58600	68.28	2	115~445(沸点)
$S_2(g) = 2S(g)$	469300	−161.29	2	25~1700
$S_4(g) = 2S_2(g)$	62800	−115.5	20	25~1700
$S_6(g) = 3S_2(g)$	276100	305.0	20	25~1700
$S_8(g) = 4S_2(g)$	397500	−448.1	20	25~1700
$0.5S_2(g) + 0.5O_2 = SO(g)$	−57780	−4.98	1.2	445~2000
$0.5S_2(g) + O_2 = SO_2(g)$	−361660	72.68	0.4	445~2000
$0.5S_2(g) + 1.5O_2 = SO_3(g)$	−457900	163.34	1.2	445~2000
$Si(s) = Si(l)$	50540	−30.0	1.6	1412(熔点)

反　应	$A/\mathrm{J \cdot mol^{-1}}$	$B/\mathrm{J \cdot (mol \cdot K)^{-1}}$	误差/kJ	温度范围/℃
$\mathrm{Si(l)=Si(g)}$	395400	-111.38	4	1412~3280(沸点)
$\mathrm{Si(s)+0.5O_2=SiO(g)}$	-104200	-82.51		25~1412
$\mathrm{Si(l)+O_2=SiO_2(s)}$	-907100	175.73		25~1412(熔点)
$\mathrm{Si(s)+O_2=SiO_2(\alpha,\beta)}$	-904760	173.38		25~1412(熔点)
$\mathrm{Si(l)+O_2=SiO_2(\alpha,\beta)}$	-946350	197.64		1412~1723(熔点)
$\mathrm{Si(l)+O_2=SiO_2(l)}$	-921740	185.91		1723~3241(沸点)
$\mathrm{Ti(s)=Ti(l)}$	15480	-7.95		1670
$\mathrm{Ti(l)=Ti(g)}$	426800	-120.0		1670~3290(沸点)
$\mathrm{Ti(s)+0.5O_2=TiO(\alpha,\beta)}$	-514600	74.1	20	25~1670
$\mathrm{Ti(l)+O_2=TiO_2(s)}$	-941000	177.57	2	25~1670(熔点)
$\mathrm{2Ti(s)+1.5O_2=Ti_2O_3(s)}$	-1502100	258.1	10	25~1670
$\mathrm{3Ti(s)+2.5O_2=Ti_3O_5(s)}$	-2435100	420.5	20	25~1670
$\mathrm{V(s)=V(l)}$	22840	-10.42		1920(熔点)
$\mathrm{V(l)=V(g)}$	463300	-125.77	12	1920~3420(沸点)
$\mathrm{V(s)+0.5O_2=VO(s)}$	-424700	80.04	8	25~1800
$\mathrm{2V(s)+1.5O_2=V_2O_3(s)}$	-1202900	237.53	8	20~2070
$\mathrm{V(s)+O_2=VO_2(s)}$	-706300	155.31	12	25~1360(熔点)
$\mathrm{V_2O_5(s)=V_2O_5(l)}$	64430	-68.32	3.3	670(熔点)

附表5　某些元素在铁液中的标准溶解自由能（$\Delta G^{\ominus}=A+BT$）

反　应	$\gamma_i^{\ominus}$	$\Delta G^{\ominus}=A+BT/\mathrm{J \cdot mol^{-1}}$
$\mathrm{Al(l)=[Al]}$	0.029	$-63180-27.91T$
$\mathrm{C(s)=[C]}$	0.57	$22590-42.26T$
$\mathrm{Cr(l)=[Cr]}$	1.0	$-37.70T$
$\mathrm{Cr(s)=[Cr]}$	1.14	$19250-46.86T$
$\mathrm{1/2H_2(g)=[H]}$	—	$36480+30.46T$
$\mathrm{1/2H_2(g)=[H]}$	—	$36480-46.11T$
$\mathrm{Mg(g)=[Mg]}$	91	$117400-31.4T$
$\mathrm{Mn(l)=[Mn]}$	1.3	$4080-38.16T$
$\mathrm{Mo(l)=[Mo]}$	1	$-42.80T$
$\mathrm{Mo(s)=[Mo]}$	1.68	$27510-52.38T$
$\mathrm{Ni(l)=[Ni]}$	0.66	$-23000-31.05T$
$\mathrm{1/2N_2(s)=[N]}$	—	$3600+23.89T$
$\mathrm{1/2O_2(g)=[O]}$	—	$-117150-2.98T$
$\mathrm{1/2P_2(g)=[P]}$	—	$-122200-19.25T$
$\mathrm{1/2S_2(g)=[S]}$	—	$-135060+23.43T$

反 应	$\gamma_i^{\ominus}$	$\Delta G^{\ominus} = A + BT/\text{J} \cdot \text{mol}^{-1}$
Si(1)＝[Si]	0.0013	$-131500 - 17.61T$
Ti(1)＝[Ti]	0.074	$-40580 - 37.03T$
Ti(s)＝[Ti]	0.077	$-25100 - 44.98T$
V(1)＝[V]	0.08	$-42260 - 35.98T$
V(s)＝[V]	0.1	$-20710 - 45.6T$
W(1)＝[W]	1	$-48.1T$
W(s)＝[W]	1.2	$31380 - 63.64T$

注：以质量分数 1% 溶液为标准态。

附表 6 物料安全数据表（生石灰）

标 识	中文名：氧化钙、生石灰	英文名：calcium oxide	
	分子式：CaO	相对分子质量：56.08	UN 编号：1910
	危险性类别：第 8.2 类 碱性腐蚀品	危规号：82501	CAS 号：1305-78-8
理化性质	性状：白色无定形粉末，含有杂质时呈灰色或淡黄色，具有吸湿性		
	熔点：2580℃	溶解性：不溶于醇，溶于酸、甘油	
	沸点：2850℃	相对密度（水为1）：3.35	
	饱和蒸汽压：—	相对密度（空气为1）：无资料	
	临界温度：—	燃烧热：无意义	
	临界压力：—	最小点火能：无资料	
燃烧爆炸危险性	燃烧性：不燃	燃烧分解产物：氧化钙	
	闪点：无意义	聚合危害：不聚合	
	爆炸下限：无意义	稳定性：稳定	
	爆炸上限：无意义	禁忌物：水、酸类、易燃或可燃物	
	引燃温度：无意义	侵入途径：吸入、食入	
	主要用途：用于建筑，并用于制造电石、液碱、漂白粉和石膏。实验室用于氨气的干燥和醇的脱水等		
	危险特性：与酸类物质能发生剧烈反应，具有较强的腐蚀性		
	灭火剂：二氧化碳、干砂、干粉		
毒 性	—		
健康危害	本品属强碱，有刺激和腐蚀作用。对呼吸道有强烈刺激性，吸入本品粉尘可致化学性肺炎。对眼和皮肤有强烈刺激性，可致灼伤。口服刺激和灼伤消化道。长期接触本品可致手掌皮肤角化、皲裂、指变形（匙甲）		
急 救	皮肤接触：立即脱去被污染的衣着，先用植物油或矿物油清洗，然后用大量流动清水冲洗，就医。 眼睛接触：提起眼睑，用流动清水或生理盐水冲洗，就医。 吸入：迅速脱离现场至空气新鲜处。保持呼吸道通畅。如呼吸困难，给输氧；如呼吸停止，立即进行人工呼吸。就医。 食入：误服者用水漱口，给饮牛奶或蛋清，就医		

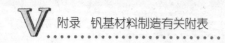

续附表6

防 护	呼吸系统防护：可能接触其粉尘时，建议佩戴自吸过滤式防尘口罩。 眼睛防护：必要时，戴化学安全防护眼镜。防护服：穿防酸碱工作服。手防护：戴橡皮手套。 其 他：工作场所禁止吸烟、进食和饮水，饭前要洗手。工作毕，淋浴更衣。注意个人清洁卫生
泄漏处理	隔离泄漏污染区，限制出入。建议应急处理人员戴自吸过滤式防尘口罩，穿防酸碱工作服。不要直接接触泄漏物。小量泄漏：避免扬尘，用清洁的铲子收集于干燥、洁净、有盖的容器中。大量泄漏：喷雾状水控制粉尘，保护人员
储 运	储存于干燥清洁的仓间内。远离火种、热源。包装必须密封，切勿受潮，应与食用化学品、潮湿物品、金属粉末、碱类、还原剂、易燃或可燃物等分开存放。不可混储混运。搬运时要轻装轻卸，防止包装及容器损坏。雨天不宜运输。运输按规定路线行驶，勿在居民区和人口稠密区停留

附表7　物料安全数据表（硫酸）

标 识	中文名	硫酸	理化性质	外观与性状	纯品为无色透明油状液体，无臭
	英文名	sulfuric acid		主要用途	用于生产化学肥料，在化工、医药、塑料、染料、石油提炼等工业也有广泛的应用
	分子式	H_2SO_4		相对密度（水为1）	1.83
	相对分子质量	98.08		相对密度（空气为1）	3.4
	CAS 号	7664-93-9		饱和蒸气压（kPa）	0.13kPa
	RTECS 号	WS 5600000		溶解性	与水混溶
	UN 编号	1830		临界温度	145.8℃
	危险货物编号	81007		临界压力	—
	IMDG 规则页码	8230		燃烧热	—
燃烧爆炸危险性	避免接触的条件				
	燃烧性	助燃			
	建规火险分级	乙			
	闪 点	无意义			
	引燃温度	无意义			
	爆炸下限	无意义			
	爆炸上限	无意义			
	危险特性	与易燃物（如苯）和有机物（如糖、纤维素等）接触会发生剧烈反应，甚至引起燃烧。能与一些活性金属粉末发生反应，放出氢气。遇水大量放热，可发生沸溅。具有强腐蚀性			

续附表7

燃烧爆炸 危险性	燃烧（分解）产物	氧化硫
	稳定性	稳定
	聚合危害	不能出现
	禁忌物	碱类、碱金属、水、强还原剂、易燃或可燃物
	灭火方法	砂土，禁止用水
包装与储运	危险性类别	第8.1类 酸性腐蚀品
	危险货物包装标志	20
	包装类别	—
	储运注意事项	储存于阴凉、干燥、通风处。应与易燃、可燃物，碱类、金属粉末等分开存放。不可混储混运。搬运时要轻装轻卸，防止包括及容器损坏。分装和搬运作业要注意个人防护
毒性危害	接触限值	中国 MAC：$2mg/m^3$ 苏联 MAC：$1mg[H^+]/m^3$ 美国 TWA：ACGIH $1mg/m^3$ 美国 STEL：ACGIH $3mg/m^3$
	侵入途径	吸入，食入
	毒 性	属中等毒类 LD50：2140mg/kg（大鼠经口） LD50：$510mg/m^3$，2h（大鼠吸入）；$320mg/m^3$，2h（小鼠吸入）
	健康危害	对皮肤、黏膜等组织有强烈的刺激和腐蚀作用。对眼睛可引起结膜炎、水肿、角膜混浊，以致失明；引起呼吸道刺激症状，重者发生呼吸困难和肺水肿；高浓度引起喉痉挛或声门水肿而死亡。口服后引起消化道烧伤以致溃疡形成。严重者可能有胃穿孔、腹膜炎、喉痉挛和声门水肿、肾损害、休克等。慢性影响有牙齿酸蚀症、慢性支气管炎、肺水肿和肝硬化
急救防护措施	皮肤接触	脱去污染的衣着，立即用水冲洗至少15min，或用2%碳酸氢钠溶液冲洗，就医
	眼睛接触	立即提起眼睑，用流动清水或生理盐水冲洗至少15min，就医
	吸 入	迅速脱离现场至空气新鲜处，呼吸困难时给输氧，给予2%～4%碳酸氢钠溶液雾化吸入，就医
	食 入	误服者给牛奶、蛋清、植物油等口服，不可催吐，立即就医
	工程控制	密闭操作，注意通风。尽可能机械化、自动化
	呼吸系统防护	可能接触其蒸汽或烟雾时，必须佩戴防毒面具或供气式头盔。紧急事态抢救或逃生时，建议佩戴自给式呼吸器
	眼睛防护	戴化学安全防护眼镜
	防护服	穿工作服（防腐材料制作）
	手防护	戴橡皮手套
	其 他	工作后，沐浴更衣。单独存放被毒物污染的衣服，洗后再用。保持良好的卫生习惯

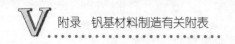
泄漏处置	疏散泄漏污染区人员至安全区，禁止无关人员进入污染区，建议应急处理人员戴好面罩，穿化学防护服。不要直接接触泄漏物，勿使泄漏物与可燃物质（木材、纸、油等）接触，在确保安全情况下堵漏。喷水雾减慢挥发（或扩散），但不要对泄漏物或泄漏点直接喷水。用沙土、干燥石灰或苏打灰混合，然后收集运至废物处理场所处置。也可以用大量水冲洗，经稀释的洗水放入废水系统。如大量泄漏，利用围堤收容，然后收集、转移、回收或无害处理后废弃

附表8　物料安全数据表（三氧化二钒）

	中文名	三氧化二钒		外观与性状	灰黑色结晶或粉末
标识	英文名	vanadium trioxide；vanadium sesquioxide	理化性质	主要用途	用作冶炼钒铁的原料和催化剂
	分子式	V_2O_3		相对密度（水为1）	4.87（18℃）
	相对分子质量	149.88		相对密度（空气为1）	—
	CAS号	1314-34-7		饱和蒸气压	—
	RTECS号	YW 3050000		溶解性	不溶于水，溶于硝酸、氢氟酸、热水
	UN编号	2860		临界温度	—
	危险货物编号	61028		临界压力	—
	IMDG规则页码	6277		燃烧热	—
燃烧爆炸危险性	避免接触的条件	受热			
	燃烧性	不燃			
	建规火险分级	—			
	闪点	—			
	引燃温度	—			
	爆炸下限	—			
	爆炸上限	—			
	危险特性	在空气中加热时能着火。受高热分解，放出有毒的烟气			
	燃烧（分解）产物	有害的毒性烟气			
	稳定性	稳定			
	聚合危害	不能出现			
	禁忌物	热硝酸			
	灭火方法	不燃。火场周围可用的灭火介质			
包装与储运	危险性类别	第6.1类　毒害品			
	危险货物包装标志	14			
	包装类别	Ⅱ			
	储运注意事项	储存于阴凉、通风仓间内。远离火种、热源。专人保管。保持容器密封，防止受潮。应与酸类、食用化工原料等分开存放。不能与粮食、食物、种子、饲料、各种日用品混装、混运。操作现场不得吸烟、饮水、进食。搬运时要轻装轻卸，防止包装及容器损坏。分装和搬运作业要注意个人防护			

续附表 8

毒性危害	接触限值	中国 MAC：0.1mg/m³（尘），0.02mg/m³（烟） 苏联 MAC：0.5mg/m³ 美国 TWA：0.05mg(V_2O_5)/m³ 美国 STEL：未设
	侵入途径	吸入，食入
	毒　性	LD50：130mg/kg（小鼠经口）
	健康危害	吸入、摄入或经皮肤吸收后对身体有害。对眼睛、皮肤、黏膜和上呼吸道有刺激作用
急救防护措施	皮肤接触	用肥皂水及清水彻底冲洗，就医
	眼睛接触	提起眼睑，用流动清水冲洗 15min，就医
	吸　入	迅速脱离现场至空气新鲜处，就医
	食　入	误服者，饮适量水，催吐，就医
	工程控制	密闭操作，局部排风
	呼吸系统防护	可能接触其粉尘时，佩戴防毒口罩
	眼睛防护	戴化学安全防护眼镜
	防护服	穿工作服
	手防护	必要时戴防护手套
	其　他	工作现场禁止吸烟、进食和饮水。工作后，沐浴更衣。注意个人清洁卫生
泄漏处置		隔离泄漏污染区，周围设警告标志，建议应急处理人员戴自给式呼吸器，穿化学防护服。不要直接接触泄漏物，用湿砂土混合，倒至空旷地方深埋。如果大量泄漏，小心扫起，避免扬尘，装入备用袋中。被污染地面用肥皂或海河剂刷洗，经稀释的污水放入废水系统

附表 9　物料安全数据表（五氧化二钒）

标　识	中文名：五氧化二钒		英文名：vanadium pentoxide	
	分子式：V_2O_5		相对分子质量：182	UN 编号：2862
	危货号：61028		RTECS 号：—	CAS 号：1314-62-1
理化性质	性状：橙黄色或红棕色结晶粉末			
	熔点：690℃		溶解性：微溶于水，不溶于乙醇，溶于浓酸、碱	
	沸点：—		气体密度：—	
	饱和蒸气压：—		相对密度：3.35	
	临界温度：1750℃		燃烧热：—	
	临界压力：—		最小引燃能量：—	
燃烧爆炸 危险性	燃烧性：本品不燃		燃烧产物：—	
	闪点：—		聚合危害：不能出现	
	爆炸极限体积分数：—		稳定性：在常温常压下稳定	
	自燃温度：—		禁忌物：强酸、易燃或可燃物	
	危险特性：未有特殊的燃烧爆炸特性			

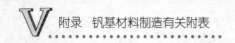
续附表9

燃烧爆炸危险性	灭火方法：本品不燃，火场周围可用的灭火介质均可
毒 性	属高毒类 LD50：10mg/kg（大鼠经口）LC50
对人体危害	对呼吸系统和皮肤有损害作用。急性中毒：可引起鼻、咽、肺部刺激症状，多数工人有咽痒、干咳、胸闷、全身不适、倦怠等表现，部分患者可引起肾炎、肺炎。慢性中毒：长期接触可引起慢性支气管炎、肾损害、视力障碍等
急 救	皮肤接触：脱去污染的衣着，立即用流动清水彻底冲洗。 眼睛接触：立即提起眼睑，用流动清水冲洗。 吸入：脱离现场至空气新鲜处，注意保暖，必要时进行人工呼吸，就医。 食入：误服者给饮大量温水，催吐，就医
防 护	最高容许浓度：中国 MAC：0.1mg/m³〔烟〕；苏联 MAC：0.1mg/m³〔烟〕；美国 TWA：OSHA0。 工程控制：密闭操作，局部排风。 呼吸系统防护：空气中浓度超标时，应该佩戴防毒面具，必要时佩戴自给式呼吸器。 眼睛防护：戴化学安全防护眼镜。 身体防护：穿相应的防护服。 手防护：戴防护手套。 其他防护：工作现场禁止吸烟、进食和饮水。工作后，淋浴更衣。单独存放被毒物污染的衣服，洗后再用。进行就业前专业和定期培训
泄漏处理	应急处理：隔离泄漏污染区，周围设警告标志，建议应急处理人员戴正压自给式呼吸器，穿化学防护服。不要直接接触泄漏物，避免扬尘，用清洁的铲子收集于干燥、洁净、有盖的容器中，转移到安全场所。也可以用水泥、沥青或适当的热塑性材料固化处理再废弃。如大量泄漏，收集回收或无害处理后废弃
储 运	储存：储存于阴凉、通风仓间内。远离火种、热源。防止阳光直射。包装必须密封，切勿受潮。应与碱类、酸类、氧化剂等分开存放。 运输：不可混储混运。搬运时要轻装轻卸，防止包装及容器损坏。分装和搬运作业要注意个人防护
废弃物处置	处置前应参阅国家和地方有关法规

附表10 物料安全数据表（钒酸铵）

钒酸铵		
标 识	中文名	钒酸铵
	英文名	ammomiu vanadate
	分子式	$NH_4VO_3 \cdot 2H_2O$
	相对分子质量	117
	UN 编号	2859
	IMDG 规则页码	6066
理化性质	外观与性状	白色晶体或黄色结晶粉末
	主要用途	催化剂、染料、快干漆
	熔 点	—

续附表10

燃烧爆炸危险性	燃烧性	—
	自燃温度	—
	爆炸下限	—
	爆炸上限	—
	危险特性	加热到210℃分解生成五氧化二钒
包装与储运	危险性类别	第6.1类　剧毒
	储运注意事项	玻璃外木箱内衬垫料，储存于阴凉、干燥、通风的仓库间。远离火种，与可燃物、还原剂、食用原料隔离储存
	侵入途径	吸入，误服
	毒　性	高毒。大鼠经口 LD50 160mg/kg
	健康危害	误服产生呕吐、腹泻，粉尘能刺激眼睛、黏膜
急　救		应使吸入气体的患者立即脱离污染区，安置并保暖，必要时送医院诊治。眼睛受刺激用水冲洗，对溅入眼内严重者就医诊治。误服立即漱口，然后送医院救治
措　施		可能接触其蒸气时，应该佩戴防护用品。紧急事态抢救或逃生时，建议佩戴自给式呼吸器
泄漏处置		戴好防毒面具与手套，用湿沙土混合倒至空旷地方深埋

附表11　物料安全数据表（铝粉）

标　识	中文名：铝粉		英文名：aluminium powder	
	分子式：Al		相对分子质量：26.97	UN 编号 1396
	危险性类别：第4.3类　遇湿易燃物品		危规号：43013	CAS 号：7429-90-5
理化性质	性状：银白色粉末			
	熔点：660℃		溶解性：不易溶于水，溶于碱、盐酸、硫酸	
	沸点：2056℃		相对密度：（水为1）2.70	
	饱和蒸气压：0.13kPa(1284℃)		相对密度：—	
	临界温度：—		燃烧热：882.9kJ/mol	
	临界压力：—		最小引燃能量：—	
燃烧爆炸危险特性	燃烧性：—		燃烧分解产物：氧化铝	
	闪点：—		聚合危害：不聚合	
	爆炸下限：—	爆炸上限：—	稳定性：稳定	
	引燃温度：—		禁忌物：酸类、酰基氯、强氧化剂、卤素、氧	
	主要用途：用做颜料、油漆、烟花等，也用于冶金工业			
	危险特性：大量粉尘遇潮湿、水蒸气能自燃。与氧化剂混合能形成爆炸性混合物，与氟、氯等接触会发生剧烈的化学反应。与酸类或与强碱接触也能产生氢气，引起燃烧爆炸。粉体与空气可形成爆炸性混合物，当达到一定的浓度时，遇火星会发生爆炸			
	灭火方法：严禁用水、泡沫、二氧化碳扑救，可用适当的干砂、石粉将火闷熄			
毒性	——		侵入途径	吸入、食入

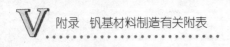

健康危害	长期吸入可致铝尘肺。表现为消瘦、极易疲劳、呼吸困难、咳嗽、咳痰等。落入眼内可发生局灶性坏死，角膜色素沉着，晶体膜改变及玻璃体浑浊。对鼻、口、性器官黏膜有刺激性，甚至发生溃疡。可引起痤疮、湿疹、皮炎
急　救	皮肤接触：立即脱去被污染的衣着，用肥皂水和清水彻底冲洗皮肤。 眼睛接触：立即提起眼睑，用大量流动清水或生理盐水彻底冲洗至少15min，就医。 吸入：迅速脱离现场至空气新鲜处。 食入：饮足量温水，催吐，就医
防　护	工程控制：密闭操作，局部排风，最好采用湿式操作。 呼吸系统防护：空气中粉尘浓度超标时，应该佩戴自吸式过滤防尘口罩。必要时，建议佩戴空气呼吸器。 眼睛防护：戴化学安全防护眼镜。 身体防护：穿防静电工作服。 手防护：戴一般作业防护手套。 其他：实行就业前和定期的体检，防止尘肺
泄漏处理	隔离泄漏污染区，限制出入。切断火源。建议应急处理人员戴自给式呼吸器，穿消防防护服。不要直接接触泄漏物。小量泄漏：避免扬尘，用洁净的铲子收集于干燥、洁净、有盖的容器中，转移回收。大量泄漏：用塑料布、帆布覆盖，减少飞散。使用无火花工具转移回收
储　运	储存于干燥清洁的仓间内。注意防潮和雨淋。应与易燃或可燃物及酸类分开存放。分装和搬运作业要注意个人防护。搬运时要轻装轻卸，防止包装及容器损坏，雨天不宜运输

附表 12　氯化钒性质

熔　点	250℃
密　度	3g/mL（25℃）
储存条件	无水区
敏感性	水分敏感
CAS 数据库	7718-98-1（CAS Data Base Reference）
理化性质	化学式 VCl_3。相对分子质量为 157.30。紫色的六方系晶体，易潮解。相对密度为 3.0018（4℃），熔点425℃分解，受热则发生歧化反应。溶于乙醇、乙酸、乙醚、苯、氯仿、甲苯和二硫化碳。溶于水分解生成次钒酸、盐酸和二氯化钒。三价钒的水合离子为绿色，与过量氯离子生成水合配位氯化物，与液氨作用生成氨合物。与气态氨作用生成氮化物，与胺类及其他有机物生成相应的配位化合物，与某些芳香族羟基酸产生特征的颜色反应。由四氯化钒热分解，或将三氧化二钒与二硫化二硫作用均可制得。氯化钒可用于制备强还原剂二氯化钒和有机钒化合物，用于有机合成的催化剂、检验鸦片的试剂
危险特性	本品不燃。有毒，误服、皮肤接触或吸入会中毒。蒸气强烈刺激皮肤、眼睛和黏膜。遇潮时对大多数金属有强腐蚀性。遇潮湿空气或水会散发出白色刺激性烟雾。三氯化钒的毒性比三氧化钒强。小鼠经口 LD50 23mg/kg，大鼠经口 LD50 350mg/kg

储运须知	储存于阴凉、通风、干燥的库房。应与碱性物品、氧化剂和氰化物隔离储运。作业时轻装轻卸，防止容器破损受潮，并做好个人安全防护。 泄漏处理时必须戴好氧气防毒面具与胶手套。如果少量物料泄漏，可用大量水冲洗，等到浓烟消失后，用碳酸钠中和，再用水冲洗，污水排入废水系统。 火灾时，消防人员必须穿戴全身防护服，用干砂土、干粉或二氧化碳灭火
急救措施	应使吸入粉尘或烟雾的患者脱离污染区至空气新鲜处，安置休息并保暖，严重者须就医诊治。眼睛受刺激需用流动清水冲洗，溅入眼内的严重患者需就医诊治。皮肤接触须用大量水冲洗，并用肥皂彻底洗涤。误服者应立即漱口，饮水和镁乳，并急送医院救治
类　别	腐蚀物品
毒性分级	中毒
急性毒性	口服-大鼠 LD50：350mg/kg；口服－小鼠 LD50：895mg/kg
可燃性危险特性	遇水或遇热分解有毒氯化氢气体
储运特性	库房通风低温干燥
灭火剂	水、二氧化碳、泡沫
职业标准	TWA0.05mg(五氧化二钒)/m³；STEL0.25mg(五氧化二钒)/m³
危险品标志	C
危险类别码	22-34
安全说明	26-27-28-36/39-45
危险品运输编号	UN24758/PG3
RTECS 号	YW 2800000
F	3-10
风险等级	8
包装类别	Ⅲ

附表13　氯氧钒性质

产品编号	19296
别　名	氧氯化钒，二氯氧钒，氯化氧钒，钒酰氯
英文名	vanadium（Ⅳ）oxysulfate dihydrate
分子式	VOCl₂
相对分子质量	137.85
特　征	绿色结晶
物理性质	极易吸湿，能被水缓慢分解，溶于无水乙醇和冰乙酸，相对密度为2.88
化学性质	加热至384℃歧化成 VOCl 和 VOCl₃
用　途	还原剂，织物媒染剂
储存方式	本品应密封干燥保存

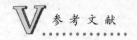

参 考 文 献

[1] 陈鉴，何晋秋，李国良，等．钒及钒冶金．攀枝花资源综合利用领导小组办公室出版，1983．

[2] 中国大百科全书总编辑委员会．中国大百科全书（矿冶）[M]．北京：中国大百科全书出版社，1984．

[3] 廖世明，柏谈论．国外钒冶金[M]．北京：冶金工业出版社，1985．

[4] [苏]H. П 利亚基夫，等．钒及其在黑色冶金中的应用[M]．崔可忠，等译．重庆：科学技术文献出版社重庆分社，1987 年 7 月．

[5] 王振岭．电炉炼锌[M]．北京：冶金工业出版社，2011．

[6] 张清涟．英汉双解钢铁冶炼词典[M]．北京：北京出版社，1993．

[7] 李照明．有色金属冶金工艺[M]．北京：化学工业出版社，2010．

[8] 吴良士，白鸽，袁忠信．矿物与岩石[M]．北京：化学工业出版社，2005．

[9] 赵乃成，张启轩．铁合金生产实用手册[M]．北京：冶金工业出版社，2010．

[10] 杨佼庸，刘大星．萃取[M]．北京：冶金工业出版社，1988．

[11] 孙家跃，杜海燕．无机材料制造与应用[M]．北京：化学工业出版社，2001．

[12] 王盘鑫．粉末冶金学[M]．北京：化学工业出版社，1997．

[13] 有色冶金炉设计手册编委会．有色冶金炉设计手册[M]．北京：冶金工业出版社，1999．

[14] 杨守志．钒冶金[M]．北京：冶金工业出版社，2010．

[15] 杨绍利．钒钛磁铁矿非高炉冶炼技术[M]．北京：冶金工业出版社，2012．

[16] 杨才福，等．钒钢冶金原理与应用[M]．北京：冶金工业出版社，2012．

[17] 黄道鑫，等．提钒炼钢[M]．北京：冶金工业出版社，1999．

[18] 陈家镛．湿法冶金手册——钒铬的湿法冶金[M]．北京：冶金工业出版社，2005．

[19] 朱俊士．选矿试验研究与产业化[M]．北京：冶金工业出版社，2004．

[20] 攀枝花钒钛磁铁矿科研史话．攀枝花市科学技术委员会编印，1999．

[21] 朱训．中国矿情[M]．北京：科学出版社，1999．

[22] 程鸿．中国自然资源手册[M]．北京：科学出版社，1990．

[23] 杜鹤桂，等．高炉冶炼钒钛磁铁矿原理[M]．北京：科学出版社，1990．

[24] 毛裕文，等．渣图集[M]．北京：冶金工业出版社，1996．

[25] 杨绍利，等．钒钛材料[M]．北京：冶金工业出版社，2007．

[26] 金永铎，冯安生．金属矿产利用指南[M]．北京：科学出版社，2007．

[27] Dean J A．兰氏化学手册[M]．尚久方，等译．北京：科学出版社，1991．

[28] 荆秀枝，等．金属材料应用手册[M]．西安：陕西科学技术出版社，1989．

[29] 马荣骏，肖松文．离子交换法分离金属[M]．北京：冶金工业出版社，2003．

[30] 汪会生．石煤提钒钠化焙烧技术分析[J]．矿冶工程，1994(2)．

[31] 蒋婷，杨晓红．国外钒钛磁铁矿资源开发现状[J]．攀枝花钒钛，2012(1)．

[32] 郑俐玉，等．石煤提钒碱浸过程动力学研究[J]．矿冶工程，2011，35(1)．

[33] 刘世森．石煤提钒工艺评述[J]．工程设计与研究，1995(4)．

[34] 陈文祥．含钒碳质页岩提钒废渣资源化利用研究进展[J]．湿法冶金，2011(4)．

[35] 张宏．磺化硅胶催化合成丙烯酸正丁酯[J]．宁夏工程技术，2011(1)．

[36] 杨素波，等．钒在铁液和转炉渣间分配的热力学研究[J]．钢铁，2006(3)．

[37] 汪晓波，等．氧化反应标准自由能变与温度关系图的构建原理及其应用[J]．阜阳师范学院学报（自然科学版），2004(3)．

[38] 刘文．浅析含钒钢渣湿法提钒生产工艺与发展前景[J]．中国有色冶金，2009(3)．

[39] 攀钢集团公司. 钒钛资源综合利用国际学术交流会论文集, 2005. 4.

[40] 冶金工业部长沙黑色冶金矿山设计研究院. 世界钛的供求调研报告, 1983. 8.

[41] 黄忠永. 五氧化二钒熔化炉操作方法的研究与应用[J]. 铁合金, 1988(4).

[42] 王小江, 刘武汉, 蒲德利. 多钒酸铵熔化过程中的钒损失分析及对策[J]. 四川有色金属, 2006 (4).

[43] 王瑞林. 多钒酸铵分解及五氧化二钒溶化工艺研究[J]. 铁合金, 1986(5).

[44] 曾志勇. 多钒酸铵静态热分解制备粉状五氧化二钒[J]. 无机盐工业, 2005, 37(8):21.

[45] 李季, 张衍林. 钒矿资源及提钒工艺综述[J]. 湖北农机化, 2009, 1.

[46] 古映莹, 庄树新, 钟世安, 等. 硅质盐钒矿中提取钒的无污染焙烧工艺研究[J]. 稀有金属, 2007, 1.

[47] 张萍, 蒋馥华, 何其荣. 低品位钒矿钙化焙烧提钒的可行性[J]. 钢铁钒钛, 1993, 2.

[48] 马胜芳, 张光旭. 钙化焙烧黏土钒矿提钒过程的研究 I 焙烧工艺研究[J]. 稀有金属, 2007, 6.

[49] 傅金明, 杜建良, 孙福振, 商海民. 顶底复合吹炼提钒试验研究[J]. 钢铁钒钛, 1994(2).

[50] 潘树范. 国内外氧气顶吹转炉提钒现状及对攀钢转炉提钒有关问题的探讨[J]. 钢铁钒钛, 1995, 1.

[51] 王金超, 陈厚生, 李瑰生, 等. 攀钢转炉钒渣生产 V_2O_5 工艺研究[J]. 钢铁钒钛, 1998, 4.

[52] 程殿祥. 利用提钒尾渣生产高钒生铁[J]. 铁合金, 1990, 2.

[53] Masud. A. Abdel – latif. Recovery of vanadium and nickel frompetroleum fly ash[J]. Minerals Engineering, 2002, 15.

[54] Ressel R. Hchenhofer M etc. Processing of Vanadiferous Residuesto ferrovanadium. EDP. Congress, 2005.

[55] Tripathy P K, Rakhasia R H, Hubli R C, Suri A K. Electrorefining of Carbothernic and Carbonitrothermic Vanadium: a comparativestudy. Materials Research Bullethu. 38(2003).

[56] 李光强, 张鹏科, 朱诚意, 等. 用碳热还原法从含钒钢渣回收含钒生铁[J]. 四川冶金, 2005, 5.

[57] Amiri M C. Recovery of Vanadium as sodium nanadate fromconverter slag generated at Isfahan steel plant. Iran. Trans. InstenMin. Metall. (Sect. C. Mineral process Extr. Metall), 1999.

[58] 古隆建. 我国火法提钒技术的进展与现状[J]. 钒钛, 1992.

[59] 马钢股份公司安环部综合利用科. 高配比钢渣返回富集钒[J]. 冶金环境保护, 1999, 1.

[60] 陈厚生. 钒渣石灰焙烧法提取 V_2O_5 工艺研究[J]. 钢铁钒钛, 1992, 6.

[61] Borowiec K. Recover of Vanadium from Slag by suiphiding.

[62] 贺洛夫. 从石煤提取五氧化二钒[J]. 无机盐工业, 1994, 26(6).

[63] 傅立, 苏鹏. 复合焙烧添加剂从石煤矿中提取钒的研究[J]. 广西民族学院报, 2006, 12(2).

[64] 李刚伟, 戈文荪. 339 氧枪与 435 氧枪提钒效果分析[J]. 四川冶金, 1998(5).

[65] 陈光辉. 钒渣化学形成理论研究[J]. 钒钛, 1993(4).

[66] 陈荣贵, 等. 攀钢雾化提钒工艺中型水口提钒试验[J]. 钢铁钒钛, 1989, 10(2).

[67] 李广厚. 前苏联转炉提钒考察报告[J]. 钒钛, 1993(5).

[68] 罗尔曼 B. 南非的钒[J]. 周克华, 译. 钒钛, 1986(6).

[69] 杨素波, 戈文荪, 等. 攀钢转炉提钒工艺流程中钒的走向分析[J]. 钢铁钒钛, 1998, 19(2).

[70] 李祖树, 徐楚韶. 氧气顶吹低钒铁水时钒氧化动力学[J]. 钒钛, 1992(4).

[71] 陈林竣. 含钒钢渣的全分解和综合利用[J]. 马钢科研, 1990(2).

[72] 刘公召, 隋智通. 从 HDS 废催化剂中提取钒和钼的研究[J]. 矿产综合利用, 2002(2).

[73] 戴文灿, 朱柒金, 陈庆邦, 等. 石煤提钒综合利用新工艺的研究[J]. 有色金属（选矿部分）, 2000 (3).

[74] 邹晓勇, 欧阳玉祝, 彭清静, 等. 含钒石煤无盐焙烧酸浸生产五氧化二钒工艺的研究[J]. 化学世

界, 2001, 42(3).

[75] 陆芝华, 周邦娜, 余仲兴, 等. 石煤氧化焙烧—稀碱溶液浸出提钒工艺研究[J]. 稀有金属, 1994, 18(5).

[76] 张中豪, 王彦恒. 硅质钒矿氧化钙化焙烧提钒新工艺[J]. 化学世界, 2000, 41(6).

[77] 王永双, 李国良, 童庆云. 用溶剂萃取法从炭质页岩中回收钒钼[J]. 稀有金属, 1995(4).

[78] 郑彭年. 离子交换用于石煤提钒的探讨[J]. 工程设计与研究, 1992(6).

[79] 张萍, 蒋馥华. 苛化泥为焙烧添加剂从石煤提取五氧化二钒[J]. 稀有金属, 2000, 24(2).

[80] 周家琮. 中国钒工业发展[R]. 钒国际会议, 桂林, 1999.

[81] 赵红全. 转底炉生产金属化球团工业性试验[J]. 云南冶金, 2010(1).

[82] 吴恩熙, 颜练武, 胡茂中. 直接碳化法制备碳化钒的热力学分析[J]. 粉末冶金材料科学与工程, 2004(3).

[83] 徐先锋, 等. 五氧化二钒制备氮化钒的过程研究[J]. 钢铁钒钛, 2003.3.

[84] 陈厚生. 碳化钒与氮化钒[J]. 钢铁钒钛, 2000(1).

[85] 杜厚益. 俄罗斯钒工业及其发展前景[J]. 钢铁钒钛, 2001.22(1).

[86] 蔡垂信, 等. 多钒酸铵沉淀[J]. 铁合金, 1980(4).

[87] B. 罗尔曼. 南非的钒[J]. 非洲矿冶研究院刊, 1985(5).